Basics of **Quantum Mechanics**

# 기본 양자역학

이창영 지음

 북스힐

한빛과 가람에게

# 머리말

이 책은 양자역학을 쉽게 이해할 수 있도록 기본 개념들을 쉽고 충실하게 설명하고자 하였다. 학부 수리물리나 공학수학 정도의 수학적 지식을 갖고 있으면 누구나 이해할 수 있는 것을 목표로 하였다.

이 책은 세종대학교 물리학과 3학년 학생들을 대상으로 한 양자역학 두 학기 강좌의 강의록을 기초로 만들었다. 강의록 초고를 제본하여 강의교재로 쓴 2011년 강의 동영상이 먼저 서울대학교의 물리학연구정보센터에 올려졌고, 다시 동일한 강의교재를 쓴 2015년 강의 동영상이 대학강의 사이트인 KOCW에 올려졌다.

책의 내용을 살펴보면, 1장에서는 양자역학 이론이 왜 그러한 방식으로 전개되어야 되는지에 대한 이해를 위하여, 역사적인 전개방식을 따라서 이해하며 그 논리체계의 불가피성을 이해하고자 하였다. 다음으로 2장에서는 양자역학의 대략적 체계와 기본이 되는 수학적인 틀을 살펴보았다. 수학적 전개에 많이 쓰이는 디락의 브라-켓 표시를 도입하여 그에 대한 친숙감을 높이고, 파동함수 표현과의 연관성을 살펴보았다. 3장에서는 그러한 양자역학의 개념적 틀에 대한 구체적 이해를 위해, 가장 간단한 1차원 슈뢰딩거 방정식을 여러 경우들에 대하여 살펴보았다. 이러한 개념적 틀에 대한 보다 엄밀한 수학적 관점에서의 이해, 양자역학을 고전물리학 체계와 가르는 핵심 요소라할 수 있는 관측량의 연산자화와 그 특성들, 그리고 그 결과 파생되는 불확정성 원리, 연산자의 행렬 표현 등을 4장에서 살펴보았다. 이후 5,6,7장에서는 이러한 기반개념들을 1차원 산란, WKB 어림, 3차원 수소 원자 등의 경우에 적용하였다.

8장에서는 통상 양자역학의 두 번째 학기 초반에 주로 다루는 양자역학적 특성이

i

현저히 나타나는 각운동량과 관련된 특성들을 다양한 각도에서 이해하고, 9장과 10장에서는 양자역학의 실제적 계산에서 필수적이라 할 건드림을 시간에 무관한 경우와 시간에 의존하는 경우로 나누어 각각 살펴보았다. 11장에서는 이러한 양자역학적 개념과 방법론을 적용하여 전자기장이 존재하는 경우의 현상을 다뤘다. 12장에서는 고전계와 달리 양자역학적 특성에 의해 보존과 페르미온으로 이분되는 동일입자들에 대해서 살펴보고, 이러한 특성을 원자의 전자 배열과 주기율표의 이해에 적용하였다. 13장에서는 통상 학부 양자역학의 대미를 장식하며 실제 충돌실험의 분석에도 필수적인 산란에 대해 살펴보았다. 이상이 실제 강의하고 동영상에 나와있는 내용에 해당한다.

마지막 14장은 강의와 동영상에서 다루지 않았지만, 양자계산과 양자정보 분야의 바탕 개념이라 할 수 있는 양자얽힘에 대해서 다뤘다. 근래 들어 양자기술로 통칭되며 그 중요성이 갈수록 부각되고 있는 양자계산이나 양자정보 분야에서 양자얽힘에 대한 제대로 된 이해는 아무리 강조해도 지나치지 않을 것이다. 그래서 비록 강의에서 다루지는 않았지만, 향후 더욱 커져갈 그 중요성을 뒤늦게나마 인식하여 양자계산이나 양자정보 분야에서 양자얽힘과 관련된 기본적이고 필수적인 부분들을 추가하게 되었다. 이 외에도 강의에 포함되지는 않았지만, 양자역학의 전반적 이해에 필요한 부분이라 생각하여 추가한 부분으로 3장 끝 부분의 결맞는 상태, 10장 끝 부분의 수명 등이 있다.

이 책은 물리학 전공 학생들 뿐아니라, 화학이나 전자공학, 수학, 컴퓨터공학 등등 향후 양자역학적 이해를 필요로 하는 여러 이공분야 전공자들이 양자역학 개념에 대한 이해와 더불어 양자계산이나 양자정보 분야에서 필요한 기본 개념의 이해에도 도움이 되는 것을 목표로 하였다. 그래서 양자역학의 기본적인 틀과 기본 개념들을 완전히 이해하는 것을 목표로 하였고, 결과의 유도나 계산 과정에서 가능하면 자세한 부분까지 설명하여 수리물리나 공학수학 정도의 수학적 지식을 지닌 이공계 전공자면 누구나 쉽게 이해할 수 있게 하고자 하였다.

각 장의 끝에 주어진 문제들은 본문에서 설명한 개념들을 다양한 관점에서 이해할 수 있게 하는 예제로서의 성격도 가지고 있다. 그래서 가능한 모든 문제들을 풀어 보기를 권장하며, 조금 어렵다 생각되는 부분은 도움말을 문제의 아래에 주었으니, 쉽게

안 풀리더라도 도움말을 따라가며 풀어보기를 권장한다.

개념의 완벽한 이해를 위해서는 문제가 잘 안 풀리더라도 끝까지 붙잡고 궁리하여 풀어내는 것이 가장 바람직할 것이다. 하지만, 현실에서는 어렵다고 지레 풀기를 포기하는 경우도 많아 오히려 주제의 완전한 이해에 역효과를 주는 경우도 꽤 있다. 그런데 이제 양자역학은 물리학 전공자는 물론 양자암호와 양자계산 등 양자기술과 관련된 수학이나 컴퓨터과학, 그리고 전자공학이나 재료과학 등 여러 이공계 전공자들에게도 필요한 기초 학문이 되어가고 있다. 따라서 본문을 보완하는 문제들까지 철저히 이해하여 바탕 개념들을 더 완벽하게 이해한다면 더 높은 단계로 나아가는데 도움이 될 것이라고 생각하여 문제의 풀이집을 따로 출판하기로 하였다. 문제에 대한 이해가 미진하거나 전혀 풀리지 않는 경우, 풀이집을 통해 철저한 이해를 꾀하는 것도 양자역학에 대한 이해의 폭을 넓혀줄 것이다.

이 책에서 사용한 용어는 한국물리학회에서 제시한 우리말 용어를 따랐고, 우리말 용어가 처음 나올 때는 그 뒤에 영문 용어를 병기하였다. 이는 이 책을 공부하고 나중에 영어로 된 관련 논문이나 책을 접할 때 영문 용어에 해당하는 우리말 용어를 잘 몰라 당황하는 경우가 없도록 하고자 함이다. 장이나 절의 제목 뒤에 영문을 병기한 이유도 마찬가지로 영문으로도 그 뜻을 정확하게 알게 하고자 함이다.

끝으로 강의를 들었던 학생들과 강의 동영상을 열심히 시청해준 동영상 시청자들에게 고마움을 표하고자 한다. 벌써 상당한 시간이 흘렀지만, 이 책의 초고를 만드는 과정에서 여러가지로 도움을 주었던 이들에게 고마움을 표하며, 특히 수식 입력에 많은 도움을 준 조상혁, 박재영 군과 이후 그림 작도에 큰 도움을 준 송민호 군에게 고마운 마음을 전하고자 한다. 그리고 초고 작성 과정에 일부 2008년도 세종대학교 교내연구비 지원이 있었음을 밝힌다.

부디 이 책이 물리학 전공 학생들, 그리고 양자역학과 관련된 분야를 연구하는 이공계 전공자들이 관련 개념을 잘 이해하고 활용하는데 도움이 되기를 바란다.

2023년 가을,　한누리 이창영

# 차례

# 제 5 장 　1차원 산란과 속박상태 One-Dimensional Scattering and Bound States 135

xi

# 제 1 장

# 양자역학의 등장
# Historical Introduction

## 제 1.1 절   고전물리학과 현대물리학

물리학 분야는 일반적으로 뉴턴 I. Newton 의 고전역학과 막스웰 J. C. Maxwell 의 고전전자기이론 그리고, 열역학 등 19세기말까지 정립된 물리학 분야를 고전물리학으로, 그리고 20세기 이후 등장한 상대성이론과 양자역학 등을 현대물리학으로 분류한다. 이러한 분류는 시기에 따른 분류라고도 할 수 있는데, 약간 다른 관점에서의 분류는 양자역학에 기반한 물리학과 그렇지 않은 물리학으로 대분하여 후자를 고전물리학으로 분류하기도 한다.

이론적인 관점에서는 대체로 양자역학에 기반을 둔 이론과 그렇지 않은 이론으로 분류하는 것이 훨씬 더 논리적이라고 하겠다. 이러한 관점에서 보면 아인슈타인 A. Einstein 의 상대성이론도 고전물리학의 범주로 넣어야 한다. 이렇게 분류하는 가장 큰 이유는 양자역학과 그 이전의 이론들 사이에 본질적인 관점의 차이가 존재하기 때문이다. 그 관점의 차이는 물리학 자체뿐만 아니라 인류 전체의 사고의 틀까지 바꾸었다.

### 1.1.1  결정론적인 고전물리학 Deterministic Classical Physics

뉴턴의 역학이나 막스웰의 전자기이론과 같은 고전물리학의 경우에는 어떤 계의 초기상태에 대한 정보가 주어지면, 그 이후의 계의 상태에 대한 모든 정보는 원리상 정확하게 알 수 있다. 우리는 이러한 이론체계를 결정론적 체계라고 한다. 이런 이론 체계에서의 모든 불확실성은 실험 측정이나 계산상의 실수에 의한 오차이지 원리적인 면에서는 그 어떠한 불확실성도 존재하지 않는다.

물론 결정론적인 이론체계 내에서도 초기상태에 대한 정보에 아주 작은 오차만 있어도 나중 상태를 전혀 예측할 수 없는 경우가 있다. 그 대표적인 예가 혼돈계 chaos 이다. 이 경우는 운동방정식이 비선형적이기 때문에 초기상태에서의 아주 미세한 차이도 시간이 경과하면 전혀 다른 결과를 주게 된다. 이 경우, 통상 우리가 알 수 있는 초기상태에 대한 정보에는 아무리 작더라도 어느 정도 오차가 불가피하기 때문에 시간이 많이 경과할 경우 실제와 전혀 다른 결과를 줄 수도 있다. 때문에 예측이 불가능하게 되는 것이다. 우리는 이러한 특성을 "나비효과"라고 부른다. 예컨대, 남아메리카에 있는 조그만 나비의 날개 짓이 북아메리카에서 대형 토네이도를 일으킬 수도 있다는 식이다. 하지만, 이러한 효과는 이론 자체에 의한 불확실성 때문이 아니고, 상태에 대한 정보의 부정확성 또는 정확한 기본 이론을 모르는 경우에 기인하는 것이며, 이론 자체가 원천적으로 확률적인 결과를 주는 것은 아니다.

### 1.1.2  확률론적인 양자물리학 Probabilistic Quantum Physics

우리는 양자역학적 이론에 기반한 물리학을 통칭하여 양자물리학으로 부르는데, 이 양자물리학의 특징은 오로지 확률적으로만 어떤 상태에 대해 예측할 수 있다는 것이다. 다시 말하면, 우리가 주어진 계의 초기 상태에 대하여 완벽한 정보를 갖고 있다 하더라도 그 계의 그 이후의 상태에 대한 정보는 원리상으로도 오로지 확률적으로만 예측할 수 있다는 것이다.

때문에 양자물리학에서는 주어진 계에 대한 확정적인 예측은 원리상으로도 불가능하다. 이러한 본원적인 예측의 한계는 이제는 널리 알려진 '불확정성의 원리'와도 밀접한 관계에 있다. 고전적인 이론에서 예측의 오차가 원리상으로는 전적으로 실험적 측정오차에 기인하는 것과는 달리 양자론적 이론에서는 실험적인 측정오차가 전혀 없다 하더라도 원리상 정확한 측정 자체가 불가능하다. 예컨대 위치와 운동량과 같은 두 가지 상보되는 양들은 양자역학에 의하면 두 가지 모두를 함께 정확히 측정할 수는 없다. 양자물리학의 이론 체계에서는 우리가 어떤 상태에 대하여도 100 퍼센트(%) 확실성을 가지고 예측할 수는 없으며, 항상 확률적으로만 그 계의 상태를 예측할 수 있다.

### 1.1.3   현대물리학의 두 기둥 Two Pillars of Modern Physics

현재의 물리학은 두 개의 큰 기둥에 의지하고 있는데, 그 하나는 양자역학이고, 다른 하나는 상대성이론이다. 자연계에는 네 가지 기본 힘이 있는데, 잘 알려져 있는 중력, 전자기력과 원자핵의 내부에서 작용하는 핵력으로서 강력과 약력이 있다.

이중 전자기력, 약력, 강력은 모두 양자역학에 바탕을 둔 이론들로 현재 설명 가능하며 아직까지 이러한 설명과 어긋나는 자연 현상은 알려진 바 없다. 중력은 일반상대성이론으로 설명 가능하며, 중력의 지배를 받는 천체 현상 중에 일반상대성이론과 배치되는 현상 역시 아직까지 알려진 바 없다.

위에서 우리는 상대성이론의 체계는 결정론적이며, 양자역학적 체계는 확률론적임을 기술하였다. 그러나 그렇다고 하여 두 가지 이론 체계가 꼭 서로 배타적이어서 하나가 맞고 하나는 틀리다고 할 수 있는 것은 아니다. 오히려 상대성이론의 기본 원리들은 현재 물리학 이론을 만드는데 있어서 중요한 지침 역할을 하고 있다. 예컨대 특수상대성이론에서 나오는 로렌츠 불변성 Lorentz invariance 은 양자역학을 상대론화한 양자장론 quantum field theory (양자장론은 전자기력, 약력, 강력을 모두 설명하는 현재의 표준이론 체계임) 이 충족시켜야 할 중요한 전제 조건이며, 일반상대성이론의 등가원리 equivalence principle 나 좌표변환 불변성 invariance under general coordinate transformation 등은 새로운 물리 이론을 만들 때 충족하여야 하는 지침이 되는 원리로서 현재 물리의 근본 법칙으로 여겨지고 있다. 즉, 현재의 물리학 체계는 확률론적인 양자역학과 결정론적인 상대성이론의 두 이론 체계에 바탕하여 서 있는 것이다.

상대성이론과 양자역학은 모두 20세기에 들어와 정립된 이론들이다. 물리학은 19세기 후반까지 뉴턴의 역학 법칙과 막스웰의 전자기 이론, 그리고 통계역학 등에 바탕한 고전물리학 체계로 정립되었는데, 왜 이 새로운 이론들이 등장하게 되었을까? 우리는 이 새로운 이론 체계가 등장하게 된 원인에 대하여 지금부터 차례로 살펴보겠다.

잘 알려진 바와 같이 상대성이론에는 특수와 일반의 두 가지 이론이 있으며, 둘 다 아인슈타인의 독자적인 이론의 산물이다. 일반인에게도 잘 알려져 있는 $E = mc^2$ (질량-에너지 등가 공식), 시간과 공간의 섞임 (시공간), 시간의 연장 등과 같은 현상은 모두 특수상대성이론의 산물이며, 휘어진 시공간과 블랙홀 등의 개념은 일반상대성이론의 산물이다. 특히, 일반상대성이론은 뉴턴의 만유인력을 대체하여 중력을 기술하는 기본 이론으로 현재 역할하고 있다. 이름이 특수와 일반으로 붙여진 이유는 특수상대성이론은 관찰자들 사이의 관계가 서로 등속으로 움직이는 특수한 경우로 한정하여 좌표계의 변환을 생각하기 때문이며, 일반상대성이론은 관찰자들 사이의 관계가 등속뿐만 아니라 일반적인 가속(감속) 관계인 경우로 일반화하였기 때문이다. 이런 연유로 특수상대성이론이 완성된 후 약 10년 뒤에 일반상대성이론이 완성되었다. 일반상대성이론은 특수상대성이론의 일반화로서 논리적 확장의 귀결로 여길 수도 있을 것이다. 그렇다면, 특수상대성이론은 왜 생겨나게 되었을까?

19세기말 당시 물리학의 두 가지 큰 기본 이론은 뉴턴의 역학과 막스웰의 전자기 이론이었다. 그런데 두 이론 사이에는 논리적인 모순이 존재하고 있었다. 뉴턴의 역학 체계에 의하면 빛의 속력은 관찰자에 따라 변할 수도 있는데 반하여, 막스웰의 전자기 이론에서는 빛의 속력은 관찰자와 무관하게 항상 일정하게 주어진다. 그런데 그 당시까지 뉴턴의 역학과 막스웰의 전자기 이론은 각각의 적용 분야에서 모두 한 치의 오차도 없이 정확하게 모든 현상을 설명하고 있었다.

때문에 두 이론 사이의 이러한 이론적 상호 모순은 반드시 해결되어야 할 이론적 과제였으며, 당시 아인슈타인뿐만 아니라 다수의 이론물리학자들이 이 문제의 해결을 위하여 노력하였다. 예컨대, 특수상대성이론에서의 좌표 변환은 로렌츠 H. A. Lorentz

의 이름을 붙인 '로렌츠 변환'이라고 명명된 것이 하나의 예다. 결국 아인슈타인이 특수상대성이론으로 이 두 이론 사이의 모순에 대한 답을 주었는데, 그 결과는 막스웰의 전자기 이론이 맞고, 뉴턴의 역학 체계가 수정되어야 한다는 것이었다. 이 새로운 이론 체계에 의하면 우리가 그전까지 분리하여 생각하여 왔던 시간과 공간이 서로 분리할 수 없는 시공간의 합해진 개념으로 존재하여야 하며, 때문에 관찰자가 속해 있는 계의 변환에 따라 시간의 연장도 가능하게 되는 것이다. 이러한 이론 체계 변화의 결과로서 우리는 원자폭탄의 바탕 원리가 되는 질량-에너지 등가 관계식도 얻게 되었다. 일반상대성이론은 특수상대성이론의 일반화로서 가속계들 사이의 일반적인 관계를 다루게 되는데, 일반상대성이론의 대전제인 등가원리 equivalence principle 는 중력에 의한 가속 현상과 일반적인 힘에 의한 가속 현상을 구분할 수 없다는 것이다. 이러한 동등함에 의하여 일반상대성이론은 중력 현상을 설명하는 이론이 되었고, 곧 중력의 기본 이론으로 정립되었다. 이처럼 상대성이론은 그 발단이 뉴턴의 고전역학과 막스웰의 고전전자기학 사이의 이론적 모순에 기인하고 있는데, 그렇다면 양자역학은 무슨 연유로 생겨나게 되었을까?

우리는 다음 절에서 양자역학이 생겨나게 된 중요한 배경들에 대하여 좀 더 자세히 다루겠지만, 간단히 얘기하자면 이는 19세기 후반 과학기술의 진전으로 인하여 알려진 새로운 실험 현상들 때문이었다. 이러한 새로 알려진 현상들은 기존의 물리학 이론 체계인 고전역학과 고전전자기학을 가지고는 그 설명이 불가능하였다. 때문에 이러한 새로운 현상들을 설명하기 위한 새로운 이론 체계로서 양자역학이 등장하게 된 것이다.

물리학의 새로운 이론 체계는 항상 그 이전의 모든 결과들을 함께 설명할 수 있어야 하는데, 양자역학도 이 점에서 예외는 아니다. 즉, 뉴턴의 고전역학이 양자역학의 틀 안에서 모두 이해될 수 있으며, 고전전자기학 역시 양자역학의 상대론적 체계인 양자전기동역학 quantum electrodynamics 으로 정확한 예측이 가능하다. 그리고 핵력인 약력과 강력 역시 모두 양자역학에 바탕한 게이지 gauge 양자장론들로 그 정확한 예측이 가능하다.

그러나 천체 현상을 지배하는 중력 현상만은 아직까지도 양자역학적 틀에서 이

해되지 못하고 있는데, 이는 중력 현상을 설명하는 일반상대성이론을 양자역학적인 체계로 이해하려 하면 모순이 나타나기 때문이다. 즉, 일반상대성이론의 체계를 양자역학적 틀로 가지고 가면 계산으로 얻은 값이 무한대가 되는 발산이 나타나게 되어 물리 현상의 모순 없는 이해가 불가능하다.

이는 특수상대성이론의 발단이 되었던 19세기말 고전역학과 고전전자기학 체계 사이의 이론적 상호 모순과도 비슷하다고 하겠다. 이는 양자역학과 상대성이론이라는 현재 물리학의 바탕을 이루는 두 이론 체계가 서로 모순됨을 의미한다. 때문에 우리는 중력계와 그 나머지 자연 현상을 현재 각각 정확히 기술하고 있는 일반상대성이론과 양자역학을 함께 아우를 수 있는 새로운 이론 체계를 찾아내야 할 처지에 있다. 실제로 중력 이론을 양자역학과 조화시킬 가상의 이론인 '양자중력' 이론의 정립은 현재 이론 물리학계의 최대 현안이다. 양자중력 이론의 유력한 후보로는 현재 끈이론이 알려져 있지만, 아직까지도 양자중력 이론의 바탕 원리는 여전히 베일에 가려져 있다.

## 제 1.2 절   흑체복사 Blackbody Radiation

양자역학의 탄생을 알리는 플랑크 M. Planck 의 양자가설 quantum hypothesis 을 이끌어 낸 흑체복사 blackbody radiation 현상은 19세기 후반의 커다란 수수께끼였다. 우리는 물체가 뜨거워지면 열과 빛을 방출하는 것을 잘 알고 있다. 이렇게 방출되는 열과 빛을 통칭하여 복사 radiation 라고 하는데, 이때 방출되는 열도 실제는 적외선처럼 빛에 속한다. 물체의 온도가 변하면 방출되는 빛의 분포 (색과 세기) spectrum 도 변하는데, 예컨대 쇠를 달구면 어두운 붉은색에서 온도가 높아질수록 밝은 노란색으로 변해가는 것과 같다. 사실 이때 어떤 주어진 온도의 물체에서 방출되는 복사파는 실제는 많은 종류의 색들을 포함하고 있지만, 우리는 이중 가장 강한 세기의 빛을 특정 온도에서 방출되는 빛의 색으로 여기게 된다.

1859년 키르히호프 G. Kirchhoff 는 이러한 복사파의 분포가 물체의 종류에 따라 다르지 않고, 오직 온도에만 의존한다는 것을 밝혔다. 즉, 같은 온도로 달구어진 물체는 돌이든 쇠든 방출하는 빛의 분포가 똑같다는 것이다. 여기서 우리는 어떤 물체로 밀폐된 공간을 만들고 그 벽에 아주 작은 구멍을 낸 경우를 생각해 보기로 하겠다. 이 경우 시간이 흘러 밀폐된 공간 내부와 그 벽면의 온도가 같아진 평형상태에 도달하였다면, 밀폐된 공간 내부에 존재하는 복사파의 분포는 내부 벽면에서 방출되는 복사파의 분포와 같을 것이고, 이는 작은 구멍을 통하여 외부로 방출되는 복사파의 분포와도 같을 것이다. 또한 이 복사파의 분포는 키르히호프의 법칙에 따라 오직 내부 벽면의 온도에만 의존할 것이다. 그런데 이 밀폐된 공간의 벽면에 뚫린 작은 구멍을 통하여 외부에서 안으로 들어간 빛은 내부 벽면에서 반사되어 다시 그 구멍을 통하여 외부로 나올 확률이 거의 없으므로 우리는 이 작은 구멍을 모든 빛을 흡수하는 검은색 물체에 견주어 흑체 blackbody 라고 하며, 이 작은 구멍으로부터 방출되는 빛을 흑체복사라고 한다.

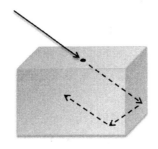

그림 1.1: 흑체의 정의

## 1.2.1 빈의 변위법칙 Wien's Displacement Law

1893년 빈 W. Wien 은 이러한 흑체복사에서 방출되는 빛의 분포가 다음과 같음을 밝혔다. 즉, 복사파의 에너지밀도($u$)를 진동수($\nu$)와 절대온도($T$)의 함수로 다음과 같이 표현하였다.

$$u(T, \nu) = \nu^3 F(\frac{\nu}{T}) \tag{1.1}$$

여기서 함수 $F$ 는 임의의 연속함수로 정의하였다. 이때 진동수와 파장($\lambda$)은 $\lambda = \frac{c}{\nu}$ ($c$ 는 빛의 속력)의 관계에 있으므로, 어떤 특정 온도에서 가장 센 에너지밀도를 갖는 진동수 $\nu_{max}$ 는 $\nu_{max}/T$ 가 어떤 특정한 값으로 주어지는 값에 해당할 것이다. 그런데 이러한 관계는 모든 온도 $T$ 에 대하여 동일할 것이므로 이를 파장으로 바꾸어 생각하면 다음과 같은 결론을 얻는다. 주어진 특정 온도에서 가장 많이 방출되는 빛의 파장, 즉 가장 강한 세기를 갖는 빛의 파장($\lambda_{max}$)과 그 온도($T$)를 곱한 값은 항상 동일한 상수($C_0$)값을 갖는다는 것이다(문제 1.3).

$$\lambda_{max}T = C_0 = 0.2898 \text{ cm}K \tag{1.2}$$

위 공식은 온도에 따라 우리가 인지하는 복사파의 색이 어떻게 변하는지를 알려주므로 이를 빈의 변위법칙 Wien's displacement law 이라고 부른다(그림 1.2 참조). 한편, 흑체복사에 대한 실험적인 측정 자료는 이미 19세기 말쯤에 정확하게 알려졌지만, 그 당시까지 다른 모든 현상들을 잘 설명하고 있던 뉴턴 역학이나 맥스웰 전자기이론과 같은 고전물리학 개념을 써서는 이 실험 자료들을 전혀 설명할 수 없었다.

## 1.2.2 레일리-진스의 공식 Rayleigh-Jeans Formula

고전물리학적 개념을 사용한 복사 에너지밀도 공식의 완전한 유도는 이후 레일리 J. Rayleigh 와 진스 J. Jeans 에 의하여 이루어졌다. 이제 레일리와 진스가 얻은 고전물리학적 개념을 사용한 흑체복사 공식을 구해보도록 하자. 우리는 논의의 편의를 위하여 흑체 내부의 밀폐된 빈 공간을 한 변의 길이가 $L$ 인 정육면체라고 생각하겠다. 그리고 흑체 내부의 빈 공간과 그 벽면은 온도 $T$ 의 평형상태에 있다고 가정한다. 이 경우, 정육면체 내부 공간에 존재하는 파동은 각 방향마다 정상파 standing wave 의 조건,

$$\sin k_x L = 0, \ \sin k_y L = 0, \ \sin k_z L = 0 \tag{1.3}$$

을 만족하여야 하므로 다음 조건들을 충족시켜야 한다.

$$k_x L = n_x \pi, \ n_x = 1, 2, 3, \ldots$$
$$k_y L = n_y \pi, \ n_y = 1, 2, 3, \ldots$$
$$k_z L = n_z \pi, \ n_z = 1, 2, 3, \ldots \tag{1.4}$$

8

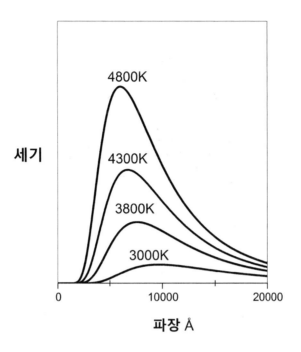

그림 1.2: 흑체복사의 온도에 따른 분포곡선: 복사파(에너지밀도)의 세기와 복사파의 파장 사이의 관계를 나타낸다.

여기서 파동수 wave number 는 파장과 다음과 같은 관계에 있으므로

$$k^2 = k_x^2 + k_y^2 + k_z^2 \equiv \left(\frac{2\pi}{\lambda}\right)^2 \tag{1.5}$$

우리는 주어진 파장에서 가능한 파동들의 상태에 대한 다음 식을 얻는다.

$$n^2 = n_x^2 + n_y^2 + n_z^2 = \left(k_x^2 + k_y^2 + k_z^2\right)\left(\frac{L}{\pi}\right)^2 = \left(\frac{2L}{\lambda}\right)^2 \tag{1.6}$$

위의 관계식으로부터 우리는 파장 $\lambda$ 와 $\lambda - d\lambda$ 사이에 존재하는 정상파의 개수를 알 수 있다. 위에 주어진 파장의 범위를 정상파의 수 $n$ 과 $n + dn$ 으로 표현하고 이 범위 내에 존재하는 정상파의 개수를 $dN$ 이라고 하자. 그림 1.3에서 보는 것처럼 각 방향의 정상파의 개수 $n_x \equiv n_1$, $n_y \equiv n_2$, $n_z \equiv n_3$ 는 모두 양수이므로, 0 부터 $n$ 까지 이르는 실제 정상파의 전체 개수 $N$ 은 정수 $n$ 이 굉장히 크다고 할 때 반지름이 $n$ 인 구의

9

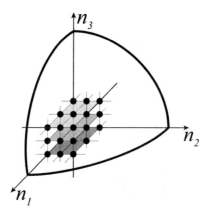

그림 1.3: 3차원 정상파의 개수

체적에 인자 $(\frac{1}{2})^3$ 을 곱한 값이 된다.

$$N(n) = \frac{4\pi n^3}{3} \times \frac{1}{8} \tag{1.7}$$

그러므로 $n$ 과 $n+dn$ 사이에 존재하는 정상파의 개수 $dN$ 은 다음과 같이 쓸 수 있다.

$$dN = 4\pi n^2 dn \times \frac{1}{8} = \frac{\pi}{2} n^2 dn \tag{1.8}$$

여기서 빛의 속력 $c = \nu\lambda$ 로 표현되고, 위에서 얻은 $n = \frac{2L}{\lambda}$ 의 관계식을 진동수 $\nu$ 로 표현하면 $n = \frac{2L\nu}{c}$ 가 되므로, 식 (1.8)은 다음과 같이 표현할 수 있다.

$$dN = \frac{4\pi L^3 \nu^2}{c^3} d\nu \tag{1.9}$$

그러므로, 단위체적 안에 존재하는 진동수 $\nu$ 와 $\nu + d\nu$ 사이에 존재하는 파동의 개수 (자유도의 개수)는 $4\pi\nu^2/c^3$ 이 된다. 그런데, 빛의 경우 두 가지 편광 방향을 가질 수 있으므로, 주어진 진동수에서의 실제 단위체적당 자유도는 다음과 같이 주어진다.

$$\rho(\nu) = \frac{8\pi\nu^2}{c^3} \tag{1.10}$$

한편, 고전적으로 절대온도 $T$ 에서 자유도 하나가 갖는 평균에너지는 $k_B T$ 로 주어진다. 여기서 $k_B$ 는 볼츠만 상수 Boltzmann constant 로 $1.3807 \times 10^{-16} \mathrm{erg}/K$ 의

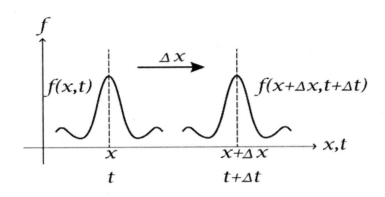

그림 1.4: 파동의 전파

값을 갖는다. 그러므로 단위체적당 복사에너지 $u(\nu, t)$의 고전적인 값은 자유도의 개수에 고전적인 자유도 당 평균에너지를 곱한 다음의 레일리-진스 공식으로 주어진다.

$$u(\nu, T) = \frac{8\pi\nu^2}{c^3} k_B T \qquad (1.11)$$

그런데 이 레일리-진스의 공식은 낮은 진동수에서는 실험치와 잘 맞지만, 진동수가 커지면 발산하게 되어 실험치와 맞지 않는다.

● **파동수와 각진동수 Wave Number and Angular Frequency**

$+x$ 방향으로 $v$ 의 속력으로 진행하는 파동은 흔히 $f(x - vt)$의 함수 형태로 표현되는데, 그 이유는 다음과 같다. 시간이 $\triangle t$ 만큼 흐르고, 위치가 $\triangle x$ 만큼 바뀌었을 때 파동의 상태가 원래와 동일하게 된다면, 다음의 관계가 성립한다(그림 1.4 참조).

$$f(x + \triangle x, t + \triangle t) = f(x, t) \qquad (1.12)$$

여기서 파동의 전파 속도는 $\frac{\triangle x}{\triangle t}$ 라고 할 수 있을 것이다. 조건식 (1.12)는 함수 $f$ 가 $f(x - vt)$의 꼴을 가질 때 다음의 조건이 성립하면 만족된다.

$$(x + \triangle x) - v(t + \triangle t) = x - vt \qquad (1.13)$$

위 식은 $v = \frac{\triangle x}{\triangle t}$ 의 관계를 주므로 이로부터 우리는 파동함수가 $f(x - vt)$의 꼴로 주어질 때, $v$ 는 파동의 전파 속도임을 알 수 있다. 그러므로 우리는 $+x$ 방향으로 진행하는

11

사인 파동 sine wave 을 다음과 같은 사인 함수로 나타낼 수 있을 것이다.

$$f(x,t) = A\sin(kx - wt) \tag{1.14}$$

여기서 파동의 크기를 주는 $A$ 는 진폭 amplitude, $k$ 는 파동수 wave number, $w$ 는 각진동수 angular frequency 라고 하며 파동의 전파 속도는 $w/k$ 로 주어진다. 파동수는 줄여서 파수라고도 부른다. 이제 파수와 각진동수의 의미를 잠시 살펴보자.

먼저 위치 $x$ 가 $x + \lambda$ 만큼 바뀌었을 때 파동의 변화가 없다면 우리는 $\lambda$ 를 파장 wavelength 이라고 부르며, 단위 길이 당 파장의 개수는 $1/\lambda$ 가 된다. 그런데 1 파장을 1 회전과 같이 생각하면 이는 각도로 $2\pi$ 에 해당하므로 라디안 radian 단위로 단위 길이 당 파장의 수는 $2\pi/\lambda$ 로 표현할 수 있다. 우리는 이를 통상 $k$ 로 쓰고, 파수라고 부른다.

$$k = \frac{2\pi}{\lambda} \tag{1.15}$$

마찬가지로 시간이 $t$ 에서 $t + T$ 로 흘렀을 때 파동의 변화가 없다면 우리는 $T$ 를 주기 period 라고 부르며, 단위 시간당 파동의 개수는 $1/T$ 가 된다. 이러한 단위 시간 당 파동의 수를 진동수 frequency 라고 하며, 통상 $\nu$ 로 표현한다. 여기에 $2\pi$ 를 곱한 것을 각진동수라고 부르며 통상 $w$ 로 표현한다.

$$w = 2\pi\nu = 2\pi/T \tag{1.16}$$

이러한 관계를 써서 실제로 위치가 파장만큼, 시간이 주기만큼 변화하였을 때 위상 변화를 점검해 보자. 먼저, 위치 $x$ 가 $x+\lambda$ 만큼 바뀌었을 때의 위상 변화는 $k(x+\lambda)-kx = k\lambda = 2\pi$ 가 되어 사인 파동함수가 동일한 값을 가지며, 시간이 $t$ 에서 $t+T$ 로 흘렀을 때의 위상 변화도 $w(t+T) - wt = wT = 2\pi$ 가 되어 사인 파동함수가 역시 동일한 값을 갖는다. 이처럼, 각진동수와 파수는 각각 단위 시간과 단위 공간(거리)당 파동의 수를 라디안으로 표현한 것이고, 주기와 파장 역시 각각 시간과 공간적으로 대응하는 개념임을 기억하자.

## ● 고전적인 평균에너지의 산출

통계역학적으로 절대온도 $T$ 의 계가 에너지 E 를 가질 확률은 볼츠만 인자 Boltzmann

factor, $e^{-\frac{E}{k_B T}}$ 에 비례하므로, 계의 평균에너지는 가능한 모든 에너지를 이러한 확률로 가중 평균한 값이 될 것이다. 즉, 다음과 같이 쓸 수 있다.

$$E_{av} = \frac{\int_0^\infty E e^{-\frac{E}{k_B T}} dE}{\int_0^\infty e^{-\frac{E}{k_B T}} dE}. \tag{1.17}$$

여기서 $(\frac{1}{k_B T}) \equiv \beta$ 로 놓고, 분모를 $I$로 표시하면,

$$\int_0^\infty e^{-\beta E} dE \equiv I, \tag{1.18}$$

분자는 다음과 같이 쓸 수 있다.

$$\int_0^\infty E e^{-\beta E} dE = -\frac{dI}{d\beta} \tag{1.19}$$

그러므로 계의 평균에너지는 다음과 같이 되어,

$$E_{av} = -\frac{dI}{d\beta} / I = -\frac{d(\ln I)}{d\beta}, \tag{1.20}$$

식 (1.18)에서 얻는 실제 적분값 $I = \beta^{-1}$을 적용하여 다음의 결과를 얻는다.

$$E_{av} = -\frac{d}{d\beta}(\ln \beta^{-1}) = 1/\beta = k_B T \tag{1.21}$$

### 1.2.3 플랑크의 양자가설 Planck's Quantum Hypothesis

1900년 12월, 플랑크는 흑체복사의 측정 자료와 일치하는 결과를 얻기 위하여 방출된 빛의 에너지가 특정한 상수($h$)에 진동수($\nu$)를 곱한 값의 정수배로만 주어진다고 가정하였다.

$$E = nh\nu \quad (n = 1, 2, 3 \cdots) \tag{1.22}$$

여기서 플랑크 상수 Planck constant 라 불리는 $h$ 의 값은 $6.6261 \times 10^{-27} \text{erg} \cdot \text{s}$ 이다. 이와 같이 방출된 빛의 에너지가 연속적이지 않고, 기본 에너지 뭉치 quantum 인 $h\nu$ 의 정수배로만 주어진다는 가정은 빛이 파동으로서 그 에너지가 연속적 값을

갖는다는 고전물리학 개념과 배치된다. 빛의 에너지가 어떤 기본값의 정수배로만 주어진다는 고전물리학에서 벗어난 플랑크의 이 새로운 가정을 우리는 양자가설 quantum hypothesis 이라고 한다. 이 경우, 방출된 빛의 평균에너지는 다음과 같이 쓸 수 있다.

$$E_{av} = \frac{\sum_{n=0}^{\infty} nh\nu e^{-\frac{nh\nu}{k_B T}}}{\sum_{n=0}^{\infty} e^{-\frac{nh\nu}{k_B T}}} \tag{1.23}$$

이를 계산하기 위하여 다시 $\frac{1}{k_B T} \equiv \beta$ 로 놓고, 분모를 $I$ 로 표시하여 아래와 같이 무한급수 합의 공식을 적용하면, 다음 결과를 얻는다.

$$I = \sum_{n=0}^{\infty} e^{-nx} = \frac{1}{1-e^{-x}}, \quad x \equiv h\nu\beta \tag{1.24}$$

분자는 앞에서와 마찬가지로 분모를 $-\beta$ 로 미분한 것과 같으므로, 식 (1.23)은 다음과 같이 쓸 수 있다.

$$E_{av} = -\frac{d \ln I}{d\beta} = -\frac{d \ln(1-e^{-h\nu\beta})^{-1}}{d\beta} = \frac{h\nu}{e^{h\nu\beta}-1} \tag{1.25}$$

이를 앞에서 구한 단위체적당 자유도의 개수와 곱하면 아래와 같은 흑체복사 에너지의 밀도를 얻을 수 있다. 우리는 이 관계식을 플랑크의 흑체복사 공식이라고 한다.

$$u(\nu, T) = \frac{8\pi\nu^2}{c^3} \cdot \frac{h\nu}{e^{h\nu\beta}-1} = \frac{8\pi h\nu^3}{c^3} \cdot \frac{1}{e^{\frac{h\nu}{k_B T}}-1} \tag{1.26}$$

이 플랑크의 흑체복사 공식은 실험적으로 얻어진 측정치와 완벽하게 일치한다.

전체 흑체복사 에너지 밀도는 모든 진동수에서의 에너지 밀도를 더하여 얻을 수 있으며 다음의 스테판-볼츠만 공식 Stefan-Boltzmann law 으로 주어진다(문제 1.1).

$$U(T) = \int_0^{\infty} d\nu \, u(\nu, T) = aT^4 \tag{1.27}$$

여기서 $a = 7.56 \times 10^{-15} \text{erg/cm}^3 K^4$ 이다.

## 제 1.3 절   광전효과 Photoelectric Effect

20세기에 접어들면서 빛을 금속 표면에 쪼이면 금속 표면에서 전자가 방출되는 현상이 발견되었으니 이를 광전효과라고 한다. 이 경우, 쪼여진 빛의 파장에 따라 전자가 방출되거나 전혀 방출되지 않거나 하였으며, 방출 유무는 빛의 세기와는 무관하였다. 다만 전자가 방출될 경우, 방출되는 전자의 개수는 빛의 세기에 비례하였고, 방출되는 전자의 에너지는 쪼여진 빛의 파장에 따라 달라졌다. 예컨대 어떤 금속 표면에 노란색을 쪼이면 아무리 강한 빛을 쪼여도 반응이 전혀 없다가 파란색을 쪼이면 굉장히 약한 빛을 쪼여도 전자가 방출되는 식이었다. 방출되는 전자의 수는 빛의 세기가 강해질수록 더 많아졌고, 방출되는 개별 전자의 운동에너지는 쪼이는 빛의 파장이 짧을수록 더 커졌다. 고전물리학적으로는 빛의 세기에 따라 전자의 에너지가 증감할 것으로 예측되지만 실험 측정치는 그렇지 않음을 보여준 것이다.

한편, 플랑크의 양자가설은 흑체복사 실험 측정치를 완벽하게 맞추었지만, 양자가설이 의미하는 바가 무엇인지는 아무도 설명하지 못하였다. 1905년 아인슈타인은 플랑크의 양자가설을 다음과 같이 해석하여 광전효과를 설명하였다. 즉, 빛은 알갱이들로 이루어지고 빛 알갱이 하나의 에너지가 플랑크의 양자가설에서 나오는 기본 에너지 뭉치 $h\nu$ 라는 것이다. 그리고 빛의 세기, 즉 빛 에너지는 빛 알갱이의 개수에 비례한다는 것이다. 따라서 빛의 알갱이가 금속 내의 자유전자와 부딪혀서 흡수되면 전자를 금속에 묶어두는 속박에너지(이를 금속의 일함수 work function 라고 한다)보다 흡수된 빛 알갱이의 에너지가 클 경우 전자는 다음과 같은 운동에너지를 가지고 금속으로부터 튀어나오게 된다.

$$K.E. = h\nu - \Phi, \qquad \Phi : \text{일함수} \tag{1.28}$$

때문에 빛의 진동수 $\nu$ 가 충분히 커서 빛 알갱이의 에너지 $h\nu$ 가 일함수 $\Phi$ 보다 커질 경우 전자는 방출되게 된다. 빛 알갱이의 개수는 쪼여준 빛의 세기에 비례하므로 방출되는 전자의 개수 역시 쪼여준 빛의 세기에 따라 변하게 된다. 한편, 빛의 진동수가 작아서 빛 알갱이의 에너지가 일함수보다 작을 경우에는 빛 알갱이를 흡수하더라도 전자가 금속 밖으로 나갈 수 없어 방출은 실현되지 않는다. 이러한 가정으로 광전효과 현상은 완벽하게 설명되었으며, 이는 이때까지 파동으로만 여겨왔던 빛이 입자임을 말해주는 것이다. 이러한 빛 알갱이를 우리는 광자 photon 라고 부른다.

1923년 컴프턴 A. Compton 의 실험에 의하여 빛이 알갱이라는 개념이 확인되었고,

아인슈타인은 광전효과에 대한 설명으로 노벨상을 받았다. 그러나 그전까지는 대다수 물리학자들이 빛이 알갱이라는 개념을 전혀 탐탁하게 생각하지 않았다. 예컨대 전하의 기본 단위를 측정한 밀리칸 R. Millikan 은 1915년에 아인슈타인의 광전효과 공식이 모든 면에서 완벽하게 들어맞는 실험결과들을 직접 확인하였으나 여전히 "아인슈타인의 광자 '가설'은 전적으로 유지될 수 없으며 무모한 가정"이라고 평하였다. 빛이 광자라는 개념은 컴프턴의 실험에 의하여 비로소 완전한 인정을 받게 되었는데, 그는 빛 ($X$-레이)이 전자와 부딪혀 진로를 바꿀 때 빛의 진동수가 변하는 현상을 발견하였다. 이러한 현상은 전혀 예상할 수 없었던 결과로 통상 파동이 물체에 부딪혀 반사되거나 진로를 바꿀 때 진동수가 변하지 않는다는 것과 배치되며, 이는 빛이 에너지 $h\nu$ 를 갖는 입자(광자)로서 전자와 충돌하였을 때를 가정한 결과와 완벽하게 일치하였다. 이로서 빛이 광자라는 개념을 둘러싼 논란은 가라앉게 되었다.

### • 빛의 파동성 - 영의 간섭실험 Young's Double Slit Experiment

광전효과에 대한 아인슈타인의 광자 가설 이전까지 빛은 파동으로만 여겨졌었는데 빛이 파동인지 입자인지 그 정체성에 대해서는 이미 17세기 뉴턴 당시에도 논쟁거리였다. 당시, 뉴턴은 빛의 입자성을 주장하였고, 호이겐스 C. Huygens 는 빛의 파동설을 주장하였는데, 이러한 논쟁을 잠재운 것은 영국의 의사인 영 T. Young 이 1801년 행한 이중 슬릿을 사용한 간섭실험이었다(그림 1.5 참조). 빛은 한 개의 슬릿을 통해 들어온 후 두 개의 슬릿(이중 슬릿)을 통과하여 스크린에 도달한다. 여기서 이중 슬릿의 한

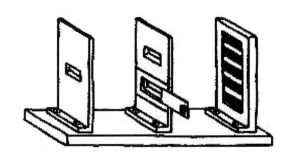

그림 1.5: 영의 이중 슬릿 간섭실험 (보어의 그림 발췌 [2])

16

슬릿은 열고 닫을 수 있게 되어 있다. 이중 슬릿을 모두 열어 놓으면 스크린에는 밝은 줄과 어두운 줄이 교대로 나타난다. 만약 이중 슬릿에서 아래 슬릿을 막고 위 슬릿만 열었을 경우에는 넓고 밝은 줄 하나가 두 슬릿 사이의 중간 지점에 해당하는 위치로부터 조금 위로 치우쳐서 나타난다. 만약 아래 슬릿을 열고 위 슬릿을 막고 할 경우는 그 반대로 밝은 줄이 나타난다. 여기서 두 슬릿을 모두 열고 관찰하면 위나 아래에 나타난 밝은 부분이 합해져 모두 더 밝아져야 하겠지만, 특정 부분에서는 밝아지지 않고 오히려 어둡게 나타나는 현상이 일어난다. 즉, 밝은 줄과 어두운 줄이 교대로 나타난다. 이렇게 밝은 줄과 어두운 줄이 교대로 나타나는 현상을 우리는 빛의 간섭 interference 이라고 한다. 빛이 만약 입자라면 이중 슬릿의 두 슬릿에 의하여 생긴 각각의 밝은 줄은 합해져서 두 밝은 줄의 어느 부분을 보던 간에 조금씩은 더 밝아지게 되고 밝았던 부분이 어두워지는 일은 결코 없을 것이다.

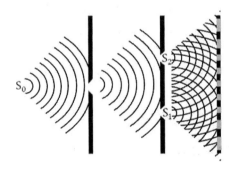

그림 1.6: 물결파의 간섭 현상

한편, 이러한 간섭현상은 빛이 파동이라면 가능하다. 예컨대 연못에 돌을 던지면 물 표면의 물결 파동은 동심원으로 퍼져나간다. 만약 여기에 구멍이 하나 뚫린 막과 두 개 뚫린 막을 차례로 설치하고, 그 다음에 스크린에 해당하는 막을 설치하면 그 막의 각 위치에서 파동의 크기에 해당하는 물결의 높이를 측정하면 파동이 서로 상쇄되거나 보강되어 물결의 크기(높이의 절대값)가 큰 점과 작은 점들이 번갈아 나타난다 (그림 1.6 참조). 즉, 영의 이중 슬릿 실험에서와 같은 간섭 현상이 나타난다. 그러므로 우리는 영의 이중 슬릿 실험을 통하여 빛이 파동임을 알 수 있다. 영의 실험 이후 물

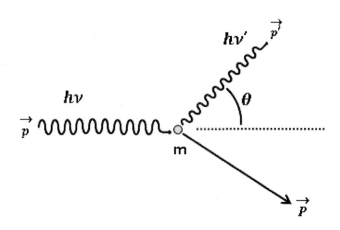

그림 1.7: 컴프턴 산란(충돌) 도식도

리학자들은 빛의 파동이론을 더욱 발전시켰으며, 다양한 광학적 현상들을 설명할 수 있었다. 이후 1860년대에 영국의 막스웰은 전기와 자기 이론을 통합한 전자기이론을 완성하여 빛이 전자기파임을 이끌어냈다. 즉, 막스웰은 자신의 전자기 파동방정식에서 그 파동의 속력이 빛의 속력과 같음을 보였다. 그리고 얼마 후 헤르츠 H. Hertz 는 빛이 전자기파임을 실험적으로 입증하였다.

### ● 빛의 입자성 - 컴프턴 효과 Compton Effect

1923년 미국의 물리학자 컴프턴은 $X$-레이를 흑연(탄소) 표적에 쏘아 산란각도 scattering angle 를 달리 했을 때 그에 따라 산란된 $X$-레이의 파장이 달라짐을 보였다. 이는 고전물리학적으로 전혀 설명할 수 없는 현상으로 컴프턴은 $X$-레이(빛)가 운동량 $\frac{h\nu}{c}$를 갖는 입자처럼 행동한다고 가정하면 이 결과를 설명할 수 있음을 보였다. 이 현상을 우리는 컴프턴 효과라고 부른다. 실제 실험에서는 두 가지 파장이 관측되었는데, 하나는 탄소원자와 단단하게 결합된 내부 전자들에 의한 산란인데, 이는 원자 전체와의 충돌이나 같으므로 파장이 변하지 않고, 다른 하나는 거의 자유전자처럼 느슨하게 결합된 외각전자들에 의한 산란으로 파장이 변한다. 여기서는 변화된 파장의 경우에 대해서만 생각하기로 하겠다.

이제 그림 1.7과 같은 컴프턴 충돌 실험을 생각해보자. 전자는 충돌 전 정지 상태에 있고, 충돌 후 운동량 $\vec{P}$ 를 가지며, 광자는 충돌 전후의 진동수와 운동량이 각각 $\nu, \nu'$ 과 $\vec{p}, \vec{p}\,'$ 이라고 하자. 그러면 운동량 보존에 의해 다음의 관계식이 성립한다.

$$\vec{p} = \vec{p}\,' + \vec{P} \tag{1.29}$$

이는 다시 $\vec{P} = \vec{p} - \vec{p}\,'$ 의 관계를 주므로 다음 식을 얻는다.

$$P^2 = p^2 + p'^2 - 2\vec{p} \cdot \vec{p}\,' \tag{1.30}$$

이제 전자의 질량을 $m$ 이라 하면 충돌 전후의 에너지 보존에서 다음 관계가 성립한다.

$$h\nu + mc^2 = h\nu' + (m^2c^4 + P^2c^2)^{1/2} \tag{1.31}$$

이는 다시 다음과 같이 쓸 수 있다.

$$
\begin{aligned}
m^2c^4 + P^2c^2 &= (h\nu - h\nu' + mc^2)^2 \\
&= (h\nu - h\nu')^2 + 2mc^2(h\nu - h\nu') + m^2c^4
\end{aligned} \tag{1.32}
$$

한편, $p = \frac{h\nu}{c}$, $p' = \frac{h\nu'}{c}$ 의 관계를 사용하면, 식 (1.30)은 다음과 같이 쓸 수 있다.

$$P^2 = \left(\frac{h\nu}{c}\right)^2 + \left(\frac{h\nu'}{c}\right)^2 - 2\frac{h\nu}{c}\frac{h\nu'}{c}\cos\theta \tag{1.33}$$

이는 다음과 같이 다시 쓸 수 있으므로,

$$P^2c^2 = (h\nu - h\nu')^2 + 2h\nu h\nu'(1 - \cos\theta), \tag{1.34}$$

이를 식 (1.32)에 적용하면 다음 관계식을 얻는다.

$$2h\nu h\nu'(1 - \cos\theta) = 2mc^2(h\nu - h\nu') \tag{1.35}$$

이제 $c = \nu\lambda = \nu'\lambda'$ 의 관계를 적용하면 이는 최종적으로 다음과 같이 쓸 수 있다.

$$\lambda' - \lambda = \frac{h}{mc}(1 - \cos\theta) \tag{1.36}$$

여기서 $\frac{h}{mc}$ 는 길이의 단위를 가지는데, 우리는 이를 전자의 컴프턴 파장 Compton wavelength 이라고 하며 그 값은 $2.4 \times 10^{-12}m$ 이다. 빛의 파장 변화와 전자의 충돌 후 되팀운동량 recoil momentum 은 측정 가능하며 실험 결과들은 위의 이론적 분석과 일치한다. 이는 빛($X$-레이) 알갱이 photon 를 보통의 당구공처럼 취급하는 해석이 옳음을 보여준다. 참고로 컴프턴 파장은 그 파장을 갖는 광자의 에너지가 그 입자의 정지 에너지와 같아지는 때이며,

$$h\nu = h\frac{c}{\lambda} = mc^2 \rightarrow \lambda = \frac{h}{mc} \tag{1.37}$$

입자의 입자성이 유지되는 크기 scale 가 대략 해당 컴프턴 파장 정도라고 생각한다.

이상에서 살펴본 바와 같이 광전효과 현상이나 컴프턴의 실험은 빛의 입자성을, 영의 간섭실험은 빛의 파동성을 의심의 여지없이 보여주고 있다. 즉, 상식적인 관점에서 생각할 때 서로 상반되는 특성을 빛이 함께 가지고 있음을 이 실험들은 보여주고 있는 것이다. 때문에 이러한 서로 상반되는 듯한 자연현상들을 있는 그대로 우리는 인정하여야 하며, 이를 함께 포괄하는 새로운 이론 체계의 당위성이 대두된다.

## 제 1.4 절   보어의 원자 모형 Bohr Atomic Model

1911년 러더포드 E. Rutherford 는 금속 박판에 알파선을 쏘았을 때 대부분의 알파 입자(헬륨 원자핵)들이 통과하였으나 극히 일부가 크게 휘어지거나 튕겨 나오는 것을 관찰하였다. 이는 그 당시의 통상적인 생각과는 상당히 벗어난 결과였다. 1897년 톰슨 J. J. Thompson 이 전자를 발견하였지만, 20세기 들어와서도 원자의 구조는 여전히 잘 알려져 있지 않았다. 톰슨은 원자가 건포도가 들어있는 빵과 같다고 생각하였다. 즉, 양전하를 띤 빵 안에 음전하를 띤 건포도들이 박혀있는 것처럼 생각하였다. 이 모형에 의하면 양전하는 원자 전체에 퍼져있으며, 음전하를 띤 전자는 고정된 점을 중심으로 진동하였다. 그러나 이런 모형에 의하면 알파 입자들이 넓게 퍼져있는 양전하 부분을 통과할 때 받는 힘이 너무 작아서 1° 정도 휘어지기도 어렵다. 또한 알파 입자는 전자보다 수천 배나 무겁기 때문에 전자에 의해서도 휘어질 수가 없다.

때문에 러더포드는 양전하가 원자 내에 퍼져있지 않고, 원자의 중심부에 모여있다고 가정하였다. 여기서 원자의 중심부에 모여 있는 양전하를 띤 물체는 원자 질량의 거의 대부분을 차지하므로 알파 입자들은 원자의 중심 부위를 투과할 수 없으며, 가까이 다가 갈수록 더 큰 각도로 휘어지게 되는 것이다. 따라서 원자 중심부에 있는 양전하를 띤 물체를 원자핵이라 하였고, 러더포드의 이러한 가정은 실험 결과와 잘 일치하였다.

러더포드의 원자 모형에 의하면 원자핵은 아주 작은 크기(러더포드는 원자핵을 원자 크기의 만분의 1 정도로 생각하였으나 실제는 10만분의 1 정도이다)로 원자 중심부에 양전하를 띠고 있고, 전자는 음전하를 띠고 있다. 이 러더포드의 원자 모형에서는 양전하와 음전하는 서로 당기게 되므로 전자가 원자핵에 떨어져 원자가 붕괴되지 않으려면 전자는 궤도 운동을 하여야 한다. 그리고 이러한 궤도 운동을 하는 전자는 가속 운동을 하게 된다. 그런데 막스웰의 전자기이론에 의하면 가속하는 전하를 띤 물체는 에너지를 방출하게 되어 있다.

그러므로 러더포드 모형에서는 전자가 아주 짧은 시간 내에 모든 에너지를 잃고 원자핵으로 떨어져 원자가 붕괴해야만 한다(문제 1.6 참고). 이는 실제로 매우 안정적인 원자들의 상태와 배치되므로 러더포드 원자 모형의 커다란 모순점이었다. 이러한 모순점에 대하여 러더포드는 당시 그의 그룹에 박사후 연구원으로 있던 보어 N. Bohr 에게 그 해결책을 찾아보도록 요청하였다고 한다. 보어는 얼마 지나지 않아서 덴마크로 돌아가게 되었는데, 그는 덴마크로 귀국한 후에도 계속 이에 대한 해결책을 연구하였다. 그리고 1913년에 보어는 다음과 같은 두 가지 가정에 바탕한 원자 모형을 발표하였다.
1) 원자 내의 궤도 운동을 하는 전자는 그 각운동량 angular momentum 이 $\hbar \equiv \frac{h}{2\pi}$ 의 정수배를 만족하여야 하며 (여기서 $h$ 는 플랑크 상수), 이러한 경우 전자는 에너지를 방출하지 않고 안정적인 상태에 있게 된다.(각운동량의 양자화)

$$mvr = n\hbar \qquad (1.38)$$

2) 원자 내부에서 전자들은 위에서 허용된 궤도 상태에서만 존재하고, 하나의 허용된 상태에서 다른 허용된 상태로 불연속적인 전이가 가능하다. 이때 원자는 처음과 나중

상태의 에너지 차이에 해당하는 진동수를 가진 빛을 방출한다.

$$h\nu = E_i - E_f \tag{1.39}$$

보어는 이러한 두 가지 가정을 가지고 그때까지 설명이 불가능하였던 수소 원자의 분광선 spectrum 에 대해서도 설명할 수 있게 되었다. 이를 우리는 보어의 원자모형이라고 한다. 보어의 원자 모형에서는 $Ze$ 의 양전하를 가진 원자핵 주변을 $-e$ 의 음전하를 가진 전자 하나가 원 궤도 운동을 하는 수소꼴 원자 hydrogen-like atom 를 생각한다. 원 궤도 운동에서 전자가 받는 구심력은 원자핵과 전자 사이의 전기적 인력이므로 다음의 조건식이 만족되어야 한다.

$$\frac{mv^2}{r} = \frac{Ze^2}{r^2} \tag{1.40}$$

한편, 전자의 전체 에너지는 운동에너지 Kinetic Energy (K.E.)와 위치에너지 Potential Energy (P.E.)의 합으로 다음과 같이 주어진다.

$$E = K.E. + P.E. = \frac{1}{2}mv^2 - \frac{Ze^2}{r} \tag{1.41}$$

원 궤도 조건식 (1.40)을 적용하면, 전체 에너지는 위치에너지의 1/2 로 주어진다.

$$E = -\frac{1}{2} \cdot \frac{Ze^2}{r} \tag{1.42}$$

여기서 보어의 첫 번째 가정을 적용하면, 원 궤도 조건식은 $mvr \cdot v = n\hbar v = Ze^2$ 로 되어 속력은 다음과 같이 주어진다.

$$v = \frac{Ze^2}{n\hbar} \tag{1.43}$$

이를 다시 원 궤도 조건식에 대입하면 다음 관계식을 얻는다.

$$r = \frac{Ze^2}{mv^2} = \frac{n^2\hbar^2}{Zme^2} \tag{1.44}$$

그러므로 보어 원자 모형에서 전자의 전체 에너지는 다음과 같이 주어진다.

$$E = -\frac{1}{2} \cdot \frac{Ze^2}{r} = -\frac{Ze^2}{2} \cdot \frac{mZe^2}{n^2\hbar^2} = -\frac{1}{n^2} \cdot \frac{mZ^2e^4}{2\hbar^2} \tag{1.45}$$

수소 원자의 경우 $Z = 1$ 이므로, 기술의 편의를 위해 다음과 같은 상수를 도입하자.

$$\frac{me^4}{2\hbar^2} \equiv \hat{\mathbb{R}} = 13.6\text{eV} \tag{1.46}$$

이를 쓰면 보어 모형에서 수소 원자 hydrogen atom $(Z = 1)$의 에너지 준위는 다음과 같이 주어진다.

$$E_n = -\frac{1}{n^2}\hat{\mathbb{R}}, \ n = 1, 2, 3, \cdots . \tag{1.47}$$

따라서 수소 원자의 바닥상태$(n = 1)$ 에너지는 $-13.6eV$가 된다. 이제 전자가 $n_i$ 번째 상태에서 $n_f$ 번째 상태로 전이한다면, 그때 방출되는 빛의 진동수는 보어의 두 번째 가정에 의하여 다음과 같이 쓸 수 있다.

$$\nu = \frac{1}{h}(E_i - E_f) \tag{1.48}$$

이때 빛이 외부로 방출되려면 처음 상태의 에너지가 나중 상태의 에너지보다 높아야 하므로 $n_f < n_i$ 의 조건을 만족하여야 한다. 진동수를 파장으로 나타내고, 식 (1.47)의 에너지 준위를 대입하면, 방출되는 빛의 파장은 다음의 관계식을 만족한다.

$$\frac{1}{\lambda} = \frac{\hat{\mathbb{R}}}{hc}\left(\frac{1}{n_f^2} - \frac{1}{n_i^2}\right) \tag{1.49}$$

여기서 $n_f$ 와 $n_i$ 는 자연수이고, $n_f < n_i$ 의 조건을 만족한다. 이 관계식에서 나타나는 비례 상수를 우리는 리드버그 상수 Rydberg constant 라고 부른다.

$$\frac{\hat{\mathbb{R}}}{hc} \equiv R = 1.097 \times 10^7 m^{-1} \tag{1.50}$$

관계식 (1.49)에 의해 주어진 파장은 그전까지 관찰되었던 수소 원자의 분광선들을 잘 설명하였다. 즉, $n_f = 1$ 은 리만 계열 Lyman series, $n_f = 2$ 는 발머 계열 Balmer series, $n_f = 3$ 은 파센 계열 Paschen series 등 이전까지의 관측 결과들을 완벽하게 설명하였다. 그리고 수소 원자에서 가장 낮은 에너지 상태인 $n = 1$ 인 경우의 궤도 반경을 우리는 보어 반경 Bohr radius 이라고 부르며 통상 $a_0$ 로 표시한다.

$$a_0 \equiv \frac{\hbar^2}{me^2} = 0.529 \times 10^{-10} m \tag{1.51}$$

1914년 프랑크 J. Franck 와 헤르쯔 G. Hertz 는 수은 원자를 가지고 원자 내 전자의 에너지 준위가 보어 원자 모형에서와 같이 불연속적임을 실험적으로 입증하였다.

# 제 1.5 절　드브로이의 물질파 가설

## 1.5.1　드브로이의 물질파 가설 Matter Wave Hypothesis

1924년 드브로이 L. de Broglie 는 물질파 가설 matter wave hypothesis 을 발표하였다. 그것은 질량이 없는 빛 뿐만 아니라 질량이 있는 물질도 원래의 입자성에 더하여 파동성을 갖는다는 것이며, 물질파의 파장은 운동량과 다음과 같은 관계에 있다는 것이다.

$$p = \frac{h}{\lambda} = \hbar k \tag{1.52}$$

여기서 $p$ 는 물체의 운동량, $h$ 는 플랑크 상수, $k$ 는 파수이다. 이렇게 주어진 $\lambda$ 를 우리는 드브로이 파장 de Broglie wavelength 이라고 부른다.

　우리는 앞에서 광전효과를 설명하기 위해 제안된 빛은 알갱이로 되어있다는 아인슈타인의 광자 가설이 1923년 컴프턴의 실험에 의하여 그 입자성이 확인될 때까지 다수의 물리학자들로부터 인정받지 못하였음을 보았다. 이는 앞에서 살펴본 영의 이중슬릿 간섭실험에서 분명하게 나타나는 빛의 파동성을 우리가 인정할 수밖에 없으므로 그것과 명확하게 상반되는 빛의 입자성을 받아들이는 것은 그만큼 더 어렵기 때문이었을 것이다. 하지만, 컴프턴의 실험에 의하여 적어도 빛의 경우에는 서로 상반되는 파동성과 입자성을 함께 가지고 있음을 모든 사람들이 인정하여야만 되었다.

　드브로이는 컴프턴의 실험에 의하여 빛의 경우에 입증된 그러한 상반되는 입자와 파동의 특성을 함께 갖는 이중성을 빛 뿐만 아니라 모든 물질들이 갖는다고 가정하였다. 드브로이의 물질파 가설은 아인슈타인의 광자 가설에서 일반화 시킬 수 있다. 먼저 광자의 에너지 관계식을 다시 쓰면 다음과 같다.

$$E = h\nu = \frac{hc}{\lambda} \tag{1.53}$$

다음으로 빛의 경우 질량이 없으므로 $(m = 0)$, 이를 아인슈타인의 특수상대성이론에 의한 에너지 공식에 적용하면 다음과 같이 된다.

$$E = \sqrt{p^2 c^2 + m^2 c^4} = pc \tag{1.54}$$

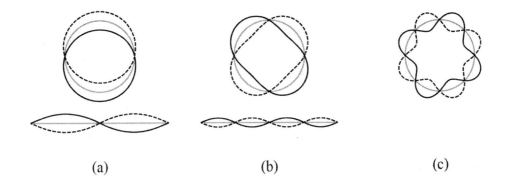

그림 1.8: (a) n=1 인 경우의 정상파동과 원 궤도에서의 드브로이 정상파동

(b) n=2 인 경우의 정상파동과 원 궤도에서의 드브로이 정상파동

(c) n=4 인 경우의 원 궤도에서의 드브로이 정상파동

위 두 관계식으로부터 우리는 드브로이의 공식 $p = h/\lambda$ 을 얻을 수 있다.[1] 이러한 아인슈타인의 광자 가설에서 나타나는 운동량과 파장 사이의 관계를 드브로이는 질량이 없는 빛의 경우에서 질량이 있는 일반적인 경우로 확장하여 주장한 것이다.

이러한 물질파 가설을 보어의 수소 원자 모형에 적용하면, 보어의 각운동량 양자화 가정($mvr = n\hbar$)은 수소 원자의 전자가 갖는 물질파의 파장이 만족해야 할 다음 관계식을 준다.

$$\lambda = \frac{h}{mv} = \frac{h}{n\hbar/r} = \frac{2\pi r}{n} \tag{1.55}$$

이는 보어 원자 모형에서 안정적인 전자 궤도의 둘레가 드브로이 파장의 정수배이어야 함을 말해 준다. 즉, 보어의 각운동량 양자화 가정은 원자 내 전자의 물질 파동이 정상파의 조건을 만족하는 특수한 상태에 있어야 함을 뜻한다(그림 1.8 참조). 정상파는 파동이 진행하지 않고 동일한 파동 형태를 계속 유지한다는 점에서 안정적인 상태라고 할 수 있다. 여기서 궤도 둘레가 파장의 정수배가 아닐 경우, 정상파가 될 수 없고, 상쇄 간섭을 일으켜 안정적인 상태에 있을 수 없다는 점에서 보어의 가정이 뜻한 바를

---

[1]반대로 드브로이 파장을 먼저 가정하고, 광자의 에너지 표현식 $E = h\nu$ 가 성립하면 광자의 질량은 0 이 되어야 한다(문제 1.8).

이해할 수 있겠다.

하지만, 보어의 원자 모형은 왜 그러한 가정들이 필요한 지에 대해서 설명할 수 없었기 때문에 여전히 다수 물리학자들을 설득시키지 못하고 있었다. 때문에 드브로이의 물질파 가설을 받아들이는 것은 대다수 물리학자들에게 매우 어려운 노릇이었다. 이러한 제안은 드브로이의 박사학위 논문이었는데, 때문에 그의 박사학위 지도교수 랑제방 P. Lengevin 은 이 논문을 아인슈타인에게 보내어 그 평을 구하였다. 이에 아인슈타인은 드브로이의 제안이 '낡은 것을 가리고 있던 장막의 한 자락을 젖혀 올린' 획기적인 제안이라고 평했다고 한다.[2]

드브로이의 불질파 가설은 1927년에 데이비슨 C. Davisson 과 거머 L. Germer 가 결정화된 닉켈 금속판에 전자빔을 쪼여 전자들이 드브로이 파장에 의한 회절 diffraction 현상을 보임을 입증함으로써 인정받게 되었다. 드브로이의 물질파 가설은 모든 물질이 파동과 입자의 이중성 wave-particle duality 을 가짐을 뜻하며, 이는 양자역학의 근본적인 바탕이 되고 있다. 즉, 이 가설은 이후 슈뢰딩거 E. Schrödinger 에 의하여 물질파의 파동방정식이 쓰여지고, 하이젠베르크 W. Heisenberg 에 의하여 불확정성 원리가 세워지면서 양자역학의 바탕 개념으로 역할하게 되었다.

## 1.5.2 입자와 파동의 이중성 Particle-Wave Duality

아인슈타인에 의한 광전효과의 설명이 영의 이중 슬릿 간섭실험 이후 파동으로 알려져 온 빛이 입자성도 함께 가지고 있다는 빛에 대한 파동과 입자의 이중성 wave-particle duality 을 확인한 것이었다면, 드브로이의 물질파 가설은 지금까지 전혀 파동의 특성을 가질 수 없다고 생각해왔던 모든 물질 역시 우리가 통상적으로 알고 있는 물질 본래의 입자성 뿐만 아니라 파동성도 함께 가지고 있다는 물질의 이중성을 주장한 것이다. 앞서 언급했지만 이러한 물질에 대한 입자와 파동의 이중성은 이후 실험으로 확인되었다. 우리는 이러한 이중성이 의미하는 바를 조금 더 정확하게 이해하기 위하여 먼저 입자성과 파동성 각각의 특성에 대하여 살펴보고, 파동-입자의 이중성에서

---

[2]이러한 연유로 오스트리아의 국보급 양자광학자로 불리는 자이링거는 '아인슈타인의 베일'을 그의 양자역학에 대한 교양서[3] 제목으로 삼았다.

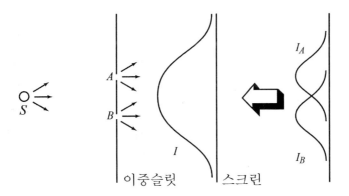

그림 1.9: 입자의 이중 슬릿 실험

어떠한 경우에 파동성이 구현되지 않고 입자성만 구현되는지 살펴보기로 하겠다.

먼저 그림 1.9에서 표현된 입자성에 대해서 살펴보자. 우리가 입자라고 생각함은 어떤 슬릿으로 특정 입자가 통과하였는지 우리가 알 수 있음을 의미한다. 즉, $A$ 슬릿을 통과한 입자들은 $I_A$ 의 세기로, $B$ 슬릿을 통과한 입자들은 $I_B$ 의 세기로 스크린에 쌓일 것이며, 합해져서 전체 세기 $I$ 를 준다. 즉, 전체 세기는 다음과 같이 주어진다.

$$I = I_A + I_B \qquad (1.56)$$

이 경우 스크린의 특정 영역에 입자들이 도달하지 않아 전체 세기가 0 이 되는 간섭현상은 일어나지 않는다.

한편, 파동성은 그림 1.10에 표현되어 있는데, 이 경우, 영의 이중 슬릿 실험에서와 같이 스크린 상에 파동의 세기가 0 이 되는 특정 영역들이 나타나는 간섭현상이 일어난다. 이 경우, 우리는 파동이 전 공간으로 퍼져나가 두 개의 슬릿에 모두 도달하여 두 슬릿을 동시에 통과하였다고 생각한다. 파동의 경우 세기는 진폭의 절대값의 제곱으로 주어지며, 파동의 전체 진폭은 각 슬릿을 통과한 진폭들의 합으로 주어진다.

$$I = |\psi|^2, \quad \psi = \psi_A + \psi_B \qquad (1.57)$$

27

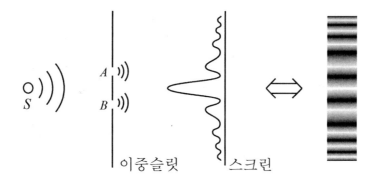

여기서 각각의 진폭을 다음과 같이 복소함수로 표현하면,

$$\psi_A = |\psi_A|e^{i\delta_A}, \quad \psi_B = |\psi_B|e^{i\delta_B}, \tag{1.58}$$

전체 세기는 다음과 같이 주어져서 간섭효과를 보인다.

$$I = |\psi_A + \psi_B|^2 = |\psi_A|^2 + |\psi_B|^2 + 2|\psi_A||\psi_B|\cos(\delta_A - \delta_B) \tag{1.59}$$

이제 빛의 경우에 파동-입자의 이중성에 대하여 생각해 보자. 우리는 빛의 세기를 아주 약하게 하면, CCD 카메라에서처럼 빛 입자가 하나씩 스크린에 도달하는 경우를 생각할 수 있다. 이 경우, 우리는 빛의 입자성을 볼 수 있다. 즉, A 나 B 두 슬릿 중 하나만을 열어 놓고 측정할 경우, 각각의 경우 스크린에 그림 1.9의 맨 오른쪽에서와 같은 세기를 얻는다. 그러나 두 개의 슬릿을 모두 열고 측정하면, 하나씩 하나씩 스크린에 쌓이는 빛 알갱이의 전체 분포는 그림 1.10에서와 같은 간섭현상을 보이게 된다. 즉, 하나의 슬릿만 열고 하다가 나머지 하나의 슬릿을 여는 순간, 빛 알갱이들은 스스로 알아서 스크린의 특정 영역으로 가지 않아서 간섭 현상을 보인다.

그렇다면, 입자가 어느 슬릿으로 통과했는지 이중 슬릿 뒤에 탐지기를 설치하여 측정하면 어떻게 될까? 이 경우는 그림 1.11에 표현되어 있다. 신기하게도, 우리가 빛 알갱이가 어느 슬릿을 통과하였는지 탐지기로 측정하여 알게 되면, 그림 1.10에서 나타난 간섭무늬는 완전히 사라지고, 그림 1.9에서와 같이 슬릿을 하나씩만 열어 놓고

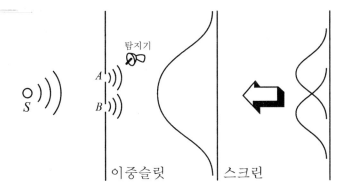

그림 1.11: 파동(물질파)의 이중 슬릿 실험 - 통과한 슬릿을 탐지기로 확인한 경우

측정한 경우의 세기의 합으로 전체 세기가 주어짐을 볼 수 있다. 즉, 우리가 이중 슬릿 상에서 빛 알갱이의 위치를 확인함으로써 우리가 빛의 입자성을 확인한 것이 되어 파동성은 나타나지 않게 된다. 이러한 입자와 파동의 이중성은 빛의 경우에서만 아니라, 전자나 전자보다 2천 배 가까이 더 무거운 중성자[3], 더 나아가 현재는 탄소 원자 60개가 모여서 된 풀러렌 Fullerene($C_{60}$)에 대해서도 간섭 실험으로 입증되었다[3].

## 제 1.6 절   양자역학의 확립

### 1.6.1   하이젠베르크의 행렬역학 Heisenberg's Matrix Mechanics

1925년 하이젠베르크는 보어의 원자 모형에서 얻은 결과들을 이끌어 낼 수 있고, 그때까지의 실험 결과들을 설명할 수 있는 새로운 이론을 제안하였으니 이것이 곧 행렬역학 Matrix Mechanics 으로 알려진 양자역학의 이론체계이다. 하이젠베르크는 원자 내부의 전자 위치를 고전적인 방식으로 정확히 알아내는 것은 불가능하며, 그렇게 접근하는 것은 원자 현상을 이해하는 적합한 방식이 아니라고 생각하였다. 그는 실험적으로 측정된 결과들을 설명할 수 있는 이론 체계가 있다면 그것으로 충분하다고 생각하였다.

---

[3]예컨대, 중성자의 파동성을 이용한 중성자 회절 실험은 물질의 특성을 파악하는데 있어서 $X$ 선 회절 실험과 더불어 매우 중요한 실험 방법의 하나이다.

한편, 그때까지 알려진 원자 현상들은 분광학으로 체계화되어 있었으며, 리츠-리드버그 결합원리 Ritz-Rydberg combination principle 라는 규칙으로 알려져 있었다. 그것은 분광선이 두 개의 지표 index $(i, j)$로 된 짝으로 표시되며, 분광선들은 부분적으로 구성 법칙을 충족시킨다는 것이다. 예컨대 두 분광선의 진동수들 $\nu_{ik}$ 와 $\nu_{kj}$ 는 다음과 같은 새로운 진동수를 준다는 것이다.

$$\nu_{ij} = \nu_{ik} + \nu_{kj} \tag{1.60}$$

분광선의 진동수가 두 개의 지표들, 즉 두 개의 에너지 준위의 짝으로 표현된다는 것은 이미 보어의 모형에서 나타난 바 있다.

$$\nu_{nm} = (E_n - E_m)/h \tag{1.61}$$

하이젠베르크는 원자 현상과 관련된 측정 가능한 모든 물리적 양들(관측가능량들) physical observables 이 이처럼 원자의 에너지 준위를 나타내는 지표의 짝으로 표현되어야 한다고 생각하였다. 예를 들어 위치 표현의 시간 변화는 두 개의 지표로 된 짝으로 다음과 같이 표현되어야 한다고 생각하였다.

$$X_{nm}(t) = X_{nm} \exp(2\pi i \nu_{nm} t) \tag{1.62}$$

또한 위치의 제곱을 표시하는 물리적 양의 표현도 역시 지표의 짝으로 표현되어야 한다고 생각하였다. 그리고, $X^2$ 는 차원 분석을 하면 $X$ 와 $X$ 의 곱으로 주어져야 하므로 다음과 같이 쓸 수 있게 된다.

$$(X^2)_{nm}(t) = \sum_{k,l,k',l'} C_{nmklk'l'} X_{kl}(t) X_{k'l'}(t) \tag{1.63}$$

여기서 $(X^2)_{nm}(t)$는 $(E_n - E_m)/h$ 로, $X_{kl}(t) X_{k'l'}(t)$는 $(E_k - E_l + E_{k'} - E_{l'})/h$ 로 각각 연관되고, 이 둘이 서로 같은 물리량을 표현하여야 하므로 $k = n$, $l = k'$, $l' = m$ 이 되어야 한다. 즉, 다음의 관계가 성립되어야 한다.

$$(X^2)_{nm}(t) = \sum_k C_{nmk} X_{nk}(t) X_{km}(t) \tag{1.64}$$

그리고 물리량 사이의 관계가 고전적인 경우와 동일해야 한다는 대응원리 correspondence principle 를 적용하면, $X^2$ 은 $XX$ 와 같아야 하므로 $C_{nmk} = 1$이 되어야 한다. 따라서 다음의 관계가 성립된다.

$$X_{nm}^2(t) = \sum_k X_{nk}(t)X_{km}(t) \tag{1.65}$$

이는 앞서 언급한 리츠-리드버그 결합원리도 만족한다.

속도에 해당하는 위치의 시간 미분은 식 (1.62)로부터 다음과 같이 주어진다.

$$
\begin{aligned}
\frac{d}{dt}X_{nm}(t) &= 2\pi i \nu_{nm} X_{nm}(t) \\
&= \frac{2\pi i}{h}(E_n - E_m)X_{nm}(t) \\
&= \frac{i}{\hbar}(E_n X_{nm}(t) - X_{nm}(t)E_m)
\end{aligned}
\tag{1.66}
$$

그런데 에너지를 나타내는 물리량은 분광자료 분석에서 지표의 개수가 하나에 대응되는 대각원소 diagonal element 로 표현되므로 에너지에 해당하는 물리량을 $H$로 표현하면, 위에서 표현된 위치의 시간 미분은 다음과 같이 쓸 수 있게 된다.

$$\frac{d}{dt}X = \frac{i}{\hbar}(HX - XH) \equiv \frac{i}{\hbar}[H, X] \tag{1.67}$$

여기서 우리는 교환자 commutator ([ , ]) 를 다음과 같이 정의하였다.

$$[A, B] \equiv AB - BA \tag{1.68}$$

이 정의로부터 우리는 $[A, A] = 0$ 이고, 다음의 관계들이 성립함을 곧 알 수 있다.

$$[A, B] = -[B, A] \tag{1.69}$$

$$[AB, C] = A[B, C] + [A, C]B \tag{1.70}$$

이제 운동량이 $P$, 질량이 $m$ 인 자유 입자의 에너지는 다음과 같이 주어지므로,

$$H = \frac{P^2}{2m}, \tag{1.71}$$

이를 관계식 (1.67)에 적용하면 다음과 같이 된다.

$$\frac{d}{dt}X = \frac{i}{\hbar}[H,X] = \frac{i}{2m\hbar}[P^2,X] = \frac{i}{2m\hbar}(P[P,X]+[P,X]P) \tag{1.72}$$

그런데 위치의 시간 미분에 해당하는 속도는 $\frac{P}{m}$ 로 표현되므로, 이 관계와 위 식이 같으려면 다음의 교환관계식 commutation relation 이 만족되어야 한다.

$$[P,X] = \frac{\hbar}{i} \quad \text{또는} \quad [X,P] = XP - PX = i\hbar \tag{1.73}$$

이는 위치와 운동량이 고전 물리학에서와 같은 가환 관계 commutative relation, 즉 $XP = PX$ 의 관계에 있지 않음을 보여준다. 이는 물리량들이 비가환적인 연산자들 noncommutative operators 로 표현되는 양자역학의 일면을 보여주고 있다.

자유 입자가 아닌 경우, 해밀토니안 Hamiltonian $H$는 위치에너지 항도 갖게 된다.

$$H = \frac{P^2}{2m} + V(X) \tag{1.74}$$

여기서 위치에너지 $V(X)$가 $X$의 다항식으로 표현될 경우 관계식 (1.73)을 적용하면 다음과 같이 됨을 알 수 있다(문제 1.11).

$$[P,V(X)] = \frac{\hbar}{i}\frac{dV(X)}{dX} \tag{1.75}$$

이제 운동량 $P$ 도 위치 $X$ 처럼 두 개의 지표로 된 짝으로 표현하면,

$$P_{nm}(t) = P_{nm}\exp(2\pi i\nu_{nm}t), \tag{1.76}$$

이의 시간 미분은 앞에서와 동일한 방식으로 다음과 같이 쓸 수 있다(문제 1.13).

$$\frac{d}{dt}P = \frac{i}{\hbar}(HP - PH) = \frac{i}{\hbar}[H,P] \tag{1.77}$$

이로부터 우리는 다음의 관계식을 얻는다.

$$\frac{d}{dt}P = \frac{i}{\hbar}\left[\frac{P^2}{2m} + V(X), P\right] = \frac{i}{\hbar}[V(X),P] = -\frac{dV(X)}{dX} \tag{1.78}$$

이 관계식은 운동량의 시간 변화로 주어지는 힘은 위치에너지의 공간 변화에 의한다는 아래의 고전역학적 관계와 일치함을 보여준다.

$$F = \frac{dP}{dt} = -\frac{dV(X)}{dX} \tag{1.79}$$

이와 같이 하이젠베르크 이론에서는 물리량의 표현이 행렬 matrix 로 대체되고 모든 물리량의 계산이 이러한 방식을 통하여 이루지므로, 하이젠베르크 이론은 행렬역학 matrix mechanics 으로 불리게 되었다.

## 1.6.2 슈뢰딩거의 파동역학 Schrödinger's Wave Mechanics

하이젠베르크의 행렬역학 이론이 발표된 지 6개월 여가 지난 1926년 1월부터 6월까지 슈뢰딩거는 세 차례에 걸친 논문발표를 통하여, 드브로이의 물질파 가설을 진전시킨 물질파의 방정식을 완성하였다. 먼저 계의 에너지($E$)가 정해진 경우, 물질파의 상태가 시간에 의존하지 않는 다음의 방정식으로 주어지며,[4]

$$H\left(P = \frac{\hbar}{i}\frac{d}{dx}, x\right)\psi(x,t) = E\psi(x,t) \tag{1.80}$$

시간에 의존하는 경우 물질파의 상태는 다음의 방정식에 의하여 결정된다고 하였다.

$$i\hbar\frac{\partial}{\partial t}\psi(x,t) = H\left(P = \frac{\hbar}{i}\frac{\partial}{\partial x}, x\right)\psi(x,t) = -\frac{\hbar^2}{2m}\frac{\partial^2}{\partial x^2}\psi(x,t) + V(x)\psi(x,t) \tag{1.81}$$

이 방정식을 우리는 슈뢰딩거의 (파동)방정식이라고 하며, 물질파의 상태를 기술하는 함수 $\psi$ 는 파동함수 wave function 라고 부른다. 슈뢰딩거의 방정식은 물질파 상태의 시간에 따른 변화를 알게 하여 준다.[5] 위의 첫 번째 방정식은 시간에 독립적인 슈뢰딩거

---

[4]여기서는 간편함을 위하여 1차원의 경우를 생각한다.

[5]여기서 우리는 운동량을 $P = \frac{\hbar}{i}\frac{d}{dx}$ 로 놓는 것은 본문의 식 (1.75)의 관계에 의해서 그렇게 쓸 수 있을 것이라 생각할 수 있다. 그런데 $H$ 를 $i\hbar\frac{\partial}{\partial t}$ 로 쓰게 된 이유는 무엇일까? 이에 대해서는 다음과 같이 생각해 볼 수 있다. 일반적으로 단색광 파동은 $\exp[i(kx - wt)]$ 형태의 함수 꼴로 쓸 수 있는데, 이 파동이 앞의 식 (1.62) 형태로 주어진 통상적인 관측량이 갖는 시간 의존성을 갖는다면 파동함수는 $f(x)\exp(-iwt)$ 형태로, 그리고 $-iwt = -i\frac{E}{\hbar}t$ 로 쓸 수 있을 것이다. 이 경우, 파동함수를 시간 미분하면 그것은 $-\frac{i}{\hbar}E$ 의 인자를 갖게 된다. 따라서 $H\psi = -\frac{\hbar}{i}\frac{\partial}{\partial t}\psi$ 의 관계가 성립할 때, 해밀토니안의 고유값이 에너지가 되는 고유상태 관계식 $H\psi = E\psi$ 를 얻을 수 있게 된다.

방정식이라고 하며 주어진 물리계에서 허용되는 에너지 값들과 그에 해당하는 상태들을 알게 해 준다. 슈뢰딩거는 자신의 파동방정식을 써서 수소 원자의 에너지 준위와 파동상태들을 계산하였으며, 보어의 결과들을 포함함을 보였다. 이러한 슈뢰딩거의 파동역학 체계는 하이젠베르크의 행렬역학 체계와 일견 달라 보였지만, 슈뢰딩거는 이내 두 이론체계가 동등함을 증명하였다. 슈뢰딩거의 파동방정식 체계는 하이젠베르크의 행렬역학 방식에서 미진했던 계의 상태에 대한 정보를 파동의 상태 변화를 통하여 기술함으로써 자연스럽게 보완할 수 있었다.

### 1.6.3  코펜하겐 해석 Copenhagen Interpretation

슈뢰딩거의 파동함수가 무엇을 의미하는지는 한동안 불분명하였다. 슈뢰딩거는 파동함수가 물질의 밀도와 관련되어 있다고 생각하였다. 하지만, 슈뢰딩거의 파동함수는 복소함수로서 실제 물질적인 파동을 의미한다고 보기는 어렵다. 파동함수에 대한 표준적인 해석은 슈뢰딩거의 이론체계가 발표된지 얼마 지나지 않은 1926년 7월 보른 M. Born 에 의해서 제안되었다. 보른은 전자빔의 산란실험 연구를 통하여, 산란된 물질파동이 여러 평면파의 중첩으로 표현될 수 있으며, 여기서 평면파들은 각각이 특정한 운동량을 지닌 드브로이의 물질파동(즉, 입자)들이라고 생각하였다. 이러한 생각에서 그는 파동함수의 절대값의 제곱이 그 물질이 존재할 확률에 해당한다고 제안하였다.

$$|\psi(x,t)|^2 dx = P(x,t)dx \tag{1.82}$$

여기서 $P(x,t)dx$ 는 $x$ 와 $x+dx$ 사이에 입자가 존재할 확률을 의미한다. 즉, 파동함수 절대값의 제곱 $|\psi|^2 = \psi^*\psi$ 는 확률밀도 probability denstiy 에 해당한다. 그런데 모든 영역에 걸쳐서 입자가 존재할 확률의 합은 1 이 되어야 하므로, 파동함수는 다음의 조건을 만족하여야 한다. 이를 우리는 규격화 조건 normalization condition 이라고 한다.

$$\int_{-\infty}^{\infty} |\psi(x,t)|^2 dx = 1 \tag{1.83}$$

이제 파동함수가 주어진 계의 상태를 기술하는 것으로 일반화하고, 파동함수 절대값의 제곱을 입자가 특정한 장소에 존재할 확률에서 주어진 계의 상태가 어떤 특정한 상태로 존재할 확률로 일반화하면, 주어진 상태에서 어떤 물리적 양 $A$ 의 기대값 expectation value 은 다음과 같이 주어진다.

$$< A > = \int_{-\infty}^{\infty} \psi^*(x,t) A \psi(x,t) dx \tag{1.84}$$

이와 같은 해석체계를 코펜하겐 해석 Copenhagen interpretation 이라고 부르는데, 이는 보어와 하이젠베르크, 파울리 등이 코펜하겐을 중심으로 양자역학의 이러한 이론체계를 전개하였기 때문이다. 이후 코펜하겐 해석은 표준적인 양자역학 체계로 정립되었다.

## ● 불확정성 원리와 상보성 Uncertainty Principle and Complementarity

양자역학의 또 하나의 중요한 요소로서 우리는 불확정성 원리 uncertainty principle 를 빼놓을 수 없다. 불확정성 원리는 1927년 하이젠베르크가 발견하였는데, 이는 양자역학을 고전물리학과 구분 짓는 대표적 특성의 하나이다. 불확정성 원리는 행렬역학에서 나온 위치와 운동량의 비가환적 특성에서 비롯된다. 즉, 행렬역학에서 이끌어 낸

$$[X, P] = i\hbar \tag{1.85}$$

라는 교환관계식으로부터 나중에 보이겠지만 우리는 다음 관계를 이끌어 낼 수 있다.

$$\triangle X \triangle P \geq \frac{\hbar}{2} \tag{1.86}$$

여기서 $\triangle X$, $\triangle P$ 는 각각 위치와 운동량의 불확정성을 나타낸다.

$$(\triangle X)^2 \equiv < (X - < X >)^2 >, \quad (\triangle P)^2 \equiv < (P - < P >)^2 > \tag{1.87}$$

이러한 불확정성 관계는 입자와 파동의 이중성과도 밀접하게 연관되어 있는데, 이는 고전적인 체계와 달리 우리가 위치와 운동량 모두를 함께 정확하게 기술할 수는 없다는 것이다. 보어는 이를 상보성 complementarity 으로 표현하였다. 이는 예컨대, 위치나 운동량의 둘 중 하나만 택하여 우리가 정확히 기술할 수 있다는 것이다. 상보성은 앞에서 나왔던 입자와 파동의 이중성에도 동일하게 적용된다. 우리가 이중 슬릿

간섭실험에서 간섭현상을 보는 것은 파동성을 통하여 현상을 기술하는 것이며 이 경우 입자성을 함께 기술할 수는 없다는 것이다. 우리가 이중 슬릿의 어느 슬릿을 입자가 통과하였는지 탐지한다면 그것은 우리가 입자성을 기술하는 것이 되어 동시에 파동성을 기술할 수는 없다는 것이다. 다시 말하면, 입자성이나 파동성의 둘 중 하나를 택하여 현상을 기술하여야 한다는 것이다. 이러한 생각은 일반적으로 고전체계를 양자역학적 체계로 바꾸는 양자화 quantization 의 전 과정에 스며들어 있다. 예컨대, 고전적으로 위치와 운동량은 고전적인 위상공간에서 서로 독립적인 양이나, 양자역학에서 우리는 둘 중 하나만 택하여 상태를 나타내는 파동함수의 독립변수로 기술할 수 있다. 이에 대해서는 나중에 다시 살펴보도록 하겠다.

## 문제

**1.1** 1). 스테판-볼츠만 공식의 유도: 식 (1.26)으로 주어진 플랑크의 흑체복사 에너지 밀도를 써서 스테판-볼츠만 공식을 유도하라.

$$U(T) = \int_0^\infty d\nu\, u(\nu, T) \equiv aT^4, \quad a = \frac{\pi^2 k_B^4}{15\hbar^3 c^3} = 7.56 \times 10^{-15} \mathrm{erg/cm^3 K^4}$$

<u>도움말</u>: 다음의 적분 관계식들을 참고하라.    $\int_0^\infty x^n e^{-x} dx = n!$ ,   $\zeta(s) = \sum_{n=1}^\infty n^{-s}$

$$\int_0^\infty \frac{x^3}{e^x - 1} dx = \int_0^\infty x^3 e^{-x} \sum_{n=0}^\infty e^{-nx} dx = \sum_{n=0}^\infty \frac{1}{(n+1)^4} \int_0^\infty y^3 e^{-y} dy = 3!\zeta(4) = \frac{\pi^4}{15}$$

2). 흑체에서 나오는 복사 일률 emmisve power 이 다음과 같음을 보여라.

$$P(T) = \int_{\text{반구}} dP = \frac{1}{4} cU(T) \equiv \sigma T^4, \quad \sigma = \frac{\pi^2 k_B^4}{60\hbar^3 c^2} = 5.67 \times 10^{-5} \mathrm{erg/cm^2 K^4 sec}$$

우리는 $\sigma$ 를 스테판-볼츠만 상수 Stefan-Boltzmann constant 라고 한다.

<u>도움말</u>: 흑체가 무한히 큰 비어 있는 구껍질에 있는 단위 면적의 구멍이라고 생각하고, 그 구껍질 안의 복사파들이 단위 시간 당 그 구멍으로 빠져나가는 복사 에너지를 계산하라. 복사 에너지는 빛의 속력으로 전파되므로, 단위 시간 당 전파되는 거리는 빛의 속력 $c$ 이다. 무한히 큰 구껍질의 표면은 평면으로 근사할 수 있으므로, 흑체

구멍을 중심으로 하는 반지름 $c$ 인 반구 내의 모든 부분에서 그 흑체 구멍을 통하여 빠져나가는 복사 에너지의 합을 구하면 된다. 여기서 구멍이 $x$-$y$ 평면 상의 원점에 위치한다고 하자. 그러면 $(r, \theta, \phi)$ 지점에 위치한 체적소 $dv = r^2 dr \sin\theta d\theta d\phi$ 로부터 단위 면적의 이 구멍으로 빠져나가는 복사 에너지는 그 지점에서 구멍이 갖는 입체각 solid angle $\Omega$ 를 $4\pi$로 나눈 값에 체적소가 갖는 복사 에너지를 곱한 값이 될 것이다. 즉, $dP = \frac{\Omega}{4\pi}Udv$ 인데 구멍의 크기는 단위 면적이고 체적소 $dv$ 는 $z$ 축과 $\theta$ 의 각도로 기울어진 곳에 있으므로, 체적소의 관점에서 구멍이 갖는 입체각은 $\Omega = \frac{\cos\theta}{r^2}$ 가 된다.

**1.2** 반경 1m 의 구형 위성이 태양 주위에서 원궤도 운동을 하고 있다. 위성에서 바라보는 태양의 입체각은 $8 \times 10^{-5}$ sr(steradian)이라고 한다. 위성의 표면 온도가 균일하고, 위성의 복사 일률이 파장에 무관하다고 할 때, 위성 표면의 온도는 얼마인가? 태양의 표면온도는 $6,000K$로 놓고 계산하라. 위성 표면의 복사 에너지 흡수율과 방출율은 같다고 가정한다.

<u>도움말</u>: 위성에서 태양까지의 거리를 $D$, 태양의 반경을 $R$ 이라고 하면, 태양이 갖는 입체각은 $\Omega = \frac{\pi R^2}{D^2}$ 이고, 태양이 방출하는 전체 복사 일률은 $4\pi R^2 \sigma T_S^4$ 이다. 태양에서 위성만큼 떨어진 거리에서 태양빛을 받는 전체 표면적은 $4\pi D^2$ 이므로, 위성의 궤도에서 단위 면적 당 받는 복사 일률은 $\frac{4\pi R^2 \sigma T_S^4}{4\pi D^2} = \Omega\sigma T_S^4/\pi$ 로 주어진다. 여기서 $\sigma$ 는 문제 1.1의 2)번에서 얻은 스테판-볼츠만 상수이고, $T_S$ 는 태양의 표면온도이다. 평형상태에서는 흡수하는 에너지와 방출하는 에너지가 같음을 써라.

답. $301K$

**1.3** 플랑크의 흑체복사 공식 (1.26)으로부터 빈의 변위법칙 식 (1.2)를 유도하라.

<u>도움말</u>: 흑체복사 공식을 파장으로 표현한 다음, 파장에 대한 최대값을 구한다. 진동수와 파장은 서로 역수이므로 $u(\nu, T)d\nu = -u(\lambda, T)d\lambda$ 에서 $u(\lambda, T) = u(\nu, T)\left|\frac{d\nu}{d\lambda}\right|$ 가 되어 $u(\lambda, T) = \frac{c}{\lambda^2}u(\frac{c}{\lambda}, T)$가 된다. 여기서 $u(\lambda, T)$의 최대값을 주는 파장은 $\frac{du}{d\lambda} = 0$ 의 조건식을 만족한다. $\frac{hc}{k_B\lambda T} \equiv x$ 로 놓았을 때, 먼저 이 조건식이 $xe^x - 5e^x + 5 = 0$ 이 됨을 보여라. 이 방정식을 만족하는 $x$ 값은 대략 $x \simeq 4.965$ 이다.

**1.4** 어떤 금속에 500nm의 빛을 쪼였을 때 발생하는 광전효과에 의한 전류를 중단하는데 필요한 전압이 $0.25V$ 였다. 이 금속의 일함수는 얼마인가? 이 금속에 다른 빛을

쪼였을 때 광전효과에 의한 전류를 중단하는데 필요한 전압이 $1V$ 였다면 그 빛의 파장은 얼마이겠는가?

도움말: 광전효과 전류를 중단시키는데 필요한 전압을 $V$, 일함수를 $\Phi$ 라고 하면, 다음의 관계가 성립한다: $eV = hc/\lambda - \Phi$. 여기서 $e$ 는 전자의 전하량이다.

답. $\Phi = 3.576 \times 10^{-19} J$, $\lambda = 3.84 \times 10^{-7}$m

**1.5** 정지 상태에 있는 전자에 $1MeV$의 에너지를 가진 광자가 탄성 충돌하여 원래의 진행방향에서 $60^o$의 각도로 산란하였다. 충돌 후 이 광자의 에너지는 얼마이겠는가?

답. $E_f = 0.51MeV$

**1.6** 고전 전자기 이론에 따르면 가속 운동을 하는 전하는 에너지를 방출한다.[6] 그 복사 일률은 라모 공식 Larmor formula 으로 CGS 단위계에서 다음과 같이 주어진다.[7]

$$P = \frac{2q^2a^2}{3c^3}$$

여기서 $q$ 는 전하량이고, $a$ 는 가속도이며, $c$ 는 빛의 속력이다.

1). 수소 원자에서 전자가 처음에 보어 반경 $a_0 \simeq 0.53 \times 10^{-10}m$ 의 고전적인 원궤도 운동을 하고 있었다면, 이때 전자가 방출하는 복사 일률과 궤도 운동의 주기를 구하라.

2). 계산의 편의를 위해 전자의 궤도가 변해도 복사 일률이 변하지 않고[8] 쿨롱 인력과 원심력이 균형을 이룬다고 가정하면, 전자의 궤도 반경이 절반으로 줄어드는데 걸리는 시간은 얼마인가? 문제를 간단히 하기 위해 위치에너지의 변화에서 전자가 전자파 복사로 잃어버린 에너지를 뺀 것이 궤도 운동에너지의 변화(증가)와 같다고 가정하라.

답.  1). 일률 $4.61 \times 10^{-1}$erg/s,  주기 $1.52 \times 10^{-16}$ s

   2). $t_{1/2} = 2.36 \times 10^{-11}$s

**1.7** 궤도반경 $r$ 과 각진동수 $w$ 는 0 이 아니라고 가정하고, 원운동을 하는 조화 떨개의 에너지 준위를 보어의 각운동량 양자화 가정 $mvr = n\hbar$ 를 써서 구하라. 이때 조화

---

[6]참고문헌 [39](CGS 단위 사용) 또는 [40](MKS 단위 사용) 참조.

[7]MKS 단위계에서는 $P = \frac{\mu_0 q^2 a^2}{6\pi c}$ 로 주어진다. 단위계 간 변환은 참고문헌 [40] 부록C(638쪽) 참조.

[8]실제로 1)의 계산 과정에서 보겠지만 원궤도 운동하는 전자의 복사 일률은 $r^{-4}$에 비례한다.

떨개의 에너지는 각진동수 $w$ 로 다음과 같이 주어진다.

$$E = \frac{p^2}{2m} + \frac{1}{2}mw^2r^2$$

도움말: 원운동에서 성립하는 $v = rw$ 의 관계를 사용하라.

답. $E_n = n\hbar w, \ n = 1, 2, \cdots$

**1.8** 본문에서 우리는 빛의 경우 파장이 $\lambda = c/\nu$ ($\nu$ 는 진동수)로 주어지므로, 아인슈타인의 광전효과 이론에 따른 빛 입자의 에너지 표현 $E = h\nu$ 를 쓰면 파장은 $\lambda = hc/E$ 가 되어 상대론적 에너지 관계식 $E = \sqrt{p^2c^2 + m^2c^4}$ 에서 질량이 0 인 빛의 경우 $E = pc$ 가 되어 파장은 $\lambda = hc/E = h/p$, 즉 드브로이 파장과 같아짐을 보았다.

반대로 우리가 물질파 가설에 따라 드브로이 파장 $\lambda = h/p$ 이 모든 입자에 적용된다고 가정하고, 아인슈타인의 광전효과 이론에 따라 빛의 에너지가 $E = h\nu$ 로 주어진다고 가정하면, 빛의 질량이 0 이 되어야 함을 보여라.

도움말: 질량이 $m$, 속력이 $v$ 인 입자의 운동량은 $p = \gamma mv$, 에너지는 $E = \gamma mc^2$ 임을 이용하라. 여기서 $\gamma = (1 - v^2/c^2)^{-1/2}$ 이다.

**1.9** X-선의 파장 영역에서 물질파로서 중성자는 같은 파장의 X-선에 비해 훨씬 낮은 에너지를 갖고, 전기적으로 중성이므로 물질의 구조나 특성을 파악하는 회절실험 등에서 유리한 점이 많다. 실제로 비슷한 파장 대에서 중성자의 에너지는 X-선 에너지의 백만분의 1 정도에 불과해 시료에 가해질 수 있는 손상도 피할 수 있다. 아래 각각의 경우에 파장을 계산하여 이를 확인하라.

1). 5meV의 에너지를 가지는 중성자의 드브로이 파장을 구하라.

2). 5keV의 에너지를 가지는 X-선의 파장을 구하라.

답. 1). 4 $\mathring{A}$    2). 2.5 $\mathring{A}$

**1.10** Dicke-Wittke cage[9]: 원통의 반지름이 $R$ 이고 원통의 원주를 따라 $N$ 개의 창살이 균일한 간격으로 있는 원통형 새장을 생각하자. 이 경우 원주 상의 창살 사이 간격 $d$ 는 다음과 같이 주어질 것이다.

$$d = 2\pi R/N$$

---

[9]참고문헌 [7] 참조.

이제 원통의 중심축에서 방사상으로 고루게 복사파가 나온다고 하자. 이때 창살들이 회절 격자의 역할을 하여 복사파가 원래의 방사(지름) 방향으로부터 각도 $\theta$ 로 산란할 때 그 세기가 최대가 되었다고 하면, 복사파의 파장과 창살 사이의 간격은 보강간섭이 일어나는 다음의 관계를 만족할 것이다.

$$d \sin\theta = n\lambda, \quad n = 1, 2, 3, \cdots$$

한편, 복사파를 입자의 관점에서 보면 복사파에 의해 새장에 전달되는 원주의 접선 방향 충격량은 복사파 입자의 운동량을 $p$ 라고 할 때 $p\sin\theta$ 가 될 것이다. 따라서 복사파 입자에 의해 새장에 전달되는 각운동량은 다음과 같이 될 것이다.

$$L = Rp\sin\theta$$

여기서 물질파 가설을 적용하여 복사파의 파장이 드브로이 파장에 해당한다면, 운동량과 드브로이 파장의 관계 $p = h/\lambda$ 를 써서 복사파로부터 새장이 얻는 각운동량이 다음과 같이 양자화 됨을 보여라.

$$L = Nn\hbar$$

**1.11** 식 (1.75) 유도: $[P, X] = \frac{\hbar}{i}$ 의 관계식을 사용하여, $V(X)$가 $X$의 다항식으로 표현될 때, 다음의 관계가 성립함을 보여라.

$$[P, V(X)] = \frac{\hbar}{i}\frac{dV(X)}{dX}$$

**1.12** 문제 1.11에서 주어진 관계는 $X$ 의 지수가 음의 정수인 경우에도 성립한다. 이를 위해서 $XX^{-1} = X^{-1}X = 1$ 의 관계가 성립할 때, $[P, X] = \frac{\hbar}{i}$ 의 관계식을 사용하여 다음의 관계가 성립함을 보여라. 아래 식에서 $X^{-n}$ 은 $(X^{-1})^n$ 을 뜻한다.

$$[P, X^{-n}] = -\frac{\hbar}{i}nX^{-n-1} \equiv \frac{\hbar}{i}\frac{d}{dX}X^{-n}, \quad n = 1, 2, \cdots$$

<u>도움말</u>: $[P, 1] = 0$ 이고 $[P, XX^{-1}] = X[P, X^{-1}] + [P, X]X^{-1}$ 임을 사용하라.

**1.13** 식 (1.77) 유도: 운동량의 경우도 위치와 마찬가지로 다음과 같이 표현하면,

$$P_{nm}(t) = P_{nm}\exp(2\pi i\nu_{nm}t),$$

운동량의 시간 변화는 아래와 같이 표현됨을 보여라.

$$\frac{d}{dt}P = \frac{i}{\hbar}(HP - PH)$$

**1.14** 다음의 자코비 항등식 Jacobi identity 이 성립함을 보여라.

$$[A, [B, C]] + [B, [C, A]] + [C, [A.B]] = 0$$

# 제 2 장

# 양자역학의 체계 I
# Framework of Quantum Mechanics I

## 제 2.1 절   입자성과 파동묶음 Particle and Wave Packet

만약 입자가 파동으로 표현된다면 입자의 위치를 파동의 관점에서는 어떻게 파악할 수 있을까? 우리는 여러 가지 파동들을 합하면, 어떤 영역에서는 합해서 커지고, 다른 영역에서는 상쇄되어 파동이 작아진다는 것을 알고 있다. 그렇다면, 특정한 영역에서만 파동이 존재하고 나머지 영역에서는 파동이 모두 상쇄되는 그러한 파동묶음 wave packet 을 생각하면 우리는 그것이 어떠한 입자를 표현한다고 생각할 수 있을 것이며, 파동이 존재하는 영역을 입자의 존재 영역으로 생각할 수 있을 것이다. 파동묶음은 수학적으로 푸리에 급수전개 Fourier series expansion 로 표현할 수 있는데 이에 대해서도 살펴보기로 하겠다.

## 2.1.1 국소적 파동묶음과 파동의 전파 Localized Wave Packet and Wave Propagation

파동의 속도로는 두 가지를 생각할 수 있는데, 동일한 위상이 전파되는 속도인 위상속도 phase velocity 와 파동이 묶음으로 변조 modulation 되어 전파되는 속도인 군속도 group velocity 를 들 수 있다.

예컨대 파동이 다음과 같은 단조화 파동으로 주어진 경우,

$$\psi(x,t) = A\cos(kx - wt), \tag{2.1}$$

그 위상속도 $v_{ph}$ 는 시간의 변화에 따른 위상변화와 공간의 변화에 따른 위상변화가 같아 서로 상쇄되어 전체 위상에 변화가 없는 다음 조건으로부터 얻어진다.

$$\delta\phi = kdx - wdt = 0 \tag{2.2}$$

따라서 이를 만족하는 $\frac{dx}{dt}$, 즉 위상속도 $v_{ph}$ 는 다음과 같이 주어진다.

$$v_{ph} = \frac{w}{k} \tag{2.3}$$

이제 비슷한 두 단조화 파동이 다음과 같이 합해진 경우를 생각하여 보자.

$$\begin{aligned}
\Psi(x,t) &= A\cos(w_1 t - k_1 x) + A\cos(w_2 t - k_2 x) \tag{2.4}\\
&= 2A\cos\left(\frac{(w_1 + w_2)t - (k_1 + k_2)x}{2}\right)\cos\left(\frac{(w_1 - w_2)t - (k_1 - k_2)x}{2}\right)
\end{aligned}$$

합해진 전체 파동, 즉 파동의 변조가 전파되어 가는 군속도는 구성하는 각 단조화 파동의 위상변화가 같아서 변조된 전체 파동이 동일한 위상을 유지하는 다음 조건을 만족하여야 한다.

$$\begin{aligned}
0 = \delta\phi_1 - \delta\phi_2 &= (w_1 dt - k_1 dx) - (w_2 dt - k_2 dx)\\
&= (w_1 - w_2)dt - (k_1 - k_2)dx \tag{2.5}
\end{aligned}$$

그러므로 이를 만족하는 $\frac{dx}{dt}$, 즉 군속도 $v_{gp}$ 는 다음과 같이 주어진다.

$$v_{gp} = \frac{w_1 - w_2}{k_1 - k_2} \left(= \frac{dw}{dk}\right) \tag{2.6}$$

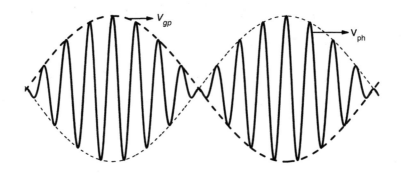

그림 2.1: 비슷한 두 파동의 합성

한편, 합해진 파동의 위상속도는 식 (2.4)의 아래 줄에서 첫번째 코사인 파동함수에 의한 (빠른) 위상변화에 해당하므로 아래와 같이 주어진다.

$$v_{ph} = \frac{w_1 + w_2}{k_1 + k_2} \tag{2.7}$$

합해진 파동의 모습은 그림 2.1에 표시되어 있다.

여러 파동을 합성하여 국소적 파동묶음을 형성하는 경우, 일반적으로 각진동수 $w$ 는 파수 $k$ 의 함수로 주어진다. 이러한 각진동수와 파수 사이의 관계를 우리는 분산관계 dispersion relation 라고 한다. 예컨대 $w/k$ 값이 상수로 주어지면 파동은 흩어지지 않는다. 그러나 이 값이 파장이나 진동수의 함수로 주어진다면 파동은 분산되게 된다. 예컨대, 파장에 의존하게 되면, 유리 등의 매질을 통과할 때 파장에 따라 빛이 나누어져 (색깔별로) 분산된다.

일반적으로 파동묶음은 단조화 파동들의 푸리에 합성으로 표현할 수 있다. 특정한 값 $k$ 에 대한 단조화 파동을 복소함수 $\psi(x,t) = A \exp[i(kx - w_k t)]$ 로 표현하면, 파동묶음은 푸리에 급수전개 방식을 사용하여 일반적으로 다음과 같이 표현할 수 있다.

$$\Psi(x,t) = \int_{-\infty}^{\infty} dk \, g(k) \exp[i(kx - w(k)t)] \tag{2.8}$$

에컨대 $g(k)$가 다음과 같은 가우스 함수로 주어지는 경우를 생각해 보자.

$$g(k) = \exp[-a(k - k_0)^2] \tag{2.9}$$

44

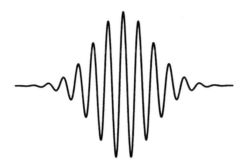

그림 2.2: 가우스 파형의 파동묶음

이는 파수 $k$ 값이 $k_0$ 를 중심으로 강하게 모여 존재하는 경우에 해당한다. 운동량으로 바꿔 생각하면 $p_0 = \hbar k_0$ 에 해당하는 특정 운동량 근처에서만 입자가 존재할 확률이 큼을 뜻한다. 그러므로 이제 각진동수 $w$ 를 $k_0$ 를 중심으로 한 $k$ 의 차수로 급수 전개하여 표현하여 보자.

$$w(k) = w(k_0) + (k - k_0) \left. \frac{dw}{dk} \right|_{k_0} + \frac{1}{2}(k - k_0)^2 \left. \frac{d^2 w}{dk^2} \right|_{k_0} + \cdots \quad (2.10)$$

여기서 다음과 같이 놓고,

$$w_0 \equiv w(k_0), \quad \left. \frac{dw}{dk} \right|_{k_0} \equiv v_{gp}, \quad \left. \frac{d^2 w}{dk^2} \right|_{k_0} \equiv b, \quad k - k_0 \equiv k', \quad (2.11)$$

$k'$ 의 이차항까지만 근사하면, 식 (2.8)은 다음과 같이 쓰여진다.

$$
\begin{aligned}
\Psi(x, t) &= \exp[i(k_0 x - w_0 t)] \int_{-\infty}^{\infty} dk' \exp[-(a + \frac{ibt}{2})k'^2] \exp[ik'(x - v_{gp}t)] \\
&= \sqrt{\frac{\pi}{a + \frac{ibt}{2}}} \exp[i(k_0 x - w_0 t)] \exp[-(x - v_{gp}t)^2 / 4(a + \frac{ibt}{2})] \quad (2.12)
\end{aligned}
$$

위에서 우리는 다음의 관계를 사용하였다.

$$\int_{-\infty}^{\infty} dk \, e^{-Ak^2} e^{Bk} = \int_{-\infty}^{\infty} dk \, e^{-A(k - \frac{B}{2A})^2} e^{\frac{B^2}{4A}} = \sqrt{\frac{\pi}{A}} \, e^{\frac{B^2}{4A}} \quad (2.13)$$

복소수 $z$ 를 지수로 갖는 $e^z = e^{(Rez + iImz)}$ 의 절대값이 $e^{Rez}$ 임을 사용하면, 우리는

식 (2.12)로 기술된 파동의 진폭이 다음과 같이 주어짐을 알 수 있다.

$$\frac{\sqrt{\pi}}{[a^2 + (bt/2)^2]^{\frac{1}{4}}} \exp\left[-a(x - v_{gp}t)^2/4(a^2 + (\frac{bt}{2})^2)\right] \qquad (2.14)$$

이는 파동묶음이 시간이 지남에 따라 점점 퍼지면서 $v_{gp}$ 의 속도로 전파되어 나가는 것을 보여준다. 만약 어떤 시간을 특정하여 이러한 가우스 형태로 주어진 파동묶음을 본다면 그것은 그림 2.2와 비슷할 것이다.

위에서는 운동량이 특정한 값 주위에 분포되어 있는 가우스꼴 파동을 살펴 보았다. 그렇다면 위치가 특정한 값 주위에 분포되어 있는 가우스꼴 파동의 경우는 어떠할까? 예컨대 $w$ 가 $k$ 에 대해 의존하는 복잡힘을 피하기 위하여, 시간 $t = 0$ 에서 파동함수가 다음과 같은 가우스꼴로 주어지는 경우를 생각하자.

$$\Psi(x, t = 0) = N \exp(-\alpha x^2 + iux) \qquad (2.15)$$

여기서 $N$은 규격화 조건을 만족하는 규격화 상수이고, $u$ 는 양의 상수이다. 이 경우 지수의 두 번째 항은 오른쪽으로 전파되는 파동을 의미한다. 임의의 시간에서의 파동 함수가 식 (2.8)로 주어진다고 하면, $g(k)$는 다음과 같은 가우스 함수로 주어진다(문제 2.1).

$$g(k) \sim \exp\left[-\frac{(k - u)^2}{4\alpha}\right] \qquad (2.16)$$

이는 가우스 형태 함수의 경우 푸리에 변환[1]을 하더라도 가우스 함수의 폭만 달라지지 그 형태는 변하지 않는 것에서 짐작할 수 있다. 이제 앞에서처럼 $w$ 의 $k$ 에 대한 의존성을 넣어 고려하게 되면 이 파동 역시 시간에 따라 퍼지면서 전파되어 간다.

## 2.1.2 파동묶음과 슈뢰딩거 방정식

이제 식 (2.8)로 주어진 파동묶음의 표현은 드브로이 파동에서의 파수와 운동량 사이의 관계식 $p = \hbar k$ 를 쓰고, 에너지를 각진동수 $w$ 를 써서 $E = \hbar w$ 로 표시하면, 다음과 같이 쓸 수 있을 것이다.

$$\Psi(x, t) = \int_{-\infty}^{\infty} dp \, \phi(p) \exp[i(px - Et)/\hbar] \qquad (2.17)$$

---

[1]푸리에 변환에 대해서는 뒤에서 잠시 다룰 것이다.

이 파동함수 $\Psi$ 를 시간 $t$ 에 대하여 1차 미분하고 $i\hbar$ 를 곱해주면 우리는 다음과 같이 됨을 알 수 있다.

$$i\hbar\frac{\partial\Psi}{\partial t} = \int dp\ \phi(p)E\exp[i(px - Et)/\hbar] \tag{2.18}$$

더하여 식 (2.17)에서 다음의 관계식도 성립한다.

$$\frac{\partial\Psi}{\partial x} = \frac{i}{\hbar}\int dp\ \phi(p)\,p\exp[i(px - Et)/\hbar] \tag{2.19}$$

여기서 자유입자의 경우 $E = \frac{p^2}{2m}$ 임을 사용하면,[2] 식 (2.18)의 우변은 $x$ 에 대하여 두 번 미분한 후 $-\frac{\hbar^2}{2m}$ 의 상수를 곱한 것과 같아진다. 따라서 식 (2.18)로부터 다음 관계식을 얻는다.

$$i\hbar\frac{\partial\Psi}{\partial t} = -\frac{\hbar^2}{2m}\frac{\partial^2\Psi}{\partial x^2} \tag{2.20}$$

이는 자유입자에 대한 슈뢰딩거 방정식이다. 위에서 에너지를 위치에너지를 포함한 일반적인 표현 $E = \frac{p^2}{2m} + V(x)$ 로 쓰면, 식 (2.18)의 우변은 다음과 같아진다.

$$\int dp\ \phi(p)\left(-\frac{\hbar^2}{2m}\frac{\partial^2}{\partial x^2} + V(x)\right)\exp[i(px - Et)/\hbar] \tag{2.21}$$

이 경우 식 (2.18)로부터 우리는 슈뢰딩거 방정식의 일반적인 표현을 얻을 수 있다.[3]

$$i\hbar\frac{\partial\Psi}{\partial t} = -\frac{\hbar^2}{2m}\frac{\partial^2\Psi}{\partial x^2} + V(x)\Psi \tag{2.22}$$

## 제 2.2 절   입자-파동의 이중성과 불확정성 원리 Particle-Wave Duality and Uncertainty Principle

앞 절에서와 같이 입자를 파동의 묶음으로 생각하면 우리는 파동의 묶음이 존재하는 영역을 그 입자의 존재 영역으로 생각할 수 있을 것이다. 이러한 경우 입자의 위치는

---

[2]여기서 $p$ 는 연산자가 아니라 변수임을 유의하자.

[3]만약 $E$ 가 식 (2.18) 우변에서의 적분 밖으로 빠져 나오는 상수 값인 경우, 식 (2.18)은 $i\hbar\frac{\partial\Psi}{\partial t} = E\Psi$ 가 된다. 1장에서 언급한 $H\Psi = i\hbar\frac{\partial}{\partial t}\Psi$ 로 주어진 해밀토니안의 표현을 쓰면, 이 관계는 $H\Psi = E\Psi$ 가 된다. 이것은 해밀토니안이 $H = -\frac{\hbar^2}{2m}\frac{\partial^2}{\partial x^2} + V(x)$ 로 주어지는 시간에 무관한 슈뢰딩거 방정식이자, 앞으로 다루게 될 해밀토니안의 고유상태 방정식이다.

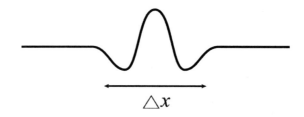

그림 2.3: 입자 1 의 파동묶음 표현

파동의 존재 영역에 해당하는 만큼의 불확정성을 갖게 될 것이며, 이렇게 표현된 입자 위치의 불확정성이 작아질수록 파동의 파장은 정확하게 정의하기 이려워지게 된다. 한편 파동의 특성은 파수 wave number 와 연관된 드브로이 관계식을 써서 운동량의 특성으로 바꾸어 생각할 수 있으므로, 파동의 존재 영역(입자 위치의 불확정성)이 작아질수록 파수 또는 운동량을 정확하게 아는 것은 더욱 어려워져서, 운동량의 불확정성은 더욱 커지게 된다. 우리는 이 절에서 이러한 파동과 입자의 이중성에 따른 위치와 운동량의 불확정성 관계를 살펴보고자 한다.

### 2.2.1  입자-파동의 이중성과 위치와 운동량의 불확정성

두 개의 입자가 각각 다음과 같은 파동묶음으로 구성된 경우를 생각해 보자. 입자 1 (그림 2.3)의 경우 입자 2 (그림 2.4)와 비교할 때 위치의 불확정성 ($\triangle x$)은 상대적으로 작으나, 파동의 파장을 정의하기는 상대적으로 어렵고, 입자 2 의 경우 상대적으로

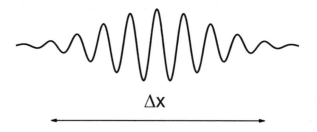

그림 2.4: 입자 2 의 파동묶음 표현

위치의 불확정성은 크나, 파동의 파장은 반대로 정의하기가 쉽다. 여기서 파동묶음이 대략 $n$ 개의 파장($\lambda$)을 포함하고 있다면 위치의 불확정성은 $\triangle x \sim n\lambda$ 로 표현할 수 있을 것이다. 그런데 드브로이의 물질파 정의식에서 $\lambda = h/p$ 이므로 $\triangle x \sim nh/p$ 로 쓸 수 있다. 한편, 파장의 정확성은 파장의 개수 $n$ 에 비례할 것이므로 우리는 대략 $1/n \sim \triangle\lambda/\lambda$ 로 쓸 수 있고, 드브로이 물질파 정의식에서 $\triangle\lambda = \lambda\triangle p/p$ 로 쓸 수 있으므로 $\triangle p/p \sim 1/n$ 로 주어진다. 그러므로 다음 관계식을 얻는다.

$$\triangle x \, \triangle p \sim \frac{nh}{p} \cdot \frac{p}{n} = h \tag{2.23}$$

다음 장에서 살펴 보겠지만 자유입자는 평면파 해를 가져서 앞 절에서 살펴 본 단조화 파동, 즉 $\exp[i(kx - wt)]$ 로 표현할 수 있다. 이 경우 파장의 개수 $n$ 은 무한대가 되어 위치의 불확정성 $\triangle x$ 는 무한대가 되고, 운동량은 $\hbar k$ 라는[4] 특정한 값을 가지므로 운동량의 불확정성 $\triangle p$ 는 0 이 된다. 이는 불확정성 원리와 부합한다.

여기서 우리가 주목할 점은 양자역학에서 시간 $t$ 는 연산자로 취급되지 않고 항상 매개변수 parameter 로 취급된다는 점이다. 한편, 우리는 상대성이론에서 시간과 공간이 합하여 시공간을 이루며, 위치와 운동량을 함께 취급하는 위상공간의 상대론적 표현은 위치의 짝이 운동량이고 시간의 짝은 에너지가 된다는 것을 잘 알고 있다. 따라서 우리는 시간과 에너지의 경우에도 위치와 운동량의 경우와 같은 불확정성의 관계를 짐작할 수 있는데, 위에서 얻어진 위치와 운동량 사이의 불확정성 관계를 쓰면 우리는 대략 다음과 같이 그 관계를 보일 수 있다.

$$\triangle x \triangle p \sim \triangle t \frac{p}{m} \cdot \triangle p \sim \triangle t \triangle(\frac{p^2}{2m}) \sim \triangle t \triangle E \sim h \tag{2.24}$$

1장에서 언급하였지만, 위치와 운동량 사이의 정확한 불확정성 관계식은 다음과 같다.[5]

$$\triangle x \triangle p \geq \frac{\hbar}{2} \tag{2.25}$$

이는 1장에서 이끌어 냈던 하이젠베르크의 교환관계식 $[x, p] = i\hbar$ 로부터 나온다. 우리는 연산자를 다루는데 좀 더 익숙해진 다음에 이 불확정성 관계식을 증명할 것이다.

---

[4] $p = \frac{h}{\lambda} = \frac{h}{2\pi}\frac{2\pi}{\lambda} = \hbar k$

[5] 위에서 얻은 관계에 따르면 $\hbar$ 대신 $h$ 가 될 것 같지만, 좀 더 정확한 표현은 $\hbar$ 로 주어짐에 유의하라.

### 2.2.2 불확정성 원리와 상보성  Uncertainty Principle and Complementarity

우리는 1장의 마지막 부분에서 상보성을 설명하면서, 불확정성의 원리와 관계가 있다고 언급한 바 있다. 이러한 관계를 우리는 이중 슬릿 간섭실험의 경우에서 살펴보기로 하겠다. 상보성이란 1장에서도 설명하였지만, 입자와 파동의 이중성 중에서 어떤 하나의 관점만을 택하여 주어진 상태를 기술하여야지 동시에 두 개의 관점을 함께 사용하여 기술할 수는 없다는 것이다. 이와 같은 상황은 1.5.2 절에서 살펴본 이중 슬릿의 간섭 실험에서 입자가 어떤 슬릿을 통과하였는지 알 수 있게 해주는 탐지기를 이중 슬릿 사이에 설치하여, 간섭무늬가 사라지는 경우에서 여실히 나타난다. 간섭무늬는 파동성의 산물인데, 탐지기로 입자를 측정할 경우, 파동성은 사라지고 입자성만 나타나게 되어 간섭무늬가 사라졌다고 우리는 해석할 수 있다. 이는 우리가 어떤 상태에 입자성과 파동성을 동시에 함께 적용할 수 없음을 뜻하는 상보성의 한 사례라고 할 수 있겠다. 그렇다면, 탐지기로 측정하였을 때 간섭무늬가 왜 사라지는 것인지 한번 살펴보기로 하자.

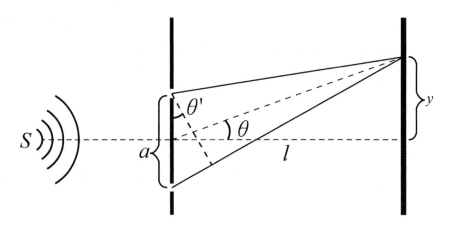

그림 2.5: 이중 슬릿에 의한 간섭 구도

그림 2.5에서 두 슬릿 사이의 거리를 $a$, 슬릿과 스크린 사이의 거리를 $l$ 이라 하고, 스크린의 중앙에서 간섭무늬까지의 거리를 $y$ 라고 하자. 슬릿 사이의 거리 $a$ 보다

슬릿과 스크린 사이의 거리 $l$ 이 훨씬 크다고 하면($a \ll l$), 위 슬릿과 아래 슬릿에 의한 경로차를 표시하는 삼각형은 직각삼각형으로 근사할 수 있고 경로차는 $a \sin \theta'$ 가 된다. 그런데 이 경우 $\theta' \cong \theta$ 라고 할 수 있으므로, $n$ 번째 밝은 점에 도달하는 위 슬릿과 아래 슬릿에 의한 경로차는 $a \sin \theta'_n = n\lambda$ 로, 그리고 $\theta'_n \cong \theta_n$ 과 $\sin \theta_n \cong y_n/l$ 으로 근사할 수 있다. 이로부터 $y_n \cong ln\lambda/a$ 이 되어, $n$ 번째 밝은 점과 $n+1$ 번째 밝은 점 사이의 거리는 다음과 같이 주어진다.

$$\triangle y = y_{n+1} - y_n \cong l\lambda/a \tag{2.26}$$

이제 이중 슬릿 사이에 탐지기를 설치하여 입자가 통과한 슬릿을 알게 된 경우를 생각해 보자. 이때 이중 슬릿을 통과한 입자를 탐지하는 탐지기의 위치 측정 오차는 입자가 두 슬릿 중 어느 것으로 통과했는지 그 통과 영역을 구분짓는데 필요한 거리 $a/2$ 보다는 작을 것이다. 즉, 슬릿을 통과한 직후의 입자의 수직 방향 위치의 불확정성은 $a/2$ 보다는 작아야 한다. 따라서 우리가 슬릿을 통과한 직후 입자가 갖는 수직방향 위치의 불확정성을 $\triangle y \leq a/2$ 로 놓고 수직방향에 아래의 불확정성의 원리를 적용하면,

$$\triangle y \triangle p_y \geq \frac{\hbar}{2}, \tag{2.27}$$

수직 방향 운동량의 불확정성은 $\triangle p_y \geq \hbar/a$ 가 될 것이다. 한편, 수평 방향 운동량을 $p_x$ 라고 하면, 이 경우 $p_y \ll p_x$ 의 관계가 성립하므로 이 입자의 드브로이 파장은 $\lambda \sim h/p_x$ 라고 할 수 있을 것이다. 그런데 수직 방향으로의 운동량 불확정성이 처음에 $\triangle p_y \geq \hbar/a$ 만큼 있으므로, 수평 방향으로 $l$ 만큼 진행한 후 스크린에 도달할 때는 수직 방향으로 다음과 같은 위치의 불확정성을 갖게 될 것이다.

$$\triangle y \sim l \frac{\triangle p_y}{p_x} \geq l \frac{\hbar}{a} \frac{\lambda}{h} = \frac{l\lambda}{2\pi a} \tag{2.28}$$

여기서 인자 $\frac{1}{2\pi}$ 를 무시하면,[6] 스크린 상의 수직 방향으로 위치 불확정성은 식 (2.26)으로 주어지는 밝은 점들 사이의 간격과 같음을 알 수 있다. 즉, 탐지기로 입자가 통과한

---

[6]여기서 인자 $\frac{1}{2\pi}$ 는 상당한 차이가 있어 보이지만, 우리가 앞에서 쓴 불확정성 관계, $\triangle y \triangle p_y \sim h$ 를 적용하면 $\triangle p_y \geq 2h/a$ 이므로 스크린 상에서는 $\triangle y \geq l \frac{2h}{a} \frac{\lambda}{h} = \frac{2l\lambda}{a}$ 가 되어 식 (2.26)의 간섭무늬 밝은 점들 사이의 간격보다 더 크다. 즉, 이러한 차이는 어림 방식에 따른 수준으로 이해해도 될 것이다.

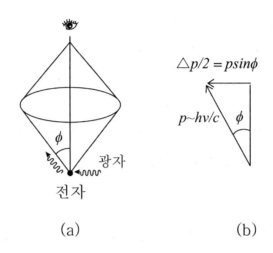

$$\triangle p/2 = psin\phi$$

$$p{\sim}h\nu/c$$

(a)                                    (b)

그림 2.6: 하이젠베르크의 현미경

슬릿을 확인하면,[7] 스크린 상 위치의 불확정성이 간섭무늬 사이의 간격과 비견하게 되어 간섭 현상은 사라지게 된다.

이처럼 입자가 어느 슬릿으로 통과하는지를 측정하는 것은 물질의 입자성을 확인하는 것이 되어, 이 경우 파동성은 상보성 원리에 의해 나타나지 않게 된다. 이는 불확정성의 원리와 상보성 원리가 동전의 양면과 같은 관계에 있음을 보여준다.

## ● 하이젠베르크의 현미경

불확정성의 원리에 대한 이해를 돕기 위하여 하이젠베르크는 다음의 사고실험 gedanken experiment 을 생각하였다(그림 2.6 참조). 현미경으로 전자의 위치를 측정한다고 할 때 전자의 위치를 좀 더 정확하게 측정하려면 분해능이 더 좋은 더 짧은 파장의 빛으로 전자의 위치를 탐색하여야 한다. 그러나 빛의 파장이 짧아질수록 빛의 에너지 즉, 운동량 $(p = \frac{E}{c})$이 커져서 전자에 그만큼 큰 운동량 변화를 주게 된다. 그러므로 전자가 가지고 있는 운동량은 위치를 정확하게 측정하는 만큼 더 부정확하게 된다.

이 경우에 대해 현미경의 기하학적인 면까지 고려하여 분석하면 다음과 같다. 그림

---

[7]식 (2.27)의 불확정성 관계를 사용하더라도 통과한 슬릿이 더 확실히 구분되도록 통과 직후 입자 탐지의 오차 범위를 $\triangle y \leq \frac{a}{2} \times \frac{1}{2\pi}$ 이내로 줄였다면, 식 (2.28)에서 수직 방향 운동량의 불확정성 $\triangle p_y$ 는 $2\pi$배 이상으로 커져서 스크린 상 수직 방향 위치의 불확정성에서 $\frac{1}{2\pi}$ 인자는 상쇄될 것이다.

2.6의 (a)에서처럼 우리가 현미경을 통하여 전자의 위치를 관찰한다고 하자. 광학에서 우리는 현미경 수평방향의 분해능(전자 위치의 불확정성)이 $\triangle x \sim \frac{\lambda}{\sin \phi}$ 로 주어짐을 알고 있다.[8] 여기서 $\lambda$ 는 빛의 파장이고 $\phi$ 는 빛이 전자로부터 현미경 렌즈를 통과하여 관찰자에게 도달하는 최대 사이각이다.

한편 그림 2.6의 (b)에서와 같이 충돌 후 수평방향 빛의 운동량의 범위는 대략 $2p \sin \phi$ 로 주어진다. 여기서 $p' \sim p$, $p = h\nu/c$ 이므로 충돌에 의한 전자의 수평방향 운동량의 불확정성은 다음과 같이 주어질 것이다.

$$\triangle p \sim 2 \frac{h\nu}{c} \sin \phi \qquad (2.29)$$

따라서 전자의 수평방향 위치의 불확정성과 운동량 불확정성의 곱은 다음과 같이 되어,

$$\triangle x \, \triangle p \sim \frac{\lambda}{\sin \phi} \, 2 \frac{h\nu}{c} \sin \phi = 2h \qquad (2.30)$$

전형적인 불확정성의 관계를 보여준다.

### 2.2.3 불확정성 원리와 원자의 안정성 Uncertainty Principle and Stability of Atoms

우리는 1장에서 고전적인 개념의 원자는 매우 불안정하다는 것을 언급하였다. 보어의 원자 모형에서는 이러한 불안정성이 전자의 각운동량이 양자화된 경우에는 없다고 가정함으로써 논란을 피하였다. 하지만 전자가 원자궤도에서 궤도 운동을 한다면, 고전 전자기이론에 의한 전자의 에너지 방출은 피할 수가 없기 때문에 원자의 불안정성 논란을 잠재울 수 없다.

그렇다면 양자역학적으로는 어떻게 원자의 안정성을 설명할 수 있을까? 우리는 전자가 원자 내에서 어떻게 운동하고 있는지 고전역학에서처럼 궤적을 구하여 설명할 수는 없다. 다만, 전자가 존재 가능한 위치들을 상태함수로써 표현할 수 있을 뿐이다. 그리고 가능한 위치들의 분포는 에너지 준위에 따라 각각 다르다. 원자에서 전자의

---

[8]예컨대 Jenkins and White 의 책 Fundamentals of Optics (참고문헌[8]) 참조.

위치 분포는 바닥상태의 경우 통상 구 모양을 하지만, 들뜬상태 excited state 들의 경우 여러 가지 다양한 모양을 갖는다.

가속 운동에 의한 에너지 방출이 없도록 전자가 궤도 운동을 하지 않으면 전자와 원자핵 사이의 전기적 인력을 상쇄할 원심력도 존재하지 않게 되는데, 어떻게 전자가 원자핵의 전기적 인력을 이겨낼 수 있을까? 그에 대한 답은 불확정성 원리로 주어진다.

만약 전자가 원자핵에 의한 전기적 인력을 이겨내지 못하여 원자핵 근처로 가까이 가게 된다면, 전자의 위치 불확정성은 그만큼 작아지게 될 것이다. 이는 불확정성의 원리에 의해서 위치 불확정성이 작아지는 것만큼 운동량 불확정성을 더 커지게 할 것이다. 이는 곧 운동량 자체의 증대도 의미하게 된다. 즉, 전자가 전기적 인력에 의하여 원자핵에 더 가까이 존재하게 되면, 전자의 운동량 불확정성은 그만큼 더 커져서 전자의 운동량, 즉 운동에너지 증가를 가능하게 할 것이다. 전자의 운동에너지 증가는 다시 전자를 원자핵으로부터 더 멀어지게 할 것이다. 이러한 전자와 원자핵 사이의 전기적 인력과 불확정성 원리에 따른 전자 운동에너지의 증가에 의한 '반발력'이 서로 균형을 이루는 선에서 원자 내에서 전자의 존재 가능한 위치가 결정될 것이다.

이렇게 정해진 전자의 존재 가능한 영역들을 우리는 전자 구름이라 부르며 이는 원자 내부 전자의 에너지 준위에 따라 결정되는 파동함수로부터 얻어진다. 이러한 파동함수는 슈뢰딩거 방정식을 풀어서 정확하게 얻을 수 있지만, 여기서는 간단히 불확정성 원리를 적용하여 앞에서 얻은 보어의 원자 모형 결과와 비교하도록 하겠다.

논의를 간편하게 하기 위하여 수소 원자의 경우를 생각하면, 전자의 에너지는 다음과 같이 주어진다.

$$E = \frac{p^2}{2m} - \frac{e^2}{r} \tag{2.31}$$

여기서 $p$ 는 운동량이고, $r$ 은 전자와 원자핵 사이의 거리이다. 이때 전자의 존재 위치를 위치의 불확정성으로 볼 수 있으므로, $\triangle x \sim r$ 이 되고, 운동량의 불확정성은 불확정성 원리($\triangle x \triangle p \sim \hbar$)에서 대략 $\triangle p \sim \frac{\hbar}{r}$ 가 될 것이다. 여기서 운동량의 불확정성이 대략 운동량과 비슷하다고 하면($p \sim \triangle p \sim \frac{\hbar}{r}$), 에너지는 대략 다음과 같이 주어진다.

$$E = \frac{1}{2m}(\frac{\hbar}{r})^2 - \frac{e^2}{r} \tag{2.32}$$

여기서 가장 낮은 에너지 상태가 가장 안정적인 상태가 될 것이므로 그러한 안정한 상태를 주는 $r$ 은 $\frac{\partial E}{\partial r} = 0$ 을 만족하여야 한다. 즉, 다음의 방정식에서

$$\frac{\partial E}{\partial r} = -\frac{1}{m}\frac{\hbar^2}{r^3} + \frac{e^2}{r^2} = 0, \tag{2.33}$$

$r = \frac{\hbar^2}{me^2}$ 으로 주어진다. 이 값은 우리가 1장에서 얻은 식 (1.51)의 보어 반경 $a_0$ 와 일치하며, 이를 에너지에 대입하면 다음과 같이 된다.

$$E = -\frac{me^4}{2\hbar^2} = -\hat{\mathbb{R}} \tag{2.34}$$

여기서 $\hat{\mathbb{R}} = 13.6$ eV 이다. 이는 보어 원자 모형에서 얻은 수소 원자의 바닥상태 에너지와 일치한다.

## • 불확정성 원리와 원자핵의 결합력

위에서 적용한 불확정성 원리는 전자가 고전적인 궤도 운동을 하지 않아서 원심력이 존재하지 않더라도 전자가 원자핵으로 떨어지지 않고 원자의 크기를 안정적으로 유지하면서 존재할 수 있음을 보여주고 있다.

원자핵의 경우, 그 크기가 원자의 100,000분의 1 정도에 불과하여 원자핵을 이루는 핵자들 nucleons 위치의 불확정성은 원자 내 전자의 위치 불확정성보다 100,000배 정도 적게 되고, 따라서 운동량의 불확정성은 100,000배 정도 더 커지게 될 것이다. 결과적으로 핵자들이 갖는 운동에너지의 불확정성이 그에 따라 커지게 될 것이므로, 이들을 서로 안정적으로 묶어두려면 원자핵의 결합력은 원자의 경우와 비교하여 그에 상응할 수 있도록 더 강해져야 할 것이다. 앞에서와 같은 방식으로 원자핵의 결합력을 대략 다음과 같이 유추해 볼 수 있다.

원자의 핵 nucleus 은 우리가 통상 핵자 nucleon 라고 부르는 중성자와 양성자로 구성되어 있으며 그 크기는 대략 1 내지 2 페르미($10^{-15}$m) 정도이다. 원자핵은 핵자들이 핵력에 의해 결합되어 있다. 핵자의 위치 불확정성을 대략 원자핵의 크기와 같다고 보아 CGS 단위를 써서 $\triangle x \sim r = 10^{-13}$cm 라고 놓을 수 있을 것이다. 따라서 운동량의 불확정성은 다음과 같이 주어진다.

$$\triangle p \sim \frac{\hbar}{\triangle x} = \frac{10^{-27}\text{erg}\cdot\text{s}}{10^{-13}\text{cm}} = 10^{-14}\text{g}\cdot\text{cm/s} \tag{2.35}$$

운동량의 불확정성만큼 운동량을 가질 수 있다고 생각하여 $p \sim \triangle p$ 로 놓으면, 핵자의 운동에너지는 대략 다음과 같이 주어진다.[9]

$$E \sim \frac{p^2}{2m} \sim \frac{(10^{-14})^2 (\text{g} \cdot \text{cm/s})^2}{2 \times 1.67 \times 10^{-24} \text{g}} \sim \frac{10^{-4}}{3} \text{erg} \sim 20\,\text{MeV} \tag{2.36}$$

원자핵의 결합에너지가 대체로 10 MeV 정도이므로, 이 결과는 실제와 상당히 근접함을 보여준다. 수소 원자의 경우, 우리가 정확한 위치에너지를 알고 있기 때문에 실제 결합력과 일치하는 결과를 얻었지만, 원자핵의 경우에는 정확한 위치에너지를 원자의 경우처럼 적용할 수 없음에도 대략적인 계산으로 같은 자리수 same order 의 결과를 얻을 수 있다는 점에 주목하고자 한다.

동일한 방식으로 원자의 경우에 다시 계산하여 보면 다음과 같다.

$$p \quad \sim \quad \triangle p \sim \frac{\hbar}{r} = \frac{10^{-27} \text{erg} \cdot \text{s}}{10^{-8} \text{cm}} = 10^{-19} \text{g} \cdot \text{cm/s} \tag{2.37}$$

$$E \quad \sim \quad \frac{p^2}{2m} \sim \frac{(10^{-19})^2 (\text{g} \cdot \text{cm/s})^2}{2 \times 9.1 \times 10^{-28} \text{g}} \sim \frac{10^{-10}}{18} \text{erg} \sim 3.5\,\text{eV} \tag{2.38}$$

이 결과는 수소 원자 바닥상태에서의 결합력이 13.6 eV 임을 고려할 때 상당히 근접한 결과를 준다고 할 수 있겠다. 즉, 원자나 원자핵, 두 경우 모두 구성 입자들의 고전적인 궤도 운동이 없어도 핵력이나 전자기력에 의한 붕괴를 불확정성의 원리에 의한 '반발력'이 균형을 이루어 그 안정성을 유지하게 됨을 알 수 있다.

# 제 2.3 절  양자역학의 수학적 체계 Mathematical Framework of Quantum Mechanics

## 2.3.1  디락의 브라-켓 표시 Dirac's Bra-Ket Notation

디락 P.A.M. Dirac 은 상태를 나타내는 파동함수를 상태공간에서의 하나의 벡터로 생각하여 켓 벡터 ket vector 라고 하였고, 이러한 벡터와 내적하여 스칼라를 주는 짝을 생각하여 이를 브라 벡터 bra vector 라고 하였다. 이는 꺽쇠 괄호 <> 의 영문명

---

[9] $1\text{eV} = 1.6 \times 10^{-12} \text{erg}$

브라켓 bracket 에서 각각 뒷부분과 앞부분을 따온 것이다. 그리하여 브라 벡터 $\langle \psi |$ 와 켓 벡터 $| \phi \rangle$ 의 곱을 벡터의 내적 inner product 으로 다음과 같이 정의하였다.[10]

$$\langle \psi | \phi \rangle \equiv \int_{-\infty}^{\infty} dx \, \psi^*(x) \, \phi(x) \ \in \mathbb{C} \tag{2.39}$$

이로부터 우리는 곧 다음의 관계가 성립함을 알 수 있다.

$$< \psi | \phi >^* \, = \, < \phi | \psi > \tag{2.40}$$

여기서 서로 다른 상태들을 나타내는 파동함수 $\phi(x)$와 $\psi(x)$는 각각 켓 벡터 $| \phi \rangle$ 와 $| \psi \rangle$ 로 1:1 대응되었음을 기억하자.

그렇다면 주어진 상태에 어떤 작용이 가해지는 경우는 어떻게 표시할 수 있을까? 예컨대 켓 벡터 $| \phi \rangle$ 로 표시된 주어진 상태에 어떤 작용을 일으키는 연산자 operator $A$ 가 작용하여 새로운 상태 $| \chi \rangle$ 가 되었다면 우리는 이를 다음과 같이 표시한다.

$$A | \phi \rangle = | \chi \rangle \tag{2.41}$$

일반적으로 어떤 연산자가 작용한 (즉, 어떤 작용이 가해진) 상태는 새로운 상태가 되므로, 우리는 위에서 처음 상태와 작용을 받은 상태를 구분하기 위해 서로 다르게 표시하였다.

그런데 어떤 연산자가 작용해도 주어진 상태가 변하지 않는 특별한 상태가 있을 수 있는데, 우리는 그러한 상태를 그 연산자의 고유상태 eigenstate 라고 부른다. 이처럼 특정 연산자가 작용해도 상태가 변하지 않은 경우, 그 특정 연산자가 작용한 후의 상태는 원래 상태에 비례한다고 할 수 있다.[11] 이를 식 (2.41)의 경우에 나타내면 다음과 같다.

$$| \chi \rangle \propto | \phi \rangle$$

그러므로 고유상태의 경우, 식 (2.41)은 비례상수를 $a$ 로 써서 다음과 같이 쓸 수 있다.

$$A | \phi \rangle = a | \phi \rangle \tag{2.42}$$

---

[10]이는 통상 실수 공간의 두 벡터 $\vec{u}$ 와 $\vec{v}$ 의 내적이 $\vec{u} \cdot \vec{v} \in \mathbb{R}$ 로 정의되는 것과 비슷하다.

[11]이렇게 말할 수 있는 이유는 고유상태와 고유값의 특성을 다루는 4장에서 설명하도록 하겠다.

이 비례상수 $a$ 를 연산자 $A$ 에 대한 고유상태 $|\phi\rangle$ 의 고유값 eigenvalue 이라고 한다.

우리는 연산자가 작용된 켓 벡터와 브라 벡터의 내적을 다음과 같이 표시한다.[12]

$$< \psi \,|\, A \,|\, \phi > \,\equiv\, < \psi \,|\, A\,\phi > \,\equiv\, \int_{-\infty}^{\infty} dx \, \psi^*(x) \, A \, \phi(x) \qquad (2.43)$$

여기서 연산자가 켓 벡터에 작용하지 않고 브라 벡터에 작용하는 경우는 수반 연산자 adjoint operator 라 하여 대거 dagger (†) 를 첨자로 덧붙여 표시하며, 다음과 같이 정의된다.

$$< \psi \,|\, A\,\phi > \,\equiv\, < A^\dagger \, \psi \,|\, \phi > \,\equiv\, \int_{-\infty}^{\infty} dx \, (A^\dagger \psi(x))^* \, \phi(x) \qquad (2.44)$$

이러한 수반 연산자의 정의로부터 우리는 수반 연산자의 수반 연산자는 원래 연산자와 같음을 알 수 있다.

$$< \psi \,|\, A\,\phi > \,=\, < A^\dagger \psi \,|\, \phi > \,=\, < \phi \,|\, A^\dagger \, \psi >^* \,=\, < (A^\dagger)^\dagger \phi \,|\, \psi >^* \,=\, < \psi \,|\, (A^\dagger)^\dagger \phi >$$

위에서 임의의 상태 $|\phi\rangle$ 와 임의의 연산자 $A$ 에 대하여 다음 관계가 성립하므로,

$$A \,|\, \phi > \,=\, (A^\dagger)^\dagger \,|\, \phi >, \qquad (2.45)$$

우리는 임의의 연산자 $A$ 에 대하여 다음의 관계가 성립함을 알 수 있다.

$$(A^\dagger)^\dagger = A \qquad (2.46)$$

이로부터 우리는 다음의 관계도 성립함을 알 수 있다.[13]

$$< A\,\psi \,|\, \phi > \,=\, < \psi \,|\, A^\dagger \, \phi > \qquad (2.47)$$

우리는 특별히 어떤 연산자가 자기 자신의 수반 연산자와 같을 경우($A = A^\dagger$), 이러한 연산자를 자기수반 연산자 self-adjoint operator 라고 부른다. 즉 자기수반 연산자의 경우 다음 관계가 성립한다.

$$< \psi \,|\, A\,\phi > \,=\, < A\,\psi \,|\, \phi > \qquad (2.48)$$

---

[12]식 (2.43)의 마지막 등호 뒤의 $A$ 는 사실 나중에 다루게 될 위치 표현으로 표시된 것임에 유의하자.
[13]우리는 이 관계를 수반 연산자의 정의식 (2.44)로부터 직접 보일 수도 있다(문제 2.5).

물리학에서는 자기수반 연산자를 에르미트 연산자 Hermitian operator 라고 부른다.

한편, 상수 $c$ 의 경우 $|c\psi\rangle = c|\psi\rangle$ 로 쓸 수 있으므로, 다음의 관계가 성립한다.

$$< c\psi \,|\, \phi > = < \phi \,|\, c\psi >^* = c^* < \phi \,|\, \psi >^* = c^* < \psi \,|\, \phi > \qquad (2.49)$$

즉, 브라 벡터에 포함된 상수는 브라 벡터 밖으로 나올 때 다음의 관계가 성립한다.

$$< c\psi \,| = c^* < \psi \,| \qquad (2.50)$$

우리는 이 관계를 앞으로 자주 사용하게 될 것이다. 끝으로 벡터의 크기 norm 는 다음과 같이 내적으로 정의된다.

$$\|\psi\| \equiv \sqrt{< \psi|\psi >} = \left[ \int_{-\infty}^{\infty} dx\, \psi^*(x)\psi(x) \right]^{1/2} = \left[ \int_{-\infty}^{\infty} dx\, |\psi(x)|^2 \right]^{1/2} \in \mathbb{R} \quad (2.51)$$

## 2.3.2 폰 노이만의 수학적 체계 von Neumann's Mathematical Framework

1927년 폰 노이만 J. von Neumann 은 하이젠베르크의 행렬역학에서 나타나는 행렬의 특성에서 유추한 분광정리 spectral theorem 로부터 물리적 관측가능량 physical observable 은 자기수반 연산자로 주어지고, 관측가능량의 측정치는 그러한 자기수반 연산자의 스펙트럼 spectrum 에 속한다고 주장하였다.

여기서 분광정리란 에르미트 행렬 Hermitian matrix 이 실수 real number 의 고유값들 eigenvalues 을 가지며 그에 해당하는 고유벡터들 eigenvectors 은 서로 직교한다는 특성을 연산자의 경우로 일반화한 것이다. 즉, 에르미트 행렬은 자기수반 연산자에, 에르미트 행렬의 고유값들은 자기수반 연산자의 스펙트럼(고유값들의 집합)에 대응하며, 그러한 자기수반 연산자의 고유값들과 고유벡터들은 물리적 관측가능량 physical observable 의 측정치들과 그러한 측정치들을 주는 물리적 상태들 physical states 에 해당한다는 것이다.

실제 우리가 얻는 물리적 관측가능량의 측정치는 모두 실수값을 가지는데, 이는 에르미트 행렬의 고유값이 실수인 것, 그리고 자기수반 연산자의 스펙트럼 또한 실수에 속하는 것과 일치한다. 이상의 관계를 정리하면 다음과 같은 유추가 가능하다.

모든 물리적 관측가능량은 자기수반 연산자, 즉 에르미트 연산자로 주어지며, 물리적 상태에 대한 관측가능량의 측정치들은 모두 해당 에르미트 연산자의 스펙트럼에 속한 실수의 고유값들이다.[14] 이때, 각 고유값(측정치)에 대응하는 각 고유벡터는 그 측정치를 주는 물리적 상태, 즉 상태벡터 state vector 에 해당한다.

여기서 연산자가 작용하는 벡터공간을 우리는 힐베르트 공간 Hilbert space 이라 부르며, 양자역학적 상태 공간 state space 은 힐베르트 공간이다. 힐베르트 공간은 어떤 벡터 쌍 ($| \alpha >$, $| \beta >$) 에 대해서도 스칼라 곱 scalar product (내적: $< \alpha | \beta >$) 이 정의되어 있는 벡터공간이다. 디락의 브라-켓 내적도 이러한 힐베르트 공간에서의 스칼라 곱이다.

이상과 같은 폰 노이만의 수학적 해석을 기반으로 양자역학은 다음의 전제들을 그 바탕에 두고 있다.

### 2.3.3  양자역학의 기본 전제들  Basic Postulates of Quantum Mechanics

**전제 1.** 모든 물리적 관측가능량 physical observable 은 에르미트 연산자(자기수반 연산자)로 주어진다.

$$A^\dagger = A \tag{2.52}$$

**전제 2.** 물리적 관측가능량의 측정값은 그러한 에르미트 연산자의 스펙트럼(고유값의 집합)에 속하며 실수이다.

$$A | \psi_n \rangle = a_n | \psi_n \rangle, \quad a_n = a_n^* \in \triangle = \{A \text{의 스펙트럼}\} \tag{2.53}$$

**전제 3.** 임의의 물리적 상태는 힐베르트 공간의 벡터로 표시되며, 그 상태에 대해 어떤 물리적 관측가능량을 측정하면, 측정 후의 물리적 상태는 그 물리적 관측가능량의 측정값을 고유값으로 갖는 해당 에르미트 연산자의 고유상태에 있게 된다.

여기서 힐베르트 공간 $\mathcal{H}$ 의 기저 basis 를 어떤 물리적 관측가능량 $A$ 의 고유상태들로 만들 수 있다고 하자. 그러면 임의의 물리적 상태 $|\Phi\rangle$ 는 물리적 관측가능량 $A$

---

[14]우리는 자기수반 연산자의 고유값이 실수 real number 임을 4장(4.1.1절)에서 보일 것이다.

의 고유상태들 $\{|\psi_n\rangle\}$으로 다음과 같이 전개 가능할 것이다.

$$\mathcal{H} \ni |\Phi\rangle = \sum_n c_n |\psi_n\rangle, \quad c_n \in \mathbb{C} \tag{2.54}$$

여기서 서로 다른 고유상태들은 직교한다.[15]

$$\langle \psi_m | \psi_n \rangle = \delta_{mn} = \begin{cases} 1, & m = n \\ 0, & m \neq n \end{cases} \tag{2.55}$$

위와 같이 정의된 $\delta_{mn}$ 을 우리는 크로네커 델타 Kronecker delta 라고 한다. 그리고 상태 $|\Phi\rangle$ 가 어떤 입자의 상태를 기술한다면, 전 영역에 걸쳐 그 입자가 존재할 확률은 1 이 되어야 하므로 우리는 상태벡터의 크기를 1 로 규격화한다.

$$\langle \Phi | \Phi \rangle = \int_{-\infty}^{\infty} |\Phi(x)|^2 dx = \sum_n |c_n|^2 = 1 \tag{2.56}$$

위에서 우리는 식 (2.54)와 식 (2.55)의 관계를 적용하였다.

여기서 우리는 전제 3의 의미를 되새겨 볼 필요가 있다. 전제 3이 뜻하는 바는 다음과 같다.

처음에 주어진 임의의 물리적 상태 $|\Phi\rangle$ 는 식 (2.54)가 보여주듯이 물리적 관측가능량 $A$ 의 고유상태들의 중첩으로 이루어져 있다. 그런데 일단 물리적 관측가능량 $A$ 를 측정하게 되면, 물리적 상태는 더 이상 $|\Phi\rangle$ 가 아닌 $A$ 의 고유상태인 $\{|\psi_n\rangle\}$ 중의 하나가 된다. 이는 매우 특이한 양자역학적 현상으로 흔히 (양자)상태 붕괴 collapse of (quantum) state 또는 파동함수의 관점에서는 파동함수 붕괴 wave function collapse 로 불린다.

여기서 이렇게 고유상태들의 중첩으로 이루어진 주어진 상태 $|\Phi\rangle$ 가 $A$ 의 특정한 고유상태 $|\psi_n\rangle$으로 측정될 확률은 $|c_n|^2$ 으로 주어지는데, 이는 식 (2.56)에서 $|c_n|^2$ 들의 총합이 1 이 되어서 각각의 $|c_n|^2$ 을 주어진 상태 $|\Phi\rangle$ 에서 $n$ 번째 고유상태 $|\psi_n\rangle$

---

[15]만약 서로 다른 고유상태들이 직교하지 않는다면, 우리는 그램-슈미트 직교화 과정 Gram-Schmidt orthogonalization procedure 을 거쳐 직교하게 만들 수 있다.

이 존재할 확률로 해석할 수 있기 때문이다. 그리고 이는 전제 2에 의해서 주어진 상태 $|\Phi\rangle$에서 $A$의 측정값으로 $a_n$을 얻을 확률이 $|c_n|^2$임을 의미하기도 한다.

$$P_n = |c_n|^2 \tag{2.57}$$

그러므로 주어진 상태 $|\Phi\rangle$에 대한 1장에서 정의한 물리적 관측가능량 $A$의 기대값, 식 (1.84)는 식 (2.43)의 표현을 써서 식 (2.53)과 식 (2.54)에 의해 다음과 같이 쓸 수 있다.

$$<A> = \int_{-\infty}^{\infty} \Phi^*(x) A\, \Phi(x) dx = <\Phi\,|\,A\,|\,\Phi> = \sum_n |c_n|^2\, a_n = \sum_n P_n\, a_n \tag{2.58}$$

이는 1장에서 정의한 $A$의 기대값이 우리가 고전적으로 물리량 $A$를 여러번 측정하였을 때의 가중평균값과 같음을 보여준다.

에컨대 고전적으로 물리량 $A$를 여러 번 측정하여 측정값 $A_1$을 $n_1$ 번, 측정값 $A_2$를 $n_2$ 번, 측정값 $A_3$을 $n_3$ 번 등과 같이 총 $N(= \sum_i n_i)$ 번 측정하였다고 하자. 이 경우 물리량 $A$의 평균값은 다음과 같이 주어질 것이다.

$$A_{\mathrm{av}} = \frac{\sum_i A_i n_i}{\sum_i n_i} = \sum_i \frac{n_i}{N} A_i = \sum_i P_i A_i \tag{2.59}$$

여기서 $P_i$는 측정값이 $A_i$로 측정될 확률에 해당한다고 할 수 있으므로, 고전적인 측정값 $A_i$를 식 (2.58)에서의 양자역학적 측정값 $a_i$로 대치하면 두 식이 같아짐을 볼 수 있다. 이로부터 우리는 1장에서 정의된 기대값이 파동함수에 대한 보른의 확률론적 해석과도 부합함을 알 수 있다. 고유값이 연속적으로 주어지는 경우도 우리는 비슷한 방식으로 이해할 수 있다.

**전제 4. 주어진 물리적 상태의 시간에 따른 변화는 슈뢰딩거 방정식으로 주어진다.**

$$H|\Phi> = i\hbar \frac{\partial}{\partial t}|\Phi> \;\;\longleftrightarrow\;\; H\Phi(x,t) = i\hbar \frac{\partial}{\partial t}\Phi(x,t) \tag{2.60}$$

위의 오른쪽 식에서 해밀토니안 $H$는 다음의 슈뢰딩거 규칙에 의해 주어진다. 즉, 고전적인 해밀토니안에서 운동량 $p$에 대해 다음의 관계가 적용되어야 한다.

$$H(x,p) = H\left(x, \frac{\hbar}{i}\frac{\partial}{\partial x}\right) \tag{2.61}$$

구체적으로, 1차원의 경우 물리적 상태의 시간변화는 다음의 슈뢰딩거 방정식에 의하여 결정된다.[16]

$$-\frac{\hbar^2}{2m}\frac{\partial^2}{\partial x^2}\Phi(x,t) + V(x)\Phi(x,t) = i\hbar\frac{\partial}{\partial t}\Phi(x,t) \qquad (2.62)$$

## 제 2.4 절    상태벡터의 파동함수 표현 - 위치 표현과 운동량 표현

### 2.4.1   힐베르트 공간과 상태벡터(파동함수)의 전개

앞에서 우리는 어떤 연산자의 고유상태들 $\{|\,\psi_n\,\rangle\}$이 힐베르트 공간 $\mathcal{H}$ 의 기저를 이루면 어떤 임의의 상태 $|\Psi\rangle$ 도 그러한 고유상태들로 전개할 수 있다고 하였다.

$$\mathcal{H} \ni |\Psi\rangle = \sum_n c_n\,|\psi_n\rangle, \quad c_n \in \mathbb{C}. \qquad (2.63)$$

한편, 식 (2.55)의 관계를 사용하면 전개계수 $c_n$ 은 다음과 같이 얻어진다.

$$<\psi_n|\Psi> = \sum_m c_m <\psi_n|\psi_m> = \sum_m c_m\,\delta_{nm} = c_n \qquad (2.64)$$

그러므로 식 (2.63)은 다음과 같이 쓸 수 있다.

$$|\Psi> = \sum_n c_n|\psi_n> = \sum_n |\psi_n><\psi_n|\Psi> \qquad (2.65)$$

위 식은 임의의 상태 $|\Psi\rangle$ 에 대한 항등식이므로 첫항과 끝항을 비교하면 우리는 다음의 관계가 성립되어야 함을 알 수 있다.

$$\sum_n |\psi_n><\psi_n| = 1 \qquad (2.66)$$

이는 임의의 상태벡터를 고유벡터들로 전개할 수 있을 때 (즉, 고유벡터들이 기저를 이룰 때) 이 고유벡터들의 켓-브라에 대한 전체적인 합은 단위 연산자 identity operator, 즉 1 과 같음을 보여 준다. 여기서 단위 연산자라 함은 어떤 상태벡터에도 변화를 주지 않는 연산자를 뜻한다.

---

[16]대부분의 경우에 우리는 위치에너지가 시간과 운동량에 무관한 경우만을 다룰 것이다.

이와 같이 힐베르트 공간에 존재하는 임의의 상태벡터 state vector 를 특정한 벡터들로 전개할 수 있을 때 우리는 이 특정 벡터들이 완전집합 complete set 을 이루었다고 하며, 이를 기저 basis 라고 부른다. 위에서의 $\{|\psi_n\rangle\}$이 이에 해당한다. 이때 우리는 기저 벡터들이 힐베르트 공간을 생성 span 한다고 말한다. 예컨대, 임의의 3차원 벡터 $|A>$ 를 $x, y, z$ 방향의 단위벡터들 $|i>$, $|j>$, $|k>$ 로 언제나 표현할 수 있는 것이 한 예이다.[17]

$$
\begin{aligned}
|A> &= |i><i|A> + |j><j|A> + |k><k|A> \\
&= |i>A_x + |j>A_y + |k>A_z
\end{aligned} \tag{2.67}
$$

이 경우, 단위벡터들 $|i>$, $|j>$, $|k>$ 는 기저 벡터들로서 3차원 벡터공간을 생성한다.

양자역학적 상태벡터들이 속해 있는 힐베르트 공간은 벡터공간으로서 다음의 네 가지 특성을 가진다.

1) 힐베르트 공간은 선형이다: $|\phi>$, $|\psi>$ 가 힐베르트 공간에 속하면, $|\phi>+|\psi>$ 도 힐베르트 공간에 속한다. 그리고 양자역학적 연산자는 다음과 같이 선형으로 작용한다.

$$
A\left(|\phi>+|\psi>\right) = A|\phi>+A|\psi> \tag{2.68}
$$

2) 힐베르트 공간에는 내적이 존재하며, 임의의 두 벡터 $|\phi>$, $|\psi>$ 사이의 내적은 다음과 같이 정의한다.

$$
<\phi|\psi> \in \mathbb{C} \tag{2.69}
$$

3) 벡터의 크기는 자기 자신과의 내적으로 정의한다.

$$
\|\phi\| = \sqrt{<\phi|\phi>} \tag{2.70}
$$

4) 힐베르트 공간은 완전하다: 힐베르트 공간에 속하는 상태함수들의 모든 코시 수열 Cauchy sequence 은 힐베르트 공간의 원소로 수렴하는데, 힐베르트 공간은 이러한 수열들의 모든 극한들을 포함한다. 여기서 코시 수열 $\phi_n$ 들은 다음 조건을 만족한다.

$$
\lim_{n,m\to\infty} |\phi_n - \phi_m| \to 0 \tag{2.71}
$$

---

[17]여기서는 3차원 공간의 벡터 $\vec{A}$ 와 단위벡터들 $\hat{i}, \hat{j}, \hat{k}$ 를 켓 벡터의 형태로 표시하였다.

우리는 양자역학에서 흔히 요구되는 모든 상태벡터들의 크기가 유한하다는 조건을 만족하는 힐베르트 공간을 '$L^2$ 공간'이라고 부르는데, 이는 전 영역에서 제곱-적분 가능한 square integrable 아래와 같은 상태함수들로 구성되는 벡터 공간을 의미한다.

$$\|\phi\|^2 = <\phi|\phi> = \int_{-\infty}^{\infty} dx \; |\phi(x)|^2 < \infty \qquad (2.72)$$

앞에서 제시한 양자역학의 전제들에 따르면, 우리는 이제 물리적 관측가능량들에 해당하는 연산자들과 그 연산자들의 고유값들에 속하는 물리적 관측가능량들의 측정값들, 그리고 그러한 측정값들을 주는 고유상태들로 모든 물리적 상태를 기술해야 한다. 이 경우, 연산자들이나 상태벡터 그리고 고유벡터들은 주어진 연산자 관계식들을 만족하도록 추상적으로 기술될 뿐이다.

그런데 앞에서 기술한 바와 같이, 어떤 연산자의 고유벡터들이 완전집합을 이룰 때, 이 고유벡터들은 힐베르트 공간을 생성하는 기저로서 역할하여, 어떤 상태벡터도 이 고유벡터들로 전개할 수 있게 된다. 이처럼 임의의 상태벡터를 우리에게 익숙한 특정한 관측가능량에 해당하는 연산자의 고유벡터들로 전개하면, 우리는 주어진 상태를 좀 더 구체적으로 표현할 수 있게 될 것이다.

이러한 힐베르트 공간의 기저로서 우리가 자주 사용하는 대표적인 예들이 바로 위치의 고유벡터들과 운동량의 고유벡터들이다. 이제 차례로 각각의 경우에 대하여 살펴보기로 하겠다.

## 2.4.2  위치 표현 Position Representation

위치 측정값 $x$ 를 주는 위치 연산자의 고유상태를 켓 벡터 $|x>$ 로 표현하고, 위치 연산자를 $\hat{x}$ 로 표시하면, 우리는 이들 사이의 관계를 다음과 같이 표현할 수 있다.

$$\hat{x} \, | \, x > = x \, | \, x > \qquad (2.73)$$

이 식은 상태벡터 $|x>$ 가 고유값이 $x$ 인 위치 연산자 $\hat{x}$ 의 고유벡터임을 의미한다. (여기서 우리는 위치 측정치에 해당하는 고유값인 스칼라 양 $x$ 와 연산자로서 위치 연산자

$\hat{x}$ 를 혼동하지 않도록 서로 구분하여 표시하였다.) 이제 위치 연산자의 고유벡터들 $\{|x\rangle\}$ 는 기저로서 완전집합을 이루어 다음의 조건을 만족한다.

$$\int_{-\infty}^{\infty} dx \, |x\rangle\langle x| = 1 \tag{2.74}$$

여기서 위치 연산자의 고유값 $x$ 는 연속적인 값을 가지고 모든 영역에 걸쳐 있으므로, 우리는 고유값이 띄엄 띄엄 있는 discrete 경우의 식 (2.66)에서 주어진 합을 연속적인 continuous 경우의 적분으로 바꿔 표현하였다. 따라서 임의의 상태벡터 $|\Psi\rangle$ 는 다음과 같이 쓸 수 있다.

$$|\Psi\rangle = \int_{-\infty}^{\infty} dx \, |x\rangle\langle x|\Psi\rangle \tag{2.75}$$

이전의 경우와 비교하면, 내적 $\langle x|\Psi\rangle$ 는 상태벡터 $|\Psi\rangle$ 를 위치의 고유벡터 $|x\rangle$ 로 전개하였을 때의 전개계수에 해당한다. 이 전개계수가 연속적인 변수 $x$ 값에 의존하므로 우리는 이를 파동함수 wave function 라고 부르고, $\Psi(x)$로 표시하겠다.

$$\langle x|\Psi\rangle \equiv \Psi(x) \tag{2.76}$$

이상에서 상태벡터 $|\Psi\rangle$ 가 위치의 고유벡터들 $\{|x\rangle\}$ 로 표현되었으므로 우리는 이와 같은 상태벡터 표현을 위치 표현 position representation 이라고 부른다.

$$|\Psi\rangle = \int_{-\infty}^{\infty} dx \, |x\rangle \Psi(x) \tag{2.77}$$

이제 우리는 식 (2.39)에서 디락 브라-켓으로 표시된 두 상태벡터의 내적이 왜 그와 같은 파동함수들의 적분으로 정의되었는지 이해할 수 있을 것이다.

$$\langle\psi|\phi\rangle = \int_{-\infty}^{\infty} dx \, \langle\psi|x\rangle\langle x|\phi\rangle = \int_{-\infty}^{\infty} dx \, \psi^*(x)\,\phi(x) \tag{2.78}$$

이제 앞에서 얻은 기대값의 표현식 (2.58)을 일반화하여 연산자 $A$ 의 '기대값'을 식 (2.43)에서처럼 정의하였을 때를 생각하여 보자.

$$\langle\psi\,|\,A\,|\,\phi\rangle \equiv \int_{-\infty}^{\infty} dx \, \psi^*(x)\,A\,\phi(x) \tag{2.79}$$

여기서 $A|\psi_n> = a_n|\psi_n>$ 의 관계를 만족하는 $A$ 의 고유벡터들을 기저로 사용하여 브라와 켓을 다음과 같이 전개하면,

$$|\psi> = \sum_n c_n|\psi_n>, \quad |\phi> = \sum_n d_n|\psi_n>, \qquad (2.80)$$

식 (2.79)의 좌변은 다음과 같이 주어진다.

$$\sum_{n,m} c_n^* d_m <\psi_n \mid A \mid \psi_m> = \sum_{n,m} c_n^* d_m a_m \delta_{nm} = \sum_n c_n^* d_n a_n \qquad (2.81)$$

앞에서 나온 기대값의 정의식에서처럼 브라와 켓이 같은 상태벡터 $|\psi\rangle$ 로 주어지면, 이는 앞서 얻은 식 (2.58)과 동일한 결과를 준다.

한편 위치 표현의 경우, 위치 연산자의 고유벡터들을 기저로 사용하므로 식 (2.74)의 관계를 써서 우리는 다음과 같이 쓸 수 있다.

$$<\psi \mid A \mid \phi> = \int_{-\infty}^{\infty} dx \int_{-\infty}^{\infty} dx' \ <\psi \mid x><x|A|x'><x'|\phi> \qquad (2.82)$$

여기서 $<\psi \mid x> = \psi^*(x)$ 이고 $<x'|\phi> = \phi(x')$ 이므로, $<x|A|x'> \equiv \delta(x-x')\tilde{A}$ 라고 하고, $\tilde{A}$ 를 식 (2.79) 우변의 $A$ 로 놓으면 이는 $A$ 의 위치 표현에 해당할 것이다.[18] 그러나 이러한 해석보다는 $A$ 의 고유벡터들을 기저로 사용하는 해석이 더 자연스러울 것이다.

### 2.4.3  운동량 표현  Momentum Representation

우리는 임의의 상태벡터 $|\Psi\rangle$ 를 운동량의 고유벡터들로 표현할 수도 있는데 이를 운동량 표현 momentum representation 이라고 한다. 이를 위해서 먼저 운동량 연산자 $\hat{p}$ 와 그 고유벡터 $|p\rangle$ 를 생각하자.

$$\hat{p}|p> = p|p> \qquad (2.83)$$

---

[18]식 (2.79)에서 좌변의 $A$ 는 추상적인 연산자이고, 우변의 $A$ 는 특정한 기저에서 얻어진 해당 연산자의 구체적인 표현으로 서로 다르게 표시하는 것이 좋겠지만, 기술의 편의상 동일하게 표시했음을 양지하기 바란다.

여기서 $p$ 는 운동량의 고유값으로 모든 영역에 걸쳐 연속적인 값을 갖는다. 운동량 고유벡터 $|p\rangle$ 들 역시 완전집합을 이루므로 다음 조건식을 만족한다.

$$\int_{-\infty}^{\infty} dp \, |p><p| = 1 \qquad (2.84)$$

그러므로 상태벡터 $|\Psi\rangle$ 는 다음과 같이 표현할 수 있다.

$$|\Psi> = \int_{-\infty}^{\infty} dp \, |p><p|\Psi> \qquad (2.85)$$

이때 전개계수 $<p|\Psi>$ 는 운동량 표현에서의 파동함수가 되고 우리는 이를 $\tilde{\Psi}(p)$ 로 표시히겠다.

$$<p|\Psi> \equiv \tilde{\Psi}(p) \qquad (2.86)$$

여기서 $\tilde{\Psi}(p)$ 대신에 $\Psi(p)$로 써야 더 적절할 것 같으나 실제 함수가 $\Psi(x)$와 다르므로 위치 표현에서의 파동함수와 구분하기 위하여 $\tilde{\Psi}(p)$로 표시하였음을 유의하기 바란다. 따라서 운동량 표현에서는 다음과 같이 쓸 수 있다.

$$|\Psi> = \int_{-\infty}^{\infty} dp \, |p> \tilde{\Psi}(p) \qquad (2.87)$$

### 2.4.4 위치 표현과 운동량 표현 사이의 관계 Relation between the Position and Momentum Representations

위치 표현과 운동량 표현에서 위치와 운동량의 고유벡터들은 각각의 기저를 이루고 있는데, 만약 한 표현에서 다른 표현으로 옮겨가면 어떻게 될까?

슈뢰딩거의 파동역학에서, 그리고 양자역학의 전제로부터 우리는 운동량 연산자 $\hat{p}$ 의 위치 표현이 다음과 같이 주어져야 함을 알고 있다.

$$\hat{p} \implies \frac{\hbar}{i} \frac{\partial}{\partial x}$$

따라서 임의의 상태 $|\phi\rangle$ 에 대해 운동량 연산자가 작용한 경우는 또 다른 상태가 될 것이기에 그것의 위치 표현은 다음과 같이 표현되어야 할 것이다.

$$\hat{p}|\phi> \implies <x|\hat{p}|\phi> = \frac{\hbar}{i} \frac{\partial}{\partial x} <x|\phi> \qquad (2.88)$$

이제 이를 바탕으로 운동량 고유벡터의 위치 표현을 생각해 보자. 먼저 운동량 고유벡터 $|p\rangle$ 는 다음의 고유벡터 방정식을 만족하므로,

$$\hat{p}\,|\,p> = p\,|\,p>, \tag{2.89}$$

이에 식 (2.88)의 방식을 적용하면 다음과 같이 쓸 수 있다.

$$<x\,|\,\hat{p}\,|\,p> = \frac{\hbar}{i}\frac{\partial}{\partial x}<x\,|\,p> = p<x\,|\,p> \tag{2.90}$$

여기서 운동량 고유벡터의 위치 표현을 다음의 함수로 표현하면,

$$<x\,|\,p> \equiv u_p(x), \tag{2.91}$$

운동량 고유벡터 방정식의 위치 표현은 식 (2.90)으로부터 다음과 같이 주어지며,

$$\frac{\hbar}{i}\frac{d}{dx}u_p(x) = p\,u_p(x), \tag{2.92}$$

그 해는 다음과 같다.

$$u_p(x) = N \exp(\frac{i}{\hbar}px) \tag{2.93}$$

여기서 $N$ 은 규격화 조건을 만족하는 규격화 상수 normalization constant 이다.

고유값이 연속적인 경우의 파동함수를 규격화할 때 주의해야 할 점은 다음과 같이 디락 델타함수에 의해서 규격화 조건이 만족되도록 해야 한다는 것이다.

$$
\begin{aligned}
<p'|p> &= \int_{-\infty}^{\infty} dx\ <p'|x><x|p> \\
&= \int_{-\infty}^{\infty} dx\ N^* \exp(-\frac{i}{\hbar}p'x)N\exp(\frac{i}{\hbar}px) \\
&= \delta(p-p') 
\end{aligned}
\tag{2.94}
$$

위의 조건을 만족하기 위해서는 규격화 상수 $N$ 이 $\frac{1}{\sqrt{2\pi\hbar}}$ 의 값을 가져야 한다. 이에 대해서는 잠시 뒤에 설명하겠다. 따라서 운동량 고유벡터의 위치 표현 함수 $u_p(x)$ 는 최종적으로 다음과 같이 쓸 수 있다.[19]

$$u_p(x) = \frac{1}{\sqrt{2\pi\hbar}}\exp(\frac{i}{\hbar}px) \tag{2.95}$$

---

[19]이 함수는 다음에 배울 자유입자의 슈뢰딩거 방정식 해인 평면파 해와 같다.

여기서 위에 등장한 디락 델타함수 Dirac delta function 에 대해서 잠시 알아보기로 하자.[20] 디락 델타함수는 다음과 같이 정의되며,

$$\delta(x - x') \begin{cases} = 0, & x \neq x' \ \text{일 때} \\ \neq 0, & x = x' \ \text{일 때} \end{cases}, \tag{2.96}$$

다음의 관계들을 만족한다.

$$\int_{-\infty}^{\infty} dx \, \delta(x - x') = 1 \tag{2.97}$$

$$\int_{-\infty}^{\infty} dx \, f(x) \, \delta(x - x') = f(x') \tag{2.98}$$

그리고 다음과 같은 적분 표현으로 나타낼 수 있다(문제 2.13).

$$\delta(x - x') = \frac{1}{2\pi} \int_{-\infty}^{\infty} dk \exp[ik(x - x')] \tag{2.99}$$

그렇다면 위치 표현에서의 파동함수 $\Psi(x)$와 운동량 표현에서의 파동함수 $\tilde{\Psi}(p)$는 어떠한 관계에 있을까? 이는 $\Psi(x)$를 다음과 같이 표현하면 쉽게 알 수 있다:

$$\Psi(x) = <x|\Psi> = \int_{-\infty}^{\infty} dp \, <x|p><p|\Psi> = \int_{-\infty}^{\infty} dp \, u_p(x)\tilde{\Psi}(p) \tag{2.100}$$

즉, 위치 표현 파동함수는 운동량 표현 파동함수로 다음과 같이 표현된다.

$$\Psi(x) = \frac{1}{\sqrt{2\pi\hbar}} \int_{-\infty}^{\infty} dp \, \exp(\frac{i}{\hbar}px)\tilde{\Psi}(p) \tag{2.101}$$

한편, 운동량 표현 파동함수 $\tilde{\Psi}(p)$는 다음과 같이 표현할 수 있으므로,

$$\tilde{\Psi}(p) = <p|\Psi> = \int_{-\infty}^{\infty} dx \, <p|x><x|\Psi> = \int_{-\infty}^{\infty} dx \, u_p^*(x)\Psi(x), \tag{2.102}$$

위치 표현 파동함수를 가지고 다음과 같이 쓸 수 있다.

$$\tilde{\Psi}(p) = \frac{1}{\sqrt{2\pi\hbar}} \int_{-\infty}^{\infty} dx \, \exp(-\frac{i}{\hbar}px)\Psi(x) \tag{2.103}$$

---

[20]우리는 '디락 델타함수'를 줄여서 앞으로 '델타함수'로도 자주 부를 것이다.

이를 식 (2.101)과 비교하면, 우리는 위치 표현 파동함수 $\Psi(x)$와 운동량 표현 파동함수 $\tilde{\Psi}(p)$가 서로 각각 푸리에 변환 Fourier transformation 과 역 푸리에 변환 inverse Fourier transformation 의 관계에 있음을 알 수 있다.[21]

앞에서 우리는 위치 표현에서의 상태벡터 $|x\rangle$ 가 고유값이 $x$ 로 주어지는 위치 연산자의 고유상태(고유벡터)를 표시하며, 이는 입자의 위치가 $x$ 인 상태를 의미한다고 하였다. 그런데 이 고유벡터의 위치 표현은 구하지 않았다. 지금까지의 논리에 따르면 두 고유벡터 $|x\rangle$ 와 $|x'\rangle$ 의 내적은 디락 델타함수로 주어져야 한다. 즉, 다음 관계식이 만족되어야 한다.

$$< x|x' > = \delta(x - x') \tag{2.104}$$

그런데 이는 또한 위치 고유벡터 $|x\rangle$ 의 (위치 표현에서의) 파동함수라고도 할 수 있다. (앞에서 파동함수의 위치 표현이 $< x|\Psi > = \Psi(x)$로 주어졌음을 기억하자.) 따라서 우리는 입자의 위치가 $x'$ 로 주어지는 고유상태 $|x'\rangle$ 의 위치 표현 파동함수가 디락 델타함수 $\delta(x - x')$로 주어짐을 알 수 있다.

앞에서 운동량 연산자의 위치 표현은 $\hat{p} = \frac{\hbar}{i}\frac{\partial}{\partial x}$ 로 주어졌다. 그러면 위치 연산자 $\hat{x}$ 의 위치 표현과 운동량 표현은 어떻게 주어질까? 우선 $\hat{x}$ 의 기대값을 위치 표현에서 살펴보자.

$$
\begin{aligned}
< \hat{x} >_\Psi &\equiv\ < \Psi|\hat{x}|\Psi > = \int_{-\infty}^{\infty} dx \int_{-\infty}^{\infty} dx'\ < \Psi|x >< x|\hat{x}|x' >< x'|\Psi > \\
&=\ \int_{-\infty}^{\infty} dx \int_{-\infty}^{\infty} dx'\ \Psi^*(x)\ x'\delta(x - x')\Psi(x') \\
&=\ \int_{-\infty}^{\infty} dx\ \Psi^*(x)\ x\ \Psi(x)
\end{aligned}
\tag{2.105}
$$

위에서 우리는 $\hat{x}|x > = x|x >$ 라는 고유벡터 관계식을 사용하였다. 식 (2.105)의 결과를 앞에서 정의했던 기대값의 표현과 비교하자.

$$< \hat{x} >_\Psi \equiv\ < \Psi|\hat{x}|\Psi > = \int_{-\infty}^{\infty} dx\ \Psi^*(x)\ \hat{x}\ \Psi(x) \tag{2.106}$$

---

[21]이 절 맨 마지막의 푸리에 변환 참조.

그러면 위치 연산자 $\hat{x}$ 의 위치 표현은 위치의 고유값에 해당하는 변수 $x$ 로 주어짐을 알 수 있다. 한편, 이 위치 연산자 기대값의 운동량 표현은 다음과 같이 쓸 수 있다.

$$< \hat{x} >_\Psi = < \Psi|\hat{x}|\Psi > = \int_{-\infty}^{\infty} dp \int_{-\infty}^{\infty} dp' < \Psi|p >< p|\hat{x}|p' >< p'|\Psi > \qquad (2.107)$$

$$= \int_{-\infty}^{\infty} dp \int_{-\infty}^{\infty} dp' \tilde{\Psi}^*(p) \int_{-\infty}^{\infty} dx \int_{-\infty}^{\infty} dx' < p|x >< x|\hat{x}|x' >< x'|p' > \tilde{\Psi}(p')$$

$$= \int_{-\infty}^{\infty} dp \int_{-\infty}^{\infty} dp' \tilde{\Psi}^*(p) \int_{-\infty}^{\infty} dx \int_{-\infty}^{\infty} dx' \frac{e^{(-\frac{i}{\hbar}px)}}{\sqrt{2\pi\hbar}} x' \delta(x - x') \frac{e^{(\frac{i}{\hbar}p'x')}}{\sqrt{2\pi\hbar}} \tilde{\Psi}(p')$$

$$= \int_{-\infty}^{\infty} dp\, \tilde{\Psi}^*(p) \int_{-\infty}^{\infty} dx \frac{e^{(-\frac{i}{\hbar}px)}}{\sqrt{2\pi\hbar}} \int_{-\infty}^{\infty} dp' \int_{-\infty}^{\infty} dx' \delta(x - x') \left[ \frac{\hbar}{i} \frac{\partial}{\partial p'} \frac{e^{(\frac{i}{\hbar}p'x')}}{\sqrt{2\pi\hbar}} \right] \tilde{\Psi}(p')$$

이제 $x'$ 에 대해 적분하고, 다시 $\tilde{\Psi}(p' = \pm\infty) = 0$ 의 경계조건을 적용하여 $p'$ 에 대해 부분적분을 한 후 디락 델타함수의 적분표현식 (2.99)를 쓰면, 이는 다음과 같아진다.

$$\begin{aligned} < \hat{x} >_\Psi &= \int_{-\infty}^{\infty} dp\, \tilde{\Psi}^*(p) \int_{-\infty}^{\infty} dp' \int_{-\infty}^{\infty} dx \frac{e^{(-\frac{i}{\hbar}px)}}{\sqrt{2\pi\hbar}} \frac{e^{(\frac{i}{\hbar}p'x)}}{\sqrt{2\pi\hbar}} \left[ -\frac{\hbar}{i} \frac{d}{dp'} \tilde{\Psi}(p') \right] \\ &= \int_{-\infty}^{\infty} dp\, \tilde{\Psi}^*(p) \int_{-\infty}^{\infty} dp'\, \delta(p' - p) \left[ -\frac{\hbar}{i} \frac{d}{dp'} \tilde{\Psi}(p') \right] \\ &= \int_{-\infty}^{\infty} dp\, \tilde{\Psi}^*(p) \left[ -\frac{\hbar}{i} \frac{d}{dp} \tilde{\Psi}(p) \right] \end{aligned} \qquad (2.108)$$

한편, 운동량 표현에서의 위치 연산자 $\hat{x}$ 의 기대값은 다음과 같아야 하므로,

$$< \hat{x} >_\Psi \equiv \int_{-\infty}^{\infty} dp\, \tilde{\Psi}^*(p)\, \hat{x}\, \tilde{\Psi}(p), \qquad (2.109)$$

우리는 위치 연산자 $\hat{x}$ 의 운동량 표현이 다음과 같이 주어짐을 알 수 있다.

$$\hat{x} = -\frac{\hbar}{i} \frac{\partial}{\partial p} \qquad (2.110)$$

지금까지 우리는 위치 연산자 $\hat{x}$ 의 위치 표현과 운동량 표현에 대해 살펴보았다. 그럼 운동량 연산자 $\hat{p}$ 의 운동량 표현은 무엇일까? 우리는 운동량 연산자의 위치 표현이 $\hat{p} = \frac{\hbar}{i} \frac{\partial}{\partial x}$ 로 주어짐을 알고 있다. 그리고 위치 연산자 $\hat{x}$ 의 위치 표현은 $x$ 임을 앞에서 보았다. 이는 $\hat{x}|x > = x|x >$ 의 관계식에서 나왔다. 마찬가지로 운동량 연산자 $\hat{p}$ 의

고유벡터와 고유값이 $\hat{p}|p> = p|p>$ 로 주어지므로 운동량 표현에서 운동량 연산자 $\hat{p}$ 역시 $p$ 로 주어진다.

이제까지 우리는 복잡한 기대값 표현을 통하여 이 관계를 살펴보았지만, 실은 이러한 모든 표현들이 $[\hat{x}, \hat{p}] = i\hbar$ 라는 위치 연산자와 운동량 연산자에 대한 하이젠베르크 기본 교환관계식의 두 가지 다른 표현임을 주목해야 할 것이다.

$$\text{위치 표현}: [x, \frac{\hbar}{i}\frac{\partial}{\partial x}] = i\hbar, \quad \text{운동량 표현}: [-\frac{\hbar}{i}\frac{\partial}{\partial p}, p] = i\hbar \tag{2.111}$$

## • 푸리에 변환과 디락 델타함수의 적분표현  Fourier Transformation and Dirac Delta Function

푸리에 변환 Fourier transformation 은 함수들을 주기함수들 periodic functions 로 분해하는데 자주 쓰이며 통상 다음과 같이 정의된다.

$$f(x) = \int_{-\infty}^{\infty} dk \; g(k)\exp(ikx) \tag{2.112}$$

이의 역변환은 다음과 같이 주어진다.[22]

$$g(k) = \frac{1}{2\pi}\int_{-\infty}^{\infty} dx \; f(x)\exp(-ikx) \tag{2.113}$$

먼저 디락 델타함수가 만족하는 식 (2.98)을 쓰면 함수 $g(k)$ 는 다음과 같이 쓸 수 있다.

$$g(k) = \int_{-\infty}^{\infty} dx \; g(x)\delta(x-k) \tag{2.114}$$

그리고 위의 역 푸리에 변환식 (2.113)에 (2.112)를 대입하면, $g(k)$는 다음과 같이 쓰여진다.

$$g(k) = \frac{1}{2\pi}\int_{-\infty}^{\infty} dx \; \exp(-ikx)\int_{-\infty}^{\infty} dk' \; g(k')\exp(ik'x) \tag{2.115}$$

여기서 $x \to t$, $k' \to x$ 로 바꾸어주면, 식 (2.115)는 다시 다음과 같이 쓸 수 있다.

$$g(k) = \int_{-\infty}^{\infty} dt \; \frac{\exp(-ikt)}{2\pi}\int_{-\infty}^{\infty} dx \; g(x)\exp(ixt)$$

---

[22]참고문헌 [12]의 15.4절 참조. 통상 앞의 위치 표현과 운동량 표현 파동함수들 사이의 관계처럼 $f(x) = \sqrt{\frac{1}{2\pi}}\int_{-\infty}^{\infty} dk \; g(k)\exp(ikx)$ 와 $g(k) = \sqrt{\frac{1}{2\pi}}\int_{-\infty}^{\infty} dx \; f(x)\exp(-ikx)$ 로 쓰기도 한다[14].

$$= \int_{-\infty}^{\infty} dx \; g(x) \int_{-\infty}^{\infty} dt \; \frac{1}{2\pi} \exp(-ikt + ixt) \qquad (2.116)$$

이제 식 (2.114)와 식 (2.116)을 비교하면, 디락 델타함수는 다음과 같이 주어진다.

$$\delta(x - k) = \frac{1}{2\pi} \int_{-\infty}^{\infty} dt \; \exp[it(x - k)] \qquad (2.117)$$

## 2.4.5 기대값의 시간변화와 에렌페스트의 정리 Time Change of Expectation Value and Ehrenfest's Theorem

관측가능량 $A$ 의 기대값은 시간에 따라 어떻게 변화할까? 우리는 슈뢰딩거 방정식을 사용하여 그에 대한 결과를 이끌어 낼 수 있다. 먼저 기대값의 정의로부터 주어진 상태 $\psi$ 에 대한 시간 변화는 다음과 같이 표현할 수 있다.

$$\frac{d<A>}{dt} = \frac{d}{dt} \int_{-\infty}^{\infty} dx \; \psi^* A \psi = \int_{-\infty}^{\infty} dx \; \frac{\partial}{\partial t}(\psi^* A \psi) \qquad (2.118)$$

한편, 위 식의 피적분함수 integrand 는 다음과 같이 쓸 수 있으므로,

$$\frac{\partial}{\partial t}(\psi^* A \psi) = \frac{\partial \psi^*}{\partial t} A \psi + \psi^* \frac{\partial A}{\partial t} \psi + \psi^* A \frac{\partial \psi}{\partial t}, \qquad (2.119)$$

슈뢰딩거 방정식을 다음과 같이 다시 쓰고

$$\frac{\partial \psi}{\partial t} = -\frac{i}{\hbar} H \psi, \qquad (2.120)$$

이에 대한 다음과 같은 복소공액 표현을 사용하면,

$$\frac{\partial \psi^*}{\partial t} = \frac{i}{\hbar}(H\psi)^*, \qquad (2.121)$$

다시 다음과 같이 쓸 수 있다.

$$\frac{\partial}{\partial t}(\psi^* A \psi) = \frac{i}{\hbar}(H\psi)^* A \psi + \psi^* \frac{\partial A}{\partial t} \psi - \frac{i}{\hbar} \psi^* A H \psi \qquad (2.122)$$

즉, 다음의 관계를 얻는다.

$$\begin{aligned}
\frac{d<A>}{dt} &= \int_{-\infty}^{\infty} dx \left( \frac{i}{\hbar}(H\psi)^* A \psi + \psi^* \frac{\partial A}{\partial t} \psi - \frac{i}{\hbar} \psi^* A H \psi \right) \\
&= \frac{i}{\hbar} < H\psi | A\psi > + < \psi | \frac{\partial A}{\partial t} | \psi > - \frac{i}{\hbar} < \psi | A H | \psi > \quad (2.123)
\end{aligned}$$

여기서 해밀토니안은 에르미트 연산자($H = H^\dagger$)이므로, $< H\psi|A\psi > = < \psi|HA|\psi >$ 의 관계가 성립하여 기대값의 시간변화는 최종적으로 다음과 같이 주어진다.

$$\frac{d < A >}{dt} = \frac{i}{\hbar} < [H, A] > + < \frac{\partial A}{\partial t} > \tag{2.124}$$

만약, 관측가능량 $A$ 가 시간에 직접적으로 무관할 경우, 위 식은 다시 다음과 같이 된다.

$$\frac{d < A >}{dt} = \frac{i}{\hbar} < [H, A] > \tag{2.125}$$

그러므로 $A$ 가 시간에 직접적으로 무관하고, $[H, A] = 0$ 인 경우, $\frac{d < A >}{dt} = 0$ 이 된다. 이러한 관계 때문에 $A$ 가 시간에 직접적으로 무관하고 해밀토니안과 가환일 때, 우리는 $A$ 를 운동상수 constant of motion 라고 부른다.

이상의 결과를 $A$ 가 운동량 $p$ 인 경우에 적용하여 보면, $p$ 의 직접적인 시간 의존도는 없으므로 다음의 관계가 만족된다.

$$\frac{d < p >}{dt} = \frac{i}{\hbar} < [H, p] > \tag{2.126}$$

여기서 해밀토니안을 $\frac{p^2}{2m} + V(x)$ 로 표현하면, 위 식은 다시 다음과 같이 쓸 수 있다.

$$\frac{d < p >}{dt} = \frac{i}{\hbar} < [V(x), p] > \tag{2.127}$$

한편, $p$ 의 위치 표현은 $p = \frac{\hbar}{i} \frac{\partial}{\partial x}$ 이므로,

$$\frac{d < p >}{dt} = - < \frac{\partial V}{\partial x} > \tag{2.128}$$

가 되어 고전적인 결과인 $F = -\frac{\partial V}{\partial x}$ 와 같은 관계를 만족함을 보여준다.

마찬가지로 우리는 위치의 경우에도 다음의 관계가 성립함을 알 수 있다.

$$\frac{d < x >}{dt} = \frac{i}{\hbar} < [H, x] > = \frac{< p >}{m} \tag{2.129}$$

이 역시 고전적인 관계와 동일하다. 다만 여기서 한 가지 주목할 점은 고전적인 관계식이 관측가능량 자체에 대한 방정식이라면, 양자역학의 경우에는 그 기대값들 사이에 그러한 관계가 성립한다는 것이다. 이와 같이 양자역학적 기대값 사이의 관계식이 고전적인 관계식과 같은 형태로 주어지는 것을 우리는 에렌페스트의 정리 Ehrenfest's theorem 라고 부른다.

## 문제

**2.1** 입자의 상태를 기술하는 파동이 파동묶음처럼 전파되어 갈 때 우리는 파동함수를 식 (2.17)과 같이 공간과 시간의 함수로 표현할 수 있을 것이다.

$$\Psi(x,t) = \int_{-\infty}^{\infty} dp \ \phi(p) \exp[i(px - Et)/\hbar]$$

자유입자의 경우, $E = \frac{p^2}{2m} = \frac{\hbar^2 k^2}{2m}$ 으로 쓸 수 있으므로 이는 다시 파수와 운동량 사이의 관계 $p = \hbar k$ 를 써서 다음과 같이 쓸 수 있다.

$$\Psi(x,t) = \int_{-\infty}^{\infty} dk \ g(k) \exp[i(kx - \frac{\hbar k^2}{2m}t)]$$

이 경우 본문의 방식에 따르면 $w = \frac{\hbar k^2}{2m}$ 이므로, 군속도는 $v_{\text{gp}} = \frac{dw}{dk} = \frac{\hbar k}{m}$ 로 주어진다. 이제 시간 $t = 0$ 일 때, 파동함수가 다음과 같이 주어졌다고 하자.

$$\Psi(x,0) = N \exp(-\alpha x^2 + iux)$$

1). 규격화 상수 $N$ 을 구하고, 푸리에 변환을 써서 $g(k)$ 를 구하여 임의의 시간에서의 파동함수를 구하라. 여기서 $u$ 는 양의 상수이다.

2). 위치의 기대값 $< x >$ 를 구하여 파동이 $+x$ 방향으로 전파됨을 보여라.

답. 1). $\Psi(x,t) = \left(\frac{2\alpha}{\pi}\right)^{1/4} \exp\left(-\frac{u^2}{4\alpha}\right) \frac{1}{\sqrt{1+\frac{2i\hbar\alpha t}{m}}} \exp\left[\frac{-\alpha x^2 + iux + \frac{u^2}{4\alpha}}{1+\frac{2i\hbar\alpha t}{m}}\right]$   2). $< x > = \frac{\hbar u t}{m}$

**2.2** 위의 문제 2.1에서 시간 $t = 0$ 에서의 파동함수가 $\Psi(x,0) = N \exp(-\alpha x^2)$ 로 주어졌다고 하자.

1). 푸리에 변환을 하여 $g(k)$ 를 구하고, 임의의 시간에서의 파동함수를 구하라.

2). 파동이 시간에 따라 넓게 분산됨을 진폭을 구하여 보여라.

3). 이 파동은 전파되지 않음을 위치의 기대값 $< x >$ 를 구하여 보여라.

답. 1). $\Psi(x,t) = \left(\frac{2\alpha}{\pi}\right)^{1/4} \frac{1}{\sqrt{1+\frac{2i\hbar\alpha t}{m}}} \exp\left[-\frac{\alpha x^2}{1+\frac{2i\hbar\alpha t}{m}}\right]$   3). $< x > = 0$

**2.3** 네모난 도파관에서 TE 모드의 파장 $\lambda$ 와 각진동수 $w$ 가 다음의 관계로 주어졌다.

$$\frac{1}{\lambda} = \frac{1}{2\pi c}\sqrt{w^2 - w_0^2}$$

여기서 $w_0$ 는 상수이다. 이 전자기 파동의 군속도는 얼마인가?

답. $c\sqrt{1 - (\frac{w_0}{w})^2}$

**2.4** 파이 중간자 pi-meson 는 유가와에 의해 양성자나 중성자와 같은 핵자 nucleon 들을 결합시키는 매개 입자로 제안되었다. 파이 중간자가 하나의 핵자에서 나와서 다른 핵자로 흡수되는 과정을 불확정성에 의한 입자의 생성과 소멸로 보고 불확정성 원리를 적용하여 대략의 파이 중간자 에너지(질량)을 구할 수 있을 것이다. 핵자의 핵심 알갱이 core 크기는 대략 0.7 페르미(1fm $=10^{-15}$m)로 알려져 있으므로 두 핵자 사이의 거리를 1.4 페르미로 놓고, 파이 중간자의 속력이 빛의 속력에 가깝다고 가정하여 파이 중간자의 에너지를 MeV 단위로 구하라.

도움말: 파이 중간자의 에너지 $\triangle E \sim mc^2$ 와 두 핵자 사이의 거리 $d$ 를 통과하는 시간 $\triangle t = \frac{d}{c}$ 사이에 불확정성 관계 $\triangle E \triangle t \sim \hbar$ 를 적용하라.

답. $141 MeV$

**2.5** 수반 연산자의 정의식 (2.44)를 써서 임의의 브라 $\langle \psi |$ 와 켓 $|\phi\rangle$ 에 대하여 다음 관계가 성립함을 보여라.

$$< A\psi \,|\, \phi > = < \psi \,|\, A^\dagger \, \phi >$$

**2.6** 수반 연산자에 대한 다음 관계식이 성립함을 보여라. $a$ 와 $b$ 는 상수이다.

$$(aA + bB)^\dagger = a^* A^\dagger + b^* B^\dagger$$

**2.7** 물리적 관측가능량 $A$ 의 고유상태와 고유값이 다음과 같이 주어지고,

$$A \,|\, \psi_n > = a_n |\, \psi_n >,$$

주어진 상태 $| \Phi >$ 가 $A$ 의 고유상태들로 다음과 같이 표현될 때,

$$|\, \Phi > = \sum_n c_n \,|\, \psi_n >, \quad c_n \in \mathbb{C},$$

상태 $| \Phi >$ 에 대한 $A$ 의 기대값은 다음과 같이 주어짐을 보여라.

$$< \Phi \,|A|\, \Phi > = \sum_n |\, c_n |^2 \, a_n$$

**2.8** 힐베르트 공간의 두 벡터가 서로 직교할 때, 합성한 벡터의 크기는 다음과 같이 피타고라스 정리를 만족함을 보여라.

$$\|\psi + \phi\|^2 = \|\psi\|^2 + \|\phi\|^2$$

**2.9** 다음에서 $a$ 가 상수일 때 디락 델타함수가 다음 관계식을 만족함을 보여라.

$$\delta(ax) = \frac{1}{|a|}\delta(x)$$

다시 다음 관계식이 만족됨을 보이고,

$$\delta(x^2 - a^2) = \frac{1}{2|a|}\{\delta(x - a) + \delta(x + a)\},$$

일반적으로 $f(x) = 0$ 이 중근을 갖지 않을 때, 즉 $f(x)$가 다음과 같이 표현될 때,

$$f(x) = \prod_i g(x)(x - x_i), \quad g(x) \neq 0,$$

다음 관계식이 만족됨을 보여라.

$$\delta[f(x)] = \sum_{x_i} \frac{\delta(x - x_i)}{|f'(x)|_{x=x_i}}$$

**2.10** 디락 델타함수가 $x\delta(x) = 0$ 의 관계를 만족함을 보이고, 이를 써서 다음 관계가 성립함을 보여라.

$$x\delta'(x) = -\delta(x)$$

**2.11** 계단함수 step function $\theta(x)$는 다음과 같이 정의된다.

$$\theta(x) \equiv \begin{cases} 1, & x > 0 \ \text{일 때} \\ 0, & x < 0 \ \text{일 때} \end{cases}$$

이 계단함수는 다음과 같이 디락 델타함수로 표현할 수 있고,

$$\theta(x) = \int_{-\infty}^{x} dy \ \delta(y),$$

그 미분은 디락 델타함수가 되어,

$$\frac{d}{dx}\theta(x) = \delta(x),$$

델타함수 정의식 $\int_{-\infty}^{\infty} f(x)\frac{d\theta(x)}{dx}dx = f(0) = \int_{-\infty}^{\infty} f(x)\delta(x)dx$ 을 만족함을 보여라.

**2.12** 앞에서 주어진 식 (2.88)의 관계 $<x|\hat{p}|\phi> = \frac{\hbar}{i}\frac{\partial}{\partial x}<x|\phi>$ 를 써서 다음 관계가 성립함을 보여라.

$$<x|\hat{p}^2|\phi> = -\hbar^2\frac{\partial^2}{\partial x^2}<x|\phi>$$

**2.13** 분포 distribution 로서 디락 델타함수:[23]

먼저 $\int_{-\infty}^{\infty} dx\,\frac{\sin x}{x} = \pi$ 임을 보이고, 이를 써서 다음 관계가 성립함을 보여라.

$$\delta_n(x) \equiv \frac{\sin nx}{\pi x} = \frac{1}{2\pi}\int_{-n}^{n} dt\,e^{ixt}\ \text{이면},\ \int_{-\infty}^{\infty} dx\,\delta_n(x) = 1,\ \ n = 1, 2, 3, \cdots.$$

$n \to \infty$ 일 때 $\delta_n(x)$의 극한값은 존재하지 않는다. 하지만 다음은 성립함을 보여라.

$$\lim_{n\to\infty}\int_{-\infty}^{\infty} dx\,\delta_n(x)f(x) = \lim_{n\to\infty}\int_{-\infty}^{\infty} dx\,\frac{\sin nx}{\pi x}f(x) = f(0)$$

이는 디락 델타함수가 만족해야 하는 두 가지 조건 중에서, $\int_{-\infty}^{\infty} dx\,\delta(x)f(x) = f(0)$, 즉 식 (2.98)과 같음을 보여준다. 따라서 아래와 같이 수열 sequences $\delta_n(x)$의 극한으로 정의된 분포 distribution $\delta(x)$를 우리는 디락 델타함수라고 할 수 있다.

$$\int_{-\infty}^{\infty} dx\,\delta(x)f(x) \equiv \lim_{n\to\infty}\int_{-\infty}^{\infty} dx\,\delta_n(x)f(x)$$

이로부터 우리는 통상 다음과 같이 디락 델타함수를 표현한다.

$$\delta(x) = \lim_{n\to\infty}\delta_n(x) = \frac{1}{2\pi}\int_{-\infty}^{\infty} dt\,e^{ixt}$$

<u>도움말</u>: 맨 처음 적분 계산에 아래의 Jordan's lemma를 사용하라.

---

[23]참고문헌 [14] 참조.

**Jordan's lemma:**[24] 복소평면에서 크기가 $R$ 로 주어지는 원호들 circular arcs 에 속하는 경로 $\gamma_R : |z| = R$ 을 생각하자. 이러한 모든 경로 $\gamma_R$ 위에 정의된 연속함수 $f(z)$가 다음 조건을 만족하면,

$$\lim_{R \to \infty} \max_{z \in \gamma_R} |f(z)| = 0,$$

모든 양수 $\lambda$ 에 대해 다음 관계가 성립한다.

$$\lim_{R \to \infty} \int_{\gamma_R} f(z) e^{i\lambda z} dz = 0$$

**2.14** 해밀토니안 고유상태의 경우 비리얼 정리 virial theorem 라 불리는 다음 관계가 성립함을 식 (2.124)를 써서 보여라.

$$2 < T > \, = \, < x \frac{dV}{dx} >, \quad \text{여기서} \ \ T = \frac{p^2}{2m} : \text{운동에너지} \tag{2.130}$$

<u>도움말</u>: 먼저 다음 관계가 성립함을 보이고 이로부터 위의 결과를 보이면 된다.

$$\frac{d}{dt} < x\,p > \, = \, 2 < T > - < x \frac{dV}{dx} >$$

참고로 비리얼 정리의 3차원으로의 확장은 다음과 같으며,

$$2 < T > \, = \, < \vec{r} \cdot \nabla V >, \tag{2.131}$$

이로부터 중력이나 전자기력 같이 $V \sim r^{-1}$ 인 경우 잘 알려진 다음 관계를 얻는다.

$$< T > \, = -\frac{1}{2} < V > \tag{2.132}$$

이는 고전역학에서 나오는 중력, 전자기력 경우(역제곱 법칙 힘 inverse square law force)에서의 비리얼 정리와 일치한다.

$$\overline{T} = -\frac{1}{2}\overline{V}$$

위에서 $\overline{T}$ 와 $\overline{V}$ 는 각각 운동에너지와 위치에너지의 시간에 대한 평균값 time average 을 표시한다.

---

[24]참고문헌 [15] Sec.60 참조.

# 제 3 장

# 시간에 무관한 슈뢰딩거 방정식
# - 1차원 문제
# Time-Independent Schrödinger
# Equation - 1 D Problems

## 제 3.1 절   해밀토니안의 고유상태와 정상상태   Hamiltonian Eigenstates and Stationary States

슈뢰딩거 방정식을 만족하는 파동함수가 시간과 공간에 각각 의존하는 함수들의 곱으로 주어지는 변수 분리 형태의 해인 경우를 생각해 보자.

$$\Psi(x,t) = \Phi(x)\Omega(t) \tag{3.1}$$

이 경우 슈뢰딩거 방정식은 다음과 같이 쓰여질 것이다.

$$i\hbar\frac{d\Omega(t)}{dt}\Phi(x) = H\Phi(x)\Omega(t) \tag{3.2}$$

여기서 해밀토니안이 시간에 직접적으로 의존하지 않는 경우, $H\Phi(x)$ 는 오직 $x$ 만의 함수가 되어 양변을 $\Phi(x)\Omega(t)$ 로 나누면 위 식은 다음과 같게 된다.

$$i\hbar\frac{d\Omega(t)}{dt}/\Omega(t) = H\Phi(x)/\Phi(x) \tag{3.3}$$

위 식에서 우변과 좌변은 각각 $x$ 와 $t$ 만의 함수이므로 이 식이 성립하기 위해서는 우변과 좌변이 동일한 상수가 되어야 한다. 이 상수를 $E$ 라고 놓으면 슈뢰딩거 방정식은 다음의 두 방정식으로 표현된다.

$$i\hbar\frac{d\Omega(t)}{dt} = E\Omega(t), \tag{3.4}$$

$$H\Phi(x) = E\Phi(x). \tag{3.5}$$

이제 시간에 대한 1차 미분방정식인 첫 번째 방정식 (3.4)의 해는 다음과 같다.

$$\Omega(t) = \Omega_0 \exp(-\frac{i}{\hbar}Et) \tag{3.6}$$

두 번째 방정식 (3.5)는 함수 $\Phi(x)$가 해밀토니안 $H$ 의 고유함수 eigenfunction 로서 $E$ 라는 고유값 eigenvalue 을 가짐을 보여준다.

이처럼 시간에 무관한 두 번째 방정식 (3.5)를 우리는 시간에 무관한 슈뢰딩거 방정식 time independent Schrödinger equation 이라고 부른다. 양자역학에서 나타나는 대부분의 문제는 이러한 시간에 무관한 슈뢰딩거 방정식의 해를 구하는 것으로 귀착된다. 여기서 한 가지 더 주목할 점은 상수 $E$ 가 해밀토니안 $H$ 의 고유값이라는 점이다. 해밀토니안은 에너지를 나타내는 물리량에 해당하므로, 2장에서 언급한 바와 같이 해밀토니안은 자기 수반 연산자인 에르미트 연산자가 되어야 하며, 그 고유값 $E$ 는 실수로서 주어진 물리계의 측정된 에너지를 뜻한다. 그리고 에너지가 $E$ 로 측정된 이 물리계는 해밀토니안 $H$ 의 고유상태에 있게 된다.

이상을 요약하면 다음과 같다. 어떤 물리계가 해밀토니안의 고유상태에 있을 때 그 계의 상태를 나타내는 파동함수는 다음과 같이 표현할 수 있다.

$$\Psi(x,t) = \Phi(x)\exp(-\frac{i}{\hbar}Et) \tag{3.7}$$

여기서 $E$ 는 해밀토니안 $H$의 고유값으로 상수이며, 그 계의 에너지를 표시한다. $\Phi(x)$ 는 고유값 $E$ 에 상응하는 고유상태를 나타내는 함수로서 식 (3.5)를 만족한다.

이와 같은 관계는 시간에 의존하는 함수가 해밀토니안의 고유함수라고 가정하더라도 쉽게 보일 수 있다. 즉, 다음의 관계가 성립하면,

$$H\Psi(x,t) = E\Psi(x,t), \tag{3.8}$$

시간에 의존하는 슈뢰딩거 방정식은 다음과 같이 쓸 수 있다.

$$i\hbar\frac{\partial}{\partial t}\Psi(x,t) = E\Psi(x,t) \tag{3.9}$$

이 미분방정식의 해는 다음과 같은 형태로 쓸 수 있는데,

$$\Psi(x,t) = \phi(x)\exp(-\frac{i}{\hbar}Et), \tag{3.10}$$

여기서 $\phi(x)$는 위치 $x$ 에만 의존하는 임의의 함수이다. 이를 다시 원래의 방정식 (3.8) 에 집어넣으면, 해밀토니안 연산자 $H$ 가 시간 $t$ 에 의존하지도 작용하지도 않으므로, 다음 관계식이 성립한다.

$$H\phi(x) = E\phi(x) \tag{3.11}$$

이 식은 앞에서 변수 분리에 의하여 얻은 고유 방정식 (3.5)와 같다. 즉, $\phi(x)$와 앞에서 나온 고유함수 $\Phi(x)$는 같은 함수이다.

우리는 해밀토니안의 고유상태를 정상상태 stationary state 라고 부르는데, 이와 같이 부르는 이유는 시간에 직접적으로 의존하지 않는 물리적 관측가능량 $A$ 에 대한 기대값을 해밀토니안 고유상태 $\Psi$ 에 대해 구해 보면 알 수 있다.

$$
\begin{aligned}
<A> &= <\Psi|A|\Psi> \\
&= \int_{-\infty}^{\infty} dx\ \Psi^*(x,t)A\Psi(x,t) = \int_{-\infty}^{\infty} dx\ \phi^*(x)e^{\frac{i}{\hbar}Et}A\phi(x)e^{-\frac{i}{\hbar}Et} \\
&= \int_{-\infty}^{\infty} dx\ \phi^*(x)A\phi(x)
\end{aligned}
\tag{3.12}
$$

맨 마지막 표현은 시간에 무관하므로, 다음의 관계가 성립한다.

$$\frac{d}{dt}<A> = 0 \tag{3.13}$$

즉, 계가 해밀토니안 고유상태에 있을 때 시간에 직접적으로 의존하지 않는 모든 물리적 관측가능량의 기대값은 시간에 따라 변하지 않으므로, 우리는 해밀토니안 고유상태를 정상상태 stationary state 라고 부른다.

그렇다면 계의 상태를 기술하는 파동함수가 해밀토니안의 고유상태가 아닌 경우에는 파동함수의 시간 변화가 어떻게 주어질까? 이에 대한 답은 해밀토니안의 고유함수들이 임의의 파동함수를 기술할 수 있는 기저함수들 basis functions 을 이룬다는 데에서 찾을 수 있다. 해밀토니안의 고유함수들이 다음과 같이 정의되고,

$$H\psi_n(x) = E_n\psi_n(x), \tag{3.14}$$

어떤 시간 $t = t_0$ 에서 계의 상태를 기술하는 파동함수를 안다면, 즉 $\Psi(x, t_0) = \Psi_0(x)$ 이면, 우리는 이 파동함수 $\Psi_0(x)$를 고유함수 $\psi_n$ 들의 선형결합으로 표현할 수 있다.

$$\Psi_0(x) = \sum_n c_n\psi_n(x) \tag{3.15}$$

여기서 $c_n \in \mathbb{C}$ 은 전개상수이다. 그러면 시간에 의존하는 슈뢰딩거 방정식을 만족하는 파동함수 해는 다음과 같이 주어진다.

$$\Psi(x, t) = \sum_n c_n \exp[-\frac{i}{\hbar}E_n(t - t_0)]\psi_n(x) \tag{3.16}$$

이 함수가 시간에 의존하는 슈뢰딩거 방정식을 만족함은 다음과 같이 보일 수 있다.

$$
\begin{aligned}
i\hbar\frac{\partial}{\partial t}\Psi(x, t) &= \sum_n c_n E_n \exp[-\frac{i}{\hbar}E_n(t - t_0)]\psi_n(x) \\
&= \sum_n c_n \exp[-\frac{i}{\hbar}E_n(t - t_0)]H\psi_n(x) \\
&= H\Psi(x, t) \tag{3.17}
\end{aligned}
$$

마지막으로 한 가지 주목해야 할 점은 양자역학적으로 계의 에너지는 운동량의 불확정성 $\triangle p$ 가 0 이 아닌 이상 언제나 위치에너지의 최소값보다 커야 한다는 것이다. 운동량의 불확정성이 0 인 경우는 운동량이 항상 0 이거나 불확정성 원리에 의해 위치의 불확정성이 무한대가 될 때이다. 위치의 불확정성이 무한대가 될 수 있는 경우는

자유입자일 경우 뿐이다. 입자가 얽매여 있는 속박상태 bound state 의 경우는 입자의 위치가 유한한 영역 내로 국한된다. 즉, 위치의 불확정성은 유한한 값을 갖게 된다. 따라서 속박상태의 경우 운동량의 불확정성 역시 0 보다 큰 유한한 값을 갖는다. 이는 고전역학적으로는 위치에너지의 최소값이 계의 가장 낮은 에너지가 되지만, 양자역학적으로는 위치의 불확정성이 무한대가 되지 않는 이상, 즉 자유입자가 아닌 이상 계의 에너지는 고전역학적으로 주어진 최소 (위치)에너지보다 항상 더 커야 함을 뜻한다. 이는 다음과 같이 볼 수 있다.

계의 에너지는 식 (3.14)로 주어지는 해밀토니안의 고유값이다. 따라서 고유상태에 대한 해밀토니안의 기대값은 곧 계의 가능한 에너지 값이 된다.

$$< \psi_n \,|H|\, \psi_n > = E_n < \psi_n \,|\, \psi_n > = E_n \tag{3.18}$$

한편, 이는 다시 다음과 같이 쓸 수 있다.

$$< \psi_n \,|H|\, \psi_n > = < \psi_n \,|\, \frac{p^2}{2m} + V \,|\, \psi_n > \tag{3.19}$$

위 식 우변의 첫 번째 항은 다음과 같이 되어 항상 양의 값을 갖는다.

$$< \psi_n \,|\, \frac{p^2}{2m} \,|\, \psi_n > = \frac{1}{2m} < p\,\psi_n \,|\, p\,\psi_n > \ge 0 \tag{3.20}$$

그리고 두 번째 항은 위치 표현으로 다음과 같이 쓸 수 있다.

$$< \psi_n \,|\, V \,|\, \psi_n > = \int dx \, \psi_n^*(x) V(x) \psi_n(x) \ge V_{\min} \int dx \, \psi_n^*(x)\psi_n(x) = V_{\min} \tag{3.21}$$

위에서 $V_{\min}$ 은 위치에너지의 최소값이다. 그리고 식 (3.20)에서 운동량이 0 이[1] 되지 않는 한 운동에너지 값은 0 보다 커야 한다. 따라서 속박된 계에서 계가 가질 수 있는 가장 낮은 에너지는 위치에너지의 최소값보다 항상 더 커야 한다.

### 3.1.1  자유입자와 평면파 해 Free Particle and Plane Wave Solution

이제 슈뢰딩거 방정식의 해 중에서 가장 간단한 자유입자의 해에 대해서 생각해 보자. 여기서 자유입자라 함은 위치에너지가 0 인(또는 변화가 없는) 어떤 힘도 작용하지

---

[1]이는 불확정성의 원리에 의해서 위치의 불확정성이 무한대가 되지 않는 한 불가능하다.

않는 속박되지 않은 경우를 뜻한다. 따라서 자유입자의 해밀토니안은 다음과 같이 주어진다.

$$H = \frac{p^2}{2m} \tag{3.22}$$

이로부터 시간에 무관한 슈뢰딩거 방정식은 다음과 같이 쓸 수 있다.

$$-\frac{\hbar^2}{2m}\frac{d^2\psi}{dx^2} = E\psi \tag{3.23}$$

우리가 상수 $k$ 를 다음과 같이 도입하면,

$$\frac{2mE}{\hbar^2} \equiv k^2, \tag{3.24}$$

슈뢰딩거 방정식은 다음과 같이 된다.

$$\frac{d^2\psi}{dx^2} + k^2\psi = 0 \tag{3.25}$$

이 방정식의 해는 $\exp(\pm ikx)$ 로 주어진다. 그러나 $k$ 가 음과 양의 모든 범위를 포함하면, 우리는 그 해를 다음과 같이 쓸 수 있다.

$$\psi_k(x) = N\exp(ikx) \tag{3.26}$$

여기서 $N$ 은 규격화 상수이며, 그에 대해서는 잠시 후에 고려하겠다. 그런데 아래에서 볼 수 있듯이 이러한 자유입자 해는 운동량 $p$ 의 고유해도 된다.

$$p\psi_k(x) = \frac{\hbar}{i}\frac{d}{dx}\left[N\exp(ikx)\right] = \hbar k N\exp(ikx) = \hbar k \psi_k(x) \tag{3.27}$$

이 경우 운동량 연산자의 고유값은 $\hbar k$ 로 주어진다.

통상 파동함수의 규격화는 전체 영역에서 확률의 합이 1 이 되도록 해야 하지만, 위에서 구한 자유입자 해는 무한대에서도 0 이 되지 않으므로 다른 방식을 취해야 한다. 이미 앞에서 다루었듯이, 이 경우 고유값이 연속이므로 우리는 다음과 같이 디락 델타함수에 의한 규격화 조건을 사용한다.

$$<\psi_{k'}|\psi_k> = \int_{-\infty}^{\infty} dx\ \psi_{k'}^*(x)\ \psi_k(x) = \delta(k-k') \tag{3.28}$$

이 규격화 조건식은 다시 다음과 같이 쓰여지므로,

$$< \psi_{k'}|\psi_k > = |N|^2 \int_{-\infty}^{\infty} dx \exp(-ik'x)\exp(ikx) = |N|^2 \int_{-\infty}^{\infty} dx \exp[ix(k-k')],$$

(3.29)

이를 디락 델타함수의 적분 표현식 (2.99)와 비교하면, 규격화 상수 $N$ 은 $\frac{1}{\sqrt{2\pi}}$ 이 되어야 한다. 따라서 자유입자에 대한 슈뢰딩거 방정식의 해는 다음과 같이 주어진다.

$$\psi_k(x) = \frac{1}{\sqrt{2\pi}}\exp(ikx)$$

(3.30)

여기서 주의할 점은 자유입자 파동함수는 무한히 퍼져 있으므로 그 크기가 무한한 값이 된다는 것이다.[2]

$$\|\psi_k\|^2 = < \psi_k|\psi_k > = \frac{1}{2\pi}\int_{-\infty}^{\infty} dx \exp(-ikx)\exp(ikx) = \infty$$

(3.31)

이러한 특징은 연속적인 고유값을 가지며 무한히 퍼져 있는 진동하는 파동함수들에서 나타나는 일반적인 현상이며, 언급한 바와 같이 디락 델타함수를 써서 규격화한다. 이러한 자유입자 파동함수는 평면파의 특징을 가지므로 평면파 해 plane wave solution 라고도 부른다. 그 이유는 이 함수가 해밀토니안의 고유함수로 정상상태에 해당하므로 다음과 같이 시간에 의존하는 파동함수로 표현할 수 있기 때문이다.

$$\psi_k(x,t) = \psi_k(x)\exp(-\frac{i}{\hbar}Et) = \frac{1}{\sqrt{2\pi}}\exp(ikx - iwt) = \frac{1}{\sqrt{2\pi}}\exp[ik(x-vt)] \quad (3.32)$$

여기서 $w \equiv \frac{E}{\hbar}$, $v \equiv \frac{w}{k}$ 로 정의되었으며, 이 함수는 1.2절에서 설명한 것처럼 $+x$ 방향으로 $v$ 의 속도로 움직이는 평면파동[3]을 나타낸다.

# 제 3.2 절  1차원 상자 One-Dimensional Box

이 절에서 우리는 1차원의 특정 영역에서만 존재할 수 있는, 소위 '1차원 상자' 속에 갇혀 있는 입자의 슈뢰딩거 방정식 해에 대해 생각해 보겠다. 여기서 '1차원 상자'란

---

[2]실제로는 유한한 에너지의 정상상태에 있는 무한히 퍼져 있는 자유입자는 존재할 수 없다(문제 3.2).

[3]이는 파동함수가 $x$ 에만 의존하고 $y$ 나 $z$ 에는 의존하지 않는다고 보아 평면파라 한 것이다.

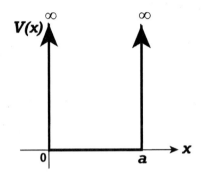

그림 3.1: 1차원 상자

주어진 영역 밖에서는 무한대의 위치에너지 때문에 입자가 존재할 수 없고, 주어진 영역 안에서만 입자가 존재하는, 마치 입자가 상자 안에 갇혀 있는 것과 같다 하여 붙여진 명칭이다. 입자가 존재하는 상자의 내부 영역이 $0 < x < a$ 인 경우 우리는 그 해밀토니안을 다음과 같이 쓸 수 있다(그림 3.1 참조).

$$H = \frac{p^2}{2m} + V(x), \quad V(x) = \begin{cases} 0, & 0 < x < a \ \text{일 때} \\ \infty, & x \leq 0, \ x \geq a \ \text{일 때} \end{cases} \tag{3.33}$$

무한대의 위치에너지 때문에 상자의 벽부터 그 밖으로는 입자가 존재할 수 없으므로 상자 벽에서 파동함수는 0 이 되어야 한다. 즉, 파동함수는 다음의 경계조건을 만족하여야 한다.

$$\psi(x = 0) = 0, \quad \psi(x = a) = 0 \tag{3.34}$$

파동함수가 상자 안에서만 존재하므로, 우리는 상자 안에서의 슈뢰딩거 방정식만 풀면 된다. 상자 안에서의 위치에너지는 0 이므로 슈뢰딩거 방정식은 자유입자의 경우와 같다. 여기서 (시간에 무관한) 슈뢰딩거 방정식을 푼다고 함은 해밀토니안의 고유상태 해를 구하는 것임을 잊지 말자.

$$H\psi = E\psi \ \rightarrow \ \frac{p^2}{2m}\psi = -\frac{\hbar^2}{2m}\frac{d^2}{dx^2}\psi = E\psi \tag{3.35}$$

우리가 상수 $k$ 를 다음과 같이 정의하면,

$$k^2 \equiv \frac{2mE}{\hbar^2}, \tag{3.36}$$

슈뢰딩거 방정식은 다음과 같이 된다.

$$\frac{d^2\psi}{dx^2} + k^2\psi = 0 \tag{3.37}$$

이 방정식을 만족하는 해는 앞에서와 마찬가지로 다음과 같다.

$$\psi(x) \sim \exp(\pm ikx) \tag{3.38}$$

그런데 자유입자의 경우와 달리 파동함수가 유한한 영역으로 국한되고, $x = 0$ 과 $x = a$ 에서 파동함수가 0 이라는 경계조건을 적용하여야 하므로, 우리는 위에 주어진 해 대신에 이 해들의 일반적인 1차 결합인 사인과 코사인 함수들로 해를 표현하겠다.

$$\psi(x) = A\sin kx + B\cos kx \tag{3.39}$$

여기서 $A$ 와 $B$ 는 경계조건과 규격화 조건에 의해 결정되어야 할 상수의 계수들이다. 우리는 경계조건식 (3.34)의 첫 번째 조건으로부터 다음 관계를 얻을 수 있다.

$$\psi(x = 0) = B = 0 \tag{3.40}$$

다시 두번째 조건으로부터 다음의 관계가 만족되어야 한다.

$$\psi(x = a) = A\sin ka = 0 \tag{3.41}$$

이 조건을 만족하려면, 상수 $k$ 는 다음의 관계를 만족해야 한다.

$$k = \frac{n\pi}{a}, \quad n = 1, 2, 3, \cdots \tag{3.42}$$

따라서 파동함수 해는 다음과 같이 주어진다.

$$\psi_n(x) = A\sin\frac{n\pi x}{a}, \quad n = 1, 2, 3, \cdots \tag{3.43}$$

여기서 $n = 0$ 을 포함하지 않는 이유는 그렇게 되면 파동함수 값이 항상 0 이 되어 입자가 존재하지 않음을 의미하게 되기 때문이다. 이는 입자가 상자 내에 존재한다는 가정과 상치된다. 또한 $n$ 이 음수인 경우도 생각할 수 있으나, 이는 $n$ 이 양수인 파동함수와 부호만 다른, 즉 위상만 다른 동일한 파동함수이다.

마지막으로 규격화 상수는 파동함수의 규격화 조건식으로부터 결정할 수 있다.

$$< \psi_n | \psi_n > = \int_{-\infty}^{\infty} dx \ \psi_n^*(x) \psi_n(x) = |A|^2 \int_0^a dx \ \sin^2(\frac{n\pi x}{a}) = 1 \qquad (3.44)$$

이 조건에 의해 $A = \sqrt{\frac{2}{a}}$ 이 되므로, '1차원 상자'의 고유함수는 최종적으로 다음과 같이 주어진다.

$$\psi_n(x) = \sqrt{\frac{2}{a}} \sin(\frac{n\pi x}{a}), \ n = 1, 2, 3, \cdots \qquad (3.45)$$

그리고 $k$ 의 정의식 (3.36)으로부터 고유에너지 $E$ 는 다음과 같이 주어진다.

$$E_n = \frac{n^2 \pi^2 \hbar^2}{2ma^2}, \quad n = 1, 2, 3, \cdots \qquad (3.46)$$

여기서 $m \neq n$인 경우, 다음의 관계가 성립하므로,

$$< \psi_m | \psi_n > = \int_{-\infty}^{\infty} dx \ \psi_m^*(x) \psi_n(x) = \frac{2}{a} \int_0^a dx \ \sin(\frac{m\pi x}{a}) \sin(\frac{n\pi x}{a}) = 0, \quad (3.47)$$

우리는 고유함수들 사이에 다음의 직교조건이 만족됨을 알 수 있다.

$$< \psi_m | \psi_n > = \delta_{mn} \qquad (3.48)$$

한 가지 주목할 점은 $0 < x < a$ 의 영역, 즉 1차원 상자 내에 존재하는 임의의 상태 함수는 위의 고유함수들로 다음과 같이 전개 가능하다는 것이다.

$$\Psi(x) = \sum_{n=1}^{\infty} c_n \psi_n(x) = \sqrt{\frac{2}{a}} \sum_{n=1}^{\infty} c_n \sin(\frac{n\pi x}{a}), \ 0 < x < a \qquad (3.49)$$

이때 전개계수 $c_n$ 은 고유함수들의 직교조건을 써서 다음과 같이 구할 수 있다:

$$< \psi_n | \Psi > = \sum_{m=1}^{\infty} < \psi_n | c_m \psi_m > = \sum_{m=1}^{\infty} c_m < \psi_n | \psi_m > = \sum_{m=1}^{\infty} c_m \delta_{nm} = c_n \quad (3.50)$$

한편, 규격화 조건은 직교조건을 적용하면 다음과 같이 쓸 수 있다.

$$< \Psi | \Psi > = 1 = \sum_{n,m=1}^{\infty} < c_n \psi_n | c_m \psi_m > = \sum_{n,m=1}^{\infty} c_n^* c_m < \psi_n | \psi_m > = \sum_{n=1}^{\infty} |c_n|^2$$

(3.51)

이는 전개계수 $c_n$ 의 절대값의 제곱의 전체 합이 1 이 됨을 보여준다. 이는 입자가 상자 내에 존재할 확률 1 과 같으므로, 우리는 전개계수 절대값의 제곱 $|c_n|^2$ 을 주어진 임의의 상태 $\Psi$ 에서 고유상태 $\psi_n$ 이 존재할 확률로 해석할 수 있다.

## 제 3.3 절 　조화 떨개 Harmonic Oscillator

### 3.3.1 　고유상태와 고유값 Eigenvalues and Eigenstates

용수철에 매달려 진동하는 물체는 조화 떨개의 대표적인 예라고 할 수 있는데, 이때 물체의 운동은 물체의 질량 $m$ 과 용수철 상수 $k$ 에 의해 그 특성이 결정된다. 이 경우 평형상태로부터 물체의 변위를 $x$ 라고 하면 물체의 위치에너지 $V$ 는 다음과 같이 주어진다.

$$V = \frac{1}{2}kx^2$$

(3.52)

그러므로 전체에너지에 해당하는 해밀토니안은 운동에너지와 위치에너지의 합으로 다음과 같이 주어진다.

$$H = \frac{p^2}{2m} + \frac{1}{2}kx^2$$

(3.53)

고전적으로 용수철에 매달린 물체의 각진동수 $w$ 는 다음 관계식으로 주어지므로,

$$w = \sqrt{\frac{k}{m}},$$

(3.54)

우리는 해밀토니안을 각진동수 $w$ 로 다시 다음과 같이 쓸 수 있다.

$$H = \frac{p^2}{2m} + \frac{1}{2}mw^2x^2$$

(3.55)

양자역학적으로 연산자인 위치 $x$ 와 운동량 $p$ 는 항상 하이젠베르크의 기본 교환 관계식 $[x, p] = i\hbar$ 를 만족한다. 이제 우리는 $x$ 와 $p$ 를 가지고 새로운 연산자 $a, a^\dagger$ 를

다음 관계가 만족되도록 정의하고자 한다.

$$[a, a^\dagger] = 1 \tag{3.56}$$

우리가 연산자 $a, a^\dagger$ 를 $x$ 와 $p$ 의 1차 결합으로 다음과 같이 놓으면,

$$a \equiv Cx + Dp, \quad a^\dagger \equiv C^*x + D^*p, \quad \text{여기서} \ C, D \in \mathbb{C}, \tag{3.57}$$

식 (3.56)이 성립하기 위해서는 다음의 조건이 만족되어야 한다.

$$[Cx + Dp, C^*x + D^*p] = CD^*[x,p] + DC^*[p,x] = -2\hbar \, \text{Im}(CD^*) = 1 \tag{3.58}$$

한편, 식 (3.55)로부터 시간에 무관한 슈뢰딩거 방정식은 다음과 같이 주어진다.

$$-\frac{\hbar^2}{2m}\frac{d^2\psi}{dx^2} + \frac{1}{2}mw^2x^2\psi = E\psi \tag{3.59}$$

위 식의 양변에 $-\frac{2}{\hbar w}$ 를 곱하고, 새 변수를 다음과 같이 도입하면,

$$y \equiv \alpha x, \quad \text{여기서} \ \alpha \equiv \sqrt{\frac{mw}{\hbar}}, \tag{3.60}$$

슈뢰딩거 방정식은 다시 다음과 같이 쓸 수 있다.

$$\frac{d^2\psi}{dy^2} - y^2\psi + \frac{2E}{\hbar w}\psi = 0 \tag{3.61}$$

위에서 슈뢰딩거 방정식이 $\alpha$ 를 도입하여 간단해졌으므로, 우리는 $C \equiv \alpha/\sqrt{2}$ 로 놓겠다. 그러면 조건식 (3.58)에서 $D = \frac{i}{\sqrt{2}\hbar\alpha}$ 가 되면 된다. 이로부터 우리는 새로운 연산자 $a$ 와 $a^\dagger$ 를 $x$ 와 $p$ 로 각각 다음과 같이 쓸 수 있다.

$$a = \frac{\alpha}{\sqrt{2}}\left(x + \frac{i}{mw}p\right) \tag{3.62}$$

$$a^\dagger = \frac{\alpha}{\sqrt{2}}\left(x - \frac{i}{mw}p\right) \tag{3.63}$$

역으로 $x$ 와 $p$ 는 $a$ 와 $a^\dagger$ 로 다음과 같이 주어진다.

$$x = \frac{1}{\sqrt{2}\alpha}(a + a^\dagger) \tag{3.64}$$

$$p = -\frac{mwi}{\sqrt{2}\alpha}(a - a^\dagger) \tag{3.65}$$

따라서 $x^2$ 과 $p^2$ 은 각각 다음과 같이 주어진다.

$$x^2 = \frac{1}{2\alpha^2}[a^2 + a^\dagger a + aa^\dagger + (a^\dagger)^2] \tag{3.66}$$

$$p^2 = -\frac{m^2w^2}{2\alpha^2}[a^2 - a^\dagger a - aa^\dagger + (a^\dagger)^2] \tag{3.67}$$

이제 $\alpha = \sqrt{\frac{mw}{\hbar}}$ 값을 대입하면, 해밀토니안은 다음과 같이 쓰여진다.

$$H = \frac{p^2}{2m} + \frac{1}{2}mw^2x^2 = \frac{\hbar w}{2}(a^\dagger a + aa^\dagger) \tag{3.68}$$

교환관계식 (3.56)을 적용하면, 해밀토니안은 최종적으로 다음과 같이 쓸 수 있다.

$$H = \hbar w(a^\dagger a + \frac{1}{2}) \tag{3.69}$$

여기서 우리는 새로운 수연산자 number operator $N$ 을 다음과 같이 도입하고,

$$N \equiv a^\dagger a, \tag{3.70}$$

이 수연산자의 고유상태를 다음과 같이 정의하겠다.

$$N|n> = n|n> \tag{3.71}$$

그러면 해밀토니안은 수연산자로 다음과 같이 표현된다.

$$H = \hbar w(N + \frac{1}{2}) \tag{3.72}$$

이는 수연산자의 고유상태 $|n>$ 이 해밀토니안의 고유상태도 됨을 보여준다.

$$H|n> = \hbar w(n + \frac{1}{2})|n> \tag{3.73}$$

따라서 해밀토니안의 고유값, 즉 고유상태 $|n>$ 이 갖는 에너지는 다음과 같다.

$$E_n = \hbar w(n + \frac{1}{2}) \tag{3.74}$$

그러나 우리는 아직까지 수연산자의 고유값 $n$ 에 대한 어떠한 정보도 갖고 있지 않다. 이제 수연산자의 고유값 $n$ 에 대한 정보를 얻기 위하여 수연산자의 고유상태

$|n>$ 에 $a$ 와 $a^\dagger$ 를 작용시켰을 때 어떤 일이 벌어지는지 알아보자. 이를 위해서 먼저 $|n>$ 에 $a$ 를 작용한 상태에 다시 수연산자 $N$ 을 작용시켜 보겠다.

$$Na|n>=?$$

우리는 위 식에 대한 답을 직접적으로 알 수는 없으나 다음 관계가 성립함은 알고 있다.

$$aN|n>=na|n> \tag{3.75}$$

그런데 $a$, $a^\dagger$ 사이의 교환관계식으로부터 다음의 교환관계식이 성립한다.

$$[N,a]=[a^\dagger a, a]=[a^\dagger, a]a=-a \tag{3.76}$$

위에서 우리는 임의의 연산자 $A, B, C$ 에 대한 다음의 항등 관계식을 사용하였다.

$$[AB,C]=[A,C]B+A[B,C] \tag{3.77}$$

이제 앞에서 얻은 $N$ 과 $a$ 사이의 교환관계식 (3.76)을 다음과 같이 다시 쓰면,

$$Na=aN-a \tag{3.78}$$

다음의 관계가 성립함을 알 수 있다.

$$Na|n>=(aN-a)|n>=(n-1)a|n> \tag{3.79}$$

이는 새로운 상태 $a|n>$ 이 고유값 $n-1$ 을 갖는 수연산자 $N$ 의 고유상태임을 보여준다. 즉, $a|n> \sim |n-1>$ 이므로, 우리는 비례상수 $c_n^-$ 을 도입하여 다음과 같이 쓰도록 하겠다.

$$a|n>=c_n^-|n-1> \tag{3.80}$$

이제 $N$ 과 $a^\dagger$ 사이의 교환관계식도 다음과 같이 주어지므로,

$$[N,a^\dagger]=[a^\dagger a, a^\dagger]=a^\dagger[a,a^\dagger]=a^\dagger, \tag{3.81}$$

이를 고유상태 $|n>$ 에 적용하면,

$$[N, a^\dagger]|n> = (Na^\dagger - a^\dagger N)|n> = a^\dagger|n>, \qquad (3.82)$$

다음 관계식이 성립함을 보여준다.

$$Na^\dagger|n> = (n+1)a^\dagger|n> \qquad (3.83)$$

이는 새로운 상태 $a^\dagger|n>$ 이 고유값 $n+1$ 을 갖는 수연산자 $N$ 의 고유상태임을 보여준다. 즉, $a^\dagger|n> \sim |n+1>$ 이므로, 다시 비례상수를 $c_n^+$ 를 도입하여 다음과 같이 쓸 수 있다.

$$a^\dagger|n> = c_n^+|n+1> \qquad (3.84)$$

이상은 우리에게 새로운 연산자 $a$ 와 $a^\dagger$ 가 각각 수연산자 $N$ 의 고유상태 $|n>$ 을 한 단계 낮은 상태로 내리거나 한 단계 높은 상태로 올리는 역할을 함을 보여준다. 이러한 이유로 우리는 $a$ 와 $a^\dagger$ 를 각각 내림 연산자 lowering operator 와 올림 연산자 raising operator 라고 부른다.

비례상수 $c_n^-$ 와 $c_n^+$ 를 구하기 위하여 우리는 먼저 $x$ 와 $p$ 가 모두 에르미트 연산자 ($x = x^\dagger$, $p = p^\dagger$) 라는 사실로부터 $a^\dagger$ 와 $a$ 가 서로 수반 연산자라는 사실에 주목하고자 한다. 이는 $a$ 와 $a^\dagger$ 의 정의식 (3.62)와 (3.63)을 살펴보면, $(a)^\dagger = a^\dagger$ 임을 곧 알 수 있다.

우리는 비례상수 $c_n^-$ 을 구하기 위하여 다음 내적을 생각하겠다.

$$<an|an> = <c_n^-(n-1)|c_n^-(n-1)> = (c_n^-)^* c_n^- <n-1|n-1> = |c_n^-|^2 \quad (3.85)$$

이는 수반 연산자의 정의와 규격화 조건식 $<n|n> = 1$ 을 쓰면 다음과 같이 된다.

$$<an|an> = <n|a^\dagger a|n> = <n|N|n> = n<n|n> = n \qquad (3.86)$$

이로부터 $c_n^- = \sqrt{n}$ 이 되어 다음의 관계식을 얻는다.

$$a|n> = \sqrt{n}|n-1> \qquad (3.87)$$

우리는 $c_n^+$ 의 경우도 동일한 방식으로 구할 수 있다.

$$< a^\dagger n|a^\dagger n > = < c_n^+(n+1)|c_n^+(n+1) > = (c_n^+)^* c_n^+ < n+1|n+1 > = |c_n^+|^2 \quad (3.88)$$

수반연산자의 정의와 교환관계식 $[a, a^\dagger] = 1$ 을 적용하면 위 식은 다음과 같아진다.

$$< a^\dagger n|a^\dagger n > = < n|aa^\dagger|n > = < n|(a^\dagger a + 1)|n > = n+1 \quad (3.89)$$

따라서 $c_n^+ = \sqrt{n+1}$ 이 되어 다음의 관계식을 얻는다.

$$a^\dagger|n > = \sqrt{n+1}|n+1 > \quad (3.90)$$

이제 에너지 고유값에 대하여 알아보기 위하여 해밀토니안의 기대값을 생각해보 겠다. 이에 앞서 한 가지 주목할 점은 조화 떨개의 경우, 임의의 상태 $|\psi >$ 에 대한 해밀토니안의 기대값이 항상 0 보다 크거나 같다는 것이다.

$$< H >_\psi \geq 0 \quad (3.91)$$

이러한 특성은 자기 수반 연산자의 제곱의 기대값은 항상 0 보다 크거나 같다는 것에서 나온다. 즉, 자기 수반 연산자($A = A^\dagger$)의 경우 다음의 관계가 성립한다.

$$< A^2 >_\psi = < \psi|A^2\psi > = < A^\dagger\psi|A\psi > = < A\psi|A\psi > \geq 0 \quad (3.92)$$

그런데 식 (3.55)로 주어지는 조화 떨개의 해밀토니안은 자기 수반 연산자인 $x$ 와 $p$ 의 제곱 항들로 구성되고 이 항들의 계수는 모두 양수이므로 해밀토니안의 기대값 역시 0 보다 크거나 같게 된다.

한편, 앞서 살펴본 고유상태 $|n >$ 은 다음 관계식을 만족하므로,

$$H|n > = \hbar w(n + \frac{1}{2})|n >, \quad (3.93)$$

이에 대한 해밀토니안의 기대값은 다음과 같다.

$$< H > = < n|H|n > = \hbar w(n + \frac{1}{2}) \quad (3.94)$$

이는 곧 수연산자의 고유값 $n$ 에 대한 다음의 조건을 준다.

$$n + \frac{1}{2} \geq 0 \qquad (3.95)$$

그런데 고유상태에 내림 연산자를 거듭하여 작용시키면 앞에서 구한 관계식 (3.87)에 의하여 고유값 $n$ 은 계속 줄어들게 될 것이다. 그러나 위의 조건에 의해 고유값 $n$ 은 $-1/2$ 보다 작아서는 안 된다. 그러므로 어떤 특정한 고유상태에 가서는 내림 연산자를 작용시키면 0 이 되어야 한다. 즉 $n$ 값이 가장 낮은 상태에 (여기서는 이를 $|s>$ 로 표시하겠다) 도달하게 되면, 내림 연산자를 작용하였을 때 0 이 되어야 한다.

$$a|s> = 0 \qquad (3.96)$$

이는 식 (3.87)에서 $s = 0$ 일 때 가능하다. 우리는 이와 같이 해밀토니안 고유값(에너지)이 가장 작은 고유상태를 바닥상태 ground state 라고 부르며, 이 경우는 $|0>$ 상태이다. 따라서 조화 떨개의 경우, 최소 에너지 값은 $E_0 = \frac{1}{2}\hbar w$ 가 된다.

이상에서 우리는 진동수가 $w$ 인 조화 떨개의 에너지는 다음과 같이 주어짐을 알 수 있다.

$$E_n = \hbar w(n + \frac{1}{2}), \quad n = 0, 1, 2, 3, \cdots \qquad (3.97)$$

## • 고전적인 물리량과 양자역학적 연산자: 연산자 사이의 비가환의 의미

2장에서 우리는 양자역학의 기본 전제로서 모든 물리적인 관측가능량은 에르미트(자기수반) 연산자로 주어진다고 하였다. 고전적으로는 위치와 운동량과 같은 모든 물리량이 그 측정값으로 표현된다. 이를 우리는 앞에서 물리적인 관측가능량이라고 표현하였다. 이 물리적 관측가능량에 대한 개념의 차이가 바로 고전물리학과 양자물리학을 가르는 핵심이다. 즉, 양자역학적으로 물리량은 고전적인 측정값으로 주어지는 숫자 number 가 아니라 주어진 상태에 작용하는 연산자 operator 가 된다. 이제 이와 같이 어떤 상태에 작용하는 연산자에 대해서 좀 더 생각해보자.

앞에서 우리는 내림과 올림 연산자, $a$ 와 $a^\dagger$ 가 조화 떨개의 에너지 고유상태 $|n>$ 을 각각 한 단계 더 아래 또는 한 단계 더 위의 상태로 변화시키는 것을 보았다.

$$a|n> = \sqrt{n}|n-1>, \quad a^\dagger|n> = \sqrt{n+1}|n+1> \qquad (3.98)$$

그리고 이 두 연산자를 곱한 복합연산자 $a^\dagger a$ 는 주어진 상태를 변화시키지 않으면서 그 상태가 가지는 에너지 단계에 상응하는 고유값을 주므로 우리는 이 복합연산자를 수연산자 $N$ 으로 정의하였다.

$$N|n> \equiv a^\dagger a|n> = n|n> \tag{3.99}$$

그런데 이 복합연산자에서 작용 순서를 바꾼 $aa^\dagger$ 는 주어진 상태를 변화시키지는 않지만, 그 주어진 상태의 에너지 단계에 1 을 더한 값을 고유값으로 준다.

$$aa^\dagger|n> = (n+1)|n> \tag{3.100}$$

이 두 가지 연산은 공히 동일한 원래의 상태 $|n>$ 으로 귀착되지만, 두 연산의 결과는 같지 않다. 따라서 한 연산의 결과에서 다른 연산의 결과를 빼면 서로 상쇄되지 않는다.

$$aa^\dagger|n> - a^\dagger a|n> = [a,a^\dagger]|n> = |n> \tag{3.101}$$

이 결과는 앞에서 나온 교환관계식 $[a,a^\dagger]=1$ 과 일치하며, $a$ 와 $a^\dagger$ 라는 두 연산자가 서로 비가환$(aa^\dagger \neq a^\dagger a)$임을 보여 준다.

예컨대 어떤 광주리 안에 들어 있는 사과를 하나 빼는 연산자를 $a$, 하나 더하는 연산자를 $a^\dagger$ 라고 하고, 광주리 안의 사과의 수를 세는 연산자를 $N$ 이라 하자. 우리가 고전적으로 생각하면 하나를 빼고 하나를 더하나$(a^\dagger a)$, 하나를 더하고 하나를 빼나 $(aa^\dagger)$ 그 결과는 같으므로 더하고 빼는 순서는 서로 상관이 없어 보인다$(a^\dagger a \overset{?}{=} aa^\dagger)$. 하지만 양자역학적으로는 빼고 더하는 것과 더한 후에 빼는 두 작용이 서로 같지 않다는 것이다$(a^\dagger a \neq aa^\dagger)$. 여기서 $a$ 와 $a^\dagger$ 는 에르미트 연산자가 아니므로 물리적인 관측가능량에 해당하지는 않지만, 두 연산자의 작용 순서를 바꾸면 결과가 달라짐을 보여 준다.

그렇다면 원래와 같은 상태로[4] 귀착되는 두 가지 양자역학적 연산 $aa^\dagger$ 와 $a^\dagger a$ 는 어떻게 서로 같지 않은 결과를 주게 되었을까? 이는 우리가 결과로 나타나는 상태만

---

[4]여기서 우리가 기억할 점은 어떤 상태에 상수배의 인자를 곱하더라도 그 상태는 여전히 같은 상태라는 점이다. 즉, 주어진 두 상태에서 그 상태들을 구분 짓는 모든 고유값이 같다면 우리는 두 상태를 같은 상태라고 한다.

보지 않고, 그 작용의 행로까지 보면 서로 다르다. 즉, $aa^{\dagger}$ 는 위 상태로 올라갔다가 내려오는 것이고, $a^{\dagger}a$ 는 아래 상태로 내려갔다가 올라오는 과정이어서, 비록 최종 상태는 같지만 그 행로는 서로 같지 않다.

이와 같은 연산(작용)에서의 다른 행로는 결과 상태가 같은 경우에는 종종 결과 상태에서의 서로 다른 위상 phase 으로 나타나기도 한다.[5] 어떤 상태가 가지는 위상은 주어진 상태 자체만을 고려할 때는 많은 경우 무시하여도 큰 상관이 없다. 그러나 양자역학적으로 두 가지 연산(작용)이나 그 둘에 의한 상태를 비교하는 경우, 동일한 상태에 이르더라도 위상이 서로 달라진 경우 다른 물리적인 결과에 이르게 될 수 있다. 나중에 11장에서 다룰 아로노프-보옴 효과는 이와 같은 위상 차이가 다른 물리적 결과를 주는 단적인 예를 보여 준다.

### 3.3.2 고유상태의 함수 표현

앞에서 우리는 고유상태 $|0>$ 에 올림 연산자를 작용시키면 식 (3.90)에 의해 한 단계 올라감을 보았다. 이제 바닥상태 $|0>$ 에 올림 연산자를 작용시키면 다음과 같이 되고,

$$a^{\dagger}|0> = |1>, \tag{3.102}$$

다시 작용시키면 다음과 같이 되어,

$$a^{\dagger}|1> = \sqrt{2}|2>, \tag{3.103}$$

두 번째 들뜬상태 $|2>$ 는 다음과 같이 주어진다.

$$|2> = \frac{1}{\sqrt{2}}a^{\dagger}|1> = \frac{1}{\sqrt{2!}}(a^{\dagger})^2|0> \tag{3.104}$$

---

[5]현재의 예에서는 위상보다 더 뚜렷이 다르게 나타났다. 즉 결과 상태는 같지만 $n+1$ 과 $n$ 이라는 서로 다른 인자를 주었다. 더구나 교환관계식 $[N,a] = [a^{\dagger}a,a] = -a$ 에서와 같이 교환자의 값이 상수값이 아닌 연산자로 주어지는 경우, 교환관계식에 나오는 두 연산, 이 경우 $Na$ 와 $aN$ 이 작용한 결과는 원래와 아예 다른 상태가 된다. 따라서 두 연산의 차이(교환자)에 해당하는 연산(작용)의 결과도 원래 상태와 다른 상태로 되게 된다.

다시 한번 더 이 과정을 되풀이하면, 다음 관계식을 얻는다.

$$a^\dagger|2> = \sqrt{3}|3> \implies |3> = \frac{1}{\sqrt{3}}a^\dagger|2> = \frac{1}{\sqrt{3!}}(a^\dagger)^3|0> \qquad (3.105)$$

이를 반복하면, 고유상태 $|n>$ 은 다음과 같이 바닥상태로부터 얻을 수 있다.

$$|n> = \frac{1}{\sqrt{n!}}(a^\dagger)^n|0>, \quad n = 1, 2, 3, \cdots \qquad (3.106)$$

한편, 바닥상태 $|0>$ 은 식 (3.87)에 의하여 다음의 관계를 만족하므로,

$$a|0> = 0, \qquad (3.107)$$

이를 식 (3.62)의 관계를 써서 식 (2.88)의 방식에 따라 위치 표현으로 표시하면 다음과 같이 된다.

$$\begin{aligned} <x|a|0> &= \left\langle x \left| \frac{\alpha}{\sqrt{2}}\left(\hat{x} + \frac{i}{mw}\hat{p}\right) \right| 0 \right\rangle \\ &= \frac{\alpha}{\sqrt{2}}\left(x + \frac{i}{mw}\frac{\hbar}{i}\frac{\partial}{\partial x}\right) <x|0> = 0 \end{aligned} \qquad (3.108)$$

여기서 바닥상태의 위치 표현 파동함수를 다음과 같이 표시하면,

$$<x|0> \equiv \phi_0(x), \qquad (3.109)$$

식 (3.108)은 바닥상태 파동함수 $\phi_0(x)$에 대한 미분방정식으로 다음과 같이 쓰여진다.

$$\frac{d\phi_0(x)}{dx} + \alpha^2 x\,\phi_0(x) = 0 \qquad (3.110)$$

이 미분방정식의 해는 다음과 같이 주어지며,

$$\phi_0(x) = C_N \exp(-\frac{\alpha^2 x^2}{2}), \quad \alpha = \sqrt{\frac{mw}{\hbar}}, \qquad (3.111)$$

여기서 $C_N$ 은 규격화 상수이다. 아래의 규격화 조건식을 적용하고,

$$\int_{-\infty}^{\infty} dx\, |\phi_0(x)|^2 = 1, \qquad (3.112)$$

다음의 적분 결과를 사용하면,

$$\int_{-\infty}^{\infty} dx \exp(-bx^2) = \sqrt{\frac{\pi}{b}}, \tag{3.113}$$

규격화 상수 $C_N$ 은 다음과 같이 주어진다.

$$C_N = \sqrt{\alpha}\pi^{-\frac{1}{4}} = \left(\frac{mw}{\hbar\pi}\right)^{\frac{1}{4}} \tag{3.114}$$

이제 $n \geq 1$ 인 고유상태들의 함수 표현을 구하기 위하여 식 (3.106)을 식 (2.88)의 방식을 써서 위치 표현으로 나타내어 보자.

$$
\begin{aligned}
< x|n > &= \frac{1}{\sqrt{n!}} < x|(a^\dagger)^n|0 > \tag{3.115} \\
&= \frac{1}{\sqrt{n!}} \left[\frac{\alpha}{\sqrt{2}}\left(x - \frac{i}{mw}\frac{\hbar}{i}\frac{d}{dx}\right)\right]^n < x|0 >, \quad n = 1, 2, 3, \cdots
\end{aligned}
$$

고유상태 $|n >$ 의 위치 표현 $< x|n >$ 을 파동함수 $\phi_n(x)$ 로 표시하고, 새로운 변수 $y$ 를 아래와 같이 도입하면,

$$\alpha x = \sqrt{\frac{mw}{\hbar}}x \equiv y, \tag{3.116}$$

식 (3.115)는 다시 다음과 같이 쓸 수 있다.

$$< x|n > \quad \rightarrow \quad \phi_n(y) = \frac{1}{\sqrt{n!}}\frac{1}{\sqrt{2^n}}(y - \frac{d}{dy})^n \phi_0(y) \tag{3.117}$$

여기서 $\phi_0(y) \sim \exp(-\frac{y^2}{2})$ 임에 주목하여, 우리는 다음과 같이 $y$ 의 다항식 $H_n(y)$ 를 정의하겠다.

$$(y - \frac{d}{dy})^n \exp(-\frac{y^2}{2}) \equiv H_n(y)\exp(-\frac{y^2}{2}) \tag{3.118}$$

이 다항식을 우리는 에르미트 다항식 Hermite polynomial 이라고 부르며, 통상 다음과 같이 표현하기도 한다.

$$H_n(y) = (-1)^n \exp(y^2)\left[(\frac{d}{dy})^n \exp(-y^2)\right] \tag{3.119}$$

위의 표현은 다음의 항등관계식을 적용하면,

$$\exp(\frac{y^2}{2})\left[(\frac{d}{dy})^n \exp(-y^2)\right] = (\frac{d}{dy} - y)^n \exp(-\frac{y^2}{2}), \tag{3.120}$$

101

처음 주어진 정의식 (3.118)과 같음을 쉽게 알 수 있다. 이제 고유상태 $\phi_n$ 을 $y$ 의 함수로 나타내고, 에르미트 다항식을 써서 표현하면 다음과 같이 쓸 수 있다.

$$\phi_n(y) = A_n H_n(y) \exp(-\frac{y^2}{2}), \quad A_n \text{은 규격화 상수.} \tag{3.121}$$

여기서 규격화 상수는 앞에서 주어진 에르미트 다항식의 정의식 (3.118)과 바닥상태 표현식 (3.111)을 다음과 같이 표현하여 구할 수 있다.[6]

$$\phi_0(y) = \pi^{-\frac{1}{4}} \exp(-\frac{y^2}{2}) \tag{3.122}$$

즉, $\phi_n$ 의 표현식 (3.117)에 식 (3.118)을 적용하여 비교하면 얻을 수 있다.

$$\phi_n = \frac{1}{\sqrt{n!}} \frac{1}{\sqrt{2^n}} (y - \frac{d}{dy})^n \left( \pi^{-\frac{1}{4}} \exp(-\frac{y^2}{2}) \right) = \frac{1}{\sqrt{2^n n! \sqrt{\pi}}} H_n(y) \exp(-\frac{y^2}{2}) \tag{3.123}$$

이로부터 다음의 규격화 상수를 얻는다.

$$A_n = 1/\sqrt{2^n n! \sqrt{\pi}} \tag{3.124}$$

이는 또한 에르미트 다항식이 다음의 규격화 조건에 의하여,

$$\int_{-\infty}^{\infty} dy \, |\phi_n(y)|^2 = 1, \tag{3.125}$$

다음과 같이 규격화되어야 함을 의미한다.

$$\int_{-\infty}^{\infty} dy \, \exp(-y^2)|H_n(y)|^2 = 2^n n! \sqrt{\pi} \tag{3.126}$$

이러한 에르미트 다항식은 다음의 에르미트 방정식을 만족한다.

$$\left( \frac{d^2}{dy^2} - 2y\frac{d}{dy} + 2n \right) H_n(y) = 0 \tag{3.127}$$

한편, 우리는 위에 정의된 에르미트 방정식을 조화 떨개의 슈뢰딩거 방정식으로부터도 끌어낼 수 있다. 앞에서 우리는 새로운 변수 $y \equiv \alpha x$ 로 슈뢰딩거 방정식을 고쳐 쓰면 다음과 같이 쓸 수 있음을 보았다(식 (3.61)).

$$\frac{d^2\psi}{dy^2} - y^2\psi + \frac{2E}{\hbar w}\psi = 0 \tag{3.128}$$

---

[6]이때 $\int_{-\infty}^{\infty} dy \, |\phi_0(y)|^2 = 1$ 을 만족한다.

여기서 조화 떨개가 고유상태 $\phi_n$ 에 있을 경우를 생각하고, 그 고유상태의 에너지 $E = \hbar w(n + \frac{1}{2})$을 대입하면 위 식은 곧 다음과 같이 쓰여진다.

$$\frac{d^2\phi_n}{dy^2} - y^2\phi_n + (2n+1)\phi_n = 0 \tag{3.129}$$

이제 고유상태 $\phi_n$ 을 $\phi_n \sim H(y)\exp(-\frac{y^2}{2})$로 표현하여 위 식에 대입하면, $H(y)$는 위에서 주어진 에르미트 방정식 (3.127)을 만족한다. 즉, $H(y) \sim H_n(y)$ 이다.

## ● 에르미트 다항식: 에르미트 방정식의 해 - 증명

위에서 우리는 식 (3.119)로 정의된 에르미트 다항식이 에르미트 방정식 (3.127)의 해라고 하였다. 이제 그 관계를 증명하여 보자. 먼저 기술의 편의를 위하여 미분연산자를 다음과 같이 표시하면,

$$D \equiv \frac{d}{dy}, \tag{3.130}$$

식 (3.127)은 식 (3.119)를 쓰면 다음과 같이 쓸 수 있다.

$$(D^2 - 2yD + 2n)[e^{y^2}D^n e^{-y^2}] = 0 \tag{3.131}$$

그리고 이는 다시 다음과 같이 쓸 수 있다.

$$e^{y^2}[D^{n+2} + 2yD^{n+1} + (2n+2)D^n]e^{-y^2} = 0 \tag{3.132}$$

여기서 우리는 대괄호 안의 첫 번째 항을 다음과 같이 표현하도록 하겠다.

$$D^{n+2}e^{-y^2} = D^n(D^2 e^{-y^2}) = D^n(-2e^{-y^2} - 2yDe^{-y^2}) \tag{3.133}$$

그리고 위 식의 맨 마지막 항은 다시 다음과 같이 표현할 수 있다.

$$-D^n(2yDe^{-y^2}) = -2yD^{n+1}e^{-y^2} - 2n(Dy)D^n e^{-y^2} \tag{3.134}$$

이상의 관계를 대괄호 안의 첫 번째 항에 적용하면 주어진 식은 다음과 같이 된다.

$$[D^{n+2} + 2yD^{n+1} + (2n+2)D^n]e^{-y^2} \tag{3.135}$$
$$= -2D^n e^{-y^2} - 2yD^{n+1}e^{-y^2} - 2nD^n e^{-y^2} + 2yD^{n+1}e^{-y^2} + (2n+2)D^n e^{-y^2}$$
$$= 0$$

즉, 에르미트 다항식이 에르미트 방정식을 만족함을 보여준다.

### 3.3.3  결맞는 상태들  Coherent States

1926년에 슈뢰딩거는 자신이 만든 방정식의 해가 대응원리 correspondence principle 와 부합하는 경우를 찾다가 파동묶음의 중심이 고전적인 조화 떨개와 같은 주기로 진동하는 해를 발견하였다. 그가 찾은 해는 최소 불확정성 minimum uncertainty 을 갖는 가우스꼴 파동묶음 Gaussian wave packet 이었다. 이와 같은 파동묶음은 조화 떨개 내림 연산자의 고유상태로 주어지는데, 이 고유상태는 조화 떨개 에너지 고유상태들의 중첩으로 나타낼 수 있다. 이처럼 고전적인 조화 떨개와 같은 운동 양상을 보이는 내림 연산자의 고유상태를 우리는 결맞는 상대 coherent state 라고 부른다.

이 결맞는 상태는 다양한 물리 현상에서 나타날 수 있는데, 이는 많은 물리계에서 위치에너지의 최소점 근처, 즉 바닥상태 근처에서는 위치에너지를 조화 떨개와 같은 포물선 모양의 2차 곡선으로 근사할 수 있기 때문이다. 특히 양자전기역학 quantum electrodynamics 이나 광학 분야에서 전자기장을 양자화하여 다룰 때 광자를 생성하거나 소멸시키는 연산자가 각각 조화 떨개의 올림과 내림 연산자에 해당하므로, 고전적인 조화 떨개와 같은 운동 양상을 보이는 결맞는 상태들에 대한 이해는 이 분야 연구에서 상당히 필요하다. 이 절에서는 이러한 결맞는 상태들에 대해서 알아보도록 하겠다.

조화 떨개의 내림 연산자는 에르미트(자기수반) 연산자가 아니므로, 그 고유값은 일반적으로 복소수이다. 따라서 우리는 조화 떨개의 내림 연산자에 대한 고유상태 방정식을 다음과 같이 쓸 수 있다.

$$a \,|\phi_\gamma> \,=\, \gamma \,|\phi_\gamma> \,, \quad \gamma \in \mathbb{C} \tag{3.136}$$

한편, 함수 $f(x)$가 다항식이면, 다음의 관계가 성립한다(문제 3.14).

$$a f(a^\dagger) \,|0> \,=\, \frac{df(a^\dagger)}{da^\dagger} \,|0> \tag{3.137}$$

이 관계로부터 우리는 내림 연산자의 고유상태를 아래와 같이 놓으면 고유상태 방정식 (3.136)을 만족함을 알 수 있다.

$$|\phi_\gamma> \,=\, C_\gamma \, e^{\gamma a^\dagger} \,|0>, \quad C_\gamma \in \mathbb{C} \tag{3.138}$$

규격화 조건 $< \phi_\gamma | \phi_\gamma > = 1$ 로부터 상수 $C_\gamma$ 는 다음과 같이 주어진다(문제 3.15).

$$C_\gamma = e^{-|\gamma|^2/2} \tag{3.139}$$

위에서처럼 식 (3.137)의 관계를 쓰지 않아도, 임의의 상태는 해밀토니안의 고유상태들(기저)로 전개 가능하므로, 주어진 고유상태 $|\phi_\gamma >$ 는 다음과 같이 쓸 수 있다.

$$|\phi_\gamma > = \sum_{n=0}^{\infty} c_n \, |n>, \quad \text{여기서 } c_n \in \mathbb{C} \tag{3.140}$$

전개계수 $c_n$ 은 식 (3.106)과 식 (3.136)으로부터 다음과 같이 주어진다.

$$c_n = <n|\phi_\gamma > = \frac{1}{\sqrt{n!}} <0|a^n|\phi_\gamma > = \frac{\gamma^n}{\sqrt{n!}} \, c_0 \tag{3.141}$$

위에서 우리는 $(a^\dagger)^\dagger = a$ 임을 사용하였다. 마지막으로 전개계수 $c_0$ 은 규격화 조건식으로부터 얻을 수 있다.

$$1 = <\phi_\gamma|\phi_\gamma > = \sum_{n=0}^{\infty} |c_n|^2 = \sum_{n=0}^{\infty} \frac{|\gamma|^{2n}}{n!} |c_0|^2 = e^{|\gamma|^2} |c_0|^2 \tag{3.142}$$

따라서 전개계수 $c_n$ 은 다음과 같다.

$$c_n = \frac{\gamma^n}{\sqrt{n!}} \, e^{-|\gamma|^2/2}, \quad n = 0, 1, 2, \cdots \tag{3.143}$$

이렇게 식 (3.140)으로 주어진 고유상태 $|\phi_\gamma >$가 앞에서 얻은 식 (3.138)과 식 (3.139)로 주어진 상태와 같음은 쉽게 확인할 수 있다. 참고로 에너지 바닥상태 $|0>$ 은 고유상태 방정식 (3.136)에서 $\gamma = 0$ 인 결맞는 상태에 해당함에 유의하라.

결맞는 상태는 슈뢰딩거가 그 해를 찾을 때부터 알려진 바와 같이 최소 불확정성 곱 minimum uncertainty product 을 만족한다.

$$\triangle x \, \triangle p = \hbar/2 \tag{3.144}$$

이는 식 (3.64)와 식 (3.65)를 써서 $x$ 와 $p$ 를 $a$ 와 $a^\dagger$ 로 표시하여 $x$ 와 $p$ 등의 기대값을 구한 후, $(\triangle x)^2 = <x^2> - <x>^2$ 과 $(\triangle p)^2 = <p^2> - <p>^2$ 의 관계를 써서 쉽게 보일 수 있다(문제 3.15).

이제 결맞는 상태의 시간 변화에 대해 살펴보자. 임의의 상태에 대한 시간 변화는 그 상태를 에너지 고유상태들을 기저로 하여 전개한 후, 식 (3.16)에서와 같이 각각의 에너지 고유상태에 아래처럼 상응하는 시간 의존도를 추가하여 얻을 수 있다.

$$|n(t)> = |n> e^{-iE_n t/\hbar}, \quad E_n = (n + \frac{1}{2})\hbar w, \quad n = 0, 1, 2, \cdots \tag{3.145}$$

즉, 식 (3.140)으로 쓰여진 결맞는 상태의 시간 변화는 다음과 같이 쓸 수 있다.

$$|\phi_\gamma(t)> = \sum_{n=0}^{\infty} c_n |n(t)>, \quad c_n = \frac{\gamma^n}{\sqrt{n!}} e^{-|\gamma|^2/2} \tag{3.146}$$

이 시간에 의존하는 상태도 아래와 같이 내림 연산자 $a$ 의 고유상태가 된다(문제 3.15).

$$a|\phi_\gamma(t)> = \gamma(t) |\phi_\gamma(t)>, \quad \gamma(t) \equiv e^{-iwt}\gamma \tag{3.147}$$

이는 결맞는 상태는 시간이 지나도 결맞는 상태로 남아 있음을 보여준다. 이때의 고유값에는 원래 고유값에 고전적인 조화 떨개의 주기로 변하는 위상이 곱해진다. 이 시간에 의존하는 결맞는 상태에서 위치의 기대값은 조화 떨개의 고전적인 주기로 진동하며, 이 시간 의존 상태도 최소 불확정성 곱을 만족한다(문제 3.15).

## 문제

**3.1** 에렌페스트 정리를 준 기대값의 시간 변화에 대한 2.4.5절에서 얻은 다음 결과를 써서 해밀토니안의 고유상태는 정상상태임을 보여라.

$$\frac{d<A>}{dt} = \frac{i}{\hbar} <[H, A]> + <\frac{\partial A}{\partial t}>$$

도움말: 연산자 $A$ 가 시간에 직접적으로 의존하지 않을 때, 우변의 두 번째 항은 0 이다. 따라서 해밀토니안 고유상태 관계식, $H |\psi> = E |\psi>$ 를 써서 우변의 첫 번째 항도 0 이 됨을 보여라.

**3.2** 파수가 $k$ 인 자유입자 해밀토니안 $H = \frac{p^2}{2m}$ 의 고유상태 평면파 해는 본문에서 시간 의존도까지 포함하여 다음과 같이 주어졌다.

$$\psi_k(x, t) = \frac{1}{\sqrt{2\pi}} \exp(ikx - iwt), \quad w \equiv \frac{E}{\hbar}, \quad E = \frac{\hbar^2 k^2}{2m}$$

1). 이 평면파의 위상속도와 군속도를 구하고, 고전적인 자유입자의 속도와 비교하라.

2). 위치의 기대값 $< x >$ 를 구하고, 그것의 시간 변화를 구하라.

3). 운동량의 기대값 $< p >$ 를 계산하여, 이를 문제 3.1에서 주어진 에렌페스트 정리로 주어진 위치 기대값의 시간 변화 관계식에 적용하고 $\frac{d<x>}{dt}$ 를 구하여, 2)에서 얻은 결과와 배치됨을 보이고 그 이유에 대해 논하라.

<u>도움말</u>: 무한대로 펼쳐진 평면파 해, 즉 유한한 에너지를 갖는 (정상상태의) 자유입자는 실제로는 존재할 수 없음에 유의하라.

답. 1). 위상속도 $v_{ph} = \frac{\hbar k}{2m}$, 군속도 $v_{gp} = \frac{\hbar k}{m}$, 고전적인 속도 $v_{cl} = \frac{\hbar k}{m}$     2). $< x > = 0$

**3.3** 1차원 상자의 해밀토니안이 다음과 같이 주어졌다.

$$H = \frac{p^2}{2m} + V(x), \quad V(x) = \begin{cases} 0 & (-a < x < a) \\ \infty & (|x| \geq a) \end{cases}$$

이 해밀토니안의 고유값과 고유상태를 구하라.

답. $\psi_{ev.}(x) = \frac{1}{\sqrt{a}} \cos(\frac{n\pi x}{2a})$, $E_n = \frac{n^2 \hbar^2 \pi^2}{8ma^2}$, $n = 1, 3, 5, \cdots$

$\psi_{od.}(x) = \frac{1}{\sqrt{a}} \sin(\frac{n\pi x}{2a})$, $E_n = \frac{n^2 \hbar^2 \pi^2}{8ma^2}$, $n = 2, 4, 6, \cdots$

**3.4** 양 벽이 $x = 0$ 과 $x = a$ 에 위치한 1차원 상자에서 $x = 0$ 의 벽이 $x = -a$ 로 갑자기 넓혀졌다. 처음에 입자가 바닥상태에 존재하였다면 상자가 넓혀진 후에 입자가 바닥상태로 계속 존재할 확률을 구하라. 넓혀진 후 입자가 첫 번째 들뜬상태에 있게 될 확률은 얼마인가?

<u>도움말</u>: $P_{1 \rightarrow 1} = | < \psi_1^{(f)} | \psi_1^{(i)} > |^2$, $P_{1 \rightarrow 2} = | < \psi_2^{(f)} | \psi_1^{(i)} > |^2$ 이다.

답. $P_{1 \rightarrow 1} = \frac{32}{9\pi^2}$, $P_{1 \rightarrow 2} = \frac{1}{2}$

**3.5** 양 벽이 $x = 0$ 과 $x = a$ 에 위치한 1차원 상자 안에 있는 질량 $m$ 인 입자의 파동함수가 $\Psi(x) = Ax(a - x)$로 주어졌다. 여기서 $A$ 는 양의 상수이다. 이 주어진 상태에서 입자가 갖는 에너지의 평균값(해밀토니안의 기대값)을 구하라. 그리고 입자가 $n$ 번째 고유상태에 존재할 확률을 구하라.

<u>도움말</u>: 에너지 평균값: $< \Psi|H|\Psi >$, $n$ 번째 고유상태 존재 확률: $P_n = | < \psi_n|\Psi > |^2$

답. $< H > = \frac{5\hbar^2}{ma^2}$, $P_n = \frac{240}{(n\pi)^6}(1 - (-1)^n)^2$

**3.6** 양 벽이 $x = -a$ 와 $x = a$ 에 위치한 1차원 상자 안의 입자가 처음에 오른쪽 절반 부분에만 존재하는 다음의 파동함수로 기술됐다.

$$\Psi(x, t=0) = \begin{cases} 1/\sqrt{a} \;\; (0 < x < a) \\ 0 \;\; (-a < x < 0) \end{cases}$$

처음 주어진 상태는 그대로 계속 유지될 수 있는지 답하고, 시간 $t(> 0)$에 입자가 바닥상태와 첫 번째 들뜬상태에서 발견될 확률을 각각 구하라.

도움말: 슈뢰딩거 방정식을 만족하는 상태는 식 (3.16)으로 기술됨을 고려하라.

답. $P_1 = \frac{4}{\pi^2}$, $P_2 = \frac{4}{\pi^2}$

**3.7** 양 벽이 $x = 0$ 과 $x = a$ 에 위치한 1차원 상자에서 처음에 입자가 다음의 함수 형태로 주어졌다.

$$\Psi(x, 0) = N \sin^2\left(\frac{\pi x}{a}\right)$$

1). 규격화 상수 $N$을 구하고, 주어진 함수를 고유상태들로 전개하여 시간 $t(> 0)$에서의 파동함수 $\Psi(x, t)$를 구하라. 입자가 두 번째 들뜬상태에 있을 확률은 얼마인가?

2). 슈뢰딩거 방정식을 만족하는 임의의 파동함수 해는 식 (3.16)으로 표현될 수 있음을 써서, 양 벽이 $x = 0$ 과 $x = a$ 에 위치한 1차원 상자 안의 입자는 주기 $T = \frac{4ma^2}{\pi\hbar}$ 가 지나면 원래 상태로 돌아옴을 보여라. 즉, $\Psi(x, t+T) = \Psi(x, t)$임을 보여라.

답. 1). $\Psi(x, t) = \sqrt{\frac{32}{3a}}\frac{1}{\pi}\sum_{n=1,3,5\cdots}^{\infty}\left\{-\frac{1}{2(n+2)} + \frac{1}{n} - \frac{1}{2(n-2)}\right\}\sin(\frac{n\pi x}{a})e^{-\frac{i}{\hbar}E_n t}$, $P_3 = \frac{256}{675\pi^2}$

**3.8** 1차원 조화 떨개의 운동에너지와 위치에너지를 올림과 내림 연산자들로 표현하고, $n$ 번째 고유상태 $|n>$ 에 대한 각각의 기대값을 구하라. 운동에너지와 위치에너지 기대값의 합이 본문에서 구한 $n$ 번째 에너지 값과 일치하는가?

**3.9** 불확정성의 관계를 써서 1차원 조화 떨개의 바닥상태 에너지를 구하고, 본문에서 구한 바닥상태 에너지와 비교하라.

도움말: $E = \frac{p^2}{2m} + \frac{1}{2}mw^2x^2$ 의 관계에서 $\triangle x \sim x, \triangle p \sim p$ 로 생각하고, 불확정성 관계 $(\triangle x \triangle p \sim \hbar/2)$를 써서 $E$ 를 $x$ 로 표현하여, 그 최소 에너지를 구하라.

**3.10** 1차원 조화 떨개의 바닥상태에 대한 기대값들 $< x >$, $< p >$, $< x^2 >$, $< p^2 >$ 을 구하고, 이로부터 위치의 불확정성 $\triangle x$ 와 운동량의 불확정성 $\triangle p$ 를 구하여 앞 문제에서 사용한 $\triangle x$, $\triangle p$ 값과 비교하라.

**3.11** 1차원에서 움직이는 위치에너지가 $V(x) = \frac{1}{2}mw^2x^2$ 로 주어지는 입자가 있다. 이 입자가 바닥상태에 있을 때, 바닥상태가 고전적으로 가질 수 있는 위치 한계의 밖에 존재할 확률은 얼마인가?

도움말: 수치 계산이나 정규 확률 적분표 사용: $\frac{2}{\sqrt{\pi}} \int_0^1 dy \, e^{-y^2} \simeq 0.84$

답. 0.16

**3.12** 1). 식 (3.117)을 써서 조화 떨개의 고유함수들이 다음 관계를 만족함을 보여라.

$$\phi_n(-x) = (-1)^n \phi_n(x)$$

2). 위의 관계를 활용하여, 다음의 위치에너지를 가지는 계에 존재하는 질량이 $m$ 인 입자의 가능한 에너지 준위를 구하라.

$$V(x) = \begin{cases} \infty & (x < 0) \\ mw^2x^2/2 & (0 < x) \end{cases}$$

답. $E_n = \hbar w(n + \frac{1}{2}), \quad n = 1, 3, 5, \cdots$

**3.13** 식 (3.129)에서 조화 떨개 고유함수 $\phi_n(y)$를 $H(y) \exp(-\frac{y^2}{2})$ 으로 표시했을 때, 함수 $H(y)$가 에르미트 방정식 (3.127)을 만족함을 보여라.

**3.14** 함수 $f(x)$ 는 $x$ 의 다항식이다: $f(x) = \sum_{(n \geq 0)} c_n x^n, \quad c_n \in \mathbb{C}.$

1). 내림과 올림 연산자 사이의 관계식 $[a, a^\dagger] = 1$ 을 써서 다음 식이 성립함을 보여라.

$$[a, f(a^\dagger)] = \frac{df(a^\dagger)}{da^\dagger}$$

이 결과는 $[p, x] = \frac{\hbar}{i}$ 의 관계를 써서 얻은 문제 1.11의 결과와 거의 같음에 유의하라.

2). 조화 떨개의 바닥상태 $|0\rangle$ 에 대해서 다음 관계가 성립함을 보여라.

$$af(a^\dagger)|0\rangle = \frac{df(a^\dagger)}{da^\dagger}|0\rangle$$

**3.15** 내림 연산자의 고유상태인 결맞는 상태 $|\phi_\gamma\rangle$에 대한 다음 물음에 답하라.

1). 규격화 조건을 써서 $|\phi_\gamma\rangle = C_\gamma \, e^{\gamma a^\dagger}|0\rangle$ 에서 규격화 상수 $C_\gamma$를 구하라.

도움말: 규격화 조건의 계산에서 문제 3.14의 결과를 써서 다음이 성립함을 보이고,

$$(e^{\gamma a^\dagger})^\dagger e^{\gamma a^\dagger}|0\rangle = e^{\gamma^* a} e^{\gamma a^\dagger}|0\rangle = \sum_{n=0}^{\infty} \frac{(\gamma^*)^n}{n!} a^n e^{\gamma a^\dagger}|0\rangle = e^{|\gamma|^2} e^{\gamma a^\dagger}|0\rangle,$$

다시 $< 0|e^{\gamma a^\dagger}|0 > = 1$ 임을 보인 후 이 관계들을 활용하라.

2). 결맞는 상태들은 직교하지 않는다. $|\phi_\gamma >$ 와 $|\phi_\alpha >$ 가 다음 관계를 만족함을 보여라.

$$| < \phi_\alpha|\phi_\gamma > |^2 = e^{-|\gamma-\alpha|^2}$$

도움말: 식 (3.138), $|\phi_\gamma > = e^{-|\gamma|^2/2}e^{\gamma a^\dagger}|0 >$ 을 쓰고, 1)번의 풀이 방식을 활용하라.

3). 결맞는 상태 $|\phi_\gamma >$ 에 대한 $< x >$ 와 $< x^2 >$, $< p >$ 와 $< p^2 >$ 을 구하여 아래의 최소 불확정성 곱이 만족됨을 보여라.

$$\triangle x \, \triangle p = \hbar/2$$

도움말: $x$ 와 $p$ 등을 $a$ 와 $a^\dagger$ 로 표현하고, $a|\phi_\gamma > = \gamma|\phi_\gamma >$ 의 관계를 사용하라. 따라서 $< \phi_\gamma|a^\dagger = < a\,\phi_\gamma| = \gamma^* < \phi_\gamma|$ 의 관계도 성립한다.

4). 결맞는 상태 $|\phi_\gamma >$ 에 대한 조화 떨개 해밀토니안의 기대값이 다음과 같음을 보여라.

$$< H > = (|\gamma|^2 + \frac{1}{2})\hbar w$$

5). 결맞는 상태 $|\phi_\gamma >$ 의 시간에 따라 변화된 상태는 식 (3.146)으로 주어진다.

$$|\phi_\gamma(t) > = \sum_{n=0}^{\infty} c_n \,|n(t) >, \quad c_n = \frac{\gamma^n}{\sqrt{n!}} \, e^{-|\gamma|^2/2}, \quad |n(t) > = |n > e^{-iE_n t/\hbar}$$

시간에 따라 변화된 이 상태 역시 아래와 같이 내림 연산자 $a$ 의 고유상태임을 보여라.

$$a|\phi_\gamma(t) > = \gamma(t)\,|\phi_\gamma(t) >, \quad \gamma(t) \equiv e^{-iwt}\gamma$$

도움말: $E_n = E_{n-1} + \hbar w$ 의 관계를 사용하라.

6). 시간에 의존하는 결맞는 상태 $|\phi_\gamma(t) >$ 에 대한 위치의 기대값 $< x >$ 를 구하여, 이 위치의 기대값이 $\gamma$ 가 실수일 때 조화 떨개의 고전적인 주기와 같은 주기로 진동하는 것을 보이고, 이 상태가 최소 불확정성 곱을 만족함을 보여라.

$$\triangle x \, \triangle p = \hbar/2$$

도움말: 3)번의 풀이 방식을 활용하라.

답. 1). $C_\gamma = e^{-|\gamma|^2/2}$

6). $< x > = \sqrt{\frac{\hbar}{2mw}}(\gamma e^{-iwt} + \gamma^* e^{iwt}) \rightarrow \sqrt{\frac{2\hbar}{mw}}\gamma \cos(wt)$ : $\gamma$ 가 실수일 때

# 제 4 장

# 양자역학의 체계 II
# Framework of Quantum
# Mechanics II

## 제 4.1 절   연산자 수식체계 Operator Formalism

앞 장에서 우리는 조화 떨개 문제 등을 통하여 연산자를 사용하여 어떻게 양자역학의 문제를 다룰 수 있는지 보았다. 이제 이 장에서는 이러한 연산자와 디락의 브라-켓 표현을 써서 양자역학의 주요 특성들을 살펴보고자 한다.

### 4.1.1   에르미트 연산자의 고유값과 고유상태  Hermitian Operators and their Eigenvalues and Eigenstates

에르미트 연산자는 자기 수반 연산자로 2장에서 소개한 바 있다. 즉, 연산자 $A$ 의 수반 연산자 $A^\dagger$ 는 임의의 두 상태 $|\phi>$, $|\psi>$ 에 대해 다음과 같이 정의되었으므로,

$$< \psi \,|\, A\,\phi > \equiv < A^\dagger \psi \,|\, \phi >,$$

자기 수반 연산자($A = A^\dagger$)인 에르미트 연산자는 항상 다음 식을 만족한다.

$$< \psi \,|\, A\,\phi > = < A\,\psi \,|\, \phi > \tag{4.1}$$

우리는 이러한 특성을 써서 지금부터 에르미트 연산자의 고유값과 고유상태가 갖는 특성을 살펴보겠다.

첫째, 에르미트 연산자의 고유값은 실수 real number 이다.

이를 알아보기 위하여 고유값 $a$ 를 갖는 고유상태 $|\phi>$ 를 생각하자.

$$A|\phi> = a|\phi>$$

그러면 고유상태 $|\phi>$ 에 대한 $A$ 의 기대값은 다음과 같이 주어진다.

$$< \phi \,|\, A\,\phi > = < \phi \,|\, a\phi > = a < \phi \,|\, \phi > = a \tag{4.2}$$

그런데 위 식은 자기 수반 연산자의 정의식 (4.1)에 의해 다시 다음과 같이 되므로,

$$< \phi \,|\, A\,\phi > = < A\,\phi \,|\, \phi > = < \phi \,|\, A\,\phi >^* = a^*, \tag{4.3}$$

고유값 $a$ 는 실수가 되어야 한다. 그러므로 모든 에르미트 연산자의 고유값은 실수여야 한다. 참고로 위에서 우리는 $< \psi \,|\, \phi >^* = < \phi \,|\, \psi >$ 의 관계를 사용하였다.

둘째, 서로 다른 고유값을 갖는 에르미트 연산자의 고유상태들은 서로 직교한다. 이를 알아 보기 위하여 서로 다른 두 고유값 $a_1$, $a_2$ 를 갖는 두 고유상태 $|\phi_1>$, $|\phi_2>$ 를 생각하자.

$$A \,|\, \phi_1 > = a_1 |\, \phi_1 > , \;\; A \,|\, \phi_2 > = a_2 |\, \phi_2 >$$

이로부터 다음 관계식이 성립한다.

$$< \phi_2 \,|\, A \,|\, \phi_1 > = a_1 < \phi_2 \,|\, \phi_1 > \tag{4.4}$$

그런데 $A$ 는 자기 수반 연산자이고 그 고유값은 실수이므로 위 식은 다시 다음과 같이 쓸 수 있다.

$$< A\,\phi_2 \,|\, \phi_1 > = < \phi_1 \,|\, A\,\phi_2 >^* = a_2^* < \phi_1 \,|\, \phi_2 >^* = a_2 < \phi_2 \,|\, \phi_1 > \tag{4.5}$$

그러면 위의 두 식으로부터 다음의 관계가 성립된다.

$$(a_1 - a_2) < \phi_2 \mid \phi_1 > = 0$$

여기서 $a_1 \neq a_2$ 이므로 $< \phi_2 \mid \phi_1 > = 0$ 이 만족되어야 한다. 즉, 서로 다른 고유값을 갖는 에르미트 연산자의 고유상태들은 서로 직교해야 한다.

### 4.1.2  가환 연산자들과 공통의 고유상태  Commuting Operators and their Common Eigenstates

양자역학에서는 주어진 물리계의 서로 가환하는 연산자들을 찾는 것이 매우 중요하다. 왜냐하면 가환 연산자들은 서로 공통의 고유상태들을 가지고, 각 연산자의 고유값은 주어진 고유상태를 서로 다르게 특징지어 주기 때문이다. 그러므로 주어진 물리계에서 서로 가환하는 모든 연산자들의 집합 a complete set of commuting operators 을 찾는 것은 주어진 물리계의 힐베르트 공간을 제대로 정의하기 위하여 매우 필요하다. 이제 서로 가환하는 연산자들이 왜 공통의 고유상태를 갖는지 살펴보기 위하여 가환하는 두 연산자 $A$, $B$ 를 생각하자.

$$[A, B] = 0 \tag{4.6}$$

여기서 연산자 $A$ 의 고유상태 $\phi$ 가 고유값 $a$ 를 갖는다고 가정하자.

$$A|\phi > = a|\phi > \tag{4.7}$$

이제 두 연산자의 가환 조건식 (4.6)과 고유상태 방정식 (4.7)로부터 다음의 관계가 성립한다.

$$AB|\phi > = BA|\phi > = aB|\phi > \tag{4.8}$$

여기서 $B|\phi > \equiv |\psi >$ 로 놓으면 위 식은 다시 다음과 같이 쓸 수 있다.

$$A|\psi > = a|\psi >$$

이는 새로운 상태 $|\psi >$ 가 $A$ 의 고유상태이며 그 고유값이 $a$ 임을 보여준다. 즉, 두 상태 $|\phi >$ 와 $|\psi >$ 는 동일한 고유값을 갖는 연산자 $A$ 의 동일한 고유상태이다. 따라서

이 두 상태는 서로 동등하다고 할 수 있다.

$$|\psi> \sim |\phi>$$

우리가 그 비례상수를 $b$ 로 표현하면, 새로운 상태 $|\psi>$ 는 다음과 같이 쓸 수 있다.

$$B|\phi> = |\psi> = b|\phi> \tag{4.9}$$

이는 $A$ 의 고유상태인 $|\phi>$ 가 고유값 $b$ 를 갖는 $B$ 의 고유상태임을 보여준다. 이로부터 우리는 상태 $|\phi>$ 가 각기 서로 다른 고유값 $a$ 와 $b$ 를 갖는 $A$ 와 $B$ 공통의 고유상태임을 알 수 있다. 이처럼 같은 상태이면서 두 연산자 $A$, $B$ 에 대해 각기 다른 고유값 $a$, $b$ 를 갖는 것을 나타내기 위하여 우리는 두 연산자 공통의 고유상태 $|\phi>$ 를 통상 $|\phi_{ab}>$ 로 표시한다. 요약하면, 두 연산자 $A$, $B$ 가 서로 가환이면, 두 연산자는 공통의 고유상태를 갖는다.

$$[A, B] = 0 \implies A|\phi_{ab}> = a|\phi_{ab}>, \quad B|\phi_{ab}> = b|\phi_{ab}> \tag{4.10}$$

이제 주어진 계에 존재하는 연산자들 중에서 서로 가환하는 모든 연산자들을 생각하자. 이 집합을 우리는 가환연산자 완전 집합 complete set of commuting operators 이라고 부른다. 이 경우 서로 가환하는 모든 연산자들은 서로 공통의 고유상태를 가지므로, 이 집합에 속한 연산자들에 상응하는 물리적 관측량들은 동시에 관측될 수 있다. 즉 가환연산자 완전 집합을 $\{A, B, \ldots, N\}$ 이라 하면, 이 연산자들의 공통의 고유상태는 다음과 같이 표시할 수 있을 것이다.

$$
\begin{aligned}
A|\phi_{ab\ldots n}> &= a|\phi_{ab\ldots n}> \\
B|\phi_{ab\ldots n}> &= b|\phi_{ab\ldots n}> \\
&\vdots \\
N|\phi_{ab\ldots n}> &= n|\phi_{ab\ldots n}>
\end{aligned}
$$

이 공통의 고유상태들 $\{|\phi_{ab\ldots n}>\}$ 은 이 계에 상응하는 힐베르트 공간의 기저 벡터들의 역할을 할 수 있다. 따라서 계에 속한 임의의 상태벡터는 이 공통의 고유상태들의 1차 결합으로 표현 가능하다.

### 4.1.3 가환 연산자들과 겹친 상태들 Commuting Operators and Degenerate States

위에서 우리는 어떤 연산자에 대해 동일한 고유값을 갖는 두 상태를 (비례상수로 표시되는) 같은 상태로 생각하였다. 그런데 어떤 연산자에 대해 동일한 고유값을 가지면서도 서로 비례 관계에 있지 않는 완전히 서로 다른 상태들일 경우도 있을 것이다. 우리는 이처럼 동일한 고유값을 가지지만 완전히 서로 다른 상태들을 겹친 상태들 degenerate states 이라고 부른다. 즉, 두 상태 $|\phi>$ 와 $|\psi>$ 가 완전히 서로 다른 독립적인 상태들이지만, 아래와 같이 특정 연산자, 예컨대 $A$에 대해 동일한 고유값을 가질 때,

$$A|\phi> = a|\phi>, \quad A|\psi> = a|\psi>, \quad |\phi> \neq |\psi>, \tag{4.11}$$

우리는 $|\phi>$ 와 $|\psi>$ 를 겹친 상태들이라고 한다.

예컨대 자유입자의 경우, 해밀토니안 $H = \frac{p^2}{2m}$ 과 운동량 $p$ 은 서로 가환이며 식 (3.30)으로 주어진 공통의 고유상태를 갖는다.

$$[H, p] = 0 \implies H|\psi_{\pm k}> = \frac{\hbar^2 k^2}{2m}|\psi_{\pm k}>, \quad p|\psi_{\pm k}> = \pm\hbar k|\psi_{\pm k}> \tag{4.12}$$

이는 서로 다른 운동량 고유상태 $|\psi_{+k}>$ 와 $|\psi_{-k}>$ 가 해밀토니안에 대해서는 동일한 고유값을 가짐을 보여준다. 즉, 이 경우 $|\psi_{+k}>$ 와 $|\psi_{-k}>$ 는 해밀토니안 연산자의 겹친 상태들이다.

그러면 이러한 겹친 상태들이 존재할 때, 위에서 살펴본 가환 연산자들의 공통 고유상태 관계에 어떠한 변화가 있는지 살펴보자. 먼저 식 (4.11)에 나온 연산자 $A$ 에 대한 두 겹친 상태들의 선형결합을 생각하고 이를 $|\chi>$ 라 하자.

$$|\chi> \equiv c_1|\phi> + c_2|\psi> \tag{4.13}$$

여기서 $c_1$, $c_2$ 는 임의의 상수이다. 우리는 이 새로운 상태 $|\chi>$ 역시 두 겹친 상태들과 동일한 고유값 $a$ 를 갖는 $A$ 의 고유상태임을 곧 알 수 있다.

$$A|\chi> = A(c_1|\phi> + c_2|\psi>) = a(c_1|\phi> + c_2|\psi>) = a|\chi>$$

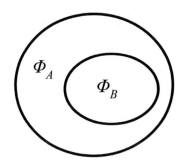

그림 4.1: 두 연산자 $A$, $B$ 가 가환일 때, 연산자 $A$ 는 겹친 상태를 갖고, 연산자 $B$ 는 겹친 상태를 갖지 않는 경우, 두 연산자 고유상태들 사이의 관계: $\Phi_A \supset \Phi_B$. 여기서 두 연산자 $A$, $B$ 의 고유상태들로 이루어진 집합을 각각 $\Phi_A$, $\Phi_B$ 로 표시함.

한편, 연산자 $B$ 가 연산자 $A$ 와 가환이면, 이전처럼 다음 관계가 성립한다.

$$AB|\phi> = BA|\phi> = aB|\phi> \tag{4.14}$$

즉, $B|\phi>$ 는 고유값 $a$ 를 갖는 $A$ 의 고유상태가 된다. 그런데 $|\chi>$ 역시 고유값 $a$ 를 갖는 $A$ 의 고유상태이므로 앞에서처럼 우리는 $B|\phi>$ 가 $|\chi>$ 에 비례한다고 할 수 있을 것이다. 그 비례상수를 $b$ 로 표현하면 우리는 다음 관계식을 얻는다.

$$B|\phi> = b(c_1|\phi> + c_2|\psi>) \tag{4.15}$$

그런데 $|\phi> \neq |\psi>$ 의 관계로부터 $B|\phi> \neq c|\phi>$ 이므로(여기서 $c$ 는 비례상수), $B|\phi>$ 는 $|\phi>$ 와 동등하다고 할 수 없다. 이는 $A$ 의 고유상태 $|\phi>$ 가 $B$ 의 고유상태가 되지 않을 수 있음을 보여준다. 이는 $A$ 의 고유상태 $|\psi>$ 의 경우에도 마찬가지이다.

반면에 연산자 $B$ 는 겹친 상태를 갖고 있지 않다면, $B$ 의 고유상태는 항상 $A$ 의 고유상태가 된다. 이를 보기 위하여 먼저 $B$ 의 고유상태 $|\xi>$ 를 생각하자.

$$B|\xi> = b|\xi>$$

그러면 $[A, B] = 0$ 으로부터 다음의 관계가 성립하므로,

$$BA|\xi> = AB|\xi> = bA|\xi>,$$

$A|\xi>$ 는 고유값 $b$ 를 갖는 $B$ 의 고유상태가 됨을 알 수 있다. 그런데 $B$ 는 겹친 상태를 갖지 않으므로, $A|\xi>$ 는 같은 고유값은 갖는 고유상태 $|\xi>$ 와 동등하여야만 한다. 그러므로 우리는 그 비례상수를 $a'$ 으로 표현하여 다음과 같이 쓸 수 있다.

$$A|\xi> = a'|\xi>$$

즉, 겹침이 없는 $B$ 의 고유상태 $|\xi>$ 는 항상 $A$ 의 고유상태가 된다.

이를 도표로 표현하면 그림 4.1과 같다. 즉, 두 연산자가 가환일 때, 겹침이 있는 연산자는 겹침이 없는 연산자에 비해 더 많은 고유상태를 갖는다.

### 4.1.4  수반 연산자들의 예  Adjoint Operators

우리는 2장에서 $c$ 가 상수일 때 $<c\,\psi\,| = c^* <\psi\,|$ 임을 보았다. 즉, 복소수의 수반 연산자는 공액복소수 complex conjugate 라고 할 수 있다. 그렇다면, 두 연산자 $A$, $B$ 의 곱으로 된 연산자 $AB$ 의 수반 연산자 $(AB)^\dagger$ 는 어떻게 주어질까? 이를 알아보기 위하여 다음의 디락 브라-켓을 생각하자.

$$<\psi|AB|\phi> = <(AB)^\dagger\psi|\phi> \tag{4.16}$$

여기서 좌변의 $B|\phi>$ 를 $|\chi>$ 로 놓으면 위 식은 다음과 같이 쓸 수 있다.

$$<\psi|A|\chi> = <A^\dagger\psi|\chi>$$

이는 다시 다음과 같이 쓰여지므로,

$$<A^\dagger\psi|\chi> = <A^\dagger\psi|B|\phi> = <B^\dagger A^\dagger\psi|\phi>,$$

이를 식 (4.16)과 비교하면 다음의 관계가 성립한다.

$$(AB)^\dagger = B^\dagger A^\dagger \tag{4.17}$$

이제 실제 수반 연산자의 예로 우리가 흔히 쓰는 미분연산자 $D \equiv \frac{d}{dx}$ 의 수반 연산자 $D^\dagger$ 를 그 정의식으로부터 구해 보자.

$$<\psi|D|\phi> = <D^\dagger\psi|\phi> = \int_{-\infty}^{\infty} dx\, (D^\dagger\psi)^*\phi \tag{4.18}$$

117

먼저 위 식의 좌변은 부분 적분을 통하여 다음과 같이 쓸 수 있다.

$$< \psi|D|\phi > = \int_{-\infty}^{\infty} dx \, \psi^* \frac{d}{dx}\phi \; = \psi^* \, \phi \, |_{-\infty}^{\infty} - \int_{-\infty}^{\infty} dx \, \frac{d\psi^*}{dx}\phi \qquad (4.19)$$

그런데 $< \psi|\psi >$ 나 $< \phi|\phi >$ 는 유한한 값을 가져야 하므로, 무한대에서의 파동함수 값들은 0 이 되어야 한다. 즉, 맨 우변의 첫 번째 항은 0 이 되어야 한다. 그러므로 위 식은 다음과 같이 쓸 수 있는데,

$$< \psi|D|\phi > = - \int_{-\infty}^{\infty} dx \, \frac{d\psi^*}{dx}\phi = \int_{-\infty}^{\infty} dx \, (-\frac{d\psi}{dx})^*\phi,$$

이는 식 (4.18)의 우변과 같아야 하므로 다음의 관계가 성립하게 된다.

$$D^\dagger = -\frac{d}{dx} \qquad (4.20)$$

위에서 얻은 결과들을 함께 적용하면 우리는 운동량 연산자 $p = \frac{\hbar}{i}\frac{d}{dx}$ 가 에르미트 연산자 즉, 자기 수반 연산자임을 곧 확인할 수 있다.

$$p^\dagger = \left(\frac{\hbar}{i}\right)^\dagger \left(\frac{d}{dx}\right)^\dagger = -\frac{\hbar}{i}\left(\frac{d}{dx}\right)^\dagger = \frac{\hbar}{i}\frac{d}{dx} = p \qquad (4.21)$$

여기서 우리는 $\left(\frac{\hbar}{i}\right)^\dagger = -\frac{\hbar}{i}$ 는 상수이므로 연산자 $\left(\frac{d}{dx}\right)^\dagger$ 와 가환임을 사용하였다.

## 제 4.2 절   불확정성의 관계 Uncertainty Relation

앞에서 우리는 위치와 운동량 사이에 하이젠베르크의 불확정성 원리가 존재한다고 배웠다. 그런데 위치와 운동량이 아닌 다른 가환하지 않는 두 에르미트 연산자들 사이에도 위치와 운동량 사이의 불확정성 관계와 같은 불확정성의 관계가 존재한다. 우리는 이 절에서 일반적인 에르미트 연산자들 사이의 불확정성 관계에 대해 알아보겠다.

### 4.2.1   가환하지 않는 에르미트 연산자들 사이의 불확정성 관계

가환하지 않는 두 에르미트 연산자 $A$, $B$ 가 다음의 교환관계식을 만족한다고 하자.

$$[A, B] = iC \qquad (4.22)$$

여기서 $A = A^\dagger$, $B = B^\dagger$ 이고, $(iC)^\dagger = -iC^\dagger$ 이므로, 위에서처럼 정의된 연산자 $C$ 는 에르미트 연산자 $C^\dagger = C$ 임을 다음에서 곧 알 수 있다.

$$(iC)^\dagger = ([A,\ B])^\dagger = (AB - BA)^\dagger = -[A, B] = -iC$$

우리는 1장에서 임의의 연산자 $A$ 의 불확정성 $\triangle A$ 를 다음과 같이 정의하였다.

$$(\triangle A)^2 \equiv <(A- <A>)^2> = <A^2> - <A>^2 \tag{4.23}$$

여기서 $<A>$ 는 어떤 주어진 상태 $|\psi>$ 에 대한 기대값 $<\psi|A|\psi>$ 를 표시한다. 이제 $A$, $B$ 의 불확정성을 각각 $\triangle A$, $\triangle B$ 로 표시하면, 다음의 관계가 항상 성립한다.

$$\triangle A \, \triangle B \ \geq \ \frac{1}{2} \, | <C> | \tag{4.24}$$

이것이 바로 일반화된 하이젠베르크의 불확정성 관계 uncertainty relation 이다. 이를 위치와 운동량의 경우에 적용하면, $[x, p] = i\hbar$ 이므로 1장에서 나온 위치와 운동량 사이의 불확정성 관계식을 바로 얻을 수 있다.

$$\triangle x \, \triangle p \ \geq \ \frac{\hbar}{2}$$

일반화된 불확정성 관계식 (4.24)는 아래에 주어진 슈바르쯔 부등식 Schwarz inequality 을 써서 증명할 수 있다.

$$<\alpha|\alpha> <\beta|\beta> \geq \ | <\alpha|\beta> |^2 \tag{4.25}$$

슈바르쯔 부등식에 대한 증명은 나중에 하기로 하고, 이를 이용하여 먼저 불확정성 관계부터 증명하여 보자. 우선 증명의 편의를 위하여 다음을 정의하겠다.

$$A- <A> \equiv \delta A, \ \ B- <B> \equiv \delta B \tag{4.26}$$

이를 사용하면 두 불확정성 제곱의 곱은 다음과 같이 표현할 수 있다.

$$(\triangle A)^2 \, (\triangle B)^2 = <(\delta A)^2> <(\delta B)^2> = <\psi|(\delta A)^2|\psi> <\psi|(\delta B)^2|\psi> \tag{4.27}$$

여기서 $A$ 와 $B$ 는 에르미트 연산자들이고, 임의의 상태 $|\psi>$ 에 대한 에르미트 연산자 $(A = A^{\dagger})$의 기대값은 실수이므로,

$$< A >^* = < \psi|A|\psi >^* = < A^{\dagger}\psi|\psi >^* = < \psi|A^{\dagger}\psi > = < \psi|A|\psi > = < A >,$$

식 (4.26)에서 정의한 $\delta A$, $\delta B$ 역시 에르미트 연산자가 된다. 따라서 자기수반 연산자의 정의를 사용하면 식 (4.27)은 다음과 같이 쓸 수 있다.

$$(\triangle A)^2 (\triangle B)^2 = < \delta A\psi|\delta A\psi > < \delta B\psi|\delta B\psi > \tag{4.28}$$

이제 위 식에 슈바르쯔 부등식을 적용하면, 다음의 부등식을 얻는다.

$$< \delta A\psi|\delta A\psi > < \delta B\psi|\delta B\psi > \geq |< \delta A\psi|\delta B\psi >|^2 = |< \psi|\delta A\delta B|\psi >|^2 \tag{4.29}$$

한편, 연산자들의 교환자 commutator ([,])와 반교환자 anticommutator ({,})는 아래와 같이 정의되므로,

$$[A, B] \equiv AB - BA, \quad \{A, B\} \equiv AB + BA, \tag{4.30}$$

복합연산자 $\delta A\delta B$ 는 다음과 같이 쓸 수 있다.

$$\delta A\delta B = \frac{1}{2}\{\delta A, \delta B\} + \frac{1}{2}[\delta A, \delta B]$$

여기서 $\{\delta A, \delta B\} \equiv G$ 로 정의하고, $[\delta A, \delta B] = iC$ 임을 사용하면, 식 (4.29)의 맨 마지막 항의 내용은 다음과 같이 쓸 수 있다.

$$< \psi|\delta A\delta B|\psi > = \frac{1}{2} < \psi|G|\psi > + \frac{i}{2} < \psi|C|\psi > = \frac{1}{2}(< G > + i < C >) \tag{4.31}$$

여기서 $G$ 와 $C$ 는 에르미트 연산자들이고 그 기대값들은 실수이므로 다음의 관계가 성립한다.

$$|< \psi|\delta A\delta B|\psi >|^2 = \frac{1}{4} \left( |< G >|^2 + |< C >|^2 \right) \geq \frac{1}{4} |< C >|^2 \tag{4.32}$$

그러므로 우리는 식 (4.28), (4.29), (4.32)로부터 최종적으로 다음 관계식을 얻는다.

$$(\triangle A)^2 \, (\triangle B)^2 \geq \; | < \psi|\delta A \delta B|\psi > |^2 \; \geq \; \frac{1}{4} | < C > |^2 \qquad (4.33)$$

즉, 교환관계식 $[A, \, B] = iC$ 를 만족하는 두 에르미트 연산자 $A, B$ 는 불확정성 관계식 (4.24)를 만족한다.

## ● 슈바르쯔 부등식 Schwarz Inequality

이제 위에서 사용한 슈바르쯔 부등식을 증명하도록 하자.

$$< \alpha|\alpha > < \beta|\beta > \geq \; | < \alpha|\beta > |^2 \qquad (4.34)$$

이를 위하여 먼저 새로운 상태 $|\gamma > \equiv |\alpha > +\lambda|\beta >$ ($\lambda \in \mathbb{C}$ 인 상수)를 정의하겠다. 그러면 $< \gamma|\gamma > \geq 0$ 의 관계로부터 다음의 관계식이 성립한다.

$$< \gamma|\gamma > = < \alpha|\alpha > +\lambda^* < \beta|\alpha > +\lambda < \alpha|\beta > +|\lambda|^2 < \beta|\beta > \geq 0 \qquad (4.35)$$

여기서 좌변을 $I$ 로 정의하면, 이 값의 최소값은 $\frac{dI}{d\lambda^*} = 0, \; \frac{dI}{d\lambda} = 0$ 을 만족하므로 다음 관계식들이 성립되어야 한다.

$$\frac{dI}{d\lambda^*} = < \beta|\alpha > +\lambda < \beta|\beta > = 0, \quad \frac{dI}{d\lambda} = < \alpha|\beta > +\lambda^* < \beta|\beta > = 0$$

즉, 다음의 관계가 성립한다.

$$\lambda = -\frac{< \beta|\alpha >}{< \beta|\beta >}, \quad \lambda^* = -\frac{< \alpha|\beta >}{< \beta|\beta >}. \qquad (4.36)$$

이를 부등식 (4.35)에 대입하여 정리하면 다음 관계식을 얻는다.[1]

$$< \alpha|\alpha > - \frac{| < \alpha|\beta > |^2}{< \beta|\beta >} \geq 0$$

위 관계식은 곧 슈바르쯔의 부등식 (4.34)를 준다.

---

[1]여기서 최소값인 경우를 생각했는데 왜 부등호가 남아있는지 의아해 할 수도 있을 것이다. 그러나 식 (4.35)에서 등호가 성립하는 경우는 $|\gamma >$ 가 영벡터 null vector 인 경우에만 해당한다. 따라서 최소값의 경우라도 영벡터가 아닌 경우에는 항상 부등호가 성립한다.

# 제 4.3 절    상태공간의 변환과 유니타리성  Unitarity

우리는 3차원 벡터공간에서 좌표계를 변환하면 그에 따라 그 공간에 존재하는 벡터의 표현이 모두 바뀌는 것을 잘 알고 있다. 예컨대, 3차원 공간에서 좌표계를 회전시키면, 그에 따라 그 공간상에 존재하는 모든 벡터의 성분표현이 바뀐다. 그러나 이 경우 벡터의 성분들은 바뀌지만, 임의의 두 벡터의 내적은 보존된다는 것 또한 잘 알고 있다. 즉, 좌표계 변환에 의하여 두 벡터의 성분들은 다음과 같이 바뀔 수 있지만,

$$\vec{A} = A_x\hat{i} + A_y\hat{j} + A_z\hat{k} \implies \vec{A} = A'_x\hat{i'} + A'_y\hat{j'} + A'_z\hat{k'},$$
$$\vec{B} = B_x\hat{i} + B_y\hat{j} + B_z\hat{k} \implies \vec{B} = B'_x\hat{i'} + B'_y\hat{j'} + B'_z\hat{k'}, \qquad (4.37)$$

그 내적은 변하지 않는다:

$$\vec{A} \cdot \vec{B} = A_x \cdot B_x + A_y \cdot B_y + A_z \cdot B_z = A'_x \cdot B'_x + A'_y \cdot B'_y + A'_z \cdot B'_z. \qquad (4.38)$$

이러한 좌표계의 변환은 우리가 보는 관점의 변화를 의미한다고 볼 수 있다.

주어진 물리적 계의 상태공간인 힐베르트 공간이 주어지면, 3차원 벡터공간의 경우와 마찬가지로 우리는 그 상태공간에 존재하는 임의의 상태를 기저상태(함수)들로 표현할 수 있다. 이는 마치 임의의 3차원 벡터를 $\hat{i}$, $\hat{j}$, $\hat{k}$ 라는 3 개의 기저 벡터들로 표현할 수 있는 것과 같다. 여기서 3차원 공간에서 좌표계의 회전변환에 의하여 기저 벡터들이 변환하는 것처럼 상태공간의 기저상태들을 변환시키면 상태함수나 그로부터 산출 가능한 특정한 물리적 상태의 존재 확률은 어떻게 바뀌게 될까?

이에 대한 답을 얻기 위해서 우리는 3차원 벡터공간에서와 같이, 먼저 임의의 상태함수가 기저상태들의 변환에 따라 어떻게 달라지고, 두 상태벡터(함수)의 내적이 그러한 기저상태들의 변환에 따라 어떻게 변하는지 살펴보아야 할 것이다.

우리는 임의의 상태벡터(함수)가 기저상태(함수)들로 어떻게 표현되는지 알고 있다. 디락의 브라-켓 표현을 쓰면, 임의의 상태 $|\psi>$ 는 기저상태 $|\phi_n>$ 들로 다음과 같이 쓸 수 있다.

$$|\psi> = \sum_n |\phi_n><\phi_n|\psi> = \sum_n c_n|\phi_n>, \quad n = 1,\ 2,\ 3,\ \cdots \qquad (4.39)$$

위에서 우리는 기저상태들의 완전성을 사용하였으며,

$$\sum_n |\phi_n><\phi_n| = 1,$$

$c_n$ 은 주어진 상태 $|\psi>$ 의 기저상태 $|\phi_n>$ 에 대한 전개계수 expansion coefficient 이다.

$$c_n = <\phi_n|\psi>$$

여기서 $c_n$ 은 3차원 벡터공간의 경우에 벡터의 성분($A_x$, $A_y$, $A_z$ 등)에 해당되는 양 이다.

이제 3차원 공간에서의 회전과 같이 기저상태들을 변환시키는 연산자 $U$ 를 가정하자. 즉, 연산자 $U$ 에 의해서 기저상태들이 다음과 같이 변환되고,

$$U|\phi_n> = |\xi_n>, \quad n = 1, \, 2, \, 3, \, \cdots, \tag{4.40}$$

원래의 기저함수들은 정규직교조건을 만족한다고 하자.

$$<\phi_n|\phi_m> = \delta_{nm}$$

그러면 이와 같은 변환을 만족시키는 연산자 $U$ 는 원래 기저상태들과 나중의 변환된 기저상태들로 다음과 같은 디락 브라-켓으로 표현할 수 있다.

$$U = \sum_n |\xi_n><\phi_n|, \quad n = 1, \, 2, \, 3, \, \cdots \tag{4.41}$$

여기서 새로운 상태들도 정규직교화 되었다면,

$$<\xi_n|\xi_m> = \delta_{nm},$$

다음의 관계가 성립함을 알 수 있다.

$$
\begin{aligned}
UU^\dagger &= (\sum_n |\xi_n><\phi_n|)(\sum_m |\phi_m><\xi_m|) = \sum_{n,m} |\xi_n>\delta_{nm}<\xi_m| \\
&= \sum_n |\xi_n><\xi_n| = 1,
\end{aligned}
$$

$$U^\dagger U = (\sum_m |\phi_m><\xi_m|)(\sum_n |\xi_n><\phi_n|) = \sum_{m,n} |\phi_m> \delta_{mn} <\phi_n|$$
$$= \sum_m |\phi_m><\phi_m| = 1 \tag{4.42}$$

이는 변환연산자 $U$ 가 아래의 조건을 만족하는 유니타리 연산자 unitary operator 임을 보여준다.

$$U^\dagger = U^{-1} \tag{4.43}$$

이러한 변환연산자 $U$ 에 의하여 기저상태들이 변환할 때, 임의의 두 상태벡터 $|\psi> = \sum_n c_n|\phi_n>$ 와 $|\zeta> = \sum_n d_n|\phi_n>$ 의 내적은 어떻게 변화할까? 일단 각 상태벡터들은 변환연산자 $U$ 에 의해 각각 다음과 같이 변환된다.

$$|\psi'> = U|\psi> = U(\sum_n c_n|\phi_n>) = \sum_n c_n U|\phi_n> = \sum_n c_n|\xi_n>,$$
$$|\zeta'> = U|\zeta> = U(\sum_n d_n|\phi_n>) = \sum_n d_n U|\phi_n> = \sum_n d_n|\xi_n> \tag{4.44}$$

따라서 변환되기 전과 후의 두 상태벡터의 내적은 각각 다음과 같이 주어진다.

$$<\zeta|\psi> = (\sum_m d_m^*<\phi_m|)(\sum_n c_n|\phi_n>) = \sum_n d_n^* c_n,$$
$$<\zeta'|\psi'> = (\sum_m d_m^*<\xi_m|)(\sum_n c_n|\xi_n>) = \sum_n d_n^* c_n \tag{4.45}$$

즉, $<\zeta'|\psi'> = <\zeta|\psi>$ 이다. 이는 식 (4.43)의 조건을 만족하는 유니타리 연산자에 의한 기저상태들의 변환은 내적을 보존함을 보여준다.

거꾸로 변환연산자 $U$ 에 의한 변환에서 내적이 보존되는 경우, 다음의 관계가 만족되어야 하므로,

$$<\zeta'|\psi'> = <U\zeta|U\psi> = <\zeta|U^\dagger U|\psi> = <\zeta|\psi>,$$

변환연산자 $U$ 는 $U^\dagger U = 1$ 의 관계를 만족하는 유니타리 연산자이어야 한다.

이와 같이 $U^\dagger = U^{-1}$ 의 관계를 만족하는 유니타리 연산자 unitary operator 에 의한 유니타리 변환 unitary transformation 의 경우, 힐베르트 공간인 상태벡터 공간 에서의 내적이 보존된다.

이는 3차원 벡터공간에서 좌표계를 회전시켰을 때에 두 벡터의 내적이 보존되는 것과 동일한 특성을 보여준다. 즉, 우리가 어떤 벡터를 그 성분들로 다음과 같이 표시하였다고 하자.

$$\vec{A} = (A_x, \ A_y, \ A_z)^t = \begin{pmatrix} A_x \\ A_y \\ A_z \end{pmatrix} \tag{4.46}$$

그러면 좌표계의 회전에 따라 그 달라진 성분들을 우리는 다음과 같이 표시할 수 있다.

$$\vec{A}' = \begin{pmatrix} A_x' \\ A_y' \\ A_z' \end{pmatrix} = \begin{pmatrix} R_{11} \ R_{12} \ R_{13} \\ R_{21} \ R_{22} \ R_{23} \\ R_{31} \ R_{32} \ R_{33} \end{pmatrix} \begin{pmatrix} A_x \\ A_y \\ A_z \end{pmatrix} = R \begin{pmatrix} A_x \\ A_y \\ A_z \end{pmatrix} \tag{4.47}$$

여기서 $R$ 행렬을 우리는 회전 행렬 rotation matrix 이라고 부르는데, 회전에 의하여 벡터의 크기(길이)는 바뀌지 않으므로 우리는 다음과 같이 쓸 수 있다.

$$\begin{aligned} \vec{A} \cdot \vec{A} &= (A_x, \ A_y, \ A_z) \begin{pmatrix} A_x \\ A_y \\ A_z \end{pmatrix} = \vec{A}' \cdot \vec{A}' = (A_x', \ A_y', \ A_z') \begin{pmatrix} A_x' \\ A_y' \\ A_z' \end{pmatrix} \\ &= (A_x, \ A_y, \ A_z) R^t R \begin{pmatrix} A_x \\ A_y \\ A_z \end{pmatrix} \end{aligned} \tag{4.48}$$

따라서 회전 행렬 $R$ 은 $R^t R = 1$ 의 조건을 만족해야 한다. 우리는 회전 행렬 $R$ 처럼 다음의 조건을 만족하는 행렬을 직교행렬 orthogonal matrix 이라고 부른다.

$$R^t = R^{-1} \tag{4.49}$$

3차원 실수 벡터공간에서[2] 기저 벡터들로 표시한 벡터의 성분들은 실수값으로 주어지므로 그 내적 역시 실수값으로 주어진다. 그리고 어떤 벡터의 자신과의 내적은 그

---

[2]여기서 실수 벡터공간이라 함은 임의의 벡터를 기저 벡터들로 전개하였을 때 그 전개계수가 실수임을 뜻한다.

벡터의 크기(길이)를 주므로, 회전에 의하여 내적이 보존된다 함은 벡터의 크기(길이)가 좌표계를 회전시켜도 변하지 않음을 뜻한다.

마찬가지로 복소수 벡터공간인 힐베르트 공간에 존재하는 임의의 상태벡터들 사이의 내적은 상태벡터들을 기저상태들로 전개시켰을 때 그 전개계수들이 복소수 값을 가지므로 그 내적값이 복소수 값을 가지게 된다. 그리고 실수값으로 전개되는 3차원 벡터공간에서의 회전에 따른 길이의 불변성이 직교행렬에 의한 변환으로 주어지듯이, 힐베르트 공간에서의 내적의 불변성은 복소 공간에서의 '길이'의 불변성을 주는 '회전'에 상당한다고 할 수 있으며 이에 상응하는 상태공간의 변화는 유니타리 연산자에 의한 변환으로 주어진다.

한편, 상태공간에서 자기 자신과의 내적은 어떤 상태가 존재할 확률이므로, 이러한 내적의 불변성은 기저상태의 변환 하에서도 주어진 상태의 존재 확률이 변하지 않고 보존됨을 의미한다. 그렇다면 이와 같은 변환이 있을 때, 그 상태 공간에 작용하는 다른 일반 연산자들은 어떻게 변화할까? 이는 어떤 상태에 연산자가 작용하면 일반적으로 다른 상태로 변화된다는 점에서 변환 전후에 내적이 보존됨은 다음과 같이 쓸 수 있다.

$$< \psi|O|\psi > \equiv < \psi|\xi > = < \psi'|\xi' > \equiv < \psi'|O'|\psi' > \qquad (4.50)$$

여기서 $|\psi' > = U|\psi >$ 라고 표현하면 다음의 관계가 성립하므로,

$$< \psi'|O'|\psi' > = < U\psi|O'|U\psi > = < \psi|U^\dagger O'U|\psi >, \qquad (4.51)$$

식 (4.50)의 관계에서 $O = U^\dagger O'U$ 가 되어야 한다. 즉, 연산자는 다음의 유니타리 닮음변환 unitary similarity transformation 을 하게 된다.

$$O' = UOU^\dagger \qquad (4.52)$$

이로부터 우리는 양자역학적인 관점에서 상태벡터는 유니타리 변환을 하고, 연산자는 유니타리 닮음변환을 하는 것을 알 수 있다.

이 유니타리성 unitarity 은 어떤 계에서 나타난 존재 확률은 그 기술 체계를 변환하더라도 보존됨을 의미한다. 이러한 유니타리성은 양자역학 체계에서는 항상 유지되어야 한다. 그런데 1970년대 호킹의 블랙홀 복사이론이 출현한 후, 이 특성은 블랙홀

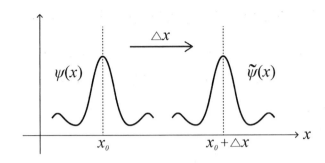

그림 4.2: 파동묶음의 평행이동

물리계에서 한동안 논란의 대상이 되었다. 하지만, 2000년대 이후 끈이론적인 해석을 통해 블랙홀 물리계에서도 유니타리성이 유지되는 것으로 정리가 되었다.[3]

## 제 4.4 절    변환 생성원으로서 연산자들 - 운동량과 해밀토니안 연산자   Transformation Generators

양자역학에서 연산자들은 통상 상태(함수)에 작용하여 그 상태에 변화를 준다. 이러한 변환 중에서 중요하면서도 대표적인 것으로 위치에 변화를 주는 평행이동 translation 현상과 주어진 상태의 시간에 따른 변화를 주는 시간변화 time evolution 현상을 생각할 수 있다. 한편 유한변환 finite transformation 은 극미변환 infinitesimal transformation 들의 거듭되는 곱으로 생각할 수 있는데 이처럼 임의의 유한변환을 이끌어 내는 극미변환 연산자를 우리는 그 변환의 생성원 generator 이라고 부른다. 위에서 예로 든 평행이동과 시간변화에 해당하는 연산자의 생성원으로서 각각 운동량과 해밀토니안 연산자가 있다. 이제부터 운동량 및 해밀토니안 연산자가 어떻게 각각 평행이동과 상태의 시간변화를 주는 생성원이 되는지 알아보기로 하겠다.

---

[3]이에 관한 내용은 L. Susskind 저 "The Black Hole War"(참고문헌 [6])에 잘 기술되어 있다. 그런데 이후 다시 '블랙홀 불의 장벽'(black hole firewall) 논의가 제시되어 '불의 장벽' 존재 여부와 블랙홀 물리계에서 등가원리의 유효성에 대한 논란이 벌어져 있다.

### 4.4.1 평행이동의 생성원으로서 운동량 연산자 Translation Generator

그림 4.2 에서와 같이 $x_0$ 에 그 중심이 위치한 파동묶음 wave packet 으로 주어지는 1 차원 파동함수 $\psi(x)$를 생각하자. 이제 이 파동묶음을 $\triangle x$ 만큼 평행이동한 파동묶음 으로 주어지는 파동함수를 $\tilde{\psi}(x)$라고 하자. 그러면, 두 파동함수는 다음과 같은 관계로 주어짐을 알 수 있다.

$$\tilde{\psi}(x) = \psi(x - \triangle x) \tag{4.53}$$

여기서 $\psi(x - \triangle x)$를 테일러 전개하면 $\tilde{\psi}(x)$는 다음과 같이 쓸 수 있다.

$$\tilde{\psi}(x) = \psi(x) - \triangle x \frac{d\psi}{dx} + O((\triangle x)^2) \tag{4.54}$$

한편, 운동량 $p_x$ 는 위치 $x$ 에 대한 미분연산자로 $p_x = \frac{\hbar}{i}\frac{d}{dx}$ 로 표현되므로, 우리는 평행이동된 파동함수 $\tilde{\psi}(x)$를 운동량 연산자로 다음과 같이 표현할 수 있다.

$$\tilde{\psi}(x) = \psi(x) - \frac{i}{\hbar}\triangle x\, p_x \psi(x) + O((\triangle x)^2) \tag{4.55}$$

여기서 평행이동($\triangle x$)이 아주 작을 infinitesimal 경우에는 이 표현을 아래와 같이 지수 함수로 표현할 수 있으며, 우리는 이러한 변환과정을 원래의 파동함수 $\psi(x)$에 평행이동 연산자 $\mathcal{T}(\triangle x)$가 작용한 결과로 생각할 수 있다.

$$\tilde{\psi}(x) \simeq e^{-\frac{i}{\hbar}\triangle x\, p_x}\psi(x) \equiv \mathcal{T}(\triangle x)\psi(x) \tag{4.56}$$

이는 평행이동 연산자 $\mathcal{T}(\triangle x) \equiv e^{-\frac{i}{\hbar}\triangle x\, p_x}$ 에서 평행이동 변환을 일으키는 생성원 translation generator 은 운동량 연산자 $p_x$ 임을 보여준다.

### 4.4.2 시간변화의 생성원으로서 해밀토니안 연산자 Time Evolution Generator

이제 시간변화 time evolution 연산자 $T(t+\epsilon, t)$가 시간 $t$ 에서의 파동함수 $\psi(x,t)$를 시간 $t+\epsilon$ 에서의 파동함수 $\psi(x, t+\epsilon)$로 변환시킨다고 하자.

$$\psi(x, t+\epsilon) = T(t+\epsilon, t)\psi(x,t) \tag{4.57}$$

여기서 테일러 전개를 하면 위 식은 다음과 같이 쓸 수 있다.

$$\psi(x, t + \epsilon) = \psi(x, t) + \epsilon \frac{\partial \psi(x, t)}{\partial t} + O(\epsilon^2) \tag{4.58}$$

한편 앞에서 우리는 해밀토니안 연산자가 시간에 대한 미분연산자로 다음과 같이 주어짐을 알고 있다.

$$H = i\hbar \frac{\partial}{\partial t} \tag{4.59}$$

즉, 위의 시간변화에 대한 표현은 다음과 같이 해밀토니안 연산자로 표현할 수 있다.

$$\psi(x, t + \epsilon) = \psi(x, t) - \frac{i}{\hbar} \epsilon H \psi(x, t) + O(\epsilon^2) = T(t + \epsilon, t) \psi(x, t) \tag{4.60}$$

그러므로 시간변화 연산자 $T(t + \epsilon, t)$는 다음과 같이 표현될 수 있다.

$$T(t + \epsilon, t) = 1 - \frac{i}{\hbar} \epsilon H + O(\epsilon^2) \tag{4.61}$$

이를 앞서 나온 평행이동 연산자 $\mathcal{J}(\triangle x)$와 비교하면, 평행이동 $\triangle x$ 를 시간변화 $\epsilon$ 으로, 운동량 연산자 $p_x$ 를 해밀토니안 연산자 $H$ 로 바꾸면 시간변화 연산자 $T(t + \epsilon, t)$가 얻어짐을 알 수 있다. 여기서 $T(t, t) = 1$ 이 되어야 함은 자명하다.

이제 $t_0$ 에서 $t$ $(t_0 < t)$ 로의 유한한 시간변화를 주는 연산자 $T(t, t_0)$를 생각해보자. 우리가 $t - t_0 = n\epsilon$ 이라고 놓으면, 해밀토니안 연산자 $H$ 가 시간에 의존하지 않을 때, $T(t, t_0)$는 $T(t_i + \epsilon, t_i)$ $(t_i = t_0 + \epsilon i, \ i = 0, 1, \cdots, n-1)$를 $n$ 번 반복하여 작용한 것과 같으며, $n$ 을 무한대로 보내는 극한을 생각하면 다음과 같이 쓸 수 있다.

$$T(t, t_0) = \lim_{\substack{n \to \infty \\ \epsilon \to 0}} (1 - \frac{i}{\hbar} \epsilon H)^n, \ \ \epsilon = \frac{t - t_0}{n} \tag{4.62}$$

따라서 위 식은 다음과 같이 지수함수 형태로 표현할 수 있다.

$$T(t, t_0) = \lim_{n \to \infty} \left[ 1 - \frac{i}{\hbar} (\frac{t - t_0}{n}) H \right]^n = \exp \left[ -\frac{i}{\hbar} (t - t_0) H \right] \tag{4.63}$$

우리가 처음 시간 $t_0$ 에서의 파동함수 $\psi(x, t_0)$를 안다면, 임의의 시간 $t$ 에서의 파동함수 $\psi(x, t)$는 시간변화 연산자 $T(t, t_0)$를 써서 다음과 같이 이끌어 낼 수 있다.

$$\psi(x, t) = T(t, t_0) \psi(x, t_0) = \exp \left[ -\frac{i}{\hbar} (t - t_0) H \right] \psi(x, t_0) \tag{4.64}$$

해밀토니안이 시간에 의존하는 경우라도 시간변화가 아주 작을 때에는, 식 (4.61)에서 보듯이 시간변화 연산자 $T$ 는 해밀토니안 연산자 $H$ 로 표현된다. 이처럼 해밀토니안 연산자 $H$ 는 상태의 시간변화를 이끌어내므로 우리는 해밀토니안 연산자를 시간변화의 생성원 time evolution generator 이라고 한다. 여기서 우리가 주목할 점은 해밀토니안은 에르미트 연산자이므로 식 (4.61)이나 식 (4.63)에서 시간변화 연산자 $T$ 도 평행이동 연산자의 경우처럼 유니타리성 unitarity 를 만족한다는 것이다. 즉, $T^\dagger T = 1$ 을 만족한다. 이 결과를 적용하면 우리는 다음과 같이 쓸 수 있다.

$$
\begin{aligned}
< \psi(x,t+\epsilon)|\psi(x,t+\epsilon) > &= < T(t+\epsilon,t)\psi(x,t)|T(t+\epsilon,t)\psi(x,t) > \\
&= < \psi(x,t)|T^\dagger(t+\epsilon,t)T(t+\epsilon,t)\psi(x,t) > = < \psi(x,t)|\psi(x,t) >
\end{aligned} \tag{4.65}
$$

이는 시간변화 연산자 $T$ 의 유니타리성이 시간이 변해도 확률이 보존되도록 함을 보여준다. 거꾸로 시간이 지나도 파동함수의 존재확률이 보존된다면, 시간변화 연산자의 유니타리성이 만족되어야 한다.

## 제 4.5 절  행렬 표현 Matrix Representation

어떤 물리계의 상태를 표시하는 힐베르트 공간의 기저상태(벡터)들 $\{|\phi_n >\}$ 이 주어지면, 우리는 통상 다음과 같은 관계를 만족하게 할 수 있다.

$$
< \phi_m|\phi_n > = \delta_{mn}, \quad \sum_n |\phi_n >< \phi_n| = 1 \tag{4.66}
$$

이러한 관계를 사용하면, 우리는 임의의 연산자 $A$ 를 기저상태들로 다음과 같이 표현할 수 있다.

$$
A = \sum_{n,m} |\phi_n >< \phi_n|A|\phi_m >< \phi_m| \tag{4.67}
$$

여기서 다음과 같이 행렬 요소 matrix element 를 정의하면,

$$
< \phi_n|A|\phi_m > \equiv A_{nm}, \tag{4.68}
$$

식 (4.67)로 표현된 연산자 $A$ 는 다시 행렬 요소들로 다음과 같이 쓸 수 있다.

$$A = \sum_{n,m} A_{nm} |\phi_n><\phi_m| \qquad (4.69)$$

즉, 기저상태들이 $\{|\phi_n>\}$ 으로 주어졌을 때 연산자 $A$ 는 행렬 요소 matrix element 가 $A_{nm}$ 인 행렬로 대응시킬 수 있다. 따라서 다음의 대응관계가 성립한다.

$$\text{연산자} A \iff \text{행렬} (A_{nm}) = \begin{pmatrix} <\phi_1|A|\phi_1> & <\phi_1|A|\phi_2> & \cdots \\ <\phi_2|A|\phi_1> & <\phi_2|A|\phi_2> & \cdots \\ \vdots & \vdots & \ddots \end{pmatrix} \qquad (4.70)$$

여기서 주어진 상태공간이 무한 차원인 경우 해당 연산자를 표현하는 행렬은 무한 행렬이 되고, 유한 차원인 경우 유한 행렬이 된다.

이제 기저상태들이 주어진 연산자 $A$ 의 고유벡터들인 경우를 생각하여 보자.

$$A|\phi_n> = a_n|\phi_n> \qquad (4.71)$$

위 식과 기저상태들 사이의 직교조건을 사용하면 행렬 요소는 다음과 같이 주어지므로,

$$A_{nm} = <\phi_n|A|\phi_m> = a_m \delta_{nm},$$

해당 행렬은 대각행렬 diagonal matrix 이 되고, 연산자는 다음과 같이 쓸 수 있다.

$$(A_{nm}) = \begin{pmatrix} a_1 & 0 & \cdots \\ 0 & a_2 & \cdots \\ \vdots & \vdots & \ddots \end{pmatrix} \iff A = \sum_n a_n |\phi_n><\phi_n| \qquad (4.72)$$

이 경우, 기저상태 $|\phi_n>$ 은 $n$ 번째 항이 1 이고 나머지 항은 모두 0 인 열벡터 column vector 로 표현된다.

$$|\phi_n> = \begin{pmatrix} \vdots \\ 0 \\ 1 \\ 0 \\ \vdots \end{pmatrix} \qquad (4.73)$$

이러한 기저상태의 열벡터 표현은 식 (4.72)의 연산자 표현과도 부합한다. 이는 $< \phi_n|$ 이 $|\phi_n >$ 의 전치행렬 transposed matrix 임을 사용하여 바로 보일 수 있다.

$$A = \sum_n a_n |\phi_n >< \phi_n| = \sum_n a_n \begin{pmatrix} \vdots \\ 0 \\ 1 \\ 0 \\ \vdots \end{pmatrix} (\cdots 0, \, 1, \, 0 \cdots) = \begin{pmatrix} a_1 & 0 & 0 & 0 \\ 0 & a_2 & 0 & 0 \\ 0 & 0 & a_3 & 0 \\ 0 & 0 & 0 & \ddots \end{pmatrix}$$

그렇다면 우리는 기저상태의 열벡터 표현이 식 (4.73)과 같이 주어지는 것을 어떻게 알았을까? 이는 고유벡터의 조건식 $A|\phi_n > = a_n|\phi_n >$ 을 행렬식으로 표현하여 행렬의 고유벡터를 구하여 알 수 있다.

$$A|\phi_n > = a_n|\phi_n > \quad \Longleftrightarrow \quad \begin{pmatrix} a_1 & 0 & 0 & \cdots \\ 0 & a_2 & 0 & \cdots \\ 0 & 0 & a_3 & \\ \vdots & \vdots & & \ddots \end{pmatrix} \begin{pmatrix} c_1 \\ c_2 \\ c_3 \\ \vdots \end{pmatrix} = a_n \begin{pmatrix} c_1 \\ c_2 \\ c_3 \\ \vdots \end{pmatrix} \tag{4.74}$$

위의 행렬식이 만족되려면 열벡터의 성분들이 다음의 조건을 만족하여야 하므로,

$$c_m = \delta_{mn} \quad \text{여기서} \quad m = 1, 2, \cdots ,$$

우리는 식 (4.73)의 열벡터를 얻는다.

한편, 연산자 $A$ 와 수반 연산자 $A^\dagger$ 사이에는 다음의 관계가 성립하므로,

$$< \phi_n|A|\phi_m >^* = < \phi_m|A^\dagger|\phi_n >,$$

우리는 다음 관계식을 얻는다.

$$A_{nm}^* = A_{mn}^\dagger \tag{4.75}$$

즉, 수반 연산자 $A^\dagger$ 에 대응하는 행렬은 연산자 $A$ 에 대응하는 행렬의 복소공액 complex conjugation 을 취하고 전치한 transposed 행렬이 된다.

유니타리 연산자의 경우 $U^\dagger = U^{-1}$ 의 관계가 성립하므로, 유니타리 연산자의 행렬 표현에서는 복소공액을 취하고 전치한 행렬이 역행렬 inverse matrix 과 같다. 우리는 이러한 조건을 만족하는 행렬을 유니타리 행렬 unitary matrix 이라고 부른다.

## 문제

**4.1** $A$ 와 $B$ 가 자기수반 연산자들일 때, 다음 연산자가 자기수반임을 보여라.

$$(AB + BA)/2$$

**4.2** 임의의 연산자는 다음과 같이 에르미트 연산자와 반-에르미트 anti-Hermitian $(O^\dagger = -O)$ 연산자의 선형 결합으로 쓸 수 있음을 보여라.

$$A = (A + A^\dagger)/2 + (A - A^\dagger)/2$$

**4.3** 베이커-캠벨-하우스도르프 공식 Baker-Campbell-Hausdorff formula :

1). 연산자 $A$ 와 $B$ 에 대하여 다음 관계가 성립함을 보여라.

$$e^A B e^{-A} = B + [A, B] + \frac{1}{2!}[A, [A, B]] + \frac{1}{3!}[A, [A, [A, B]]] + \cdots$$

<u>도움말</u>: 매개변수 $s$ 의 함수, $e^{sA} B e^{-sA}$ 를 도입하여, 테일러 전개를 활용하라.

2). 위 결과를 써서 $[A, B] = \alpha B$ ($\alpha$ 는 상수)일 때, $e^A B e^{-A} = e^\alpha B$ 임을 보여라.

**4.4** 연산자 $A$ 와 $B$ 가 둘 다 $[A, B]$ 와 가환일 때, 다음 관계가 성립함을 보여라.

$$e^A e^B = e^{A+B} e^{\frac{1}{2}[A,B]}$$

<u>도움말</u>: 매개변수 $s$ 의 함수, $e^{sA} e^{sB}$ 를 생각하여 그 도함수를 활용하라.

**4.5** 다음 연산자 관계들을 보여라.

1). $[A, B] = 0$ 이면, $[B^{-1}, A^{-1}] = 0$ 이다.

2). $[A^{-1}, B] = 0$ 이면, $[A, B] = 0$ 이다.

**4.6** 반전성 연산자 parity operator $P$ 는 다음과 같이 정의된다.

$$P\psi(x) = \psi(-x)$$

1). 이 연산자는 에르미트 연산자임을 보여라.

2). 이 연산자의 고유값은 +1 과 −1 이고, 각각의 고유상태는 서로 직교함을 보여라.

<u>도움말</u>: 반전성 연산자의 제곱은 단위 연산자($P^2 = 1$)임을 보이고, 이를 활용하라.

3). 3장에서 구한 1차원 조화 떨개의 고유상태 $\phi_n$ 은 이 반전성 연산자의 고유상태임을 보이고, 그 고유값을 구하라.

**4.7** 위치 연산자 $x$ 와 평행이동 연산자 $\mathcal{T}(l) \equiv e^{-\frac{i}{\hbar} l p_x}$ 사이의 교환관계식 $[x, \mathcal{T}(l)]$ 을 구하고, 이를 써서 $\mathcal{T}(l)|x'> = |x'+l>$ 임을 보여라.

<u>도움말</u>: 교환관계식 $[x, p_x] = i\hbar$ 와 $e^x = \sum_{n=0}^{\infty} \frac{x^n}{n!}$ 의 관계, 그리고 위치 연산자의 고유상태 방정식 $x|x'> = x'|x'>$ 을 활용하라.

답. $[x, \mathcal{T}(l)] = l\mathcal{T}(l)$

**4.8** 에르미트 연산자인 해밀토니안의 고유상태는 위치 표현에서 실함수로 표현할 수 있음을 보여라.

<u>도움말</u>: 임의의 위치에너지에 대한 슈뢰딩거 방정식을 쓰고, 그 방정식의 복소공액을 취하여 해밀토니안이 에르미트 연산자라는 사실로부터 주어진 고유함수와 그 복소공액 함수가 같은 고유값을 가짐을 보여라. 이로부터 원래 고유함수의 실수부와 허수부가 모두 같은 고유값을 같는 고유함수가 됨을 보여라.

**4.9** 조화 떨개에서 올림 연산자 $a^\dagger$ 에 대한 관계식 (3.90)과 내림 연산자 $a$ 에 대한 관계식 (3.87)을 써서, 고유벡터 $|n>$ 들을 기저로 하는 이 두 연산자의 행렬 표현을 구하라.

답. $a^\dagger = \begin{pmatrix} 0 & 0 & 0 & \cdots \\ 1 & 0 & 0 & \cdots \\ 0 & \sqrt{2} & 0 & \cdots \\ \vdots & \vdots & \vdots & \ddots \end{pmatrix}$, $a = \begin{pmatrix} 0 & 1 & 0 & 0 & \cdots \\ 0 & 0 & \sqrt{2} & 0 & \cdots \\ 0 & 0 & 0 & \sqrt{3} & \cdots \\ \vdots & \vdots & \vdots & \vdots & \ddots \end{pmatrix}$

**4.10** 조화 떨개에서 위치 연산자 $x$ 와 운동량 연산자 $p$ 에 대해 고유벡터 $|n>$ 들을 기저로 하는 행렬 표현을 구하라.

**4.11** $(0, a)$의 구간을 갖는 1차원 상자에서 해밀토니안 고유상태들을 기저로 하여 위치 연산자 $x$ 의 행렬 표현을 구하라.

# 제 5 장

# 1차원 산란과 속박상태
# One-Dimensional Scattering and Bound States

## 제 5.1 절 확률흐름밀도와 투과 및 반사계수

### 5.1.1 확률밀도와 확률흐름밀도 Probability Density and Probability Current Density

우리는 전하가 보존될 때, 연속방정식 continuity equation 이 만족됨을 알고 있다. 전하밀도 charge density 를 $\rho$, 전류밀도 current density 를 $\vec{J}$ 라고 하면 주어진 체적 $V$ 안에 존재하는 전체 전하는 다음과 같이 쓸 수 있다.

$$Q = \int_V \rho dv \tag{5.1}$$

135

이러한 전체 전하의 시간변화 $\frac{dQ}{dt}$ 는 주어진 체적 $V$ 를 둘러싸고 있는 경계면 $S\,(=\partial V)$ 를 통과한 전하흐름과 그 크기는 같고 부호는 반대이므로 다음의 관계를 만족한다.

$$\frac{dQ}{dt} = \frac{d}{dt} \int_V \rho dv = - \oint_{S=\partial V} \vec{J} \cdot \vec{ds} \tag{5.2}$$

여기서 맨 우변에 발산정리 divergence theorem 를 적용하면 위 식은 다음과 같이 된다.

$$\int_V \frac{\partial \rho}{\partial t} dv = - \int_V \nabla \cdot \vec{J} dv \tag{5.3}$$

이는 임의의 체적에 대하여 성립하므로, 다음과 같은 연속방정식이 성립한다.

$$\frac{\partial \rho}{\partial t} + \nabla \cdot \vec{J} = 0 \tag{5.4}$$

우리는 앞에서 확률밀도가 파동함수로부터 $\psi^*\psi$ 로 주어지며, 양자역학 체계는 항상 유니타리성을 만족하고 이것은 곧 확률의 보존을 뜻함을 배웠다. 이를 전하 보존의 경우와 비교하면, 확률밀도에 대해서도 연속방정식이 성립되어야 함을 의미한다. 그렇다면 위의 전하 보존의 경우에서 전하밀도 $\rho$ 에 대응하는 전류밀도 $\vec{J}$ 처럼 확률밀도에 대응하는 확률흐름밀도 probability current density 를 정의할 수 있지 않을까?

이제 우리는 이러한 확률흐름밀도가 어떻게 정의될 수 있는지 살펴보고자 한다. 이를 위하여 확률흐름밀도의 기호로 전류밀도와 같은 $\vec{J}$ 를 쓰고, 논의의 간편함을 위하여 1차원의 경우에 대해서 생각하겠다. 이 경우, 연속방정식은 다음과 같이 쓸 수 있을 것이다.

$$\frac{\partial \rho}{\partial t} + \frac{\partial J_x}{\partial x} = 0 \tag{5.5}$$

여기서 확률밀도는 $\rho = \psi^*\psi$ 이므로, 좌변의 첫 번째 항은 다음과 같이 쓸 수 있다.

$$\frac{\partial}{\partial t}(\psi^*\psi) = \frac{\partial \psi^*}{\partial t}\psi + \psi^*\frac{\partial \psi}{\partial t} \tag{5.6}$$

논의의 전개를 위해 슈뢰딩거 방정식을 다음과 같이 고쳐 쓰자.

$$\frac{\partial \psi}{\partial t} = -\frac{i}{\hbar}H\psi \tag{5.7}$$

이 식의 복소켤레 complex conjugate 표현은 다음과 같으므로($H = H^{\dagger}$ 사용),

$$\frac{\partial \psi^*}{\partial t} = \frac{i}{\hbar} H^{\dagger} \psi^* = \frac{i}{\hbar} H \psi^*, \tag{5.8}$$

식 (5.6)은 다음과 같이 쓸 수 있다.

$$\frac{\partial}{\partial t}(\psi^* \psi) = \frac{i}{\hbar}(H\psi^*)\psi - \frac{i}{\hbar}\psi^*(H\psi) \tag{5.9}$$

그리고 에르미트 연산자로서 해밀토니안을 다음과 같이 표현했을 때,

$$H = -\frac{\hbar^2}{2m}\frac{\partial^2}{\partial x^2} + V(x), \tag{5.10}$$

위치에너지 $V(x)$는 실함수로 주어지며 다음의 관계식들이 성립한다.

$$
\begin{aligned}
(H\psi^*)\psi &= -\frac{\hbar^2}{2m}\frac{\partial^2 \psi^*}{\partial x^2}\psi + V(x)\psi^*\psi \\
\psi^*(H\psi) &= -\psi^*\frac{\hbar^2}{2m}\frac{\partial^2 \psi}{\partial x^2} + V(x)\psi^*\psi
\end{aligned} \tag{5.11}
$$

따라서 식 (5.9)는 다시 다음과 같이 쓸 수 있다.

$$
\begin{aligned}
\frac{\partial}{\partial t}(\psi^* \psi) &= -\frac{i\hbar}{2m}\left(\frac{\partial^2 \psi^*}{\partial x^2}\psi - \psi^*\frac{\partial^2 \psi}{\partial x^2}\right) \\
&= -\frac{i\hbar}{2m}\frac{\partial}{\partial x}\left(\frac{\partial \psi^*}{\partial x}\psi - \psi^*\frac{\partial \psi}{\partial x}\right)
\end{aligned} \tag{5.12}
$$

이를 식 (5.5)의 1차원 연속방정식과 비교하면, 우리는 $x$ 성분의 확률흐름밀도 $J_x$ 가 다음과 같이 주어짐을 알 수 있다.

$$J_x = \frac{i\hbar}{2m}\left(\frac{\partial \psi^*}{\partial x}\psi - \psi^*\frac{\partial \psi}{\partial x}\right) \tag{5.13}$$

그러므로 3차원에서의 확률흐름밀도 $\vec{J}$ 는 다음과 같이 주어진다.

$$\vec{J} = \frac{i\hbar}{2m}\left\{(\nabla\psi^*)\psi - \psi^*(\nabla\psi)\right\} \tag{5.14}$$

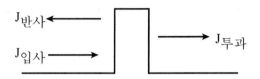

그림 5.1: 1차원 장벽과 확률흐름밀도들

### 5.1.2  투과계수와 반사계수  Transmission and Reflection Coefficients

우리는 1차원 장벽이 있을 경우에 $-x$ 방향에서 입사한 입자의 산란 scattering 을 대략 그림 5.1 처럼 도식화 할 수 있다. 여기서 투과계수 transmission coefficient 는 투과한 확률흐름밀도 $J_\text{투과}$ 를 입사한 확률흐름밀도 $J_\text{입사}$ 로 나눈 값의 절대값으로 주어지고, 반사계수 reflection coefficient 는 장벽에 반사되어 나온 확률흐름밀도 $J_\text{반사}$ 를 입사한 확률흐름밀도 $J_\text{입사}$ 로 나눈 값의 절대값으로 주어진다. 즉, 투과계수 $T$ 와 반사계수 $R$ 은 각각 다음과 같이 주어진다.

$$T = \left| \frac{J_\text{투과}}{J_\text{입사}} \right|, \quad R = \left| \frac{J_\text{반사}}{J_\text{입사}} \right| \tag{5.15}$$

그런데 입자의 존재확률은 산란 전후에 보존되어야 하므로 다음의 관계가 성립한다.

$$|J_\text{입사}| = |J_\text{투과}| + |J_\text{반사}| \tag{5.16}$$

따라서 두 계수는 항상 다음의 관계를 만족한다.

$$T + R = 1 \tag{5.17}$$

### 5.1.3  운동에너지와 파동함수의 형태

고전적으로 운동에너지가 음이 되면 그 영역에서 입자는 존재할 수 없다. 즉, 어떤 장벽의 위치에너지가 운동에너지보다 클 경우, 운동에너지가 음이 된 경우라고 할 수 있는데, 이 경우 고전적으로 입자는 그 장벽 안에서 존재할 수 없다. 이는 우리가 너무 나 잘 알고 있는 현상이다. 하지만, 양자역학적으로는 입자가 파동성도 동시에 가지고 있고, 파동은 위치에너지가 운동에너지보다 큰 영역도 어느 정도 침투할 수 있는데

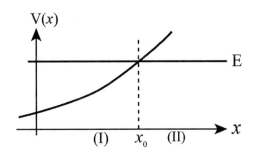

그림 5.2: 위치에너지와 운동에너지의 관계

이는 전자기 현상에서 전자기파가 물체를 어느 정도 침투함에서도 볼 수 있다. 그렇기 때문에 양자역학적으로는 운동에너지가 음이 되는 경우에도 입자가 투과할 확률이 존재하게 된다.

그러면 이제 운동에너지가 양이나 음의 값을 가질 때 그에 따라 파동함수가 어떤 형태를 갖게 되는지 살펴보기로 하자. 이를 위해서 일단 입자의 에너지가 위치에너지보다 큰 경우와 작은 경우로 나누어 슈뢰딩거 방정식을 살펴 보겠다. 이는 곧 에너지 $E$ 가 위치에너지 $V(x)$보다 큰 영역과 작은 영역으로 나뉘어 생각할 수 있겠다.

그림 5.2의 영역 I 에서는 에너지 $E$ 가 위치에너지보다 크므로 운동에너지는 양의 값을 가지며, 영역 II 에서는 위치에너지가 에너지 $E$ 보다 크므로 운동에너지는 음의 값을 갖는다. 즉, 영역 II 는 고전적으로 입자가 존재할 수 없는 영역이 되며, 에너지 $E$ 값이 위치에너지와 같은 지점 $x_0$ 는 운동에너지가 0 이 되어 고전적인 되돌이점 classical turning point 에 해당한다. 이제 슈뢰딩거 방정식을 다음과 같이 다시 써보자.

$$\frac{d^2\psi}{dx^2} = -\frac{2m}{\hbar^2}\left(E - V(x)\right)\psi \tag{5.18}$$

먼저 운동에너지 $E - V$ 의 값이 양인 영역 I 에서는 위 식 우변에서 파동함수 $\psi$ 의 값이 양인 경우 파동함수의 2차 미분값 $\frac{d^2\psi}{dx^2}$ 가 음이 되어 파동함수는 위로 볼록하게 된다. 반대로 파동함수의 값이 음인 경우 파동함수의 2차 미분값은 양이 되어 파동함수는 아래로 볼록하게 된다(그림 5.3의 왼쪽 그림).

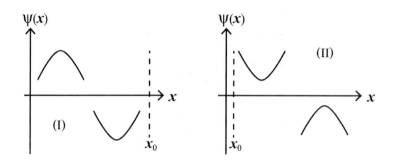

그림 5.3: 운동에너지와 파동함수의 관계

다음으로 운동에너지 $E-V$ 의 값이 음인 영역 II 에서는 파동함수의 값이 양인 경우 파동함수의 2차 미분값은 양이 되어 파동함수는 아래로 볼록하게 되고, 파동함수의 값이 음인 경우 파동함수의 2차 미분값은 음이 되어 되어 파동함수는 위로 볼록하게 된다(그림 5.3의 오른쪽 그림).

이로부터 우리는 운동에너지가 양의 값을 갖는 경우 함수가 진동 oscillation 할 수 있지만, 음의 값을 갖는 경우 진동할 수 없음을 알 수 있다. 그러므로 고전적으로 허용되지 않는 영역 II 에서는 함수가 감소하거나 증가할 수밖에 없다. 앞으로 보게 되겠지만, 실제로 운동에너지가 양의 값을 갖는 고전적으로 허용된 영역에서 파동함수는 진동하며, 운동에너지의 값이 음이 되는 고전적으로 허용되지 않는 영역에서는 파동함수의 크기가 고전적으로 허용되는 영역에서부터 멀어질수록 지수함수적으로 감소한다.

## 제 5.2 절   계단 위치에너지 Step Potential

이제 가장 간단한 계단 형태의 위치에너지에 대해서 생각해보자. 이 경우 위치에너지 는 그림 5.4와 같이 표현할 수 있을 것이다. 이 경우 위치에너지 $V$ 는 다음과 같이 쓸 수 있다.

$$V(x) = \begin{cases} 0, & x < 0 \\ V_0, & x > 0 \end{cases} \tag{5.19}$$

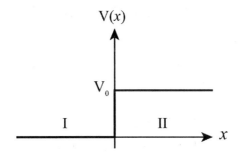

$$V(x)$$

그림 5.4: 계단 위치에너지

이제 식 (5.18)로부터 $x < 0$ 인 경우의 슈뢰딩거 방정식은

$$\frac{d^2\psi}{dx^2} + \frac{2m}{\hbar^2}E\psi = 0 \tag{5.20}$$

로 주어지고, $x > 0$ 인 경우에는

$$\frac{d^2\psi}{dx^2} + \frac{2m}{\hbar^2}(E - V_0)\psi = 0 \tag{5.21}$$

로 주어진다. 여기서 에너지 $E$ 가 $V_0$ 보다 큰 경우와 작은 경우, 산란의 양상이 서로 달라지므로 우리는 이 문제를 각각의 경우로 나누어 생각해야 한다. 그리고 해를 기술하는데 있어서 편의를 위해 운동에너지가 서로 다른 $x < 0$ 인 구간을 영역 I, $x > 0$ 인 구간을 영역 II 로 부르겠다.

이제 모든 영역에서 운동에너지가 양의 값을 갖는 $E > V_0$ 인 경우에 대해 먼저 생각하도록 하겠다. 이 경우 슈뢰딩거 방정식은 $x < 0$ 인 영역 I 의 경우 다음과 같이 쓸 수 있고,

$$\frac{d^2\psi_I}{dx^2} + k_1^2\psi_I = 0, \quad k_1^2 \equiv \frac{2mE}{\hbar^2} > 0, \tag{5.22}$$

$x > 0$ 인 영역 II 의 경우 다음과 같이 쓸 수 있다.

$$\frac{d^2\psi_{II}}{dx^2} + k_2^2\psi_{II} = 0, \quad k_2^2 \equiv \frac{2m}{\hbar^2}(E - V_0) > 0. \tag{5.23}$$

그러므로 슈뢰딩거 방정식의 해는 각각의 영역에서 다음과 같이 주어진다.

$$\psi_I \sim e^{\pm ik_1 x}, \quad \psi_{II} \sim e^{\pm ik_2 x}. \tag{5.24}$$

이제 입자가 왼쪽($-x$ 방향)에서 오른쪽으로 입사하였다고 가정하자. 한편, 오른쪽으로 진행하는 평면파는 $e^{i(kx-wt)}$ 의 형태를 갖고, 왼쪽으로 진행하는 평면파는 $e^{-i(kx+wt)}$ 의 형태를 가짐을 우리는 알고 있다. 그런데 공통인자 $e^{-iwt}$ 는 현재 우리가 고려하는 시간에 무관한 슈뢰딩거 방정식에 전혀 영향을 주지 않으므로 생략하여도 무방할 것이다. 그러므로 우리는 오른쪽으로 입사하는 입사파 incident wave 를 $e^{ikx}$ 로, $x = 0$ 에서 반사되어 다시 왼쪽으로 되돌아 가는 반사파 reflected wave 는 $e^{-ikx}$ 로 쓰도록 하겠다.

이상에서 우리는 입자가 처음에 왼쪽($-x$ 방향)에서 오른쪽($+x$ 방향)으로 입사하였다면, $x < 0$ 인 영역 I 에서의 일반적인 해를 입사파와 반사파를 합하여 다음과 같이 쓸 수 있다.

$$\psi_I = Ae^{ik_1 x} + Be^{-ik_1 x} \tag{5.25}$$

$x > 0$ 인 영역에서는 투과한 파동 transmitted wave 만 존재할 것이므로, 우리는 그 일반해를 다음과 같이 쓸 수 있다.

$$\psi_{II} = Ce^{ik_2 x} \tag{5.26}$$

슈뢰딩거 방정식은 2차 미분방정식이므로 완전한 해를 구하기 위하여 우리는 2개의 초기조건 initial condition 또는 경계조건 boundary condition 이 필요하다. 이 경우는 시간에 무관하므로 우리는 2개의 경계조건을 쓰면 된다. 이 문제에서는 $x = 0$ 인 지점이 두 영역을 구분하는 경계의 요건을 가지므로 우리는 이 지점에서 파동함수가 연속일 것과 파동함수가 미분 가능한 부드러운 함수일 것을 경계조건으로 요구할 수 있다. 즉, 파동함수는 다음의 경계조건들을 만족하여야 한다.

$$\psi_I(x = 0) = \psi_{II}(x = 0), \qquad \left.\frac{d\psi_I}{dx}\right|_{x=0} = \left.\frac{d\psi_{II}}{dx}\right|_{x=0} \tag{5.27}$$

이 두 경계조건은 아래의 두 조건식을 주며,

$$A + B = C, \quad ik_1 A - ik_1 B = ik_2 C, \tag{5.28}$$

이로부터 우리는 다음의 결과를 얻는다.

$$B = \frac{k_1 - k_2}{k_1 + k_2}A, \quad C = \frac{2k_1}{k_1 + k_2}A \tag{5.29}$$

한편, 확률흐름밀도는 앞에서 다음과 같이 주어졌다.

$$J_x = \frac{i\hbar}{2m}\left(\frac{d\psi^*}{dx}\psi - \psi^*\frac{d\psi}{dx}\right) \tag{5.30}$$

이를 사용하면, 입사파의 경우는 $\psi_{입사} = Ae^{ik_1 x}$ 를 대입하여 다음 결과를 얻고,

$$J_{입사} = \frac{i\hbar}{2m}(-ik_1 A^* A - A^* ik_1 A) = \frac{\hbar k_1}{m}|A|^2, \tag{5.31}$$

반사파의 경우는 $\psi_{반사} = Be^{-ik_1 x}$ 를 대입하여 다음 결과를 얻는다.

$$J_{반사} = \frac{i\hbar}{2m}(ik_1 B^* B + B^* ik_1 B) = -\frac{\hbar k_1}{m}|B|^2 \tag{5.32}$$

투과파의 경우에는 $\psi_{II} = Ce^{ik_2 x}$ 를 대입하여 다음 결과를 얻는다.

$$J_{투과} = \frac{\hbar k_2}{m}|C|^2 \tag{5.33}$$

이로부터 우리는 투과계수와 반사계수가 각각 다음과 같이 주어짐을 알 수 있다.

$$T = \left|\frac{J_{투과}}{J_{입사}}\right| = \left|\frac{k_2}{k_1}\frac{C^2}{A^2}\right| = \left|\frac{k_2}{k_1}\frac{4k_1^2}{(k_1 + k_2)^2}\right| = \frac{4\frac{k_2}{k_1}}{\left(1 + \frac{k_2}{k_1}\right)^2} \tag{5.34}$$

$$R = \left|\frac{J_{반사}}{J_{입사}}\right| = \left|\frac{B}{A}\right|^2 = \frac{(k_1 - k_2)^2}{(k_1 + k_2)^2} = \left(\frac{1 - \frac{k_2}{k_1}}{1 + \frac{k_2}{k_1}}\right)^2 \tag{5.35}$$

이는 $T + R = 1$ 의 관계가 만족됨을 보여준다. 우리는 또 다음의 관계로부터

$$\left(\frac{k_2}{k_1}\right)^2 = 1 - \frac{V_0}{E}, \tag{5.36}$$

위치에너지가 0, 즉 $V_0 = 0$ 일 경우, $k_1 = k_2$ 가 되어, 반사계수는 0 이 되고, 투과계수는 1 이 됨을 알 수 있다. 이는 위치에너지의 턱이 없는 경우이므로 반사파가 없을 것이라는 예상과 일치하는 결과를 준다.

$E = V_0$ 인 경우에는 $\frac{k_2}{k_1} = 0$ 이 되어 투과계수가 0 이 된다. 얼핏 생각하면, 계단 (장벽)의 높이와 에너지가 같아 투과할 확률이 0 이 아닐 것으로 생각할 수도 있지만, 이 경우는 계단(장벽)의 폭이 무한하기 때문에 결국 투과할 수 없게 되는 것이다. 만약 투과할 길이가 유한하다면 다음에 다루겠지만 당연히 투과할 확률이 0 이 아니게 된다. 한편 입자의 에너지 $E$ 가 위치에너지 $V_0$ 보다 훨씬 크면, $\frac{k_2}{k_1} \simeq 1$ 이 되어 반사계수는 0, 투과계수는 1 에 근접하여 예상과 일치함을 보여준다.

다음으로 우리는 에너지 $E$ 가 $V_0$ 보다 작고 0 보다는 큰 경우를 생각하겠다. 먼저 $x < 0$ 인 영역 I 에서는 $V = 0$ 이므로 슈뢰딩거 방정식은 이전 경우와 같으며,

$$\frac{d^2\psi_I}{dx^2} + k^2\psi_I = 0, \quad k^2 \equiv \frac{2mE}{\hbar^2} > 0, \tag{5.37}$$

그 해는 $\psi_I \sim e^{\pm ikx}$ 로 쓸 수 있다. 그러나 $x > 0$ 인 영역 II 에서는 $E - V_0 < 0$ 이 되어 슈뢰딩거 방정식을 다음과 같이 쓸 수 있다.

$$\frac{d^2\psi_{II}}{dx^2} - \kappa^2\psi_{II} = 0, \quad \kappa^2 \equiv \frac{2m}{\hbar^2}(V_0 - E) > 0 \tag{5.38}$$

그러므로 이 경우 일반해는 $\psi_{II} \sim e^{\pm \kappa x}$ 로 주어진다. 이제 앞의 경우에서와 같이 입자가 왼쪽($-x$ 방향)에서 오른쪽($+x$ 방향)으로 입사하였다면, $x < 0$ 인 영역 I 에서는 입사파와 반사파가 공존하므로 일반해는 다음과 같이 쓸 수 있다.

$$\psi_I(x) = Ae^{ikx} + Be^{-ikx} \tag{5.39}$$

$x > 0$ 인 영역 II 에서는 두 가지 해 중에서 $e^{+\kappa x}$ 형태의 해는 취할 수 없다. 왜냐하면 이 경우 $x = +\infty$ 에서 파동함수의 값이 무한대가 되어 존재확률이 무한대가 되므로 존재확률의 전체 합이 1 이 되어야 한다는 기본 전제에 위배된다. 그러므로 영역 II 에서의 파동함수는 다음과 같이 쓸 수 있다.

$$\psi_{II}(x) = Ce^{-\kappa x} \tag{5.40}$$

이제 이전의 경우처럼 두 영역의 경계점인 $x = 0$ 에서 다음의 경계조건들이 만족되어야 한다.

$$\psi_I(x = 0) = \psi_{II}(x = 0), \quad \left.\frac{d\psi_I}{dx}\right|_{x=0} = \left.\frac{d\psi_{II}}{dx}\right|_{x=0} \tag{5.41}$$

144

이는 계수들에 대한 다음의 조건식을 준다.

$$A + B = C$$
$$ikA - ikB = -\kappa C \tag{5.42}$$

우리는 이로부터 계수들에 대한 다음 결과를 얻는다.

$$B = \frac{ik + \kappa}{ik - \kappa}A, \quad C = \frac{2ik}{ik - \kappa}A \tag{5.43}$$

다시 이전 경우에서와 마찬가지로 입사파와 반사파의 확률흐름밀도를 각각 구하면 다음과 같다.

$$J_{입사} = \frac{i\hbar}{2m}(-ikA^*A - A^*ikA) = \frac{\hbar k}{m}|A|^2$$
$$J_{반사} = -\frac{\hbar k}{m}|B|^2 \tag{5.44}$$

그러나 투과파의 확률흐름밀도는 파동함수 $\psi_{II} = Ce^{-\kappa x}$ 를 대입하면 0 이 된다.

$$J_{투과} = \frac{i\hbar}{2m}\left(-\kappa C^*Ce^{-2\kappa x} + \kappa C^*Ce^{-2\kappa x}\right) = 0 \tag{5.45}$$

여기서 파동함수가 실함수일 경우 확률흐름밀도의 값은 항상 0 이 됨을 주목하자. 투과된 확률흐름밀도는 0 이므로 투과계수는 0 이 되고, 반사계수는 다음과 같으므로,

$$R = \left|\frac{J_{반사}}{J_{입사}}\right| = \left|\frac{B}{A}\right|^2 = \left|\frac{ik + \kappa}{ik - \kappa}\right|^2 = 1, \tag{5.46}$$

여전히 $T + R = 1$ 이 만족됨을 알 수 있다.

## 제 5.3 절   델타함수 위치에너지 Delta Function Potential

이 절에서는 위치에너지가 델타함수 형태로 주어진 경우를 생각하겠다. 델타함수 형태의 경우 위치에너지가 앞 절에서처럼 유한한 연속적인 값으로 주어지지 않고 특정 위치에서 무한한 값을 가지므로 슈뢰딩거 방정식의 경계조건을 구할 때 주의하여야 한다. 우리는 델타함수 위치에너지가 0 보다 커서 장벽처럼 작용하거나(그림 5.5), 0 보다 작아서 우물처럼 작용하는(그림 5.6) 두 가지 경우를 모두 살펴보도록 하겠다.

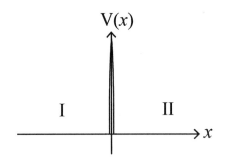

그림 5.5: 델타함수 장벽

입자의 에너지 $E$ 가 0 보다 큰 경우는 두 경우 모두 산란 scattering 으로 취급할 수 있으며, $E$ 가 0 보다 작은 경우에는 위치에너지가 0 보다 작은 우물의 경우에만 속 박상태 bound state 를 생각할 수 있다. 이제 이러한 산란과 속박상태의 경우에 대해 차례대로 생각해보도록 하겠다.

### 5.3.1 델타함수 장벽에 의한 산란 Scattering

먼저 위치에너지가 장벽 barrier 의 형태로 주어지고 에너지가 0 보다 큰 산란의 경우를 생각해보겠다. 이 경우 슈뢰딩거 방정식은 다음과 같이 쓸 수 있다.

$$-\frac{\hbar^2}{2m}\frac{d^2\psi}{dx^2} + \lambda\delta(x)\psi = E\psi, \quad \lambda > 0 \tag{5.47}$$

여기서 $\lambda$ 는 상수이다. 위치에너지는 $x = 0$ 에서 무한대이지만, $x \neq 0$ 인 다른 모든 영역에서는 0 의 값을 가지므로 우리는 $x = 0$ 을 기준으로 왼쪽($x < 0$)은 영역 I, 오른쪽($x > 0$)은 영역 II 라고 부르겠다(그림 5.5 참조). 그런데 $x \neq 0$ 인 영역 I 과 영역 II 에서 위치에너지는 모두 0 이므로 파동함수는 자유입자의 슈뢰딩거 방정식을 만족한다.

$$-\frac{\hbar^2}{2m}\frac{d^2\psi}{dx^2} = E\psi \tag{5.48}$$

그러므로 $k^2 \equiv \frac{2mE}{\hbar^2}$ 로 놓으면, 파동함수는 $\psi \sim e^{\pm ikx}$ 형태로 쓸 수 있다.

146

이제 입자가 $-x$ 방향에서 $+x$ 방향으로 입사하였다고 가정하자. 그러면 영역 I 에서는 입사파와 반사파가 함께 존재하여 그 파동함수를 다음과 같이 쓸 수 있을 것이다.

$$\psi_I = Ae^{ikx} + Be^{-ikx} \tag{5.49}$$

그러나 영역 II 에서는 투과파만 존재할 것이므로 그 파동함수를 다음과 같이 쓸 수 있겠다. 여기서 $A$, $B$, $C$ 는 모두 상수이다.

$$\psi_{II} = Ce^{ikx} \tag{5.50}$$

한편, 두 영역의 경계점인 $x = 0$ 에서도 존재확률은 하나의 값으로 주어져야 하므로 이 경계에서 두 파동함수는 같아야 한다. 즉, 다음의 경계조건이 만족되어야 한다.

$$\psi_I(x=0) = \psi_{II}(x=0) \tag{5.51}$$

그렇다면 앞의 유한한 위치에너지 장벽에서의 경우와 같이 두 파동함수가 부드럽게 연결되는 조건, $\frac{d\psi_I}{dx}\Big|_{x=0} = \frac{d\psi_{II}}{dx}\Big|_{x=0}$, 역시 경계조건으로 유효할까? 이에 대한 답을 얻기 위하여 이제 슈뢰딩거 방정식의 양변을 다음과 같이 적분해보자.

$$\lim_{\epsilon \to 0} \int_{-\epsilon}^{\epsilon} dx \left( -\frac{\hbar^2}{2m}\frac{d^2\psi}{dx^2} + \lambda\delta(x)\psi = E\psi \right) \tag{5.52}$$

위 적분식은 항별로 다시 다음과 같이 쓸 수 있다.

$$\lim_{\epsilon \to 0} \left\{ -\frac{\hbar^2}{2m}\left( \frac{d\psi}{dx}\Big|_{\epsilon} - \frac{d\psi}{dx}\Big|_{-\epsilon} \right) \right\} + \lim_{\epsilon \to 0} \lambda \int_{-\epsilon}^{\epsilon} \delta(x)\psi(x)dx = \lim_{\epsilon \to 0} \int_{-\epsilon}^{\epsilon} E\psi dx \tag{5.53}$$

우변의 경우 $E$ 와 $\psi$ 가 모두 유한한 값을 가지므로 $\epsilon \to 0$ 이 되면 적분값도 0 이 되게 된다.[1] 좌변의 두 번째 항에서 적분 부분은 델타함수의 특성에 의하여 $x = 0$ 에서의

---

[1] 여기서 파동함수가 델타함수의 꼴로 주어지는 경우에는 우변은 0 이 되지 않을 수 있다. 그러나 파동함수의 위치 표현이 델타함수 형태로 주어지는 경우는 위치 연산자의 고유함수일 때이다(식 (2.104) 참조).

$$\hat{x}|x'> = x'|x'>, \quad u_{x'}(x) \equiv <x|x'> = \delta(x - x')$$

한편, $[H, \hat{x}] \neq 0$ 이므로, 위치 연산자의 고유함수는 해밀토니안의 고유함수가 아니다. 즉, 정상상태 stationary state 가 될 수 없다. 또한 위치의 고유함수는 $\triangle x = 0$ 이 되어 불확정성 원리에 의해서도 안정되게 존재할 수 없음을 알 수 있다.

파동함수 값, 즉 $\psi(0)$ 이 되어 위 식은 다음과 같이 된다.

$$-\frac{\hbar^2}{2m}\lim_{\epsilon\to 0}\left(\frac{d\psi}{dx}\bigg|_{\epsilon} - \frac{d\psi}{dx}\bigg|_{-\epsilon}\right) + \lambda\psi(0) = 0 \qquad (5.54)$$

이는 다시 다음과 같이 쓸 수 있다.

$$\frac{d\psi_{II}}{dx}\bigg|_{x=0} - \frac{d\psi_I}{dx}\bigg|_{x=0} = \frac{2m\lambda}{\hbar^2}\psi(0) \qquad (5.55)$$

즉, 이전까지의 경우와는 달리 우리는 파동함수의 미분값이 경계에서 일치하지 않는 경계조건을 갖게 된다. 여기서 주목할 점은 경계에서 유한한 값을 갖는 일반적인 위치에너지의 경우 식 (5.53)에서 좌변의 두 번째 항은 다음과 같이 되어,

$$\lim_{\epsilon\to 0}\int_{-\epsilon}^{\epsilon} V(x)\psi(x)dx = 0, \qquad (5.56)$$

식 (5.53)은 결국 두 파동함수의 미분값이 경계에서 일치하는 우리가 이전에 통상 사용했던 경계조건을 준다.

$$\frac{d\psi_I}{dx}\bigg|_{x=0} = \frac{d\psi_{II}}{dx}\bigg|_{x=0} \qquad (5.57)$$

이제 위에서 얻은 경계조건들, 식 (5.51)과 식 (5.55)를 적용하여 파동함수의 계수들을 구하여 보자. 먼저 식 (5.51)로부터 우리는 다음의 조건식을 얻는다.

$$A + B = C \qquad (5.58)$$

다음으로 조건식 (5.55)의 경우, $\psi(0)$이 식 (5.51)에 의해 $\psi_I(0) = \psi_{II}(0)$이므로 우리는 이 두 함수 중 어느 것을 사용해도 무방하다. 여기서는 간단한 $\psi_{II}(0)$을 사용하겠다.

$$ikC - ikA + ikB = \frac{2m\lambda}{\hbar^2}C \qquad (5.59)$$

위의 두 식을 연립하여 풀면 우리는 다음의 결과를 얻는다.

$$B = \frac{1}{\frac{ik\hbar^2}{m\lambda} - 1}A, \quad C = \frac{1}{1 + \frac{im\lambda}{k\hbar^2}}A \qquad (5.60)$$

여기서 $J_{\text{입사}}$ 등은 식 (5.31) 등과 같으므로 반사계수와 투과계수는 다음과 같다.

$$R = \left|\frac{J_{\text{반사}}}{J_{\text{입사}}}\right| = \left|\frac{B}{A}\right|^2 = \frac{1}{1 + \frac{k^2\hbar^4}{m^2\lambda^2}}, \quad T = \left|\frac{J_{\text{투과}}}{J_{\text{입사}}}\right| = \left|\frac{C}{A}\right|^2 = \frac{1}{1 + \frac{m^2\lambda^2}{k^2\hbar^4}} \qquad (5.61)$$

이 결과는 우리에게 $T + R = 1$ 이 됨을 다시 확인시켜 준다.

## 5.3.2 델타함수 우물에서의 속박상태 Bound State

델타함수 위치에너지가 우물처럼 존재할 때(그림 5.6 참조), 입자의 에너지가 음($E <$ 0)인 경우 우리는 속박상태를 생각할 수 있다. 이제 이러한 델타함수 우물의 경우에 속박상태가 실제로 존재하는지를 살펴보기로 하자. 한편, 이러한 델타함수 우물의 경우 슈뢰딩거 방정식은 다음과 같이 쓸 수 있다.

$$-\frac{\hbar^2}{2m}\frac{d^2\psi}{dx^2} - \lambda\delta(x)\psi = E\psi, \qquad \lambda > 0 \tag{5.62}$$

이제 이의 해를 산란의 경우와 동일하게 $x = 0$ 을 기준으로 $x < 0$ 인 영역 I 과 $x > 0$ 인 영역 II 로 나누어 생각하여 보자. 두 영역 I, II 에서 위치에너지는 0 이므로 앞에서와 동일하게 슈뢰딩거 방정식은 다음과 같이 쓸 수 있다.

$$\frac{d^2\psi}{dx^2} + \frac{2m}{\hbar^2}E\psi = 0 \tag{5.63}$$

여기서 다른 점은 에너지 $E$ 가 음의 값을 가지므로 우리는 다음과 같이 $\kappa^2 \equiv -\frac{2mE}{\hbar^2} > 0$ 을 정의한다. 그러면 슈뢰딩거 방정식은 다음과 같이 되고,

$$\frac{d^2\psi}{dx^2} - \kappa^2\psi = 0, \tag{5.64}$$

그 해는 $\psi \sim e^{\pm\kappa x}$ 로 주어진다. 그런데 $x = \pm\infty$ 에서도 파동함수는 발산하지 않고 유한한 값을 가져야 하므로, 우리는 영역 I 과 II 에서의 파동함수를 각각 다음과 같이

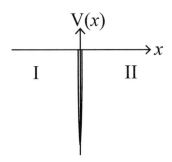

그림 5.6: 델타함수 우물

149

쓸 수 있다.

$$\psi_I = Ae^{\kappa x}, \qquad x < 0 \tag{5.65}$$

$$\psi_{II} = Be^{-\kappa x}, \qquad x > 0 \tag{5.66}$$

한편 경계조건은 델타함수 장벽의 경우와 동일한 방법으로 구할 수 있는데, 다만 $\lambda$ 가 $-\lambda$ 로 바뀌는 점이 다르다. 즉, 다음의 경계조건들을 만족하여야 한다.

$$\psi_I(0) = \psi_{II}(0), \qquad \frac{d\psi_{II}}{dx}\bigg|_{x=0} - \frac{d\psi_I}{dx}\bigg|_{x=0} = -\frac{2m\lambda}{\hbar^2}\psi(0) \tag{5.67}$$

이는 계수들에 대하여 다음의 관계식을 준다.

$$A = B, \quad -\kappa B - \kappa A = -\frac{2m\lambda}{\hbar^2}A \tag{5.68}$$

이는 우리에게 다음의 결과를 준다.

$$\kappa = \frac{m\lambda}{\hbar^2} \tag{5.69}$$

그런데 앞에서 $\kappa^2 \equiv -\frac{2mE}{\hbar^2}$ 로 주어졌으므로, 델타함수 우물에서의 속박상태 에너지는 다음과 같이 주어진다.

$$E = -\frac{\hbar^2\kappa^2}{2m} = -\frac{m\lambda^2}{2\hbar^2} < 0 \tag{5.70}$$

이는 델타함수 우물의 경우 단 하나의 속박상태만 존재함을 보여준다. 한편 파동함수의 규격화 조건으로부터 우리는 계수 $A$의 값을 구할 수 있다.

$$\int_{-\infty}^{\infty} |\psi|^2 dx = \int_{-\infty}^{0} |A|^2 e^{2\kappa x} dx + \int_{0}^{\infty} |B|^2 e^{-2\kappa x} dx = 1 \tag{5.71}$$

즉, 다음의 관계가 만족되어야 한다.

$$\frac{|A|^2}{2\kappa} + \frac{|B|^2}{2\kappa} = 1 \tag{5.72}$$

이와 함께 앞서 얻은 $A = B$ 의 관계로부터 $A = B = \sqrt{\kappa}$ 가 되어, 델타함수 우물에서의 속박상태 파동함수는 최종적으로 다음과 같이 주어진다.

$$\psi(x) = \sqrt{\kappa}e^{-\kappa|x|}, \qquad \kappa = \frac{m\lambda}{\hbar^2} \tag{5.73}$$

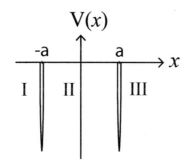

그림 5.7: 두 델타함수 우물

### 5.3.3 두 델타함수 우물에서의 속박상태 Double Delta Function

이제 위치에너지가 두 개의 델타함수 우물로 주어지는 경우를 생각하자(그림 5.7).

$$V(x) = -\lambda\delta(x + a) - \lambda\delta(x - a), \quad \text{여기서} \ \lambda > 0 \tag{5.74}$$

먼저 속박상태의 경우, $E < 0$ 의 조건이 만족되어야 함을 기억하자.

여기서 위치에너지가 좌우 대칭으로 주어졌으므로, 이러한 대칭성을 이용하여 문제를 풀어 보겠다. 앞에서 보았듯이 델타함수 우물의 경우, 속박상태에서의 파동함수해는 $e^{\pm \kappa x}$ 꼴 함수들의 조합으로 주어질 것이다.

먼저, 우함수 해의 경우 그림 5.7에 표시된 각 영역에서의 해를 다음과 같이 쓸 수 있을 것이다.

$$\psi(x) = \begin{cases} Ae^{\kappa x}, & \text{영역 I 에서} \ (x < -a), \ \kappa > 0 \\ D\cosh(\kappa x), & \text{영역 II 에서} \ (-a < x < a) \\ Ae^{-\kappa x}, & \text{영역 III 에서} \ (x > a) \end{cases} \tag{5.75}$$

이때 $\kappa$ 는 앞의 델타함수 우물에서 보았듯이 다음과 같이 주어진다.

$$\kappa^2 \equiv \frac{-2mE}{\hbar^2} > 0 \tag{5.76}$$

이제 경계조건을 적용하여 파동함수의 계수들을 구해 보자. 먼저 파동함수의 연속성으로부터 $x = -a$ 에서 다음 조건이 만족되어야 한다. 참고로 여기서는 대칭성을 사용하였기 때문에 $x = a$ 에서의 경계조건을 따로 적용하지 않아도 된다.

$$\psi_I(-a) = \psi_{II}(-a) \tag{5.77}$$

이로부터 우리는 다음 방정식을 얻는다.

$$Ae^{-\kappa a} = D\cosh(\kappa a) \tag{5.78}$$

그러나 파동함수의 기울기는 앞에서 보았듯이 델타함수로 인하여 다음과 같은 불연속성을 갖는다.

$$\lim_{\epsilon \to 0} \left\{ \frac{-\hbar^2}{2m} \int_{-a-\epsilon}^{-a+\epsilon} \frac{d^2\psi}{dx^2} dx + \int_{-a-\epsilon}^{-a+\epsilon} V(x)\psi(x) dx \right\} = \lim_{\epsilon \to 0} \int_{-a-\epsilon}^{-a+\epsilon} E\psi(x) dx \tag{5.79}$$

여기서 $V(x)$는 식 (5.74)로 주어지므로 이로부터 다음의 경계조건을 얻는다.

$$\left. \frac{d\psi_{II}}{dx} \right|_{-a} - \left. \frac{d\psi_I}{dx} \right|_{-a} = -\frac{2m\lambda}{\hbar^2}\psi(-a) \tag{5.80}$$

이 경계조건으로부터 우리는 다음 관계식을 얻는다.

$$-D\kappa\sinh(\kappa a) - A\kappa e^{-\kappa a} = -\frac{2m\lambda}{\hbar^2}Ae^{-\kappa a} \tag{5.81}$$

위 식에 식 (5.78)의 관계를 적용하면, 다음 관계식을 얻는다.

$$\tanh(\kappa a) = -1 + \frac{2m\lambda}{\hbar^2\kappa} \tag{5.82}$$

여기서 새로운 변수와 매개변수를 다음과 같이 도입하면,

$$z \equiv \kappa a, \quad z_0 \equiv \frac{2m\lambda a}{\hbar^2}, \tag{5.83}$$

우리는 최종적으로 식 (5.82)를 다음과 같이 쓸 수 있다.

$$\tanh z = -1 + \frac{z_0}{z} \tag{5.84}$$

이 방정식의 해는 그림 5.8에서처럼 식 좌우변의 두 함수가 만나는 점을 찾는 그래프적인 방법으로 구할 수 있다. 좌변의 $\tanh z$ 는 $z$ 값이 증가함에 따라 $z = 0$ 에서 $0$ 으로

152

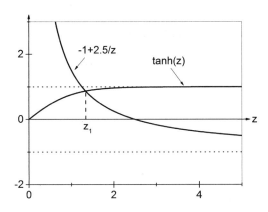

그림 5.8: $z_0 = 2.5$ 인 경우의 우함수 해

출발하여 $z = +\infty$ 에서 1 로 수렴한다. 반면에 우변의 $-1 + z_0/z$ 는 (여기서 $z_0 > 0$ 임을 기억하자) $z$ 값이 증가함에 따라 그 값이 $+\infty$ 에서 $-1$ 값으로 수렴한다. 따라서 두 그래프는 반드시 한번 교차하게 되어 항상 하나의 해가 존재하게 된다.

여기서 $z > 0$ 이므로[2] $\tanh z$ 는 항상 0 보다 크고 1 보다는 작다. 따라서 해가 되는 $z$ 값은 $0 < -1 + z_0/z < 1$ 의 조건을 만족하여야 한다. 즉, 해가 되는 $z$ 값을 $z_1$ 이라 하면 $z_1$ 은 항상 다음의 조건을 만족해야 한다.

$$\frac{z_0}{2} < z_1 < z_0 \tag{5.85}$$

그리고 우함수 해의 속박상태 에너지는 $\kappa^2 a^2 = z_1^2$ 의 관계에서 다음과 같이 주어진다.

$$E_{\text{ev}} = -\frac{\hbar^2 z_1^2}{2ma^2} \tag{5.86}$$

다음으로 기함수 해를 살펴보도록 하자. 기함수의 경우, 우리는 그 해를 다음과

---

[2]식 (5.75)에서 우리는 $\kappa$ 를 양수로 가정하였다.

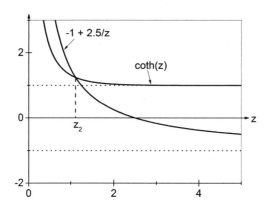

그림 5.9: $z_0 = 2.5$ 인 경우의 기함수 해

같이 쓸 수 있을 것이다.

$$\psi(x) = \begin{cases} Ae^{\kappa x}, & \text{영역 I 에서 } (x < -a) \\ D\sinh(\kappa x), & \text{영역 II 에서 } (-a < x < a) \\ -Ae^{-\kappa x}, & \text{영역 III 에서 } (x > a) \end{cases} \tag{5.87}$$

이제 우함수 해의 경우에서와 마찬가지로 파동함수를 결정할 경계조건들을 적용하자. 먼저 파동함수의 연속성에 대한 경계조건 (5.77)로부터 우리는 다음 식을 얻는다.

$$Ae^{-\kappa a} = -D\sinh(\kappa a) \tag{5.88}$$

그리고 파동함수의 기울기에 대한 경계조건 (5.80)으로부터 다음 조건식을 얻는다.

$$D\kappa\cosh(\kappa a) - A\kappa e^{-\kappa a} = -\frac{2m\lambda}{\hbar^2}Ae^{-\kappa a} \tag{5.89}$$

이제 우함수 해의 경우에서처럼 위 식에 식 (5.88)의 관계를 적용하면 우리는 최종적으로 다음 관계식을 얻는다.

$$\coth(\kappa a) = -1 + \frac{2m\lambda}{\hbar^2\kappa} \tag{5.90}$$

154

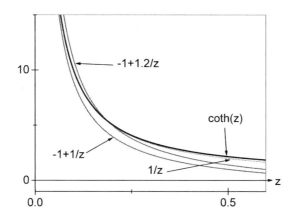

그림 5.10: $z_0 = 1$ 근처에서 $\coth z$ 와 $-1 + z_0/z$ 의 기울기 비교

우함수 해의 경우와 마찬가지로 $z \equiv \kappa a$ 와 $z_0 \equiv \frac{2m\lambda a}{\hbar^2}$ 로 놓으면, 위 식은 다시 다음과 같이 쓸 수 있다.

$$\coth z = -1 + \frac{z_0}{z} \tag{5.91}$$

$z_0 = 2.5$ 인 경우의 기함수 해는 그림 5.9에 그래프적으로 보여져 있다.

앞서 우함수 해의 경우에는 $z_0$ 의 값에 무관하게 해가 존재하였으나, 여기서는 $z_0$ 값이 특정한 조건을 만족할 때에만 해가 존재하게 된다. 이는 다음과 같이 볼 수 있다. 먼저 $z \ll 1$ 일 때 $\coth z \sim 1/z$ 로 전개되므로, $z$ 값이 0 으로 접근할 때 함수 $-1 + \frac{z_0}{z}$ 의 값은 그림 5.10에서 보듯이 $z_0$ 값이 1 보다 더 클 때에만 $\coth z$ 보다 더 빨리 증가하여 두 그래프가 서로 교차하게 된다. 따라서 기함수 해의 경우, $z_0$ 가 1 보다 클 때에만 해가 존재하게 된다.

여기서 항상 $z > 0$ 의 조건이 만족되어야 하므로, $\coth z$ 는 항상 1 보다 크다. 따라서 해가 되는 $z$ 값을 $z_2$ 라 하면 $z_2$ 는 항상 다음 조건을 만족하여야 한다.

$$z_2 < \frac{z_0}{2} \tag{5.92}$$

그리고 속박상태 에너지는 이 경우 $\kappa^2 a^2 = z_2^2$ 의 관계를 만족하므로 다음과 같이

155

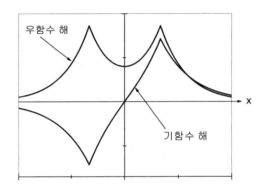

그림 5.11: 두 델타함수 우물에서 우함수 해와 기함수 해의 파동함수 비교

주어진다.

$$E_{od} = -\frac{\hbar^2 z_2^2}{2ma^2} \tag{5.93}$$

여기서 주목할 점은 식 (5.85)와 식 (5.92)의 조건들에서 $z_2 < z_1$ 의 조건이 만족되어야 하므로 항상 다음의 관계가 성립한다는 것이다.

$$E_{ev} = -\frac{\hbar^2 z_1^2}{2ma^2} \; < \; -\frac{\hbar^2 z_2^2}{2ma^2} = E_{od} \tag{5.94}$$

즉, 우함수 해의 속박상태 에너지가 기함수 해의 속박상태 에너지 보다 항상 낮다. 이것은 또한 $\kappa_{od} < \kappa_{ev}$ 을 뜻하는데, 이는 그림 5.11에서 보듯이 파동함수의 기울기 변화 (곡률 curvature)가 기함수 해의 경우보다 우함수 해의 경우가 더 큼을 의미한다.

한편, 식 (5.85)의 첫 번째 부등호와 식 (5.86)의 관계로부터 우리는 우함수 해의 에너지가 다음 조건을 만족함을 알 수 있다.

$$E_{ev} < -\frac{m\lambda^2}{2\hbar^2} \tag{5.95}$$

이는 식 (5.70)으로 주어진 단일 델타함수 우물에서의 속박상태 에너지보다 두 델타함수 우물에서의 속박상태(바닥상태) 에너지가 더 낮음을 보여준다. 이는 우리가 예상하

156

듯이 단일 델타함수 우물보다 두 델타함수 우물에 의하여 입자가 더 단단히 속박됨을 의미한다.

# 제 5.4 절   유한한 위치에너지 우물과 장벽 Finite Potential Well and Barrier

이 절에서는 앞에서 다룬 것보다 계산이 약간 더 복잡한 위치에너지의 경우를 생각해 보겠다. 먼저 위치에너지가 0 보다 작은 네모난 우물 square well 형태 위치에너지의 경우, 입자의 에너지가 0 보다 커서 산란하는 경우와 입자의 에너지가 0 보다 작아서 속박상태를 이루는 두 가지 경우를 모두 생각할 수 있다.

위치에너지가 0 보다 큰 네모난 장벽 rectangular barrier 의 경우에는 네모난 우물을 거꾸로 뒤집은 상태에 해당하는데, 이 경우에는 입자의 에너지가 장벽보다 높은 경우와 장벽보다 낮은 두 가지 경우의 산란을 생각할 수 있다. 여기서 특히 입자의 에너지가 위치에너지 장벽보다 낮은 경우 고전적으로는 통과가 불가능하지만, 양자역학적으로는 파동함수가 장벽을 투과하여 실제로 통과할 확률이 0 이 아닌 양자투과 quantum tunneling 현상을 일으킨다. 이제 차례로 이러한 여러 경우들에 대해 살펴보기로 하겠다.

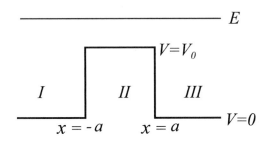

그림 5.12: 네모난 위치에너지 장벽에 의한 산란: $E > V_0$ 인 경우

### 5.4.1 네모난 장벽에서의 산란 $(0 < V_0 < E)$ Rectangular Barrier

그림 5.12 와 같이 위치에너지가 네모난 장벽 형태로 주어졌다고 하자.

$$V = \begin{cases} 0, & x < -a \text{ 와 } x > a \text{ 일 때,} \\ V_0, & -a < x < a \text{ 일 때.} \end{cases} \tag{5.96}$$

여기서 $V_0 > 0$ 이고, 입자의 에너지 $E$ 가 $V_0$ 보다 크다고 가정하자$(E > V_0)$. 이 경우 주어진 모든 영역에서 위치에너지의 변화가 유한하므로 앞서 살펴본 바와 같이 두 경계 $x = -a$ 와 $x = a$ 에서 파동함수와 그 기울기는 연속적이어야 한다. 그러므로 $x < -a$ 인 영역을 영역 I, $-a < x < a$ 인 영역을 영역 II, 그리고 $a < x$ 인 영역을 영역 III 이라 표시하고, 각 영역에서의 파동함수들을 각각 $\psi_I$, $\psi_{II}$, $\psi_{III}$ 로 표시하였을 때 다음의 경계조건들이 만족되어야 한다.

$$\psi_I(x = -a) = \psi_{II}(x = -a), \quad \left.\frac{d\psi_I}{dx}\right|_{x=-a} = \left.\frac{d\psi_{II}}{dx}\right|_{x=-a}$$

$$\psi_{II}(x = a) = \psi_{III}(x = a), \quad \left.\frac{d\psi_{II}}{dx}\right|_{x=a} = \left.\frac{d\psi_{III}}{dx}\right|_{x=a} \tag{5.97}$$

한편, 각 영역에서의 해밀토니안은 앞서와 마찬가지로 다음과 같이 주어진다.

$$H_I = H_{III} = \frac{p^2}{2m}, \quad H_{II} = \frac{p^2}{2m} + V_0 \tag{5.98}$$

이제 각 영역에서의 파수들을 다음과 같이 놓고,

$$\frac{2mE}{\hbar^2} \equiv k^2 > 0, \quad \frac{2m(E - V_0)}{\hbar^2} \equiv k_1^2 > 0, \tag{5.99}$$

입자가 $x = -\infty$ 로부터 입사한다고 가정하면, 슈뢰딩거 방정식에서 각 영역의 파동함수는 다음과 같이 쓸 수 있다.

$$\psi_I = Ae^{ikx} + Be^{-ikx}$$

$$\psi_{II} = Ce^{ik_1 x} + De^{-ik_1 x}$$

$$\psi_{III} = Fe^{ikx} \tag{5.100}$$

이를 경계조건식 (5.97)에 적용하면 다음 관계식들을 얻는다.

$$Ae^{-ika} + Be^{ika} = Ce^{-ik_1a} + De^{ik_1a} \qquad (5.101)$$

$$Ake^{-ika} - Bke^{ika} = Ck_1e^{-ik_1a} - Dk_1e^{ik_1a} \qquad (5.102)$$

$$Ce^{ik_1a} + De^{-ik_1a} = Fe^{ika} \qquad (5.103)$$

$$Ck_1e^{ik_1a} - Dk_1e^{-ik_1a} = Fke^{ika} \qquad (5.104)$$

이제 $C, D$ 를 소거하고 $B, F$ 를 $A$ 로 나타내기 위하여 다음을 생각해보자. 먼저 식 (5.101)에 $k$ 를 곱하여 식 (5.102)에 더하면 다음 식을 얻는다.

$$2Ake^{-ika} = (k+k_1)Ce^{-ik_1a} + (k-k_1)De^{ik_1a} \qquad (5.105)$$

다시 식 (5.101)에 $k$ 를 곱하여 식 (5.102)를 빼면 다음 식을 얻는다.

$$2Bke^{ika} = (k-k_1)Ce^{-ik_1a} + (k+k_1)De^{ik_1a} \qquad (5.106)$$

다음으로 식 (5.103)에 $k$ 를 곱한 후 식 (5.104)를 빼면 다음 식을 얻는다.

$$(k-k_1)Ce^{ik_1a} + (k+k_1)De^{-ik_1a} = 0 \qquad (5.107)$$

이로부터 $C$ 는 다음과 같이 $D$ 로 표현된다.

$$C = -\frac{k+k_1}{k-k_1}e^{-2ik_1a}D \qquad (5.108)$$

한편, 반사계수와 투과계수는 다음과 같이 주어지므로,

$$T = \left|\frac{F}{A}\right|^2, \quad R = \left|\frac{B}{A}\right|^2, \qquad (5.109)$$

식 (5.108)을 사용하여 $C, D$ 를 소거할 수 있도록 식 (5.106)을 식 (5.105)로 나누면,

$$\frac{B}{A}e^{2ika} = \frac{(k-k_1)Ce^{-ik_1a} + (k+k_1)De^{ik_1a}}{(k+k_1)Ce^{-ik_1a} + (k-k_1)De^{ik_1a}} \qquad (5.110)$$

을 얻는다. 여기에 식 (5.108)을 대입하면 다시 다음과 같이 된다.

$$\frac{B}{A}e^{2ika} = \frac{(k^2-k_1^2)e^{-2ik_1a} - (k^2-k_1^2)e^{2ik_1a}}{(k+k_1)^2e^{-2ik_1a} - (k-k_1)^2e^{2ik_1a}} \qquad (5.111)$$

159

여기서 $2a = L$ 로 놓으면 $\frac{B}{A}$ 는 다음과 같이 쓸 수 있다.

$$\frac{B}{A} = \frac{-2i(k^2 - k_1^2)\sin k_1 L}{4kk_1 \cos k_1 L - 2i(k^2 + k_1^2)\sin k_1 L} e^{-ikL} \tag{5.112}$$

그러므로 반사계수는 최종적으로 다음과 같이 주어진다.

$$R = \left|\frac{B}{A}\right|^2 = \frac{(k^2 - k_1^2)^2 \sin^2 k_1 L}{4k^2 k_1^2 \cos^2 k_1 L + (k^2 + k_1^2)^2 \sin^2 k_1 L} \tag{5.113}$$

여기서 $k^2 = \frac{2mE}{\hbar^2}$, $k_1^2 = \frac{2m(E-V_0)}{\hbar^2}$ 이다. 이제 투과계수를 구하기 위하여 식 (5.103)을 식 (5.105)로 나누면 다음과 같이 쓰여진다.

$$\frac{Fe^{ika}}{2Ake^{-ika}} = \frac{(k+k_1) - (k-k_1)}{(k+k_1)^2 e^{-2ik_1 a} - (k-k_1)^2 e^{2ik_1 a}}. \tag{5.114}$$

이는 다시 다음과 같이 쓸 수 있으므로,

$$\frac{F}{A} = \frac{4kk_1}{4kk_1 \cos k_1 L - 2i(k^2 + k_1^2)\sin k_1 L} e^{-ikL}, \tag{5.115}$$

투과계수는 다음과 같이 주어진다.

$$T = \left|\frac{F}{A}\right|^2 = \frac{4k^2 k_1^2}{4k^2 k_1^2 \cos^2 k_1 L + (k^2 + k_1^2)^2 \sin^2 k_1 L} \tag{5.116}$$

여기서 주목할 점은

$$k_1 L = n\pi, \quad n = 1, 2, 3, \ldots \tag{5.117}$$

이 만족되면, 투과계수 $T$ 는 1 이 되어 입자는 마치 장벽이 전혀 없는 것처럼 통과하게 된다는 것이다. 불활성 기체 rare gas atoms 에서 처음 관찰된 이러한 투과공명 transmission resonance 현상은 램사우어-타운센드 효과 Ramsauer-Townsend effect 라고 불린다. 한편, 투과공명이 일어나는 조건식 (5.117)은 다음과 같이 쓸 수 있어,

$$\frac{2\pi}{\lambda_1} L = n\pi, \quad n = 1, 2, 3, \ldots, \tag{5.118}$$

장벽의 폭이 $L = n\lambda_1/2$ 의 조건을 만족할 때에 투과공명이 일어남을 알 수 있다. 이는 투과공명이 일어나는 경우 장벽 내에서의 드브로이 파동은 정상파가 되어야 함을

160

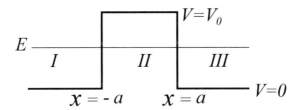

그림 5.13: 네모난 위치에너지 장벽의 투과: $E < V_0$ 인 경우

의미한다. 끝으로 우리는 반사 및 투과 계수의 합이 1 이 됨을 이 경우에도 확인할 수 있다.

$$R + T = \left| \frac{B}{A} \right|^2 + \left| \frac{F}{A} \right|^2 = \frac{(k^2 - k_1^2)^2 \sin^2 k_1 L + 4k^2 k_1^2}{4k^2 k_1^2 \cos^2 k_1 L + (k^2 + k_1^2)^2 \sin^2 k_1 L} = 1 \qquad (5.119)$$

### 5.4.2   네모난 장벽의 투과 ($0 < E < V_0$)

이제 그림 5.13에서처럼 입자의 에너지가 장벽의 위치에너지 보다 낮은 경우 ($E < V_0$)를 생각해보자. 이 경우에도 $x < -a$ 인 영역을 영역 I, $-a < x < a$ 인 영역을 영역 II, $a < x$ 인 영역을 영역 III 이라고 하고, 각 영역에서의 파동함수를 각각 $\psi_I$, $\psi_{II}$, $\psi_{III}$ 이라고 하면, 이 파동함수들은 바로 앞서 살펴본 네모난 장벽에 의한 산란의 경우 ($E > V_0$)에서와 같은 경계조건들을 가진다.

$$\psi_I(x = -a) = \psi_{II}(x = -a), \quad \left. \frac{d\psi_I}{dx} \right|_{x=-a} = \left. \frac{d\psi_{II}}{dx} \right|_{x=-a}$$
$$\psi_{II}(x = a) = \psi_{III}(x = a), \quad \left. \frac{d\psi_{II}}{dx} \right|_{x=a} = \left. \frac{d\psi_{III}}{dx} \right|_{x=a} \qquad (5.120)$$

각 영역에서 해밀토니안은 앞의 경우와 동일하게 주어진다.

$$H_I = H_{III} = \frac{p^2}{2m}, \quad H_{II} = \frac{p^2}{2m} + V_0 \qquad (5.121)$$

여기서는 $(E - V_0) < 0$ 이므로, 다음과 같이 매개변수들을 도입하면,

$$\frac{2mE}{\hbar^2} \equiv k^2 > 0, \; \frac{2m(V_0 - E)}{\hbar^2} \equiv \kappa^2 > 0, \qquad (5.122)$$

161

각 영역에서의 파동함수는 다음과 같이 쓸 수 있다.

$$\psi_I = Ae^{ikx} + Be^{-ikx}$$
$$\psi_{II} = Ce^{\kappa x} + De^{-\kappa x}$$
$$\psi_{III} = Fe^{ikx} \tag{5.123}$$

이를 경계조건식 (5.120)에 적용하면 다음 관계식들을 얻는다.

$$Ae^{-ika} + Be^{ika} = Ce^{-\kappa a} + De^{\kappa a} \tag{5.124}$$

$$Aike^{-ika} - Bikc^{ika} = C\kappa c^{-\kappa a} - D\kappa e^{\kappa a} \tag{5.125}$$

$$Ce^{\kappa a} + De^{-\kappa a} = Fe^{ika} \tag{5.126}$$

$$C\kappa e^{\kappa a} - D\kappa e^{-\kappa a} = Fike^{ika} \tag{5.127}$$

여기서 주목할 점은 앞서 분석한 네모난 장벽에 의한 산란 $(V_0 < E)$의 경우에서의 $k_1$ 을 $-i\kappa$ 로 대체하면 지금 얻은 경계조건식들이 나온다는 것이다. 그러므로 우리는 앞에서 분석한 장벽 산란 결과에서 $k_1$ 을 $-i\kappa$ 로 대체하면 지금의 경우에 해당하는 결과들을 얻을 수 있다. 즉, 아래의 관계를 써서

$$\sin(-i\kappa L) = -i\sinh \kappa L, \quad \cos(-i\kappa L) = \cosh \kappa L, \tag{5.128}$$

식 (5.112)로부터 다음 결과를 얻는다.

$$\frac{B}{A} = \frac{2(k^2 + \kappa^2)\sinh \kappa L}{4ik\kappa \cosh \kappa L + 2(k^2 - \kappa^2)\sinh \kappa L} e^{-ikL} \tag{5.129}$$

이로부터 반사계수는 다음과 같이 주어진다.

$$R = \left| \frac{B}{A} \right|^2 = \frac{(k^2 + \kappa^2)^2 \sinh^2 \kappa L}{4k^2\kappa^2 \cosh^2 \kappa L + (k^2 - \kappa^2)^2 \sinh^2 \kappa L} \tag{5.130}$$

여기서 $k^2 = \frac{2mE}{\hbar^2}$, $\kappa^2 = \frac{2m(V_0 - E)}{\hbar^2}$ 이다. 마찬가지로 식 (5.115)로부터

$$\frac{F}{A} = \frac{4ik\kappa}{4ik\kappa \cosh \kappa L + 2(k^2 - \kappa^2)\sinh \kappa L} e^{-ikL} \tag{5.131}$$

의 관계를 얻어 투과계수는 다음과 같이 주어진다.

$$T = \left| \frac{F}{A} \right|^2 = \frac{4k^2\kappa^2}{4k^2\kappa^2 \cosh^2 \kappa L + (k^2 - \kappa^2)^2 \sinh^2 \kappa L} \tag{5.132}$$

여기서도 우리는 반사계수와 투과계수의 합이 1 이 됨을 확인할 수 있다.

$$R + T = \left| \frac{B}{A} \right|^2 + \left| \frac{F}{A} \right|^2 = \frac{(k^2 + \kappa^2)^2 \sinh^2 \kappa L + 4k^2\kappa^2}{4k^2\kappa^2 \cosh^2 \kappa L + (k^2 - \kappa^2)^2 \sinh^2 \kappa L} = 1 \tag{5.133}$$

한편, 여기서 $k$ 와 $\kappa$ 는 다음과 같은 단순한 관계를 만족하며,

$$k^2 + \kappa^2 = \frac{2mV_0}{\hbar^2}, \tag{5.134}$$

우리는 $\cosh^2 x - \sinh^2 x = 1$ 의 관계를 써서 투과계수를 다음과 같이 쓸 수도 있다.

$$T = \frac{1}{1 + \left( \frac{k^2 + \kappa^2}{2k\kappa} \right)^2 \sinh^2 \kappa L} \tag{5.135}$$

위에서 얻은 결과들을 우리는 이전의 경우처럼 경계조건식들을 직접 풀어서 얻을 수도 있다. 이를 위해서는 경계조건식 (5.124)-(5.127)에서 $C$, $D$ 를 소거하고 $B$, $F$ 를 $A$ 로 나타내면 된다. 먼저 식 (5.124)에 $ik$ 를 곱하여 식 (5.125)에 더하면 다음과 같이 되고

$$2Aike^{-ika} = (ik + \kappa)Ce^{-\kappa a} + (ik - \kappa)De^{\kappa a}, \tag{5.136}$$

식 (5.124)에 $ik$ 를 곱하여 식 (5.125)를 빼면 다음과 같이 된다.

$$2Bike^{ika} = (ik - \kappa)Ce^{-\kappa a} + (ik + \kappa)De^{\kappa a} \tag{5.137}$$

다음으로 식 (5.126)에 $ik$ 를 곱한 후 식 (5.127)을 빼면 다음 식을 얻는다.

$$(ik - \kappa)Ce^{\kappa a} + (ik + \kappa)De^{-\kappa a} = 0 \tag{5.138}$$

이로부터 $C$ 는 $D$ 로 다음과 같이 표현된다.

$$C = -\frac{ik + \kappa}{ik - \kappa}e^{-2\kappa a}D \tag{5.139}$$

163

이제 반사계수와 투과계수를 구하여 보자.

$$T = \left|\frac{F}{A}\right|^2, \quad R = \left|\frac{B}{A}\right|^2 \tag{5.140}$$

식 (5.139)를 사용하여 $C$, $D$ 를 소거할 수 있도록 식 (5.137)을 식 (5.136)으로 나누면

$$\frac{B}{A}e^{2ika} = \frac{(ik-\kappa)Ce^{-\kappa a} + (ik+\kappa)De^{\kappa a}}{(ik+\kappa)Ce^{-\kappa a} + (ik-\kappa)De^{\kappa a}} \tag{5.141}$$

이 되고, 이에 식 (5.139)를 대입하면 다음과 같이 된다.

$$\frac{B}{A}e^{2ika} = \frac{-(k^2+\kappa^2)e^{-2\kappa a} + (k^2+\kappa^2)e^{2\kappa a}}{(ik+\kappa)^2 e^{-2\kappa a} - (ik-\kappa)^2 e^{2\kappa a}} \tag{5.142}$$

여기서 다시 $2a = L$ 로 놓으면 $\frac{B}{A}$ 는 다음과 같이 주어진다.

$$\frac{B}{A} = \frac{2(k^2+\kappa^2)\sinh \kappa L}{4ik\kappa \cosh \kappa L + 2(k^2-\kappa^2)\sinh \kappa L}e^{-ikL} \tag{5.143}$$

그러므로 반사계수는 다음과 같이 주어진다.

$$R = \left|\frac{B}{A}\right|^2 = \frac{(k^2+\kappa^2)^2 \sinh^2 \kappa L}{4k^2\kappa^2 \cosh^2 \kappa L + (k^2-\kappa^2)^2 \sinh^2 \kappa L} \tag{5.144}$$

여기서 $k^2 = \frac{2mE}{\hbar^2}$, $\kappa^2 = \frac{2m(V_0-E)}{\hbar^2}$ 이다. 이제 투과계수를 구하기 위하여 식 (5.126)을 식 (5.136)으로 나누면 다음 식을 얻는다.

$$\begin{aligned}
\frac{Fe^{ika}}{2Aike^{-ika}} &= \frac{Ce^{\kappa a} + De^{-\kappa a}}{(ik+\kappa)Ce^{-\kappa a} + (ik-\kappa)De^{\kappa a}}\\
&= \frac{(ik+\kappa)-(ik-\kappa)}{(ik+\kappa)^2 e^{-2\kappa a} - (ik-\kappa)^2 e^{2\kappa a}}
\end{aligned} \tag{5.145}$$

이는 다시 다음과 같이 쓸 수 있으므로,

$$\frac{F}{A} = \frac{4ik\kappa}{4ik\kappa \cosh \kappa L - 2(k^2-\kappa^2)\sinh \kappa L}e^{-ikL}, \tag{5.146}$$

투과계수는 다음과 같이 주어진다.

$$T = \left|\frac{F}{A}\right|^2 = \frac{4k^2\kappa^2}{4k^2\kappa^2 \cosh^2 \kappa L + (k^2-\kappa^2)^2 \sinh^2 \kappa L} \tag{5.147}$$

이상의 결과에서 우리는 반사계수와 투과계수의 합이 1 이 됨을 확인할 수 있다.

$$R+T = \frac{(k^2+\kappa^2)^2 \sinh^2 \kappa L + 4k^2\kappa^2}{4k^2\kappa^2 \cosh^2 \kappa L + (k^2-\kappa^2)^2 \sinh^2 \kappa L} = 1 \tag{5.148}$$

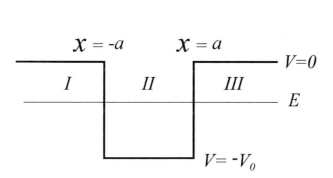

그림 5.14: 네모난 우물과 속박상태

### 5.4.3  네모난 우물에서의 속박상태 $(-V_0 < E < 0)$  **Square Well**

이제 그림 5.14에서와 같이 위치에너지가 네모난 우물 형태로 주어지고 입자의 에너지는 0 보다 작다고 하자$(E < 0)$.

$$V = \begin{cases} 0, & x < -a \text{ 와 } x > a \text{ 일 때,} \\ -V_0, & -a < x < a \text{ 일 때.} \end{cases} \tag{5.149}$$

여기서 $V_0 > 0$ 이며 $E > -V_0$ 이다. 이 경우 위치에너지와 입자의 에너지가 같아지는 경계에서 위치에너지의 변화는 유한하므로 앞 절에서 살펴본 바와 같이 $x = -a$, $x = a$ 의 두 경계에서 파동함수의 값과 그 기울기는 각각 연속적이어야 한다. 그러므로 다시 $x < -a$ 인 영역을 영역 I, $-a < x < a$ 인 영역을 영역 II, $a < x$ 인 영역을 영역 III 이라고 하고, 각 영역에서의 파동함수를 각각 $\psi_I$, $\psi_{II}$, $\psi_{III}$ 이라고 하면, 이 파동함수들은 다음의 경계조건들을 만족하여야 한다.

$$\psi_I(x = -a) = \psi_{II}(x = -a), \quad \left.\frac{d\psi_I}{dx}\right|_{x=-a} = \left.\frac{d\psi_{II}}{dx}\right|_{x=-a}$$
$$\psi_{II}(x = a) = \psi_{III}(x = a), \quad \left.\frac{d\psi_{II}}{dx}\right|_{x=a} = \left.\frac{d\psi_{III}}{dx}\right|_{x=a} \tag{5.150}$$

이제 각 영역에서의 해밀토니안은 다음과 같이 주어지므로,

$$H_I = H_{III} = \frac{p^2}{2m}, \quad H_{II} = \frac{p^2}{2m} - V_0, \tag{5.151}$$

다음과 같이 $\kappa$ 와 $k_1$ 을 정의하면,

$$\kappa^2 \equiv -\frac{2mE}{\hbar^2} > 0, \quad k_1^2 \equiv \frac{2m(V_0 + E)}{\hbar^2} > 0, \qquad (5.152)$$

슈뢰딩거 방정식은 각 영역에서 각각 다음과 같이 쓸 수 있다.

$$\frac{d^2\psi_{I,III}}{dx^2} - \kappa^2 \psi_{I,III} = 0, \quad \text{영역 I 과 III} \qquad (5.153)$$

$$\frac{d^2\psi_{II}}{dx^2} + k_1^2 \psi_{II} = 0, \quad \text{영역 II} \qquad (5.154)$$

한편, $x = \pm\infty$ 에서 파동함수는 발산하지 않아야 하므로, 슈뢰딩거 방정식의 해는 각 영역에서 다음과 같이 쓸 수 있다.

$$\begin{aligned} \psi_I &= Ae^{\kappa x}, \quad \kappa > 0 \\ \psi_{II} &= B\cos k_1 x + C\sin k_1 x \\ \psi_{III} &= De^{-\kappa x} \end{aligned} \qquad (5.155)$$

여기서 $A, B, C, D$ 는 상수이다. 이를 경계조건식 (5.150)에 대입하면 우리는 다음 관계식들을 얻는다.

$$Ae^{-\kappa a} = B\cos(k_1 a) - C\sin(k_1 a) \qquad (5.156)$$

$$\kappa Ae^{-\kappa a} = k_1 B\sin(k_1 a) + k_1 C\cos(k_1 a) \qquad (5.157)$$

$$B\cos(k_1 a) + C\sin(k_1 a) = De^{-\kappa a} \qquad (5.158)$$

$$-k_1 B\sin(k_1 a) + k_1 C\cos(k_1 a) = -\kappa De^{-\kappa a} \qquad (5.159)$$

이제 두 델타함수 우물에서처럼 우함수와 기함수 해의 경우로 나누어서 해를 구해 보자. 우함수 해의 경우, 식 (5.155)에서 $C = 0$, $A = D$ 가 되어야 함을 알 수 있다. 이를 식 (5.156)과 식 (5.157)에 적용하고 식 (5.157)을 식 (5.156)으로 나누면 다음 식을 얻는다.

$$\kappa = k_1 \tan(k_1 a) \qquad (5.160)$$

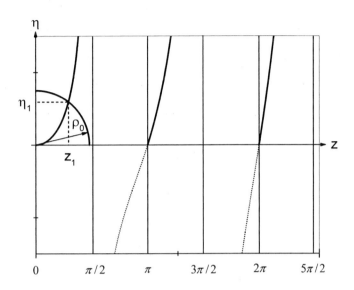

그림 5.15: 파동함수가 우함수인 경우의 해

우리는 식 (5.158)과 식 (5.159)에 대해서도 동일한 식을 얻게 되는데, 이는 두 델타함수 우물의 경우에서 언급하였듯이 대칭성에 의하여 $x = -a$ 와 $x = a$ 에서의 경계조건이 동일한 결과를 주기 때문이다.

한편, 식 (5.152)에서 $\kappa$ 와 $k_1$ 는 다음의 관계를 만족한다.

$$\kappa^2 + k_1^2 = \frac{2mV_0}{\hbar^2} \tag{5.161}$$

여기서 우리가 새로운 변수 $\eta$ 와 $z$, 그리고 매개변수 $\rho_0$ 를 다음과 같이 도입하면,

$$\eta \equiv \kappa a, \quad z \equiv k_1 a = \frac{\sqrt{2m(E+V_0)}}{\hbar}a, \quad \rho_0 \equiv \frac{\sqrt{2mV_0}}{\hbar}a, \tag{5.162}$$

위의 관계식 (5.161)은 다음과 같이 표현된다.

$$\eta^2 + z^2 = \rho_0^2 \tag{5.163}$$

그리고 경계조건에서 얻은 방정식 (5.160)은 새 변수들로 다음과 같이 쓰여진다.

$$\eta = z \tan z \tag{5.164}$$

167

우함수 해는 위의 두 식, (5.163)과 (5.164)를 동시에 만족해야 한다. 그러므로 이 두 식을 동시에 만족하는 $\eta$ 값을 구하면 우리는 이로부터 에너지 $E$ 를 구할 수 있다. $\eta > 0$ 임에 유의하여[3] 우리는 두 델타함수 우물에서와 같이 그래프적인 방법으로 구할 수 있다. 그림 5.15에서 보는 바와 같이 두 식을 동시에 만족하는 첫 번째 $z$ 값에서의 $\eta$ 값을 $\eta_1$ 이라고 하면, 바닥상태의 에너지 $E_1$ 은 다음과 같이 주어진다.

$$E_1 = -\frac{\hbar^2 \eta_1^2}{2ma^2} \tag{5.165}$$

여기서 두 그래프는 $\rho_0$ 가 어떤 값을 갖더라도 한 번 이상 만나므로, 우리는 해가 항상 존재함을 알 수 있다.[4]

다음으로 기함수의 해를 생각해보자. 기함수 해는 식 (5.155)에서 $B = 0$, $A = -D$ 가 되어야 한다. 이를 식 (5.156)과 식 (5.157)에 적용하고, 식 (5.157)을 식 (5.156)으로 나누면 다음 식을 얻는다.

$$\kappa = -k_1 \cot(k_1 a) \tag{5.166}$$

우리는 식 (5.158)과 식 (5.159)에서도 동일한 식을 얻게 되는데, 이는 우함수 해의 경우에서 언급한 바와 같이 대칭성을 이미 적용하였기 때문이다.

이제 식 (5.162)에서 도입한 $z$ 와 $\eta$ 를 사용하면, 식 (5.166)은 최종적으로 다음과 같이 쓰여진다.

$$\eta = -z \cot z \tag{5.167}$$

그리고 $z$ 와 $\eta$ 는 여전히 관계식 (5.163)을 만족하므로, 우리는 앞에서와 마찬가지로 이 두 방정식을 만족하는 해를 그래프적으로 구할 수 있다. 즉, 그림 5.16에서와 같이 두 그래프가 교차하는 점의 $\eta$ 값을 $\eta_2$ 라고 하면, 첫 번째 들뜬상태 에너지 $E_2$ 값은 다음과 같이 주어진다.

$$E_2 = -\frac{\hbar^2 \eta_2^2}{2ma^2} \tag{5.168}$$

---

[3]식 (5.155)에서 우리는 $\kappa$ 를 양수로 가정하였다. 그래서 $\eta < 0$ 인 영역에서의 함수는 점선으로 표시.
[4]여기서 우리는 $z > 0$ 인 경우, 즉 $k_1 > 0$ 인 경우만 가정하였다. 왜냐하면 $k_1 < 0$ 인 경우에는 식 (5.155)에서 $k_1 \rightarrow -k_1$ 로 바꾸어 주면 다시 $k_1 > 0$ 이 성립하게 되는데, 이 경우에도 우리는 동일한 결과식 (5.160)이나 (5.166)을 얻는다. 따라서 우리는 $k_1 > 0$ 인 경우로 국한하여 생각하면 된다.

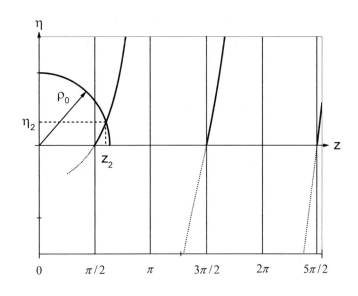

그림 5.16: 파동함수가 기함수인 경우의 해

여기서 주목할 점은 기함수 해의 경우에는 그림 5.16에서 보듯이 $\rho_0$ 값이 $\pi/2$ 보다 작은 경우 두 그래프가 만나지 않아 해가 존재하지 않게 된다. 즉, 우물이 낮거나 폭이 좁아서 $\rho_0 = \frac{\sqrt{2mV_0}}{\hbar}a$ 의 값이 $\pi/2$ 보다 작게 되면, 우함수의 속박상태 해는 여전히 존재하지만 기함수의 속박상태 해는 존재하지 않게 된다.

그림 5.15와 그림 5.16은 동일한 $\rho_0$ 에서 $\eta_1 > \eta_2$ 의 관계가 성립함을 보여준다. 이는 $E_1 < E_2$ 의 관계를 주므로, 바닥상태는 우함수 해로 주어지고 첫 번째 들뜬상태는 기함수 해로 주어짐을 보여준다. 그리고 두 그림에서 알 수 있듯이 $\rho_0$ 값이 매우 클 경우, 즉 우물이 매우 깊거나 폭이 아주 넓을 경우, 우함수나 기함수 해의 두 경우 모두 속박상태 해가 많이 존재하게 된다.

### 5.4.4  네모난 우물에서의 산란 ($0 < E$)

네모난 우물에서의 산란은 네모난 장벽에서의 산란($0 < V_0 < E$)과 동일하게 생각할 수 있다. 그림 5.17에서와 같이 네모난 우물 형태의 위치에너지는 앞 소절에서 주어진

169

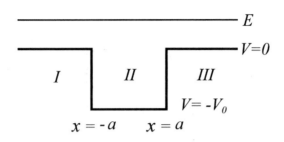

그림 5.17: 네모난 우물에 의한 산란

식 (5.149)와 동일하게 주어진다.

$$V = \begin{cases} 0, & x < -a \text{ 와 } x > a \text{ 일 때,} \\ -V_0, & -a < x < a \text{ 일 때.} \end{cases}$$

이 경우 네모난 장벽에서의 산란과 다른 점은 위치에너지가 장벽의 경우에는 0 보다 크지만($V = V_0 > 0$), 우물의 경우에는 0 보다 작다는 점이다($V = -V_0 < 0$). 그러나 입자의 에너지는 두 경우 모두 위치에너지보다 크며 ($E > V$), 양의 값을 가진다. 그러므로 우리는 네모난 장벽에서의 산란 결과를 현재의 경우에도 그대로 사용할 수 있다. 즉, 5.4.1절에서 얻은 결과에서 $k_1$ 값만 다음과 같이 바꾸어 정의하면 된다.

$$k_1^2 \equiv \frac{2m(E + V_0)}{\hbar^2} > 0 \tag{5.169}$$

그러므로 네모난 우물에서의 반사계수는 식 (5.113), 투과계수는 식 (5.116)으로 동일하게 주어진다. 다만 이들 식에서 나타나는 $k_1$ 값은 식 (5.169)에 새로 정의된 값을 써야 한다. 그리고 투과계수가 같으므로, 여기서도 네모난 장벽에서의 산란과 마찬가지로 $k_1 L = n\pi$, $n = 1, 2, 3, \ldots$ 이 만족될 때 투과계수 $T$ 가 1 이 되어 투과공명 현상인 램사우어-타운센드 효과가 일어난다.

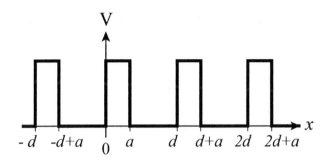

그림 5.18: 주기가 $d$ 인 주기적인 위치에너지

# 제 5.5 절 주기적인 위치에너지 - 블로흐 파동함수와 에너지 띠 Periodic Potential - Bloch Wave Function and Energy Band

그림 5.18에서와 같이 주기가 $d$ 인 주기적인 위치에너지를 생각해 보자.

$$V(x+d) = V(x) \tag{5.170}$$

예컨대 우리는 그림 5.18에 표시된 위치에너지를 1차원 결정에서 원자(+)들이 각 위치에너지 장벽 사이의 바닥 중앙에 위치한 경우로 생각할 수 있을 것이다.

우리는 이와 같은 주기적 위치에너지를 크로니-페니 위치에너지 Kronig-Penny potential 라고 부른다. 그리고 이러한 주기적인 위치에너지를 갖는 계의 파동함수는 다음과 같은 블로흐 파동함수 Bloch wave function 로 표현할 수 있다.

$$\phi(x) = e^{iKx}u(x) \tag{5.171}$$

우리는 이를 블로흐 정리 Bloch's theorem 라고 부른다. 여기서 $K$ 는 상수이고, 함수 $u(x)$는 주기 $d$ 의 주기함수이다.

$$u(x+d) = u(x) \tag{5.172}$$

이제 블로흐 정리를 증명해 보자. 이를 위하여 함수를 $d$ 만큼 이동시키는 다음과 같은 변위연산자 displacement operator $\hat{D}$ 를 도입하자.

$$\hat{D}f(x) = f(x + d) \tag{5.173}$$

그런데 주기가 $d$ 인 주기적인 위치에너지는 이러한 변위연산자의 작용에 불변이므로,

$$\hat{D}V(x) = V(x + d) = V(x), \tag{5.174}$$

주기적인 위치에너지를 갖는 해밀토니안 $H = \frac{P^2}{2m} + V(x)$는 변위연신자 $\hat{D}$ 와 서로 가환이다(문제 5.14).

$$[\hat{D},\ H] = 0 \tag{5.175}$$

따라서 가환인 변위연산자 $\hat{D}$ 와 해밀토니안 $H$ 는 공통의 고유함수를 가지게 된다. 이러한 특성을 이용하여 우리는 변위연산자 $\hat{D}$ 의 고유함수를 구하여 이로부터 해밀 토니안의 고유함수를 구할 수 있다.

한편, 위의 블로흐 정리에서 주어진 파동함수는 다시 다음과 같이 쓸 수 있다.

$$\phi(x + d) = e^{iK(x+d)}u(x + d) = e^{iKd}e^{iKx}u(x) = e^{iKd}\phi(x) \tag{5.176}$$

이는 변위연산자 $\hat{D}$ 가 블로흐 파동함수에 다음과 같이 작용함을 보여준다.

$$\hat{D}\phi(x) = \phi(x + d) = e^{iKd}\phi(x) \tag{5.177}$$

이 식은 블로흐 파동함수가 고유값이 $e^{iKd}$ 로 주어지는 변위연산자 $\hat{D}$ 의 고유함수 임을 보여준다. 그러므로 블로흐 파동함수는 주기 $d$ 의 주기적인 위치에너지를 갖는 해밀토니안의 고유함수가 되어 블로흐 정리가 성립한다.

여기에서 $K$ 는 상수로 주어졌는데, 만약 파동함수가 주기적인 경계조건을 만족 해야 한다면 $K$ 는 그에 상응하는 조건을 만족해야 한다. 예컨대 블로흐 파동함수가 $\phi(x + Nd) = \phi(x)$를 만족한다면, 상수 $K$ 는 $K = \frac{2\pi m}{Nd}$ 으로 주어지며 $m$ 은 정수인 조건을 만족해야 한다.

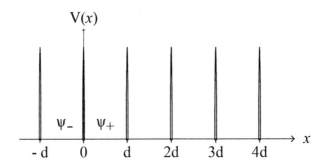

그림 5.19: 델타함수들로 주어지는 주기가 $d$ 인 위치에너지

이제 블로흐 정리를 적용하는 예로서 그림 5.19와 같이 주기적인 델타함수들로 주어지는 위치에너지를 생각해 보자. 이는 그림 5.18을 좀 더 간단하게 도식화한 것으로 1차원 결정 구조를 도식화 한 것이라고 할 수 있을 것이다.

$$V(x) = \lambda \sum_{j=-\infty}^{\infty} \delta(x + jd), \quad \lambda > 0 \tag{5.178}$$

이렇게 주어진 위치에너지는 $V(x+d) = V(x)$ 의 관계를 만족하므로 우리는 블로흐 정리를 적용할 수 있다.

이제 $-d \leq x \leq 0$ 인 영역 I 에서의 파동함수를 $\psi_-(x)$ 라 하고, $0 \leq x \leq d$ 인 영역 II 에서의 파동함수를 $\psi_+(x)$ 라고 하자. 그런데 블로흐 파동함수는 식 (5.177)에서 다음의 관계를 만족하는데,

$$\phi(x) = e^{-iKd}\phi(x + d), \tag{5.179}$$

$x$ 가 영역 I 에 위치할 때 $x + d$ 는 영역 II 에 위치하므로, 이 식은 다시 다음과 같이 쓸 수 있다.

$$\psi_-(x) = e^{-iKd}\psi_+(x + d) \tag{5.180}$$

한편 $0 < x < d$ 의 영역에서 위치에너지는 0 이므로 우리는 이 영역에서의 파동함수를 다음과 같이 쓸 수 있다.

$$\psi_+(x) = A\sin kx + B\cos kx, \quad k^2 = \frac{2mE}{\hbar^2} \tag{5.181}$$

173

여기서 $A$ 와 $B$ 는 상수이다. 그러면 식 (5.180)의 관계로부터 다음 식을 얻는다.

$$\psi_-(x) = e^{-iKd}[A\sin k(x+d) + B\cos k(x+d)] \tag{5.182}$$

이전에 우리는 델타함수 위치에너지의 경우, 그 경계(편의상 $x = 0$ 으로 생각)에서의 경계조건이 식 (5.51)과 식 (5.55)에서 다음과 같이 주어짐을 보았다.

$$\psi_-(0) = \psi_+(0) \tag{5.183}$$

$$\psi'_+(0) - \psi'_-(0) = \frac{2m}{\hbar^2}\lambda\psi(0) \tag{5.184}$$

식 (5.181)과 식 (5.182)를 이 경계조건에 적용하면 우리는 다음 관계식들을 얻는다.

$$B = e^{-iKd}(A\sin kd + B\cos kd) \tag{5.185}$$

$$Ak - e^{-iKd}[Ak\cos kd - Bk\sin kd] = \frac{2m}{\hbar^2}\lambda B \tag{5.186}$$

여기서 $\frac{2m}{\hbar^2}\lambda \equiv \beta$ 라고 놓으면 이는 다시 다음과 같이 쓸 수 있다.

$$B(e^{iKd} - \cos kd) = A\sin kd \tag{5.187}$$

$$[\beta - e^{-iKd}k\sin kd]B = [k - e^{-iKd}k\cos kd]A \tag{5.188}$$

여기서 식 (5.187)을 식 (5.188)에 대입하여 다음 관계식을 얻을 수 있다.

$$\beta\sin kd + 2k\cos kd = k(e^{iKd} + e^{-iKd}) = 2k\cos Kd \tag{5.189}$$

다시 편의를 위하여 다음과 같이 변수들을 도입하면,

$$\frac{\beta d}{2} = \frac{m\lambda d}{\hbar^2} \equiv \gamma > 0, \ kd \equiv z, \tag{5.190}$$

식 (5.189)는 최종적으로 다음과 같이 쓸 수 있다.

$$\cos z + \gamma\frac{\sin z}{z} = \cos Kd \tag{5.191}$$

여기서 식 (5.191)의 좌변을 다음과 같은 함수로 나타내면,

$$f(z) \equiv \cos z + \gamma\frac{\sin z}{z}, \tag{5.192}$$

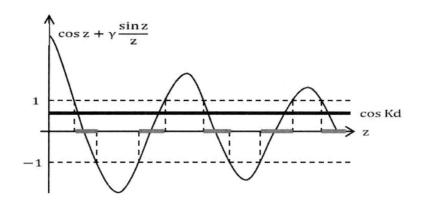

그림 5.20: 허용된 에너지 띠들과 금지된 에너지 띠들: $z$ 축 상의 굵은 선으로 표시된 부분들은 허용된 에너지 영역들을, 그 외의 부분들은 허용되지 않은 영역들을 표시한다.

가능한 에너지 $E$ 는 그림 5.20에서처럼 함수 $f(z)$ 가 $\cos Kd$ 값과 일치하는 점들에서의 $k$ 값들에 의하여 결정된다.

$$E = \frac{\hbar^2 k^2}{2m} \tag{5.193}$$

그런데 $\cos Kd$ 는 $-1$ 에서 $+1$ 사이의 값을 가지므로 해를 갖는 $z$ 의 범위는 국한되게 된다. 즉, 그림 5.20에서 보듯이 해는 $z$ 축 상에서 굵은 선으로 표시된 부분들에서만 가능하며, 이렇게 해가 존재하는 영역들을 우리는 허용된 에너지 띠들 allowed energy bands 이라고 부른다. $z$ 축 상의 나머지 영역들은 해가 존재할 수 없으므로 우리는 이에 해당하는 에너지 영역들을 금지된 에너지 띠들 forbidden energy bands 이라고 부른다.

이제 아래에서 두 상태로 이루어진 계를 살펴보고 이로부터 어떻게 수많은 겹친 상태들이 분리되어 에너지 띠를 생성할 수 있는지 그 이유를 살펴보도록 하자.

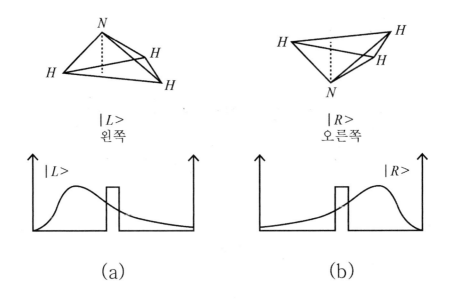

그림 5.21: 암모니아 분자의 두 상태:   (a) 왼쪽 상태   (b) 오른쪽 상태

## 제 5.6 절   두 상태 계 Two-State System

암모니아 분자 ammonia molecule, $NH_3$ 의 경우 세 수소 원자($H$)들이 이루는 면의 위나 아래에 질소 원자($N$)가 위치할 수 있다(그림 5.21 참조). 이 경우 질소 원자가 위나 아래에 위치하였을 때의 계는 서로 대칭성을 가지므로 두 상태의 에너지는 서로 같다고 할 수 있다. 우리는 이 두 상태를 두 개의 기저상태로 생각하고, 암모니아 분자를 두 개의 1차원 상자가 서로 가까워진 후 그 사이의 무한 위치에너지 장벽이 낮아진 계로 바꾸어 생각할 수 있다. 즉, 질소 원자가 위에 위치한 경우는 입자가 왼쪽의 상자에, 아래에 위치한 경우는 오른쪽의 상자에 주로 있는 경우로 생각할 수 있다.

한편, 질소 원자는 암모니아 분자에서 수소 원자들로 이루어진 면을 통과하여 그 상태를 바꿀 수도 있다. 이 경우 수소 원자들로 이루어진 면은 질소 원자에게 에너지 장벽으로 작용하지만, 양자역학적인 장벽 투과의 과정을 통하여 질소 원자는 그 상태를 바꿀 수 있다. 따라서 우리는 수소 원자들로 이루어진 면을 그림 5.21에서와 같은 두 1차원 상자들 사이에 존재하는 유한하게 낮아진 위치에너지 장벽으로, 그리고 질소 원자는 낮아진 위치에너지 장벽을 사이에 둔 두 1차원 상자로 이루어진 계에 존재하는 입자로 대체하여 생각할 수 있을 것이다.

이제 왼쪽 상자에 입자가 위치한 상태를 $|L>$ 로 오른쪽 상자에 위치한 상태를 $|R>$ 로 표시하기로 하자. 여기서 질소 원자가 위나 아래에 위치한 상태에 대한 해밀토니안의 기대값을 다음과 같이 표시하자.

$$< L|H|L > \equiv H_{11} = E_0, \quad < R|H|R > \equiv H_{22} = E_0 \tag{5.194}$$

그리고 왼쪽이나 오른쪽 상태 모두 입자가 다른 쪽 상자에도 약간의 존재할 확률이 있으므로 서로 다른 두 상태에 대한 해밀토니안 기대값도 0 이 아닌 값을 가지게 된다.

$$< L|H|R > \equiv H_{12} = \epsilon, \quad < R|H|L > = H_{21} = \epsilon \tag{5.195}$$

이 경우 계의 고유상태는 오른쪽이나 왼쪽 상태가 아닌 두 상태의 선형 결합으로 나타나게 되는데 이는 다음과 같이 볼 수 있다.

고유상태를 $|\phi>$ 라고 하고 이를 $|L>$ 과 $|R>$ 의 결합으로 다음과 같이 표시하자.

$$|\phi > = a|L > + b|R > \tag{5.196}$$

그러면 슈뢰딩거 방정식은 다음과 같이 쓸 수 있을 것이다.

$$H|\phi > = E|\phi > \tag{5.197}$$

위 식의 양변에 왼쪽으로부터 다음의 항등 연산자를 작용시키고,

$$1 = |L><L| + |R><R|, \tag{5.198}$$

$|L>$ 과 $|R>$ 에 대해 정리하면 다음의 행렬 방정식을 얻을 수 있다.

$$\begin{pmatrix} E_0 & \epsilon \\ \epsilon & E_0 \end{pmatrix} \begin{pmatrix} a \\ b \end{pmatrix} = E \begin{pmatrix} a \\ b \end{pmatrix} \tag{5.199}$$

위의 행렬 방정식이 성립하기 위해서는 다음의 고유방정식 secular equation[5]이 성립되어야 한다.

$$\det(H - E\mathbf{1}) = 0, \quad 즉 \quad \begin{vmatrix} E_0 - E & \epsilon \\ \epsilon & E_0 - E \end{vmatrix} = 0 \qquad (5.200)$$

따라서 해밀토니안의 고유값은 다음과 같이 주어진다.

$$E = E_0 \pm \epsilon \qquad (5.201)$$

이 고유값들에 대한 각각의 고유상태는 식 (5.199)로부터 다음과 같이 구할 수 있다.

먼저 $E = E_+ \equiv E_0 + \epsilon$ 인 경우, 다음 식을 만족하여야 하므로

$$\begin{pmatrix} E_0 & \epsilon \\ \epsilon & E_0 \end{pmatrix} \begin{pmatrix} a \\ b \end{pmatrix} = (E_0 + \epsilon) \begin{pmatrix} a \\ b \end{pmatrix}, \qquad (5.202)$$

$a = b$ 가 되어 그 고유상태는 다음과 같이 쓸 수 있다.

$$|\phi_+> = \frac{1}{\sqrt{2}}(|L> + |R>) \equiv |s> \qquad (5.203)$$

다음으로 $E = E_- \equiv E_0 - \epsilon$ 인 경우, 다음 식을 만족하여야 하므로

$$\begin{pmatrix} E_0 & \epsilon \\ \epsilon & E_0 \end{pmatrix} \begin{pmatrix} a \\ b \end{pmatrix} = (E_0 - \epsilon) \begin{pmatrix} a \\ b \end{pmatrix}, \qquad (5.204)$$

$a = -b$ 가 되어 그 고유상태는 다음과 같이 쓸 수 있다.

$$|\phi_-> = \frac{1}{\sqrt{2}}(|L> - |R>) \equiv |a> \qquad (5.205)$$

위에서 $|L>$ 과 $|R>$ 을 맞바꿨을 때, 고유상태 $|\phi_+>$ 와 $|\phi_->$ 는 각각 대칭과 반대칭 함수에 해당하므로 우리가 이를 각각 $|s>$ 와 $|a>$ 로 표기하였다(그림 5.22).

---

[5]한국물리학회에서 출간한 용어집에 따르면 영년방정식 또는 고유방정식으로 번역되어 있으나, 영년방정식이라는 단어는 그 뜻도 알기 어렵고 익숙하지도 않아 이 책에서는 고유방정식으로 쓰도록 하겠다.

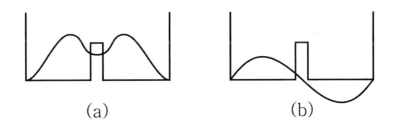

그림 5.22: (a) 대칭 고유상태  $|s>$   (b) 반대칭 고유상태  $|a>$

이제 시간 $t = 0$ 에서 계가 오른쪽 상태에 있었다고 하자. 그러면 시간 $t > 0$ 에서 계는 어떤 상태에 있게 될까? 이를 위해서 먼저 오른쪽 상태 $|R>$ 을 고유상태들로 다음과 같이 표시하자.

$$|\phi>_{(t=0)} \;\; = \;\; |R> \;\; = \;\; \frac{1}{\sqrt{2}}(|s> - |a>) \tag{5.206}$$

한편, 임의의 상태는 고유상태들의 선형결합으로 표시되고 그러한 임의 상태의 시간 변화가 어떻게 주어지는지 우리는 앞에서 배웠다. 즉, 식 (3.16)에 따르면, $H\psi_n = E_n\psi_n$ 이 성립하고, $t = 0$ 에서 계의 상태가 다음과 같이 주어졌을 때,

$$|\psi>_{(t=0)} \;\; = \;\; \sum_n c_n|\psi_n>, \tag{5.207}$$

시간 $t > 0$ 에서의 계의 상태는 다음과 같이 주어졌다.

$$|\psi>_{(t>0)} \;\; = \;\; \sum_n c_n e^{-\frac{i}{\hbar}E_n t}|\psi_n> \tag{5.208}$$

따라서 앞에서 제기한 물음에 대해 우리는 시간 $t > 0$ 에서 계의 상태는 다음과 같이 주어진다고 답할 수 있다.

$$
\begin{aligned}
|\phi>_{(t>0)} \;\; &= \;\; \frac{1}{\sqrt{2}}\left(|s> e^{-\frac{i}{\hbar}E_+ t} - |a> e^{-\frac{i}{\hbar}E_- t}\right) \\
&= \;\; e^{-\frac{i}{\hbar}E_0 t}\left[-i\sin(\frac{\epsilon t}{\hbar})|L> + \cos(\frac{\epsilon t}{\hbar})|R>\right]
\end{aligned}
\tag{5.209}
$$

이는 시간이 $\frac{\hbar\pi}{2\epsilon}$ 만큼 흐르면, 계의 상태는 $|L>$ 에 비례하는 왼쪽 상태가 되고, 시간이 $\frac{\hbar\pi}{\epsilon}$ 만큼 흐르면 다시 $|R>$에 비례하는 오른쪽 상태로 되돌아옴을 보여준다.[6] 즉, 계의 상태는 다음의 주기를 가지고 변화하게 된다.

$$T = \frac{\hbar\pi}{\epsilon} \tag{5.210}$$

이는 암모니아 분자의 경우, 처음에 질소 원자가 수소 원자들이 이루는 면의 아래 쪽에 위치하였다면, 시간이 흐르면 다시 위 쪽에 위치하였다가 시간이 더 흐르면 다시 원래 위치로 되돌아오는 그러한 진동을 반복하게 됨을 보여준다.

## ● 섭동(건드림)에 의한 겹친 상태들의 분리와 에너지 띠의 생성 Breaking Degeneracy and Forming of Energy Band

두 상태로 이루어진 계의 예에서 보듯이 해밀토니안에 약간의 변화를 주는 섭동(건드림)은 섭동 전의 계에서 존재하는 겹친 상태들을 서로 분리시키는 역할을 한다.[7] 두 상태로 이루어진 계의 경우에서도 만약 섭동이 없이 두 개의 1차원 상자들로 이루어진 계였다면, 즉 두 상자 사이의 위치에너지 장벽이 무한히 높다면, 각 상자에는 서로 독립된 동일한 에너지 상태들이 각각 존재할 것이다. 이는 1차원 상자의 모든 상태들이 똑같이 두 겹으로 존재함을 의미한다.

그러나 두 상자 사이에 위치한 무한 위치에너지 장벽이 (섭동에 의해) 앞에서 다룬 예에서처럼 유한하게 낮아지게 되면, 원래 어느 한 상자 속에만 존재할 수 있었던 입자는 이제 낮아진 장벽을 투과하여 다른 상자에 속한 위치에도 존재할 수 있게 된다. 이에 따라 원래 두 겹으로 존재했던 상태들은 앞에서 다룬 예에서처럼 두 개의 서로 다른 에너지 상태들로 분리되게 된다.

만약 상자가 세 개 존재하다가 그 상자들 사이의 무한 장벽들이 두 상태로 이루어진 계의 경우에서처럼 모두 유한하게 낮아지는 섭동이 일어나게 되면, 각 상자들에

---

[6]여기서 계수가 $-i$ 나 $-1$ 이라 하여 원래 상태가 아닌 것으로 생각할 수 있지만, 주어진 상태에 어떤 상수를 곱하여도 상태는 동일한 상태임을 유의하자.

[7]우리는 주어진 해밀토니안에 약간의 건드림을 주는 섭동을 어떻게 다루고, 이러한 건드림에 의해서 겹친 상태들이 어떻게 분리되는지 앞으로 9,10장에서 건드림 perturbation 이론으로 배울 것이다.

존재했던 세 겹의 동일한 상태들은 세 개의 서로 다른 에너지 상태들로 분리되게 될 것이다.[8]

앞에서 보았듯이 금속 결정과 같이 주기적인 위치에너지를 갖는 경우는 거의 무한히 많은 상자들 속에 전자들이 존재하다가 그 상자들 사이의 무한 위치에너지 장벽들이 모두 유한하게 낮아진 것과 같이 생각할 수 있을 것이다. 이 경우, 그 상자들의 수만큼 많은 서로 다른 상태들로 에너지 준위가 분리될 수 있고, 이렇게 분리된 수많은 서로 다른 에너지 준위들은 원래의 에너지 준위 근처에 어떤 범위를 갖는 띠의 형태로 밀집되어 존재하게 될 것이다. 이렇게 밀집되어 연속적인 분포를 형성하는 분리된 에너지 준위들이 곧 가능한 상태들의 에너지 띠(allowed energy band)를 형성하게 된다. 앞의 5절에서 우리는 이를 주기적인 위치에너지에 의한 가능한 에너지 띠의 형성으로 이해하였다.

### ● 도체, 부도체, 반도체    conductor, insulator, semiconductor

먼저 최상위 에너지[9] 띠에 전자들이 꽉 채워져 있지 않은 경우를 생각해 보자. 이 경우 전자들은 매우 쉽게 다른 상태로 옮겨갈 수 있게 될 것이다. 이처럼 전자의 이동이 쉬운 최상위 에너지 띠가 채워지지 않은 물질을 우리는 도체 conductor 라고 부른다(그림 5.23a 참조).

반면에 어떤 에너지 띠까지의 모든 상태들이 전자들로 꽉 채워졌고 그 위의 에너지 띠에는 전자들이 하나도 존재하지 않는 경우를 생각해 보자. 가장 높은 채워진 에너지 띠(원자가 띠 valence band) 위의 에너지 띠(전도 띠 conduction band)가 비어 있고 그 아래 에너지 띠와의 간격이 클 경우, 원자가 띠에 있는 전자들은 그 위의 전도 띠로 옮겨갈 수 없게 된다. 이처럼 원자가 띠가 전자들로 꽉 채워지고 그 위의 전도 띠는 비어있지만 그 간격이 커서 전자들이 전도 띠로 옮겨갈 수 없는 물질을 우리는 부도체 insulator 라고 부른다(그림 5.23b 참조).

---

[8]이는 원리상 그렇다는 것이다. 섭동에 따라서는 세 개가 아닌 두 개로 분리될 수도 있다.

[9]참고로 12장에서 다룰 파울리의 배타원리에 의하면, 전자들은 동일한 같은 상태에 하나 이상 존재할 수 없다. 따라서 전자들은 가장 낮은 에너지 준위부터 하나씩 차곡차곡 쌓이게 된다. 이처럼 차곡차곡 쌓인 전자들이 가질 수 있는 가장 높은 에너지 준위를 페르미 에너지 Fermi energy 라고 한다.

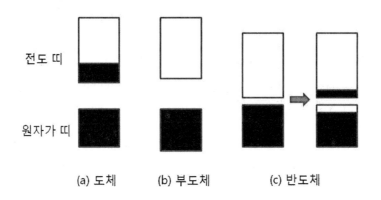

그림 5.23: 에너지 띠와 도체, 부도체, 반도체

한편, 원자가 띠는 꽉 채워지고 전도 띠는 완전히 비어있지만 원자가 띠와 전도 띠 사이의 에너지 간격이 별로 크지 않은 그런 경우에는 온도가 올라가거나 전압이 가해져 전자들이 외부로부터 그 에너지 간격에 비견할만한 에너지를 공급받게 되면 원자가 띠의 일부 전자들이 그 위의 비어 있는 전도 띠로 옮겨갈 수 있게 된다. 이와 같이 외부로부터 가해지는 약간의 변화에 의해 전자의 이동이 가능해지는 물질을 우리는 반도체 semiconductor 라고 부른다(그림 5.23c 참조).

## 문제

**5.1** 파동함수에 대한 다음의 특성을 보여라.

1). 파동함수가 실함수 real function 일 때, 확률흐름밀도는 0 이 됨을 보여라.

2). 위치에너지가 복소함수 complex function 로 주어질 때, 식 (5.13) 또는 (5.14)로 주어지는 확률흐름밀도는 연속방정식을 만족하지 않음을 보여라.

**5.2** 그림 5.24와 같이 어떤 유한한 영역에서만 0 이 아닌 임의의 위치에너지 $V(x)$ 를 가진 1차원 계가 있다. 이때 이 위치에너지 장벽의 좌우에서 슈뢰딩거 방정식을 만족하는 파동함수가 각각 그림 5.24에서와 같이 주어졌다고 하자.

1). 위치에너지 장벽 좌우에서 확률흐름밀도 $J_x$ 가 보존되는 것으로부터 다음 관계가

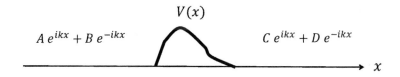

$$V(x)$$
$$A\,e^{ikx} + B\,e^{-ikx} \qquad\qquad C\,e^{ikx} + D\,e^{-ikx}$$
$$x$$

그림 5.24: 위치에너지 장벽 좌우에서의 파동함수

성립함을 보여라.

$$|A|^2 + |D|^2 = |B|^2 + |C|^2$$

2). 우리는 이 관계를 위치에너지 장벽의 좌우에서 각각 입사하는 파의 존재 확률의 합이 산란되어 나오는 파의 존재 확률의 합과 같음을 나타낸다고 해석할 수 있다. 따라서 우리는 다음과 같이 복소 계수를 써서 $B$ 와 $C$ 를 $A$ 와 $D$ 의 1차 결합으로 표시할 수 있다.

$$B = S_{11}A + S_{12}D$$
$$C = S_{21}A + S_{22}D$$

이 관계는 행렬식으로 표현하면 다음과 같다.

$$\begin{pmatrix} B \\ C \end{pmatrix} = \begin{pmatrix} S_{11} & S_{12} \\ S_{21} & S_{22} \end{pmatrix} \begin{pmatrix} A \\ D \end{pmatrix}$$

여기서 나타난 변환 행렬 $S$ 는 산란하기 이전의 파동과 산란한 이후의 파동 사이의 관계를 결정지으므로, 우리는 이를 산란행렬 scattering matrix 이라고 부를 수 있다. 이 산란행렬 $S$ 는 유니타리 행렬 unitary matrix $(S^\dagger = S^{-1})$임을 보여라.

**5.3** 계단 위치에너지를 갖는 계에 입자가 왼쪽에서 입사한다. 식 (5.19)와 같이 계단 위치에너지의 오른쪽이 높을 경우의 반사계수나 아래와 같이 계단 위치에너지의 왼쪽이 높을 경우의 반사계수는 동일함을 보여라. 두 경우 공히 입자의 에너지($E$)가 계단 위치에너지 장벽($V_0$)보다 높고($E > V_0$), 모두 왼쪽에서 입사한다.

$$V(x) = \begin{cases} V_0, & x < 0 \\ 0, & x > 0 \end{cases}$$

**5.4** 위치에너지가 식 (5.19)로 주어지는 계의 산란에서 입자가 $-x$ 방향에서 입사한다. 계단 위치에너지의 높이가 입자 에너지의 4 배라고 하면, $V_0 = 4E$ , 경계 $x = 0$ 을 지나 얼마쯤 더 가서 입자의 존재 확률이 입사할 때의 반으로 줄겠는가?

답. $x_{\frac{1}{2}} = \frac{\hbar \ln 2}{\sqrt{6mV_0}}$

**5.5** 문제 2.11에서 얻은 계단함수의 특성, $\frac{d\theta}{dx} = \delta(x)$ 을 써서 식 (5.73)으로 주어진 델타함수 우물에서의 속박상태 해가 불확정성 관계 $\triangle x \triangle p \geq \hbar/2$ 를 만족함을 보여라.

**5.6** 다음과 같이 식 (5.62)로 슈뢰딩거 방정식이 주어지는 델타함수 우물에서,

$$-\frac{\hbar^2}{2m}\frac{d^2\psi}{dx^2} - \lambda\delta(x)\psi = E\psi, \qquad \lambda > 0,$$

입자의 존재 확률이 1/2 이 되는 속박상태의 영역($|x| < x_0$)을 주는 위치 $x_0$ 를 구하라.

답. $x_0 = \frac{\hbar^2 \ln 2}{2m\lambda}$

**5.7** 식 (5.74)로 주어진 두 델타함수 우물에 의한 산란($E > 0$)에서 투과계수를 구하라.

$$V(x) = -\lambda\delta(x + a) - \lambda\delta(x - a), \quad \lambda > 0$$

답. $T = [1 + 4\rho^2(\rho \sin 2ka - \cos 2ka)^2]^{-1}$ , $\rho \equiv \frac{m\lambda}{k\hbar^2}$, $k^2 \equiv \frac{2mE}{\hbar^2}$

**5.8** 위치에너지가 다음과 같이 주어진 계에 입자가 왼쪽($-x$ 방향)에서 입사하였다.

$$V(x) = \begin{cases} 0, & x < -a \\ -V_0 < 0, & -a < x < 0 \\ \infty, & 0 < x \end{cases}$$

1). $x < -a$ 인 영역에서 산란($E > 0$)에 의한 반사계수를 구하라.

2). 속박상태($E < 0$) 해를 구하라. 해가 존재하지 않을 수 있다면, 해가 존재할 조건은 무엇인가?

<u>도움말</u>: 이 경우 $x = 0$ 에서 파동함수가 0 이 되어야 하므로, 속박상태 해가 구간이 $(-a, a)$인 네모난 우물에서의 기함수 속박상태 해에 해당하는지 조사하라.

답. 1). $R = 1$

**5.9** 유한한 깊이의 네모난 우물에서 속박상태의 입자를 생각하자. 네모난 우물의 폭이 $a$ 라고 하면 입자가 갖는 위치의 불확정성은 $a$ 보다 작고, 따라서 운동량의 불확정성은

$\hbar/a$ 보다 크다고 할 수 있을 것이다. 즉, 운동에너지가 $\frac{\hbar^2}{2ma^2}$ 보다 커질 것이다. 그러므로 우물의 깊이($V_0$)가 아주 얕다면, 입자의 전체 에너지는 양의 값을 가져야 할 것이다 ($E \geq \frac{\hbar^2}{2ma^2} - V_0 > 0$). 이는 5.4.3절에서 얻은 네모난 우물에서는 속박상태($E < 0$)가 적어도 하나 이상 존재한다는 결과와 위배된다. 이러한 모순이 생긴 이유는 무엇인가?

도움말: 입자의 존재 가능성은 파동함수에 의해 결정됨에 유의하라.

**5.10** 존재 영역이 $0 < x < a$ 로 주어진 1차원 상자의 중심에 델타함수 장벽이 존재할 때, 슈뢰딩거 방정식은 다음과 같이 쓸 수 있다.

$$-\frac{\hbar^2}{2m}\frac{d^2\psi}{dx^2} + \lambda\delta(x - \frac{a}{2})\psi = E\psi, \quad 0 < x < a, \quad \lambda > 0$$

에너지 고유값 $E$ 를 주는 관계식을 입자의 질량 $m$ 과 $\lambda$, $a$ 를 써서 구하라.

답. $\tan\frac{ka}{2} = -\frac{k\hbar^2}{m\lambda}, \quad k^2 \equiv \frac{2mE}{\hbar^2}$

**5.11** 1차원에서는 겹친 속박상태들이 존재하지 않음을 보여라.

도움말: 같은 해밀토니안 고유값을 갖는 두 상태가 있다고 가정하고, 각 상태에 대한 슈뢰딩거 방정식을 다른 상태와 곱하여 두 방정식의 차이가 0 이 됨을 보여라. 이 관계에 속박상태는 무한대에서 0 이 되는 조건을 써서 두 상태가 서로 상수 배로 표현되는 같은 상태임을 보여라. 여기서 $H = -\frac{\hbar^2}{2m}\frac{d^2}{dx^2} + V(x)$ 로 놓고 풀어라.

**5.12** 위치에너지가 다음과 같이 주어지는 계가 있다.

$$V(x) = \begin{cases} \lambda\delta(x), & x < a, \quad \lambda > 0, \quad a > 0 \\ \infty, & a < x \end{cases}$$

초기에 입자가 $(0, a)$ 구간에만 존재하여 파동함수가 다음과 같이 주어졌다.

$$\psi(x, t=0) = \begin{cases} A\sin\left(\frac{\pi x}{a}\right), & 0 \leq x \leq a \\ 0, & x \leq 0, \quad a \leq x \end{cases}$$

1). 규격화 상수 $A$ 를 구하고, 시간 $t > 0$ 에서의 파동함수 $\psi(x, t)$를 구하라.

도움말: 경계조건을 만족하는 해를 sin 함수들로 표현하고, 초기 파동함수를 이 해들로 전개하여 임의 시간에서의 파동함수를 구한다. 고유함수에 대해서는 델타함수 규격화 조건을 적용하라.

2). 입자가 왼쪽($-x$ 방향)에서 입사하였을 때의 반사계수를 구하라.

답. 2). $R = 1$

**5.13** 1차원 상자($0 < x < a$)에 있는 입자가 각 벽에 가하는 평균힘은 얼마인가?

도움말: 벽이 입자에 작용하는 힘은 위치에너지에 의해 입자에 작용하는 힘 $< -\frac{dV}{dx} >$ 로 생각할 수 있으므로 입자가 벽에 작용하는 힘은 그에 대한 반작용인 $< \frac{dV}{dx} >$ 로 생각하여 구하라. 여기서 상자의 경우 벽에서의 위치에너지 미분값이 무한대가 되므로 일단 유한한 위치에너지 장벽이라 생각하여 문제 2.11에서 얻은 계단함수의 특성을 써서 구한 후 그 값을 무한으로 보내는 극한을 생각하라. 즉, 위치에너지를 다음과 같이 놓고 계산한 다음 $V_0$ 를 무한대로 보내라.

$$V(x) = \begin{cases} V_0, & x \leq 0, \quad x \geq a, \quad V_0 > 0 \\ 0, & 0 < x < a \end{cases}$$

답. 각 벽에 작용하는 힘: $< \frac{dV}{dx} > = \frac{2E}{a}$, $E$ 는 에너지.

**5.14** 위치에너지가 식 (5.170)과 같이 주기적인 경우, $V(x+d) = V(x)$, 식 (5.173)처럼 정의된 변위연산자 displacement operator $\hat{D}$ 는 해밀토니안과 가환임을 보여라.

$$\hat{D}f(x) \equiv f(x+d), \quad [\hat{D}, H] = 0$$

도움말: 미분연산자 $\frac{d}{dx}$ 는 변위연산자에 의해 영향을 받지 않음을 보여라. ($[\hat{D}, \frac{d}{dx}] = 0$)

**5.15** 주기적인 위치에너지 $V(x+d) = V(x)$를 가진 계를 생각하자.

1). 이 계에 존재하는 입자의 블로흐 파동함수 $\phi(x) = e^{iKx}u(x)$ ($K$ 는 상수)에 대한 운동량 기대값을 구하라. 여기서 $u(x+d) = u(x)$이다.

2). 위에서 주기함수 $u(x)$가 실함수일 때 운동량 기대값은?

답. 1). $\hbar K + < u|p|u >$    2). $\hbar K$

**5.16** 에너지 고유상태 $|1>$ 과 $|2>$ 로 이루어진 두 상태 계를 생각하자. 이 계의 S 와 Q 라는 다른 두 관측량에 대해 다음과 같은 결과를 얻었다고 하자.

$$< 1|S|1 > = \frac{1}{3}, \quad < 1|S^2|1 > = \frac{1}{9}$$
$$< 1|Q|1 > = \frac{1}{2}, \quad < 1|Q^2|1 > = \frac{1}{6}$$

여기서 상태 $|1>$ 과 $|2>$ 는 서로 직교 규격화되었다. 이로부터 얻을 수 있는 두 관측량의 고유값들을 최대한 구하라. 이 둘 중에 물리적 관측량이 아닌 것이 있는가?

도움말: 두 상태 계의 모든 상태는 $|1>$ 과 $|2>$ 로 전개되고, 물리적 관측량은 에르미트 연산자임을 써라.

**5.17** 중성 케이온들 neutral kaons 의 변환: 두 케이온 중간자 $K^0$ 와 $\overline{K^0}$ 는 약작용에 의하여 서로 변환한다. 이는 본문의 두 상태로 이루어진 계에서 설명한 바와 같이 원래 독립적인 두 상태가 약작용에 의하여 서로 연관되는 경우와 같다고 생각할 수 있다. 즉, 전체 해밀토니안은 약작용이 없을 때의 해밀토니안 $H_0$ 와 약작용에 의한 해밀토니안 $H_w$ 의 합으로 생각할 수 있다.

$$H = H_0 + H_w$$

그리고 $K^0$ 와 $\overline{K^0}$ 는 약작용이 없을 때의 해밀토니안 $H_0$ 의 고유상태들로 생각할 수 있다. 따라서 전체 해밀토니안에 대한 고유상태는 $K^0$ 와 $\overline{K^0}$ 의 1차 결합으로 주어질 것이다. 이제 두 상태 $|K^0>$ 와 $|\overline{K^0}>$ 를 기저로 하는 전체 해밀토니안의 행렬 표현이 다음과 같이 주어졌다고 하자.

$$H = \begin{pmatrix} mc^2 & c^2\delta m \\ c^2\delta m & mc^2 \end{pmatrix}$$

전체 해밀토니안의 고유값과 그에 따른 고유상태를 반대칭 함수일 경우 $|K_1^0>$ 로, 대칭 함수일 경우 $|K_2^0>$ 로 표시하여 구하라.

도움말: 여기에 덧붙이자면, 전체 해밀토니안의 고유상태인 $|K_1^0>$ 와 $|K_2^0>$ 는 실제 서로 다른 입자들이라고 할 수 있다. 반면 $K^0$ 와 $\overline{K^0}$ 는 서로 반입자로서 질량과 수명이 같지만, 사실은 실제 입자들인 $|K_1^0>$ 와 $|K_2^0>$ 의 혼합이라고 할 수 있다. 실제 $|K_2^0>$ 는 $|K_1^0>$ 보다 훨씬 더 수명이 긴 것이 실험적으로 관측되었다. 이는 반전 parity 연산자 $P$ 와 전하반전 charge conjugation 연산자 $C$ 가 함께 작용될 때 $CP$ 보존의 관점에서 이해할 수 있다[30].

답. $E_- = mc^2 - c^2\delta m, \quad |K_1^0> = \frac{1}{\sqrt{2}}(|K^0> - |\overline{K^0}>)$

$\quad E_+ = mc^2 + c^2\delta m, \quad |K_2^0> = \frac{1}{\sqrt{2}}(|K^0> + |\overline{K^0}>)$

# 제 6 장

# WKB 어림
# WKB Approximation

## 제 6.1 절   양자 투과 Quantum Tunneling

앞 장의 식 (5.132)에서 우리는 네모난 위치에너지 장벽의 경우에 입자의 에너지가 위치에너지보다 낮을 경우에도 투과계수는 0 이 아니고 다음과 같이 주어짐을 보았다.

$$T = \frac{4k^2\kappa^2}{4k^2\kappa^2\cosh^2\kappa L + (k^2-\kappa^2)^2\sinh^2\kappa L} \tag{6.1}$$

여기서 $k^2 = \frac{2mE}{\hbar^2}$, $\kappa^2 = \frac{2m(V_0-E)}{\hbar^2}$, $L = 2a$ 로 각각 입자의 에너지, 위치에너지 장벽과 입자의 에너지 사이의 차이, 그리고 장벽의 폭을 나타낸다. 이제 위치에너지가 네모

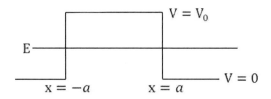

그림 6.1: 네모난 위치에너지 장벽에서의 투과

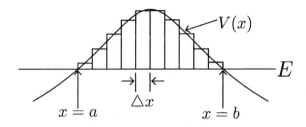

그림 6.2: 일반적인 위치에너지 장벽의 네모난 위치에너지 장벽들로의 분해

난 장벽이 아닌 일반적인 경우에 이 결과가 어떻게 적용될 수 있을 것인지에 대하여
생각하여 보자. 그림 6.2에서와 같이 위치에너지 장벽이 주어졌을 때, 위치에너지가
입자의 에너지보다 큰 영역을 여러 개의 동일한 폭($\triangle x$)을 갖는 장벽들의 모임으로
생각하면 이러한 위치에너지 장벽을 투과하는 확률은 각각의 네모난 장벽을 투과하는
투과계수들의 곱으로 주어질 것이다.

$$T_{tot.} = \prod_i T_i \tag{6.2}$$

식 (6.1)로 주어진 네모난 장벽에서의 투과계수를 보면 장벽의 폭이 매우 좁아져서
$\kappa L \ll 1$ 이 만족되는 경우, $\cosh \kappa L \gg \sinh \kappa L$ 이 되어 장벽의 투과계수는 다음과
같이 주어진다.

$$T \simeq \frac{1}{\cosh^2 \kappa L} \approx e^{-2\kappa L} \tag{6.3}$$

이를 일반적인 위치에너지의 경우에 해당하는 식 (6.2)에 적용하면 투과할 전체 확률은
다음과 같이 쓸 수 있다.

$$T_{tot.} \simeq \prod_i \exp(-2\kappa_i \triangle x) = \exp(-2 \sum_i \kappa_i \triangle x) \tag{6.4}$$

이제 $\triangle x \to 0$ 으로 가는 극한을 생각하면 위의 어림계산식은 다음과 같이 쓰여진다.

$$T_{tot.} \simeq \exp(-2 \int_a^b \kappa(x)dx) = \exp\left(-2 \int_a^b dx \sqrt{\frac{2m}{\hbar^2}(V(x) - E)}\right) \tag{6.5}$$

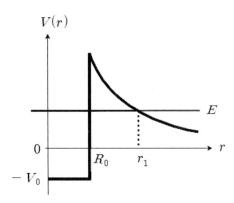

그림 6.3: 알파 붕괴 alpha decay 에서의 위치에너지 장벽

그런데 위치에너지와 입자의 에너지가 같아 $\kappa$ 값이 0 이 되는 고전적인 되돌이점 classical turning point 근처에서는 이러한 어림 approximation 방식을 적용하기 어렵다. 하지만, 위치에너지 장벽의 폭이 넓고 높은 경우에는 그러한 영향이 상대적으로 적어지므로 식 (6.5)는 대체적으로 맞게 된다. 많은 경우, 식 (6.5)를 사용하여 위치에너지 장벽에 대한 투과계수를 구할 수 있다.

장벽 투과 공식에 대한 적용의 예로 우리는 알파선을 방출하는 핵 붕괴의 경우를 생각할 수 있다. 원자번호가 $Z+2$ 인 원자핵이 원자번호 $Z$ 인 딸핵 daughter nucleus 과 원자번호 2 인 헬륨의 원자핵인 알파 입자로 붕괴되는 경우, 우리는 이를 딸핵에 의한 핵력과 전자기력의 위치에너지를 가진 계에서 알파 입자의 장벽 투과 문제로 바꾸어 생각할 수 있다. 즉, 핵력은 반지름 $0 < r < R_0$ 인 영역에서만 $V = -V_0 < 0$ 인 위치에너지 우물로 작용하고, 그 밖인 반지름이 $r > R_0$ 인 영역에서는 딸핵의 $+Ze$ 전하와 알파 입자의 $2e$ 전하에 의한 $V = \frac{2Ze^2}{r}$ 의 쿨롱 위치에너지[1]를 갖는 것으로 단순화하여 생각할 수 있다(그림 6.3 참조). 알파 입자의 궤도 각운동량에 의한 각운동량 장벽도 존재할 수 있지만, 여기서는 문제를 간단히 하기 위하여 알파 입자의 궤도 각운동량이 0 인 경우를 생각하겠다.

알파 입자의 에너지가 딸핵의 경계인 $r = R_0$ 에서의 쿨롱 위치에너지보다는 작지

---

[1]CGS 단위

만 양수인 경우($0 < E < \frac{2Ze^2}{R_0}$), 알파 입자는 쿨롱 위치에너지 장벽 안에 갇혀 있다가 투과하여 나올 수 있다. 이러한 투과 확률을 알면, 우리는 알파 입자의 방출에 의해 핵이 붕괴되기까지의 시간인 핵의 수명 lifetime 을 구할 수 있다. 이는 다음과 같이 구할 수 있다. 우선 투과 공식으로 구한 투과 확률은 알파 입자가 벽에 부딪혔을 때 나갈 수 있는 확률이므로, 그 투과 확률의 역수는 알파 입자가 핵 밖으로 나가기까지 요구되는 충돌 횟수가 될 것이다. 따라서 알파 입자가 투과하여 나가는데 걸리는 시간, 즉 핵의 수명은 투과 공식으로 얻은 투과 확률의 역수에 한 번 부딪히는데 걸리는 시간을 곱한 값이 될 것이다. 여기서 한 번 부딪히는데 걸리는 시간은 고전적으로 생각하면 알파 입자가 폭이 $2R_0$ 인 위치에너지 우물을 지나가는데 필요한 시간이므로 알파 입자의 속력을 $v$ 라고 하면 $2R_0/v$ 라고 할 수 있다. 그러므로 핵의 수명 $\tau$ 는 식 (6.5)로 구한 투과 확률의 역수를 $\gamma \equiv 1/T_{tot.}$ 라고 하면, 다음과 같이 쓸 수 있다.

$$\tau = \frac{2R_0}{v}\gamma \tag{6.6}$$

여기서 알파 입자의 에너지 $E$ 가 쿨롱 위치에너지와 같아지는 지점을 $r_1$ 이라고 하면,

$$r_1 = \frac{2Ze^2}{E} \tag{6.7}$$

이므로, 식 (6.5)로부터 $\gamma$ 에 대한 다음의 결과를 얻는다.

$$
\begin{aligned}
\ln \gamma &= 2 \int_{R_0}^{r_1} dr \sqrt{\frac{2m}{\hbar^2}\left(\frac{2Ze^2}{r} - \frac{2Ze^2}{r_1}\right)} \\
&= \frac{4e\sqrt{Zm}}{\hbar} \int_{R_0}^{r_1} dr \sqrt{\left(\frac{1}{r} - \frac{1}{r_1}\right)} \\
&= \frac{4e\sqrt{Zm}}{\hbar} \sqrt{r_1} \left\{ \cos^{-1}\sqrt{\frac{R_0}{r_1}} - \sqrt{\frac{R_0}{r_1}\left(1 - \frac{R_0}{r_1}\right)} \right\}
\end{aligned} \tag{6.8}
$$

맨 마지막 단계의 적분 결과는 $r \equiv r_1 \cos^2\theta$ 로 치환하여 $\theta$ 에 대한 적분으로 얻었다. 알파 입자의 에너지가 쿨롱 장벽의 높이보다 상당히 작을 때, 즉 $R_0 \ll r_1$ 인 경우, $\cos^{-1}\sqrt{\frac{R_0}{r_1}} \simeq \pi/2 - \sqrt{\frac{R_0}{r_1}}$ 이므로 식 (6.7)을 쓰면 위 식은 대략 다음과 같이 쓸 수 있다.

$$\ln \gamma \simeq \frac{4\pi Ze^2}{\hbar}\sqrt{\frac{m}{2E}} - \frac{8e\sqrt{ZmR_0}}{\hbar} \tag{6.9}$$

참고로 위에서 쓴 함수 $\cos^{-1} x$ 의 근사값은 테일러 전개를 하여 얻을 수 있다.[2]

이제 식 (6.6)에서 핵의 수명 $\tau$ 를 계산하기 위해서는 알파 입자의 속력(고전적으로는 $v \sim \sqrt{\frac{2(E+V_0)}{m}}$)을 알아야 하지만 실제로 알 수는 없다. 그러나 $\tau$ 의 로그 값을 취해 보면 $v$ 에 의한 에너지 의존성 기여도는 $\gamma$ 에 의한 것보다 매우 작으므로 대체로 다음과 같이 쓸 수 있다.

$$\ln \tau \simeq C_1 + C_2 \frac{Z}{\sqrt{E}}, \quad C_1, C_2 \text{ 는 상수} \tag{6.10}$$

실제 여러 원자핵들의 붕괴에 대한 측정 결과들은 이 관계식과 잘 들어맞는다.[3]

# 제 6.2 절   WKB 어림   WKB Approximation

앞 절에서 언급한 되돌이점에서의 문제점까지 고려한 일반적인 경우의 보다 정확한 계산은 WKB(Wentzel, Kramers, Brillouin) 어림 방식을 써서 하게 되는데 이제부터 그에 대해 살펴보기로 하겠다.

시간에 무관한 슈뢰딩거 방정식을 우리는 다음과 같이 쓸 수 있다.

$$\frac{d^2\psi}{dx^2} + \frac{2m}{\hbar^2}(E - V(x))\psi = 0 \tag{6.11}$$

이제 편의를 위하여 $k$ 를 다음과 같이 도입하면,[4]

$$k(x) \equiv \begin{cases} \sqrt{\frac{2m}{\hbar^2}(E - V(x))}, & E > V(x) \text{ 일 때} \\ -i\sqrt{\frac{2m}{\hbar^2}(V(x) - E)}, & E < V(x) \text{ 일 때} \end{cases}, \tag{6.12}$$

위 슈뢰딩거 방정식은 다음과 같이 표현된다.

$$\frac{d^2\psi}{dx^2} + [k(x)]^2 \psi = 0 \tag{6.13}$$

---

[2]이에 필요한 $\cos^{-1} x$ 의 미분은 다음과 같이 하여 얻을 수 있다. 먼저 $g(x) = \cos^{-1} x$ 라 하면 $x = \cos[g(x)]$ 이므로 양변을 미분하면 $1 = -\sin[g(x)]\frac{dg}{dx}$ 가 되어 $\frac{dg}{dx} = -\frac{1}{\sin[g(x)]}$ 로 주어진다. 여기에 $\sin[g(x)] = \sqrt{1 - \cos^2[g(x)]}$ 와 $\cos[g(x)] = x$ 의 관계에서 $\frac{d\cos^{-1} x}{dx} = -\frac{1}{\sqrt{1-x^2}}$ 을 얻는다.

[3]이에 대한 좀 더 자세한 내용은 참고문헌 [9]나 [10]을 참조 바람.

[4]여기서 $E < V(x)$ 인 경우에 계수를 $-i$ 로 쓴 이유는 아래에 도입하는 $\kappa \equiv ik$ 가 양수 값이 되도록 하기 위해서다.

192

한편, $\frac{\hbar^2 k^2}{2m} = E - V(x)$는 위치 $x$ 에서의 고전적인 운동에너지를 표시하므로 $k$ 는 운동량 $p$, 그리고 각 지점에서의 드브로이 물질파의 파수 wave number 와 다음과 같이 연관된다.

$$p = \hbar k = \frac{h}{2\pi}\frac{2\pi}{\lambda} = \frac{h}{\lambda} \tag{6.14}$$

위치에너지 $V$ 가 상수이면, 방정식 (6.13)은 우리에게 익숙한 다음의 해들을 갖는다.

$$\psi(x) = \begin{cases} e^{\pm ikx}, & E > V \text{ 일 때,} \\ e^{\pm \kappa x}, & E < V \text{ 일 때,} \quad ik \text{ 를 } \kappa \text{ 로 표시.} \end{cases} \tag{6.15}$$

그러나 위치에너지 $V$ 가 상수가 아니고 위치에 의존하는 함수인 경우 그 해를 구하기는 매우 어렵다. 여기서 만약 위치에너지가 위치 $x$ 에 따라 매우 천천히 변한다면, 우리는 위의 평면파 해를 약간 변형시킨 다음과 같은 파동함수 해를 생각해 볼 수 있을 것이다.

$$\psi(x) = e^{is(x)} \tag{6.16}$$

여기서 $s(x)$가 1차 함수인 경우는 앞에 기술한 해가 됨을 알 수 있다. 이제 이 새로운 파동함수를 슈뢰딩거 방정식 (6.13)에 대입하면 함수 $s(x)$는 다음의 미분방정식을 만족한다.

$$i\frac{d^2 s}{dx^2} - \left(\frac{ds}{dx}\right)^2 + [k(x)]^2 = 0 \tag{6.17}$$

위 식은 다음과 같이 쓸 수 있으므로,

$$\left(\frac{ds}{dx}\right)^2 = i\frac{d^2 s}{dx^2} + [k(x)]^2 , \tag{6.18}$$

우리는 다음 관계식을 얻는다.

$$\frac{ds}{dx} = \pm\sqrt{i\frac{d^2 s}{dx^2} + [k(x)]^2} \tag{6.19}$$

위 식은 적분하여 다시 다음과 같이 쓸 수 있다.

$$s(x) = \pm\int^x \sqrt{i\frac{d^2 s}{dx^2} + [k(x)]^2}dx + C \tag{6.20}$$

193

여기서 만약 다음의 관계가 만족된다면,

$$\left|\frac{d^2s}{dx^2}\right| \ll |k^2(x)|, \tag{6.21}$$

식 (6.19)는 다시 다음과 같이 쓸 수 있다.

$$\frac{ds}{dx} \simeq \pm k(x) \tag{6.22}$$

그러므로 조건식 (6.21)이 만족되는 경우, 식 (6.20)은 다음과 같이 쓸 수 있게 된다.

$$s(x) \simeq \pm \int^x \sqrt{\pm i\frac{dk}{dx} + [k(x)]^2}\,dx + C \tag{6.23}$$

이를 펼치면 우리는 최종적으로 다음과 같이 쓸 수 있다.

$$\begin{aligned}
s(x) &\simeq \int^x \left\{\pm k(x) + \frac{i}{2}\frac{dk/dx}{k(x)}\right\}dx + C \\
&= \pm \int^x k(x)dx + \frac{i}{2}\log[k(x)] + C
\end{aligned} \tag{6.24}$$

이로부터 우리는 파동함수를 다음과 같이 쓸 수 있다.

$$\psi(x) = e^{is(x)} \simeq \frac{A}{\sqrt{k(x)}}\exp\left[\pm i\int^x k(x)dx\right] \tag{6.25}$$

여기서 $A$ 는 규격화 상수다.

결과식 (6.25)를 주는 이와 같은 어림계산 방식을 우리는 WKB 어림 WKB approximation 이라고 한다. WKB 어림의 핵심 조건은 식 (6.21)이라고 할 수 있는데, 이의 의미에 대하여 생각하여 보자. 조건식 (6.21)은 식 (6.22)의 근사 관계를 써서 다시 다음과 같이 쓸 수 있다.

$$\left|\frac{dk}{dx}\right| \ll |k(x)|^2 \tag{6.26}$$

이 관계를 우리는 $p = \hbar k = \frac{h}{\lambda}$ 의 관계를 적용하여 다시 다음과 같이 표현할 수 있다.

$$\frac{\lambda(x)}{2\pi}\frac{dp}{dx} \ll p(x) \tag{6.27}$$

이는 드브로이 물질파 한 파장 정도의 범위에서 일어나는 운동량의 변화가 운동량에 견주어 아주 작음을 의미하므로, 물질파동 한 파장 범주에서의 위치에너지 변화가 아주

194

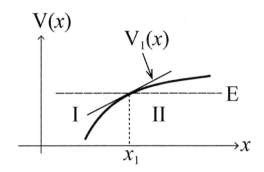

그림 6.4: 고전적인 되돌이점 근처에서 위치에너지가 증가하는 경우

작아야 함을 뜻한다. 때문에 WKB 어림은 $k(x)$가 급격하게 변하거나, 0 이 될 경우에는 적용할 수 없다. 그런데 $E = V(x)$가 되는 고전적인 되돌이점은 바로 그러한 경우에 해당한다. 따라서 우리는 되돌이점 근처에서 슈뢰딩거 방정식을 만족하는 파동함수 해를 독립적으로 구하고, 이를 WKB 가정을 만족하는 되돌이점을 벗어난 영역에서의 WKB 어림에 의한 해와 연결시키는 방법을 생각해야 한다. 이를 위해서 먼저 되돌이점 근처에서 슈뢰딩거 방정식을 만족하는 파동함수 해를 생각하여 보도록 하자.

## 제 6.3 절   연결 공식과 에어리 함수  Connection Formulas and Airy Functions

그림 6.4에서와 같이 고전적인 되돌이점 근처에서 위치에너지가 증가하는 경우를 먼저 생각하여 보자. 고전적인 되돌이점을 $x = x_1$ 으로 표시하고, 그 근방에서 위치에너지를 다음과 같이 급수 전개하자.

$$V(x) = V(x_1) + \frac{dV}{dx}\bigg|_{x=x_1} (x - x_1) + O((x - x_1)^2) \tag{6.28}$$

여기서 $V(x_1) = E$ 이므로, $\frac{dV}{dx}\big|_{x=x_1} \equiv c_1$ 이라고 하면, 위 식은 다음과 같이 선형 근사할 수 있다.

$$V(x) \simeq V_1(x) = c_1(x - x_1) + E \tag{6.29}$$

195

여기서 계수 $c_1$ 은 위치에너지 함수 $V(x)$의 되돌이점 $x_1$ 에서의 접선의 기울기로 양수이다. 위치에너지를 이렇게 선형 근사한 경우의 파동함수를 $\psi_t$ 로 표기하면, 우리는 되돌이점 $x_1$ 근처에서의 슈뢰딩거 방정식을 다음과 같이 쓸 수 있다.

$$\frac{d^2\psi_t}{dx^2} - \frac{2m}{\hbar^2}c_1(x - x_1)\psi_t(x) = 0 \tag{6.30}$$

여기서 새로운 변수 $y$ 를 다음과 같이 도입하면,

$$y \equiv (\frac{2m}{\hbar^2}c_1)^{\frac{1}{3}}(x - x_1), \tag{6.31}$$

위의 슈뢰딩거 방정식은 다음과 같이 쓰여진다.

$$\frac{d^2\psi_t}{dy^2} - y\psi_t = 0 \tag{6.32}$$

이 방정식을 우리는 에어리 방정식 Airy's equation 이라고 부르며, 그 해를 에어리 함수 Airy functions 라고 한다. 해를 구하기 위하여 먼저 파동함수를 푸리에 변환을 써서 표현해 보자.

$$\psi_t(y) = \sqrt{\frac{1}{2\pi}}\int_{-\infty}^{\infty}\phi(k)e^{iky}dk \tag{6.33}$$

이를 방정식 (6.32)에 대입하면 다음과 같이 된다.

$$\sqrt{\frac{1}{2\pi}}\int_{-\infty}^{\infty}dk\left\{-k^2\phi(k)e^{iky} - y\phi(k)e^{iky}\right\} = 0 \tag{6.34}$$

이는 다시 다음과 같이 쓸 수 있으므로,

$$\sqrt{\frac{1}{2\pi}}\int_{-\infty}^{\infty}dk\left\{-k^2\phi(k)e^{iky} + i\phi(k)\frac{d}{dk}e^{iky}\right\} = 0, \tag{6.35}$$

두 번째 항을 부분 적분하면, 우리는 임의의 $k$ 에서 다음 관계가 성립함을 알 수 있다.

$$k^2\phi + i\frac{d\phi}{dk} = 0 \tag{6.36}$$

이를 적분하면 다음의 결과를 얻는다.

$$\phi(k) \sim e^{ik^3/3} \tag{6.37}$$

따라서 우리는 파동함수인 에어리 함수를 다음과 같이 쓸 수 있다.

$$\psi_t(y) \sim \int_{-\infty}^{\infty} e^{i(ky+\frac{k^3}{3})} dk \tag{6.38}$$

에어리 적분 Airy integral 으로 알려진 위의 적분값을 구하는 것은 쉽지 않다. 그러나 WKB 어림에서 우리가 필요로 하는 점근 영역 asymptotic region ( $|y| \to \infty$ 또는 $|y| \gg 1$ ) 에서의 적분값은 아래와 같이 복소 평면에서의 적절한 경로 적분으로 변경하여 안장점 적분방법 saddle-point method 의 최대 급감 방법 steepest decent method 을 써서 구할 수 있다.[5]

$$f(y) = \int_C e^{i(zy+\frac{z^3}{3})} dz \tag{6.39}$$

이렇게 얻어진 에어리 함수는 $Ai(y)$와 $Bi(y)$의 두 가지 종류가 있으며 우리가 필요로 하는 $|y| \gg 0$ 인 점근 영역에서 이 함수들의 형태 asymptotic form 는 다음과 같이 주어진다.[6]

$$\left.\begin{array}{l} Ai(y) \sim \frac{1}{2\sqrt{\pi}y^{\frac{1}{4}}} \exp[-\frac{2}{3}y^{\frac{3}{2}}] \\[2mm] Bi(y) \sim \frac{1}{\sqrt{\pi}y^{\frac{1}{4}}} \exp[\frac{2}{3}y^{\frac{3}{2}}] \end{array}\right\} \quad y \gg 0 \text{ 일 때}, \tag{6.40}$$

$$\left.\begin{array}{l} Ai(y) \sim \frac{1}{\sqrt{\pi}(-y)^{\frac{1}{4}}} \sin[\frac{2}{3}(-y)^{\frac{3}{2}} + \frac{\pi}{4}] \\[2mm] Bi(y) \sim \frac{1}{\sqrt{\pi}(-y)^{\frac{1}{4}}} \cos[\frac{2}{3}(-y)^{\frac{3}{2}} + \frac{\pi}{4}] \end{array}\right\} \quad y \ll 0 \text{ 일 때}. \tag{6.41}$$

그림 6.4의 되돌이점 $x_1$ 에서 멀리 떨어진 영역 I ($x < x_1$) 이나 영역 II ($x > x_1$) 에서 우리는 WKB 어림에 의해 구한 해를 사용할 수 있다. 영역 I 에서는 $E > V(x)$ 이므로 그 일반해는 식 (6.25)로 주어진 WKB 어림에 의한 해들의 선형결합으로 나타낼 수 있는데, 이를 우리는 상수 $F$ 와 위상 $\delta$ 를 써서 다음과 같이 표현하겠다.

$$\psi_I(x) = \frac{F}{\sqrt{k(x)}} \sin\left[\int_x^{x_1} k(x)dx + \delta\right], \quad k(x) = \sqrt{\frac{2m}{\hbar^2}(E - V(x))} \tag{6.42}$$

---

[5]이에 대한 자세한 설명은 참고문헌 [16]이나 [18] 또는 참고문헌 [19]의 7.5절을 참조하기 바란다.
[6]여기서 우리는 영역 표기의 편의를 위하여 $|y| \gg 0$ 을 $|y| \to \infty$ 나 $|y| \gg 1$ 의 의미로 사용하겠다.

한편, 일반적으로 $E < V(x)$인 영역에서 WKB 어림에 의한 파동함수 해들은 식 (6.25)에서 주어진 함수 형태에서 $k$ 를 $-i\kappa$ 로 치환하여 얻을 수 있다.

$$\psi(x) \simeq \frac{B}{\sqrt{\kappa(x)}} \exp\left[\pm \int^x \kappa(x)dx\right], \quad \kappa(x) = \sqrt{\frac{2m}{\hbar^2}(V(x) - E)} \qquad (6.43)$$

여기서 $B$ 는 상수이다. 영역 II 에서는 $E < V(x)$이므로 운동에너지는 음의 값을 가지는데, 생각의 편의를 위하여 영역 II 전체가 $E < V(x)$ 조건을 만족한다고 가정하자. 이 경우 $x \to +\infty$ 일 때 파동함수는 0 이 되어야 하므로 해 중에서 발산하는 $+$ 부호의 해는 사용할 수 없다. 즉, 이 경우 영역 II 에서 WKB 어림해는 다음과 같이 주어진다.

$$\psi_{II}(x) = \frac{G}{\sqrt{\kappa(x)}} \exp\left[-\int_{x_1}^x \kappa(x)dx\right] \qquad (6.44)$$

위에서 우리는 차후 기술의 편의를 위해 규격화 상수를 $G$ 로 표시하였다.

한편, 앞의 $\psi_I$ 에서 나타나는 $\int_x^{x_1} kdx$ 는 다음과 같이 계산할 수 있다.

$$\begin{aligned}
\int_x^{x_1} kdx &= \int_x^{x_1} \left[-\frac{2m}{\hbar^2}c_1(x - x_1)\right]^{\frac{1}{2}} dx \\
&= \int_y^0 (-y)^{\frac{1}{2}} dy \\
&= -\int_{t=-y}^{t=0} t^{\frac{1}{2}} dt \\
&= \frac{2}{3}(-y)^{\frac{3}{2}}
\end{aligned} \qquad (6.45)$$

참고로 이러한 계산에서 위치에너지 $V(x)$ 는 1차 근사한 $V_1(x)$로 대체하여 사용하고 있음을 기억하자. 다음으로 $\psi_{II}$ 에서 나타나는 $\int_{x_1}^x \kappa dx$ 는 다음과 같이 계산된다.

$$\int_{x_1}^x \kappa dx = \int_{x_1}^x \left[\frac{2m}{\hbar^2}c_1(x - x_1)\right]^{\frac{1}{2}} dx = \int_0^y y^{\frac{1}{2}} dy = \frac{2}{3}y^{\frac{3}{2}} \qquad (6.46)$$

여기서 $k$ 와 $\kappa$ 는 각각 다음과 같이 쓰여졌으므로,

$$k(x) = \sqrt{-\frac{2m}{\hbar^2}c_1(x - x_1)} \sim (-y)^{\frac{1}{2}}, \quad \kappa(x) = \sqrt{\frac{2m}{\hbar^2}c_1(x - x_1)} \sim y^{\frac{1}{2}}, \qquad (6.47)$$

위의 WKB 파동함수들은 영역 I 과 영역 II 에서 각각 다음과 같이 쓸 수 있다.

$$\psi_I \sim \frac{F}{(-y)^{\frac{1}{4}}} \sin\left[\frac{2}{3}(-y)^{\frac{3}{2}} + \delta\right], \quad y \ll 0 \tag{6.48}$$

$$\psi_{II} \sim \frac{G}{y^{\frac{1}{4}}} \exp\left[-\frac{2}{3}y^{\frac{3}{2}}\right], \quad y \gg 0 \tag{6.49}$$

그리고 이러한 WKB 해들과 연결시켜야 할 되돌이점 근처에서의 파동함수 해는 에어리 함수들의 선형결합으로 일반적으로 다음과 같이 쓸 수 있을 것이다.

$$\psi_t(y) = \alpha Ai(y) + \beta Bi(y), \quad \alpha, \ \beta \text{ 는 상수} \tag{6.50}$$

여기서 $y$ 의 값은 영역 I 에서는 0 보다 작고 $(y < 0)$, 영역 II 에서는 0 보다 큼 $(y > 0)$ 을 기억하자.

이제 식 (6.49)로 주어진 영역 II 에서의 WKB 해는 식 (6.50)으로 주어진 에어리 함수들의 선형결합 해와 $y \gg 0$ 인 점근 영역에서 그 표현이 일치하여야 한다. 식 (6.40)으로 주어진 이 경우의 점근 표현을 보면, 에어리 함수 중 $Bi(y)$는 발산하며 오직 $Ai(y)$만 WKB 파동함수 해 $\psi_{II}$ 와 같은 형태를 가지는 것을 알 수 있다. 그러므로 식 (6.50)에서의 계수 $\beta$ 는 0 이 되어야 한다. 즉, 계수 $G$ 는 계수 $\alpha$ 와 다음의 관계를 가지며,

$$G \sim \frac{\alpha}{2}, \tag{6.51}$$

되돌이점 $x_1$ 근처에서의 파동함수는 다음과 같이 주어진다.

$$\psi_t(y) = \alpha Ai(y) \tag{6.52}$$

이 파동함수는 다시 영역 I 의 점근 영역$(y \ll 0)$에서 식 (6.48)로 주어진 WKB 파동함수 $\psi_I$ 과 같아져야 한다. 이로부터 우리는 식 (6.41)로 주어진 에어리 함수의 점근 표현으로부터 다음의 관계가 성립되어야 함을 알 수 있다.

$$F \sim \alpha, \ \delta = \frac{\pi}{4} \tag{6.53}$$

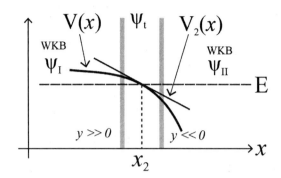

그림 6.5: 고전적인 되돌이점 근처에서 위치에너지가 감소하는 경우

그러므로 우리는 계수 $F$ 와 $G$ 가 $F = 2G$ 의 관계에 있음을 알 수 있다. 이상을 정리하면, 지금 우리가 다룬 되돌이점 근처에서 위치에너지가 증가하는 경우의 각 영역에서의 WKB 파동함수는 다음과 같이 쓸 수 있다.

$$\psi(x) = \begin{cases} \frac{2G}{\sqrt{k(x)}} \sin\left[\int_x^{x_1} k(x)dx + \frac{\pi}{4}\right], & x < x_1 \text{ 일 때} \\ \frac{G}{\sqrt{\kappa(x)}} \exp\left[-\int_{x_1}^x \kappa(x)dx\right], & x > x_1 \text{ 일 때} \end{cases} \tag{6.54}$$

이처럼 되돌이점 좌우의 두 영역에서 주어지는 WKB 파동함수들 사이의 관계를 우리는 WKB 연결공식이라고 한다. 우리는 앞으로 WKB 연결공식을 세 가지 더 접하게 될 것이다.

다음으로 되돌이점 근처에서 위치에너지가 감소하는 경우의 해도 우리는 동일한 방식으로 구할 수 있다. 이제 그림 6.5에서처럼 되돌이점을 $x_2$ 라고 하고, 위치에너지를 앞에서의 경우처럼 다음과 같이 선형으로 급수전개하겠다.

$$V(x) \simeq V_2(x) = -c_2(x - x_2) + E, \quad c_2 > 0. \tag{6.55}$$

이처럼 위치에너지를 선형 근사하면, 슈뢰딩거 방장식 (6.11)은 되돌이점 근처에서의 파동함수를 $\psi_t$ 로 표기하여 다음과 같이 쓰여진다.

$$\frac{d^2\psi_t}{dx^2} + \frac{2m}{\hbar^2}c_2(x - x_2)\psi_t = 0 \tag{6.56}$$

이전 경우와 동일한 방식으로 새로운 변수를 다음과 같이 도입하면,

$$y \equiv -(\frac{2m}{\hbar^2}c_2)^{\frac{1}{3}}(x - x_2), \tag{6.57}$$

슈뢰딩거 방정식은 다시 앞에서의 경우와 동일하게 에어리의 방정식이 된다.

$$\frac{d^2\psi_t}{dy^2} - y\psi_t = 0 \tag{6.58}$$

이제 접근 영역 I 과 II에서 WKB 파동함수와 되돌이점 근처에서의 파동함수로서 에어리 함수의 선형결합을 사용하면 우리는 다음과 같이 쓸 수 있다. 영역 I 에서는 식 (6.43)으로 주어지는 운동에너지가 음수인 WKB 어림해들 중에서 $-x$ 방향으로 깊숙이 들어간 지점에서 파동함수가 발산하지 않는 아래와 같은 해를 쓸 수 있다.

$$\psi_I(x) = \frac{F'}{\sqrt{\kappa(x)}}\exp\left[-\int_x^{x_2}\kappa(x)dx\right], \quad \kappa(x) = \sqrt{\frac{2m}{\hbar^2}(V(x) - E)} \tag{6.59}$$

영역 II 에서는 식 (6.25)로 주어지는 운동에너지가 양수인 WKB 어림해들의 선형 결합으로 다음과 같이 쓸 수 있다.

$$\psi_{II}(x) = \frac{G'}{\sqrt{k(x)}}\sin\left[\int_{x_2}^x k(x)dx + \gamma\right], \quad k(x) = \sqrt{\frac{2m}{\hbar^2}(E - V(x))} \tag{6.60}$$

여기서 $F'$ 와 $G'$ 는 상수이다. 이제 영역 I 에서 $\int_x^{x_2}\kappa dx$ 적분값은 다음과 같이 계산된다.

$$\int_x^{x_2}\kappa dx = \int_x^{x_2}[-\frac{2m}{\hbar^2}c_2(x - x_2)]^{\frac{1}{2}}dx = -\int_y^0 y^{\frac{1}{2}}dy = \frac{2}{3}y^{\frac{3}{2}} \tag{6.61}$$

그리고 영역 II 에서 $\int_{x_2}^x kdx$ 적분값은 다음과 같이 계산된다.

$$\begin{aligned}
\int_{x_2}^x kdx &= \int_{x_2}^x\left[\frac{2m}{\hbar^2}c_2(x - x_2)\right]^{\frac{1}{2}}dx \\
&= -\int_0^y(-y)^{\frac{1}{2}}dy \\
&= \int_{t=0}^{t=-y}t^{\frac{1}{2}}dt \\
&= \frac{2}{3}(-y)^{\frac{3}{2}}
\end{aligned} \tag{6.62}$$

위에서 $\kappa$ 와 $k$ 는 각각 다음과 같이 쓸 수 있으므로,

$$\kappa(x) = \sqrt{-\frac{2m}{\hbar^2} c_2 (x - x_2)} \sim y^{\frac{1}{2}}, \quad k(x) = \sqrt{\frac{2m}{\hbar^2} c_2 (x - x_2)} \sim (-y)^{\frac{1}{2}}, \quad (6.63)$$

식 (6.59)와 식 (6.60)으로 주어진 WKB 파동함수 해들은 각각 영역 I 과 영역 II 의 에어리 함수 점근 영역에서 다음과 같이 쓸 수 있다.

$$\psi_I \sim \frac{F'}{y^{\frac{1}{4}}} \exp\left[-\frac{2}{3} y^{\frac{3}{2}}\right], \quad y \gg 0 \tag{6.64}$$

$$\psi_{II} \sim \frac{G'}{(-y)^{\frac{1}{4}}} \sin\left[\frac{2}{3}(-y)^{\frac{3}{2}} + \gamma\right], \quad y \ll 0 \tag{6.65}$$

한편, 앞의 경우에서와 마찬가지로 되돌이점 근처에서 선형으로 근사된 위치에너지에 대한 슈뢰딩거 방정식의 일반해는 에어리 함수들의 1차 결합으로 다음과 같이 쓸 수 있다.

$$\psi_t(y) = \alpha' Ai(y) + \beta' Bi(y), \quad \alpha', \ \beta' \text{ 는 상수} \tag{6.66}$$

이제 점근 영역들에서 이 파동함수 해는 상응하는 WKB 파동함수 해와 같아져야 한다. 먼저, 영역 I 의 경우 식 (6.40)으로 주어지는 에어리 함수들의 점근 표현($y \gg 0$)에서 WKB 파동함수 $\psi_I$ 가 에어리 함수 $Ai(y)$와 같아짐을 볼 수 있다. 즉,

$$F' \sim \frac{\alpha'}{2}, \ \ \beta' = 0 \tag{6.67}$$

이 되어야 한다. 영역 II의 경우, 식 (6.41)로 주어지는 에어리 함수 $A_i(y)$의 점근 표현 ($y \ll 0$)과 식 (6.65)로 주어지는 WKB 파동함수 해 $\psi_{II}$ 가 일치해야 하므로,

$$G' \sim \alpha', \ \ \gamma = \frac{\pi}{4} \tag{6.68}$$

가 되어야 함을 알 수 있다. 이는 $G' = 2F'$ 의 관계를 주어, 우리는 되돌이점 근처에서 위치에너지가 감소하는 경우에 대한 또 하나의 WKB 연결공식을 얻는다.

$$\psi(x) = \begin{cases} \frac{F'}{\sqrt{\kappa(x)}} \exp\left[-\int_x^{x_2} \kappa(x)dx\right], & x < x_2 \\ \frac{2F'}{\sqrt{k(x)}} \sin\left[\int_{x_2}^x k(x)dx + \frac{\pi}{4}\right], & x > x_2 \end{cases} \tag{6.69}$$

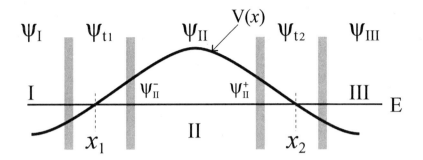

그림 6.6: 일반적인 위치에너지 장벽에서의 투과

# 제 6.4 절  장벽 투과 Transmission through a Barrier

이제 위치에너지 장벽의 투과에 WKB 어림을 사용하는 방법을 생각해 보자. 그림 6.6
에서처럼 영역을 운동에너지가 양인 부분과 음인 부분의 3 영역으로 나누어 각각 I, II,
III 으로 표시하자. 입자가 $-x$의 방향에서 입사하였다면, 먼저 영역 I 에서는 WKB
어림에 의하여 다음과 같이 파동함수 해를 표현할 수 있을 것이다.

$$\psi_I \sim \frac{1}{\sqrt{k}}\left[Ae^{i\int_x^{x_1}k(x)dx} + Be^{-i\int_x^{x_1}k(x)dx}\right] \tag{6.70}$$

영역 II 의 경우에는 WKB 어림해가 두 되돌이점 $x_1$, $x_2$ 근처에서 위치에너지를 각각
선형으로 근사한 슈뢰딩거 방정식의 파동함수 해들인 $\psi_{t_1}$ 및 $\psi_{t_2}$ 와 같아져야 하므로,
비교의 편의를 위하여 $x_1$ 및 $x_2$ 근처에서 WKB 어림에 의한 파동함수 해를 각각 $\psi_{II}^-$
및 $\psi_{II}^+$ 로 다음과 같이 표현하겠다.

$$\psi_{II}^- \sim \frac{1}{\sqrt{\kappa}}\left[Ce^{\int_{x_1}^x \kappa dx} + De^{-\int_{x_1}^x \kappa dx}\right] \tag{6.71}$$

$$\psi_{II}^+ \sim \frac{1}{\sqrt{\kappa}}\left[C'e^{\int_x^{x_2} \kappa dx} + D'e^{-\int_x^{x_2} \kappa dx}\right] \tag{6.72}$$

끝으로 영역 III 에서는 투과된 파동함수만 존재할 것이므로 우리는 다음과 같이 쓸 수
있을 것이다.

$$\psi_{III} \sim \frac{1}{\sqrt{k}}Fe^{i\int_{x_2}^x k(x)dx} \tag{6.73}$$

203

여기서 한 가지 언급할 점은 영역 II 에서 WKB 어림해는 실제 하나의 파동함수로 주어져야 하므로, $\psi_{II}^-$ 와 $\psi_{II}^+$ 가 서로 연관되어 있다는 점이다. 이러한 연관관계는 다음과 같이 구할 수 있다. 먼저 $\psi_{II}^-$ 와 $\psi_{II}^+$ 에서 나타나는 두 가지 적분 표현은 아래와 같이 서로 연관되므로

$$\int_{x_1}^{x} \kappa dx = \int_{x_1}^{x_2} \kappa dx - \int_{x}^{x_2} \kappa dx, \tag{6.74}$$

다음과 같이 $K$ 를 정의하면,

$$\int_{x_1}^{x_2} \kappa dx \equiv K, \tag{6.75}$$

$\psi_{II}^-$ 는 다음과 같이 바꾸어 쓸 수 있다.

$$
\begin{aligned}
\psi_{II}^- &\sim \frac{1}{\sqrt{\kappa}} \left[ Ce^{\int_{x_1}^{x} \kappa dx} + De^{-\int_{x_1}^{x} \kappa dx} \right] \\
&= \frac{1}{\sqrt{\kappa}} \left[ e^K Ce^{-\int_{x}^{x_2} \kappa dx} + e^{-K} De^{\int_{x}^{x_2} \kappa dx} \right]
\end{aligned}
\tag{6.76}
$$

이 함수는 $\psi_{II}^+$ 와 같아져야 하므로, 이로부터 다음의 관계가 성립함을 알 수 있다.

$$D' = e^K C, \quad C' = e^{-K} D \tag{6.77}$$

이제 각 되돌이점 근처에서의 파동함수와 되돌이점에서 떨어진 WKB 파동함수들과의 연결을 생각해보자. 먼저 영역 III 에서의 파동함수 $\psi_{III}$ 가 가장 간단하게 주어졌으므로, 이 함수와 되돌이점 $x_2$ 근처에서 위치에너지를 선형으로 근사하여 구한 슈뢰딩거 방정식의 파동함수 해 $\psi_{t_2}$ 와의 연결을 생각해보자. 되돌이점 $x_2$ 에서 위치에너지 함수의 접선 기울기를 $-c_2$ 로 놓으면($c_2 > 0$), 이 근방에서 위치에너지는 다음과 같이 근사할 수 있다.

$$V \simeq -c_2(x - x_2) + E \tag{6.78}$$

우리가 새로운 변수 $y$ 를 다음과 같이 도입하면,

$$y \equiv -(\frac{2m}{\hbar^2} c_2)^{\frac{1}{3}} (x - x_2), \tag{6.79}$$

슈뢰딩거 방정식은 이전과 동일하게 에어리의 방정식으로 주어지게 된다.

$$\frac{d^2 \psi_{t_2}}{dy^2} - y\psi_{t_2} = 0 \tag{6.80}$$

따라서 되돌이점 $x_2$ 근처에서 파동함수 일반해는 다음과 같이 에어리 함수들의 1차 결합으로 표현할 수 있다.

$$\psi_{t_2} \sim \gamma Ai(y) + \delta Bi(y) \tag{6.81}$$

한편, 파동함수 $\psi_{t_2}$ 와 영역 III 에서의 파동함수 $\psi_{III}$ 의 연결은 점근 영역$(y \ll 0)$에서 일어나므로 우리는 $\psi_{t_2}$ 를 다음과 같이 에어리 함수들의 점근 형태로 표현하겠다.

$$\psi_{t_2} \sim \frac{1}{\sqrt{\pi}(-y)^{\frac{1}{4}}} \left[ \gamma \sin\left\{\frac{2}{3}(-y)^{\frac{3}{2}} + \frac{\pi}{4}\right\} + \delta \cos\left\{\frac{2}{3}(-y)^{\frac{3}{2}} + \frac{\pi}{4}\right\} \right] \tag{6.82}$$

여기서 다음의 관계를 쓰면,

$$\int_{x_2}^{x} k(x)dx = \int_{x_2}^{x} \sqrt{\frac{2m}{\hbar^2}c_2(x-x_2)}\,dx = -\int_0^y (-y)^{\frac{1}{2}}dy = \frac{2}{3}(-y)^{\frac{3}{2}},$$

$\psi_{III}$ 는 다음과 같이 표현된다.

$$\psi_{III} \sim \frac{1}{\sqrt{k}} F e^{i\int_{x_2}^{x} k(x)dx} \sim \frac{F}{(-y)^{\frac{1}{4}}} e^{i\left[\frac{2}{3}(-y)^{\frac{3}{2}}\right]} \tag{6.83}$$

위의 $\psi_{III}$ 표현과 비교하기 위하여 $\psi_{t_2}$ 를 다시 다음과 같이 표현하자.

$$\begin{aligned} \psi_{t_2} = \frac{1}{\sqrt{\pi}(-y)^{\frac{1}{4}}} &\left[ \frac{\gamma}{2i}\left\{ e^{i\left(\frac{2}{3}(-y)^{\frac{3}{2}}+\frac{\pi}{4}\right)} - e^{-i\left(\frac{2}{3}(-y)^{\frac{3}{2}}+\frac{\pi}{4}\right)} \right\} \right. \\ &\left. + \frac{\delta}{2}\left\{ e^{i\left(\frac{2}{3}(-y)^{\frac{3}{2}}+\frac{\pi}{4}\right)} + e^{-i\left(\frac{2}{3}(-y)^{\frac{3}{2}}+\frac{\pi}{4}\right)} \right\} \right] \end{aligned} \tag{6.84}$$

$\psi_{III}$ 와 $\psi_{t_2}$ 는 서로 만나는 영역에서 같아져야 하므로, 우리는 이 두 함수를 비교하여 다음의 관계를 얻는다.

$$F \sim \frac{1}{\sqrt{\pi}}\left( \frac{\gamma}{2i}e^{i\frac{\pi}{4}} + \frac{\delta}{2}e^{i\frac{\pi}{4}} \right), \quad 0 = \frac{1}{\sqrt{\pi}}\left( -\frac{\gamma}{2i}e^{-i\frac{\pi}{4}} + \frac{\delta}{2}e^{-i\frac{\pi}{4}} \right) \tag{6.85}$$

즉, 계수들 사이에 다음의 관계가 성립한다.

$$\gamma = i\delta, \quad F \sim \frac{e^{i\frac{\pi}{4}}}{\sqrt{\pi}}\delta \tag{6.86}$$

여기서 "$\sim$" 표시는 WKB 파동함수와 되돌이점 근처에서 구한 파동함수가 하나의 전체적인 비례상수로 서로 연결되어 있음을 의미하며, 되돌이점 근처의 파동함수에 의하여 연결되는 좌우의 WKB 파동함수들은 앞에서 보았듯이 이러한 비례관계가 서로 상쇄되어 정확한 관계식으로 연결된다.

다음으로 되돌이점 근처에서의 파동함수 $\psi_{t_2}$ 와 영역 II 에서의 WKB 파동함수 $\psi_{II}^{+}$ 와의 연결을 생각하여 보겠다. 이 영역에서는 $y \gg 0$ 이므로, 이에 상응하는 $\psi_{t_2}$ 의 점근 표현은 다음과 같이 주어진다.

$$\psi_{t_2} \sim \frac{1}{\sqrt{\pi} y^{\frac{1}{4}}} \left\{ \frac{\gamma}{2} e^{-\frac{2}{3} y^{\frac{3}{2}}} + \delta e^{\frac{2}{3} y^{\frac{3}{2}}} \right\} \tag{6.87}$$

이와 비교하기 위하여 다음의 관계들을 사용하면,

$$\kappa = \sqrt{-\frac{2m}{\hbar^2} c_2 (x - x_2)} \sim y^{\frac{1}{2}}, \quad \int_x^{x_2} \kappa dx = -\int_y^0 y^{\frac{1}{2}} dy = \frac{2}{3} y^{\frac{3}{2}}, \tag{6.88}$$

$\psi_{II}^{+}$ 는 다음과 같이 쓸 수 있다.

$$\psi_{II}^{+} \sim \frac{1}{y^{\frac{1}{4}}} \left\{ C' e^{\frac{2}{3} y^{\frac{3}{2}}} + D' e^{-\frac{2}{3} y^{\frac{3}{2}}} \right\} \tag{6.89}$$

$\psi_{t_2}$ 와 $\psi_{II}^{+}$ 의 두 파동함수는 서로 같아져야 하므로 우리는 다음의 관계를 얻는다.

$$\frac{\gamma}{2\sqrt{\pi}} \sim D', \quad \frac{\delta}{\sqrt{\pi}} \sim C' \tag{6.90}$$

앞에서 얻은 $C'$, $D'$ 와 $C$, $D$ 사이의 관계식 (6.77)을 적용하면, 다시 다음의 관계를 얻을 수 있다.

$$C \sim \frac{e^{-K}}{2\sqrt{\pi}} \gamma = \frac{ie^{-K}}{2\sqrt{\pi}} \delta, \quad D \sim \frac{e^{K}}{\sqrt{\pi}} \delta \tag{6.91}$$

여기서 우리가 주목할 점은 식 (6.86)과 식 (6.90)의 결과로부터 우리는 앞에서 얻은 연결공식들 외에 새로운 연결공식을 얻을 수 있다는 것이다. 먼저 식 (6.86)의 결과를 적용하면 영역 III 에서의 파동함수 $\psi_{III}$ 는 식 (6.73)에서 다음과 같이 쓸 수 있으며,

$$\psi_{III} \sim \frac{\delta}{\sqrt{\pi} \sqrt{k}} \left\{ \cos \left[ \int_{x_2}^x k(x) dx + \frac{\pi}{4} \right] + i \sin \left[ \int_{x_2}^x k(x) dx + \frac{\pi}{4} \right] \right\}, \tag{6.92}$$

식 (6.90)의 결과를 적용하면 $\psi_{II}^{+}$ 는 식 (6.72)에서 다음과 같이 쓸 수 있다.

$$\psi_{II}^{+} \sim \frac{\delta}{\sqrt{\pi} \sqrt{\kappa}} \left\{ e^{\int_x^{x_2} \kappa dx} + \frac{i}{2} e^{-\int_x^{x_2} \kappa dx} \right\} \tag{6.93}$$

여기서 식 (6.92)와 식 (6.93)의 실수부와 허수부를 각각 비교하면, 되돌이점 $x_2$ 좌우의 WKB 파동함수들이 각각 다음과 같이 연결됨을 알 수 있다.

$$\frac{1}{\sqrt{\kappa}}e^{-\int_x^{x_2}\kappa dx} \ (\ x < x_2 \ \text{일 때}) \leftrightarrow \frac{2}{\sqrt{k}}\sin\left[\int_{x_2}^x kdx + \frac{\pi}{4}\right] \ (\ x > x_2 \ \text{일 때}) \quad (6.94)$$

$$\frac{1}{\sqrt{\kappa}}e^{\int_x^{x_2}\kappa dx} \ (\ x < x_2 \ \text{일 때}) \leftrightarrow \frac{1}{\sqrt{k}}\cos\left[\int_{x_2}^x kdx + \frac{\pi}{4}\right] \ (\ x > x_2 \ \text{일 때}) \quad (6.95)$$

여기서 우리는 식 (6.90)에서 에어리 함수 $Ai(y)$의 계수 $\gamma$ 가 $\psi_{II}^+$ 의 계수 $D'$ 와, 에어리 함수 $Bi(y)$의 계수 $\delta$ 는 $\psi_{II}^+$ 의 계수 $C'$ 와 연결됨을 알 수 있다. 이는 위에서 얻은 연결 공식의 첫 번째 식 (6.94)가 에어리 함수 $Ai(y)$를 통하여 연결되었음을 보여준다. 이 첫 번째 연결공식은 우리가 앞에서 얻은 식 (6.69)와 동일하다. 그러나 두 번째 연결공식 (6.95)는 에어리 함수 $Bi(y)$를 통하여 연결된 새로운 연결공식임을 주목하자.

이제 남아 있는 되돌이점 $x_1$ 근처에서의 파동함수 연결을 살펴보도록 하자. 되돌이점 $x_1$ 에서 위치에너지 함수의 접선 기울기를 $c_1$ 으로 놓으면, 위치에너지는 다음과 같이 근사할 수 있다.

$$V \simeq c_1(x - x_1) + E, \quad c_1 > 0 \quad (6.96)$$

새로운 변수 $y$ 를 다음과 같이 도입하면,

$$y \equiv \left(\frac{2m}{\hbar^2}c_1\right)^{\frac{1}{3}}(x - x_1), \quad (6.97)$$

슈뢰딩거 방정식은 이전처럼 에어리의 방정식으로 주어진다.

$$\frac{d^2\psi_{t_1}}{dy^2} - y\psi_{t_1} = 0 \quad (6.98)$$

그러므로 되돌이점 $x_1$ 근처에서 슈뢰딩거 방정식의 파동함수 해 $\psi_{t_1}$ 은 다음과 같이 에어리 함수들의 1차 결합으로 표현할 수 있다.

$$\psi_{t_1} \sim \alpha Ai(y) + \beta Bi(y) \quad (6.99)$$

이제 앞에서처럼 영역 I 과 영역 II 에서의 파동함수들을 $\psi_{t_1}$ 을 매개로 하여 연결하여 보자. 이를 위해서 먼저 $\psi_{t_1}$ 과 영역 II 에서의 WKB 어림에 의한 파동함수 해 $\psi_{II}^-$ 를 연결하도록 하자. 이 두 함수가 연결되는 영역에서는 $y \gg 0$ 이므로 에어리 함수들의 점근 표현을 사용하여 $\psi_{t_1}$ 을 다음과 같이 표현하자.

$$\psi_{t_1} \sim \frac{\alpha}{2\sqrt{\pi}y^{\frac{1}{4}}}e^{-\frac{2}{3}y^{\frac{3}{2}}} + \frac{\beta}{\sqrt{\pi}y^{\frac{1}{4}}}e^{\frac{2}{3}y^{\frac{3}{2}}} \tag{6.100}$$

여기서 다음의 관계들을 써서

$$\kappa = \sqrt{\frac{2m}{\hbar^2}c_1(x-x_1)} \sim y^{\frac{1}{2}}, \quad \int_{x_1}^{x}\kappa dx = \int_{0}^{y}y^{\frac{1}{2}}dy = \frac{2}{3}y^{\frac{3}{2}}, \tag{6.101}$$

WKB 어림해 $\psi_{II}^{-}$ 를 다시 쓰면 다음과 같아지므로,

$$\begin{aligned} \psi_{II}^{-} &\sim \frac{1}{\sqrt{\kappa}}\left[Ce^{\int_{x_1}^{x}\kappa dx} + De^{-\int_{x_1}^{x}\kappa dx}\right] \\ &\sim \frac{1}{y^{\frac{1}{4}}}\left[Ce^{\frac{2}{3}y^{\frac{3}{2}}} + De^{-\frac{2}{3}y^{\frac{3}{2}}}\right], \end{aligned} \tag{6.102}$$

이 함수가 $\psi_{t_1}$ 과 같아지려면 다음의 관계가 성립되어야 함을 알 수 있다.

$$\frac{\alpha}{2\sqrt{\pi}} \sim D, \quad \frac{\beta}{\sqrt{\pi}} \sim C \tag{6.103}$$

이제 앞에서 얻은 관계식 (6.91)을 적용하면, 우리는 다음의 관계를 얻는다.

$$\alpha \sim 2e^{K}\delta, \quad \beta \sim \frac{i}{2}e^{-K}\delta \tag{6.104}$$

마지막으로, 남아있는 영역 I 에서의 WKB 어림해 $\psi_I$ 과 $\psi_{t_1}$ 를 연결하여 보자. 이 영역은 $y \ll 0$ 인 경우에 해당하므로, 이에 해당하는 $\psi_{t_1}$ 의 점근 표현은 다음과 같다.

$$\psi_{t_1} \sim \frac{\alpha}{\sqrt{\pi}(-y)^{\frac{1}{4}}}\sin\left\{\frac{2}{3}(-y)^{\frac{3}{2}} + \frac{\pi}{4}\right\} + \frac{\beta}{\sqrt{\pi}(-y)^{-\frac{1}{4}}}\cos\left\{\frac{2}{3}(-y)^{\frac{3}{2}} + \frac{\pi}{4}\right\} \tag{6.105}$$

앞에서와 마찬가지로 다음의 관계들을 써서

$$k = \sqrt{-\frac{2m}{\hbar^2}c_1(x-x_1)} \sim (-y)^{\frac{1}{2}}, \quad \int_{x}^{x_1}kdx = \int_{y}^{0}(-y)^{\frac{1}{2}}dy = \frac{2}{3}(-y)^{\frac{3}{2}}, \tag{6.106}$$

$\psi_I$ 을 다시 쓰면 다음과 같이 표현된다.

$$\psi_I \sim \frac{1}{\sqrt{k}}\left[Ae^{i\int_{x}^{x_1}kdx} + Be^{-i\int_{x}^{x_1}kdx}\right]$$

$$\sim \quad \frac{1}{(-y)^{\frac{1}{4}}}\left[Ae^{i\frac{2}{3}(-y)^{\frac{3}{2}}} + Be^{-i\frac{2}{3}(-y)^{\frac{3}{2}}}\right] \tag{6.107}$$

여기서 $\psi_I$ 을 $\psi_{t_1}$ 과 비교하기 위해서 식 (6.105)의 $\psi_{t_1}$ 을 다음과 같이 다시 쓰면,

$$\begin{aligned}
\psi_{t_1} \quad \sim \quad & \frac{\alpha}{\sqrt{\pi}(-y)^{\frac{1}{4}}}\left\{\frac{1}{2i}\left(e^{i(\frac{2}{3}(-y)^{\frac{3}{2}}+\frac{\pi}{4})} - e^{-i(\frac{2}{3}(-y)^{\frac{3}{2}}+\frac{\pi}{4})}\right)\right\} \\
& + \frac{\beta}{\sqrt{\pi}(-y)^{\frac{1}{4}}}\left\{\frac{1}{2}\left(e^{i(\frac{2}{3}(-y)^{\frac{3}{2}}+\frac{\pi}{4})} + e^{-i(\frac{2}{3}(-y)^{\frac{3}{2}}+\frac{\pi}{4})}\right)\right\} \\
= \quad & \frac{1}{\sqrt{\pi}(-y)^{\frac{1}{4}}}\left\{(\frac{\alpha}{2i}+\frac{\beta}{2})e^{i(\frac{2}{3}(-y)^{\frac{3}{2}}+\frac{\pi}{4})} + (-\frac{\alpha}{2i}+\frac{\beta}{2})e^{-i(\frac{2}{3}(-y)^{\frac{3}{2}}+\frac{\pi}{4})}\right\},
\end{aligned} \tag{6.108}$$

$\psi_I$ 과 $\psi_{t_1}$ 이 같아지기 위하여 다음의 관계가 성립되어야 함을 알 수 있다.

$$A \sim \frac{1}{2\sqrt{\pi}}\left(\frac{\alpha}{i}+\beta\right)e^{i\frac{\pi}{4}}, \quad B \sim \frac{1}{2\sqrt{\pi}}\left(-\frac{\alpha}{i}+\beta\right)e^{-i\frac{\pi}{4}} \tag{6.109}$$

여기에 앞에서 얻은 관계식 (6.104)를 적용하면, 다음의 관계들을 얻는다.

$$A \sim \frac{i}{\sqrt{\pi}}e^{i\frac{\pi}{4}}\left(-e^{K}+\frac{1}{4}e^{-K}\right)\delta, \quad B \sim \frac{i}{\sqrt{\pi}}e^{-i\frac{\pi}{4}}\left(e^{K}+\frac{1}{4}e^{-K}\right)\delta \tag{6.110}$$

우리는 여기서도 식 (6.103)과 식 (6.109)의 결과로부터 되돌이점 좌우의 WKB 파동함수 해들을 연결하는 연결공식들을 얻을 수 있다. 즉, 식 (6.103)으로부터 영역 II 에서의 파동함수 $\psi_{II}^{-}$ 를 식 (6.71)에서 다음과 같이 쓸 수 있고,

$$\psi_{II}^{-} \sim \frac{1}{\sqrt{\pi}\sqrt{\kappa}}\left\{\beta e^{\int_{x_1}^{x}\kappa dx} + \frac{\alpha}{2}e^{-\int_{x_1}^{x}\kappa dx}\right\}, \tag{6.111}$$

식 (6.109)와 식 (6.70)에서 영역 I 에서의 파동함수 $\psi_I$ 은 다음과 같이 쓸 수 있으므로,

$$\begin{aligned}
\psi_I \quad \sim \quad & \frac{1}{2\sqrt{\pi}\sqrt{k}}\left\{(\frac{\alpha}{i}+\beta)e^{i[\int_x^{x_1}k(x)dx+\frac{\pi}{4}]} + (-\frac{\alpha}{i}+\beta)e^{-i[\int_x^{x_1}k(x)dx+\frac{\pi}{4}]}\right\} \\
= \quad & \frac{1}{\sqrt{\pi}\sqrt{k}}\left\{\alpha\sin\left[\int_x^{x_1}k(x)dx+\frac{\pi}{4}\right] + \beta\cos\left[\int_x^{x_1}k(x)dx+\frac{\pi}{4}\right]\right\}, \tag{6.112}
\end{aligned}$$

우리는 WKB 파동함수들이 각각 다음과 같이 연결됨을 알 수 있다.

$$\frac{2}{\sqrt{k}}\sin\left[\int_x^{x_1}kdx+\frac{\pi}{4}\right] \ (\ x<x_1 \text{ 일 때}) \leftrightarrow \frac{1}{\sqrt{\kappa}}e^{-\int_{x_1}^{x}\kappa dx} \ (\ x>x_1 \text{ 일 때}) \tag{6.113}$$

$$\frac{1}{\sqrt{k}}\cos\left[\int_x^{x_1}kdx+\frac{\pi}{4}\right] \ (\ x<x_1 \text{ 일 때}) \leftrightarrow \frac{1}{\sqrt{\kappa}}e^{\int_{x_1}^{x}\kappa dx} \ (\ x>x_1 \text{ 일 때}) \tag{6.114}$$

여기서 첫 번째 식 (6.113)은 계수 $\alpha$, 즉 에어리 함수 $Ai(y)$를 통하여 연결된 앞에서 얻은 연결공식 (6.54)이지만, 두 번째 식 (6.114)는 계수 $\beta$, 즉 에어리 함수 $Bi(y)$를 통하여 연결된 새로운 연결공식이다.

최종적으로 우리는 식 (6.86)을 식 (6.110)에 적용하여 다음의 결과를 얻는다.

$$A = i \left( -e^K + \frac{1}{4}e^{-K} \right) F, \quad B = \left( e^K + \frac{1}{4}e^{-K} \right) F \tag{6.115}$$

여기서 투과계수를 구하기 위해서는 우리는 파동함수 $\psi_I$ 에서 입사파의 파동함수가 어떻게 주어지는지 알아야 한다. 이를 위하여 우리는 $\int_x^{x_1} kdx$ 으로 주어지는 파동함수 시수부의 함수 특성부터 알아야 한다. 식 (6.106)에서 우리는 다음의 관계가 성립함을 보았다.

$$k \sim (-y)^{\frac{1}{2}}, \quad \int_x^{x_1} kdx \sim \frac{2}{3}(-y)^{\frac{3}{2}} \tag{6.116}$$

그런데 식 (6.97)에 의하면 $y \sim x$ 이므로, $(-y)^{\frac{3}{2}} \sim -kx$ 로 나타낼 수 있다. 이는 파동함수 $\psi_I$ 에서 계수가 $B$ 인 함수 부분이 다음과 같이 표현될 수 있음을 뜻한다.

$$Be^{-i\int_x^{x_1} kdx} \sim Be^{-i\frac{2}{3}(-y)^{\frac{3}{2}}} \sim Be^{\frac{2}{3}ikx} \tag{6.117}$$

이는 이전에 논의했던 바와 같이 우리가 시간 의존 부분까지 고려할 경우, 계수가 $B$ 인 파동함수 부분이 $+x$ 방향으로 진행하는 입사파에 해당함을 의미한다. 그리고 계수가 $A$ 인 파동함수 부분은 $-x$ 방향으로 진행하는 반사파에 해당한다.[7] 동일한 방식으로 우리는 식 (6.83)으로 주어진 $\psi_{III}$ 역시 $+x$ 방향으로 진행하는 파동함수, 즉 투과파임을 알 수 있다. 그러므로 우리는 투과계수를 다음과 같이 쓸 수 있다.

$$T = \frac{J_\text{투과}}{J_\text{입사}} = \left| \frac{F}{B} \right|^2 = \frac{1}{\left( e^K + \frac{1}{4}e^{-K} \right)^2} \tag{6.118}$$

여기서 $K$ 는 식 (6.75)에서 다음과 같이 주어졌다.

$$K \equiv \int_{x_1}^{x_2} \kappa dx = \int_{x_1}^{x_2} \sqrt{\frac{2m}{\hbar^2}[V(x) - E]} \, dx \tag{6.119}$$

---

[7]위에서처럼 직접 계산하지 않더라도 식 (6.70)에서 계수 A의 경우 $e^{i\int_x^{x_1} kdx}$ 에서 변수 $x$ 가 적분 하한에 있으므로 이 값이 $\sim e^{-ikx}$ 에 해당하고, 계수 B의 경우 $e^{-i\int_x^{x_1} kdx}$ 가 $\sim e^{+ikx}$ 에 해당하리라는 것을 알 수 있다. 마찬가지로 계수 F의 경우도 식 (6.73)에서 $e^{i\int_{x_2}^{x} kdx}$ 가 $\sim e^{ikx}$ 에 해당됨을 알 수 있다.

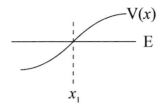 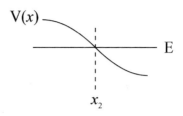

(a) 연결공식 (6.121)과 (6.122) 성립          (b) 연결공식 (6.123)과 (6.124) 성립

그림 6.7: 위치에너지의 형태와 WKB 연결공식들 사이의 관계

주목할 점은 $K \gg 1$ 인 경우, 투과계수 (6.118)은 다음과 같이 쓸 수 있게 된다.

$$T \simeq e^{-2K} = \exp\left[-2\int_{x_1}^{x_2}\sqrt{\frac{2m}{\hbar^2}(V(x)-E)}\,dx\right] \tag{6.120}$$

이 결과는 우리가 1절에서 얻은 식 (6.5)와 같다.

지금까지 얻은 WKB 연결공식들을 정리하면 다음과 같다. 먼저 되돌이점에서 위치에너지가 증가하는 경우의 연결공식은 다음과 같이 주어지고,

$$\frac{2}{\sqrt{k}}\sin\left[\int_x^{x_1}kdx+\frac{\pi}{4}\right] \ (\ x<x_1 \ \text{일 때}) \leftrightarrow \frac{1}{\sqrt{\kappa}}e^{-\int_{x_1}^{x}\kappa dx} \ (\ x>x_1 \ \text{일 때}) \tag{6.121}$$

$$\frac{1}{\sqrt{k}}\cos\left[\int_x^{x_1}kdx+\frac{\pi}{4}\right] \ (\ x<x_1 \ \text{일 때}) \leftrightarrow \frac{1}{\sqrt{\kappa}}e^{\int_{x_1}^{x}\kappa dx} \ (\ x>x_1 \ \text{일 때}), \tag{6.122}$$

되돌이점에서 위치에너지가 감소하는 경우의 연결공식은 다음과 같이 주어진다.

$$\frac{1}{\sqrt{\kappa}}e^{-\int_{x}^{x_2}\kappa dx} \ (\ x<x_2 \ \text{일 때}) \leftrightarrow \frac{2}{\sqrt{k}}\sin\left[\int_{x_2}^{x}kdx+\frac{\pi}{4}\right] (\ x>x_2 \ \text{일 때}) \tag{6.123}$$

$$\frac{1}{\sqrt{\kappa}}e^{\int_{x}^{x_2}\kappa dx} \ (\ x<x_2 \ \text{일 때}) \leftrightarrow \frac{1}{\sqrt{k}}\cos\left[\int_{x_2}^{x}kdx+\frac{\pi}{4}\right] (\ x>x_2 \ \text{일 때}) \tag{6.124}$$

참고로 일부 다른 책들에서는 연결공식에 나오는 sin 이나 cos 함수의 변수를 $(\int kdx + \frac{\pi}{4})$ 의 형태가 아닌 $(\int kdx - \frac{\pi}{4})$ 의 형태로 표시하기도 하는데, 다음 관계들을 사용하면 우리가 얻은 연결공식들에서 그 경우의 연결공식들을 바로 얻을 수 있다.

$$\sin(\theta+\frac{\pi}{4}) = \cos(\theta-\frac{\pi}{4}), \quad \cos(\theta+\frac{\pi}{4}) = -\sin(\theta-\frac{\pi}{4}) \tag{6.125}$$

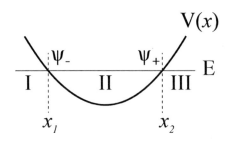

그림 6.8: 속박상태에 대한 WKB 어림의 적용

## 제 6.5 절  속박상태에의 적용 Applications to Bound States

그림 6.8에서와 같이 속박상태가 존재하는 경우, 우리는 WKB 어림을 적용하여 이 속박
상태의 에너지 준위를 구할 수 있다. 식 (6.94)와 (6.95)에서 우리는 영역 II 의 $x_1$ 근처에
서의 WKB 파동함수 $\psi^-$ 가 $\frac{2}{\sqrt{k}} \sin\left[\int_{x_1}^{x} kdx + \frac{\pi}{4}\right]$ 나 $\frac{1}{\sqrt{k}} \cos\left[\int_{x_1}^{x} kdx + \frac{\pi}{4}\right]$ 로, 그리고
식 (6.113)과 (6.114)에서 $x_2$ 근처에서의 WKB 파동함수 $\psi^+$ 는 $\frac{2}{\sqrt{k}} \sin\left[\int_{x}^{x_2} kdx + \frac{\pi}{4}\right]$
나 $\frac{1}{\sqrt{k}} \cos\left[\int_{x}^{x_2} kdx + \frac{\pi}{4}\right]$ 로 주어짐을 보았다. 하지만 영역 II 에서의 $\psi^-$ 나 $\psi^+$ 는
동일한 파동함수의 다른 표현들에 불과하므로, sin 함수나 cos 함수로 주어진 각각의
경우에 있어서 이들은 하나의 표현에서 다른 표현으로 변환 표시될 수 있어야 한다.

예컨대 sin 함수로 주어진 경우를 가정하면 $\psi^-$ 의 $\sin\left[\int_{x_1}^{x} kdx + \frac{\pi}{4}\right]$ 는 $\psi^+$ 의
$\sin\left[\int_{x}^{x_2} kdx + \frac{\pi}{4}\right]$ 로 표현할 수 있어야 한다. 여기서 다음의 관계가 성립하므로,

$$\sin\left[\int_{x_1}^{x} kdx + \frac{\pi}{4}\right] = \sin\left[\left(\int_{x_1}^{x_2} kdx + \frac{\pi}{2}\right) - \left(\int_{x}^{x_2} kdx + \frac{\pi}{4}\right)\right], \tag{6.126}$$

$\psi^-$ 는 다음과 같이 표현할 수 있다.

$$\begin{aligned}
\sin\left[\int_{x_1}^{x} kdx + \frac{\pi}{4}\right] &= \sin\left(\int_{x_1}^{x_2} kdx + \frac{\pi}{2}\right) \cos\left(\int_{x}^{x_2} kdx + \frac{\pi}{4}\right) \\
&\quad - \cos\left(\int_{x_1}^{x_2} kdx + \frac{\pi}{2}\right) \sin\left(\int_{x}^{x_2} kdx + \frac{\pi}{4}\right) \tag{6.127}
\end{aligned}$$

따라서 $\psi^-$ 가 $\psi^+$ 로 표현되려면, 우변의 첫 번째 항은 0 이 되어야 한다. 즉, 다음의
조건이 만족되어야 한다.

$$\sin\left(\int_{x_1}^{x_2} kdx + \frac{\pi}{2}\right) = 0 \tag{6.128}$$

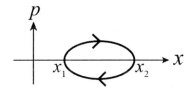

그림 6.9: $\{x, p\}$ 위상공간에서의 닫힌 경로 적분

그리고 이러한 조건은 다음의 관계가 만족될 때 성립한다.

$$\int_{x_1}^{x_2} k\, dx + \frac{\pi}{2} = n\pi, \quad n = 1, 2, 3, \ldots \tag{6.129}$$

여기서 $n$ 이 0 보다 큰 이유는 $\int_{x_1}^{x_2} k\, dx$ 값이 0 보다 크기 때문이다. 이제 $p = \hbar k$ 의 관계를 써서 $k$ 를 운동량 $p$ 로 표현하면 위 조건식은 다시 다음과 같이 쓸 수 있다.

$$\int_{x_1}^{x_2} p\, dx = (n - \frac{1}{2})\hbar\pi = (n - \frac{1}{2})\frac{h}{2}, \quad n = 1, 2, 3, \ldots \tag{6.130}$$

이때 $p$ 는 다음과 같이 주어진다.

$$p = \sqrt{2m(E - V(x))} \tag{6.131}$$

여기서 그림 6.9에서와 같이 $x$ 와 $p$ 로 주어지는 위상 공간에서의 궤도를 생각하여 닫힌 경로 적분$(x_1 \rightarrow x_2 \rightarrow x_1)$을 생각하면, 다음의 조건이 만족됨을 알 수 있다.[8]

$$\oint p\, dx = (n - \frac{1}{2})h, \quad n = 1, 2, 3, \cdots \tag{6.132}$$

이제 이러한 관계를 1차원 조화 떨개의 경우에 적용하여 보겠다. 이 경우 위치에너지는 $V(x) = \frac{1}{2}mw^2x^2$ 으로 주어지므로, 식 (6.130)으로부터 다음 조건식을 얻는다.

$$\int_{x_1}^{x_2} \sqrt{2m(E - \frac{1}{2}mw^2x^2)}\, dx = (n + \frac{1}{2})\frac{h}{2}, \quad n = 0, 1, 2, \ldots \tag{6.133}$$

이 적분값을 계산하면 에너지 $E$ 를 얻을 수 있다. 이제 식 (6.133)의 적분변수 $x$ 를 다음과 같이 새로운 변수 $\theta$ 로 치환하자.

$$\sin\theta \equiv \sqrt{\frac{mw^2}{2E}}\, x \tag{6.134}$$

---

[8]이는 보어-좀머펠드 양자화 규칙[20] $\oint p\, dq = nh, \ (n = 1, 2, 3, \cdots)$과 거의 일치함을 보여준다.

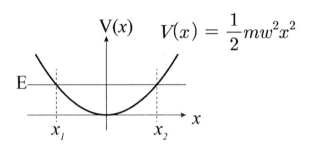

그림 6.10: 1차원 조화 떨개에 대한 WKB 어림의 적용

그림 6.10에서와 같이 두 되돌이점을 $x_1 = -x_0$, $x_2 = x_0 > 0$ 로 놓으면, 이 두 지점에서의 에너지는 동일한 $E = \frac{1}{2}mw^2x_0^2$ 으로 주어진다. 그러므로 $x_1$ 에서는 $\sin\theta = -1$, $x_2$ 에서는 $\sin\theta = 1$ 이 되어 적분의 하한값과 상한값은 각각 $\theta_1 = -\frac{\pi}{2}$, $\theta_2 = \frac{\pi}{2}$ 가 된다. 그러므로 조건식 (6.133)은 다음과 같이 쓸 수 있다.

$$\int_{-\frac{\pi}{2}}^{\frac{\pi}{2}} (\frac{2E}{w})\cos^2\theta d\theta = (n+\frac{1}{2})\frac{h}{2}, \quad n = 0, 1, 2, \ldots \tag{6.135}$$

위 조건식으로부터 우리는 에너지가 다음과 같이 주어짐을 쉽게 알 수 있다.

$$E = (n+\frac{1}{2})\hbar w, \quad n = 0, 1, 2, \ldots \tag{6.136}$$

이 결과는 우리가 이전에 구한 1차원 조화 떨개의 에너지 값들과 정확하게 일치한다.

WKB 어림을 적용하는데 있어서 우리는 드브로이 파장 정도의 거리에서는 위치에너지가 아주 천천히 변한다는 가정을 하였다. 1차원 조화 떨개의 경우에는 WKB 어림의 이러한 가정과 잘 부합하여 정확한 결과를 얻을 수 있었다.

그렇다면 WKB 어림을 1차원 상자의 경우에 적용하면 어떻게 될까? 1차원 상자의 길이를 $a$ 라고 하면, 식 (6.130)으로부터 우리는 다음 관계식을 얻는다.

$$pa = (n-\frac{1}{2})\hbar\pi, \quad n = 1, 2, 3, \ldots \tag{6.137}$$

그런데 1차원 상자 내에서는 운동량이 $p = \sqrt{2mE}$ 로 주어지므로, 에너지는 다음과 같이 쓸 수 있다.

$$E = \frac{p^2}{2m} = \frac{(n-\frac{1}{2})^2\hbar^2\pi^2}{2ma^2}, \quad n = 1, 2, 3, \ldots \tag{6.138}$$

214

이를 정확한 결과인 식 (3.46)과 비교하면, $n \gg 1$ 인 경우에는 정확한 해와 거의 같은 값을 주지만, $n$ 이 1 에 근접한 경우에는 정확한 해와 상당히 다른 값을 준다. 그 이유는 다음과 같이 생각해 볼 수 있다.

먼저, $n \gg 1$ 인 경우에는 파동의 많은 부분이 상자의 양 벽들에서 다수의 드브로이 파장 이상으로 떨어져 있게 되어 WKB 가정을 만족하지 않는 부분의 기여가 상대적으로 적고 따라서 대체로 정확한 해의 결과에 근접하게 된다. 반면 $n$ 이 1 에 근접한 경우는 파동의 많은 부분이 드브로이 파장 몇 개 이내로 벽들에 근접하여 존재하므로 WKB 가정이 성립되지 않는 부분의 기여가 상대적으로 커진다. 이는 WKB 어림의 결과가 정확한 해의 결과와 많이 달라지는 결과를 주게 된다.

## 문제

**6.1** 본문 1절에서 다룬 장벽 투과 현상에서 알파 입자 대신 질량이 $m$인 중성 입자를 생각하자. 이 경우에 핵력은 $r < R_0$ 까지는 위치에너지 우물($V = -V_0$)로 동일하게 주어지고, 그 밖에서는 쿨롱 위치에너지 장벽 대신 아래와 같이 주어지는 각운동량 장벽이 존재한다고 생각할 수 있다(7.2.2절 식 (7.130) 참조).

$$V(r) = \frac{\hbar^2 l(l+1)}{2mr^2}, \quad r > R_0$$

이제 $l \gg 1$ 이고, $E = \frac{\hbar^2 k^2}{2m}$ 으로 주어졌을 때, 이 중성 입자가 각운동량 장벽을 통과하여 핵 밖으로 나갈 때까지의 기대 수명을 $k, l, R_0$ 을 써서 구하라. 여기서 에너지가 아주 낮아서 $k^2 \ll \frac{l(l+1)}{R_0^2}$ 이 성립한다고 가정하고, 입자가 위치에너지 우물을 한번 지나가는데 걸리는 시간으로 고전적인 관점의 $\frac{2R_0}{v} = \frac{2mR_0}{\hbar k}$ 을 사용하라.

답. $\tau \simeq \frac{2mR_0}{\hbar k} \left( \frac{2(1+\sqrt{1-s^2})}{s^2} \right)^l e^{-2l\sqrt{1-s^2}}, \quad s \equiv \frac{kR_0}{l}$

**6.2** 금속 외부에 전기장을 걸어주었을 때, 상온에서 전자가 방출되는 현상을 저온 방출 cold emission 이라고 한다. 이제 주어진 금속의 표면이 평면이고, 그 표면에서 외부로의 수직 거리를 $x$ 라고 하자. 금속 외부에는 균일한 전기장($-\mathcal{E}_0 \hat{x}$)이 걸려 있다고 하자. 그러면 금속 외부에서 전자(전하 $-e$)에 작용하는 위치에너지는 다음과 같다.

$$V(x) = V_0 - e\mathcal{E}_0\, x, \quad x \geq 0, \quad V_0 > 0, \quad e > 0$$

여기서 $V_0$ 는 전자가 금속 밖으로 탈출하는데 필요한 에너지인 일함수에 해당한다. 이제 금속 내의 전자가 가지는 가장 높은 에너지 준위인 페르미 에너지를 위치에너지의 기준으로 삼아 0 으로 놓고, 이 페르미 에너지 준위에 있는 전자가 위의 위치에너지 하에서 금속 밖으로 투과해 나갈 확률을 장벽 투과 공식 (6.5)를 써서 구하라.

답. $T = \exp\left(-\frac{4\sqrt{2m}}{3\hbar}\frac{V_0^{3/2}}{e\mathcal{E}_0}\right)$

**6.3** 위치에너지가 다음과 같이 주어지는 장벽이 있다.

$$V(x) = \begin{cases} V_0(1 - \frac{x^2}{a^2}), & -a \leq x \leq a \\ 0, & a \leq |x| \end{cases}$$

입자의 에너지가 $0 < E < V_0$ 일 때, 이 장벽에 대한 투과계수를 장벽 투과 공식 (6.5)를 써서 구하라.

답. $T = \exp\left[-\frac{\pi a\sqrt{2mV_0}}{\hbar}\left(1 - \frac{E}{V_0}\right)\right]$

**6.4** 위치에너지가 아래와 같고, 질량이 $m$, 에너지 $E$ 는 $0 < E < V_0$ 인 입자가 있다.

$$V(x) = \begin{cases} V_0\left(1 + \frac{x}{a}\right), & -a \leq x \leq 0 \\ V_0\left(1 - \frac{x}{a}\right), & 0 \leq x \leq a \\ 0, & a < |x| \end{cases}$$

1). 영역 $-a \leq x \leq a$ 에서 슈뢰딩거 방정식의 해가 에어리 함수들로 주어짐을 보여라.

2). 입자가 왼쪽($x = -\infty$)에서 입사하였을 때, $x = -a$ 와 $x = 0$, 그리고 $x = a$ 에서의 경계조건을 써서 이 위치에너지 장벽에 대한 투과 확률을 에어리 함수값들로 표현하라.

**6.5** 위치에너지가 다음과 같이 주어지는 계의 속박상태 에너지 준위를 WKB 어림을 써서 구하라.

$$V(x) = \begin{cases} \frac{V_0}{a}|x|, & |x| \leq a \\ V_0, & |x| > a \end{cases}$$

도움말: 속박상태의 경우 $E < V_0$ 이다. 식 (6.130)을 활용하라.

답. $E_n = \left[(n - \frac{1}{2})\frac{3hV_0}{8a\sqrt{2m}}\right]^{2/3}$, $n = 0, 1, 2, \cdots, N$, $E_N < V_0$.

**6.6** 완전히 탄성적으로 바닥과 충돌하는 공을 생각하자. 공의 질량을 $m$, 바닥으로부터 공의 높이를 $x$ 로 표시하면, 공의 위치에너지는 $V(x \geq 0) = mgx$ 로 표시될 것이다.

1). 공의 운동을 기술하는 파동함수를 슈뢰딩거 방정식을 풀어서 구하고, 에너지 준위를 구하라.

<u>도움말</u>: 먼저 적절한 변수변환을 통하여 슈뢰딩거 방정식이 에어리 방정식이 됨을 보이고, 이로부터 파동함수가 발산하지 않는 조건을 적용하여 해를 에어리 함수로 표시한다. 공은 바닥 이하로 내려가지 못하므로, $x < 0$ 인 영역에서는 $V(x) = \infty$ 가 된다. 따라서 $\psi(x = 0) = 0$ 의 경계조건을 만족한다. 그러므로 에어리 함수값이 0 이 되는 점들을 $a_n$ 이라 하고, 이를 써서 에너지 준위를 표시하라.

2). WKB 어림을 써서 에너지 준위를 구하라.

<u>도움말</u>: 식 (6.127)에서 $\psi(x = 0) = 0$ 을 만족하는 조건을 구하라.

답.  1).  $E_n = -(m\hbar^2 g^2/2)^{1/3} a_n, \quad n = 1, 2, 3, \cdots$

   2).  $E_n = \left[ \frac{9}{8} m\pi^2 \hbar^2 g^2 \left( n - \frac{1}{4} \right)^2 \right]^{1/3}, \quad n = 1, 2, 3, \cdots$

**6.7** 위치에너지가 다음과 같이 주어지는 계가 있다.

$$V(x) = \frac{V_0}{a^4}(x-a)^2(x+a)^2, \quad V_0 > 0, \ a > 0$$

입자의 에너지가 우물 안의 위치에너지 꼭대기보다 낮다고 할 때($0 < E < V_0$), WKB 어림을 써서 속박상태의 에너지를 주는 관계식을 구하라.

<u>도움말</u>: 위치에너지의 대칭성으로부터 파동함수 해를 우함수와 기함수의 경우로 나누어 구하라. 우함수 해의 경우 $\frac{d\psi}{dx}(0) = 0$ 을, 기함수 해의 경우 $\psi(0) = 0$ 인 조건을 만족함을 활용하라.

답.  $\tan\theta = \pm 2 e^{2K_0}$; + 는 우함수 해, − 는 기함수 해.

   $\theta = \int_{x_1}^{x_2} \sqrt{\frac{2m}{\hbar^2}(E - V(x))} \, dx, \quad K_0 = \int_0^{x_1} \sqrt{\frac{2m}{\hbar^2}(V(x) - E)} \, dx$

   여기서 $0 < x_1 < x_2$ 이며, $+x$ 의 영역에서 $E = V$ 가 되는 되돌이점들이다.

**6.8** 계의 위치에너지가 다음과 같이 주어졌다.

$$V(x) = \begin{cases} \frac{V_0}{b^2}(x+b)^2, & x \leq 0 \\ \frac{V_0}{b^2}(x-b)^2, & 0 \leq x \end{cases}$$

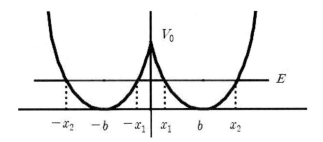

그림 6.11: 겹친 두 조화 떨개 우물 (문제 6.8)

여기시 $V_0$ 와 $b$ 는 둘 다 양의 상수이다.

1). 입자의 질량이 $m$, 에너지가 $0 < E < V_0$ 로 주어졌다. 여기서 $E \ll V_0$ 라고 가정하고, 오른쪽 우물에서의 고전적인 되돌이점들이 $0 < x_1 < x_2$ 일 때(그림 6.11 참조), $\int_{-x_1}^{x_1} \sqrt{\frac{2m}{\hbar^2}(V(x)-E)}dx \gg 1$ 이 만족되는 경우에 입자의 속박상태 에너지를 WKB 어림으로 구하라.

<u>도움말</u>: 문제 6.7에서 얻은 결과를 활용할 수 있는지 고려하라.

2). 주어진 위치에너지에서 $\frac{V_0}{b^2} \equiv \frac{1}{2}mw^2$ 으로 놓으면, 이는 두 개의 조화 떨개를 합하여 겹쳐진 부분의 위치에너지를 낮추어 놓은 계로 생각할 수 있다. 만약 중간의 겹쳐지는 영역에서 위치에너지가 무한 장벽이라면 각 조화 떨개에 속한 파동함수 해들은 서로 에너지가 같은 두 겹의 겹친 상태들에 해당할 것이다. 그런데 중간의 위치에너지 장벽이 낮아져서 위와 같이 하나의 계로 합쳐진 경우에는 그 파동함수 해가 두 개의 독립된 조화 떨개의 각 에너지 준위에서의 해들이 5.6절에서 나온 '두 상태로 이루어진 계'에서처럼 결합되어 우함수와 기함수 상태들로 주어질 것이다. 따라서 $E < V_0$ 인 경우, 처음에 입자가 어느 한쪽 우물(조화 떨개의 상태)에 있었다면 다른쪽 우물로 갔다가 다시 돌아오는 진동을 반복할 것이다. 여기서 $E \ll V_0$ 로 놓고, 그 진동의 주기를 구하라.

답. 1). $E_n^{\pm} = \frac{\sqrt{2}\hbar}{\pi b}\sqrt{\frac{V_0}{m}}\,\theta \simeq \frac{\sqrt{2}\hbar}{\pi b}\sqrt{\frac{V_0}{m}}\left\{\left(n+\frac{1}{2}\right)\pi \mp \frac{1}{2}e^{-2K_0}\right\}, \quad n = 0, 1, 2, \cdots$

$\quad K_0 = \int_0^{x_1} \sqrt{\frac{2m}{\hbar^2}\left(\frac{V_0}{b^2}(x-b)^2 - E\right)}\,dx$

2). $T \approx \frac{2\pi^2}{w}e^{\frac{b^2 mw}{\hbar}}$

# 제 7 장

# 3차원 슈뢰딩거 방정식과 수소 원자
# Three-Dimensional Schrödinger Equation and Hydrogen Atom

이 장에서는 지금까지 다뤄왔던 1차원 슈뢰딩거 방정식을 3차원으로 확장하였을 때의 표현을 알아본다. 간단히 정확하게 풀 수 있는 직각좌표계에서의 예들을 분석하고, 이어 우리가 앞에서 보어 모형을 통하여 계산했던 수소 원자의 에너지 준위를 구면좌표계에서의 슈뢰딩거 방정식을 써서 구해 보겠다.

## 제 7.1 절  슈뢰딩거 방정식의 3차원 표현 Schrödinger Equation in Three Dimensions

시간에 의존하지 않는 해밀토니안 $H$ 의 3차원에서의 표현은 통상 다음과 같이 쓸 수 있다.

$$H = \frac{\vec{p}^{\,2}}{2m} + V(\vec{x}) \tag{7.1}$$

이를 직각좌표계에서 생각하면 운동량 연산자가 다음과 같이 표현되므로,

$$\vec{p} = \hat{i}p_x + \hat{j}p_y + \hat{k}p_z = \hat{i}\frac{\hbar}{i}\frac{\partial}{\partial x} + \hat{j}\frac{\hbar}{i}\frac{\partial}{\partial y} + \hat{k}\frac{\hbar}{i}\frac{\partial}{\partial z} = \frac{\hbar}{i}\nabla, \tag{7.2}$$

시간에 무관한 슈뢰딩거 방정식은 일반적으로 다음과 같이 쓸 수 있다.

$$\left( -\frac{\hbar^2}{2m}\nabla^2 + V(\vec{x}) \right)\psi(\vec{x}) = E\psi(\vec{x}) \tag{7.3}$$

여기서 직각좌표계의 라플라시안 Laplacian $\nabla^2$ 은 다음과 같이 간결하게 주어진다.

$$\nabla^2 = \nabla \cdot \nabla = \frac{\partial^2}{\partial x^2} + \frac{\partial^2}{\partial y^2} + \frac{\partial^2}{\partial z^2} \tag{7.4}$$

일반적으로 3차원 슈뢰딩거 방정식에서 위치에너지가 각 좌표들의 함수들로 분리되어 표현되는 경우 우리는 그 해를 변수 분리 separation of variables 방법으로 비교적 쉽게 구할 수 있다. 이제 위치에너지가 다음과 같이 각 좌표들의 독립된 함수들로 분리되는 경우를 가정하자.

$$V(\vec{x}) = V(x, y, z) = V_x(x) + V_y(y) + V_z(z) \tag{7.5}$$

변수 분리 방법을 적용하기 위하여 파동함수를 다음과 같이 놓으면,

$$\psi(\vec{x}) = X(x)Y(y)Z(z), \tag{7.6}$$

슈뢰딩거 방정식 (7.3)은 다음과 같이 쓰여진다.

$$\left[ -\frac{\hbar^2}{2m}\left( \frac{\partial^2}{\partial x^2} + \frac{\partial^2}{\partial y^2} + \frac{\partial^2}{\partial z^2} \right) + V_x(x) + V_y(y) + V_z(z) \right]XYZ = E\,XYZ \tag{7.7}$$

위 식의 양변을 $XYZ$ 로 나누어주면 우리는 변수들이 분리된 다음 방정식을 얻는다.

$$\left[ -\frac{\hbar^2}{2m}\left( \frac{1}{X}\frac{d^2X}{dx^2} + \frac{1}{Y}\frac{d^2Y}{dy^2} + \frac{1}{Z}\frac{d^2Z}{dz^2} \right) + V_x(x) + V_y(y) + V_z(z) \right] = E \tag{7.8}$$

즉, 방정식의 좌변은 $x$ 만의 함수인 $\left[ -\frac{\hbar^2}{2m}\left( \frac{1}{X}\frac{d^2X}{dx^2} \right) + V_x(x) \right]$와, $y$ 만의 함수인 $\left[ -\frac{\hbar^2}{2m}\left( \frac{1}{Y}\frac{d^2Y}{dy^2} \right) + V_y(y) \right]$, 그리고 $z$ 만의 함수인 $\left[ -\frac{\hbar^2}{2m}\left( \frac{1}{Z}\frac{d^2Z}{dz^2} \right) + V_z(z) \right]$의 합으로 주어진다. 그런데 서로 다른 변수들에 의존하는 함수들이 합해져 상수가 되려면 각각의

함수는 상수가 되어야 한다. 따라서 우리가 이 상수들을 각각 $E_x$, $E_y$, $E_z$ 로 놓으면, 식 (7.8)은 다음과 같은 세 개의 분리된 방정식들로 나누어 쓸 수 있게 된다.

$$-\frac{\hbar^2}{2m}\frac{d^2X(x)}{dx^2} + V_x(x)X(x) = E_x X(x) \qquad (7.9)$$

$$-\frac{\hbar^2}{2m}\frac{d^2Y(y)}{dy^2} + V_y(y)Y(y) = E_y Y(y) \qquad (7.10)$$

$$-\frac{\hbar^2}{2m}\frac{d^2Z(z)}{dz^2} + V_z(z)Z(z) = E_z Z(z) \qquad (7.11)$$

물론, 여기서 상수 $E_x$, $E_y$, $E_z$ 들은 다음의 관계를 만족하여야 한다.

$$E_x + E_y + E_z = E \qquad (7.12)$$

이와 같은 변수 분리 방법으로 풀 수 있는 간단한 예로 우리는 3차원 상자나 3차원 조화 떨개를 생각할 수 있다. 이제 직각좌표계에서 이 두 가지 경우에 대한 슈뢰딩거 방정식을 변수 분리 방법을 써서 풀어 보도록 하겠다.

## 7.1.1 　3차원 상자　3-Dimensional Box

3차원 공간에서 어떤 입자가 아래와 같이 주어진 특정한 영역 내에서만 존재하는 경우,

$$0 < x < a, \ \ 0 < y < b, \ \ 0 < z < c, \qquad (7.13)$$

우리는 이 입자가 다음과 같은 위치에너지로 기술되는 3차원 상자 안에 있다고 말한다.

$$V(\vec{x}) = \begin{cases} 0, & 0 < x < a,\ 0 < y < b,\ 0 < z < c \ \text{일 때} \\ \infty, & \text{위의 범위에 속하지 않을 때} \end{cases} \qquad (7.14)$$

이 경우, 3차원 상자 $(0 < x < a, \ \ 0 < y < b, \ \ 0 < z < c)$ 밖에서는 입자가 존재하지 않으므로 파동함수는 0 이 된다. 따라서 풀어야 할 슈뢰딩거 방정식은 위치에너지가 0 인 이 상자 내로 국한된 자유입자의 슈뢰딩거 방정식이 된다.

$$-\frac{\hbar^2}{2m}\nabla^2\psi(\vec{x}) = E\psi(\vec{x}), \quad 0 < x < a, \ \ 0 < y < b, \ \ 0 < z < c \qquad (7.15)$$

221

이제 앞에서처럼 $\psi(\vec{x}) = X(x)Y(y)Z(z)$로 놓고, 양변을 $\psi(\vec{x}) = X(x)Y(y)Z(z)$로 나누어 주면 위 식은 다음과 같이 변수 분리가 된 형태로 쓸 수 있다.

$$-\frac{\hbar^2}{2m}\left(\frac{1}{X}\frac{d^2X}{dx^2} + \frac{1}{Y}\frac{d^2Y}{dy^2} + \frac{1}{Z}\frac{d^2Z}{dz^2}\right) = E \qquad (7.16)$$

이 식이 임의의 $x, y, z$ 값에 대해서 성립하려면, 좌변의 각 항들은 각각 상수가 되어야 하고, 그 합은 $E$ 가 되어야 한다. 따라서 좌변의 각 항들을 차례로 $E_x, E_y, E_z$ 라는 상수들로 놓으면 우리는 다음의 세 방정식을 얻는다.

$$-\frac{\hbar^2}{2m}\frac{d^2X(x)}{dx^2} = E_x X(x) \qquad (7.17)$$

$$-\frac{\hbar^2}{2m}\frac{d^2Y(y)}{dy^2} = E_y Y(y) \qquad (7.18)$$

$$-\frac{\hbar^2}{2m}\frac{d^2Z(z)}{dz^2} = E_z Z(z) \qquad (7.19)$$

물론 이때 다음의 관계가 만족되어야 한다.

$$E_x + E_y + E_z = E \qquad (7.20)$$

또한 상자 내부에서만 입자가 존재하므로, 파동함수는 상자의 벽에서 0 이 되어야 한다. 즉, 파동함수는 다음의 경계조건들을 만족해야 한다.

$$X(x=0) = X(x=a) = Y(y=0) = Y(y=b) = Z(z=0) = Z(z=c) = 0 \quad (7.21)$$

위의 방정식들과 경계조건들은 각각 $x$, $y$, $z$ 의 방향으로 $0 < x < a$, $0 < y < b$, 그리고 $0 < z < c$ 의 영역을 갖는 1차원 상자들을 나타내고 있으며, 따라서 3차원 상자의 파동함수 해는 이 1차원 상자들의 파동함수 해들의 텐서곱으로 쓰여질 것이다. 이제 1차원 상자의 경우에서처럼 다음과 같이 새로운 상수들을 정의하면,

$$k_x^2 \equiv \frac{2mE_x}{\hbar^2},\ k_y^2 \equiv \frac{2mE_y}{\hbar^2},\ k_z^2 \equiv \frac{2mE_z}{\hbar^2}, \qquad (7.22)$$

변수 분리된 방정식들 (7.17)-(7.19)는 다음과 같이 쓰여진다.

$$\frac{d^2 X(x)}{dx^2} + k_x^2 X(x) = 0 \tag{7.23}$$

$$\frac{d^2 Y(y)}{dy^2} + k_y^2 Y(y) = 0 \tag{7.24}$$

$$\frac{d^2 Z(z)}{dz^2} + k_z^2 Z(z) = 0 \tag{7.25}$$

우리는 앞에서 이 방정식들의 해들이 각각 다음과 같이 쓸 수 있음을 배웠다.

$$X(x) = A \sin k_x x + \tilde{A} \cos k_x x \tag{7.26}$$

$$Y(y) = B \sin k_y y + \tilde{B} \cos k_y y \tag{7.27}$$

$$Z(y) = C \sin k_z z + \tilde{C} \cos k_z z \tag{7.28}$$

이제 경계조건들 중 다음 조건들을 먼저 적용하면,

$$X(x = 0) = Y(y = 0) = Z(z = 0) = 0, \tag{7.29}$$

코사인 함수의 계수들 $\tilde{A}, \tilde{B}, \tilde{C}$ 는 모두 0 이 되어야 한다. 그리고 다음의 나머지 경계조건들을 적용하면,

$$X(x = a) = Y(y = b) = Z(z = c) = 0, \tag{7.30}$$

우리는 $k_x,\ k_y,\ k_z$ 에 대한 다음의 관계들을 얻는다.

$$k_x = \frac{n_x \pi}{a}, \quad k_y = \frac{n_y \pi}{b}, \quad k_z = \frac{n_z \pi}{c}, \quad \{n_x,\ n_y,\ n_z\} = 1, 2, 3, \cdots \tag{7.31}$$

여기서 $n_x$ 등에 0 을 포함시키지 않은 이유는, 그렇게 되면 앞에서 다룬 1차원 상자의 경우에서와 마찬가지로 파동함수 자체가 전 영역에서 0 이 되어 입자가 존재하지 않음을 의미하게 되므로, 상자 안에 입자가 존재한다는 조건과 모순되기 때문이다. 이상으로부터 우리는 변수가 분리된 각각의 방정식에 대하여 다음의 해들을 얻는다.

$$X(x) = A \sin \frac{n_x \pi x}{a}, \quad n_x = 1, 2, 3, \cdots \tag{7.32}$$

$$Y(y) = B \sin \frac{n_y \pi y}{b}, \quad n_y = 1, 2, 3, \cdots \tag{7.33}$$

$$Z(z) = C \sin \frac{n_z \pi z}{c}, \quad n_z = 1, 2, 3, \cdots \tag{7.34}$$

위에서 $A, B, C$ 는 규격화 상수들인데 이들을 1차원 상자에서와 같은 방법으로 규격화하면 다음의 관계를 만족하게 된다.

$$A = \sqrt{\frac{2}{a}}, \quad B = \sqrt{\frac{2}{b}}, \quad C = \sqrt{\frac{2}{c}} \tag{7.35}$$

그러므로 3차원 상자에서의 고유상태 함수는 최종적으로 다음과 같이 쓸 수 있으며,

$$\psi_{n_x, n_y, n_z}(x, y, z) = \frac{2\sqrt{2}}{\sqrt{abc}} \sin\frac{n_x \pi x}{a} \sin\frac{n_y \pi y}{b} \sin\frac{n_z \pi z}{c}, \tag{7.36}$$

이에 해당하는 고유에너지는 식 (7.20), (7.22) 및 (7.31)로부터 다음과 같이 주어진다.

$$E = E_x + E_y + E_z = \frac{\pi^2 \hbar^2}{2m}\left(\frac{n_x^2}{a^2} + \frac{n_y^2}{b^2} + \frac{n_z^2}{c^2}\right), \quad \{n_x, \ n_y, \ n_z\} = 1, 2, 3, \cdots \tag{7.37}$$

### 7.1.2 3차원 조화 떨개 3-Dimensional Harmonic Oscillator

스프링 상수가 모든 방향으로 균일한 값 $k$를 갖는 3차원 조화 떨개의 해밀토니안은 다음과 같이 주어진다.

$$H = \frac{\vec{p}^{\,2}}{2m} + \frac{1}{2}k\vec{x}^{\,2} = \frac{1}{2m}(p_x^2 + p_y^2 + p_z^2) + \frac{1}{2}k(x^2 + y^2 + z^2) \tag{7.38}$$

우리는 이 해밀토니안을 1차원 조화 떨개 해밀토니안들의 합으로 다음과 같이 쓸 수 있다.

$$H = H_x + H_y + H_z \tag{7.39}$$

여기서 각각이 3차원 조화 떨개의 $x$, $y$, $z$ 성분들인 1차원 조화 떨개들의 해밀토니안들은 다음과 같이 주어진다.

$$H_x = \frac{p_x^2}{2m} + \frac{1}{2}kx^2 = -\frac{\hbar^2}{2m}\frac{\partial^2}{\partial x^2} + \frac{1}{2}mw^2 x^2 \tag{7.40}$$

$$H_y = \frac{p_y^2}{2m} + \frac{1}{2}ky^2 = -\frac{\hbar^2}{2m}\frac{\partial^2}{\partial y^2} + \frac{1}{2}mw^2 y^2 \tag{7.41}$$

$$H_z = \frac{p_z^2}{2m} + \frac{1}{2}kz^2 = -\frac{\hbar^2}{2m}\frac{\partial^2}{\partial z^2} + \frac{1}{2}mw^2 z^2 \tag{7.42}$$

위의 표현에서 우리는 스프링 상수 $k$ 와 진동수 $w$ 사이의 관계 $k = mw^2$ 을 적용하였다.

이제 변수 분리 방법을 적용하기 위하여 전체 파동함수를 다음과 같이 쓰겠다.

$$\psi(\vec{x}) = \phi_x(x)\phi_y(y)\phi_z(z) \tag{7.43}$$

이 경우 슈뢰딩거 방정식은 다음과 같이 쓰여진다.

$$(H_x + H_y + H_z)\phi_x(x)\phi_y(y)\phi_z(z) = E\phi_x(x)\phi_y(y)\phi_z(z) \tag{7.44}$$

그런데 각 해밀토니안 성분들, $H_x$, $H_y$, $H_z$ 는 각각 변수 $x$, $y$, $z$에만 작용하므로 위 식의 양변을 $\phi_x(x)\phi_y(y)\phi_z(z)$로 나누면, 슈뢰딩거 방정식은 다음과 같이 변수가 분리된 형태로 쓰여진다.

$$(H_x\phi_x)/\phi_x + (H_y\phi_y)/\phi_y + (H_z\phi_z)/\phi_z = E \tag{7.45}$$

그러므로 각각의 변수들에 의존하는 각각의 부분을 앞에서와 마찬가지로 $E_x$, $E_y$, $E_z$ 라는 상수로 놓고, 이 상수들이 다음의 관계를 만족할 때,

$$E_x + E_y + E_z = E, \tag{7.46}$$

식 (7.45) 좌변의 각 항들은 우변의 해당하는 상수들과 함께 각각 1차원 조화 떨개의 슈뢰딩거 방정식을 준다.

$$(H_x\phi_x)/\phi_x = E_x \longrightarrow H_x\phi_x = E_x\phi_x \tag{7.47}$$

$$(H_y\phi_y)/\phi_y = E_y \longrightarrow H_y\phi_y = E_y\phi_y \tag{7.48}$$

$$(H_z\phi_z)/\phi_z = E_z \longrightarrow H_z\phi_z = E_z\phi_z \tag{7.49}$$

즉, 이 방정식들은 각각 1차원 조화 떨개의 슈뢰딩거 방정식을 기술한다.

$$-\frac{\hbar^2}{2m}\frac{d^2\phi_j}{dx_j^2} + \frac{1}{2}mw^2x_j^2\phi_j = E_j\phi_j, \quad j = x, y, z \tag{7.50}$$

이제 1차원의 경우처럼 기술의 간편함을 위하여 새로운 상수 $\alpha \equiv \sqrt{\frac{mw}{\hbar}}$ 를 도입하고, 아래의 기본 교환관계식들을 사용하자.

$$[x, p_x] = i\hbar, \quad [y, p_y] = i\hbar, \quad [z, p_z] = i\hbar \tag{7.51}$$

이로부터 우리는 다음의 교환관계식들을 만족하는,

$$[a, a^\dagger] = 1, \quad [b, b^\dagger] = 1, \quad [c, c^\dagger] = 1, \tag{7.52}$$

새로운 올림과 내림 연산자들을 다음과 같이 정의할 수 있다.

$$a = \frac{\alpha}{\sqrt{2}}(x + \frac{i}{mw}p_x), \quad a^\dagger = \frac{\alpha}{\sqrt{2}}(x - \frac{i}{mw}p_x) \tag{7.53}$$

$$b = \frac{\alpha}{\sqrt{2}}(y + \frac{i}{mw}p_y), \quad b^\dagger = \frac{\alpha}{\sqrt{2}}(y - \frac{i}{mw}p_y) \tag{7.54}$$

$$c = \frac{\alpha}{\sqrt{2}}(z + \frac{i}{mw}p_z), \quad c^\dagger = \frac{\alpha}{\sqrt{2}}(z - \frac{i}{mw}p_z) \tag{7.55}$$

이 경우, 해밀토니안은 올림과 내림 연산자들로 다음과 같이 쓰여진다.

$$H = \frac{\hbar w}{2}\left(a^\dagger a + aa^\dagger + b^\dagger b + bb^\dagger + c^\dagger c + cc^\dagger\right) \tag{7.56}$$

1차원의 경우에서와 마찬가지로 수연산자들을 다음과 같이 정의하면,

$$N_x = a^\dagger a, \quad N_y = b^\dagger b, \quad N_z = c^\dagger c, \tag{7.57}$$

전체 해밀토니안은 다시 다음과 같이 표현된다.

$$H = \hbar w(N_x + N_y + N_z + \frac{3}{2}) \tag{7.58}$$

따라서 1차원의 경우처럼 수연산자들 각각의 고유상태를 다음과 같이 정의하면,

$$\left.\begin{array}{l} N_x \phi_{n_x} = n_x \phi_{n_x} \\ N_y \phi_{n_y} = n_y \phi_{n_y} \\ N_z \phi_{n_z} = n_z \phi_{n_z} \end{array}\right\} \quad \text{여기서} \quad n_x, n_y, n_z = 0, 1, 2, 3, \cdots, \tag{7.59}$$

수연산자들의 고유상태들 $\phi_{n_x}, \phi_{n_y}, \phi_{n_z}$ 는 각 해밀토니안 성분들의 고유상태가 된다.

$$H_x \phi_{n_x} = E_x \phi_{n_x} \qquad (7.60)$$

$$H_y \phi_{n_y} = E_y \phi_{n_y} \qquad (7.61)$$

$$H_z \phi_{n_z} = E_z \phi_{n_z} \qquad (7.62)$$

따라서 전체 해밀토니안의 고유상태는 다음과 같이 쓸 수 있고,

$$\psi_{n_x,n_y,n_z}(x,y,z) = \phi_{n_x}(x)\phi_{n_y}(y)\phi_{n_z}(z), \qquad (7.63)$$

전체 해밀토니안의 고유 에너지는 다음과 같이 주어진다.

$$E_{n_x,n_y,n_z} = \hbar w \left( n_x + n_y + n_z + \frac{3}{2} \right), \quad \text{여기서} \quad n_x, n_y, n_z = 0,1,2,3,\cdots \quad (7.64)$$

1차원의 경우에서 보았듯이, 연산자 $a$ 와 $a^\dagger$ 는 다음의 조건을 만족하여 $x$ 성분의 고유상태를 각각 내리거나 올리는 역할을 한다.

$$a\phi_{n_x}(x) = \sqrt{n_x}\phi_{n_x-1}(x), \quad a^\dagger \phi_{n_x}(x) = \sqrt{n_x+1}\phi_{n_x+1}(x) \qquad (7.65)$$

이들을 우리는 각각 내림 연산자와 올림 연산자로 불렀는데, $b, b^\dagger$ 와 $c, c^\dagger$ 도 각각 $y$ 성분, $z$ 성분의 고유상태들에 대하여 동일한 역할을 한다.

한 가지 더 주목할 점은 $n_x + n_y + n_z = 0$ 인 바닥상태 ground state 를 제외하면 항상 겹친 상태들 degenerate states 이 존재한다는 사실이다. 예컨대 1차 들뜬상태의 경우, $n_x + n_y + n_z = 1$ 의 관계를 만족하는데, 이 경우에는 다음의 세 상태들이 모두 이 조건을 만족한다.

$$(n_x = 1, n_y = 0, n_z = 0)$$
$$(n_x = 0, n_y = 1, n_z = 0)$$
$$(n_x = 0, n_y = 0, n_z = 1) \qquad (7.66)$$

이 다음의 두 번째 들뜬상태는 $n_x + n_y + n_z = 2$ 의 관계를 만족하는데, 이 경우에는 이를 만족하는 서로 다른 상태들이 6 개 존재한다. 그리고 그 다음의 세 번째 들뜬상태에는 더 많은 겹친 상태들이 존재하게 된다(문제 7.3).

## • 상태밀도 Density of States

겹친상태들이 존재하는 경우와 같이 주어진 에너지 준위나 또는 구간에서 상태의 갯수는 서로 다를 수 있다. 이처럼 어떤 에너지 구간에 존재 가능한 상태의 갯수를 우리는 상태밀도 density of states 로 표현한다.

예컨대, 식 (7.37)로 주어지는 3차원 상자에서 상자가 정육면체, 즉 $a = b = c = L$ 이라 하면, 에너지 준위는 다음과 같이 다시 쓸 수 있다.

$$E = \frac{\pi^2 \hbar^2 (n_x^2 + n_y^2 + n_z^2)}{2mL^2}, \quad \{n_x, \ n_y, \ n_z\} = 1, 2, 3, \cdots \tag{7.67}$$

여기서 우리는 상자의 크기, 즉 $L$ 이 커질수록 서로 인접한 에너지 상태의 에너지 간격은 더 조밀하여 짐을 알 수 있다. 이는 1차원의 경우에도 마찬가지다. 그리고 차원이 높아질수록 겹친 상태의 갯수는 늘어난다. 서로 다른 $(n_x, n_y, n_z)$의 조합은 서로 다른 상태를 주므로, 주어진 에너지 구간에서 가능한 이 조합의 갯수는 상태의 갯수가 된다. 따라서 이 상태 공간을 나타내는 $(n_x, \ n_y, \ n_z)$ 공간에서 에너지에 대응하는 반지름 벡터 $n$ 을 다음과 같이 정의하자.

$$n^2 = n_x^2 + n_y^2 + n_z^2$$

$n$ 이 충분히 클 경우, 이 상태 공간에서 $n$ 과 $n + dn$ 사이에 있는 상태의 갯수는 다음과 같이 구껍질 두께 $dn$ 에 해당하는 에너지 구간 $dE$ 에 그 에너지 구간에서의 상태밀도를 곱한 것과 같다고 할 수 있다.[1]

$$\rho(E)dE = \frac{1}{8} \times 4\pi n^2 dn$$

여기서 $E = E_0 n^2$, $E_0 \equiv \frac{\pi^2 \hbar^2}{2mL^2}$ 의 관계로부터, $dE = 2E_0 n dn$ 이고 $n = \sqrt{E/E_0}$ 이므로, 이 경우의 상태밀도 $\rho(E)$는 다음과 같이 주어진다.

$$\rho(E) = \frac{\pi}{4E_0^{3/2}} E^{1/2} \tag{7.68}$$

---

[1] 여기서 $n_i$ 는 모두 양수였음을 기억하자.

# 제 7.2 절  구면좌표계에서의 슈뢰딩거 방정식  Schrödinger Equation in Spherical Coordinates

이 절에서는 수소 원자의 경우처럼 위치에너지가 거리 $r$ 에만 의존하면서 회전대칭성을 가지는 중심력장 central force field 에서의 슈뢰딩거 방정식을 구면좌표계를 사용하여 풀어보도록 하겠다. 이를 위해서 먼저 구면좌표계에서의 라플라시안 표현부터 알아보도록 하겠다.

일반적인 3차원 곡선좌표계 $(q_1, q_2, q_3)$에서 기울기벡터 gradient $\nabla$ 는 각 방향의 축척인자 scale factor $h_1, h_2, h_3$ 를 써서 다음과 같이 표현할 수 있다(그림 7.1 참조).[2]

$$\nabla = \hat{e}_1 \frac{1}{h_1} \frac{\partial}{\partial q_1} + \hat{e}_2 \frac{1}{h_2} \frac{\partial}{\partial q_2} + \hat{e}_3 \frac{1}{h_3} \frac{\partial}{\partial q_3} \tag{7.69}$$

여기서 $\hat{e}_1, \hat{e}_2, \hat{e}_3$ 는 각 방향의 단위벡터들이다. 구면좌표계에서 $q_1 = r$, $q_2 = \theta$, $q_3 = \phi$ 로 놓으면, $h_1 = 1$, $h_2 = r$, $h_3 = r\sin\theta$ 로 주어지므로 기울기벡터 연산자 $\nabla$ 는 다음과 같이 주어진다.

$$\nabla = \hat{r} \frac{\partial}{\partial r} + \hat{\theta} \frac{1}{r} \frac{\partial}{\partial \theta} + \hat{\phi} \frac{1}{r\sin\theta} \frac{\partial}{\partial \phi} \tag{7.70}$$

그리고 곡선좌표계에서 벡터함수 $\vec{V}$ 에 대한 발산 divergence 은 다음과 같이 주어진다.

$$\nabla \cdot \vec{V} = \frac{1}{h_1 h_2 h_3} \left[ \frac{\partial}{\partial q_1}(V_1 h_2 h_3) + \frac{\partial}{\partial q_2}(V_2 h_1 h_3) + \frac{\partial}{\partial q_3}(V_3 h_1 h_2) \right] \tag{7.71}$$

따라서 구면좌표계에서의 발산은 다음과 같이 쓸 수 있다.

$$\begin{aligned} \nabla \cdot \vec{V} &= \frac{1}{r^2 \sin\theta} \left[ \frac{\partial}{\partial r}(r^2 \sin\theta V_r) + \frac{\partial}{\partial \theta}(r\sin\theta V_\theta) + \frac{\partial}{\partial \phi}(r V_\phi) \right] \\ &= \frac{1}{r^2} \frac{\partial}{\partial r}(r^2 V_r) + \frac{1}{r\sin\theta} \frac{\partial}{\partial \theta}(\sin\theta V_\theta) + \frac{1}{r\sin\theta} \frac{\partial V_\phi}{\partial \phi} \end{aligned} \tag{7.72}$$

한편, 라플라시안은 $\nabla^2 = \nabla \cdot \nabla$ 로 주어지므로, 이는 발산과 비교할 때 $\nabla \cdot \vec{V}$ 에서 $\vec{V}$ 를 $\nabla$ 로 대체한 것에 해당한다. 그런데 곡선좌표계에서 $\nabla$ 의 성분들은 식 (7.69)에서 다음과 같이 주어졌다.

$$(\nabla)_1 = \frac{1}{h_1} \frac{\partial}{\partial q_1}, \quad (\nabla)_2 = \frac{1}{h_2} \frac{\partial}{\partial q_2}, \quad (\nabla)_3 = \frac{1}{h_3} \frac{\partial}{\partial q_3} \tag{7.73}$$

---

[2]기울기 벡터, 그리고 아래에 등장하는 발산 등은 이어지는 이 절의 부록에서 따로 설명하도록 하겠다.

따라서 식 (7.71)로부터 곡선좌표계에서의 라플라시안은 다음과 같이 쓸 수 있다.

$$\nabla^2 = \frac{1}{h_1 h_2 h_3} \left[ \frac{\partial}{\partial q_1} \left( \frac{h_2 h_3}{h_1} \frac{\partial}{\partial q_1} \right) + \frac{\partial}{\partial q_2} \left( \frac{h_1 h_3}{h_2} \frac{\partial}{\partial q_2} \right) + \frac{\partial}{\partial q_3} \left( \frac{h_1 h_2}{h_3} \frac{\partial}{\partial q_3} \right) \right] \quad (7.74)$$

여기서 한 가지, 식 (7.71)에서 $\vec{V}$ 를 $\nabla$ 로 대체할 때, $\nabla$ 의 성분들은 각각이 연산자이므로 다른 양들과 곱할 때 그 순서에 주의하여야 한다. 즉, 식 (7.71)의 괄호 안에 나타나는 곱하기 표현, 예컨대 $V_1 h_2 h_3$ 에서 $V_1$ 을 대체하는 $(\nabla)_1$ 은 축척인자들인 $h_2$, $h_3$ 에는 작용하지 않아야 하므로 그들보다 나중에 써 주어야 한다. 즉, $h_2 h_3 (\nabla)_1$ 의 순서로 써 주어야 한다.

이상에서 우리는 구면좌표계에서 기울기벡터의 성분들은 다음과 같이 주어지고,

$$(\nabla)_r = \frac{\partial}{\partial r}, \quad (\nabla)_\theta = \frac{1}{r} \frac{\partial}{\partial \theta}, \quad (\nabla)_\phi = \frac{1}{r \sin\theta} \frac{\partial}{\partial \phi}, \quad (7.75)$$

라플라시안은 다음과 같이 주어짐을 알 수 있다.

$$\nabla^2 = \nabla \cdot \nabla = \frac{1}{r^2} \frac{\partial}{\partial r}(r^2 \frac{\partial}{\partial r}) + \frac{1}{r^2 \sin\theta} \frac{\partial}{\partial \theta}(\sin\theta \frac{\partial}{\partial \theta}) + \frac{1}{r^2 \sin^2\theta} \frac{\partial^2}{\partial \phi^2} \quad (7.76)$$

이로부터 3차원 슈뢰딩거 방정식 (7.3)은 구면좌표계에서 다음과 같이 쓰여진다.

$$-\frac{\hbar^2}{2m} \left[ \frac{1}{r^2} \frac{\partial}{\partial r}(r^2 \frac{\partial}{\partial r}) + \frac{1}{r^2 \sin\theta} \frac{\partial}{\partial \theta}(\sin\theta \frac{\partial}{\partial \theta}) + \frac{1}{r^2 \sin^2\theta} \frac{\partial^2}{\partial \phi^2} \right] \psi + V\psi = E\psi \quad (7.77)$$

## • 기울기벡터, 발산, 그리고 회전 Gradient, Divergence, and Curl

일반적으로 곡선좌표계 curvilinear coordinates 에서 선소 line element 벡터 $\vec{dl}$ 은 좌표들을 $q_i$ ($i = 1, 2, ..$), 축척인자들을 $h_i$ ($i = 1, 2, ..$), 그리고 각 좌표 방향의 단위벡터 unit vector 들을 $\hat{e}_i$ ($i = 1, 2, ..$) 라고 할 때 다음과 같이 주어진다.

$$\vec{dl} = \sum_i \hat{e}_i h_i dq_i \quad (7.78)$$

그리고 이런 선소 벡터를 따라서 움직였을 때, 어떤 함수 $\Phi$ 의 변화 $d\Phi$ 는 기울기벡터 $\nabla$ 로 다음과 같이 표시된다(함수 $\Phi$ 의 기울기벡터 $\nabla\Phi$ 의 정의).

$$d\Phi \equiv \nabla\Phi \cdot \vec{dl} \quad (7.79)$$

위 식은 성분 별로 고쳐쓰면 다음과 같다.

$$d\Phi = \nabla\Phi \cdot \vec{dl} = \sum_i (\nabla\Phi)_i (\vec{dl})_i \tag{7.80}$$

따라서 선소 성분을 $(\vec{dl})_i \equiv dl_i$ 로 표시하면, 기울기벡터의 성분은 다음과 같다.

$$(\nabla\Phi)_i = \frac{\partial\Phi}{\partial l_i} \tag{7.81}$$

여기서 $dl_i = h_i dq_i$(지표 $i$ 는 고정)의 관계를 쓰면, 기울기벡터는 다음과 같이 주어진다.

$$\nabla\Phi = \sum_i \hat{e}_i \frac{\partial\Phi}{\partial l_i} = \sum_i \frac{\hat{e}_i}{h_i} \frac{\partial\Phi}{\partial q_i} \tag{7.82}$$

이를 3차원의 경우에 적용하면 우리는 곧 앞에서 인용한 공식 (7.69)를 얻게 된다.

　그러면 기울기벡터가 가지는 의미는 무엇인가? 우리는 식 (7.79)에서 좌표가 변하는 방향을 나타내는 선소 벡터 $\vec{dl}$ 의 방향이 함수 $\Phi$ 의 기울기벡터 $\nabla\Phi$ 와 같은 방향일 때 함수의 변화 $d\Phi$ 가 가장 크게 됨을 알 수 있다. 이는 어떤 주어진 지점에서 구한 함수의 기울기벡터는 그 지점에서 함수가 가장 급격하게 증가하는 방향과 그 변화의 크기를 준다는 것을 보여준다.[3]

　다음으로 발산 divergence 에 대해서 알아보자. 발산은 속도나 힘과 같은 벡터 함수의 경우에 정의되며, 기울기벡터 연산자 $\nabla$ 와 벡터 함수 사이의 내적 inner product 처럼 표시된다. 우리가 벡터 함수를 $\vec{A}$ 로 표시하면 발산은 다음과 같이 정의된다.

$$\nabla \cdot \vec{A} \equiv \lim_{\int_V dv \to 0} \frac{\oint_S \vec{A} \cdot d\vec{a}}{\int_V dv} \tag{7.83}$$

여기서 $S$ 는 주어진 체적 $V$ 를 둘러싼 경계면인 폐곡면을 표시하고, $d\vec{a}$ 는 경계면 적분에서 면적소 area element 에 상응하는 면적 벡터, 그리고 $dv$ 는 체적 적분의 체적소

---

[3]기울기벡터는 1차원에서의 함수의 기울기, 즉 주어진 지점에서 그 함수의 미분값을 일반화한 것이다. 그런데 2차원 이상의 경우, 기울기벡터가 주어진 지점에서 함수가 가장 급격하게 증가하는 방향으로의 함수 변화율의 크기라고 하면, 다른 방향으로의 기울기는 어떻게 연관되나? 답은 간단하다. 원하는 그 방향으로의 단위 벡터와 기울기벡터를 내적하여 주면 된다. 예컨대, 어떤 지점에서 주어진 함수의 $x$ 방향으로의 기울기(변화율)는 기울기벡터에 $x$ 방향의 단위 벡터 $\hat{i}$ 를 내적해 주면 된다$\left(\hat{i} \cdot \nabla\Phi = \frac{\partial\Phi}{\partial x}\right)$.

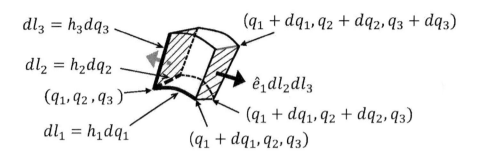

그림 7.1: 곡선좌표계에서의 체적소와 면적 벡터

volume element 이다. 우리는 이 정의식으로부터 발산이 어떤 주어진 체적을 생각하고 그 주어진 체적이 0 으로 가는 극한에서 그 체적의 경계면을 통하여 외부로 방출되는 벡터 함수의 양을 구한 후 주어진 체적으로 나눈 값임을 알 수 있다. 이를 계산하기 위하여 이제 편의상 주어진 체적이 아주 작은 체적소인 경우를 생각하겠다. 그러면 곡선좌표계에서 체적소는 다음과 같이 쓸 수 있다.[4]

$$dv = dl_1 dl_2 dl_3 = h_1 h_2 h_3 dq_1 dq_2 dq_3 \tag{7.84}$$

이제 이 체적소에서 경계면을 통하여 밖으로 방출되는 벡터 함수의 양을 생각하여 보겠다. 이를 위해서는 먼저 식 (7.83) 우변에서 분자의 값을 구해야 한다. 그리고 이 분자의 값은 체적소인 육면체로부터 각각의 좌표 방향으로 방출되는 벡터 함수의 양을 합한 것이 될 것이다. 예컨대 그림 7.1에서 검은 화살표로 표시된 $q_1$ 이 증가하는 방향의 면적 벡터 $d\vec{a}$ 는 다음과 같이 주어진다.

$$(d\vec{a})_1 = \hat{e}_1 dl_2 dl_3 \tag{7.85}$$

그리고 옅은 화살표로 표시된 $q_1$ 이 감소하는 방향으로의 면적벡터는 그 방향이 반대 이므로, 체적소 육면체에서 $q_1$ 이 증가하는 방향과 감소하는 방향으로 방출되는 벡터

---

[4]여기서 우리는 편의상 3차원의 경우를 생각하겠다(그림 7.1 참조).

232

함수의 양은 다음과 같이 쓸 수 있다.

$$\vec{A} \cdot d\vec{a}|_1 = A_1 dl_2 dl_3|_{q_1+dq_1} - A_1 dl_2 dl_3|_{q_1} \tag{7.86}$$

이를 $dq_1$ 의 1차 항까지 급수 전개하여 구하면, 다음과 같이 될 것이다.[5]

$$A_1 dl_2 dl_3|_{q_1+dq_1} - A_1 dl_2 dl_3|_{q_1} = \frac{\partial}{\partial q_1}(A_1 dl_2 dl_3)dq_1 \tag{7.88}$$

따라서 $dl_i = h_i dq_i$(지표 $i$ 고정)의 관계를 쓰면, $q_1$ 방향으로의 순 방출량은 다음과 같이 주어질 것이다.

$$\frac{\partial}{\partial q_1}(A_1 dl_2 dl_3)dq_1 = \frac{\partial}{\partial q_1}(A_1 h_2 h_3)dq_1 dq_2 dq_3 \tag{7.89}$$

마찬가지 방식으로 $q_2$ 와 $q_3$ 방향으로의 방출량을 구하여 합하면, 체적소로부터 방출되는 전체량은 다음과 같이 된다.

$$\oint_S \vec{A} \cdot d\vec{a} = \left\{ \frac{\partial}{\partial q_1}(A_1 h_2 h_3) + \frac{\partial}{\partial q_2}(A_2 h_3 h_1) + \frac{\partial}{\partial q_3}(A_3 h_1 h_2) \right\} dq_1 dq_2 dq_3 \tag{7.90}$$

이를 체적소 표기식 (7.84)와 함께 정의식 (7.83)에 대입하면, 우리는 최종적으로 다음 결과식을 얻는다. 이는 우리가 앞에서 사용한 발산을 기술하는 공식 (7.71)과 같다.

$$\nabla \cdot \vec{A} = \frac{1}{h_1 h_2 h_3} \left\{ \frac{\partial}{\partial q_1}(A_1 h_2 h_3) + \frac{\partial}{\partial q_2}(A_2 h_3 h_1) + \frac{\partial}{\partial q_3}(A_3 h_1 h_2) \right\} \tag{7.91}$$

이제 자주 사용하는 발산 정리 divergence theorem 에 대해 알아보도록 하겠다. 이를 위하여 체적소가 여러 개 겹쳐져 있는 경우를 생각하자. 가장 간단한 경우로 그림 7.2처럼 두 개의 체적소가 겹쳐진 경우를 보면, 체적소들이 겹쳐진 부분, 즉 합쳐진

---

[5]여기서 $q_1$ 방향으로 변화한 거리는 $dl_1 = h_1 dq_1$ 인데 왜 $dq_1$ 만큼만 변화시켰는지 의아해 할 수도 있을 것이다. 이를 이해하기 위해서 앞에서 다룬 기울기벡터를 이용한 함수의 변화를 생각해 보자. 식 (7.79)에 따르면 $q_1$ 방향으로 함수의 변화는 $d\vec{l} = \hat{e}_1 dl_1$ 임을 적용하면 다음과 같다.

$$d\Phi = (\nabla\Phi)_1 dl_1 = \frac{1}{h_1} \frac{\partial\Phi}{\partial q_1} h_1 dq_1 = \frac{\partial\Phi}{\partial q_1} dq_1 \tag{7.87}$$

그런데 여기서 함수는 $\Phi = A_1 dl_2 dl_3 = A_1 h_2 h_3 dq_2 dq_3$ 에 해당하므로 이는 결과식 (7.89)를 준다.

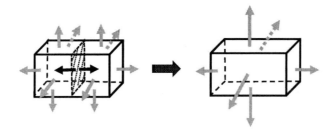

그림 7.2: 체적소들이 겹쳐 있는 경우의 면적 벡터들과 발산 정리

체적의 내부에 속하는 경계면에서의 방출량 적분은 경계면 상의 두 체적소 면적 벡터들의 방향이 서로 정반대가 되어 두 적분량이 정확하게 상쇄된다. 따라서 체적소들이 합쳐지는 경우, 체적소들이 합해 만들어지는 전체 체적의 외부 경계면에서의 방출량만을 적분하는 결과와 같아진다. 이는 체적소가 수많이 모여서 유한한 체적을 형성하는 경우에도 마찬가지다. 따라서 우리는 발산의 정의식 (7.83)으로부터 다음의 관계식을 얻는다.

$$\int_V \nabla \cdot \vec{A}\, dv = \oint_{S=\partial V} \vec{A} \cdot d\vec{a} \tag{7.92}$$

이는 어떤 주어진 체적($V$)에 대해서 벡터 함수의 발산을 적분하는 것은 그 체적의 경계면($\partial V = S$)에서 벡터 함수와 면적소 벡터 사이의 내적을 적분하는 것(벡터 함수의 면적분)과 같음을 보여 준다. 우리는 이 관계를 발산 정리라고 부른다.

이제 마지막으로 회전 curl 에 대하여 살펴보겠다. 회전 역시 벡터 함수의 경우에만 정의되며, 기울기벡터 연산자 $\nabla$ 와 벡터 함수의 외적 cross product 처럼 표시된다. 즉, 벡터 함수를 $\vec{A}$ 로 표시하면 이 벡터 함수 $\vec{A}$ 의 회전은 다음과 같이 정의된다.

$$\nabla \times \vec{A} \equiv \lim_{\int_S da \to 0} \frac{\hat{n} \oint_C \vec{A} \cdot d\vec{l}}{\int_S da} \tag{7.93}$$

여기서 $C$ 는 그림 7.3에서처럼 어떤 주어진 면적 $S$ 를 둘러싼 폐곡선으로 우변의 분자에 나타난 선적분의 선소 벡터 $d\vec{l}$ 이 따라 도는 경로를 표시한다. $\hat{n}$ 은 선적분의 경로 폐곡선에 의해 감싸진 면적 $S$ 에 수직인 면적 벡터의 단위 벡터로서 그 방향은 그림 7.3에서처럼 선소 $d\vec{l}$ 의 방향에 오른손 법칙을 적용하여 얻어진다.

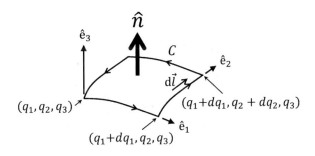

그림 7.3: 면적소 벡터와 회전

이 정의식 (7.93)으로부터 우리는 회전 curl 이 주어진 면적의 경계선을 따라 가면서 경로의 진행 방향인 선소 벡터와 벡터 함수의 내적을 경로 적분한 후 면적으로 나눈 값임을 알 수 있으며, 그 값은 그 주어진 면적이 0 으로 갈 때의 극한에서 구한 것이다.

이제 편의를 위하여 3차원의 경우에 그림 7.3에서처럼 면적소 벡터의 방향이 $q_3$ 좌표값이 증가하는 경우를 생각하겠다. 이 경우, $\hat{n} = \hat{e}_3$ 이 되고, 면적소는 다음과 같이 표현된다.

$$da = dl_1 dl_2 = h_1 h_2 dq_1 dq_2 \tag{7.94}$$

그러면 그림 7.3에 주어진 경로 $C$ 를 따른 선(경로)적분은 다음과 같이 쓸 수 있다.

$$\oint_C \vec{A} \cdot d\vec{l} = A_1 dl_1|_{q_2} + A_2 dl_2|_{q_1+dq_1} - A_1 dl_1|_{q_2+dq_2} - A_2 dl_2|_{q_1} \tag{7.95}$$

위에서 마지막 두 항의 부호가 음인 이유는 그 두 경로에서는 적분의 방향을 나타내는 선소 $d\vec{l}$ 이 각각 $-\hat{e}_1$, $-\hat{e}_2$ 이기 때문이다. 이제 $dq_i$ 들의 1차 항까지만 급수 전개하여 계산하면, 위 식은 다음과 같이 쓸 수 있다.

$$\oint_C \vec{A} \cdot d\vec{l} = \frac{\partial}{\partial q_1}(A_2 h_2 dq_2) dq_1 - \frac{\partial}{\partial q_2}(A_1 h_1 dq_1) dq_2 \tag{7.96}$$

이를 면적소의 면적을 나타내는 관계식 (7.94)와 함께 회전의 정의식 (7.93)에 대입하면 그 결과는 다음과 같이 주어진다.

$$\nabla \times \vec{A} = \frac{\hat{e}_3}{h_1 h_2}\left\{\frac{\partial}{\partial q_1}(A_2 h_2) - \frac{\partial}{\partial q_2}(A_1 h_1)\right\} \tag{7.97}$$

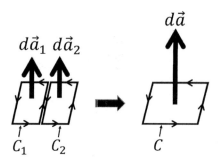

그림 7.4: 면적소들이 합쳐진 경우와 스토크스 정리

다음으로 면적소의 방향이 임의인 경우, 우리는 그 면적소의 방향을 각 축방향 (성분) 단위 벡터들의 일차 결합으로 표시할 수 있으므로, 그 면적소의 경계를 따라 행하는 경로 적분 역시 각 성분들의 합으로 표시할 수 있다. 따라서 임의의 면적소에 대한 회전은 각 성분들의 기여를 모두 합하여 다음과 같이 쓸 수 있다.

$$
\begin{aligned}
\nabla \times \vec{A} \;=\; & \frac{\hat{e}_1}{h_2 h_3}\left\{\frac{\partial}{\partial q_2}(A_3 h_3) - \frac{\partial}{\partial q_3}(A_2 h_2)\right\} \\
& + \frac{\hat{e}_2}{h_3 h_1}\left\{\frac{\partial}{\partial q_3}(A_1 h_1) - \frac{\partial}{\partial q_1}(A_3 h_3)\right\} \\
& + \frac{\hat{e}_3}{h_1 h_2}\left\{\frac{\partial}{\partial q_1}(A_2 h_2) - \frac{\partial}{\partial q_2}(A_1 h_1)\right\}
\end{aligned}
\tag{7.98}
$$

이는 행렬식 determinant 으로 다시 다음과 같이 쓸 수 있다.

$$
\nabla \times \vec{A} = \frac{1}{h_1 h_2 h_3}
\begin{vmatrix}
\hat{e}_1 h_1 & \hat{e}_2 h_2 & \hat{e}_3 h_3 \\
\frac{\partial}{\partial q_1} & \frac{\partial}{\partial q_2} & \frac{\partial}{\partial q_3} \\
h_1 A_1 & h_2 A_2 & h_3 A_3
\end{vmatrix}
\tag{7.99}
$$

마지막으로 회전과 관련된 스토크스 정리 Stokes' theorem 에 대해 알아보겠다. 이를 위해 발산의 경우에 체적소들이 합쳐진 것처럼 면적소들이 합쳐지는 경우의 회전에 대해 생각하자. 그 가장 간단한 경우로 그림 7.4에서처럼 두 개의 면적소가 합쳐진 경우를 보면, 서로 겹친 경계선에서의 선소 벡터의 방향, 즉 경로 적분의 방향은 서로 반대가 된다. 따라서 두 면적소가 합쳐져 만나는 내부 경계선에서의 경로 적분은 서로

236

완전히 상쇄된다. 이렇게 여러 면적소가 합쳐지는 경우, 내부 경계선에서의 경로 적분은 서로 완전히 상쇄되고 합쳐진 면적의 바깥 경계선을 따르는 경로 적분만 남게 된다. 따라서 우리는 회전의 정의식 (7.93)으로부터 다음의 관계가 성립함을 알 수 있다.

$$\int_S \nabla \times \vec{A} \cdot d\vec{a} = \oint_{C=\partial S} \vec{A} \cdot d\vec{l} \tag{7.100}$$

즉, 벡터 함수의 회전을 어떤 주어진 면적에 대해 적분하는 것은 그 면적의 경계선을 경로로 하는 벡터 함수의 경로 적분과 같다. 우리는 이 관계를 스토크스 정리라고 한다.

### 7.2.1 각방정식과 구면조화함수 Angular Equation and Spherical Harmonics

위치에너지가 중심에서의 거리에만 의존하는 중심력장의 위치에너지는 $V(\vec{x}) = V(r)$ 로 쓸 수 있다. 이제 변수 분리 방식을 적용하기 위하여 파동함수를 다음과 같이 쓰고,

$$\psi(\vec{x}) = R(r)\Theta(\theta)\Phi(\phi), \tag{7.101}$$

3차원 구면좌표계에서의 슈뢰딩거 방정식 (7.77)의 양변을 파동함수 $\psi = R\Theta\Phi$ 로 나누어 주면 우리는 다음 식을 얻게 된다.

$$-\frac{\hbar^2}{2m}\left[\frac{1}{r^2 R}\frac{d}{dr}(r^2\frac{dR}{dr}) + \frac{1}{r^2}\left\{\frac{1}{\Theta}\frac{1}{\sin\theta}\frac{d}{d\theta}(\sin\theta\frac{d\Theta}{d\theta}) + \frac{1}{\sin^2\theta}\frac{1}{\Phi}\frac{d^2\Phi}{d\phi^2}\right\}\right] + V(r)$$
$$= E \tag{7.102}$$

다시 양변에 $-\frac{2mr^2}{\hbar^2}$ 을 곱하면 위 식은 다음과 같이 된다.

$$\frac{1}{R}\frac{d}{dr}(r^2\frac{dR}{dr}) + \frac{2mr^2}{\hbar^2}(E - V(r)) + \left[\frac{1}{\Theta}\frac{1}{\sin\theta}\frac{d}{d\theta}(\sin\theta\frac{d\Theta}{d\theta}) + \frac{1}{\sin^2\theta}\frac{1}{\Phi}\frac{d^2\Phi}{d\phi^2}\right]$$
$$= 0 \tag{7.103}$$

여기서 좌변의 첫 두 항은 $r$ 에만 의존하고, 대괄호 [ ] 안에 든 항들은 $\theta, \phi$ 에만 의존하므로, 이 식이 임의의 $r$ 과 $\theta, \phi$ 에 대해서 성립하려면 첫 두 항과 대괄호 [ ] 항이 상수가 되어 서로 상쇄되면 된다.

이제 대괄호 항을 상수 $-l(l+1)$ 로 놓으면, 위 식은 아래와 같이 두 개의 방정식으로 기술된다. 상수를 이처럼 특별한 값으로 놓은 이유는 나중에 나오는 궤도 각운동량 연산자의 고유값과 연결시키기 위해서이다. 여기서는 다만 임의의 상수값이라고 생각하자.

$$\frac{1}{R}\frac{d}{dr}(r^2\frac{dR}{dr}) + \frac{2mr^2}{\hbar^2}(E - V(r)) = l(l+1) \tag{7.104}$$

$$\frac{1}{\Theta}\frac{1}{\sin\theta}\frac{d}{d\theta}(\sin\theta\frac{d\Theta}{d\theta}) + \frac{1}{\sin^2\theta}\frac{1}{\Phi}\frac{d^2\Phi}{d\phi^2} = -l(l+1) \tag{7.105}$$

여기서 식 (7.105)의 양변에 $\sin^2\theta$ 를 곱해주면 우리는 다음 식을 얻는다.

$$\frac{1}{\Theta}\sin\theta\frac{d}{d\theta}(\sin\theta\frac{d\Theta}{d\theta}) + l(l+1)\sin^2\theta + \frac{1}{\Phi}\frac{d^2\Phi}{d\phi^2} = 0 \tag{7.106}$$

그런데 위 식은 $\theta$ 에만 의존하는 앞의 두 항과 $\phi$ 에만 의존하는 마지막 항으로 나뉘어져 있다. 따라서 임의의 $\theta$, $\phi$ 값에서 위 식이 성립하려면, $\theta$ 와 $\phi$ 에만 각각 의존하는 두 부분은 서로 부호가 반대인 상수가 되어 상쇄되면 된다. 따라서 우리는 $\phi$ 에만 의존하는 마지막 항을 관습적으로 다음과 같은 상수로 놓는다.

$$\frac{1}{\Phi}\frac{d^2\Phi}{d\phi^2} \equiv -\tilde{m}^2 \tag{7.107}$$

즉, 구면좌표계에서 슈뢰딩거 방정식은 다음의 세 방정식으로 나누어 쓸 수 있다.[6]

$$\frac{d^2\Phi}{d\phi^2} + \tilde{m}^2\Phi = 0 \tag{7.108}$$

$$\sin\theta\frac{d}{d\theta}(\sin\theta\frac{d\Theta}{d\theta}) + \left[l(l+1)\sin^2\theta - \tilde{m}^2\right]\Theta = 0 \tag{7.109}$$

$$\frac{d}{dr}(r^2\frac{dR}{dr}) + \frac{2mr^2}{\hbar^2}\left[E - V(r) - \frac{\hbar^2}{2mr^2}l(l+1)\right]R = 0 \tag{7.110}$$

이제 이 방정식들의 해들을 생각해 보기로 하자. 먼저 첫 번째 방정식 (7.108)의 해는 다음과 같이 주어짐을 곧 알 수 있다.

$$\Phi(\phi) \sim e^{\pm i\tilde{m}\phi} \tag{7.111}$$

---

[6]여기서 각 방정식 (7.108)과 (7.109)의 $\tilde{m}$ 은 임의의 상수이고, 지름방정식 (7.110)에서의 $m$ 은 입자의 질량을 나타냄에 유의하자.

두 번째 방정식 (7.109)의 경우, 양변을 $\sin^2\theta$ 으로 나누어주면 다음과 같이 된다.

$$\frac{1}{\sin\theta}\frac{d}{d\theta}(\sin\theta\frac{d\Theta}{d\theta}) + \left[l(l+1) - \frac{\tilde{m}^2}{\sin^2\theta}\right]\Theta = 0 \qquad (7.112)$$

여기서 $\cos\theta \equiv x$ 로 놓으면, 다음의 관계가 성립한다.

$$\frac{d}{d\theta} = \frac{d}{dx}\frac{dx}{d\theta} = -\sin\theta\frac{d}{dx}$$

따라서 식 (7.112)는 다음과 같이 표현할 수 있다.

$$\frac{d}{dx}\left[(1-x^2)\frac{d\Theta}{dx}\right] + \left[l(l+1) - \frac{\tilde{m}^2}{1-x^2}\right]\Theta = 0 \qquad (7.113)$$

위 식은 잘 알려진 버금 르장드르 방정식 associated Legendre equation 이며, 그 해는 버금 르장드르 다항식 associated Legendre polynomials $P_l^{\tilde{m}}(x)$로 주어진다. 따라서 식 (7.105)로 주어진 각방정식 angular equation 의 해는 $\Theta(\theta)$와 $\Phi(\phi)$의 곱, 즉 $P_l^{\tilde{m}}(\cos\theta)e^{i\tilde{m}\phi}$ 의 형태로 쓸 수 있다. 이제부터는 통상적인 표기에 맞추어 $\tilde{m}$ 대신에 $m$ 을 사용하겠다. 앞의 지름방정식에서 나오는 질량 $m$ 과 혼동하지 않기를 바란다.

우리는 이렇게 주어진 각방정식의 해를 구면조화함수 spherical harmonics 라고 부르며 $Y_l^m(\theta,\phi)$로 표시한다.[7]

$$Y_l^m(\theta,\phi) \equiv N_l^m P_l^m(\cos\theta)e^{im\phi} \qquad (7.114)$$

여기서 $N_l^m$ 은 규격화 상수로 다음의 규격화 조건을 만족하며,

$$\int d\Omega\, |Y_l^m(\theta,\phi)|^2 = 1, \quad \int d\Omega \cdots = \int_0^\pi d\theta\,\sin\theta \int_0^{2\pi} d\phi \cdots, \qquad (7.115)$$

그 값은 다음과 같이 주어진다.[8]

$$N_l^m = (-1)^m \left[\frac{2l+1}{4\pi}\frac{(l-|m|)!}{(l+|m|)!}\right]^{\frac{1}{2}} \qquad (7.116)$$

---

[7]구면조화함수 $Y_l^m(\theta,\phi)$를 구하는 구체적인 방법은 다음 8장에서 다룰 것이다. 각방정식에 등장하는 $m$(앞의 $\tilde{m}$)은 $\phi$ 와 $\phi + 2\pi$ 가 같은 파동함수를 나타내므로, 식 (7.111)에 의해서 정수가 되어야 한다. 8장에서 각운동량에 대해 배울 때 알게 되겠지만, $m$ 은 $l$ 과 $-l \le m \le l$ 의 관계로 주어지며, $l$ 은 0 보다 크거나 같은 정수이어야 한다.

[8]여기서 콘돈-쇼틀리 위상 Condon-Shortley phase 으로 불리는 추가적인 인자 $(-1)^m$은 양자역학적 각운동량 계산에서의 편의를 위해 $m > 0$ 인 경우에만 관습적으로 추가되었다[14].

## • 르장드르 방정식과 버금 르장드르 방정식 사이의 관계 및 그 해들

다음과 같이 정의된 함수 $g(t, x)$의 급수전개를 생각하자.

$$g(t, x) = (1 - 2xt + t^2)^{-1/2} \equiv \sum_{l=0}^{\infty} P_l(x) t^l, \quad |t| < 1, \quad |x| \le 1 \qquad (7.117)$$

이렇게 정의된 함수 $g(t, x)$는 다음의 방정식을 만족함을 쉽게 확인할 수 있다.

$$(1 - x^2)\frac{\partial^2 g}{\partial x^2} - 2x\frac{\partial g}{\partial x} + t\frac{\partial^2 (tg)}{\partial t^2} = 0 \qquad (7.118)$$

위 식에 앞서 도입한 함수 $g(t, x)$의 급수전개 표현식 (7.117)을 쓰면 다음과 같이 된다.

$$(1 - x^2)\sum_{l=0}^{\infty} t^l \frac{d^2 P_l}{dx^2} - 2x\sum_{l=0}^{\infty} t^l \frac{dP_l}{dx} + \sum_{l=0}^{\infty} l(l+1)t^l P_l = 0 \qquad (7.119)$$

이 식은 임의의 $t^l$ 에 대하여 성립하므로 함수 $P_l$ 은 다음 방정식을 만족한다.

$$\frac{d}{dx}\left[(1 - x^2)\frac{dP_l(x)}{dx}\right] + l(l+1)P_l(x) = 0, \quad -1 \le x \le 1 \qquad (7.120)$$

우리는 이 방정식을 르장드르 방정식 Legendre equation 이라고 부르며, 이 방정식의 해 $P_l(x)$는 르장드르 함수 Legendre function 또는 르장드르 다항식 Legendre polynomial 이라고 부른다.

함수 $g(t, x)$의 정의식 (7.117)을 사용하고 약간의 과정을 거치면 우리는 함수 $P_l$에 대한 아래의 로드리게스 공식 Rodrigues' formula 을 얻을 수 있다.[9]

$$P_l(x) = \frac{1}{2^l l!}\frac{d^l}{dx^l}(x^2 - 1)^l, \quad -1 \le x \le 1, \quad l = 0, 1, 2, \cdots \qquad (7.121)$$

이 공식을 써서 처음 몇 개의 르장드르 다항식을 쓰면 다음과 같다.

$$P_0(x) = 1$$
$$P_1(x) = x$$

---

$$P_2(x) = \frac{1}{2}(3x^2 - 1) \tag{7.122}$$

$$\vdots$$

그리고 $g(t,x)$의 정의식 (7.117)으로부터 다음의 관계가 성립함도 보일 수 있다.

$$P_l(1) = 1, \quad P_l(-x) = (-1)^l P_l(x) \tag{7.123}$$

르장드르 함수 $P_l(x)$는 다음의 직교조건을 만족한다.

$$\int_{-1}^{1} P_l(x)P_n(x)\,dx = \frac{2}{2l+1}\delta_{ln} \tag{7.124}$$

이러한 르장드르 함수를 $m$ 번 미분하고 $(1-x^2)^{\frac{m}{2}}$ 을 곱한 함수를 $P_l^m(x)$라 하자.

$$P_l^m(x) \equiv (1-x^2)^{\frac{m}{2}} \frac{d^m}{dx^m} P_l(x), \quad 0 \le m \le l \tag{7.125}$$

르장드르 방정식 (7.120)을 써서 우리는 이렇게 정의된 함수 $P_l^m(x)$가 버금 르장드르 방정식 (7.113)을 만족함을 보일 수 있다. 그런데 식 (7.113)에서 $\pm\tilde{m}(\tilde{m}$는 지금의 $m)$ 은 동일한 방정식을 만족하고, 르장드르 방정식은 버금 르장드르 방정식 (7.113)에서 $\tilde{m}(m)$이 0 인 경우와 같으므로 다음의 관계들이 성립한다.

$$P_l^{-m}(x) \sim P_l^m(x), \quad P_l^0(x) = P_l(x) \tag{7.126}$$

### 7.2.2 지름방정식과 3차원 구면 상자 Radial Equation and Spherical Box

우리는 아직 지름방정식 radial equation 이라 부르는 식 (7.110)의 해는 생각하지 않 았다. 그 해를 구하기 위해서 그 식의 양변을 $r^2$ 으로 나누어 다음과 같이 표현하자.[10]

$$\frac{1}{r^2}\frac{d}{dr}\left(r^2\frac{dR}{dr}\right) + \frac{2m}{\hbar^2}\left[E - V(r) - \frac{\hbar^2}{2m}\frac{l(l+1)}{r^2}\right]R = 0 \tag{7.127}$$

여기서 함수 $R$ 을 다음과 같이 놓으면,

$$R(r) \equiv \frac{u(r)}{r}, \tag{7.128}$$

---

[10] 이 지름방정식에서의 $m$ 은 질량을 표시하며, 각방정식에서 나왔던 지수 $m(\tilde{m})$과 다름에 유의하자.

지름방정식 (7.127)은 함수 $u$ 로 다음과 같이 쓰여진다.

$$\frac{d^2u}{dr^2} + \frac{2m}{\hbar^2}\left[E - V(r) - \frac{\hbar^2}{2m}\frac{l(l+1)}{r^2}\right]u = 0 \tag{7.129}$$

위에서 대괄호 안의 $E$ 이외의 항들은 1차원 슈뢰딩거 방정식에서의 위치에너지와 같은 역할을 하므로, 우리는 이를 유효퍼텐셜 effective potential 이라고 부른다.

$$V_{eff.}(r) \equiv V(r) + \frac{\hbar^2}{2m}\frac{l(l+1)}{r^2} \tag{7.130}$$

이 유효퍼텐셜의 둘째 항 $\frac{\hbar^2}{2m}\frac{l(l+1)}{r^2}$ 은 궤도 각운동량에 의한 장벽의 역할을 하므로 각운동량 장벽 angular momentum barrier 으로도 불린다. 이는 입자가 궤도 각운동량을 가진 경우($l > 0$), 궤도 각운동량이 3차원 중심력장에서 입자의 중심으로의 접근을 방해하는 원심장벽 centrifugal barrier 의 역할을 하기 때문이다.

이제 지름방정식이 간단히 풀리는 경우의 예로 3차원 구면 상자를 생각해 보겠다. 이 경우 위치에너지는 다음과 같이 쓸 수 있다.

$$V(r) = \begin{cases} 0, & r < a \\ \infty, & r \geq a \end{cases} \tag{7.131}$$

1차원 상자에서와 마찬가지로 이 경우에도 반지름이 $a$ 인 구의 내부에서만 입자가 존재하게 되므로 파동함수는 구의 바깥 영역에서 0 이 되어야 한다. 즉, 다음의 경계조건이 만족되어야 한다.

$$R(a) = 0 \tag{7.132}$$

한편, $r = 0$ 에서 파동함수는 유한한 값을 가져야 하므로 $R(0)$ 역시 유한한 값을 가져야 한다. 그러므로 이제 문제는 이러한 두 가지 조건을 만족하는 $r < a$ 의 범위 내에 존재하는 자유입자의 지름방정식을 푸는 것으로 귀착된다. 이 경우 지름방정식 (7.127)은 다음과 같다.

$$\frac{d^2R}{dr^2} + \frac{2}{r}\frac{dR}{dr} + \frac{2m}{\hbar^2}\left(E - \frac{l(l+1)\hbar^2}{2mr^2}\right)R = 0, \quad r < a \tag{7.133}$$

여기서 $\frac{2mE}{\hbar^2} \equiv k^2$ 로 놓으면, 위 식은 다음과 같이 좀 더 간단하게 쓰여진다.

$$\frac{d^2R}{dr^2} + \frac{2}{r}\frac{dR}{dr} + \left(k^2 - \frac{l(l+1)}{r^2}\right)R = 0 \tag{7.134}$$

242

다시 양변에 $\frac{1}{k^2}$ 을 곱한 후, $\rho \equiv kr$ 의 새로운 변수를 도입하면 다음 식을 얻는다.

$$\frac{d^2R}{d\rho^2} + \frac{2}{\rho}\frac{dR}{d\rho} + \left(1 - \frac{l(l+1)}{\rho^2}\right)R = 0 \tag{7.135}$$

여기서 새로운 함수 $Z$ 를 다음과 같이 도입하면,

$$R(\rho) \equiv \frac{Z(\rho)}{\rho^{\frac{1}{2}}}, \tag{7.136}$$

식 (7.135)는 베셀방정식 Bessel equation 이라 불리는 다음의 방정식이 된다.

$$\frac{d^2Z}{d\rho^2} + \frac{1}{\rho}\frac{dZ}{d\rho} + \left(1 - \frac{(l+\frac{1}{2})^2}{\rho^2}\right)Z = 0 \tag{7.137}$$

이 베셀방정식의 해는 베셀함수 Bessel function $J_{l+\frac{1}{2}}(\rho)$와 노이만함수 Neumann function $N_{l+\frac{1}{2}}(\rho)$로 주어진다.[11] 즉, 지름방정식 (7.134)의 해 $R(\rho)$는 다음과 같이 주어진다.

$$R(\rho) \quad \sim \quad \frac{J_{l+\frac{1}{2}}(\rho)}{\rho^{\frac{1}{2}}} \tag{7.138}$$

$$R(\rho) \quad \sim \quad \frac{N_{l+\frac{1}{2}}(\rho)}{\rho^{\frac{1}{2}}} \tag{7.139}$$

이렇게 주어진 해 $R(\rho)$에 인자 $\sqrt{\pi/2}$ 를 곱한 함수들이 곧 구면 베셀함수 spherical Bessel function $j_l(\rho)$와 구면 노이만함수 spherical Neumann function $n_l(\rho)$이다. 참고로 처음 몇 개의 구면 베셀함수와 구면 노이만 함수는 다음과 같다.

$$j_0(\rho) = \frac{\sin\rho}{\rho}, \quad j_1(\rho) = \frac{\sin\rho}{\rho^2} - \frac{\cos\rho}{\rho}, \quad \cdots \tag{7.140}$$

$$n_0(\rho) = -\frac{\cos\rho}{\rho}, \quad n_1(\rho) = -\frac{\cos\rho}{\rho^2} - \frac{\sin\rho}{\rho}, \quad \cdots \tag{7.141}$$

그리고 이 함수들은 $\rho \ll 1$ 일 때, 다음과 같이 주어진다.

$$j_l(\rho) \sim \frac{2^l l!}{(2l+1)!}\rho^l, \qquad n_l(\rho) \sim -\frac{(2l)!}{2^l l!}\rho^{-(l+1)} \tag{7.142}$$

---

[11]자세한 풀이는 참고문헌 [14] 참조.

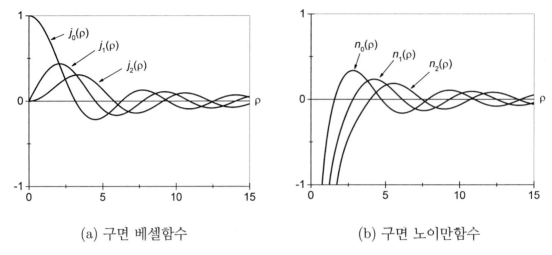

(a) 구면 베셀함수　　　　　(b) 구면 노이만함수

그림 7.5: 구면 베셀함수와 구면 노이만함수

구면 노이만함수는 $\rho = 0$ 에서 발산하므로, 구면 상자의 경우에는 구면 노이만함수는 해가 될 수 없다. 그러므로 구면 상자 안에 존재하는 입자의 고유함수 해는 다음과 같이 쓸 수 있다.

$$\psi(r, \theta, \phi) = A_l^m j_l(kr) Y_l^m(\theta, \phi) \tag{7.143}$$

여기서 $k$ 는 경계조건을 만족하는 값이어야 하며, $A_l^m$ 은 규격화 상수이다. 그리고 상수 $l$ 은 나중에 배울 궤도 각운동량을 나타내는 값으로 음이 아닌 정수이다.

이제 경계조건 $R(a) = 0$ 이 만족되려면, $j_l(ka) = 0$ 이 만족되어야 한다. 이는 $l$ 번째 구면 베셀함수 $j_l(\rho)$의 $n$ 번째 0 이 되는 $\rho$ 값을 $\bar{\rho}_{nl}$ 이라고 했을 때, 경계조건을 만족하는 $k$ 값은 다음과 같이 주어짐을 의미한다.

$$k_{nl} = \bar{\rho}_{nl}/a \tag{7.144}$$

따라서 구면 상자 내에 존재하는 입자의 에너지 고유값은 최종적으로 다음과 같이 주어진다.

$$E_{nl} = \frac{\hbar^2 \bar{\rho}_{nl}^2}{2ma^2} \tag{7.145}$$

244

## 제 7.3 절   수소 원자 Hydrogen Atom

이 절에서는 수소 원자처럼 원자핵 주위를 도는 전자가 하나여서 수소 원자와 같은 방식으로 풀 수 있는 수소꼴 원자 hydrogen-like atom 에 대해서 살펴보기로 하겠다. 원자번호가 $Z$ 인 수소꼴 원자는 원자핵 내 양성자의 수는 $Z$ 이고, 원자핵 주위에는 전자가 하나 존재한다. 이 경우, 위치에너지는 다음과 같은 쿨롱퍼텐셜 Coulomb pontential 로 주어진다.

$$V(r) = -\frac{Ze^2}{r} \tag{7.146}$$

위치에너지가 $r$ 에만 의존하므로, 슈뢰딩거 방정식의 각방정식 부분은 전과 동일하다. 지름방정식 (7.127)의 경우는 3차원 구면상자와 비교할 때, 위치에너지 부분에 쿨롱퍼텐셜이 추가되어 다음과 같이 주어진다.[12]

$$\frac{d^2R}{dr^2} + \frac{2}{r}\frac{dR}{dr} + \frac{2m}{\hbar^2}\left\{ E - \frac{l(l+1)\hbar^2}{2mr^2} + \frac{Ze^2}{r} \right\} R = 0 \tag{7.147}$$

따라서 이 경우 유효퍼텐셜은 다음과 같다.

$$V_{eff.} = -\frac{Ze^2}{r} + \frac{l(l+1)\hbar^2}{2mr^2} \tag{7.148}$$

이 유효퍼텐셜은 $r$ 이 아주 작은 영역에서는 양의 값을 갖는 장벽으로 작용하다가,

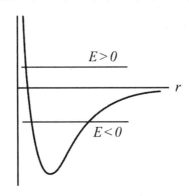

그림 7.6: 유효퍼텐셜과 입자의 에너지

---

[12]앞 절에서도 잠시 언급하였지만, $l$ 은 0 보다 크거나 같은($0 \leq l$) 정수이다.

$r$ 이 조금 더 커지면 쿨롱퍼텐셜의 기여가 더 커져서 음의 값이 된다. 그러다가 $r$ 이 더 커질수록 그 값이 증가하면서 0 으로 접근한다. 그림 7.6은 이러한 유효퍼텐셜의 특성과 에너지 사이의 관계를 도식적으로 표현한 것이다.

따라서 $E < 0$ 인 입자의 경우, $r$ 이 무한대인 영역에는 존재할 수 없으므로 우물 내의 입자와 같은 경우가 된다. 즉, 속박상태를 이루게 된다. $E > 0$ 인 입자의 경우, 무한대의 범위까지 입자가 존재할 수 있으므로 자유상태 free state 가 된다. 이제부터는 $E < 0$ 인 속박상태의 경우에 대하여 살펴보기로 하겠다.

지름방정식 (7.147)에 새로운 변수 $\rho$ 를 다음과 같이 도입하여,

$$\rho \equiv 2kr, \quad k^2 \equiv -\frac{2mE}{\hbar^2} = \frac{2m|E|}{\hbar^2}, \tag{7.149}$$

식의 양변에 $-\frac{\hbar^2}{8mE}$ 을 곱해주면, 지름방정식 (7.147)은 다음과 같이 쓸 수 있다.

$$\frac{d^2R}{d\rho^2} + \frac{2}{\rho}\frac{dR}{d\rho} + \left(\frac{\lambda}{\rho} - \frac{1}{4} - \frac{l(l+1)}{\rho^2}\right)R = 0 \tag{7.150}$$

여기서 $\lambda$ 는 다음과 같이 정의하였다.

$$\lambda \equiv \frac{Ze^2}{\hbar}\sqrt{\frac{m}{2|E|}} = \frac{Ze^2}{\hbar}\sqrt{-\frac{m}{2E}} \tag{7.151}$$

지름방정식 (7.150)의 정확한 해를 구하기 전에, 먼저 $\rho \to \infty$ 인 경우의 해를 생각해보자. 이 경우 지름방정식은 대략 다음과 같이 간단하게 쓰여진다.

$$\frac{d^2R}{d\rho^2} - \frac{R}{4} \simeq 0 \tag{7.152}$$

따라서 $\rho \to \infty$ 일 때의 해는 다음과 같이 주어진다.

$$R \sim e^{\pm\frac{\rho}{2}} \tag{7.153}$$

여기서 $+\frac{\rho}{2}$ 의 경우는 발산하므로 해가 될 수 없다. 그래서 우리는 지름방정식의 해를 일단 다음과 같이 놓고 정확한 해를 구해 가도록 하겠다.

$$R(\rho) = e^{-\frac{\rho}{2}}G(\rho) \tag{7.154}$$

이를 지름방정식 (7.150)에 대입하면, 새로운 함수 $G(\rho)$는 다음 방정식을 만족한다.

$$\frac{d^2G}{d\rho^2} - (1 - \frac{2}{\rho})\frac{dG}{d\rho} + \left(\frac{\lambda - 1}{\rho} - \frac{l(l+1)}{\rho^2}\right)G = 0 \qquad (7.155)$$

이 방정식은 일반화된 멱급수 generalized power series 를 사용하여 풀 수 있는데, 그러한 방식을 프로베니우스의 방법 Frobenius method 이라고 한다. 이 방법은 이차 미분방정식에 대한 푹스의 정리 Fuchs' theorem 에 기반하고 있으며, 푹스의 정리는 요약하면 다음과 같다.

먼저, 아래와 같이 주어진 이차 미분방정식에서,

$$\frac{d^2y}{dx^2} + f(x)\frac{dy}{dx} + g(x)y = 0, \qquad (7.156)$$

$(x - x_0)f(x)$와 $(x - x_0)^2 g(x)$의 값들이 $x = x_0$ 에서 유한할 때, 우리는 $x = x_0$ 을 정규특이점 regular singular point 이라고 한다. 이러한 정규특이점 근처에서는 적어도 하나의 해가 아래와 같은 일반화된 멱급수의 형태로 주어진다는 것이 푹스의 정리이다.

$$y = (x - x_0)^s \sum_{p=0}^{\infty} a_p(x - x_0)^p, \quad a_0 \neq 0 \qquad (7.157)$$

이를 미분방정식 (7.155)에 적용하면, $G(\rho)$의 일반해는 다음과 같은 형태로 쓸 수 있다.

$$G(\rho) = \rho^s \sum_{p=0}^{\infty} a_p \rho^p \qquad (7.158)$$

이 표현을 다시 식 (7.155)에 대입하면 다음 관계식을 얻는다.

$$\sum_{p=0}^{\infty} \left[ (p+s)(p+s-1)a_p\rho^{p+s-2} - (1 - \frac{2}{\rho})(p+s)a_p\rho^{p+s-1} \right.$$
$$\left. + \left(\frac{\lambda - 1}{\rho} - \frac{l(l+1)}{\rho^2}\right)a_p\rho^{p+s} \right] = 0 \qquad (7.159)$$

여기서 변수의 가장 낮은 차수의 계수들이 만족하는 방정식을 지표방정식 indicial equation 이라고 부른다. 이 경우는 가장 낮은 차수가 $\rho^{s-2}$ 이므로, 우리는 식 (7.159) 로부터 $\rho$ 의 가장 낮은 차수에서 다음 관계식이 성립함을 알 수 있다.

$$s(s-1)a_0\rho^{s-2} + 2sa_0\rho^{s-2} - l(l+1)a_0\rho^{s-2} = 0 \qquad (7.160)$$

즉, $\rho^{s-2}$ 항의 계수들은 다음의 지표방정식을 만족한다.

$$s(s-1)a_0 + 2sa_0 - l(l+1)a_0 = 0 \implies s(s+1) - l(l+1) = 0 \qquad (7.161)$$

이 지표방정식의 해는 $s = l$ 이거나 $s = -l - 1$ 이 되어야 한다. 하지만, $s = -l - 1$ 의 경우, 식 (7.158)에 의해 원점에서 급수가 발산하므로 해가 될 수 없다. 그러므로 $G(\rho)$ 는 다음과 같이 쓸 수 있다.

$$G(\rho) = \rho^l \sum_{p=0}^{\infty} a_p \rho^p \qquad (7.162)$$

이제 급수들 $u_p$ 사이의 관계를 알아보자. 식 (7.159)로부터 $\rho^{p+l-1}$의 계수들은 다음의 관계를 만족해야 한다.

$$(p+1+l)(p+l)a_{p+1} - (p+l)a_p + 2(p+1+l)a_{p+1}$$
$$+(\lambda - 1)a_p - l(l+1)a_{p+1} = 0 \qquad (7.163)$$

이를 정리하면 다음과 같이 쓸 수 있는데,

$$(p+1)(p+2l+2)a_{p+1} = [(p+l) - (\lambda - 1)]a_p,$$

이는 계수 $a_p$ 와 $a_{p+1}$ 사이에 다음의 회귀 관계식 recursion relation 이 성립함을 보여준다.

$$a_{p+1} = \frac{p+l-\lambda+1}{(p+1)(p+2l+2)}a_p \qquad (7.164)$$

여기서 주목할 점은 $p \to \infty$ 가 되면, $\frac{a_{p+1}}{a_p} \sim \frac{1}{p}$ 의 관계가 성립하여, $G(\rho)$는 대략 다음과 같이 쓰여진다는 점이다.

$$G(\rho) \sim \rho^l \sum_p \frac{\rho^p}{p!} \sim \rho^l e^\rho$$

이 경우 지름 부분 파동함수는 앞의 식 (7.154)에 의해서 다음과 같이 쓸 수 있게 된다.

$$R(\rho) = e^{-\frac{\rho}{2}}G(\rho) \sim e^{\frac{\rho}{2}}\rho^l$$

248

이는 $\rho \to \infty$ 가 될 때 발산하게 되어 파동함수로 부적합하다. 이러한 상황을 방지하기 위해서는 주어진 어떤 특정한 $p = N$ 값에서 급수가 중단되어야 한다. 즉, 다음 조건이 만족되어야 한다.

$$\frac{a_{N+1}}{a_N} = 0$$

이는 식 (7.164)로부터 $p = N$ 값에서 다음 관계가 성립되어야 함을 의미한다.

$$N + l + 1 - \lambda = 0 \tag{7.165}$$

우리는 이 $N$ 값을 $p_{\max}$ 으로 표시하겠다.

$$p_{\max} \equiv N = \lambda - l - 1 \tag{7.166}$$

여기서 $N$ 과 $l$ 은 0 보다 크거나 같은 정수이므로,[13] 이 관계를 만족시키려면 (즉, 해가 성립되려면) $\lambda$ 는 1 보다 크거나 같은 자연수가 되어야 한다.

이제부터 우리는 자연수로 주어지는 이 $\lambda$ 를 $n$ 으로 놓겠으며, 이 $n$ 을 우리는 주양자수 principal quantum number 라고 부른다. 그러면 식 (7.151)에 주어진 $\lambda$ 의 정의식에서 $n$ 은 다음과 같이 주어지고,

$$n \equiv \lambda = \frac{Ze^2}{\hbar}\sqrt{-\frac{m}{2E}} \;,\quad n = 1, 2, 3, \cdots$$

따라서 에너지 $E$ 는 다음과 같이 주어진다.

$$E = -\frac{Z^2 e^4 m}{2\hbar^2 \lambda^2} = -\frac{Z^2 e^4 m}{2\hbar^2 n^2} \tag{7.167}$$

표기의 간편함을 위하여 우리는 1장의 식 (1.46)에서 다음의 상수를 도입한 바 있다.

$$\frac{m e^4}{2\hbar^2} \equiv \hat{\mathbb{R}} \tag{7.168}$$

이 상수의 값은 $13.6\ eV$ 로, 리드버그 상수 Rydberg constant 에 $hc$ 를 곱한 값과 같다. 이 상수를 쓰면 수소꼴 원자의 에너지 준위는 다음과 같이 주어진다.

$$E_n = -\frac{Z^2 \hat{\mathbb{R}}}{n^2} \;,\quad n = 1, 2, 3, \cdots \tag{7.169}$$

---

[13]이전에 언급한 바와 같이 8장에서 다룰 각운동량의 양자화에서 $l$ 은 $0, 1, 2, 3, \cdots$ 의 정수값으로 주어진다.

이 결과는 1장에서 계산한 보어 원자 모형의 결과와 일치한다.

이제 다시 지름방정식의 해로 돌아가면, 그 해는 다음과 같이 쓸 수 있다.

$$R(\rho) = e^{-\frac{\rho}{2}}G(\rho) = e^{-\frac{\rho}{2}}\rho^l \sum_{p=0}^{N} a_p \rho^p \ , \quad N = n - l - 1 \tag{7.170}$$

위 식에서 다항식 부분을 다음과 같이 함수 $H$ 로 표현하면,[14]

$$\sum_{p=0}^{N} a_p \rho^p \equiv H(\rho), \tag{7.171}$$

$G(\rho) = \rho^l H(\rho)$로 표시된다. 이를 식 (7.155)에 대입하면 함수 $H$ 는 다음의 미분방정식을 만족해야 한다.

$$\frac{d^2 H}{d\rho^2} + \left(\frac{2l+2}{\rho} - 1\right)\frac{dH}{d\rho} + \frac{n-l-1}{\rho}H = 0 \tag{7.172}$$

이 방정식의 해를 우리는 버금 라게르 다항식 associated Laguerre polynomial 이라고 부르며 통상 다음과 같이 표시한다.[15]

$$H(\rho) = L_{n-l-1}^{2l+1}(\rho) \tag{7.173}$$

여기서 $n = N + l + 1$ 이고 $N \geq 0$ 인 정수이므로, $l$ 은 항상 다음 관계를 만족해야 한다.

$$l \leq n - 1 \tag{7.174}$$

---

[14]여기서 계수 $a_p$ 는 앞의 회귀 관계식 (7.164)로 주어짐을 기억하라.

[15]버금 라게르 다항식은 라게르 다항식 Laguerre polynomial 과 연관되어 있는데, 라게르 다항식은 다음 방정식의 해이다.

$$\frac{d^2 y}{dx^2} + \frac{1-x}{x}\frac{dy}{dx} + \frac{k}{x}y = 0, \quad y = L_k(x) = \frac{1}{k!}e^x \frac{d^k}{dx^k}(x^k e^{-x})$$

버금 라게르 다항식은 위 방정식을 약간 변형한 다음 방정식의 해이다.

$$\frac{d^2 y}{dx^2} + \frac{p+1-x}{x}\frac{dy}{dx} + \frac{k}{x}y = 0, \quad y = L_k^p(x)$$

이는 다음에 배울 궤도 각운동량의 양자수가 가질 수 있는 값은 주양자수에 의하여 결정됨을 의미한다. 지름방정식의 해는 $n$ 과 $l$ 값에 모두 의존하므로 통상 수소꼴 원자의 지름방정식의 해는 최종적으로 다음과 같이 표현할 수 있다.

$$R_{nl}(\rho) = A_{nl}e^{-\frac{\rho}{2}}\rho^l L_{n-l-1}^{2l+1}(\rho), \quad n = 1, 2, 3, \cdots, \quad l = 0, 1, 2, \cdots, n-1 \quad (7.175)$$

여기서 $A_{nl}$ 은 규격화 상수이다.

지금까지의 결과를 종합하면, 수소꼴 원자의 고유상태 함수와 에너지는 다음과 같이 주어진다.

$$\psi_{nlm}(r, \theta, \phi) = R_{nl}(r)Y_l^m(\theta, \phi) \quad (7.176)$$

$$E_n = -\frac{Z^2\hat{\mathbb{R}}}{n^2}, \quad n = 1, 2, 3, \cdots \quad (7.177)$$

참고로 $n = 1, 2$ 일 때의 지름 방향 파동함수들은 구체적으로 다음과 같이 주어진다.

$$R_{10}(r) = \frac{2}{a_0^{3/2}}e^{-\frac{r}{a_0}}$$

$$R_{20}(r) = \frac{2}{(2a_0)^{3/2}}\left(1 - \frac{r}{2a_0}\right)e^{-\frac{r}{2a_0}}$$

$$R_{21}(r) = \frac{1}{\sqrt{3}(2a_0)^{3/2}}\frac{r}{a_0}e^{-\frac{r}{2a_0}} \quad (7.178)$$

여기서 $a_0$는 식 (1.51)로 주어진 보어 반경이며, $n$ 과 $l$ 은 다음과 같이 주어졌다.

$$n = 1, 2, 3, \cdots, \quad l = 0, 1, 2, \cdots, n-1$$

지수 $m$ 에 대한 값은 아직 정해지지 않았다. 그러나 앞 절에서 잠시 언급한 바와 같이 주어진 방위각 함수식 (7.111)에서 $\sim e^{im\phi}$ 형태의 해는 $m$ 이 정수값을 가져야 함을 암시한다. 왜냐하면, 주어진 물리계는 $\phi$ 와 $\phi+2\pi$ 에 대하여 동일한 상태 (동일한 파동함수)가 되어야 하기 때문이다. 하지만 아직까지 $m$ 이 가질 수 있는 값의 범위는 정할 수 없는데, 이 범위는 앞으로 살펴볼 궤도 각운동량의 양자화에서 그 값이 $-l \leq m \leq l$ 사이의 정수로 주어진다.[16]

---

[16]이는 앞에서 정의한 버금 르장드르 다항식의 정의식 (7.125)에서도 엿볼 수 있다.

끝으로 한 가지 더 주목할 점은 여기서 구한 에너지 준위는 주양자수 $n$ 에만 의존한다는 점이다. 그런데 파동함수는 서로 다른 $l, m$ 값에서 서로 다르므로 겹친 상태들 degenerate states 이 된다. 실제로 주어진 $n$ 에 대하여 $l = 0, 1, 2, \ldots, n-1$ 의 서로 다른 $l$ 이 가능하고, 주어진 $l$ 에 대하여 다시 $2l + 1$ 가지의 $m$ 이 가능하므로, 동일한 에너지를 갖는 겹친 상태의 수는 다음과 같이 주어진다.

$$\sum_{l=0}^{n-1}(2l+1) = 2 \times \frac{n(n-1)}{2} + n = n^2 \tag{7.179}$$

그러므로 수소꼴 원자는 주어진 에너지 준위 $n$ 에서 $n^2$ 개의 겹친 상태들을 갖는다.

## 문제

**7.1** 1차원 이체 문제 two-body problem 의 변수 분리에 의한 해법: 서로 연결된 두 동일한 조화 떨개로 이루어진 계를 생각하자. 그 해밀토니안이 아래와 같이 주어졌다.

$$H = \frac{p_1^2}{2m} + \frac{p_2^2}{2m} + \frac{1}{2}mw^2\{x_1^2 + x_2^2 + 2\eta(x_1 - x_2)^2\}$$

여기서 $\eta$ 는 양의 상수이다. 주어진 해밀토니안을 총질량 total mass $(M = 2m)$에 대한 질량중심 center of mass $(X = (x_1 + x_2)/2)$의 운동과 환산질량 reduced mass $(\mu = m/2)$에 대한 상대운동 relative motion $(x = x_1 - x_2)$으로 분리하여[17], 3장에서 얻은 조화 떨개의 해를 사용하여 각각에 대한 고유값과 고유상태를 구하라.

답. 질량중심: $E_{CM} = (n + \frac{1}{2})\hbar w,\quad \phi_n(X) = <X|n>,\quad n = 0, 1, 2, \cdots$

상대운동: $E_{rel.} = (q + \frac{1}{2})\hbar\tilde{w},\quad \tilde{w} \equiv w\sqrt{1 + 4\eta},\quad \phi_q(x) = <x|q>,\quad q = 0, 1, 2, \cdots$

**7.2** 3차원에서 질량이 $m$ 인 자유입자가 갖는 단위체적당 상태밀도를 구하라.

도움말: 자유입자의 상태는 위치와 운동량의 6차원 위상공간 $(\vec{x}, \vec{p})$에서의 한 점으로 표시될 수 있다. 하지만 불확정성 원리에 의해 한 상태가 점유하는 최소한의 위상공간은 $h^3$ 이 되어야 한다. 따라서 상태의 갯수는 $\rho(E)dE = d^3\vec{x}\, d^3\vec{p}/h^3$ 이라고 할 수

---

[17]일반적으로 $m_1 \neq m_2$ 일 때, 질량중심 $X$, 총질량 $M$, 환산질량 $\mu$, 상대좌표 $x$ 는 다음과 같이 정의한다.   $X = \frac{m_1 x_1 + m_2 x_2}{m_1 + m_2}$, $M = m_1 + m_2$, $\frac{1}{\mu} = \frac{1}{m_1} + \frac{1}{m_2}$, $x = x_1 - x_2$

있다. 이 관계를 써서 단위체적당 상태밀도를 구하라.

답.  $\rho_v(E) = \frac{2\pi(2m)^{3/2}E^{1/2}}{h^3}$

**7.3** 에너지 준위가 식 (7.64)로 아래와 같이 주어지는 3차원 조화 떨개에서,

$$E_{n_x,n_y,n_z} = \hbar w \left( n_x + n_y + n_z + \frac{3}{2} \right), \quad n_x, n_y, n_z = 0, 1, 2, 3, \cdots,$$

3번째와 4번째 들뜬 상태의 경우에 각각 그 겹친 상태의 수를 구한 후, $n$ 번째 들뜬 상태의 겹친 상태의 수를 구하라.

답.  $n$ 번째 들뜬상태의 겹친 상태의 수: $\sum_{i=0}^{n}(i+1) = (n^2 + 3n + 2)/2$

**7.4** 3차원 조화 떨개에서 에너지가 식 (7.64)로 주어질 때, 그 상태밀도를 구하라.

답.  $\rho(E) = \frac{E^2}{2\hbar^3 w^3} - \frac{1}{8\hbar w}$

**7.5** 위치에너지가 아래와 같이 주어지는 반지름이 각각 $a$ 와 $b$ 인 통과할 수 없는 동심의 두 구껍질 사이에 질량이 $m$ 인 입자가 갇혀 있다.

$$V(r) = \begin{cases} \infty, & r < a \\ 0, & a < r < b \\ \infty, & b < r \end{cases}$$

입자의 바닥상태 에너지와 파동함수를 구하라.

도움말: 바닥상태의 각운동량은 0 ($l = 0$)임을 이용하라.

답.  $E = \frac{\hbar^2 \pi^2}{2m(b-a)^2}, \quad \psi(r) = \frac{1}{\sqrt{4\pi}} \sqrt{\frac{2}{b-a}} \frac{1}{r} \sin \frac{\pi(r-a)}{b-a}$

**7.6** 자유입자의 해밀토니안은 구면좌표계에서 각 좌표들에만 의존하는 8장에서 정의될 각운동량 연산자 $\vec{L}$ 과 지름(radial)좌표 $r$ 로 아래와 같이 식 (8.67)처럼 쓸 수 있다.

$$\frac{\vec{p}^2}{2m} = \frac{1}{2m}\left(\frac{\hbar}{i}\nabla\right)^2 = -\frac{\hbar^2}{2m}\frac{1}{r^2}\frac{\partial}{\partial r}\left(r^2\frac{\partial}{\partial r}\right) + \frac{\vec{L}^2}{2mr^2}$$

여기서 우리는 운동량 연산자 $\vec{p}$ 를 지름운동량 radial momentum $p_r$ 과 각운동량 연산자 $\vec{L}$ 로 다음의 관계식으로 표시할 수 있을 것이다.

$$\vec{p}^{\,2} = p_r^2 + \frac{\vec{L}^2}{r^2}$$

1). 지름운동량을 통상 하는대로 $p_r \equiv \hat{r} \cdot \vec{p}$ 로 정의하면 에르미트 연산자가 되지 않음을 보여라. 여기서 $\hat{r} = \vec{r}/r$ 이다.

2). 이제 지름운동량을 다음과 같이 정의하면 에르미트 연산자가 됨을 보여라.

$$p_r \equiv \frac{1}{2}(\hat{r} \cdot \vec{p} + \vec{p} \cdot \hat{r})$$

이 경우 $p_r$ 은 구면좌표계에서 다음과 같이 주어져, 맨 위에 나온 식을 재현함을 보여라.

$$p_r = \frac{\hbar}{i}\frac{1}{r}\frac{\partial}{\partial r}(r \cdot) = \frac{\hbar}{i}\left(\frac{\partial}{\partial r} + \frac{1}{r}\right)$$

도움말: 아래와 같이 주어시는 $\hat{r}$ 의 직각좌표계 표현으로부터

$$\hat{r} = \hat{i}\sin\theta\cos\phi + \hat{j}\sin\theta\sin\phi + \hat{k}\cos\theta,$$

다음의 관계가 주어짐을 먼저 보이고, 이를 활용하라.

$$\frac{\partial\hat{r}}{\partial r} = 0, \quad \frac{\partial\hat{r}}{\partial\theta} = \hat{\theta}, \quad \frac{\partial\hat{r}}{\partial\phi} = \hat{\phi}\sin\theta$$

**7.7** 시간 $t = 0$ 에 수소 원자의 파동함수가 다음과 같이 주어졌다.

$$\psi(\vec{x}, t=0) = \frac{1}{2}(\sqrt{2}\psi_{100} + \psi_{210} + \psi_{211})$$

1). 이 상태에 대한 에너지 기대값을 구하라.

2). 시간이 흐른 다음($t > 0$)의 파동함수를 구하고, 첫 번째 들뜬상태($n = 2$)에 있을 확률을 구하라.

답. 1). $< H > = \frac{5}{8}E_1$, $E_1 = -\frac{me^4}{2\hbar^2}$   2). $P = \frac{1}{2}$

**7.8** 수소 원자의 지름 방정식에 대한 해를 직접 구하지 않고, WKB 어림으로 수소 원자의 에너지 준위를 구하자. 이를 위하여 속박상태가 만족하는 관계식 (6.130)과 (6.131)에 수소 원자의 유효퍼텐셜 식 (7.148)을 적용하여 에너지 준위를 구하라.

도움말: 슈뢰딩거 방정식의 지름방정식 (7.127)은 지름 성분 파동함수 $R(r)$을 $u(r)/r$ 로 놓으면, 함수 $u$ 에 대한 1차원 슈뢰딩거 방정식 (7.129)가 됨을 활용하라.

답. $E_n = -\frac{me^4}{2\hbar^2}\frac{1}{\left(n-\frac{1}{2}+\sqrt{l(l+1)}\right)^2}$, $n = 1, 2, 3, \cdots$

**7.9** 수소 원자의 고유상태 $\psi_{nlm}$ 에 대한 위치 벡터의 기대값 $<\vec{x}>$ 를 구하라.

<u>도움말</u>: $\vec{x} = \hat{i}x + \hat{j}y + \hat{k}z$ 이므로, 위치벡터의 각 성분으로 분해하여 기대값을 구한다.

답. $<\vec{x}> = 0$

**7.10** 수소 원자의 고유상태는 정상상태(stationary state)이므로, 수소 원자의 고유상태에 대한 기대값은 식 (2.125)에 따라 다음 관계가 성립한다.

$$\frac{d}{dt} < \vec{r} \cdot \vec{p} > = \frac{i}{\hbar} < [H, \vec{r} \cdot \vec{p}] > = 0$$

위의 마지막 관계를 써서 해밀토니안이 다음과 같이 주어질 때,

$$H = \frac{\vec{p}^{\,2}}{2m} + V(r),$$

다음 관계식이 만족됨을 보이고,

$$< \frac{\vec{p}^{\,2}}{m} > = < \vec{r} \cdot \nabla V(r) >,$$

수소 원자의 경우, $V \sim 1/r$ 이므로 이는 문제 2.14의 식 (2.132)에서 아래와 같이 주어진 비리얼 정리를 만족함을 보여라.

$$< T > = -\frac{1}{2} < V >$$

**7.11** 본문에서 직각좌표계를 써서 해를 구한 3차원 조화 떨개에 대하여, 7.3절에서 쓴 구면좌표계에서 미분방정식을 푸는 방식으로 풀어 그 에너지 고유값을 구하라.

$$H = \frac{\vec{p}^{\,2}}{2m} + \frac{1}{2}mw^2 r^2$$

<u>도움말</u>: $r \to \infty$ 에서 지름방정식의 해가 대략 $R \sim \exp\left(-\frac{mwr^2}{2\hbar}\right)$ 으로 주어짐을 확인하고, 새로운 변수로 $\rho \equiv (\frac{mw}{\hbar})^{1/2} r$ 을 도입하여 $R = e^{-\rho^2/2} G(\rho)$ 로 놓고 풀어라.

답. $E_{nl} = \hbar w \left[2(n-1) + l + \frac{3}{2}\right]$, $\quad n = 1, 2, 3, \cdots, \quad l = 0, 1, 2, \cdots$

# 제 8 장

# 각운동량 Angular Momentum

## 제 8.1 절 각운동량 연산자와 고유상태 Angular Momentum Operator and its Eigenstates

### 8.1.1 궤도 각운동량 연산자 Orbital Angular Momentum Operator

고전역학에서 각운동량 angular momentum 은 기준점으로부터의 입자의 위치 $\vec{r}$ 과 운동량 $\vec{p}$ 를 써서 다음과 같이 정의된다:

$$\vec{L} = \vec{r} \times \vec{p}, \quad \vec{p} = m\vec{v} \tag{8.1}$$

여기서 $m$ 은 입자의 질량, $\vec{v}$ 는 입자의 속도이다.

그런데 앞에서 우리는 위치와 운동량은 양자역학적으로 벡터 연산자들이며, 각각의 성분들은 다음의 교환관계식을 만족함을 배웠다.

$$[x_j, p_k] = i\hbar\delta_{jk}, \quad j, k = 1, 2, 3 \tag{8.2}$$

여기서 $x_1, x_2, x_3$ 는 각각 $x, y, z$ 를 표시한다. 이제 각운동량의 고전적인 정의에 위치와 운동량을 양자역학적 연산자로 대응시켜 각운동량 성분들의 교환관계식을 살펴보도록

256

하자. 각운동량으로 정의된 벡터곱 vector product 은 풀어 쓰면 다음과 같다.

$$\vec{L} = \vec{r} \times \vec{p} = \begin{vmatrix} \hat{i} & \hat{j} & \hat{k} \\ x & y & z \\ p_x & p_y & p_z \end{vmatrix} = \hat{i}(yp_z - zp_y) - \hat{j}(xp_z - zp_x) + \hat{k}(xp_y - yp_x) \quad (8.3)$$

이로부터 각운동량 벡터의 성분들은 위치와 운동량의 성분들로 다음과 같이 표시될 수 있다.

$$\vec{L} = \hat{i}L_x + \hat{j}L_y + \hat{k}L_z, \quad (8.4)$$

$$L_x = yp_z - zp_y, \ L_y = zp_x - xp_z, \ L_z = xp_y - yp_x$$

이러한 각운동량의 성분 표현은 다음과 같이 하나의 식으로 통합하여 쓸 수도 있다.

$$L_i = \epsilon_{ijk}x_j p_k, \quad i, j, k = 1, 2, 3. \quad (8.5)$$

여기서 $\epsilon_{ijk}$ 는 $\epsilon$-텐서로 그 값은 $\epsilon_{123} = 1$, $\epsilon_{132} = -1$ 등으로 주어지는데, 지표 index, $i, j, k$ 의 순환 자리바꿈 cyclic permutation 은 동일한 값을 준다($\epsilon_{123} = \epsilon_{231} = 1, \cdots$). 그리고 세 지표들 중에서 두 개 이상이 같은 경우, 그 값은 0 이다 ($\epsilon_{112} = \epsilon_{232} = 0, \cdots$).

식 (8.5)에서 우리는 계산 표현을 간단하게 하기 위하여 동일한 지표들이 두 개 이상 있으면 합을 뜻하는 아인슈타인 합 규약 Einstein summation convention 을 썼다. 예를 들어 풀어 쓰면 다음과 같다.

$$a_i b_i \equiv \sum_i a_i b_i \quad (8.6)$$

이 표기 방법을 써서 각운동량 성분(연산자)들 사이의 교환관계를 계산하면, 다음과 같이 된다.

$$
\begin{aligned}
[L_i, L_j] &= [\epsilon_{ilm}x_l p_m, \epsilon_{jnk}x_n p_k] \\
&= \epsilon_{ilm}\epsilon_{jnk}[x_l p_m, x_n p_k] \\
&= \epsilon_{ilm}\epsilon_{jnk}\{x_l[p_m, x_n p_k] + [x_l, x_n p_k]p_m\} \quad (8.7)
\end{aligned}
$$

여기서 교환관계식 $[p_m, p_k] = 0$, $[x_l, x_n] = 0$, $[x_j, p_k] = i\hbar\delta_{jk}$ 을 적용하고, 다음과 같은 $\epsilon$-텐서의 성질을 사용하면,

$$\epsilon_{ilm}\epsilon_{jkm} = \delta_{ij}\delta_{lk} - \delta_{ik}\delta_{lj}, \quad \epsilon_{jmk} = -\epsilon_{jkm} = \epsilon_{kjm}, \tag{8.8}$$

식 (8.7)은 다시 다음과 같이 쓸 수 있다.

$$
\begin{aligned}
[L_i, L_j] &= -i\hbar\epsilon_{ilm}\epsilon_{jnk}x_l p_k \delta_{mn} + i\hbar\epsilon_{ilm}\epsilon_{jnk}x_n p_m \delta_{lk} \\
&= i\hbar(\delta_{ij}\delta_{lk} - \delta_{ik}\delta_{lj})x_l p_k - i\hbar(\delta_{ij}\delta_{mn} - \delta_{in}\delta_{mj})x_n p_m \\
&= i\hbar(x_i p_j - x_j p_i) \\
&= i\hbar\epsilon_{ijk}L_k \tag{8.9}
\end{aligned}
$$

맨 마지막 단계는 $L_k = \epsilon_{klm}x_l p_m$ 의 관계를 쓰면 다음과 같이 성립함을 알 수 있다.

$$\epsilon_{ijk}L_k = \epsilon_{ijk}\epsilon_{klm}x_l p_m = (\delta_{il}\delta_{jm} - \delta_{im}\delta_{jl})x_l p_m = x_i p_j - x_j p_i \tag{8.10}$$

이로부터 우리는 고전역학적 (궤도) 각운동량 연산자의 성분 표현에 위치와 운동량 사이의 양자역학적 교환관계식을 적용하면 다음의 교환관계식이 성립함을 알 수 있다.[1]

$$[L_i, L_j] = i\hbar\epsilon_{ijk}L_k, \quad i, j, k = 1, 2, 3 \tag{8.11}$$

즉, $[L_x, L_y] = i\hbar L_z$, $[L_y, L_z] = i\hbar L_x$, $[L_z, L_x] = i\hbar L_y$의 교환관계식이 성립한다.

## 8.1.2  각운동량 연산자의 정의, 고유상태와 고유값  Angular Momentum Operator and its Eigenstates and Eigenvalues

위에서 우리는 고전적인 궤도 각운동량 성분들을 양자역학적인 위치와 운동량 연산자들로 표시하였을 때, 그 궤도 각운동량 성분들이 만족해야 하는 교환관계식을 얻었다. 양자역학적인 각운동량 역시 고전 궤도 각운동량과 마찬가지로 벡터이다. 우리는 이 벡터 연산자를 그 성분들이 고전적인 궤도 각운동량의 성분들이 만족하는 교환관계식 (8.11)과 동일한 교환관계식을 만족하는 연산자들로써 정의하고자 한다.

---

[1]여기서 우변의 $i\hbar$ 에서 $i$ 는 지표 index $i$ 가 아닌 허수 $i$ 임에 유의하자.

양자역학적인 각운동량 벡터는 통상 다음과 같이 $\vec{J}$ 로 표시하며,

$$\vec{J} = \hat{i}J_x + \hat{j}J_y + \hat{k}J_z, \tag{8.12}$$

그 성분들은 다음의 교환관계식들을 만족한다.

$$[J_x, J_y] = i\hbar J_z, \quad [J_y, J_z] = i\hbar J_x, \quad [J_z, J_x] = i\hbar J_y \tag{8.13}$$

여기서 각운동량 연산자는 물리적 관측량 physical observable 이므로 에르미트 연산자가 되어야 한다. 즉, $J_x$, $J_y$, $J_z$ 를 $J_i$ ($i = 1, 2, 3$)로 표시할 때 다음의 관계가 만족되어야 한다.

$$J_i^\dagger = J_i, \quad i = 1, 2, 3 \tag{8.14}$$

각운동량을 정의하는 교환관계식 (8.13)은 앞에서와 같이 하나로 표현할 수도 있다.[2]

$$[J_i, J_j] = i\hbar \epsilon_{ijk} J_k, \quad i, j, k = 1, 2, 3 \tag{8.15}$$

이제 각운동량의 크기에 대응하는 각운동량 연산자의 제곱은 다음과 같이 쓸 수 있다.

$$\vec{J}^2 = \vec{J} \cdot \vec{J} = J_x^2 + J_y^2 + J_z^2 \equiv J_i J_i \tag{8.16}$$

$\vec{J}^2$ 은 $\vec{J}$ 를 두 번 곱한 것에 해당하므로 두 연산자 $\vec{J}^2$ 과 $\vec{J}$ 는 서로 가환 commute 임을 알 수 있는데, 이는 교환관계식을 써서도 직접 확인할 수 있다.

$$
\begin{aligned}
[\vec{J}^2, J_i] &= [J_j J_j, J_i] = J_j[J_j, J_i] + [J_j, J_i]J_j \\
&= J_j i\hbar \epsilon_{jik} J_k + i\hbar \epsilon_{jik} J_k J_j \\
&= i\hbar(\epsilon_{jik} + \epsilon_{kij})J_j J_k = 0
\end{aligned} \tag{8.17}
$$

한편, 두 연산자의 가환은 두 연산자가 서로 공통의 고유상태를 가질 수 있음을 의미하므로 $\vec{J}^2$ 과 $J_i$ 는 공통의 고유상태를 가질 것이다. 하지만 $J_x, J_y, J_z$ 들은 서로 간에 가환이 아니므로, 우리는 각운동량의 세 성분들 중 하나만 선택하여 $\vec{J}^2$ 과 공통의 고유상태를 갖도록 기술할 수 있다.

---

[2]앞서와 마찬가지로 우변의 $i\hbar$ 에서의 $i$ 는 허수 $i$ 임에 유의하자.

우리는 관습적으로 $\vec{J}^2$ 과 $J_z$ 를 가환 연산자들의 완전 집합 complete set of commuting operators 으로 취해서 이 두 연산자 공통의 고유상태들을 찾는다. 이 경우, $J_x$ 와 $J_y$ 는 가환 연산자 집합 $\{\vec{J}^2, J_z\}$와 공통의 고유상태를 갖지 않으며, 오히려 그 고유상태들에 변화를 주게 된다. 이제 그러한 효과에 대하여 살펴보기로 하자.

먼저 다음과 같이 두 개의 새로운 연산자들을 정의하자.

$$J_\pm \equiv J_x \pm iJ_y \tag{8.18}$$

이 두 연산자들은 서로 다음의 수반연산자의 관계가 성립한다.

$$(J_-)^\dagger = J_+, \ (J_+)^\dagger = J_- \tag{8.19}$$

여기서 $J_x$ 와 $J_y$ 는 다시 이 연산자들로 다음과 같이 표현할 수 있다.

$$J_x = \frac{1}{2}(J_+ + J_-), \quad J_y = -\frac{i}{2}(J_+ - J_-) \tag{8.20}$$

이로부터 우리는 다음의 교환관계식들이 성립함을 알 수 있다.

$$[J_+, J_z] = [J_x + iJ_y, J_z] = [J_x, J_z] + i[J_y, J_z] = -i\hbar J_y - \hbar J_x = -\hbar J_+$$

$$[J_-, J_z] = [J_x - iJ_y, J_z] = [J_x, J_z] - i[J_y, J_z] = -i\hbar J_y + \hbar J_x = \hbar J_- \tag{8.21}$$

새로 도입한 이 두 연산자 $J_+$ 와 $J_-$ 는 $\vec{J}^2$ 연산자와 가환이며,

$$[\vec{J}^2, J_+] = [\vec{J}^2, J_x + iJ_y] = 0, \ [\vec{J}^2, J_-] = [\vec{J}^2, J_x - iJ_y] = 0, \tag{8.22}$$

그 둘 사이의 교환관계식은 다음과 같다.

$$[J_+, J_-] = [J_x + iJ_y, J_x - iJ_y] = [J_x, -iJ_y] + [iJ_y, J_x] = 2\hbar J_z \tag{8.23}$$

이제 $J_x$ 와 $J_y$ 대신에 $J_+$ 와 $J_-$ 를 사용하면, $\vec{J}^2$ 을 다음과 같이 표현할 수 있다.

$$
\begin{aligned}
\vec{J}^2 &= J_x^2 + J_y^2 + J_z^2 \\
&= \frac{1}{4}(J_+ + J_-)(J_+ + J_-) - \frac{1}{4}(J_+ - J_-)(J_+ - J_-) + J_z^2 \\
&= \frac{1}{2}(J_+ J_- + J_- J_+) + J_z^2 \\
&= J_- J_+ + \hbar J_z + J_z^2 \ = \ J_+ J_- - \hbar J_z + J_z^2 \tag{8.24}
\end{aligned}
$$

260

위 식의 마지막 줄에서 우리는 식 (8.23)의 관계를 사용하였다.

이제 이러한 교환관계식들로부터 가환 연산자 집합 $\{\vec{J}^2, J_z\}$의 고유상태들이 가지는 특성에 대해 알아보겠다. 이를 위해서 우리는 $J_z$의 고유상태가 $\phi_m$이며, 이 고유상태가 다음의 관계를 만족한다고 가정한다.

$$J_z \phi_m = m\hbar \phi_m \tag{8.25}$$

여기서 $m$은 주어진 어떤 상수이다. 이제 식 (8.21)의 관계를 사용하면 $\phi_m$에 $J_+$를 작용하고 다시 $J_z$를 작용한 $J_z J_+ \phi_m$은 다음과 같이 주어진다.

$$J_z J_+ \phi_m = (J_+ J_z + \hbar J_+)\phi_m = J_+(m\hbar\phi_m) + \hbar J_+ \phi_m = (m+1)\hbar J_+ \phi_m \tag{8.26}$$

이를 식 (8.25)와 비교하면, $J_+ \phi_m$이 $J_z$의 고유상태 $\phi_{m+1}$에 비례함을 보여준다. 즉, $J_+$ 연산자는 $J_z$의 고유상태 $\phi_m$을 고유값이 $\hbar$ 한 단위 만큼 증가한 $J_z$의 고유상태 $\phi_{m+1}$로 변환시켜 주는 역할을 한다.

이와 같이 어떤 주어진 고유상태를 그 고유값이 한 단계 더 커진 고유상태로 변화시키는 연산자를 우리는 조화 떨개를 다룬 3.3절에서 보았으며, 이를 올림 연산자 raising operator 라고 하였다.

마찬가지로 $\phi_m$에 $J_-$를 작용하고 다시 $J_z$를 작용한 경우는 다음과 같이 된다.

$$J_z J_- \phi_m = (J_- J_z - \hbar J_-)\phi_m = (m\hbar J_- - \hbar J_-)\phi_m = (m-1)\hbar J_- \phi_m \tag{8.27}$$

여기서 상태 $J_- \phi_m$은 $J_z$의 고유상태 $\phi_{m-1}$에 비례하므로, $J_-$ 연산자가 $J_z$의 고유상태를 그 고유값이 한 단계 줄어든 고유상태로 변화시켰음을 알 수 있다. 그러므로 우리는 3.3절에서와 마찬가지로 $J_-$를 내림 연산자 lowering operator 라고 부르겠다.

한편, $\vec{J}^2$과 $J_z$는 가환이므로 두 연산자가 공통의 고유상태를 가질 것임을 알 수 있는데, 이제 이에 대해 살펴보기로 하겠다. 먼저 교환관계식 $[\vec{J}^2, J_z] = 0$ 으로부터 다음의 관계가 성립한다.

$$\vec{J}^2 J_z \phi_m = J_z \vec{J}^2 \phi_m \tag{8.28}$$

261

한편, 위 식의 좌변에 식 (8.25)의 관계를 적용하면 다음 관계식을 얻는다.

$$\vec{J}^2 J_z \phi_m = m\hbar \vec{J}^2 \phi_m$$

따라서 다음의 관계식이 성립하게 된다.

$$J_z \vec{J}^2 \phi_m = m\hbar \vec{J}^2 \phi_m \tag{8.29}$$

이 식을 다시 식 (8.25)와 비교하면 우리는 상태 $\vec{J}^2 \phi_m$ 이 $J_z$ 의 고유상태이며 $\phi_m$ 에 비례한다는 것을 알 수 있다. 이제 그 비례상수를 $\kappa$ 라고 하고 다음과 같이 쓰자.

$$\vec{J}^2 \phi_m \equiv \kappa \phi_m \tag{8.30}$$

여기서 $\kappa$ 는 0 보다 크거나 같아야 하는데, 이를 보기 위해 다음의 관계를 살펴보자.

$$\kappa = <\phi_m|\vec{J}^2|\phi_m> = <\phi_m|J_x^2|\phi_m> + <\phi_m|J_y^2|\phi_m> + <\phi_m|J_z^2|\phi_m> \tag{8.31}$$

위에서 우변의 각 항은 모두 0 보다 크거나 같아야 한다. 이는 조화 떨개의 경우에서 이미 보았듯이, 아래와 같이 에르미트 연산자의 제곱은 어떤 상태에 대해서도 그 기대값이 0 보다 크거나 같아야 하기 때문이다:

$$<\psi|A^2|\psi> = <A^\dagger\psi|A\psi> = <A\psi|A\psi> \geq 0 \tag{8.32}$$

그러므로 우리는 이제 $K$ 라는 새로운 상수를 도입하여 $\kappa \equiv \hbar^2 K^2$ 으로 놓겠다.

$$\vec{J}^2 \phi_m \equiv \hbar^2 K^2 \phi_m \tag{8.33}$$

그런데 식 (8.31)에서 우변의 마지막 항은 식 (8.25)로부터 다음과 같이 쓸 수 있고,

$$<\phi_m|J_z^2|\phi_m> = (m\hbar)^2,$$

나머지 두 항도 모두 0 보다 크거나 같으므로 다음의 관계가 성립함을 알 수 있다.

$$\hbar^2 K^2 \geq (m\hbar)^2 \tag{8.34}$$

한편 $J_z$ 는 에르미트 연산자이므로 $m$ 은 실수이어야 한다. 따라서 실수 $m$ 의 가능한 범위는 어떤 주어진 실수값 $|K|$ 에 의해서 다음과 같이 제한되어야 한다.

$$-|K| \leq m \leq |K| \tag{8.35}$$

이제 이러한 $m$ 이 가지는 최대값과 최소값을 각각 $m_{max}$ 과 $m_{min}$ 이라고 하자. 그러면 다음의 관계가 만족되어야 한다.

$$J_+\phi_{m_{max}} = 0, \qquad J_-\phi_{m_{min}} = 0 \tag{8.36}$$

이는 $J_+$ 와 $J_-$ 가 각각 올림과 내림 연산자로서 $J_z$ 의 고유상태 $\phi_m$ 에서의 $m$ 값을 각각 하나씩 더 올리거나 내려야 하는데 $m_{max}$ 과 $m_{min}$ 은 각각 더 이상 올리거나 내릴 수 없기 때문이다. 따라서 모순이 없으려면, 위의 관계가 성립되어야 한다. 이제 이러한 관계를 써서 $\phi_{m_{max}}$ 에 $\vec{J}^2$ 을 적용한 후, 식 (8.24)의 관계를 적용하면 다음의 관계가 성립함을 알 수 있다.

$$
\begin{aligned}
\vec{J}^2\phi_{m_{max}} &= (J_-J_+ + \hbar J_z + J_z^2)\phi_{m_{max}} \\
&= (m_{max}\hbar^2 + m_{max}^2\hbar^2)\phi_{m_{max}} \\
&= m_{max}(m_{max}+1)\hbar^2\phi_{m_{max}}
\end{aligned}
\tag{8.37}
$$

마찬가지로 $\phi_{m_{min}}$ 에 대해서도 동일한 방식을 쓰면, 다음 관계가 성립함을 알 수 있다.

$$
\begin{aligned}
\vec{J}^2\phi_{m_{min}} &= (J_+J_- - \hbar J_z + J_z^2)\phi_{m_{min}} \\
&= (-m_{min}\hbar^2 + m_{min}^2\hbar^2)\phi_{m_{min}} \\
&= m_{min}(m_{min}-1)\hbar^2\phi_{m_{min}}
\end{aligned}
\tag{8.38}
$$

그런데 $\vec{J}^2$ 과 $J_-$ 는 서로 가환이므로 $J_-$ 의 작용에 의해 $J_z$ 의 고유상태가 변화해도 이 상태에 대한 $\vec{J}^2$ 의 고유값은 바뀌지 않는다. 즉, $\phi_{m_{max}}$ 에 $J_-$ 를 거듭 작용시켜 $\phi_{m_{min}}$ 으로 변화시켜도 이 상태들에 대한 $\vec{J}^2$ 의 고유값은 바뀌지 않고 동일한 값을 유지한다.

이는 다음과 같이 볼 수 있다. 교환관계식 $[\vec{J}^2, J_\pm] = 0$ 을 식 (8.30)에 주어진 $\vec{J}^2$ 의 고유상태 $\phi_m$ 에 작용시키면 다음과 같이 쓸 수 있다.

$$\vec{J}^2 J_\pm \phi_m = J_\pm \vec{J}^2 \phi_m = \kappa J_\pm \phi_m \tag{8.39}$$

이는 상태 $J_\pm \phi_m$ 이 연산자 $\vec{J}^2$ 에 대해서 원래의 고유상태 $\phi_m$ 과 같은 고유값($\kappa$)을 가짐을 보여 준다. 따라서 $\phi_{m_{max}}$ 과 $\phi_{m_{min}}$ 은 $\vec{J}^2$ 에 대해서 동일한 고유값을 갖는다. 즉, 다음 관계가 성립한다.

$$m_{max}(m_{max}+1)\hbar^2 = m_{min}(m_{min}-1)\hbar^2 \tag{8.40}$$

이로부터 우리는 다음의 관계를 얻을 수 있다.

$$m_{max} = -m_{min} \tag{8.41}$$

여기서 $m_{max}$ 을 다음과 같이 표현하면,

$$m_{max} \equiv j, \tag{8.42}$$

$m$ 의 범위는 최종적으로 다음과 같이 쓸 수 있다.

$$-j \leq m \leq j \tag{8.43}$$

이상에서 우리가 주목할 점은 다음과 같다. 식 (8.41)에서 $m_{max} - m_{min} = 2j$ 이고 $m_{max}$ 과 $m_{min}$ 은 1 의 정수 배만큼 차이가 나므로, $2j$ 는 0 보다 크거나 같은 정수이어야 한다. 그러므로 $j$ 는 0 보다 크거나 같은 정수 또는 반정수가 되어야 한다.

$$j = 0, \frac{1}{2}, 1, \frac{3}{2}, \cdots \tag{8.44}$$

지금까지의 결과를 정리하면 다음과 같다. 두 연산자 $\vec{J}^2$ 과 $J_z$ 는 공통의 고유상태를 가지며 각각의 고유값은 식 (8.37)과 (8.25)에서 $j(j+1)\hbar^2$ 과 $m\hbar$ 로 주어진다.[3]

---

[3]여기서 실제 가능한 $m$ 의 최대값은 식 (8.35)에서 주어진 $|K|$, 즉 $\sqrt{j(j+1)}$ 이 아닌 $j$ 임에 유의하자. 그 이유는 각운동량의 $x$ 나 $y$ 성분이 모두 0 이 되고 $z$ 성분만 존재해야 그 크기가 $|K|$ 가 될 터인데, 이는 불확정성 원리에 의해 불가능하기 때문이다.

따라서 공통의 고유상태 $\phi_m$ 을 두 가지 양자수를 모두 포함한 $\phi_{j,m}$ 으로 표현하면, 최종적으로 다음 관계식들을 얻는다.

$$\vec{J}^2\phi_{j,m} \;=\; j(j+1)\hbar^2\phi_{j,m}\,, \quad j=0,\frac{1}{2},1,\frac{3}{2},2,\cdots \tag{8.45}$$

$$J_z\phi_{j,m} \;=\; m\hbar\phi_{j,m}\,, \quad m=-j,-j+1,\ldots,j-1,j \quad (-j\le m\le j) \tag{8.46}$$

다음으로 올림과 내림 연산자에 대해 좀 더 살펴보겠다. 앞에서 우리는 $J_+$ 나 $J_-$ 가 $J_z$ 의 고유상태를 다음과 같이 한 단계 올리거나 내리는 역할을 하는 것을 보았다.

$$J_+\phi_{j,m} \propto \phi_{j,m+1}, \qquad J_-\phi_{j,m} \propto \phi_{j,m-1}$$

이제 그 비례상수들을 구하기 위해 먼저 $J_+$ 의 경우에 비례상수를 다음과 같이 쓰면,

$$J_+\phi_{j,m} = C^+_{j,m}\phi_{j,m+1}, \tag{8.47}$$

다음의 관계식이 성립한다.

$$< J_+\phi_{j,m}|J_+\phi_{j,m} > = |C^+_{j,m}|^2 < \phi_{j,m+1}|\phi_{j,m+1} > = |C^+_{j,m}|^2 \tag{8.48}$$

그런데 식 (8.19)에 의해 다음의 관계가 성립하므로,

$$< J_+\phi_{j,m}|J_+\phi_{j,m} > = < \phi_{j,m}|J_-J_+\phi_{j,m} >, \tag{8.49}$$

이 식의 우변에 식 (8.24)의 관계를 적용하면 다음 결과를 얻는다.

$$< J_+\phi_{j,m}|J_+\phi_{j,m} > = < \phi_{j,m}|\vec{J}^2 - \hbar J_z - J_z^2|\phi_{j,m} > = j(j+1)\hbar^2 - m\hbar^2 - (m\hbar)^2 \tag{8.50}$$

즉, 비례상수 $C^+_{j,m}$ 는 다음과 같이 주어진다.

$$C^+_{j,m} = \hbar\sqrt{j(j+1)-m(m+1)} \tag{8.51}$$

따라서 다음의 관계가 성립한다.

$$J_+\phi_{j,m} = \hbar\sqrt{j(j+1)-m(m+1)}\,\phi_{j,m+1} \tag{8.52}$$

265

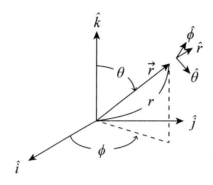

그림 8.1: 구면좌표계

마찬가지로 $J_-$ 의 경우에도 다음과 같이 비례상수를 도입하여,

$$J_-\phi_{j,m} = C^-_{j,m}\phi_{j,m-1}, \tag{8.53}$$

다음의 관계를 사용하면,

$$<J_-\phi_{j,m}|J_-\phi_{j,m}> \; = \; <\phi_{j,m}|J_+J_-\phi_{j,m}>, \tag{8.54}$$

앞에서와 같은 방식으로 식 (8.24)를 써서 다음 결과를 얻는다.

$$C^-_{j,m} = \hbar\sqrt{j(j+1) - m(m-1)} \tag{8.55}$$

즉, 다음 관계식이 성립한다.

$$J_-\phi_{j,m} = \hbar\sqrt{j(j+1) - m(m-1)}\phi_{j,m-1} \tag{8.56}$$

## 제 8.2 절   궤도 각운동량 연산자의 위치 표현과 고유상태
## Orbital Angular Momentum Operator and its
## Eigenstates in Position Representation

이 절에서는 고전역학적으로 $\vec{L} = \vec{r} \times \vec{p}$ 로 정의된 궤도 각운동량이 양자역학적 연산자로 어떻게 표현되는지 위치 표현 방식으로 알아보도록 하겠다.

266

이를 위해서 운동량 연산자의 위치 표현 $\vec{p} = \frac{\hbar}{i}\nabla$ 를 써서 궤도 각운동량 연산자의 위치 표현을 알아보자. 위치 표현에서 위치 벡터 연산자는 단순히 위치 벡터 그 자체로 표현됨을 앞에서 배웠다. 그리고 구면좌표계에서(그림 8.1 참조) 위치 벡터는 $\vec{r} = \hat{r}r$ 로 간결하게 주어진다. 운동량 연산자와 관련된 기울기벡터 연산자 gradient $\nabla$ 는 구면좌표계에서 다음과 같이 주어졌다(7.2절 참조).

$$\nabla = \hat{r}\frac{\partial}{\partial r} + \hat{\theta}\frac{1}{r}\frac{\partial}{\partial \theta} + \hat{\phi}\frac{1}{r\sin\theta}\frac{\partial}{\partial \phi} \tag{8.57}$$

또한 구면좌표계 단위벡터들 사이의 벡터곱은 다음과 같이 주어진다(그림 8.1 참조).

$$\hat{r} \times \hat{r} = 0, \quad \hat{r} \times \hat{\theta} = \hat{\phi}, \quad \hat{r} \times \hat{\phi} = -\hat{\theta} \tag{8.58}$$

이상의 관계들로부터 우리는 궤도 각운동량 연산자를 다음과 같이 쓸 수 있다.

$$\begin{aligned}
\vec{L} &= \vec{r} \times \frac{\hbar}{i}\nabla \\
&= \hat{r}r \times \frac{\hbar}{i}(\hat{r}\frac{\partial}{\partial r} + \hat{\theta}\frac{1}{r}\frac{\partial}{\partial \theta} + \hat{\phi}\frac{1}{r\sin\theta}\frac{\partial}{\partial \phi}) \\
&= \frac{\hbar}{i}(\hat{\phi}\frac{\partial}{\partial \theta} - \hat{\theta}\frac{1}{\sin\theta}\frac{\partial}{\partial \phi})
\end{aligned} \tag{8.59}$$

한편, 앞에서 구했던 궤도 각운동량 연산자 성분들 사이의 교환관계식은 직각좌표계에서 주어졌으므로, 우리가 앞 절에서 살펴본 각운동량 연산자의 고유상태 방정식을 궤도 각운동량의 경우에 적용하기 위해서는 위에서 얻은 궤도 각운동량의 구면좌표계 표현을 직각좌표계 표현으로 변환하여야 한다. 이를 위해서 다음의 관계를 사용하겠다 (그림 8.2 참조).

$$\hat{\phi} = -\hat{i}\sin\phi + \hat{j}\cos\phi, \; \hat{\theta} = \hat{i}\cos\theta\cos\phi + \hat{j}\cos\theta\sin\phi - \hat{k}\sin\theta \tag{8.60}$$

이제 이러한 관계를 궤도 각운동량 연산자의 구면좌표계 표현인 식 (8.59)에 적용하자.

$$\vec{L} = \frac{\hbar}{i}\left\{(-\hat{i}\sin\phi + \hat{j}\cos\phi)\frac{\partial}{\partial \theta} - (\hat{i}\cos\theta\cos\phi + \hat{j}\cos\theta\sin\phi - \hat{k}\sin\theta)\frac{1}{\sin\theta}\frac{\partial}{\partial \phi}\right\}$$
$$\tag{8.61}$$

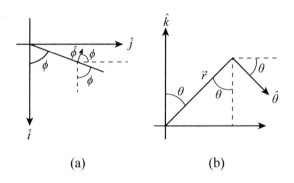

(a)          (b)

그림 8.2: 구면좌표계 단위벡터들의 직각좌표계 성분 표현

(a) $x$-$y$ 평면으로 투영     (b) $z$ 축과 $\vec{r}$ 벡터가 이루는 평면으로 투영

이로부터 궤도 각운동량 연산자의 직각좌표계 성분들을 다음과 같이 쓸 수 있다.

$$
\begin{aligned}
L_x &= \frac{\hbar}{i}\left\{-\sin\phi\frac{\partial}{\partial\theta} - \cot\theta\cos\phi\frac{\partial}{\partial\phi}\right\} \\
L_y &= \frac{\hbar}{i}\left\{\cos\phi\frac{\partial}{\partial\theta} - \cot\theta\sin\phi\frac{\partial}{\partial\phi}\right\} \\
L_z &= \frac{\hbar}{i}\frac{\partial}{\partial\phi}
\end{aligned}
\tag{8.62}
$$

궤도 각운동량의 제곱에 해당하는 연산자는 직각좌표계에서의 성분들을 써서 다음과 같이 정의한다.

$$
\vec{L}^2 = L_x^2 + L_y^2 + L_z^2
\tag{8.63}
$$

궤도 각운동량 각 성분들의 제곱은 식 (8.62)로부터 다음과 같이 주어진다.

$$
\begin{aligned}
L_x^2 &= \left(\frac{\hbar}{i}\right)^2\left(-\sin\phi\frac{\partial}{\partial\theta} - \cot\theta\cos\phi\frac{\partial}{\partial\phi}\right)\left(-\sin\phi\frac{\partial}{\partial\theta} - \cot\theta\cos\phi\frac{\partial}{\partial\phi}\right) \\
&= -\hbar^2\left\{\sin^2\phi\frac{\partial^2}{\partial\theta^2} + \sin\phi\cos\phi(-\frac{1}{\sin^2\theta})\frac{\partial}{\partial\phi} + 2\sin\phi\cos\phi\cot\theta\frac{\partial^2}{\partial\theta\partial\phi}\right. \\
&\quad \left. + \cot\theta\cos^2\phi\frac{\partial}{\partial\theta} - \cot^2\theta\cos\phi\sin\phi\frac{\partial}{\partial\phi} + \cot^2\theta\cos^2\phi\frac{\partial^2}{\partial\phi^2}\right\}
\end{aligned}
$$

$$L_y^2 = (\frac{\hbar}{i})^2 \left(\cos\phi\frac{\partial}{\partial\theta} - \cot\theta\sin\phi\frac{\partial}{\partial\phi}\right)\left(\cos\phi\frac{\partial}{\partial\theta} - \cot\theta\sin\phi\frac{\partial}{\partial\phi}\right)$$

$$= -\hbar^2\left\{\cos^2\phi\frac{\partial^2}{\partial\theta^2} - \cos\phi\sin\phi(-\frac{1}{\sin^2\theta})\frac{\partial}{\partial\phi} - 2\cos\phi\sin\phi\cot\theta\frac{\partial^2}{\partial\theta\partial\phi}\right.$$

$$\left. + \cot\theta\sin^2\phi\frac{\partial}{\partial\theta} + \cot^2\theta\sin\phi\cos\phi\frac{\partial}{\partial\phi} + \cot^2\theta\sin^2\phi\frac{\partial^2}{\partial\phi^2}\right\}$$

$$L_z^2 = -\hbar^2\frac{\partial^2}{\partial\phi^2} \tag{8.64}$$

이를 대입하여 모두 더하면, 궤도 각운동량 제곱의 연산자는 다음과 같이 주어진다.

$$\vec{L}^2 = L_x^2 + L_y^2 + L_z^2$$

$$= -\hbar^2\left\{\frac{\partial^2}{\partial\theta^2} + \cot\theta\frac{\partial}{\partial\theta} + \cot^2\theta\frac{\partial^2}{\partial\phi^2} + \frac{\partial^2}{\partial\phi^2}\right\}$$

$$= -\hbar^2\left\{\frac{\partial^2}{\partial\theta^2} + \cot\theta\frac{\partial}{\partial\theta} + \frac{1}{\sin^2\theta}\frac{\partial^2}{\partial\phi^2}\right\}$$

$$= -\hbar^2\left\{\frac{1}{\sin\theta}\frac{\partial}{\partial\theta}(\sin\theta\frac{\partial}{\partial\theta}) + \frac{1}{\sin^2\theta}\frac{\partial^2}{\partial\phi^2}\right\} \tag{8.65}$$

그런데 위에서 맨 마지막 큰 괄호 안의 표현은 우리가 7.2절에서 구한 라플라시안의 표현식 (7.76)에서의 각도 부분 angular part 표현과 같다. 따라서 우리는 라플라시안을 지름($r$) 방향 미분 연산자와 궤도 각운동량 연산자로 다음과 같이 표현할 수 있다.

$$\nabla^2 = \frac{1}{r^2}\frac{\partial}{\partial r}(r^2\frac{\partial}{\partial r}) + \frac{1}{r^2\sin\theta}\frac{\partial}{\partial\theta}(\sin\theta\frac{\partial}{\partial\theta}) + \frac{1}{r^2\sin^2\theta}\frac{\partial^2}{\partial\phi^2}$$

$$= \frac{1}{r^2}\frac{\partial}{\partial r}(r^2\frac{\partial}{\partial r}) - \frac{\vec{L}^2}{\hbar^2 r^2} \tag{8.66}$$

이 표현을 쓰면 일반적인 해밀토니안에서 운동에너지 부분의 연산자 표현은 다음과 같이 쓸 수 있다.

$$\frac{\vec{p}^2}{2m} = \frac{1}{2m}\left(\frac{\hbar}{i}\nabla\right)^2 = -\frac{\hbar^2}{2m}\nabla^2 = -\frac{\hbar^2}{2m}\frac{1}{r^2}\frac{\partial}{\partial r}(r^2\frac{\partial}{\partial r}) + \frac{\vec{L}^2}{2mr^2} \tag{8.67}$$

따라서 위치에너지가 $V(r)$로 표시되는 중심력장 해밀토니안의 경우, 그 파동함수를 7.2.1절에서처럼 $r$ 의 함수와 각도 부분에 해당하는 $\vec{L}^2$ 의 고유상태의 곱으로 쓸 수 있다. 따라서 파동함수를 변수 분리한 형태로 다음과 같이 쓰면,

$$\Psi(r,\theta,\phi) = R(r)Y_l^m(\theta,\phi), \tag{8.68}$$

269

슈뢰딩거 방정식 $H\Psi = E\Psi$ 는 다음과 같이 쓸 수 있다.

$$\left\{ \frac{\vec{p}^2}{2m} + V(r) \right\} R(r) Y_l^m(\theta, \phi) = ER(r) Y_l^m(\theta, \phi) \tag{8.69}$$

한편, 앞 절에서 구한 각운동량 연산자의 고유상태 방정식 (8.45)는 궤도 각운동량의 경우 통상 $j$ 를 $l$ 로 표기하여 다음과 같이 쓴다.

$$\vec{L}^2 Y_l^m = l(l+1)\hbar^2 Y_l^m \tag{8.70}$$

이와 함께 식 (8.67)의 관계를 쓰면, 슈뢰딩거 방정식 (8.69)는 다음과 같이 되어

$$\left\{ -\frac{\hbar^2}{2m} \frac{1}{r^2} \frac{\partial}{\partial r}(r^2 \frac{\partial}{\partial r}) + \frac{\vec{L}^2}{2mr^2} + V(r) \right\} R(r) Y_l^m(\theta, \phi) = ER(r) Y_l^m(\theta, \phi),$$

지름$(r)$ 방정식 부분은 다음과 같이 주어진다.

$$\frac{1}{r^2} \frac{d}{dr}(r^2 \frac{dR}{dr}) + \frac{2m}{\hbar^2} \left\{ E - V(r) - \frac{\hbar^2}{2m} \frac{l(l+1)}{r^2} \right\} R = 0 \tag{8.71}$$

이제 우리는 왜 우리가 7 장에서 각방정식 부분의 상수를 $l(l+1)$의 형태로 놓았는지 이해할 수 있을 것이다. 그리고 7.2.2절에서처럼 유효퍼텐셜 $V_{eff.}$ 을 도입하면, 지름 방정식은 이전에 다룬 1차원 슈뢰딩거 방정식과 같은 형태가 된다. 이 유효퍼텐셜의 두 번째 항을 통상 궤도 각운동량에 의한 원심장벽 centrifugal barrier 이라고 부른다.

$$V_{eff.} \equiv V(r) + \frac{\hbar^2}{2m} \frac{l(l+1)}{r^2} \tag{8.72}$$

여기서 각운동량 $z$ 성분의 고유상태를 올리고 내려주는 올림과 내림 연산자 $L_+$ 및 $L_-$ 의 구면좌표계에서의 표현은 식 (8.62)를 써서 다음과 같이 쓸 수 있다.

$$\begin{aligned} L_+ &= L_x + iL_y \\ &= \frac{\hbar}{i} \left\{ -\sin\phi \frac{\partial}{\partial \theta} - \cot\theta \cos\phi \frac{\partial}{\partial \phi} + i\cos\phi \frac{\partial}{\partial \theta} - i\cot\theta \sin\phi \frac{\partial}{\partial \phi} \right\} \\ &= \frac{\hbar}{i} \left\{ i(\cos\phi \frac{\partial}{\partial \theta} + i\sin\phi \frac{\partial}{\partial \theta}) - \cot\theta(\cos\phi \frac{\partial}{\partial \phi} + i\sin\phi \frac{\partial}{\partial \phi}) \right\} \\ &= \hbar e^{i\phi} \left\{ \frac{\partial}{\partial \theta} + i\cot\theta \frac{\partial}{\partial \phi} \right\} \end{aligned} \tag{8.73}$$

$$
\begin{aligned}
L_- &= L_x - iL_y \\
&= \frac{\hbar}{i}\left\{ -\sin\phi\frac{\partial}{\partial\theta} - \cot\theta\cos\phi\frac{\partial}{\partial\phi} - i\cos\phi\frac{\partial}{\partial\theta} + i\cot\theta\sin\phi\frac{\partial}{\partial\phi} \right\} \\
&= \frac{\hbar}{i}\left\{ -i(\cos\phi\frac{\partial}{\partial\theta} - i\sin\phi\frac{\partial}{\partial\theta}) - \cot\theta(\cos\phi\frac{\partial}{\partial\phi} - i\sin\phi\frac{\partial}{\partial\phi}) \right\} \\
&= \hbar e^{-i\phi}\left\{ -\frac{\partial}{\partial\theta} + i\cot\theta\frac{\partial}{\partial\phi} \right\}
\end{aligned}
\tag{8.74}
$$

위에서 구한 올림과 내림 연산자를 사용하여 우리는 7장에서 각방정식의 해로 언급한 구면조화함수를 구할 수 있다. 먼저 앞에서 얻은 식 (8.36)과 식 (8.25)의 관계는 다음과 같이 다시 쓸 수 있다.

$$
L_+ Y_l^{m=l} = 0 \tag{8.75}
$$

$$
L_z Y_l^m = m\hbar Y_l^m \tag{8.76}
$$

이 식들은 궤도 각운동량 고유상태 $Y_l^m$ 을 $Y_l^m(\theta,\phi) = \Theta_l^m(\theta)\Phi_m(\phi)$ 으로 변수 분리하여 쓰면, 식 (8.73)과 식 (8.62)의 표현을 써서 다음과 같이 쓸 수 있다.

$$
L_+ Y_l^{m=l} = \hbar e^{i\phi}\left\{ \frac{\partial}{\partial\theta} + i\cot\theta\frac{\partial}{\partial\phi} \right\}\Theta_l^l(\theta)\Phi_l(\phi) = 0 \tag{8.77}
$$

$$
L_z Y_l^m = \frac{\hbar}{i}\frac{\partial}{\partial\phi}\{\Theta_l^m(\theta)\Phi_m(\phi)\} = m\hbar\Theta_l^m(\theta)\Phi_m(\phi) \tag{8.78}
$$

우리는 식 (8.78)에서 함수 $\Phi_m(\phi)$가 다음과 같이 주어짐을 곧 알 수 있다.

$$
\Phi_m(\phi) = Ne^{im\phi}, \qquad N\text{은 적분상수} \tag{8.79}
$$

이를 다시 식 (8.77)에 적용하면 함수 $\Theta_l^l(\theta)$에 대한 다음 방정식을 얻는다.

$$
\left[\frac{d}{d\theta} - l\cot\theta\right]\Theta_l^l(\theta) = 0 \tag{8.80}
$$

여기서 위 식은 다시 다음과 같이 쓸 수 있다.

$$
\frac{d\Theta_l^l}{\Theta_l^l} = l\frac{\cos\theta}{\sin\theta}d\theta = l\frac{d(\sin\theta)}{\sin\theta}
$$

따라서 그 해는 다음과 같이 쓸 수 있다.

$$\Theta_l^l = C_l^l \sin^l \theta, \qquad C_l^l \text{ 은 적분상수} \tag{8.81}$$

즉, 각운동량 고유상태 $Y_l^l$은 다음과 같이 쓸 수 있다.

$$Y_l^l(\theta, \phi) = A_l^l \sin^l \theta e^{il\phi} \tag{8.82}$$

여기서 $A_l^l$ 는 규격화 상수로 다음의 조건을 만족해야 한다.

$$\int_{\theta=0}^{\pi} d\theta \int_{\phi=0}^{2\pi} d\phi |Y_l^l(\theta, \phi)|^2 \sin \theta = 1 \tag{8.83}$$

다음으로, 앞 절에서 얻은 $J_- \phi_{j,m} \propto \phi_{j,m-1}$ 의 관계식은 다음과 같이 쓸 수 있으므로,

$$L_- Y_l^m \propto Y_l^{m-1}, \tag{8.84}$$

우리는 모든 $Y_l^m$ 을 $Y_l^l$ 로부터 $L_-$ 를 반복적으로 적용하여 구할 수 있다.

$$\begin{aligned} Y_l^{l-1} &\propto L_- Y_l^l, \\ Y_l^{l-2} &\propto L_- Y_l^{l-1} \propto (L_-)^2 Y_l^l, \\ Y_l^{l-3} &\propto L_- Y_l^{l-2} \propto (L_-)^3 Y_l^l, \\ &\vdots \end{aligned} \tag{8.85}$$

이때 비례상수들은 앞에서와 같이 $Y_l^m$ 의 규격화 조건식에 의해 결정된다.

$$< Y_l^m \,|\, Y_l^m > = \int_{\theta=0}^{\pi} d\theta \int_{\phi=0}^{2\pi} d\phi |Y_l^m(\theta, \phi)|^2 \sin \theta = 1 \tag{8.86}$$

이제 이러한 표현들이 구체적으로 어떻게 주어지는지 살펴보자. 먼저, $Y_l^{l-1} \propto L_- Y_l^l$ 은 위에서 구한 $Y_l^l$ 과 식 (8.74)의 $L_-$ 를 사용하여 다음과 같이 쓸 수 있다.

$$Y_l^{l-1} \propto L_- Y_l^l = \hbar e^{-i\phi} \left\{ -\frac{\partial}{\partial \theta} + i \cot \theta \frac{\partial}{\partial \phi} \right\} (A_l^l \sin^l \theta e^{il\phi}) \tag{8.87}$$

한편, 앞에서 구한 관계식 (8.56)에서 $L_- Y_l^l = \sqrt{2l}\,\hbar\, Y_l^{l-1}$ 이므로, 상수 $\hbar$ 는 서로 상쇄되어 새로운 상수 $C'$을 써서 다음과 같이 쓸 수 있다.

$$
\begin{aligned}
Y_l^{l-1} &= C' e^{-i\phi} \left\{ -\frac{\partial}{\partial\theta} + i\cot\theta \frac{\partial}{\partial\phi} \right\} (\sin^l\theta\, e^{il\phi}) \\
&= C' e^{i(l-1)\phi} \left\{ -\frac{d}{d\theta} - l\cot\theta \right\} \sin^l\theta \\
&= C' e^{i(l-1)\phi} \left( -\frac{1}{\sin^l\theta}\frac{d}{d\theta} \right) \sin^{2l}\theta
\end{aligned}
\tag{8.88}
$$

맨 마지막 과정에서 우리는 다음의 관계를 사용하였다.

$$
\left( \frac{d}{d\theta} + l\cot\theta \right) f(\theta) = \frac{1}{\sin^l\theta}\frac{d}{d\theta}\left[ \sin^l\theta\, f(\theta) \right]
\tag{8.89}
$$

이러한 과정을 반복하면 우리는 다음 결과들을 얻는다.

$$
\begin{aligned}
Y_l^{l-2} &= C'' e^{-i\phi} \left\{ -\frac{\partial}{\partial\theta} + i\cot\theta \frac{\partial}{\partial\phi} \right\} \left[ e^{i(l-1)\phi} \left( -\frac{1}{\sin^l\theta}\frac{d}{d\theta} \right) \sin^{2l}\theta \right] \\
&= C'' e^{i(l-2)\phi} \left\{ -\frac{d}{d\theta} - (l-1)\cot\theta \right\} \left[ \left( -\frac{1}{\sin^l\theta}\frac{d}{d\theta} \right) \sin^{2l}\theta \right] \\
&= C'' e^{i(l-2)\phi} \left( -\frac{1}{\sin^{l-1}\theta}\frac{d}{d\theta} \right) \left[ \sin^{l-1}\theta \left( -\frac{1}{\sin^l\theta}\frac{d}{d\theta} \right) \sin^{2l}\theta \right],
\end{aligned}
\tag{8.90}
$$

$$
\begin{aligned}
Y_l^{l-3} &= C''' e^{-i\phi} \left\{ -\frac{\partial}{\partial\theta} + i\cot\theta \frac{\partial}{\partial\phi} \right\} \left\{ e^{i(l-2)\phi} \left( -\frac{1}{\sin^{l-1}\theta}\frac{d}{d\theta} \right) \right. \\
&\qquad \left. \left[ \sin^{l-1}\theta \left( -\frac{1}{\sin^l\theta}\frac{d}{d\theta} \right) \sin^{2l}\theta \right] \right\} \\
&= C''' e^{i(l-3)\phi} \left\{ -\frac{d}{d\theta} - (l-2)\cot\theta \right\} \left[ \left( -\frac{1}{\sin^{l-1}\theta}\frac{d}{d\theta} \right) \right. \\
&\qquad \left. \left\{ \sin^{l-1}\theta \left( -\frac{1}{\sin^l\theta}\frac{d}{d\theta} \right) \sin^{2l}\theta \right\} \right] \\
&= C''' e^{i(l-3)\phi} \left( -\frac{1}{\sin^{l-2}\theta}\frac{d}{d\theta} \right) \left[ \sin^{l-2}\theta \left( -\frac{1}{\sin^{l-1}\theta}\frac{d}{d\theta} \right) \right. \\
&\qquad \left. \left\{ \sin^{l-1}\theta \left( -\frac{1}{\sin^l\theta}\frac{d}{d\theta} \right) \sin^{2l}\theta \right\} \right], \\
&\qquad\vdots
\end{aligned}
\tag{8.91}
$$

여기서 다음의 관계를 적용하여,

$$Y_l^m \propto (L_-)^{l-m} Y_l^l, \qquad (8.92)$$

이상의 과정을 반복하면 우리는 $Y_l^m$ 을 다음과 같이 쓸 수 있다.

$$
\begin{aligned}
Y_l^m &= \tilde{C} e^{im\phi} \left( -\frac{1}{\sin^{m+1}\theta} \frac{d}{d\theta} \right) \left[ \sin^{m+1}\theta \left( -\frac{1}{\sin^{m+2}\theta} \frac{d}{d\theta} \right) \right] \\
&\quad \left[ \sin^{m+2}\theta \left( -\frac{1}{\sin^{m+3}\theta} \frac{d}{d\theta} \right) \left\{ \sin^{m+3}\theta \cdots \left( -\frac{1}{\sin^l\theta} \frac{d}{d\theta} \right) \sin^{2l}\theta \right\} \right] \\
&= \tilde{C} c^{im\phi} \frac{1}{\sin^m\theta} \left( -\frac{1}{\sin\theta} \frac{d}{d\theta} \right)^{l-m} \left[ \sin^{2l}\theta \right] \qquad (8.93)
\end{aligned}
$$

이제 $\cos\theta \equiv x$ 로 놓으면, 위 $Y_l^m$ 에서 $\theta$ 에 연관된 부분은 다음과 같이 쓸 수 있다.

$$\frac{1}{(1-x^2)^{\frac{m}{2}}} \left( \frac{d}{dx} \right)^{l-m} (1-x^2)^l \propto P_l^m(x) \qquad (8.94)$$

이 $P_l^m$ 은 7장에서 언급한 버금 르장드르 함수 associated Legendre function 이다.[4] 즉, 궤도 각운동량 고유상태는 다음과 같이 쓸 수 있다.

$$Y_l^m(\theta, \phi) = N_l^m e^{im\phi} P_l^m(\cos\theta) \qquad (8.95)$$

이것은 바로 7장에 나왔던 구면조화함수이다. 여기서 $N_l^m$ 은 아래의 조건을 만족하는 식 (7.116)으로 주어지는 규격화 상수이다.

$$\int_{\theta=0}^{\pi} d\theta \int_{\phi=0}^{2\pi} d\phi |Y_l^m(\theta, \phi)|^2 \sin\theta = 1 \qquad (8.96)$$

끝으로 $l, m$ 이 가질 수 있는 값에 대하여 생각하여 보자. 7장의 끝부분에서 잠시 언급하였다시피 실제 구면좌표에서 $\phi$ 와 $\phi + 2\pi$ 는 같은 각을 표시한다. 그러므로

---

[4]식 (8.94)와 식 (7.125)의 동치 관계는 다음 관계를 써서 보일 수 있다[12].

$$\frac{d^{l-m}}{dx^{l-m}} (x^2-1)^l = \frac{(l-m)!}{(l+m)!} (x^2-1)^m \frac{d^{l+m}}{dx^{l+m}} (x^2-1)^l$$

이러한 값들에서 $Y_l^m(\theta, \phi)$ 는 동일한 함수값을 가져야 한다. 이는 곧 $m$ 이 정수이어야 함을 의미한다. 그런데 $m$ 은 $l$ 로부터 다음과 같이 주어진다.

$$m = l, l-1, l-2, \cdots, -l+1, -l, \tag{8.97}$$

따라서 $l$ 은 일반적인 각운동량 양자수 $j$ 가 가질 수 있는 0 보다 크거나 같은 정수와 반정수 값들 중에서 정수값만을 가져야 한다. 즉, 궤도 각운동량의 양자수 $l, m$ 은 정수값만을 가질 수 있다. 참고로 자주 쓰는 처음 몇 개의 $l$ 에 대한 구면조화함수 $Y_l^m$ 의 구체적인 표현은 다음과 같다.

$$Y_0^0 = \frac{1}{\sqrt{4\pi}}, \quad Y_1^1 = -\sqrt{\frac{3}{8\pi}} \sin\theta e^{i\phi}, \quad Y_1^0 = \sqrt{\frac{3}{4\pi}} \cos\theta, \quad Y_1^{-1} = \sqrt{\frac{3}{8\pi}} \sin\theta e^{-i\phi}$$

$$Y_2^2 = \sqrt{\frac{15}{32\pi}} \sin^2\theta e^{2i\phi}, \quad Y_2^1 = -\sqrt{\frac{15}{8\pi}} \sin\theta \cos\theta e^{i\phi}, \quad Y_2^0 = \sqrt{\frac{5}{4\pi}} \left( \frac{3}{2} \cos^2\theta - \frac{1}{2} \right)$$

$$Y_2^{-1} = \sqrt{\frac{15}{8\pi}} \sin\theta \cos\theta e^{-i\phi}, \quad Y_2^{-2} = \sqrt{\frac{15}{32\pi}} \sin^2\theta e^{-2i\phi} \tag{8.98}$$

앞에서 우리는 일반적인 각운동량의 경우, 양자수 $j$ 가 반정수($\frac{1}{2}, \frac{3}{2}, \frac{5}{2}, \cdots$) 값도 가질 수 있음을 보았다. 이 경우 $m$ 도 반정수 값을 갖는다. 이러한 반정수값의 양자수는 궤도 각운동량의 경우에는 허용되지 않지만, 다음에서 우리는 이러한 반정수 각운동량 양자수도 허용되는 경우에 대해 살펴보도록 하겠다.

## 제 8.3 절  스핀 각운동량 Spin Angular Momentum

1절에서 우리는 각운동량이 가질 수 있는 값이 정수뿐만 아니라 반정수도 허용됨을 보았다. 그러나 궤도 각운동량의 경우 앞 절에서 살펴본 바와 같이 정수만 허용된다. 때문에 궤도 각운동량으로 설명할 수 없는 다른 종류의 각운동량이 존재하여야 함을 짐작할 수 있다.

1922년 슈테른 O. Stern 과 게를라흐 W. Gerlach 는 슬릿으로 집속시킨 중성의 은원자 silver atom 빔을 비균질한 inhomogeneous 자기장 속으로 통과시킨 결과 두 개의 성분(선)으로 분리되는 것을 관찰한 바 있다. 하지만, 고전적인 해석에 따르면

275

자기장을 통과한 은원자 빔은 연속적으로 분포되어야 한다. 그런데 빔이 단 두 개의 성분(선)으로 분리된다는 것은 은원자의 최외각 전자의 각운동량 값이 $\frac{1}{2}$ 이 되어야 함을 의미한다. 이는 궤도 각운동량으로 해석할 수 없는 입자가 가지는 본원적인 고유의 각운동량 intrinsic angular momentum 이 존재함을 뜻한다. 우리는 이처럼 입자가 가지는 고유의 각운동량을 스핀 각운동량 spin angular momentum 이라고 부르며 통상 $\vec{S}$ 로 표시한다.

이미 1절에서 배웠다시피 각운동량의 기본 단위는 $\hbar$ 이다. 빛(전자파)의 기본 알갱이로 우리가 배운 광자 photon 는 질량도 없으며, 크기도 없지만, 광자의 스핀 각운동량 값은 $1\hbar$ 이다. 그리고 전자의 스핀 각운동량은 $\frac{1}{2}\hbar$ 이다. 선사의 경우도 내부 구조가 없다고 여기기 때문에 광자의 경우와 마찬가지로 점이라고 우리는 현재 생각한다. 그러므로 이러한 스핀 각운동량은 회전축으로부터 거리가 0 이 아닌 경우에만 존재 가능한 궤도 각운동량으로는 해석이 불가능하다. 때문에 스핀 각운동량의 상태는 공간 좌표의 함수로 기술되지 않음에 주의하여야 한다.

그렇다면 스핀 각운동량은 가상의 추상적인 개념인가? 그렇지 않다. 예컨대, 분자가 맨 처음에 각운동량이 0 인 정지 상태에 있다가 광자를 흡수하여 각운동량을 갖게 되면 회전하게 된다. 이는 실제로 관측된다. 즉, 스핀 각운동량은 물리적으로 측정 가능한 실제의 양이다.

이제 1절에서 각운동량에 대하여 얻은 결과들을 스핀 각운동량의 경우에 적용해 보자. 스핀 각운동량을 $\vec{S}$ 로 표시하면, 1절에서 얻은 일반적인 경우의 식 (8.45)와 식 (8.46)은 다음과 같이 쓸 수 있다.

$$\vec{S}^2\phi_{s,m} = s(s+1)\hbar^2\phi_{s,m}, \quad s = 0, \frac{1}{2}, 1, \frac{3}{2}, 2, \cdots \tag{8.99}$$

$$S_z\phi_{s,m} = m\hbar\phi_{s,m}, \quad -s \leq m \leq s \tag{8.100}$$

이제 $s = \frac{1}{2}$ 인 경우에 대하여 생각하면, 식 (8.99)는 다음 관계식을 주고,

$$\vec{S}^2\phi_{s,m} = \frac{3}{4}\hbar^2\phi_{s,m}, \tag{8.101}$$

식 (8.100)에서 $m$ 은 $\frac{1}{2}$ 과 $-\frac{1}{2}$ 값만 갖는다. 이제 편의를 위하여 다음과 같이 표기하자.

$$\phi_{s=\frac{1}{2},m=\frac{1}{2}} \equiv \left| s = \frac{1}{2}, m = \frac{1}{2} \right\rangle \equiv |\alpha\rangle, \quad \phi_{s=\frac{1}{2},m=-\frac{1}{2}} \equiv \left| s = \frac{1}{2}, m = -\frac{1}{2} \right\rangle \equiv |\beta\rangle \tag{8.102}$$

그러면 식 (8.100)은 다음과 같이 쓸 수 있다.

$$S_z|\alpha> = \frac{\hbar}{2}|\alpha>, \quad S_z|\beta> = -\frac{\hbar}{2}|\beta> \tag{8.103}$$

이제 올림과 내림 연산자를 앞에서와 마찬가지로 다음과 같이 정의하면,

$$S_\pm = S_x \pm iS_y, \tag{8.104}$$

각운동량 상태들 $|\alpha>$ 와 $|\beta>$ 는 각각 $m$ 값이 가장 높거나 낮은 상태에 해당하므로 다음 관계를 만족해야 한다.

$$S_+|\alpha> = 0, \quad S_-|\beta> = 0 \tag{8.105}$$

실제로 이런 관계는 식 (8.52)와 식 (8.56)을 다시 쓴 아래 관계식에서 확인할 수 있다.

$$S_\pm|s,m> = \hbar\sqrt{s(s+1) - m(m \pm 1)}\,|s, m \pm 1> \tag{8.106}$$

즉, 위 식에 $s = \frac{1}{2}$ 경우의 $(s,m)$ 값들을 대입하면 다음의 결과를 얻는다.

$$S_+|\alpha> = 0$$
$$S_+|\beta> = \hbar|\alpha>$$
$$S_-|\alpha> = \hbar|\beta>$$
$$S_-|\beta> = 0 \tag{8.107}$$

이제 $S_z$ 와 $S_\pm$ 의 행렬 표현을 구해보자. 이를 위해서 $S_z$ 의 고유상태인 $|\alpha>$ 와 $|\beta>$ 가 기저로 주어지는 행렬 표현을 생각하겠다.[5] 이 경우 $S_z$ 와 $S_\pm$ 의 행렬 표현은

---

[5] 원래 스핀 각운동량은 임의의 정수나 반정수 값을 가질 수 있지만, 지금부터 이 절에서는 $s = \frac{1}{2}$ 인 경우로 국한하여 스핀 각운동량 연산자의 표현을 알아보겠다.

식 (8.103)과 식 (8.107)을 사용하여 다음과 같이 구할 수 있다.

$$S_z = \begin{pmatrix} <\alpha|S_z|\alpha> & <\alpha|S_z|\beta> \\ <\beta|S_z|\alpha> & <\beta|S_z|\beta> \end{pmatrix} = \begin{pmatrix} \hbar/2 & 0 \\ 0 & -\hbar/2 \end{pmatrix}$$

$$S_+ = \begin{pmatrix} <\alpha|S_+|\alpha> & <\alpha|S_+|\beta> \\ <\beta|S_+|\alpha> & <\beta|S_+|\beta> \end{pmatrix} = \begin{pmatrix} 0 & \hbar \\ 0 & 0 \end{pmatrix}$$

$$S_- = \begin{pmatrix} <\alpha|S_-|\alpha> & <\alpha|S_-|\beta> \\ <\beta|S_-|\alpha> & <\beta|S_-|\beta> \end{pmatrix} = \begin{pmatrix} 0 & 0 \\ \hbar & 0 \end{pmatrix} \tag{8.108}$$

여기서 다음의 관계를 사용하면,

$$S_x = \frac{1}{2}(S_+ + S_-) , \quad S_y = \frac{1}{2i}(S_+ - S_-), \tag{8.109}$$

우리는 $S_x$ 및 $S_y$에 대한 행렬 표현을 얻을 수 있다.

$$S_x = \frac{\hbar}{2}\begin{pmatrix} 0 & 1 \\ 1 & 0 \end{pmatrix} , \quad S_y = \frac{\hbar}{2}\begin{pmatrix} 0 & -i \\ i & 0 \end{pmatrix} \tag{8.110}$$

따라서 $s = \frac{1}{2}$ 인 스핀 각운동량은 새로운 행렬 벡터 $\vec{\sigma}$ 로 다음과 같이 표시할 수 있다.

$$\vec{S} \equiv \frac{\hbar}{2}\vec{\sigma} \tag{8.111}$$

여기서 $\vec{\sigma}$ 행렬들은 파울리 행렬들 Pauli matrices 이라고 하며 다음과 같이 정의된다.

$$\vec{\sigma} \equiv (\sigma_x, \ \sigma_y, \ \sigma_z) ; \quad \sigma_x = \begin{pmatrix} 0 & 1 \\ 1 & 0 \end{pmatrix} , \quad \sigma_y = \begin{pmatrix} 0 & -i \\ i & 0 \end{pmatrix} , \quad \sigma_z = \begin{pmatrix} 1 & 0 \\ 0 & -1 \end{pmatrix}$$
$$\tag{8.112}$$

$S_z$의 고유상태인 $|\alpha>$ 와 $|\beta>$ 는 성분이 두 개인 열벡터 columm vector 들로 표현 가능한데, 이런 스핀 각운동량 $\frac{1}{2}$ 의 고유상태를 우리는 스피너 spinor 라고 부른다.

$$|\alpha> = \begin{pmatrix} 1 \\ 0 \end{pmatrix}, \quad |\beta> = \begin{pmatrix} 0 \\ 1 \end{pmatrix} \tag{8.113}$$

참고로 파울리 행렬들은 다음의 성질들을 만족한다.

$$\sigma_x^2 = \sigma_y^2 = \sigma_z^2 = I \equiv \begin{pmatrix} 1 & 0 \\ 0 & 1 \end{pmatrix} , \quad \sigma_i\sigma_j = -\sigma_j\sigma_i \ ( \ i \neq j \ \text{일 때}) \tag{8.114}$$

우리는 위의 관계들을 다음과 같이 하나의 식으로 표현할 수 있다.

$$\{\sigma_i, \sigma_j\} = \sigma_i\sigma_j + \sigma_j\sigma_i = 2\delta_{ij} \tag{8.115}$$

그리고 각운동량의 교환관계식 $[S_i, S_j] = i\hbar\epsilon_{ijk}S_k$ 와 동치인 다음의 관계도 성립한다.

$$[\sigma_i, \ \sigma_j] = 2i\epsilon_{ijk}\sigma_k \tag{8.116}$$

각운동량은 에르미트 연산자 hermitian operator 이므로 식 (8.111)의 관계로부터

$$\sigma_i = \sigma_i^\dagger \tag{8.117}$$

임을 짐작할 수 있는데, 이는 식 (8.112)에서도 곧 확인할 수 있다. 그리고 다음의 관계식들도 쉽게 확인할 수 있다.

$$\det\sigma_i = -1 \ , \quad \mathrm{Tr}\,\sigma_i = 0 \ , \quad (\vec{\sigma}\cdot\vec{a})(\vec{\sigma}\cdot\vec{b}) = \vec{a}\cdot\vec{b} + i\vec{\sigma}\cdot(\vec{a}\times\vec{b}) \tag{8.118}$$

맨 나중의 관계식은 다음과 같이 확인할 수 있다.

$$\begin{aligned}
(\vec{\sigma}\cdot\vec{a})(\vec{\sigma}\cdot\vec{b}) &= \sigma_i a_i \sigma_j b_j \\
&= \sigma_i\sigma_j a_i b_j \\
&= (\tfrac{1}{2}\{\sigma_i, \ \sigma_j\} + \tfrac{1}{2}[\sigma_i, \ \sigma_j])a_i b_j \\
&= (\delta_{ij} + i\epsilon_{ijk}\sigma_k)a_i b_j \\
&= \vec{a}\cdot\vec{b} + i\vec{\sigma}\cdot(\vec{a}\times\vec{b})
\end{aligned} \tag{8.119}$$

끝으로 흔히 사용하는 다음의 관계식들도 위 관계식으로부터 나온다.

$$(\vec{\sigma}\cdot\hat{n})(\vec{\sigma}\cdot\hat{n}) = \hat{n}\cdot\hat{n} + i\vec{\sigma}\cdot(\hat{n}\times\hat{n}) = 1$$

$$(\vec{\sigma}\cdot\vec{a})(\vec{\sigma}\cdot\vec{a}) = \vec{a}\cdot\vec{a} + i\vec{\sigma}\cdot(\vec{a}\times\vec{a}) = \vec{a}\cdot\vec{a}$$

$$(\vec{\sigma}\cdot\hat{n})^m = \begin{cases} 1 \ , & m = \text{짝수} \\ \vec{\sigma}\cdot\hat{n} \ , & m = \text{홀수} \end{cases} \tag{8.120}$$

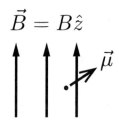

$$\vec{B} = B\hat{z}$$

그림 8.3: 균일한 자기장 내의 전자

이제 이 절에서 구한 스핀 각운동량의 특성을 일정한 자기장 내에서 일어나는 전자의 세치운동 precession 의 경우에 적용하여 보겠다. 이제 $z$ 축에 평행한 균일하고 uniform 일정한 constant 자기장 $\vec{B} = B\hat{z}$ 이 주어졌다고 하자(그림 8.3 참조). 전자의 자기쌍극자 모멘트 magnetic dipole moment 를 $\vec{\mu}$ , 자기장을 $\vec{B}$ 라고 하면, 자기장 내에서 존재하는 자기쌍극자 모멘트의 에너지는 $-\vec{\mu} \cdot \vec{B}$ 로 주어진다. 그러므로 다른 상호작용이 없다고 가정하면, 해밀토니안은 다음과 같이 쓸 수 있다.

$$H = -\vec{\mu} \cdot \vec{B} \tag{8.121}$$

한편, 전자의 자기쌍극자 모멘트는 스핀에 비례하는데, 통상 다음과 같이 표현된다.

$$\vec{\mu} = \frac{e}{m_e c}\vec{S} \equiv -\mu_b \vec{\sigma} \tag{8.122}$$

여기서 $\mu_b$ 는 보어 자기량 Bohr magneton 이라고 하며 다음과 같이 정의된다.

$$\mu_b = \frac{|e|\hbar}{2m_e c} \tag{8.123}$$

여기서 잠시, 자기쌍극자 모멘트가 어떻게 각운동량과 연관될 수 있는지 고전 전자기학의 관점에서 살펴보도록 하자. 고전 전자기학에 의하면 면적이 $A$ 인 전선 고리에 전류 $I$ 가 흐를 때의 자기쌍극자 모멘트는 다음과 같이 주어진다(그림 8.4 참조).

$$\vec{\mu} = \frac{I\vec{A}}{c} \tag{8.124}$$

이 전선 고리의 반경을 $a$ 라고 하면 면적벡터는 $\vec{A} = \pi a^2 \hat{n}$ 으로 표시할 수 있으며, 이때 $\hat{n}$ 은 전선 고리가 만드는 면적벡터의 방향을 나타내는 단위 벡터이다. 그런데

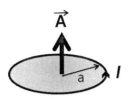 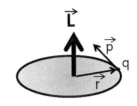

그림 8.4: 면적벡터 $\vec{A}$ 와 궤도 각운동량 벡터 $\vec{L}$

전하가 $q$ 인 입자가 반경이 $a$ 인 원운동을 할 때의 전류는 다음과 같이 주어지므로,

$$I = \frac{qv}{2\pi a}, \tag{8.125}$$

이 입자의 원 궤도 운동에 의한 자기쌍극자 모멘트는 식 (8.124)에 의해 다음과 같이 쓸 수 있다.

$$|\vec{\mu}_l| = \frac{qv}{2\pi a} \times \frac{\pi a^2}{c} = \frac{qav}{2c}$$

여기서 원운동을 하는 입자의 궤도 각운동량 $\vec{L} = \vec{r} \times \vec{p}$ 의 크기는 $ap = amv$ 이므로, 이 입자의 원 궤도 운동에 의한 자기쌍극자 모멘트의 크기는 다음과 같이 쓸 수 있다.

$$|\vec{\mu}_l| = \frac{qap}{2mc} = \frac{q|\vec{L}|}{2mc} \tag{8.126}$$

그런데 그림 8.4에서처럼 면적벡터와 각운동량 벡터의 방향은 같으므로, 우리는 최종적으로 궤도 각운동량과 자기쌍극자 모멘트 사이의 관계를 다음과 같이 쓸 수 있다.

$$\vec{\mu}_l = \frac{q}{2mc} \vec{L} \tag{8.127}$$

스핀 각운동량에 의한 자기쌍극자 모멘트는 이와 같은 고전적인 방식으로 이해하기가 어렵지만, 위에서 얻은 고전적인 관계를 바탕으로 전하와 스핀 각운동량을 가지고 통상 다음과 같이 표현한다.

$$\vec{\mu} = \frac{gq}{2mc} \vec{S} \tag{8.128}$$

이 $\vec{\mu}$ 를 우리는 본원적인 자기쌍극자 모멘트 intrinsic magnetic dipole moment 라고 부른다. 그리고 $g$ 는 자기회전비율 gyromagnetic ratio 이라고 부르는 각 입자에 따른 고유한 상수이다. 예컨대 전자의 자기회전비율은 $g \simeq 2.002$ 이다. 그래서 통상 전자의 경우 스핀에 의한 자기쌍극자 모멘트를 다음과 같이 쓴다.[6]

$$\vec{\mu} = -\frac{|e|}{mc}\vec{S} \tag{8.129}$$

이는 앞에서 주어진 식 (8.122)와 동일하다.

이제 식 (8.121)에 식 (8.122)의 관계를 적용하면 해밀토니안은 다음과 같이 쓸 수 있다.

$$H = \mu_b \vec{\sigma} \cdot \vec{B} = \mu_b \sigma_z B \tag{8.130}$$

그런데 위 식의 해밀토니안 $H$ 는 $2 \times 2$ 행렬로 주어지는 스핀 각운동량 연산자를 포함한다. 그래서 시간에 의존하는 다음의 슈뢰딩거 방정식을 풀기 위해서,

$$H\psi = i\hbar\frac{d\psi}{dt}, \tag{8.131}$$

우리는 상태함수 $\psi$ 를 다음과 같이 두 성분을 갖는 스피너 $\xi$ 로 표현하겠다.

$$\psi \longrightarrow \xi(t) = \begin{pmatrix} a(t) \\ b(t) \end{pmatrix} \tag{8.132}$$

그러면 식 (8.131)은 다음과 같이 쓰여진다.

$$\mu_b B \begin{pmatrix} 1 & 0 \\ 0 & -1 \end{pmatrix} \begin{pmatrix} a(t) \\ b(t) \end{pmatrix} = i\hbar \begin{pmatrix} \dot{a} \\ \dot{b} \end{pmatrix} \tag{8.133}$$

여기서 문자 위에 찍은 점은 시간에 대한 미분($\dot{a} = \frac{da}{dt}$)을 의미한다. 또한 스피너는 다음과 같이 스핀 업($|\alpha>$)과 스핀 다운($|\beta>$)인 고유상태 벡터들의 중첩으로도 표현할 수 있으므로,

$$\xi(t) = \begin{pmatrix} a(t) \\ b(t) \end{pmatrix} = a(t)|\alpha> + b(t)|\beta>, \tag{8.134}$$

슈뢰딩거 방정식 (8.133)은 다음과 같이 두 방정식으로 나누어 쓸 수 있다.

$$\mu_b B a(t) = i\hbar\frac{da}{dt}, \quad -\mu_b B b(t) = i\hbar\frac{db}{dt} \tag{8.135}$$

---

[6]전자의 경우, $q = e = -|e|$ 임을 기억하라.

여기서 표현의 간편함을 위해 새로운 상수를 다음과 같이 정의하자.

$$\Omega \equiv \frac{2\mu_b B}{\hbar} = \frac{|e|B}{m_e c} \tag{8.136}$$

그러면 위 방정식들의 해들은 다음과 같이 쓸 수 있다.

$$a(t) = a(0)e^{-i\frac{\Omega}{2}t}, \; b(t) = b(0)e^{i\frac{\Omega}{2}t} \tag{8.137}$$

여기서 $\Omega$ 는 세차운동의 주기를 결정하며, 우리는 이를 라모 진동수 Larmor frequency 라고 부른다.(이것이 세차운동을 어떻게 기술하는지는 문제 8.8을 참조 바람.)

여기에 초기 조건이 주어지면 우리는 임의의 시간에 대한 스피너 상태를 구할 수 있다. 예컨대 $t = 0$ 일 때 전자의 스핀이 $+y$ 방향을 향하고 있었다고 하자. 이는 스피너가 스핀 각운동량의 $y$ 성분 연산자인 $S_y$ 에 대해 양의 고유값, 즉 $\frac{\hbar}{2}$를 고유값으로 갖는 고유상태임을 의미한다. 따라서 $t = 0$ 일 때 전자의 스피너 $\xi(0)$는 다음 관계를 만족해야 한다.

$$S_y \xi(0) = \frac{\hbar}{2}\xi(0) \tag{8.138}$$

그리고 이 관계를 만족하는 스피너는 다음과 같다.

$$\xi(t = 0) = \frac{1}{\sqrt{2}} \begin{pmatrix} 1 \\ i \end{pmatrix} \tag{8.139}$$

위에 얻은 결과는 다음과 같은 방법으로 구할 수 있다. 먼저 $S_y = \frac{\hbar}{2}\sigma_y$ 의 관계를 적용하고, 스피너를 다음과 같이 두 성분의 열벡터로 표현하면,

$$\xi(0) = \begin{pmatrix} a_0 = a(0) \\ b_0 = b(0) \end{pmatrix}, \tag{8.140}$$

식 (8.138)은 다음과 같이 쓰여진다.

$$\frac{\hbar}{2} \begin{pmatrix} 0 & -i \\ i & 0 \end{pmatrix} \begin{pmatrix} a_0 \\ b_0 \end{pmatrix} = \frac{\hbar}{2} \begin{pmatrix} a_0 \\ b_0 \end{pmatrix} \tag{8.141}$$

이 관계식은 $b_0 = ia_0$ 의 관계를 주므로, 규격화 조건 $< \xi|\xi > = 1$ 을 적용하여 규격화 상수를 구하면, 다음과 같이 쓸 수 있다.

$$\xi(0) = \frac{1}{\sqrt{2}} \begin{pmatrix} 1 \\ i \end{pmatrix} \tag{8.142}$$

즉, $a_0 = \frac{1}{\sqrt{2}}$, $b_0 = \frac{i}{\sqrt{2}}$ 를 얻는다. 이를 앞서 구한 시간에 대한 일반해 (8.137)에 대입하면 최종적인 다음 해를 얻는다.

$$\xi(t) = \frac{1}{\sqrt{2}} \begin{pmatrix} e^{-i\frac{\Omega}{2}t} \\ ie^{i\frac{\Omega}{2}t} \end{pmatrix} \tag{8.143}$$

이 해는 스피너의 상태가 주기적으로 변하는 것을 보여준다. 여기서 주의해야 할 점은 얼핏 $\frac{\Omega}{2}T = 2\pi$ 를 만족하는 $T = \frac{4\pi}{\Omega}$ 가 주기라고 생각하기 쉬우나, 실제로는 $\frac{\Omega}{2}T_0 = \pi$ 를 만족하는 $T_0 = \frac{2\pi}{\Omega} = \frac{T}{2}$ 가 주기, 즉 $\Omega$ 가 각진동수가 된다. 이는 시간 $T$ 가 지나는 동안 처음( $t = 0$ )의 고유상태 관계식 $S_y\xi = \frac{\hbar}{2}\xi$ 를 만족하는 고유상태가 두 번 나타나기 때문이다. 그 하나는 원래 스피너와 동일한 $\xi(t = T) = \xi(0)$ 인 경우이고, 다른 하나는 반대 부호를 가진 경우이다.

$$\xi(t = T_0) = -\frac{1}{\sqrt{2}} \begin{pmatrix} 1 \\ i \end{pmatrix} = -\xi(0) \tag{8.144}$$

이 두 상태 모두 고유상태식 $S_y\xi = \frac{\hbar}{2}\xi$ 를 동일하게 만족하기 때문에 우리는 물리적으로 동일한 상태라고 볼 수밖에 없다. 이는 어떤 고유상태에 임의의 상수를 곱하여도 그 고유값(물리적 측정값)이 바뀌지 않는 양자역학적 고유상태의 특성에 기인한다. 즉, 임의의 상수 $c$ 에 대하여 다음의 관계가 성립하기 때문이다.

$$A|\phi_a > = a|\phi_a > \implies A|c\phi_a > = cA|\phi_a > = ca|\phi_a > = a|c\phi_a > \tag{8.145}$$

다음으로 $t = 0$일 때 전자의 스핀이 $S_z$의 고유상태인 경우라면 어떻게 될까? 이 경우 $a_0$ 나 $b_0$ 둘 중의 하나는 0 이 되기 때문에 계속 동일한 고유상태에 있게 된다. 이는 또 다음처럼 해석할 수 있다. 해밀토니안이 다음과 같이 $S_z$ 에만 의존하므로,

$$H = \mu_b\sigma_z B = \frac{2\mu_b B}{\hbar}S_z = \Omega S_z, \tag{8.146}$$

$S_z$ 의 고유상태는 해밀토니안의 고유상태가 된다. 즉, 처음 주어진 상태는 해밀토니안의 고유상태인 정상상태 stationary state 이므로, 시간이 흘러도 동일한 상태를 유지하게 된다. 이러한 고유상태의 에너지는 다음과 같이 쉽게 구할 수 있다. 스피너를 $\xi = \begin{pmatrix} a \\ b \end{pmatrix}$ 로 놓고, 시간에 무관한 슈뢰딩거 방정식 $H\xi = E\xi$ 에 $H = \frac{\hbar}{2}\Omega\sigma_z$ 를 대입하면 우리는 다음 식을 얻는다.

$$\frac{\hbar}{2}\Omega \begin{pmatrix} 1 & 0 \\ 0 & -1 \end{pmatrix} \begin{pmatrix} a \\ b \end{pmatrix} = E \begin{pmatrix} a \\ b \end{pmatrix} \tag{8.147}$$

이 방정식의 고유값은 $E = \pm\frac{\hbar}{2}\Omega$ 이다. $E = \frac{\hbar}{2}\Omega$ 인 경우, 그 고유상태는 $\begin{pmatrix} 1 \\ 0 \end{pmatrix} = |\alpha>$ 이고, 스핀은 $+z$ 방향을 향한다. $E = -\frac{\hbar}{2}\Omega$ 인 경우, 그 고유상태는 $\begin{pmatrix} 0 \\ 1 \end{pmatrix} = |\beta>$ 이고, 스핀은 $-z$ 방향을 향한다.

# 제 8.4 절   각운동량 덧셈 Addition of Angular Momenta

이제 각운동량의 덧셈에 대해 생각해보겠다. 원자 내의 전자는 궤도 각운동량과 스핀 각운동량의 두 가지 각운동량을 가질 수 있다. 이 경우 이 전자가 갖는 전체 각운동량은 궤도 각운동량과 스핀 각운동량을 합한 것이 될 것이다. 마찬가지로 두 개의 전자로 이루어진 계를 생각하면 이 계의 전체 각운동량은 각 전자의 각운동량을 합한 것이 될 것이다. 이처럼 두 개의 각운동량을 합할 경우 생기는 전체 각운동량은 어떻게 주어질까? 이를 살펴보기 위하여 첫 번째 각운동량과 두 번째 각운동량을 각각 $\vec{J_1}$과 $\vec{J_2}$로 표기하고 전체 각운동량을 $\vec{J}$로 표기하겠다.

$$\vec{J} = \vec{J_1} + \vec{J_2} \tag{8.148}$$

이렇게 주어진 전체 각운동량의 성분은 개별 각운동량 성분의 합으로 주어진다.

$$J_i = J_{1i} + J_{2i}, \quad i = 1, 2, 3. \tag{8.149}$$

여기서 각각의 각운동량은 앞에서 정의한 각운동량 교환관계식을 만족하며, 두 각운동량은 서로 가환이다.[7]

$$[J_{1i},\ J_{1j}] = i\hbar\epsilon_{ijk}J_{1k},\quad [J_{2i},\ J_{2j}] = i\hbar\epsilon_{ijk}J_{2k},\quad [\vec{J}_1,\ \vec{J}_2] = 0. \tag{8.150}$$

참고로 위의 맨 마지막 식은 성분으로 쓰면 $[J_{1i},\ J_{2j}] = 0\ \ (i, j = 1, 2, 3)$이다. 이는 두 각운동량이 서로 영향을 주지 않아, 공통의 고유상태를 가질 수 있음을 뜻한다.

이제 공통의 고유상태를 결정하는 가환연산자 완전 집합 complete set of commuting operators 을 생각해 보겠다. 이를 위해서 먼저 $\vec{J}^2$를 개별 각운동량 연산자들로 표현하여 보면 다음과 같다.

$$\vec{J}^2 = (\vec{J}_1 + \vec{J}_2)^2 = \vec{J}_1^{\ 2} + \vec{J}_2^{\ 2} + 2\vec{J}_1 \cdot \vec{J}_2 \tag{8.151}$$

그런데 다음의 정의식으로부터,

$$J_{1\pm} = J_{1x} \pm iJ_{1y}\ ,\quad J_{2\pm} = J_{2x} \pm iJ_{2y} \tag{8.152}$$

아래와 같은 관계가 성립하므로,

$$2(J_{1x}J_{2x} + J_{1y}J_{2y}) = J_{1+}J_{2-} + J_{1-}J_{2+}, \tag{8.153}$$

다음의 관계식을 얻는다.

$$2(\vec{J}_1 \cdot \vec{J}_2) = 2(J_{1x}J_{2x} + J_{1y}J_{2y} + J_{1z}J_{2z}) = J_{1+}J_{2-} + J_{1-}J_{2+} + 2J_{1z}J_{2z} \tag{8.154}$$

이로부터 우리는 전체 각운동량 연산자를 다음과 같이 쓸 수 있다.

$$\vec{J}^2 = \vec{J}_1^{\ 2} + \vec{J}_2^{\ 2} + J_{1+}J_{2-} + J_{1-}J_{2+} + 2J_{1z}J_{2z}\ ,\quad J_z = J_{1z} + J_{2z} \tag{8.155}$$

한편, 개별 각운동량들은 다음의 관계를 만족하므로,

$$[\vec{J}_1^{\ 2},\ J_{1i}] = 0,\quad [\vec{J}_2^{\ 2},\ J_{2i}] = 0,\quad [\vec{J}_1,\ \vec{J}_2] = 0, \tag{8.156}$$

---

[7]두 각운동량이 서로 가환이라는 이야기는 한 각운동량의 측정과 다른 각운동량의 측정은 서로 무관하다(영향을 주지 않는다)는 의미이다.

관계식 (8.155)를 사용하면 다음이 성립함을 알 수 있다.

$$[\vec{J}^2, \ \vec{J_1}^2] = 0, \quad [\vec{J}^2, \ \vec{J_2}^2] = 0, \quad [J_z, \ \vec{J_1}^2] = 0, \quad [J_z, \ \vec{J_2}^2] = 0 \tag{8.157}$$

그리고 개별 각운동량의 성분과 전체 각운동량은 서로 가환이 아니므로,

$$[\vec{J}^2, \ J_{1z}] \neq 0, \quad [\vec{J}^2, \ J_{2z}] \neq 0, \tag{8.158}$$

우리는 이상에서 다음의 세 가환연산자 집합들을 생각할 수 있다.

$$\{\vec{J}^2, \ J_z\} \ , \quad \{\vec{J_1}^2, \ J_{1z}\} \ , \quad \{\vec{J_2}^2, \ J_{2z}\} \tag{8.159}$$

여기에 식 (8.157)의 가환 관계까지 고려하면, 우리는 다음과 같은 두 가지의 가환연산자 완전 집합을 생각할 수 있다.

$$\{\vec{J_1}^2, \ \vec{J_2}^2, \ \vec{J}^2, \ J_z\} \ , \quad \{\vec{J_1}^2, \ \vec{J_2}^2, \ J_{1z}, \ J_{2z}\} \tag{8.160}$$

이는 우리가 어떤 가환연산자 완전 집합을 쓰느냐에 따라 전체 각운동량 고유상태가 두 가지 방식으로 표시될 것임을 알려 준다. 첫 번째 가환연산자 완전 집합을 쓰면 그 고유상태는 $|j_1 j_2; jm>$ 으로, 두 번째 가환연산자 완전 집합을 쓰면 그 고유상태는 $|j_1 j_2; m_1 m_2>$ 로 표시할 수 있다. 참고로 후자는 다음과 같이 개별 고유상태의 텐서 곱으로 쓸 수 있음을 기억하자.

$$|j_1 j_2; m_1 m_2> \equiv |j_1 m_1> \otimes |j_2 m_2> \tag{8.161}$$

이제부터는 이 두 가지 각운동량 고유상태 표현이 서로 어떻게 연관되어 있는지 살펴보도록 하겠다. 통상 그렇듯이 각각의 각운동량 표현에서 고유상태들의 완전성 completeness 을 가정하면 다음의 관계들이 성립한다.

$$|j_1 j_2; m_1 m_2> \ = \ \sum_{j,m} |j_1 j_2; jm> < j_1 j_2; jm| j_1 j_2; m_1 m_2> \tag{8.162}$$

$$|j_1 j_2; jm> \ = \ \sum_{m_1, m_2} |j_1 j_2; m_1 m_2> < j_1 j_2; m_1 m_2| j_1 j_2; jm> \tag{8.163}$$

위에서 전체 각운동량 상태를 개별 각운동량 상태로 변환할 때 나타나는 전개계수

$$< j_1 j_2; m_1 m_2 \,|\, j_1 j_2; jm > \tag{8.164}$$

을 우리는 클렙시-고단 계수 Clebsch-Gordan coefficient 라고 한다. 여기서 $m$ 과 $m_1$, $m_2$ 사이의 관계는 쉽게 알 수 있는데, 이를 위해 식 (8.163)의 양변에 전체 각 운동량의 $z$ 성분 연산자 $J_z$ 를 적용하여 보자. 먼저 좌변은

$$J_z |j_1 j_2; jm > = m\hbar |j_1 j_2; jm > \tag{8.165}$$

이 되고, 우변은 다음의 항등 관계식과

$$J_z = J_{1z} + J_{2z} = J_{1z} \otimes I + I \otimes J_{2z}, \tag{8.166}$$

식 (8.161)을 적용하면 다음과 같이 쓸 수 있다.

$$(J_{1z} \otimes I + I \otimes J_{2z}) \left[ \sum_{m_1, m_2} ( \,|j_1 m_1 > \otimes |j_2 m_2 >) < j_1 j_2; m_1 m_2 | j_1 j_2; jm > \right]$$

$$= \sum_{m_1, m_2} ( \, m_1 \hbar |j_1 m_1 > \otimes |j_2 m_2 > + m_2 \hbar |j_1 m_1 > \otimes |j_2 m_2 > )$$

$$\times < j_1 j_2; m_1 m_2 | j_1 j_2; jm >$$

$$= \sum_{m_1, m_2} (m_1 + m_2) \hbar \, |j_1 j_2; m_1 m_2 > < j_1 j_2; m_1 m_2 | j_1 j_2; jm > \tag{8.167}$$

위에서 $I$ 는 단위 연산자 identity operator 를 표시하며, 단위 연산자는 주어진 상태를 변화시키지 않는다. 이는 숫자 1 을 어떤 수에 곱하거나 단위행렬을 어떤 행렬에 곱해도 아무런 변화가 없는 것과 같다. 또한 개별 성분들의 합$(J_{1z} + J_{2z})$을 텐서 곱의 합으로 표현한 것은 $J_{1z}$ 는 상태 1 즉 $|j_1 m_1 >$ 에만, $J_{2z}$ 는 상태 2 즉 $|j_2 m_2 >$ 에만 작용한다는 점을 강조하기 위해서이다. 이는 곧 $J_{1z}$, $J_{2z}$ 가 서로 가환임을 의미한다. 이제 식 (8.165)와 식 (8.167)이 서로 같으려면 식 (8.167)의 맨 마지막 줄에서 $m_1 + m_2$ 값이 고정된 값 $m$ 이 되어 합 기호 밖으로 나올 수 있을 때이다. 즉, 다음의 관계가 만족되어야만 한다.

$$m = m_1 + m_2 \tag{8.168}$$

따라서 식 (8.163)에서 전체 각운동량 상태를 개별 각운동량 고유상태들로 전개할 때는 반드시 이 조건을 포함시켜 다음과 같이 써야 한다.

$$|j_1 j_2; jm> = \sum_{\substack{m_1, \, m_2 \\ (m_1+m_2=m)}} |j_1 j_2; m_1 m_2> < j_1 j_2; m_1 m_2 | j_1 j_2; jm > \qquad (8.169)$$

우리는 개별 각운동량 상태를 전체 각운동량 상태들로 표현하는 식 (8.162)에 대해서도 같은 방식으로 생각할 수 있다. 앞서와 마찬가지로 식 (8.162)의 좌변과 우변에 각각 $J_{1z} + J_{2z}$와 $J_z$를 작용시킨다. 좌변은 $m_1, m_2$가 고정되어 있지만, 우변은 $j$ 와 $m$ 이 변화한다. 그러나 앞에서와 마찬가지로 두 변이 서로 같으려면 $m = m_1 + m_2$ 인 $m$ 값으로 고정되어야 한다. 즉, 식 (8.162)는 다음과 같이 표기되어야 한다.

$$|j_1 j_2; m_1 m_2> = \sum_{\substack{j \\ (m=m_1+m_2)}} |j_1 j_2; jm> < j_1 j_2; jm | j_1 j_2; m_1 m_2 > \qquad (8.170)$$

이상의 분석은 전체 각운동량의 $z$ 성분은 개별 각운동량 $z$ 성분들의 합과 항상 같아야 함을 보여 준다.

이제 전체 각운동량 연산자 $\vec{J}^2$ 의 양자수 $j$ 에 대해서 알아보도록 하자. 앞 절에서 우리는 개별 각운동량 양자수 $j_1$, $j_2$ 가 각각 $m_1$, $m_2$ 의 최대값에 해당함을 보았다. 마찬가지로 모든 $j$ 는 역시 각각의 경우에 $m$ 이 가질 수 있는 최대값에 해당한다. 즉, $m$ 이 가질 수 있는 최대값이 곧 $j$ 의 최대값이 된다. 따라서 우리는 다음 관계로부터

$$m_{max} = m_{1max} + m_{2max}, \qquad (8.171)$$

곧 $j$ 가 가질 수 있는 최대값이 $j_1 + j_2$ 임을 알 수 있다.

$$j_{max} = j_1 + j_2 \qquad (8.172)$$

이제 $j$ 가 가질 수 있는 최소값을 알기 위하여 다음을 생각하여 보도록 하자. 먼저 $j_1$ 과 $j_2$ 가 주어졌을 때 존재 가능한 상태의 개수는 $(2j_1 + 1)(2j_2 + 1)$ 이다. 그런데 이 수는 $j$ 의 최대값으로부터 $j$ 의 최소값까지 모든 가능한 $j$ 값에서 존재 가능한 상태들의

개수를 모두 합한 것과 같아야 할 것이다. 즉, 다음의 관계가 만족되어야 한다.

$$(2j_1 + 1)(2j_2 + 1) = \sum_{j=j_{min}}^{j_{max}} (2j + 1) \tag{8.173}$$

이 관계는 $j$ 의 최소값이 다음과 같이 주어지면 만족된다.

$$j_{min} = |j_1 - j_2| \tag{8.174}$$

이는 다음과 같이 확인해 볼 수 있다. 일단 생각의 편의를 위하여 $j_1 \geq j_2$ 임을 가정하면, $j_{min} = j_1 - j_2$ 이므로 식 (8.173)의 우변은 다음과 같이 되어 좌변과 같아진다.

$$\begin{aligned}
\sum_{n=0}^{2j_2} \{2(j_1 - j_2 + n) + 1\} &= (2j_1 - 2j_2 + 1)(2j_2 + 1) + 2\sum_{n=0}^{2j_2} n \\
&= (2j_1 + 1)(2j_2 + 1) \tag{8.175}
\end{aligned}$$

따라서 우리는 개별 각운동량 양자수 $j_1$, $j_2$ 로부터 전체 각운동량 양자수 $j$ 가 가질 수 있는 값들은 다음과 같이 주어진다고 결론지을 수 있다.

$$j = j_1 + j_2 , \quad j_1 + j_2 - 1 , \quad \cdots , \quad |j_1 - j_2| - 1 , \quad |j_1 - j_2| \tag{8.176}$$

여기서 각각의 $j$ 값에 대하여 $m$ 이 가질 수 있는 범위는 다음과 같다.

$$m = \{j, \; j-1, \; \cdots, \; -j\}, \quad \text{즉} \;\; -j \leq m \leq j \tag{8.177}$$

이를 정리하면, 개별 각운동량 양자수 $j_1$, $j_2$ 를 갖는 두 개의 각운동량을 합했을 때, 전체 각운동량 양자수 $j$ 와 $m$ 은 다음의 조건을 만족해야 한다.

**각각 양자수 $j_1$ 과 $j_2$ 를 갖는 두 각운동량을 합했을 때 전체 각운동량 양자수 $j$ 가 가질 수 있는 값의 범위는 다음과 같고,**

$$|j_1 - j_2| \leq j \leq j_1 + j_2, \tag{8.178}$$

**가능한 각각의 $j$ 에 대한 $z$ 성분 각운동량 양자수 $m$ 이 가질 수 있는 범위는 다음과 같다.[8]**

$$-j \leq m \leq j \tag{8.179}$$

---

[8]여기서 잊지 말아야 할 점은 가능한 $j$ 나 $m$ 의 값은 식 (8.176)과 식 (8.177)에 구체적으로 쓰여 있듯이 주어진 범위 내에서 항상 정수 1 의 간격으로 달라진다는 것이다.

## 8.4.1  스핀 1/2  더하기  스핀 1/2

이제 이러한 결과를 바탕으로 가장 간단한 경우에 클렙시-고단 계수들을 구해 보도록 하겠다. 가장 간단한 경우는 궤도 각운동량을 갖지 않고 스핀 각운동량만을 갖는 두 개의 전자들로 이루어진 계를 생각할 수 있다. 이 경우, 전자의 스핀은 모두 $\frac{1}{2}$ 이므로, 두 개별 각운동량값은 다음과 같고,

$$j_1 = j_2 = \frac{1}{2}, \tag{8.180}$$

앞의 결론에 따르면 전체 각운동량 $j$ 의 최대값과 최소값은 다음과 같다.

$$j_{max} = j_1 + j_2 = 1, \quad j_{min} = |j_1 - j_2| = 0 \tag{8.181}$$

따라서 전체 각운동량은 $j = 0,\ 1$ 의 두 값만을 갖는다.

스핀 각운동량의 경우 통상 $\vec{J}$ 대신 $\vec{S}$ 로 표시하므로, 우리는 합한 전체 각운동량을 $\vec{S} = \vec{S}_1 + \vec{S}_2,\ S_z = S_{1z} + S_{2z}$ 로 표기하고, 각각의 양자수는 $(j, m)$ 이 아닌 $(s, m)$ 을 사용하겠다. 여기서 $s = 1$ 인 경우는 $m = 1,\ 0,\ -1$ 의 세 값을 가지므로 이를 스핀 삼중항 spin triplet 이라고 하고, $s = 0$ 인 경우는 $m = 0$ 만 가능하므로 이를 스핀 단일항 spin singlet 이라고 한다. 이는 계 전체의 스핀을 표현하므로 앞의 분석에 따라 우리는 이를 다음과 같이 개별 전자들의 스핀 상태들로 표시할 수 있다.

$$|s_1 s_2; sm> \ = \sum_{\substack{m_1, m_2 \\ (m_1 + m_2 = m)}} |s_1 s_2; m_1 m_2 > < s_1 s_2; m_1 m_2 | s_1 s_2; sm > \tag{8.182}$$

스핀 삼중항의 경우 우리는 이를 다음과 같이 다시 쓸 수 있다.

$$\left| \frac{1}{2}\frac{1}{2}; s = 1, m \right\rangle = \sum_{\substack{m_1, m_2 \\ (m_1 + m_2 = m)}} \left| \frac{1}{2}\frac{1}{2}; m_1 m_2 \right\rangle \left\langle \frac{1}{2}\frac{1}{2}; m_1 m_2 \left| \frac{1}{2}\frac{1}{2}; s = 1, m \right\rangle \right. \tag{8.183}$$

그런데 여기서 $m_1$ 과 $m_2$ 는 $\frac{1}{2}$ 이나 $-\frac{1}{2}$ 값만 가질 수 있으므로, $m = 1$ 일 때는 $m_1 = m_2 = \frac{1}{2}$ 이 되어야 하고, $m = -1$ 일 때는 $m_1 = m_2 = -\frac{1}{2}$ 이 되어야 한다. $m = 0$ 인 경우는 $m_1, m_2$ 의 부호가 반대일 때에 가능하므로  $m_1 = \frac{1}{2}, m_2 = -\frac{1}{2}$ 이나 $m_1 = -\frac{1}{2}, m_2 = \frac{1}{2}$ 의 두 가지 경우가 다 가능하다.

우리는 표기의 편의를 위하여, $m_1 = m_2 = \frac{1}{2}$ 인 경우 두 전자의 스핀이 모두 $+z$ 방향을 향하므로 이를 $|\uparrow\uparrow>$ 로 표시하고, $m_1 = m_2 = -\frac{1}{2}$ 의 경우는 두 전자의 스핀이 모두 $-z$ 방향을 향하므로 이를 $|\downarrow\downarrow>$ 로 표시하겠다. 마찬가지로 $m_1 = \frac{1}{2}, m_2 = -\frac{1}{2}$ 의 경우는 $|\uparrow\downarrow>$ 로, $m_1 = -\frac{1}{2}, m_2 = \frac{1}{2}$ 의 경우는 $|\downarrow\uparrow>$ 로 표시하겠다. 그러므로 스핀 삼중항의 경우 $m = 1$ 과 $m = -1$ 인 상태는 다음과 같이 표시할 수 있다.[9]

$$\left| \frac{1}{2}\frac{1}{2}; s = 1, m = 1 \right\rangle = \left| \frac{1}{2}\frac{1}{2}; m_1 = \frac{1}{2}, m_2 = \frac{1}{2} \right\rangle \equiv |\uparrow\uparrow>$$

$$\left| \frac{1}{2}\frac{1}{2}; s = 1, m = -1 \right\rangle = \left| \frac{1}{2}\frac{1}{2}; m_1 = -\frac{1}{2}, m_2 = -\frac{1}{2} \right\rangle \equiv |\downarrow\downarrow> \quad (8.184)$$

그러나 $m = 0$ 인 경우는 $|\uparrow\downarrow>$ 와 $|\downarrow\uparrow>$ 의 두 상태가 모두 가능하므로 전개계수 $a$, $b$ 를 사용하여 다음과 같이 쓸 수 있다.

$$\left| \frac{1}{2}\frac{1}{2}; s = 1, m = 0 \right\rangle = a|\uparrow\downarrow\rangle + b|\downarrow\uparrow\rangle \quad (8.185)$$

이때 전개계수 $a$, $b$ 가 우리가 앞에서 언급한 클렙시-고단 계수들이다.

이제 이 계수들을 구하는 방법을 생각해 보자. 앞의 식 (8.106)에서 우리는 올림과 내림 연산자가 다음과 같이 작용하는 것을 보았다.

$$S_\pm|s, m> = \hbar\sqrt{s(s+1) - m(m \pm 1)}\,|s, m \pm 1 > \quad (8.186)$$

위의 관계로부터 $s = 1, m = 0$ 인 상태는 $s = 1, m = 1$ 인 상태에 $S_-$를 적용하여 얻을 수 있다.

$$S_-\left| \frac{1}{2}\frac{1}{2}; s = 1, m = 1 \right\rangle = (S_{1-} + S_{2-})|\uparrow\uparrow> \quad (8.187)$$

이제 식 (8.186)의 내림 연산자 관계식을 개별 상태에 적용하면 다음 관계가 성립한다.

$$S_{1-}\left| s_1 = \frac{1}{2}, m_1 = \frac{1}{2} \right\rangle = \hbar\left| s_1 = \frac{1}{2}, m_1 = -\frac{1}{2} \right\rangle \quad (8.188)$$

이를 간편함을 위해 스핀 업, 스핀 다운 등의 화살표 표시로 나타내면 다음과 같다.

$$S_{1-}|\uparrow> = \hbar|\downarrow> \quad (8.189)$$

---

[9]이 절의 전체 각운동량 상태 표현에서 사실 $\left| s_1 = \frac{1}{2}, s_2 = \frac{1}{2}; s, m \right\rangle$ 등과 같이 써야 하지만, $s_1$ 과 $s_2$ 모두 같은 $\frac{1}{2}$ 이므로 표기의 간편함을 위해 $s_1, s_2$ 는 생략하고 그 크기만 표현하였다.

이는 각운동량 전체표현에서는 다음과 같이 쓸 수 있다.

$$S_{1-}|\uparrow\uparrow> \ = \ \hbar|\downarrow\uparrow> \tag{8.190}$$

마찬가지로 스핀 2 에 대해서는 다음과 같이 표시할 수 있다.

$$S_{2-}|\uparrow\uparrow> \ = \ \hbar|\uparrow\downarrow> \tag{8.191}$$

이를 식 (8.187)에 적용하면 다음과 같이 된다.

$$S_{-}|\uparrow\uparrow> \ = \ \hbar\left\{|\downarrow\uparrow> +|\uparrow\downarrow>\right\} \tag{8.192}$$

한편, 내림 연산자 공식 (8.186)을 전체 각운동량 상태에 적용하면 다음과 같으므로,

$$S_{-}\left|\frac{1}{2}\frac{1}{2}; s=1, m=1\right\rangle = \ \sqrt{2}\hbar\left|\frac{1}{2}\frac{1}{2}; s=1, m=0\right\rangle, \tag{8.193}$$

이 두 식에서 다음 관계가 성립함을 알 수 있다.

$$S_{-}|\uparrow\uparrow\rangle \ = \ \hbar\left\{|\downarrow\uparrow> +|\uparrow\downarrow>\right\} \ = \ \sqrt{2}\hbar\left|\frac{1}{2}\frac{1}{2}; s=1, m=0\right\rangle \tag{8.194}$$

따라서 다음의 관계가 성립한다.

$$\left|\frac{1}{2}\frac{1}{2}; s=1, m=0\right\rangle = \ \frac{1}{\sqrt{2}}\left\{|\downarrow\uparrow> +|\uparrow\downarrow>\right\} \tag{8.195}$$

이로부터 우리는 식 (8.185)의 클렙시-고단 계수 $a, b$ 가 모두 $\frac{1}{\sqrt{2}}$ 임을 알 수 있다.

스핀 단일항의 경우는 $s=0, m=0$ 의 값을 가지므로 스핀 삼중항의 $m=0$ 인 경우와 마찬가지로 $m_1, m_2$ 의 부호가 서로 반대가 되어야 한다. 즉, $|\uparrow\downarrow>$ 와 $|\downarrow\uparrow>$ 의 두 상태가 가능하다. 그러므로 전개계수 $c, d$ 를 써서 스핀 삼중항의 경우처럼 다음과 같이 표현할 수 있다.

$$\left|\frac{1}{2}\frac{1}{2}; s=0, m=0\right\rangle = \ c|\uparrow\downarrow> +d|\downarrow\uparrow> \tag{8.196}$$

여기서 스핀 단일항과 스핀 삼중항의 상태들은 서로 독립이므로 직교해야 한다.

$$\left\langle\frac{1}{2}\frac{1}{2}; s=0, m=0 \left| \frac{1}{2}\frac{1}{2}; s=1, m=0\right\rangle = 0 \right. \tag{8.197}$$

그리고 스핀 단일항은 모든 상태들이 만족해야 하는 규격화 조건도 만족해야 한다.

$$\left\langle \frac{1}{2}\frac{1}{2}; s=0, m=0 \left| \frac{1}{2}\frac{1}{2}; s=0, m=0 \right. \right\rangle = 1 \tag{8.198}$$

식 (8.195)와 (8.196)의 관계를 이상의 조건들에 적용하면 다음의 두 조건식을 얻는다.

$$\frac{c}{\sqrt{2}} + \frac{d}{\sqrt{2}} = 0, \quad |c|^2 + |d|^2 = 1 \tag{8.199}$$

위에서 우리는 다음과 같은 직교 조건들을 사용하였다.

$$<\uparrow\downarrow \,|\, \uparrow\downarrow> \,=\, <\downarrow\uparrow \,|\, \downarrow\uparrow> \,=\, 1, \quad <\uparrow\downarrow \,|\, \downarrow\uparrow> \,=\, <\downarrow\uparrow \,|\, \uparrow\downarrow> \,=\, 0 \tag{8.200}$$

우리는 두 조건식 (8.199)로부터 클렙시-고단 계수들 $c, d$의 값을 정할 수 있다. 하지만 둘 사이의 상대적 부호는 결정되지 않는다. 그래서 클렙시-고단 계수들 사이의 상대적 부호는 관습적으로 다음의 클렙시-고단 계수가 양의 값이 되도록 정한다.

$$< j_1 j_2; m_1 = j_1, m_2 = j - j_1 \,|\, j_1 j_2; j = j, m = j > \,\geq 0 \tag{8.201}$$

우리는 식 (8.196)으로부터 전개계수 $c$ 가 다음의 클렙시-고단 계수임을 알 수 있는데,

$$c = \left\langle \frac{1}{2}\frac{1}{2}; m_1 = \frac{1}{2}, m_2 = -\frac{1}{2} \left| \frac{1}{2}\frac{1}{2}; s=0, m=0 \right. \right\rangle, \tag{8.202}$$

이 클렙시-고단 계수 $c$ 는 식 (8.201)에 나온 계수에 해당한다. 따라서 여기서는 계수 $c$ 가 양의 값을 갖도록 정하면 된다. 즉, $c = \frac{1}{\sqrt{2}}, d = -\frac{1}{\sqrt{2}}$ 이 되어 스핀 단일항은 다음과 같이 쓸 수 있다.

$$\left| \frac{1}{2}\frac{1}{2}; s=0, m=0 \right\rangle = \frac{1}{\sqrt{2}} \left\{ |\uparrow\downarrow\rangle - |\downarrow\uparrow\rangle \right\} \tag{8.203}$$

이제 이 스핀 단일항 상태의 전체 각운동량 양자수가 실제로 $s = 0$ 에 해당하는지 살펴보기로 하자. 먼저 일반적인 $\vec{J}$ 의 경우에 얻은 식 (8.155)의 결과를 적용하면, $\vec{S}^2$ 은 다음과 같이 쓸 수 있다.

$$\vec{S}^2 = \vec{S_1}^2 + \vec{S_2}^2 + S_{1+}S_{2-} + S_{1-}S_{2+} + 2S_{1z}S_{2z} \tag{8.204}$$

이 연산자 관계식을 스핀 단일항 상태에 적용하고, $\vec{S}^2 |s,m\rangle = s(s+1)\hbar^2 |s,m\rangle$ 의 관계와 비교하자.

$$\vec{S}^2 \left| \frac{1}{2}\frac{1}{2}; s=0, m=0 \right\rangle$$

$$= \frac{1}{\sqrt{2}} \{ \vec{S_1}^2 + \vec{S_2}^2 + 2S_{1z}S_{2z} + S_{1+}S_{2-} + S_{1-}S_{2+} \} \{ |\uparrow\downarrow\rangle - |\downarrow\uparrow\rangle \}$$

$$= \frac{1}{\sqrt{2}} \left\{ \frac{3}{4}\hbar^2 |\uparrow\downarrow\rangle + \frac{3}{4}\hbar^2 |\uparrow\downarrow\rangle - \frac{1}{2}\hbar^2 |\uparrow\downarrow\rangle + \hbar^2 |\downarrow\uparrow\rangle \right.$$

$$\left. - \frac{3}{4}\hbar^2 |\downarrow\uparrow\rangle - \frac{3}{4}\hbar^2 |\downarrow\uparrow\rangle + \frac{1}{2}\hbar^2 |\downarrow\uparrow\rangle - \hbar^2 |\uparrow\downarrow\rangle \right\} = 0 \qquad (8.205)$$

이는 $s = 0$ 임을 보여준다.[10] 참고로 위에서 우리는 다음의 관계들을 사용하였다.

$$\vec{S_i}^2 |\uparrow\downarrow\rangle = \frac{3}{4}\hbar^2 |\uparrow\downarrow\rangle, \quad \vec{S_i}^2 |\downarrow\uparrow\rangle = \frac{3}{4}\hbar^2 |\downarrow\uparrow\rangle, \quad i = 1,2 \qquad (8.206)$$

$$2S_{1z}S_{2z} |\uparrow\downarrow\rangle = -\frac{\hbar^2}{2} |\uparrow\downarrow\rangle, \quad 2S_{1z}S_{2z} |\downarrow\uparrow\rangle = -\frac{\hbar^2}{2} |\downarrow\uparrow\rangle, \quad S_{1+}S_{2-} |\uparrow\downarrow\rangle = 0$$

$$S_{1-}S_{2+} |\downarrow\uparrow\rangle = 0, \quad S_{1-}S_{2+} |\uparrow\downarrow\rangle = \hbar^2 |\downarrow\uparrow\rangle, \quad S_{1+}S_{2-} |\downarrow\uparrow\rangle = \hbar^2 |\uparrow\downarrow\rangle$$

# 제 8.5 절 클렙시-고단 계수들의 계산 Calculation of Clebsch-Gordan Coefficients

이 절에서는 두 양자수 $j_i$ 중 하나라도 $\frac{1}{2}$ 보다 큰 일반적인 경우에 있어서 각운동량 덧셈에서 나타나는 클렙시-고단 계수들을 구하는 방법에 대해 살펴보기로 하겠다.

먼저 주목할 점은 특정한 경우의 클렙시-고단 계수들은 그 값을 미리 알 수 있다는 것이다. 대표적으로 $j = j_1 + j_2$ 인 경우는 그 값이 1 이 되어야 한다.

$$< j_1 j_2; m_1 = j_1, m_2 = j_2 | j_1 j_2; j = j_1 + j_2, m = j_1 + j_2 > = 1 \qquad (8.207)$$

이는 $m = m_1 + m_2$ 에서 $m = j_1 + j_2$ 는 $m_1 = j_1, m_2 = j_2$ 일 때만 가능하기 때문이다.

$$| j_1 j_2; j = j_1 + j_2, m = j_1 + j_2 > = |j_1, m_1 = j_1 > \otimes |j_2, m_2 = j_2 > \qquad (8.208)$$

---

[10]삼중항의 경우에 우리는 $s = 1$ 인지 확인하지 않았다. 그 이유는 $m$ 의 최대값이 1 이므로 $s$ 는 당연히 1이 되어야 하기 때문이다. 하지만, 실제로 단일항의 경우에서와 같이 다음 관계식이 성립함을 보여서 확인할 수 있다(문제 8.11): $\vec{S}^2 \left| \frac{1}{2}\frac{1}{2}; s=1, m=0 \right\rangle = 2\hbar^2 \left| \frac{1}{2}\frac{1}{2}; s=1, m=0 \right\rangle$ .

그리고 식 (8.161)에서 각운동량의 개별상태 표현은 다음과 같이 텐서곱으로 정의되었기 때문이다.

$$|j_1 j_2; m_1 = j_1, m_2 = j_2 > \equiv |j_1, m_1 = j_1 > \otimes |j_2, m_2 = j_2 > \qquad (8.209)$$

반면에 $j < j_1 + j_2$ 인 경우에는 이처럼 바로 알 수가 없다. 그러나 $j < j_1 + j_2$ 인 경우를 포함하여 **모든 경우의 클렙시-고단 계수들을 우리는 아래의 단계들을 거쳐서 모두 구할 수 있다.**

**1)** 내림 연산자 $J_- = J_{1-} + J_{2-}$ 를 $|j = j_{max} = j_1 + j_2, m = j_{max}\rangle$ 상태와 이의 개별표현에 작용시켜 $j = j_{max}$ 인 경우의 모든 $m < j_1 + j_2$ 값에 대한 클렙시-고난 계수들을 구한다.

**2)** 다음으로 $|j = j_1 + j_2 - 1, m = j_1 + j_2 - 1\rangle$ 상태는 단계 1)에서 $J_- = J_{1-} + J_{2-}$를 한번 작용시켜 클렙시-고단 계수들을 구한 $|j = j_{max}, m = j_{max} - 1\rangle$ 상태와 직교하므로 이 조건과 규격화 조건의 두 식으로부터 클렙시-고단의 두 미지계수들 unknown coefficients 을 구한다.

**3)** 이 $j = j_{max} - 1$ 인 경우에도 $m < j_{max} - 1$ 인 경우의 모든 클렙시-고단 계수들을 단계 1)에서와 동일한 방법으로 $J_- = J_{1-} + J_{2-}$를 작용시켜 구한다.

**4)** 다음 단계로 $j = j_{max} - 2$ 인 경우에도 $m$ 값이 가장 큰 $m = j_{max} - 2$ 인 상태가 단계 1)과 3)에서 각각 구한 $|j = j_{max}, m = j_{max} - 2\rangle$ 와 $|j = j_{max} - 1, m = j_{max} - 2\rangle$ 에 모두 직교하는데서 나오는 두 직교 조건들, 그리고 $|j = j_{max} - 2, m = j_{max} - 2\rangle$ 자신의 규격화 조건, 이렇게 세 조건식으로부터 이 경우에 나타나는 세 개의 클렙시-고단 미지계수들을 구한다.

**5)** $j = j_{max} - 2$ 인 경우에도 단계 3)에서와 마찬가지로 $m < j_{max} - 2$ 인 경우의 모든 클렙시-고단 계수들을 $J_- = J_{1-} + J_{2-}$를 작용시켜서 구한다.

**6)** 다음 단계로 $j = j_{max} - 3$ 인 경우의 클렙시-고단 계수들도 단계 4)와 5)에서의 방법을 반복하여 모두 구할 수 있다. 이러한 과정을 $j = |j_1 - j_2|$ 인 경우까지 반복하여 수행함으로써 우리는 모든 클렙시-고단 계수들을 구할 수 있다.

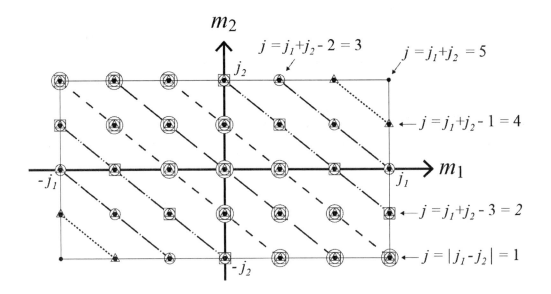

그림 8.5: $j_1 = 3,\ j_2 = 2$ 인 경우의 전체 $j$ 값과 $m$ 값 사이의 관계

참고로 위의 홀수 단계에서 내림 연산자를 작용시킬 때, $J_-$와 $J_{1-} + J_{2-}$를 각각 전체표현과 개별표현에 작용시켰음을 유의하자. 예컨대 단계 1)에서 $j = j_{max}$ 인 경우 아래와 같이 전체표현을 클렙시-고단 계수들을 써서 개별표현으로 나타낸 후 각각 작용시키면 된다.

$$|j_1 j_2; j_{max}, m> = \sum_{m_1, m_2 (m_1 + m_2 = m)} |j_1 j_2; m_1 m_2 >< j_1 j_2; m_1 m_2 |j_1 j_2; j_{max}, m>$$

(8.210)

위에서 $j_{max} = j_1 + j_2$ 이고 $|m| \leq j_{max}$ 이다.

위의 짝수 단계(2,4단계)에서 직교 조건들에 규격화 조건을 합한 전체 조건식의 개수는 항상 그 단계에서의 클렙시-고단 미지계수들의 개수와 일치한다.

예컨대 단계 2)에서 직교 조건식과 규격화 조건식은 각각 아래와 같다.

$$\langle j = j_1 + j_2 - 1, m = j_1 + j_2 - 1 \mid j = j_1 + j_2, m = j_1 + j_2 - 1 \rangle = 0 \ (8.211)$$
$$\langle j = j_1 + j_2 - 1, m = j_1 + j_2 - 1 \mid j = j_1 + j_2 - 1, m = j_1 + j_2 - 1 \rangle = 1$$

297

이 경우 클렙시-고단 계수는 $\langle m_1 = j_1, m_2 = j_2 - 1 \mid j = j_1 + j_2 - 1, m = j_1 + j_2 - 1 \rangle$ 와 $\langle m_1 = j_1 - 1, m_2 = j_2 \mid j = j_1 + j_2 - 1, m = j_1 + j_2 - 1 \rangle$ 의 2개이므로, 우리는 직교 조건식과 규격화 조건식의 두 조건식으로부터 두 개의 클렙시-고단 미지계수들을 구할 수 있다. 이처럼 직교 조건들과 규격화 조건에 의한 조건식의 전체 개수와 클렙시-고단 미지계수들의 개수는 항상 같다. 다만 직교 조건들에 의해 계수들 사이의 상대적 부호는 정해지지 않으므로, 식 (8.201)의 관습에 따라 부호를 정하면 된다.

이러한 미지계수의 개수와 조건식의 개수가 같음은 $j_1 = 3, j_2 = 2$ 인 경우에 전체 $j$ 값과 $m$ 값에 대한 관계를 그린 그림 8.5에서도 확인할 수 있다. 이 경우 전체 각운동량 $j$ 는 $j = 3 + 2 = 5$ 와 $j = |3 - 2| = 1$ 사이의 값만 갖는다. 그림 8.5에서 ● 는 $j = j_1 + j_2 = 5 = j_{max}$ 에 속한 경우를, △ 는 $j = 4$ 에, 작은 ○ 는 $j = 3$ 에, □ 는 $j = 2$ 에, 큰 ○ 는 $j = 1 = j_{min}$ 에 속한 경우를 각각 나타낸다.

각 기호에 해당하는 $j$ 가 시작되는 줄에서 전체 각운동량의 $m = m_1 + m_2$ 값은 각각 $m = 5, 4, 3, 2, 1$ 로, 이는 각 기호에 해당하는 $j$ 값과 같다. 예컨대 $j = 3$ (작은 ○) 이 시작되는 $m = 3$ (줄 표시: $- \cdot -$)의 경우, 클렙시-고단 계수의 개수는 3이다. 이 경우 직교 조건식은 $j = 5$ 와 $j = 3$ 사이, 그리고 $j = 4$ 와 $j = 3$ 사이의 두 개이며, 상태 $|j = 3, m = 3\rangle$ 자신에 대한 규격화 조건식이 추가되어 모두 3 개의 조건식이 존재하게 된다. 따라서 3개의 조건식으로부터 클렙시-고단 미지계수 3개를 모두 구할 수 있다. 다른 경우도 클렙시-고단 미지계수들의 개수와 조건식의 개수가 일치함을 곧 확인할 수 있다.

### 8.5.1 $j_1 = j_2 = 1$ 인 경우의 클렙시-고단 계수들의 계산 예

여기서 $j_1, j_2$ 는 모두 1 로 같으므로 지금부터 우리는 $j_1, j_2$ 를 생략하고, 전체 각운동량과 개별 각운동량 표기를 각각 $|j_1, j_2; jm\rangle \equiv |jm\rangle$ 과 $|j_1, j_2; m_1 m_2\rangle \equiv |m_1 m_2\rangle$ 로 간소화하여 표현하겠다.

$j_1 = j_2 = 1$ 인 경우 $j_{max} = 2, j_{min} = 0$ 이다. 따라서 앞에 나온 1) 단계로 $|j = 2, m = 2\rangle$ 에 $J_-$ 를 적용하고 $|j = 2, m = 2\rangle = |m_1 = 1, m_2 = 1\rangle$ 의 관계를 적

용한다. 그리고 스핀의 경우에 기술한 관계식 (8.106)에서 스핀을 표기하는 $S$와 $s$를 일반적인 경우의 $J$와 $j$로 바꿔 쓴 $J_\pm\,|j,m\rangle = \hbar\sqrt{j(j+1)-m(m\pm 1)}\,|j,m\pm 1\rangle$의 관계를 적용하면 다음의 결과를 얻는다.

$$J_-|\,j=2, m=2> \;=\; (J_{1-}+J_{2-})\,|\,m_1=1, m_2=1> \tag{8.212}$$
$$=\; \sqrt{2}\hbar\,|\,m_1=0, m_2=1> + \sqrt{2}\hbar\,|\,m_1=1, m_2=0>$$

그런데 $J_-|\,j=2, m=2> = 2\hbar\,|\,j=2, m=1>$ 이므로, 다음 관계가 성립한다.

$$|\,j=2, m=1> \;=\; \frac{1}{\sqrt{2}}\,|\,m_1=0, m_2=1> + \frac{1}{\sqrt{2}}\,|\,m_1=1, m_2=0> \tag{8.213}$$

이제 $|\,j=2, m=1>$ 에 다시 $J_-$ 를 적용하면 다음과 같다.

$$J_-|\,j=2, m=1> \;=\; \frac{1}{\sqrt{2}}\left\{ \sqrt{2}\hbar\,|\,m_1=-1, m_2=1> + \sqrt{2}\hbar\,|\,m_1=0, m_2=0> \right.$$
$$\left. + \sqrt{2}\hbar\,|\,m_1=0, m_2=0> + \sqrt{2}\hbar\,|\,m_1=1, m_2=-1> \right\} \tag{8.214}$$

그리고 $J_-|\,j=2, m=1> = \sqrt{6}\hbar\,|\,j=2, m=0>$ 이므로 다음 관계를 얻는다.

$$|\,j=2, m=0> \;=\; \frac{1}{\sqrt{6}}\,|\,m_1=-1, m_2=1> \tag{8.215}$$
$$+ \sqrt{\frac{2}{3}}\,|\,m_1=0, m_2=0> + \sqrt{\frac{1}{6}}\,|\,m_1=1, m_2=-1>$$

마찬가지로 $J_-$ 를 $|\,j=2, m=0>$ 에 적용하면 다음과 같이 된다.

$$\sqrt{6}\hbar\,|\,j=2, m=-1> \;=\; \frac{\hbar}{\sqrt{3}}\left\{ 2\,|\,m_1=-1, m_2=0> + |\,m_1=0, m_2=-1> \right.$$
$$\left. + |\,m_1=-1, m_2=0> + 2\,|\,m_1=0, m_2=-1> \right\} \tag{8.216}$$

즉, 다음 관계식을 얻는다.

$$|\,j=2, m=-1> \;=\; \frac{1}{\sqrt{2}}\left\{ |\,m_1=-1, m_2=0> + |\,m_1=0, m_2=-1> \right\} \tag{8.217}$$

끝으로 $J_-$ 를 $|\,j=2, m=-1>$ 에 적용하면, $m=m_1+m_2$ 의 관계로부터 예상했던 바와 일치하는 다음 관계를 얻는다.

$$|\,j=2, m=-2> \;=\; |\,m_1=-1, m_2=-1> \tag{8.218}$$

이제 단계 2)에 따라 직교 조건식을 적용하여 보자. 먼저 $j = 1$ 인 경우에 가장 큰 $m$ 값을 갖는 $|j = 1, m = 1 >$ 인 상태는 $|m_1 = 1, m_2 = 0 >$ 과 $|m_1 = 0, m_2 = 1 >$ 의 두 상태만 가능하다. 따라서 이 두 상태의 선형결합으로 아래와 같이 표현하겠다.

$$|j = 1, m = 1 > = a\,|m_1 = 1, m_2 = 0 > + \, b\,|m_1 = 0, m_2 = 1 > \qquad (8.219)$$

계수 $a$, $b$ 들을 결정하기 위해서, 우리는 먼저 다음의 규격화 조건을 적용하겠다.

$$< j = 1, m = 1\,|\,j = 1, m = 1 > = 1 \qquad (8.220)$$

이는 다음의 조건식을 준다.

$$|a|^2 + |b|^2 = 1 \qquad (8.221)$$

이제 같은 $m = 1$ 값을 갖지만, 서로 다른 $j$ 값을 갖는 두 상태의 직교 조건을 적용하면,

$$< j = 2, m = 1\,|\,j = 1, m = 1 > = 0, \qquad (8.222)$$

식 (8.213)과 식 (8.219)로부터 다음 조건식을 얻는다.

$$\frac{a}{\sqrt{2}} + \frac{b}{\sqrt{2}} = 0 \qquad (8.223)$$

우리는 이 두 조건식으로부터 클렙시-고단 계수 $a, b$ 를 구할 수 있다. 하지만, 앞서 언급하였다시피 이 두 계수의 상대적 부호는 여전히 정할 수 없다. 이와 같은 상대적 부호의 결정은 앞에서 언급한 바와 같이 아래에 다시 쓴 식 (8.201)의 관례에 따른다.

$$< m_1 = j_1, m_2 = j - j_1\,|\,j = j, m = j > \, \geq 0$$

여기서는 계수 $a = \langle m_1 = 1, m_2 = 0\,|\,j = 1, m = 1 \rangle$ 가 위의 관례에서 정한 클렙시-고단 계수에 해당한다. 따라서 $a \geq 0$ 이 되어야 한다. 그러므로 이 경우의 클렙시-고단 계수는 다음과 같이 정해진다.

$$a = -b = \frac{1}{\sqrt{2}} \qquad (8.224)$$

즉, $|j = 1, m = 1 >$ 은 최종적으로 다음과 같이 쓸 수 있다.

$$|j = 1, m = 1 > = \frac{1}{\sqrt{2}} \left\{ |m_1 = 1, m_2 = 0 > - |m_1 = 0, m_2 = 1 > \right\} \qquad (8.225)$$

이제 단계 3)에서는 $j = 2$ 일 때 $J_-$를 작용시켜 했던 과정들을 $j = 1$ 인 경우에 다시 반복하면 된다. 먼저 $|j = 1, m = 1 >$ 에 $J_-$ 를 작용시키면 다음과 같이 된다.

$$\sqrt{2}\hbar |j = 1, m = 0 > = \hbar \left\{ |m_1 = 1, m_2 = -1 > - |m_1 = -1, m_2 = 1 > \right\} \quad (8.226)$$

즉, 다음 관계식을 얻는다.

$$|j = 1, m = 0 > = \frac{1}{\sqrt{2}} \left\{ |m_1 = 1, m_2 = -1 > - |m_1 = -1, m_2 = 1 > \right\} \quad (8.227)$$

다시 동일한 과정을 $|j = 1, m = 0 >$ 에 반복하면, 다음 관계식을 얻는다.

$$|j = 1, m = -1 > = \frac{1}{\sqrt{2}} \left\{ |m_1 = 0, m_2 = -1 > - |m_1 = -1, m_2 = 0 > \right\} \quad (8.228)$$

마지막으로 $j = 0$ 인 경우는 단계 4)를 따라서 위에서 한 단계 2)와 단계 3)의 작업을 반복 수행하면 된다. 먼저 여기서 구하고자 하는 상태 $|j = 0, m = 0 >$ 은 $|m_1 = 1, m_2 = -1 >$ 과 $|m_1 = 0, m_2 = 0 >$, 그리고 $|m_1 = -1, m_2 = 1 >$ 인 세 상태의 선형결합으로 다음과 같이 표현할 수 있다.

$$|j = 0, m = 0\rangle \quad (8.229)$$
$$= c\,|m_1 = 1, m_2 = -1\rangle + d\,|m_1 = 0, m_2 = 0\rangle + f\,|m_1 = -1, m_2 = 1\rangle$$

이제 $j = 1$ 인 경우에서와 마찬가지로 먼저 규격화 조건을 적용하면 다음과 같다.

$$< j = 0, m = 0 \,|\, j = 0, m = 0 > = 1$$

우리는 이로부터 다음의 조건식을 얻는다.

$$|c|^2 + |d|^2 + |f|^2 = 1 \quad (8.230)$$

다음으로 $j = 2$ 와 $j = 0$ 사이의 직교 조건을 아래와 같이 적용하고,

$$< j = 2, m = 0 \,|\, j = 0, m = 0 > = 0,$$

식 (8.215)를 적용하면 다음의 조건식을 얻는다.

$$\frac{c}{\sqrt{6}} + \sqrt{\frac{2}{3}}d + \frac{f}{\sqrt{6}} = 0 \tag{8.231}$$

다시 아래의 $j = 1$ 과 $j = 0$ 사이의 직교 조건을 적용하고,

$$< j = 1, m = 0 \,|\, j = 0, m = 0 > = 0,$$

식 (8.227)을 적용하면 다음의 조건식을 얻는다.

$$\frac{c}{\sqrt{2}} - \frac{f}{\sqrt{2}} = 0 \tag{8.232}$$

여기서 $c, d, f$ 는 클렙시-고단 계수들로 $c = \langle m_1 = 1, m_2 = -1 \,|\, j = 0, m = 0 \rangle$, $d = \langle m_1 = 0, m_2 = 0 \,|\, j = 0, m = 0 \rangle$, 그리고 $f = \langle m_1 = -1, m_2 = 1 \,|\, j = 0, m = 0 \rangle$ 이다. 이는 계수 $c$ 가 식 (8.201)의 관례에 따른 양의 값을 갖는 클렙시-고단 계수 $< m_1, m_2 \,|\, j, m > = < j_1, j - j_1 \,|\, j, j >$ 임을 보여준다. 따라서 위에서 얻은 세 개의 조건식 (8.230)-(8.232)에서 클렙시-고단 계수들 $c, d, f$ 는 다음과 같이 주어진다.

$$c = f = \frac{1}{\sqrt{3}}, \;\; d = -\frac{1}{\sqrt{3}} \tag{8.233}$$

그러므로 우리가 구하는 상태 $|j = 0, m = 0 >$ 은 최종적으로 다음과 같이 쓸 수 있다.

$$|j = 0, m = 0 > = \frac{1}{\sqrt{3}} \left\{ \,|m_1 = 1, m_2 = -1 > \, - |m_1 = 0, m_2 = 0 > \right.$$
$$\left. + |m_1 = -1, m_2 = 1 > \right\} \tag{8.234}$$

### 8.5.2 $j_2 = \frac{1}{2}$ 인 경우의 클렙시-고단 계수들의 계산 예

이제 두 개의 각운동량 중 하나가 $\frac{1}{2}$ 인 경우를 구해보도록 하자. 편의상 $j_1 > \frac{1}{2}$ 이라고 하면, 가능한 전체 각운동량은 $j = j_1 + \frac{1}{2}$ 과 $j = j_1 - \frac{1}{2}$ 의 두 가지가 있다.

$j = j_1 + \frac{1}{2}$ 의 경우, 우리가 $m = \pm j$ 인 상태의 클렙시-고단 계수들을 알 수 있으므로 올림 연산자나 내림 연산자를 사용하여 임의의 $m$ 값을 가진 상태를 모두 구할 수 있다. 예컨대 $m = j$ 인 경우 다음 관계가 성립한다.

$$\left| j = j_1 + \frac{1}{2}, m = j_1 + \frac{1}{2} \right\rangle = \left| m_1 = j_1, m_2 = \frac{1}{2} \right\rangle \tag{8.235}$$

위 식의 양변에 $J_-$ 를 차례로 작용시켜 우리는 원하는 모든 $m$ 값의 상태를 알 수 있다.

그러나 $j = j_1 - \frac{1}{2}$ 의 경우는 앞 절에서 보았듯이 $m$ 값이 가장 높은 $m = j = j_1 - \frac{1}{2}$ 에 해당하는 상태의 클렙시-고단 계수를 바로 알 수 없다. 그러므로 $m$ 값이 가장 높은 상태 $|j, m> = |j_1 - \frac{1}{2}, j_1 - \frac{1}{2}>$ 를 위에서 구한 $|j, m> = |j_1 + \frac{1}{2}, j_1 - \frac{1}{2}>$ 과의 직교조건을 써서 구한 후에, 앞 절에서와 마찬가지로 $J_-$ 를 차례로 작용시켜 다른 모든 $m$ 값에 대해서도 구할 수 있다.[11]

그럼 이제 위에서 언급한 단계들을 차례로 따라가 보자. 첫 단계로 $j = j_1 + \frac{1}{2}$ 인 경우의 나머지 상태들을 $J_-$ 를 작용시켜 차례로 구하자. 맨 먼저 $m = j_1 - \frac{1}{2}$ 인 고유상태를 구하기 위해 식 (8.235)의 양변에 $J_-$ 를 작용시켜 보자.

$$J_- \left| j = j_1 + \frac{1}{2}, m = j_1 + \frac{1}{2} \right\rangle = (J_{1-} + J_{2-}) \left| m_1 = j_1, m_2 = \frac{1}{2} \right\rangle \quad (8.236)$$

여기서 올림과 내림 연산자에 대한 다음의 관계식을 사용하면,[12]

$$J_\pm \mid j, m> = \sqrt{(j \mp m)(j \pm m + 1)} \; \hbar \mid j, m \pm 1 >, \quad (8.237)$$

식 (8.236)의 좌변은 $\sqrt{2j_1 + 1} \; \hbar \mid j = j_1 + \frac{1}{2}, m = j_1 - \frac{1}{2} >$ 이 되고, 우변은 다음과 같이 된다.

$$\sqrt{2j_1} \; \hbar \left| m_1 = j_1 - 1, m_2 = \frac{1}{2} \right\rangle + \hbar \left| m_1 = j_1, m_2 = -\frac{1}{2} \right\rangle$$

이로부터 상태 $|j, m> = \left| j_1 + \frac{1}{2}, j_1 - \frac{1}{2} \right\rangle$ 에 대한 다음의 개별표현을 얻는다.

$$\left| j = j_1 + \frac{1}{2}, m = j_1 - \frac{1}{2} \right\rangle = \sqrt{\frac{2j_1}{2j_1 + 1}} \left| m_1 = j_1 - 1, m_2 = \frac{1}{2} \right\rangle$$
$$+ \sqrt{\frac{1}{2j_1 + 1}} \left| m_1 = j_1, m_2 = -\frac{1}{2} \right\rangle \quad (8.238)$$

---

[11]이 경우는 가능한 $j$ 값이 딱 두 가지밖에 없는 특별한 경우이므로, 이와 같은 일반적인 방법에 의하지 않고도 개별 각운동량 상태들이 서로 독립이라는 점과 규격화 조건으로부터 클렙시-고단 계수들을 구할 수 있다(문제 8.13).

[12]앞에서 우리는 $J_\pm \mid j, m> = \sqrt{j(j+1) - m(m \pm 1)} \; \hbar \mid j, m \pm 1 >$ 의 관계를 사용하였지만, 여기서는 다음의 관계를 적용하였다: $j(j+1) - m(m \pm 1) = (j \mp m)(j \pm m + 1)$ .

여기서 $J_-$ 를 계속 적용하여 앞 절 단계 1)의 나머지 상태들을 구하기에 앞서, 단계 2)의 $j = j_{max} - 1$ 인 상태 중 $m$ 값이 가장 큰 상태 $|j, m> = |j_1 - \frac{1}{2}, j_1 - \frac{1}{2}>$ 을 위에서 구한 식 (8.238)의 상태 $|j, m> = |j_1 + \frac{1}{2}, j_1 - \frac{1}{2}\rangle$ 과 직교한다는 조건과 규격화 조건으로부터 앞 절에서와 동일한 방식으로 미리 구하면 그 결과는 다음과 같다.

$$\left| j = j_1 - \frac{1}{2}, m = j_1 - \frac{1}{2} \right\rangle = -\sqrt{\frac{1}{2j_1 + 1}} \left| m_1 = j_1 - 1, m_2 = \frac{1}{2} \right\rangle$$
$$+ \sqrt{\frac{2j_1}{2j_1 + 1}} \left| m_1 = j_1, m_2 = -\frac{1}{2} \right\rangle \quad (8.239)$$

위에서 우리는 식 (8.201)로 주어진 관례($< m_1 = j_1, m_2 = j - j_1 | j, m = j > \geq 0$) 에 따라 $< m_1, m_2 | j, m > = < j_1, -\frac{1}{2} | j_1 - \frac{1}{2}, j_1 - \frac{1}{2} >$ 의 값이 양수가 되도록 정했다.

이제 다시 $j = j_1 + \frac{1}{2}$ 인 경우로 돌아가, 일반적인 $m < j - \frac{1}{2}$ 인 경우의 클렙시-고단 계수들을 구해 보자. 일단 이 경우 우리는 전체상태 표현을 다음과 같은 개별상태 표현들로 쓸 수 있다.

$$\left| j = j_1 + \frac{1}{2}, m \right\rangle = \alpha \left| m - \frac{1}{2}, \frac{1}{2} \right\rangle + \beta \left| m + \frac{1}{2}, -\frac{1}{2} \right\rangle \quad (8.240)$$

위 식에서 우변의 상태들은 $|m_1, m_2 >$ 방식의 개별상태 표현으로 쓴 것이며, $\alpha$ 와 $\beta$ 는 각각 다음의 클렙시-고단 계수들이다.

$$\alpha = \left\langle m - \frac{1}{2}, \frac{1}{2} \middle| j_1 + \frac{1}{2}, m \right\rangle, \quad \beta = \left\langle m + \frac{1}{2}, -\frac{1}{2} \middle| j_1 + \frac{1}{2}, m \right\rangle \quad (8.241)$$

이제 식 (8.240)의 양변에 $J_-$ 를 작용시키면, 좌변은 다음과 같이 되고,

$$J_- \left| j = j_1 + \frac{1}{2}, m \right\rangle = \sqrt{\left(j_1 + m + \frac{1}{2}\right)\left(j_1 - m + \frac{3}{2}\right)} \, \hbar \, |j_1 + \frac{1}{2}, m - 1 >, \quad (8.242)$$

우변은 다음과 같이 된다.

$$(J_{1-} + J_{2-}) \left\{ \alpha \left| m - \frac{1}{2}, \frac{1}{2} \right\rangle + \beta \left| m + \frac{1}{2}, -\frac{1}{2} \right\rangle \right\}$$
$$= \alpha \sqrt{\left(j_1 + m - \frac{1}{2}\right)\left(j_1 - m + \frac{3}{2}\right)} \, \hbar \left| m - \frac{3}{2}, \frac{1}{2} \right\rangle + \alpha \, \hbar \left| m - \frac{1}{2}, -\frac{1}{2} \right\rangle$$
$$+ \beta \sqrt{\left(j_1 + m + \frac{1}{2}\right)\left(j_1 - m + \frac{1}{2}\right)} \, \hbar \left| m - \frac{1}{2}, -\frac{1}{2} \right\rangle \quad (8.243)$$

위의 두 식에서 클렙시-고단 계수 $< m - \frac{3}{2}, \frac{1}{2} \,|\, j_1 + \frac{1}{2}, m-1 >$ 은 다음과 같이 주어진다.

$$\left\langle m - \frac{3}{2}, \frac{1}{2} \,\middle|\, j_1 + \frac{1}{2}, m-1 \right\rangle = \sqrt{\frac{j_1 + m - \frac{1}{2}}{j_1 + m + \frac{1}{2}}} \, \alpha \tag{8.244}$$

위 식에 $\alpha = \left\langle m - \frac{1}{2}, \frac{1}{2} \,\middle|\, j_1 + \frac{1}{2}, m \right\rangle$ 의 관계를 적용하고, $m$ 대신에 $m+1$ 을 대입하면, 우리는 클렙시-고단 계수들 사이의 다음 회귀 관계식을 얻는다.

$$\left\langle m - \frac{1}{2}, \frac{1}{2} \,\middle|\, j_1 + \frac{1}{2}, m \right\rangle = \sqrt{\frac{j_1 + m + \frac{1}{2}}{j_1 + m + \frac{3}{2}}} \left\langle m + \frac{1}{2}, \frac{1}{2} \,\middle|\, j_1 + \frac{1}{2}, m+1 \right\rangle \tag{8.245}$$

이 회귀 관계식을 반복적으로 적용하면, 우리는 최종적으로 다음 관계식을 얻게 된다.

$$\begin{aligned} \left\langle m - \frac{1}{2}, \frac{1}{2} \,\middle|\, j_1 + \frac{1}{2}, m \right\rangle &= \sqrt{\frac{j_1 + m + \frac{1}{2}}{j_1 + m + \frac{5}{2}}} \left\langle m + \frac{3}{2}, \frac{1}{2} \,\middle|\, j_1 + \frac{1}{2}, m+2 \right\rangle \\ &\vdots \\ &= \sqrt{\frac{j_1 + m + \frac{1}{2}}{2j_1 + 1}} \left\langle j_1, \frac{1}{2} \,\middle|\, j_1 + \frac{1}{2}, j_1 + \frac{1}{2} \right\rangle \end{aligned} \tag{8.246}$$

그런데 식 (8.235)에서 $< j_1, \frac{1}{2} \,|\, j_1 + \frac{1}{2}, j_1 + \frac{1}{2} > = 1$ 이므로 클렙시-고단 계수 $\alpha$ 는 다음과 같아진다.

$$\alpha = \left\langle m - \frac{1}{2}, \frac{1}{2} \,\middle|\, j_1 + \frac{1}{2}, m \right\rangle = \sqrt{\frac{j_1 + m + \frac{1}{2}}{2j_1 + 1}} \tag{8.247}$$

한편, 식 (8.240)에서 $|\alpha|^2 + |\beta|^2 = 1$ 이므로, 클렙시-고단 계수 $\beta$ 는 다음과 같이 주어진다.

$$\left\langle m + \frac{1}{2}, -\frac{1}{2} \,\middle|\, j_1 + \frac{1}{2}, m \right\rangle = \beta = \sqrt{1 - \alpha^2} = \sqrt{\frac{j_1 - m + \frac{1}{2}}{2j_1 + 1}} \tag{8.248}$$

이로부터 일반적인 $m$ 값에 대해 우리는 다음의 개별상태 표현식을 얻는다.

$$\left| j = j_1 + \frac{1}{2}, m \right\rangle = \sqrt{\frac{j_1 + m + \frac{1}{2}}{2j_1 + 1}} \left| m - \frac{1}{2}, \frac{1}{2} \right\rangle + \sqrt{\frac{j_1 - m + \frac{1}{2}}{2j_1 + 1}} \left| m + \frac{1}{2}, -\frac{1}{2} \right\rangle \tag{8.249}$$

다음으로 $j = j_1 - \frac{1}{2}$ 의 경우, 우리는 일반적인 $m$ 값에 대해 전체상태를 다음과 같이 개별상태들로 쓸 수 있다.

$$\left| j = j_1 - \frac{1}{2}, m \right\rangle = \gamma \left| m - \frac{1}{2}, \frac{1}{2} \right\rangle + \delta \left| m + \frac{1}{2}, -\frac{1}{2} \right\rangle \tag{8.250}$$

위에서 우변의 상태들은 $|m_1, m_2 >$ 의 방식으로 표현된 것이며, $\gamma$ 와 $\delta$ 는 각각 다음의 클렙시-고단 계수들을 나타낸다.

$$\gamma = \left\langle m - \frac{1}{2}, \frac{1}{2} \middle| j_1 - \frac{1}{2}, m \right\rangle, \quad \delta = \left\langle m + \frac{1}{2}, -\frac{1}{2} \middle| j_1 - \frac{1}{2}, m \right\rangle \tag{8.251}$$

이제 식 (8.250)의 양변에 $J_-$ 를 작용시키면, 좌변은 다음과 같이 되고,

$$J_- \left| j = j_1 - \frac{1}{2}, m \right\rangle = \sqrt{\left(j_1 + m - \frac{1}{2}\right)\left(j_1 - m + \frac{1}{2}\right)} \; \hbar \left| j_1 - \frac{1}{2}, m - 1 >, \right. \tag{8.252}$$

우변은 다음과 같이 된다.

$$(J_{1-} + J_{2-}) \left\{ \gamma \left| m - \frac{1}{2}, \frac{1}{2} \right\rangle + \delta \left| m + \frac{1}{2}, -\frac{1}{2} \right\rangle \right\}$$
$$= \gamma \sqrt{\left(j_1 + m - \frac{1}{2}\right)\left(j_1 - m + \frac{3}{2}\right)} \; \hbar \left| m - \frac{3}{2}, \frac{1}{2} \right\rangle + \gamma \hbar \left| m - \frac{1}{2}, -\frac{1}{2} \right\rangle$$
$$+ \delta \sqrt{\left(j_1 + m + \frac{1}{2}\right)\left(j_1 - m + \frac{1}{2}\right)} \; \hbar \left| m - \frac{1}{2}, -\frac{1}{2} \right\rangle \tag{8.253}$$

위의 두 식에서 클렙시-고단 계수 $\left\langle m - \frac{3}{2}, \frac{1}{2} \middle| j_1 - \frac{1}{2}, m - 1 \right\rangle$ 은 다음과 같이 주어진다.

$$\left\langle m - \frac{3}{2}, \frac{1}{2} \middle| j_1 - \frac{1}{2}, m - 1 \right\rangle = \sqrt{\frac{j_1 - m + \frac{3}{2}}{j_1 - m + \frac{1}{2}}} \; \gamma \tag{8.254}$$

위 식에 $\gamma = \left\langle m - \frac{1}{2}, \frac{1}{2} \middle| j_1 - \frac{1}{2}, m \right\rangle$ 을 적용하고, $m$ 대신에 $m+1$ 을 대입하면, 우리는 클렙시-고단 계수들 사이의 다음 회귀 관계식을 얻는다.

$$\left\langle m - \frac{1}{2}, \frac{1}{2} \middle| j_1 - \frac{1}{2}, m \right\rangle = \sqrt{\frac{j_1 - m + \frac{1}{2}}{j_1 - m - \frac{1}{2}}} \left\langle m + \frac{1}{2}, \frac{1}{2} \middle| j_1 - \frac{1}{2}, m + 1 \right\rangle \tag{8.255}$$

이 회귀 관계식을 반복적으로 적용하면, 우리는 최종적으로 다음 관계식을 얻게 된다.

$$\left\langle m - \frac{1}{2}, \frac{1}{2} \middle| j_1 - \frac{1}{2}, m \right\rangle = \sqrt{\frac{j_1 - m + \frac{1}{2}}{j_1 - m - \frac{3}{2}}} \left\langle m + \frac{3}{2}, \frac{1}{2} \middle| j_1 - \frac{1}{2}, m + 2 \right\rangle$$

$$\vdots$$

$$= \sqrt{\frac{j_1 - m + \frac{1}{2}}{1}} \left\langle j_1 - 1, \frac{1}{2} \middle| j_1 - \frac{1}{2}, j_1 - \frac{1}{2} \right\rangle \tag{8.256}$$

한편, 식 (8.239)에서 $< j_1 - 1, \frac{1}{2} \mid j_1 - \frac{1}{2}, j_1 - \frac{1}{2} > = -\sqrt{\frac{1}{2j_1 + 1}}$ 이므로, 클렙시-고단 계수 $\gamma$ 는 다음과 같아진다.

$$\gamma = \left\langle m - \frac{1}{2}, \frac{1}{2} \middle| j_1 - \frac{1}{2}, m \right\rangle = -\sqrt{\frac{j_1 - m + \frac{1}{2}}{2j_1 + 1}} \tag{8.257}$$

마지막으로 식 (8.250)에서 $|\gamma|^2 + |\delta|^2 = 1$ 이므로, 클렙시-고단 계수 $\delta$ 는 다음과 같이 주어진다.

$$\left\langle m + \frac{1}{2}, -\frac{1}{2} \middle| j_1 - \frac{1}{2}, m \right\rangle = \delta = \sqrt{1 - \gamma^2} = \sqrt{\frac{j_1 + m + \frac{1}{2}}{2j_1 + 1}} \tag{8.258}$$

이로부터 우리는 $j = j_1 - \frac{1}{2}$ 의 경우, 일반적인 $m$ 값을 갖는 전체상태를 다음과 같이 개별상태들로 표현할 수 있다.

$$\left| j = j_1 - \frac{1}{2}, m \right\rangle = -\sqrt{\frac{j_1 - m + \frac{1}{2}}{2j_1 + 1}} \left| m - \frac{1}{2}, \frac{1}{2} \right\rangle + \sqrt{\frac{j_1 + m + \frac{1}{2}}{2j_1 + 1}} \left| m + \frac{1}{2}, -\frac{1}{2} \right\rangle \tag{8.259}$$

이제 이 결과를 우리가 자주 접하는 궤도 각운동량과 스핀 각운동량을 더하는 경우에 적용하여 보자. 통상적인 표현으로 궤도 각운동량 상태는 $|l, m> = Y_l^m$, 스핀 각운동량 상태는 $|s = \frac{1}{2}, m_s = \frac{1}{2}\rangle = \chi_+$ 와 $|s = \frac{1}{2}, m_s = -\frac{1}{2}\rangle = \chi_-$ 로 쓰면, 전체 각운동량 상태 $|j, m_j\rangle$와 개별상태들 사이의 관계식 (8.249)와 (8.259)는 각각 다음과 같이 쓸 수 있다.

$$\left| j = l + \frac{1}{2}, m_j = m + \frac{1}{2} \right\rangle = \sqrt{\frac{l + m + 1}{2l + 1}} Y_l^m \chi_+ + \sqrt{\frac{l - m}{2l + 1}} Y_l^{m+1} \chi_- \tag{8.260}$$

$$\left| j = l - \frac{1}{2}, m_j = m + \frac{1}{2} \right\rangle = -\sqrt{\frac{l - m}{2l + 1}} Y_l^m \chi_+ + \sqrt{\frac{l + m + 1}{2l + 1}} Y_l^{m+1} \chi_- \tag{8.261}$$

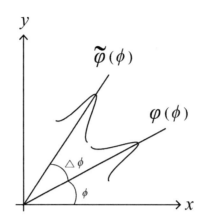

그림 8.6: 계를 $z$ 축에 대하여 $\Delta\phi$ 만큼 회전하였을 때 상태함수의 변화

# 제 8.6 절  회전 생성원으로서 각운동량 연산자 Angular Momentum Operator as Rotation Generator

4장에서 우리는 운동량 연산자는 평행이동의 생성원으로, 해밀토니안 연산자는 시간변화의 생성원으로 역할하는 것을 보았다. 여기에서는 각운동량 연산자의 역할에 대해서 알아보도록 하겠다. 이를 위해서 그림 8.6에서처럼 계를 $z$ 축에 대하여 $\Delta\phi$ 만큼 무한소 회전 infinitesimal rotation 하였을 때 상태함수의 변화에 대하여 생각하여 보자.

여기서 원래 상태함수를 $\varphi(\phi)$ 라 하고, 계를 $z$ 축에 대하여 $\Delta\phi$ 만큼 회전한 후의 상태함수를 $\tilde{\varphi}(\phi)$ 로 표시하면 우리는 다음 관계가 성립함을 알 수 있다.

$$\tilde{\varphi}(\phi) = \varphi(\phi - \Delta\phi) \tag{8.262}$$

그런데 $\varphi(\phi - \Delta\phi)$ 를 테일러 전개하면 다음과 같이 되므로,

$$\varphi(\phi - \Delta\phi) = \varphi(\phi) - \Delta\phi\frac{d\varphi}{d\phi} + O((\Delta\phi)^2), \tag{8.263}$$

$z$ 성분 궤도 각운동량 연산자의 좌표표현이 $L_z = \frac{\hbar}{i}\frac{d}{d\phi}$ 임을 쓰면, 회전 후의 상태는 궤도 각운동량 연산자 $L_z$ 로 다음과 같이 쓰여짐을 알 수 있다.

$$\tilde{\varphi}(\phi) = (1 - \frac{i}{\hbar}\Delta\phi\,L_z)\varphi(\phi) + O((\Delta\phi)^2) \cong e^{-\frac{i}{\hbar}\Delta\phi\,L_z}\varphi(\phi) \tag{8.264}$$

한편, 우리는 회전 후의 상태 $\tilde{\varphi}(\phi)$를 원래 상태 $\varphi(\phi)$에 회전 연산자가 작용하여 생긴 상태로 생각할 수 있다. 따라서 $z$ 축에 대하여 계를 $\Delta\phi$ 만큼 회전시키는 회전 연산자 rotation operator 를 $\mathcal{R}_z(\Delta\phi)$로 표시하면, 회전 후의 상태 $\tilde{\varphi}(\phi)$는 다음과 같이 표현할 수 있다.

$$\tilde{\varphi}(\phi) = \mathcal{R}_z(\Delta\phi)\varphi(\phi) \tag{8.265}$$

여기서 회전 연산자 $\mathcal{R}_z(\Delta\phi)$는 식 (8.264)에서 다음과 같이 주어진다.

$$\mathcal{R}_z(\Delta\phi) = e^{-\frac{i}{\hbar}\Delta\phi\, L_z} \tag{8.266}$$

이는 4장에서 우리가 봤던 $x$ 방향으로 $\Delta x$ 만큼 평행이동시키는 평행이동 연산자가 $x$ 성분 운동량 연산자 $p_x$ 로 아래와 같이 표현되었던 것과 형태가 같다.

$$\mathcal{J}(\Delta x) = e^{-\frac{i}{\hbar}\Delta x\, p_x} \tag{8.267}$$

이로부터 우리는 앞에서 $p_x$ 가 $x$ 방향의 평행이동 변환을 일으키는 생성원 translation generator 이었듯이, $z$ 성분 각운동량 연산자 $L_z$ 는 $z$ 축에 대한 회전 변환 rotation operation 을 일으키는 회전 생성원 rotation generator 임을 알 수 있다.

유한한 회전각 $\phi$ 의 경우에는 그 회전 연산자를 다음과 같이 얻을 수 있다. 먼저 $\Delta\phi = \frac{\phi}{N}$ 로 놓고 $N$ 을 무한대로 보내면 $\mathcal{R}_z(\Delta\phi)$ 는 무한소 회전 연산자에 해당하므로 이를 $N$ 번 반복하여 유한한 각도의 회전 연산자 $\mathcal{R}_z(\phi)$ 를 얻는다.

$$\mathcal{R}_z(\phi) = \lim_{N\to\infty}\left[\prod^N \mathcal{R}_z(\Delta\phi)\right] = \lim_{N\to\infty}\left[\left(1 - \frac{i}{\hbar}\frac{\phi}{N}L_z\right)\right]^N = \exp\left[-\frac{i}{\hbar}\phi L_z\right] \tag{8.268}$$

이제까지는 논의의 편의를 위하여 $z$ 축에 대한 회전을 고려하였지만, 이는 우리가 임의의 방향을 $z$ 축으로 생각하여도 무방하므로 $x$ 축이나 $y$ 축의 경우에도 동일하게 성립한다. 즉 $L_x, L_y$ 는 각각 $x$ 축, $y$ 축에 대한 회전 변환을 일으키는 생성원이 된다. 그러므로 $\hat{n}$ 벡터로 표시되는 임의의 축에 대하여 각도 $\theta$ 만큼 회전시키는 회전 연산자 $\mathcal{R}_{\hat{n}}(\theta)$ 는 다음과 같이 표시할 수 있다.

$$\mathcal{R}_{\hat{n}}(\theta) = \exp\left[-\frac{i}{\hbar}\hat{n}\cdot\vec{L}\theta\right] = \exp\left[-\frac{i}{\hbar}\theta\left(n_x L_x + n_y L_y + n_z L_z\right)\right] \tag{8.269}$$

여기서 회전축의 방향을 나타내는 단위벡터 $\hat{n}$ 은 $\hat{n} = \hat{i} n_x + \hat{j} n_y + \hat{k} n_z$ 로 주어졌다.

회전 변환의 생성원이 각운동량 연산자라고 하면, 이제 이러한 개념으로부터 각운동량 연산자들 사이의 교환관계식이 어떻게 나올 수 있는지 한번 살펴보겠다.

역학에서 배웠듯이 회전 변환은 회전 행렬로 표시된다. 우리가 $x$ 축, $y$ 축, $z$ 축을 중심으로 각각 $\phi$ 만큼 회전시킨 세 가지 독립적인 회전을 생각하면, 각 경우의 회전 행렬 rotation matrix 은 다음과 같이 주어진다.

$$
R_x = \begin{pmatrix} 1 & 0 & 0 \\ 0 & \cos\phi & -\sin\phi \\ 0 & \sin\phi & \cos\phi \end{pmatrix}, \quad R_y = \begin{pmatrix} \cos\phi & 0 & \sin\phi \\ 0 & 1 & 0 \\ -\sin\phi & 0 & \cos\phi \end{pmatrix}
$$

$$
R_z = \begin{pmatrix} \cos\phi & -\sin\phi & 0 \\ \sin\phi & \cos\phi & 0 \\ 0 & 0 & 1 \end{pmatrix} \tag{8.270}
$$

여기서 우리는 회전들의 곱은 역시 회전으로 표시될 수 있음에 주의하여 그 순서를 뒤바꿀 경우의 차이에 대해서 생각해보겠다. 먼저 $y$ 축을 중심으로 $\phi$ 만큼 회전한 후 $x$ 축을 중심으로 $\psi$ 만큼 회전하는 경우와 그 반대로 $x$ 축을 중심으로 먼저 $\psi$ 만큼 회전하고 나중에 $y$ 축을 중심으로 $\phi$ 만큼 회전하는 경우를 생각하자. 두 경우의 합성 회전 행렬은 서로 같지 않으며 각각 다음과 같이 주어진다.

$$
\begin{aligned}
R_x(\psi) R_y(\phi) &= \begin{pmatrix} 1 & 0 & 0 \\ 0 & \cos\psi & -\sin\psi \\ 0 & \sin\psi & \cos\psi \end{pmatrix} \begin{pmatrix} \cos\phi & 0 & \sin\phi \\ 0 & 1 & 0 \\ -\sin\phi & 0 & \cos\phi \end{pmatrix} \\
&= \begin{pmatrix} \cos\phi & 0 & \sin\phi \\ \sin\psi\sin\phi & \cos\psi & -\sin\psi\cos\phi \\ -\cos\psi\sin\phi & \sin\psi & \cos\psi\cos\phi \end{pmatrix}
\end{aligned} \tag{8.271}
$$

$$R_y(\phi)R_x(\psi) = \begin{pmatrix} \cos\phi & 0 & \sin\phi \\ 0 & 1 & 0 \\ -\sin\phi & 0 & \cos\phi \end{pmatrix} \begin{pmatrix} 1 & 0 & 0 \\ 0 & \cos\psi & -\sin\psi \\ 0 & \sin\psi & \cos\psi \end{pmatrix}$$

$$= \begin{pmatrix} \cos\phi & \sin\phi\sin\psi & \sin\phi\cos\psi \\ 0 & \cos\psi & -\sin\psi \\ -\sin\phi & \cos\phi\sin\psi & \cos\phi\cos\psi \end{pmatrix} \qquad (8.272)$$

이제 두 합성 회전 행렬의 차이는 다음과 같이 쓸 수 있다.

$$R_x(\psi)R_y(\phi) - R_y(\phi)R_x(\psi)$$

$$= \begin{pmatrix} \cos\phi & 0 & \sin\phi \\ \sin\psi\sin\phi & \cos\psi & -\sin\psi\cos\phi \\ -\cos\psi\sin\phi & \sin\psi & \cos\psi\cos\phi \end{pmatrix} - \begin{pmatrix} \cos\phi & \sin\phi\sin\psi & \sin\phi\cos\psi \\ 0 & \cos\psi & -\sin\psi \\ -\sin\phi & \cos\phi\sin\psi & \cos\phi\cos\psi \end{pmatrix}$$

$$= \begin{pmatrix} 0 & -\sin\phi\sin\psi & \sin\phi(1-\cos\psi) \\ \sin\psi\sin\phi & 0 & \sin\psi(1-\cos\phi) \\ \sin\phi(1-\cos\psi) & \sin\psi(1-\cos\phi) & 0 \end{pmatrix} \qquad (8.273)$$

여기서 회전각 $\phi$ 와 $\psi$ 가 모두 무한소 각 $\epsilon$ 만큼 작다고 하면, 위 식은 다시 다음과 같이 쓸 수 있다.

$$R_x(\epsilon)R_y(\epsilon) - R_y(\epsilon)R_x(\epsilon) = \begin{pmatrix} 0 & -\epsilon^2 & 0 \\ \epsilon^2 & 0 & 0 \\ 0 & 0 & 0 \end{pmatrix} + O(\epsilon^3) \qquad (8.274)$$

그런데 $z$ 축을 중심으로 무한소 각 $\epsilon^2$ 만큼 회전하였을 때의 회전 행렬은 다음과 같다.

$$R_z(\epsilon^2) = \begin{pmatrix} 1 & -\epsilon^2 & 0 \\ \epsilon^2 & 1 & 0 \\ 0 & 0 & 1 \end{pmatrix} + O(\epsilon^4), \qquad (8.275)$$

그러므로 위의 두 식에서 우리는 무한소 회전의 경우에 다음 관계식을 얻는다.

$$R_x(\epsilon)R_y(\epsilon) - R_y(\epsilon)R_x(\epsilon) = R_z(\epsilon^2) - 1 + O(\epsilon^3) \qquad (8.276)$$

여기서 1 은 단위행렬을 뜻한다.

한편, 식 (8.266)에서 보았듯이 일반적으로 무한소 회전각 $\epsilon$ 의 $k$ 번째 좌표축에 대한 회전 연산자는 $k$ 번째 성분의 각운동량 연산자로 다음과 같이 표시된다.[13]

$$\mathcal{R}_k(\epsilon) = 1 - \frac{i}{\hbar}\epsilon J_k \tag{8.277}$$

따라서 회전 변환에 대한 식 (8.276)의 회전 행렬 사이의 관계는 회전 연산자 사이의 관계로 다음과 같이 쓸 수 있다.

$$(1 - \frac{i}{\hbar}\epsilon J_x)(1 - \frac{i}{\hbar}\epsilon J_y) - (1 - \frac{i}{\hbar}\epsilon J_y)(1 - \frac{i}{\hbar}\epsilon J_x) = (1 - \frac{i}{\hbar}\epsilon^2 J_z) - 1 + O(\epsilon^3) \tag{8.278}$$

여기서 $\epsilon^3$ 항은 무시할 수 있으므로, 각운동량 연산자들 사이의 다음 관계식을 얻는다.

$$J_x J_y - J_y J_x = i\hbar J_z \tag{8.279}$$

이 결과는 우리가 앞에서 구한 각운동량 연산자들 사이의 교환관계식과 정확하게 일치한다. 우리는 나머지 교환관계식들도 동일한 방식으로 얻을 수 있다.

스핀 각운동량 연산자의 경우 공간좌표로 표현할 수는 없지만, 스핀 각운동량 연산자들도 위와 동일한 교환관계식을 만족하므로 스핀 각운동량 연산자도 회전 변환을 일으키는 생성원의 조건을 만족한다. 그러므로 앞에서 우리가 얻은 임의의 축 $\hat{n}$ 에 대하여 $\theta$ 만큼 회전시키는 회전 연산자 $\mathcal{R}_{\hat{n}}(\theta)$ 는 다음과 같이 일반화하여 쓸 수 있다.

$$\mathcal{R}_{\hat{n}}(\theta) = \exp\left[-\frac{i}{\hbar}\hat{n}\cdot\vec{J}\theta\right] = \exp\left[-\frac{i}{\hbar}\theta(n_x J_x + n_y J_y + n_z J_z)\right] \tag{8.280}$$

여기서 $\vec{J} = \vec{L} + \vec{S}$ 이다.

스핀 각운동량 연산자가 회전 생성원일 때 우리는 이를 공간좌표로 표현할 수는 없지만 회전에 따른 스핀 각운동량 연산자의 기대값의 변화를 계산하여 그 특성을 살펴볼 수는 있다.

이를 위해 우리는 $z$ 축을 중심으로 $\Delta\phi$ 만큼 회전하였을 때의 $x$ 성분 스핀 각운동량 연산자의 기대값의 변화를 구해 보도록 하겠다.

---

[13]여기서는 각운동량으로 일반화하여 $J$ 로 표시하였다.

우리는 회전하기 전의 상태 $|\varphi>$ 에 대한 기대값을 다음과 같이 쓰겠다.

$$< S_x >_\varphi \; = \; < \varphi \,|\, S_x \,|\, \varphi > \tag{8.281}$$

그러면 회전 변환 후의 상태 $|\tilde{\varphi}>$ 에 대한 기대값은 다음과 같이 될 것이다.

$$< S_x >_{\tilde{\varphi}} \; = \; < \tilde{\varphi} \,|\, S_x \,|\, \tilde{\varphi} > \; = \; < \mathcal{R}_z\varphi \,|\, S_x \,|\, \mathcal{R}_z\varphi > \tag{8.282}$$

여기서 회전 변환에 의한 상태 변화는 식 (8.280)을 써서 다음과 같이 쓸 수 있다.

$$|\tilde{\varphi}(\phi)> \; = \; \mathcal{R}_z(\Delta\phi)\,|\,\varphi(\phi)> \; = \; e^{-\frac{i}{\hbar}\Delta\phi J_z}\,|\,\varphi(\phi)> \tag{8.283}$$

그러므로 회전 후의 기대값은 식 (8.282)에서 다음과 같이 쓸 수 있다.

$$< S_x >_{\tilde{\varphi}} \; = \; < \varphi \,|\, \mathcal{R}_z^\dagger S_x \mathcal{R}_z \,|\, \varphi > \; \equiv \; < \tilde{S}_x >_\varphi \tag{8.284}$$

위에서 우리는 $\tilde{S}_x$ 를 다음과 같이 정의하였다.

$$\tilde{S}_x \equiv \mathcal{R}_z^\dagger(\Delta\phi) S_x \mathcal{R}_z(\Delta\phi) \tag{8.285}$$

이제 문제 4.3에서 주어진 아래의 베이커-캠벨-하우스도르프 공식을 적용하고(아래에서 $\lambda$ 는 상수, $G$ 와 $A$ 는 연산자이다),

$$e^{i\lambda G} A e^{-i\lambda G} \tag{8.286}$$
$$= A + i\lambda[G, A] + \frac{1}{2!}(i\lambda)^2[G, [G, A]] + \cdots + \frac{1}{n!}(i\lambda)^n[G, [G, \cdots [G, A]\cdots]],$$

더하여 $J_z = L_z + S_z$ 와 $[L_i, S_j] = 0$ 의 관계를 쓰면, 회전 변환된 스핀 각운동량 연산자 $\tilde{S}_x$ 는 다음과 같이 된다.

$$
\begin{aligned}
\tilde{S}_x &= e^{\frac{i}{\hbar}\Delta\phi J_z} S_x e^{-\frac{i}{\hbar}\Delta\phi J_z} \; = \; e^{\frac{i}{\hbar}\Delta\phi S_z} S_x e^{-\frac{i}{\hbar}\Delta\phi S_z} \\
&= S_x + i\frac{\Delta\phi}{\hbar}[S_z, S_x] + \frac{1}{2!}(\frac{i\Delta\phi}{\hbar})^2[S_z, [S_z, S_x]] + \cdots \\
&= S_x(1 - \frac{1}{2!}(\Delta\phi)^2 + \frac{1}{4!}(\Delta\phi)^4 + \cdots) - S_y((\Delta\phi) - \frac{1}{3!}(\Delta\phi)^3 + \cdots) \\
&= S_x \cos(\Delta\phi) - S_y \sin(\Delta\phi) \tag{8.287}
\end{aligned}
$$

이상에서 우리는 다음 관계식을 얻는다.

$$< S_x >_{\tilde{\varphi}} \equiv < \tilde{S}_x >_\varphi = < S_x >_\varphi \cos(\Delta\phi) - < S_y >_\varphi \sin(\Delta\phi) \qquad (8.288)$$

마찬가지 방식으로 $z$ 축을 중심으로 $\Delta\phi$ 만큼 회전하였을 때 $y$ 성분 스핀 각운동량 연산자의 기대값의 변화를 구하면 다음과 같다.

$$< S_y >_{\tilde{\varphi}} \equiv < \tilde{S}_y >_\varphi = < S_x >_\varphi \sin(\Delta\phi) + < S_y >_\varphi \cos(\Delta\phi) \qquad (8.289)$$

그리고 $z$ 성분 스핀 각운동량 연산자의 기대값은 변하지 않음을 알 수 있다. 이는 스핀 각운동량 연산자의 기대값들이 통상의 벡터처럼 회전(행렬)에 의해 변환함을 보여준다.

$$
\begin{pmatrix} < \tilde{S}_x > \\ < \tilde{S}_y > \\ < \tilde{S}_z > \end{pmatrix} = \begin{pmatrix} \cos\Delta\phi & -\sin\Delta\phi & 0 \\ \sin\Delta\phi & \cos\Delta\phi & 0 \\ 0 & 0 & 1 \end{pmatrix} \begin{pmatrix} < S_x > \\ < S_y > \\ < S_z > \end{pmatrix}
$$
$$
= R_z(\Delta\phi) \begin{pmatrix} < S_x > \\ < S_y > \\ < S_z > \end{pmatrix} \qquad (8.290)
$$

## 문제

**8.1** 각운동량 연산자는 식 (8.15)로 주어지는 교환관계식을 만족한다.

$$[J_i, J_j] = i\hbar\epsilon_{ijk}J_k, \quad i, j, k = 1, 2, 3$$

여기서 어떤 상태가 각운동량의 두 성분, 예컨대 $J_y$ 와 $J_z$ 의 공통의 고유상태라면, 이 상태에 대한 각운동량 모든 성분$(J_x, J_y, J_z)$의 기대값은 0 이 됨을 보여라.

**8.2** 다음 값들을 계산하라.

$$< Y_{l'm'}|L_i|Y_{lm} >, \quad i = 1, 2, 3 \ (x, y, z)$$

**8.3** 질량이 $m$ 인 입자 두 개가 길이가 $a$ 인 강체 막대의 양 끝에 붙어 있고, 강체 막대의 질량은 무시할 만하다. 강체의 중심은 고정되어 있지만, 막대의 회전은 3차원적으로 자유롭다. 이 계의 에너지 준위와 고유상태를 구하라.

답. $E_l = \frac{\hbar^2 l(l+1)}{ma^2}$, $l = 0, 1, 2, \cdots$ ; $Y_l^m(\theta, \phi)$, $m = -l, -l+1, \cdots, l-1, l$

**8.4** 축 대칭인 한 회전체의 해밀토니안이 다음과 같이 주어졌다. 그 고유값과 고유상태를 구하라.

$$H = \frac{L_x^2 + L_y^2}{2I}$$

여기서 $I$ 는 회전체의 관성모멘트이다.

**8.5** 아래와 같이 주어진 임의의 스피너($s = \frac{1}{2}$)에 대하여 $S_i$ 와 $S_i^2$ ($i = 1, 2, 3$), 그리고 $\vec{S}^2 = \sum_{i=1}^{3} S_i^2$ 의 기대값들을 구하라. 얻어진 결과가 $<\vec{S}^2> = s(s+1)\hbar^2$ 의 관계를 만족함을 보여라. 여기서 $S_i$ 는 식 (8.111), 즉 $S_i = \frac{\hbar}{2}\sigma_i$ 로 주어진다.

$$\xi = \begin{pmatrix} a \\ b \end{pmatrix}, \quad |a|^2 + |b|^2 = 1$$

**8.6** 스핀 각운동량과 그 고유상태들에 대한 다음의 물음에 답하라.

1). $x$ 성분 스핀 각운동량 연산자 $S_x = \frac{\hbar}{2}\sigma_x$ 의 고유값과 고유상태를 $S_z$ 의 고유상태들을 기저로 한 행렬 표현에서 구하라.

2). 스핀이 $+y$ 방향을 향하고 있다면 이 상태는 $y$ 성분 스핀 각운동량 연산자 $S_y$ 의 고유상태이다. 이 고유상태가 식 (8.139)로 주어짐을 보여라. 이 상태를 앞에서 구한 $x$ 성분 스핀 각운동량 연산자 $S_x$ 의 고유상태들로 표현하고, 그 스핀이 $-x$ 방향으로 향할 확률을 구하라.

3). 스핀이 $+z$ 방향을 향하고 있다. 이 상태에 $x$ 성분 스핀 각운동량 연산자 $S_x = \frac{\hbar}{2}\sigma_x$ 를 작용하였을 때 얻는 상태를 $S_z$ 의 고유상태들을 기저로 한 행렬 표현에서 구하라. 이렇게 얻어진 상태에서 스핀이 $+x$ 방향과 $-x$ 방향을 향할 확률은 각각 얼마인가?

답. 1). $\left|\frac{1}{2}\right\rangle_x = \frac{1}{\sqrt{2}}\begin{pmatrix} 1 \\ 1 \end{pmatrix}$, $\left|-\frac{1}{2}\right\rangle_x = \frac{1}{\sqrt{2}}\begin{pmatrix} 1 \\ -1 \end{pmatrix}$

2). $\left|\frac{1}{2}\right\rangle_y = \frac{1+i}{2}\left|\frac{1}{2}\right\rangle_x + \frac{1-i}{2}\left|-\frac{1}{2}\right\rangle_x$ 3). $|\beta\rangle = \frac{1}{\sqrt{2}}\left|\frac{1}{2}\right\rangle_x - \frac{1}{\sqrt{2}}\left|-\frac{1}{2}\right\rangle_x$, $P_{+x} = P_{-x} = \frac{1}{2}$

**8.7** 구면좌표계에서 스핀이 지름 방향($\hat{r}$)을 향하면, 이는 지름 방향 스핀 각운동량 연산자의 고유상태라 할 것이다. 지름 방향 스핀 각운동량 연산자를 아래와 같이 정의 하였을 때, 지름 방향 스핀($s = \frac{1}{2}$) 각운동량 연산자의 고유값과 고유상태를 구하라.

$$S_r \equiv \hat{r} \cdot \vec{S} = \hat{r} \cdot \hat{i}\, S_x + \hat{r} \cdot \hat{j}\, S_y + \hat{r} \cdot \hat{k}\, S_z$$

답. $\lambda = \pm\frac{\hbar}{2}$; $\chi_+ = \begin{pmatrix} \cos\frac{\theta}{2} \\ \sin\frac{\theta}{2} e^{i\phi} \end{pmatrix}$, $\chi_- = \begin{pmatrix} \sin\frac{\theta}{2} \\ -\cos\frac{\theta}{2} e^{i\phi} \end{pmatrix}$

**8.8** 라모 세차운동 Larmor precession: 자기장 $\vec{B}$ 안에서 전자의 자기쌍극자 모멘트 $\vec{\mu}$ 에 의한 해밀토니안은 다음과 같다.

$$H = -\vec{\mu} \cdot \vec{B}$$

여기서 전자의 자기쌍극자 모멘트는 $\vec{\mu} = -\frac{|e|}{m_e c}\vec{S}$ 로 주어진다. 이때 자기장이 $z$ 축 방향으로 균일하다면, $\vec{B} = B\hat{z}$, 그 해밀토니안은 다음과 같이 쓸 수 있다.

$$H = \mu_b \sigma_z B, \quad \mu_b \equiv \frac{|e|\hbar}{2m_e c}$$

이 경우 전자의 스핀이 초기($t = 0$)에 $+y$ 방향을 향했다면, 이후 시간($t > 0$)에 스핀 성분들의 기대값이 다음과 같이 주어짐을 보여라.

$$< S_x > = -\frac{\hbar}{2}\sin\Omega t, \quad < S_y > = \frac{\hbar}{2}\cos\Omega t, \quad < S_z > = 0, \quad \Omega \equiv \frac{2\mu_b B}{\hbar}$$

**8.9** 스핀이 1, 즉 $s = 1$일 때 각운동량 연산자의 성분들($S_x$, $S_y$, $S_z$)에 대한 행렬 표현을 $S_z$의 고유상태들, 즉 $m$ 값이 $+1, 0, -1$ 인 고유상태들을 기저로 하여 구하라.

$$\vec{S} = \hat{i}\, S_x + \hat{j}\, S_y + \hat{k}\, S_z$$

도움말: $S_z$ 와 $S_\pm$ 의 행렬 표현을 먼저 구하고, $S_\pm = S_x \pm iS_y$ 의 관계를 이용하라.

답. $S_x = \frac{\hbar}{\sqrt{2}}\begin{pmatrix} 0 & 1 & 0 \\ 1 & 0 & 1 \\ 0 & 1 & 0 \end{pmatrix}$, $S_y = \frac{i\hbar}{\sqrt{2}}\begin{pmatrix} 0 & -1 & 0 \\ 1 & 0 & -1 \\ 0 & 1 & 0 \end{pmatrix}$, $S_z = \hbar\begin{pmatrix} 1 & 0 & 0 \\ 0 & 0 & 0 \\ 0 & 0 & -1 \end{pmatrix}$

**8.10** 구면대칭성의 위치에너지를 가진 계에 있는 입자의 상태함수가 다음과 같이 주어졌다. 아래에서 $A$ 와 $a$ 는 상수이고, $r^2 = x^2 + y^2 + z^2$ 이다.

$$\psi(x,y,z) = A(xy + yz)e^{-ar^2}$$

이 상태의 궤도 각운동량 제곱$(\vec{L}^2)$을 측정하였을 때, 그 값이 $2\hbar^2$ 과 $6\hbar^2$ 이 될 확률을 각각 구하라.

<u>도움말</u>: 구면조화함수에 대한 식 (8.98)에서 주어진 다음의 표현을 참고하라.

$$Y_2^{\pm 2} = \sqrt{\frac{15}{32\pi}} \sin^2\theta\, e^{\pm 2i\phi},\ Y_2^{\pm 1} = \mp\sqrt{\frac{15}{8\pi}} \sin\theta\cos\theta\, e^{\pm i\phi},\ Y_2^0 = \sqrt{\frac{5}{4\pi}}\left(\frac{3}{2}\cos^2\theta - \frac{1}{2}\right)$$

답. $P_{(2\hbar^2)} = 0,\quad P_{(6\hbar^2)} = 1$

**8.11** 식 (8.195)의 $m = 0$ 인 삼중항 상태, $|\frac{1}{2}\frac{1}{2}; s = 1, m = 0\rangle = \frac{1}{\sqrt{2}}\{|\downarrow\uparrow\rangle + |\uparrow\downarrow\rangle\}$ 가 $s = 1$ 의 값을 가짐을 단일항 경우처럼 $\vec{S}^2 = \vec{S_1}^2 + \vec{S_2}^2 + 2S_{1z}S_{2z} + S_{1+}S_{2-} + S_{1-}S_{2+}$ 의 관계를 적용하여 $\vec{S}^2|s,m\rangle = s(s+1)\hbar^2|s,m\rangle$ 의 관계가 성립함에서 증명하라.

$$\vec{S}^2|\frac{1}{2}\frac{1}{2}; s = 1, m = 0\rangle = 2\hbar^2|\frac{1}{2}\frac{1}{2}; s = 1, m = 0\rangle$$

**8.12** 두 개의 스핀 $\frac{1}{2}$ 입자들이 단일항 상태, $|\frac{1}{2}\frac{1}{2}; s = 0, m = 0\rangle = \frac{1}{\sqrt{2}}\{|\uparrow\downarrow\rangle - |\downarrow\uparrow\rangle\}$ 를 이루는 경우를 생각하자. 이 경우 입자 1의 $\hat{a}$ 방향 스핀 성분값과 입자 2의 $\hat{b}$ 방향 스핀 성분값을 곱했을 때, 그 기대값이 다음과 같이 주어짐을 보여라.

$$< (\vec{S_1} \cdot \hat{a})(\vec{S_2} \cdot \hat{b}) > = -\frac{\hbar^2}{4}\hat{a} \cdot \hat{b}$$

<u>도움말</u>: 단일항의 경우에 만족해야 하는 $\vec{S} = \vec{S_1} + \vec{S_2} = 0$ 의 관계를 쓰고, 식 (8.111)과 식 (8.119)의 관계를 이용하라.

**8.13** 각운동량 중 하나가 $\frac{1}{2}$ 인 경우, 전체 각운동량 $j$ 값은 $j_1 + \frac{1}{2}$ 과 $j_1 - \frac{1}{2}$ 의 두 가지밖에 없어 본문에서 설명한 일반적인 방법에 의하지 않고도 개별 각운동량 상태들이 서로 독립이라는 사실과 규격화 조건으로부터 클렙시-고단 계수들을 구할 수 있다. 이를 써서 $j_1 > \frac{1}{2}$ 이고 $j_2 = \frac{1}{2}$ 이라 가정하고, 클렙시-고단 계수들을 구해 보자.

먼저 $m_j = m + \frac{1}{2}$ 인 경우에 전체 각운동량 상태를 가능한 개별상태들의 선형결합으로 다음과 같이 표현하자.

$$|j, m_j = m + \frac{1}{2}> = \alpha\,|m_1 = m, m_s = \frac{1}{2}> + \beta\,|m_1 = m+1, m_s = -\frac{1}{2}> \quad (8.291)$$

여기서 $\alpha$ 와 $\beta$ 는 우리가 얻고자 하는 클렙시-고단 계수들이다. 이제 $j_2 \equiv s = \frac{1}{2}$ 의 스핀 업과 다운 상태를 각각 $\chi_+$ 와 $\chi_-$ 로 나타내고, 위 식 우변의 두 개별상태 표현을 각각 다음과 같이 표기하자.

$$|j_1, s = \frac{1}{2}; m_1 = m, m_s = \frac{1}{2}> \quad \equiv \quad |j_1, m> \otimes \chi_+\,,$$
$$|j_1, s = \frac{1}{2}; m_1 = m+1, m_s = -\frac{1}{2}> \quad \equiv \quad |j_1, m+1> \otimes \chi_-$$

이제 이러한 표기를 써서 식 (8.291)에 연산자 $\vec{J}^2 = (\vec{J_1} + \vec{S})^2 = \vec{J_1}^2 + \vec{S}^2 + 2\vec{J_1}\cdot\vec{S}$ 를 좌우변에 각각 적용한 후, 각운동량 상태 $|j_1, m\rangle \otimes \chi_+$ 와 $|j_1, m+1\rangle \otimes \chi_-$ 가 서로 독립이라는 것과 식 (8.291)로 주어진 각운동량 상태의 규격화 조건으로부터 클렙시-고단 계수 $\alpha$ 와 $\beta$ 를 구하라.

다음으로 $m_j = m - \frac{1}{2}$ 인 경우도 전체 각운동량 상태를 가능한 개별상태들의 선형결합으로 다음과 같이 표현하자.

$$|j, m_j = m - \frac{1}{2}> = \gamma\,|m_1 = m-1, m_s = \frac{1}{2}> + \delta\,|m_1 = m, m_s = -\frac{1}{2}> \quad (8.292)$$

앞과 동일한 방식으로 클렙시-고단 계수 $\gamma$ 와 $\delta$ 를 구하라. 클렙시-고단 계수의 부호는 식 (8.201)의 관례에 따라, $< m_1 = j_1, m_2 = j - j_1 | j, m = j > \geq 0$ 이 되게 정한다.

**8.14** 수소원자에서 전자가 궤도 각운동량 양자수 $(l, m)$의 상태에 있다. 이 전자의 스핀 각운동량 $z$ 성분이 $-\frac{1}{2}$일 때, 이 전자의 전체 각운동량 양자수가 $(l + \frac{1}{2}, m - \frac{1}{2})$에 있을 확률을 구하라.

**8.15** 각운동량이 각각 $j_1 = \frac{3}{2}$ 과 $j_2 = \frac{1}{2}$ 인 두 입자가 이루는 계의 전체 각운동량이 $|j, m> = |1, 1>$ 로 주어졌다. 이 상태를 개별 각운동량 상태 $|m_1, m_2>$ 로 표현하라. 클렙시-고단 계수의 부호는 식 (8.201)의 관례에 따른다. 이 문제는 앞에서 얻은 결과 공식에 대입하여 구하지 말고, $J_-$ 연산자와 직교조건을 써서 직접 풀어라.

**8.16** 스핀이 $\frac{1}{2}$ 인 입자 둘로 이루어진 계가 있다. 계의 해밀토니안이 다음과 같이 주어졌을 때, 이 계의 에너지 준위를 모두 구하라.

$$H = a(S_{1z} + S_{2z}) + b\,\vec{S}_1 \cdot \vec{S}_2$$

여기서 $a, b$ 는 상수이며, $\vec{S}_1$ 과 $\vec{S}_2$ 는 각각 입자 1, 입자 2의 스핀 각운동량 연산자이다. 답. $\pm a\hbar + \frac{b}{4}\hbar^2$, $\frac{b}{4}\hbar^2$, $-\frac{3b}{4}\hbar^2$

**8.17** 어떤 상태를 $z$ 축을 중심으로 $\Delta\phi$ 만큼 회전하면, 주어진 상태는 회전연산자에 의해 식 (8.283)에 의해 아래와 같이 변환한다.

$$|\,\tilde{\varphi}(\phi) > \;=\; \mathcal{R}_z(\Delta\phi)\,|\,\varphi(\phi) > \;=\; e^{-\frac{i}{\hbar}\Delta\phi J_z}\,|\,\varphi(\phi) >$$

이에 따라 변환된 스핀 각운동량 연산자 성분들의 기대값은 베이커-캠벨-하우스도르프 공식을 적용하여 식 (8.290)과 같이 변환함을 알았다. 그러나 스핀이 $\frac{1}{2}$ 인 경우, 우리는 교환관계식과 공식을 써서 복잡하게 계산하는 대신에 아래와 같이 정의된 $S_z$ 의 고유상태 $|\alpha>$, $|\beta>$ 들을 써서,

$$S_z|\alpha> = \frac{\hbar}{2}|\alpha>, \quad S_z|\beta> = -\frac{\hbar}{2}|\beta>,$$

스핀 각운동량 연산자들을 아래의 켓-브라 연산자들로 표현하여 직접 계산할 수 있다.

$$\begin{aligned}
S_x &= \frac{\hbar}{2}\{\,|\alpha><\beta|\ +\ |\beta><\alpha|\,\} \\
S_y &= \frac{i\hbar}{2}\{\,-\,|\alpha><\beta|\ +\ |\beta><\alpha|\,\} \\
S_z &= \frac{\hbar}{2}\{\,|\alpha><\alpha|\ -\ |\beta><\beta|\,\}
\end{aligned} \tag{8.293}$$

예컨대 $S_x$ 의 경우, 아래와 같이 식 (8.285)에서 주어진 회전에 의해 변환된 연산자에,

$$\tilde{S}_x \;\equiv\; \mathcal{R}_z^\dagger(\Delta\phi)S_x\mathcal{R}_z(\Delta\phi) = e^{\frac{i}{\hbar}\Delta\phi J_z}S_x e^{-\frac{i}{\hbar}\Delta\phi J_z},$$

위의 연산자 표현 (8.293)을 직접 대입하여 계산할 수 있다. 이렇게 얻은 변환된 스핀 각운동량 연산자 성분들의 기대값이 식 (8.290)과 동일한 관계를 만족함을 보여라.

# 제 9 장

# 시간에 무관한 건드림 이론과 변분법
# Time-Independent Perturbation Theory and Variational Method

우리가 정확히 풀 수 있는 양자역학적인 계는 실제로 많지 않다. 때문에 우리는 정확하게 풀 수 있는 보다 간단한 계를 먼저 생각하고, 실제 계는 거기에 약간의 건드림 상호작용이 추가된 경우로 생각한다. 그렇게 추가된 건드림 효과를 계산하여 그 효과를 더함으로써 우리는 원래 계에 대한 근사적인 답을 얻을 수 있다.

  이 장에서는 건드림(섭동)이 시간에 무관한 time-independent 경우를 다루고 시간에 의존하는 time-dependent 경우는 다음 장에서 다루겠다. 시간에 무관한 건드림의 경우 건드려지기 전 해밀토니안 unperturbed Hamiltonian 의 고유상태들이 겹친 degenerate 경우와 겹치지 않은 nondegenerate 경우에 따라 건드림 효과에 대한 계산법이 다르다. 우리는 먼저 보다 간단한 건드려지기 전 해밀토니안의 고유상태들이 겹치지 않은 경우를 다루고 다음으로 겹친 경우를 다루겠다.

  또한 우리는 이 장에서 건드림 방식 어림이 아닌 다른 방식으로 전체 해밀토니안에 대한 해를 근사적으로 직접 구하는 변분법에 대해서도 알아보겠다.

# 제 9.1 절   겹치지 않은 경우 Nondegenerate Case

실제 계보다 간단한 정확히 풀리는 exactly solvable 계의 해밀토니안을 건드려지기 전 해밀토니안 unperturbed Hamiltonian $H_0$ 라고 하고, 실제 계에 가깝게 기술할 수 있게 해주는 추가적인 상호작용을 건드림 해밀토니안 perturbation Hamiltonian $\lambda H'$ 라고 하면, 전체 해밀토니안 total Hamiltonian $H$ 는 다음과 같이 쓸 수 있다.

$$H = H_0 + \lambda H' \tag{9.1}$$

위에서 $\lambda$ 는 작은 양의 건드림을 표시하는 1 보다 작은 장부정리용 bookkeeping purpose 으로 도입한 매개변수이다.

이제 건드려지기 전 해밀토니안의 정확한 해를 우리가 알고 있다고 가정하자.

$$H_0\psi_n^{(0)} = E_n^{(0)}\psi_n^{(0)} , \quad n = 1,\ 2,\ 3,\ \cdots \tag{9.2}$$

위에서 첨자 (0)은 건드려지기 전 상태임을 나타낸다. 그리고 전체 해밀토니안의 시간에 무관한 슈뢰딩거 방정식의 해가 다음과 같이 주어진다고 가정하자.

$$H\psi_n = E_n\psi_n , \quad n = 1,\ 2,\ 3,\ \cdots \tag{9.3}$$

여기서 $E_n$ 은 전체 해밀토니안의 고유상태 $\psi_n$ 이 갖는 고유값으로 계의 에너지이다.

슈뢰딩거 방정식 (9.3)을 근사적으로 풀기 위하여 우리는 에너지 $E_n$ 과 고유상태 $\psi_n$ 이 $\lambda$ 의 급수로 다음과 같이 전개된다고 가정하겠다.

$$\psi_n = \psi_n^{(0)} + \lambda\psi_n^{(1)} + \lambda^2\psi_n^{(2)} + \cdots , \quad E_n = E_n^{(0)} + \lambda E_n^{(1)} + \lambda^2 E_n^{(2)} + \cdots \tag{9.4}$$

이를 전체 해밀토니안에 대한 슈뢰딩거 방정식 (9.3)에 대입하면 다음과 같이 된다.

$$
\begin{aligned}
(H_0 + \lambda H')&(\psi_n^{(0)} + \lambda\psi_n^{(1)} + \lambda^2\psi_n^{(2)} + \cdots) \\
&= (E_n^{(0)} + \lambda E_n^{(1)} + \lambda^2 E_n^{(2)} + \cdots)(\psi_n^{(0)} + \lambda\psi_n^{(1)} + \lambda^2\psi_n^{(2)} + \cdots)
\end{aligned} \tag{9.5}
$$

이제 위 식을 $\lambda$의 차수 별로 다시 쓰면 우리는 다음 방정식들을 얻는다.

$$\lambda\text{의 0승 :}\quad H_0\psi_n^{(0)} = E_n^{(0)}\psi_n^{(0)} \tag{9.6}$$

$$\lambda\text{의 1승 :}\quad H_0\psi_n^{(1)} + H'\psi_n^{(0)} = E_n^{(0)}\psi_n^{(1)} + E_n^{(1)}\psi_n^{(0)} \tag{9.7}$$

$$\lambda\text{의 2승 :}\quad H_0\psi_n^{(2)} + H'\psi_n^{(1)} = E_n^{(0)}\psi_n^{(2)} + E_n^{(1)}\psi_n^{(1)} + E_n^{(2)}\psi_n^{(0)} \tag{9.8}$$

$$\vdots \qquad\qquad \vdots$$

식 (9.6)은 우리가 이미 그 해를 알고 있는 건드려지기 전 해밀토니안의 슈뢰딩거 방정식이므로, $\lambda$ 의 1승부터 생각하자. 먼저 식 (9.7)은 다시 쓰면 다음과 같이 된다.

$$(H_0 - E_n^{(0)})\psi_n^{(1)} = (E_n^{(1)} - H')\psi_n^{(0)} \tag{9.9}$$

다음으로 식 (9.8)은 다음과 같이 다시 쓸 수 있다.

$$(H_0 - E_n^{(0)})\psi_n^{(2)} = (E_n^{(1)} - H')\psi_n^{(1)} + E_n^{(2)}\psi_n^{(0)} \tag{9.10}$$

이제 식 (9.9)로부터 우리는 $E_n^{(1)}$ 과 $\psi_n^{(1)}$ 을 구하고, 식 (9.10)으로부터는 $E_n^{(2)}$ 와 $\psi_n^{(2)}$ 를 구할 것이다. 이는 $\psi_n^{(1)}$ 과 $\psi_n^{(2)}$ 를 다시 건드려지기 전의 고유상태들로 다음과 같이 전개함으로써 구할 수 있다.

$$\psi_n^{(1)} = \sum_{m \neq n} C_{nm}^{(1)}\psi_m^{(0)}, \quad \psi_n^{(2)} = \sum_{m \neq n} C_{nm}^{(2)}\psi_m^{(0)}, \quad \cdots, \quad C_{nn}^{(i)} = 0, \quad i = 1,\ 2,\ \cdots \tag{9.11}$$

위에서 $\psi_n^{(i)}(i = 1,2,\cdots)$등을 전개함에 있어 $C_{nn}^{(i)} = 0$ 으로 놓을 수 있는 이유는 전체 상태함수 $\psi_n = \psi_n^{(0)} + \lambda\psi_n^{(1)} + \lambda^2\psi_n^{(2)} + \cdots$ 에서 $i > 0$ 인 $\psi_n^{(i)}$ 들이 $\psi_n^{(0)}$ 을 포함하고 있다 하더라도(즉, $C_{nn}^{(i)} \neq 0$), 이를 다시 $\psi_n^{(0)}$ 을 포함하지 않은 $\psi_n^{(i)}$ 들로 다음과 같이 나타낼 수 있기 때문이다.

$$\psi_n = (1 + \lambda C_{nn}^{(1)} + \lambda^2 C_{nn}^{(2)} + \cdots)\psi_n^{(0)} + \lambda\psi_n^{(1)} + \lambda^2\psi_n^{(2)} + \cdots \tag{9.12}$$

그리고 이 표현은 규격화를 통해서 다시 식 (9.4)의 원래 표현과 똑같이 만들 수 있다. 이는 또한 식 (9.9)와 식 (9.10)의 좌변에서 $\psi_n^{(1)}$ 과 $\psi_n^{(2)}$ 에 $\psi_n^{(0)}$ 항을 각각 추가하더라도 식 (9.2)에 의해 방정식에 변화를 주지 않으므로 처음부터 배제하더라도 동일한 결과를 주는 것에서도 볼 수 있다.

이제 식 (9.9)를 디랙의 브라-켓 기호로 쓰고 왼쪽 방향에서 $\left\langle \psi_k^{(0)} \right|$ 을 작용시키자.

$$\left\langle \psi_k^{(0)} | H_0 | \psi_n^{(1)} \right\rangle - \left\langle \psi_k^{(0)} | E_n^{(0)} | \psi_n^{(1)} \right\rangle = \left\langle \psi_k^{(0)} | E_n^{(1)} | \psi_n^{(0)} \right\rangle - \left\langle \psi_k^{(0)} | H' | \psi_n^{(0)} \right\rangle \qquad (9.13)$$

위 식에 식 (9.11)을 대입하여 다시 쓰고, 식 (9.6)을 적용하면 다음과 같이 된다.

$$\sum_{m \neq n} C_{nm}^{(1)} E_m^{(0)} \left\langle \psi_k^{(0)} | \psi_m^{(0)} \right\rangle - E_n^{(0)} \sum_{m \neq n} C_{nm}^{(1)} \left\langle \psi_k^{(0)} | \psi_m^{(0)} \right\rangle$$
$$= E_n^{(1)} \left\langle \psi_k^{(0)} | \psi_n^{(0)} \right\rangle - \left\langle \psi_k^{(0)} | H' | \psi_n^{(0)} \right\rangle \qquad (9.14)$$

여기서 $\left\langle \psi_l^{(0)} | \psi_m^{(0)} \right\rangle = \delta_{lm}$ 의 관계를 적용하면 위 식은 다음과 같이 쓸 수 있다.

$$\sum_{m \neq n} C_{nm}^{(1)} (E_m^{(0)} - E_n^{(0)}) \delta_{km} = E_n^{(1)} \delta_{kn} - \left\langle \psi_k^{(0)} | H' | \psi_n^{(0)} \right\rangle \qquad (9.15)$$

이 방정식을 이제 $k = n$ 과 $k \neq n$ 의 두 가지 경우로 나누어 생각하자.

먼저 $k = n$ 인 경우 $m \neq n$ 에서 $\delta_{km}$ 항은 0 이 된다. 따라서 $\lambda$ 의 1차 항 에너지 수정 $E_n^{(1)}$에 대한 다음 결과를 얻는다.

$$E_n^{(1)} = \left\langle \psi_n^{(0)} | H' | \psi_n^{(0)} \right\rangle \equiv H'_{nn} \qquad (9.16)$$

다음으로 $k \neq n$ 인 경우, 다음의 결과를 얻는다.

$$C_{nk}^{(1)} (E_k^{(0)} - E_n^{(0)}) = - \left\langle \psi_k^{(0)} | H' | \psi_n^{(0)} \right\rangle \qquad (9.17)$$

즉, $\lambda$ 의 1차 항 전개계수 $C_{nk}^{(1)}$ 에 대한 다음의 결과를 얻는다.

$$C_{nk}^{(1)} = \frac{\left\langle \psi_k^{(0)} | H' | \psi_n^{(0)} \right\rangle}{E_n^{(0)} - E_k^{(0)}} \equiv \frac{H'_{kn}}{E_n^{(0)} - E_k^{(0)}} \qquad (9.18)$$

이제 $\lambda$ 의 2차 항에 대한 결과를 얻기 위해서, 식 (9.10)을 디랙의 브라-켓 기호로 쓰고 왼쪽 방향에서 $\left\langle \psi_k^{(0)} \right|$ 을 작용시키면 다음 식을 얻는다.

$$\left\langle \psi_k^{(0)} | H_0 | \psi_n^{(2)} \right\rangle - \left\langle \psi_k^{(0)} | E_n^{(0)} | \psi_n^{(2)} \right\rangle = \left\langle \psi_k^{(0)} | E_n^{(1)} | \psi_n^{(1)} \right\rangle - \left\langle \psi_k^{(0)} | H' | \psi_n^{(1)} \right\rangle$$
$$+ \left\langle \psi_k^{(0)} | E_n^{(2)} | \psi_n^{(0)} \right\rangle \qquad (9.19)$$

위 식에 식 (9.11)을 적용하여 다시 쓰면 다음과 같이 된다.

$$\sum_{m \neq n} C_{nm}^{(2)} E_m^{(0)} \left\langle \psi_k^{(0)} | \psi_m^{(0)} \right\rangle - E_n^{(0)} \sum_{m \neq n} C_{nm}^{(2)} \left\langle \psi_k^{(0)} | \psi_m^{(0)} \right\rangle$$

$$= E_n^{(1)} \sum_{m \neq n} C_{nm}^{(1)} \left\langle \psi_k^{(0)} | \psi_m^{(0)} \right\rangle - \sum_{m \neq n} C_{nm}^{(1)} \left\langle \psi_k^{(0)} | H' | \psi_m^{(0)} \right\rangle$$

$$+ E_n^{(2)} \left\langle \psi_k^{(0)} | \psi_n^{(0)} \right\rangle \tag{9.20}$$

여기에 $\left\langle \psi_l^{(0)} | \psi_m^{(0)} \right\rangle = \delta_{lm}$ 과 $\left\langle \psi_k^{(0)} | H' | \psi_m^{(0)} \right\rangle \equiv H'_{km}$ 의 표현을 쓰면 위 식은 다음과 같이 된다.

$$\sum_{m \neq n} C_{nm}^{(2)} E_m^{(0)} \delta_{km} - E_n^{(0)} \sum_{m \neq n} C_{nm}^{(2)} \delta_{km} = E_n^{(1)} \sum_{m \neq n} C_{nm}^{(1)} \delta_{km} - \sum_{m \neq n} C_{nm}^{(1)} H'_{km} + E_n^{(2)} \delta_{kn}$$

$$\tag{9.21}$$

이 방정식을 $\lambda$ 의 1차 항의 경우에서처럼 $k = n$ 과 $k \neq n$ 의 경우로 나누어 생각하자.

먼저 $k = n$ 인 경우, $\delta_{km} = 0$ 이므로 2차 에너지 수정에 대한 다음 결과를 얻는다.

$$E_n^{(2)} = \sum_{m \neq n} C_{nm}^{(1)} H'_{nm} = \sum_{m \neq n} \frac{H'_{mn} H'_{nm}}{E_n^{(0)} - E_m^{(0)}} = \sum_{m \neq n} \frac{|H'_{mn}|^2}{E_n^{(0)} - E_m^{(0)}} \tag{9.22}$$

위에서 우리는 식 (9.18)의 결과와 다음의 관계를 썼다.

$$H'_{nm} = \; < \psi_n^{(0)} | H' | \psi_m^{(0)} > \; = H'^{*}_{mn} \tag{9.23}$$

다음으로 $k \neq n$ 인 경우는 식 (9.21)이 다음과 같이 된다.

$$(E_k^{(0)} - E_n^{(0)}) C_{nk}^{(2)} = E_n^{(1)} C_{nk}^{(1)} - \sum_{m \neq n} C_{nm}^{(1)} H'_{km} \tag{9.24}$$

여기에 앞에서 얻은 $E_n^{(1)}$ 과 $C_{nk}^{(1)}$ 의 결과를 대입하면 우리는 $C_{nk}^{(2)}$ 를 얻는다.

$$C_{nk}^{(2)} = \sum_{m \neq n} \frac{H'_{mn} H'_{km}}{(E_n^{(0)} - E_k^{(0)})(E_n^{(0)} - E_m^{(0)})} - \frac{H'_{nn} H'_{kn}}{(E_n^{(0)} - E_k^{(0)})^2} \tag{9.25}$$

324

## 제 9.2 절   겹쳐진 경우 Degenerate Case

### 9.2.1   고유방정식 해: 겹친 상태들에 대한 정확한 풀이

이제 앞에서 구한 겹치지 않은 상태들의 경우와 비교하여 상태들이 겹쳐진 경우 무엇이 다른지 먼저 생각해 보자. 이를 위해서 겹친 상태들 degenerate states 을 갖는 다음의 해밀토니안으로 주어지는 2차원 단순 조화 떨개를 생각하자.

$$H = \frac{p_x^2}{2m} + \frac{p_y^2}{2m} + \frac{1}{2}k(x^2 + y^2) \equiv H_x + H_y \tag{9.26}$$

위에서 우리는 해밀토니안의 각 성분들을 다음과 같이 놓았으며,

$$H_x = \frac{p_x^2}{2m} + \frac{1}{2}kx^2, \quad H_y = \frac{p_y^2}{2m} + \frac{1}{2}ky^2, \tag{9.27}$$

성분 해밀토니안들은 각각 다음 관계를 만족하는 고유상태 $|n_x\rangle$ 와 $|n_y\rangle$ 를 갖는다:

$$H_x |n_x\rangle = \hbar w(n_x + \frac{1}{2}) |n_x\rangle, \quad H_y |n_y\rangle = \hbar w(n_y + \frac{1}{2}) |n_y\rangle \tag{9.28}$$

여기서 $w = \sqrt{\frac{k}{m}}$ 이고, 전체 해밀토니안 $H$ 는 다음의 고유값과 고유상태를 갖는다.

$$H |n_x, \ n_y\rangle = \hbar w(n_x + n_y + 1) |n_x, \ n_y\rangle = \hbar w(n + 1) |n_x, \ n_y\rangle \tag{9.29}$$

위에서 $n = n_x + n_y$ 이다.

위의 결과를 자세히 보면, $n = 0$ 의 경우에는 $(n_x, \ n_y = 0)$ 의 한 상태만 존재하지만, $n = 1$ 의 경우에는 두 상태 $(n_x = 1, \ n_y = 0)$ 와 $(n_x = 0, \ n_y = 1)$ 가 동일한 에너지를 가져서 2겹의 겹친 2-fold degenerate 상태를 이룬다. $n = 2$ 의 경우에는 3겹의 겹친 상태를 이루게 된다. 그런데 이와 같이 겹쳐져 있는 상태들의 경우 앞에서 구한 겹치지 않은 경우의 건드림 이론을 사용할 수 없다. 그 이유는 다음과 같다.

겹치지 않은 경우와 마찬가지로 전체 해밀토니안을 건드림 이전 해밀토니안과 건드림 해밀토니안으로 다음과 같이 표시하자.

$$H = H_0 + \lambda H' \tag{9.30}$$

그리고 건드림 이전 해밀토니안 $H_0$ 가 다음과 같이 동일한 에너지 $E_D^{(0)}$ 를 갖는 $q$ 겹의 겹친 상태들을 갖는다고 하자.

$$H_0|\psi_i^{(0)}> = E_D^{(0)}|\psi_i^{(0)}>, \quad 1 \le i \le q \tag{9.31}$$

그리고 겹치지 않은 상태들의 경우 원래와 같이 주어진다고 하자.

$$H_0|\psi_i^{(0)}> = E_i^{(0)}|\psi_i^{(0)}>, \quad i > q \tag{9.32}$$

여기서 $q$ 보다 큰 서로 다른 두 $i, j$ $(i \ne j)$ 에 대해서 $E_i \ne E_j$ 이다. 그런데 앞의 $\psi_n^{(1)} = \sum_{m \ne n} C_{nm}^{(1)} \psi_m^{(0)}$ 에서 계수 $C_{nm}^{(1)}$ 은 식 (9.18)에서 다음과 같이 주어졌다.

$$C_{nm}^{(1)} = <\psi_m^{(0)}|\psi_n^{(1)}> = \frac{H'_{mn}}{E_n^{(0)} - E_m^{(0)}} = \frac{<\psi_m^{(0)}|H'|\psi_n^{(0)}>}{E_n^{(0)} - E_m^{(0)}} \tag{9.33}$$

여기서 $m \ne n$ 이고 $m, n \le q$ 인 경우, $E_n^{(0)} = E_m^{(0)}$ 이므로 분모가 0 이 되어 위 공식은 발산한다. 따라서 겹치지 않은 경우의 건드림 이론은 겹친 상태의 경우 사용할 수 없다.

이러한 문제점이 생기지 않도록 우리는 아래의 방식으로 겹친 상태들의 건드림 효과를 계산한다. 먼저 다음과 같이 건드림 해밀토니안 $H'$ 의 고유상태를 생각하자.

$$H'|\bar{\psi}_i^{(0)}> = E_i'|\bar{\psi}_i^{(0)}> \quad (i = 1, \cdots, q) \tag{9.34}$$

여기서 새로 도입한 기저상태들 $|\bar{\psi}_i^{(0)}>$ 는 기존 겹친 상태들의 선형 결합으로 다음과 같이 주어진다고 가정한다.

$$|\bar{\psi}_i^{(0)}> = \sum_{j=1}^{q} a_{ij}|\psi_j^{(0)}> \tag{9.35}$$

여기서 기억할 점은 새로운 기저상태들 역시 $H_0$ 에 대해서 원래의 겹친 상태들과 동일한 고유값 $E_D^{(0)}$ 을 갖는다는 것이다:

$$H_0|\bar{\psi}_i^{(0)}> = \sum_{j=1}^{q} a_{ij} H_0|\psi_j^{(0)}> = E_D^{(0)} \sum_{j=1}^{q} a_{ij}|\psi_j^{(0)}> = E_D^{(0)}|\bar{\psi}_i^{(0)}> \tag{9.36}$$

위에서는 $i \leq q$ 인 모든 원래 상태들 $|\psi_i^{(0)}\rangle$ 가 $E_D^{(0)}$ 이라는 동일한 고유값을 갖는다는 식 (9.31)의 전제를 적용하였다. 이제 새로운 기저상태들 $|\bar{\psi}_i^{(0)}\rangle$ 가 식 (9.34)에서처럼 건드림 해밀토니안에 대해 서로 다른 고유값들 $E_i'$ 를 갖는다면, 이 새로운 상태들은 전체 해밀토니안에 대해서도 서로 다른 고유값을 갖는 겹치지 않은 고유상태들이 된다.

$$ H|\bar{\psi}_i^{(0)}\rangle = (H_0 + \lambda H')|\bar{\psi}_i^{(0)}\rangle = (E_D^{(0)} + \lambda E_i')|\bar{\psi}_i^{(0)}\rangle \quad (i = 1, \cdots, q) \quad (9.37) $$

즉, 새로운 상태 $|\bar{\psi}_i^{(0)}\rangle$ 는 전체 해밀토니안에 대해서 다음의 고유값을 가지며,

$$ E_i = E_D^{(0)} + \lambda E_i', \tag{9.38} $$

새 기저상태들은 $i$ 와 $j$ 가 $q$ 보다 작고, $i \neq j$ 인 경우에 다음의 관계를 만족한다.

$$ \langle \bar{\psi}_i^{(0)}|H'|\bar{\psi}_j^{(0)}\rangle = E_j' \langle \bar{\psi}_i^{(0)}|\bar{\psi}_j^{(0)}\rangle = 0 \tag{9.39} $$

이제 새 기저상태들과 해당 고유값들을 실제로 구하는 방법에 대해서 생각해보겠다. 먼저 식 (9.34)의 양변에 단위 연산자 identity operator, $\sum_j |\psi_j^{(0)}\rangle \langle \psi_j^{(0)}|$ 를 (여기서 $j$ 는 모든 고유상태들을 포함) 작용시켜보자.

$$ \sum_j |\psi_j^{(0)}\rangle \langle \psi_j^{(0)}|H'|\bar{\psi}_i^{(0)}\rangle = E_i' \sum_j |\psi_j^{(0)}\rangle \langle \psi_j^{(0)}|\bar{\psi}_i^{(0)}\rangle \tag{9.40} $$

위 식에 식 (9.35)의 전개공식을 대입하면 다음과 같이 된다.

$$ \sum_j |\psi_j^{(0)}\rangle \langle \psi_j^{(0)}|H' \sum_{k=1}^{q} a_{ik}|\psi_k^{(0)}\rangle = E_i' \sum_j |\psi_j^{(0)}\rangle \langle \psi_j^{(0)}| \sum_{k=1}^{q} a_{ik}|\psi_k^{(0)}\rangle \quad (9.41) $$

일단 식 (9.41)의 우변은 다음과 같이 쓸 수 있다.

$$ \sum_j |\psi_j^{(0)}\rangle E_i' \sum_{k=1}^{q} a_{ik}\delta_{jk} = \sum_{j=1}^{q} |\psi_j^{(0)}\rangle E_i' a_{ij} \tag{9.42} $$

여기서 우리가 주목할 점은 맨 마지막 단계에서 $j$ 에 대한 합이 모든 상태들에 대한 합으로부터 1 에서 $q$ 번째 상태까지의 합으로만 제한되었다는 것이다. 다음으로 식 (9.41)의 좌변은 식 (9.23)의 표기를 써서 다음과 같이 다시 쓸 수 있다.

$$ \sum_j |\psi_j^{(0)}\rangle \sum_{k=1}^{q} a_{ik} \langle \psi_j^{(0)}|H'|\psi_k^{(0)}\rangle = \sum_j |\psi_j^{(0)}\rangle \sum_{k=1}^{q} a_{ik} H_{jk}' \tag{9.43} $$

이 두 결과를 비교하면, 기저상태 $|\psi_j^{(0)}>$ 들이 서로 독립이라는 점으로부터 좌변의 $j$ 에 대한 합 역시 1 에서 $q$ 번째 상태까지의 합만이 살아남게 됨을 알 수 있다. 따라서 우리는 기저상태들 $|\psi_j^{(0)}>$ 이 서로 독립이라는 점으로부터 다음 관계식을 얻는다.

$$\sum_{k=1}^{q} H'_{jk} a_{ik} = E'_i a_{ij} \quad (j = 1, \cdots, q) \tag{9.44}$$

여기서 첨자 $i$ 는 고정된 값이지만, 그 범위는 $j$ 와 마찬가지로 1 에서 $q$ 까지이다.

이제 관계식 (9.44)를 이해하기 위하여 $i$ 번째 열벡터를 다음과 같이 정의하자.

$$\vec{a}_i = \begin{pmatrix} a_{i1} \\ \vdots \\ a_{ij} \\ \vdots \\ a_{iq} \end{pmatrix} \tag{9.45}$$

그러면 식 (9.44)는 다음과 같은 행렬방정식으로 쓸 수 있다.

$$\begin{pmatrix} H'_{11} & H'_{12} & \cdots & H'_{1q} \\ \vdots & & & \\ H'_{j1} & \cdots & \cdots & \\ \vdots & & & \\ H'_{q1} & \cdots & \cdots & H'_{qq} \end{pmatrix} \begin{pmatrix} a_{i1} \\ \vdots \\ a_{ik} \\ \vdots \\ a_{iq} \end{pmatrix} = E_i' \begin{pmatrix} a_{i1} \\ \vdots \\ a_{ij} \\ \vdots \\ a_{iq} \end{pmatrix} \tag{9.46}$$

그런데 이러한 행렬방정식이 모순 없이 성립하려면 다음의 조건이 만족되어야 한다.

$$\det(H' - E_i' \mathbf{1}) = 0 \tag{9.47}$$

우리는 이 조건식을 고유방정식 secular equation 이라고 부른다.

이제 이러한 방식을 적용하여 겹쳐진 경우 건드림의 예로 이 절 앞에서 언급한 2 차원 단순 조화 떨개에 건드림 항이 추가된 경우를 생각해 보겠다. 우선 해를 알고 있는

원래의 해밀토니안과 고유상태를 각각 다음과 같이 $H_0$ 와 $|\psi_n^{(0)}>$ 으로 쓰자.

$$H_0 = \frac{1}{2m}(p_x^2 + p_y^2) + \frac{1}{2}k(x^2 + y^2) ,$$
$$|\psi_n^{(0)}> = |n_x, n_y\rangle \equiv |n_x\rangle \otimes |n_y\rangle \tag{9.48}$$

여기서 $x, y$ 성분의 내림과 올림 연산자들을 각각 $a, b$ 와 $a^\dagger, b^\dagger$ 로 다음과 같이 정의하자.

$$a \equiv \frac{1}{\sqrt{2}\beta}(x + \frac{i}{mw}p_x) , \quad a^\dagger \equiv \frac{1}{\sqrt{2}\beta}(x - \frac{i}{mw}p_x) , \quad w \equiv \sqrt{\frac{k}{m}}$$
$$b \equiv \frac{1}{\sqrt{2}\beta}(y + \frac{i}{mw}p_y) , \quad b^\dagger \equiv \frac{1}{\sqrt{2}\beta}(y - \frac{i}{mw}p_y) , \quad \beta \equiv \sqrt{\frac{\hbar}{mw}} \tag{9.49}$$

그러면 건드려지기 전 해밀토니안은 다음과 같이 쓰여진다.

$$H_0 = \hbar w(a^\dagger a + b^\dagger b + 1) \tag{9.50}$$

이 해밀토니안의 고유값과 고유상태를 다음과 같이 나타내면,

$$H_0|\psi_n^{(0)}> = E_n^{(0)}|\psi_n^{(0)}>, \tag{9.51}$$

고유값과 고유상태는 구체적으로 다음과 같이 쓸 수 있다.

$$H_0 |n_x, n_y\rangle = (n_x + n_y + 1)\hbar w |n_x, n_y\rangle \tag{9.52}$$

위에서 $E_n^{(0)}$ 의 $n$ 은 $n = n_x + n_y$ 이다. 이로부터 우리는 바닥상태($n = 0$)의 경우는 하나의 상태만 존재하지만, 첫 번째 들뜬상태($n = 1$)의 경우는 두 개의 상태, 즉 ($n_x = 1, \ n_y = 0$)과 ($n_x = 0, \ n_y = 1$)이 존재함을 알 수 있다. 겹쳐진 정도는 $n$ 에 비례해서 늘어나는데, 그 수는 $n + 1$ 이 된다.

이제 가장 간단한 첫 번째 들뜬상태들의 경우에 대해 겹쳐진 경우의 건드림 효과를 계산해 보겠다. 먼저 전체 해밀토니안 $H = H_0 + \lambda H'$ 에서 건드림 해밀토니안이 다음과 같이 주어진 경우를 생각하자.[1]

$$\lambda H' \equiv \epsilon x, \quad |\epsilon| \ll 1 \tag{9.53}$$

---

[1]건드림 해밀토니안의 장부정리용 매개변수 $\lambda$ 는 처음부터 주어진 것이 아니다. 때문에 크기가 작은 장부정리용 매개변수를 건드림 해밀토니안에서 스스로 정해야 한다. 이 경우는 $\epsilon$ 이 $\lambda$ 에 해당한다.

첫 번째 들뜬상태들의 경우 식 (9.46)에서 $q = 2$ 에 해당한다. 따라서 $H'$ 은 다음과 같은 $2 \times 2$ 행렬로 표시할 수 있다.

$$H' = \begin{pmatrix} \langle 1,0|H'|1,0\rangle & \langle 1,0|H'|0,1\rangle \\ \langle 0,1|H'|1,0\rangle & \langle 0,1|H'|0,1\rangle \end{pmatrix} \tag{9.54}$$

여기서 건드림 해밀토니안의 $x$ 를 올림과 내림 연산자로 다음과 같이 다시 쓰면,

$$x = \frac{\beta}{\sqrt{2}}(a + a^\dagger), \tag{9.55}$$

건드림 해밀토니안의 행렬 요소는 아래와 같이 모두 0 이다. 즉, 건드림 효과는 없다.

$$H' = \frac{\beta}{\sqrt{2}} \begin{pmatrix} \langle 1,0|a + a^\dagger|1,0\rangle & \langle 1,0|a + a^\dagger|0,1\rangle \\ \langle 0,1|a + a^\dagger|1,0\rangle & \langle 0,1|a + a^\dagger|0,1\rangle \end{pmatrix} = 0 \tag{9.56}$$

위 계산에서 $a, a^\dagger$ 는 $|n_x, n_y\rangle$ 의 첫 번째 요소인 $n_x$ 에만 작용했음에 주의하자.

다음으로 건드림 해밀토니안이 다음과 같이 주어진 경우를 생각하자.

$$\lambda H' \equiv \epsilon xy, \quad |\epsilon| \ll 1 \tag{9.57}$$

앞에서처럼 $y = \frac{\beta}{\sqrt{2}}(b + b^\dagger)$로 쓰면, 건드림 해밀토니안은 다음과 같이 쓸 수 있다.

$$H' = xy = \frac{\beta^2}{2}(a + a^\dagger)(b + b^\dagger) \tag{9.58}$$

이를 대입하면 건드림 행렬 요소는 다음과 같이 쓰여진다.

$$H' = \frac{\beta^2}{2} \begin{pmatrix} \langle 1,0|(a + a^\dagger)(b + b^\dagger)|1,0\rangle & \langle 1,0|(a + a^\dagger)(b + b^\dagger)|0,1\rangle \\ \langle 0,1|(a + a^\dagger)(b + b^\dagger)|1,0\rangle & \langle 0,1|(a + a^\dagger)(b + b^\dagger)|0,1\rangle \end{pmatrix} \tag{9.59}$$

위의 행렬 요소들 중에서 다음의 두 경우만 0 이 아니다.

$$< 1,0|a^\dagger b|0,1 > = < 1,0|1,0 > = 1, \quad < 0,1|ab^\dagger|1,0 > = < 0,1|0,1 > = 1 \tag{9.60}$$

따라서 우리는 다음의 결과를 얻는다.

$$H' = \begin{pmatrix} 0 & \frac{\beta^2}{2} \\ \frac{\beta^2}{2} & 0 \end{pmatrix} \tag{9.61}$$

이로부터 행렬방정식 (9.46)의 해를 주는 고유방정식은 다음과 같이 주어진다.

$$\det(H' - E'\mathbf{1}) = \det \begin{pmatrix} -E' & \frac{\beta^2}{2} \\ \frac{\beta^2}{2} & -E' \end{pmatrix} = 0 \tag{9.62}$$

이 고유방정식은 건드림 해밀토니안의 고유값 $E'$ 으로 다음의 결과를 준다.

$$E' = \pm \frac{\beta^2}{2} \tag{9.63}$$

이제 이 고유값을 갖는 고유상태들을 구해 보자. 이는 각 고유값을 식 (9.46)에 대입하여 얻을 수 있다. 먼저 $E' = +\frac{\beta^2}{2}$ 인 경우, $\frac{\beta^2}{2} \equiv \kappa$ 로 놓으면 식 (9.46)은 다음과 같이 쓰여진다.

$$\begin{pmatrix} 0 & \kappa \\ \kappa & 0 \end{pmatrix} \begin{pmatrix} a_{11} \\ a_{12} \end{pmatrix} = \kappa \begin{pmatrix} a_{11} \\ a_{12} \end{pmatrix} \tag{9.64}$$

여기서 해는 $a_{11} = a_{12}$ 이므로, 이 경우 고유상태 열벡터 $\vec{a}_1$ 은 다음과 같이 주어진다.

$$\vec{a}_1 = \frac{1}{\sqrt{2}} \begin{pmatrix} 1 \\ 1 \end{pmatrix} \tag{9.65}$$

이 경우 전체 에너지는 $E_1^+ = E_1^{(0)} + \epsilon \frac{\beta^2}{2}$ 이고, 고유상태는 $a_{ij}$ 를 정의한 식 (9.35)에서 $|\psi_1^{(0)}> = |1,0>$, $|\psi_2^{(0)}> = |0,1>$ 임을 써서 다음과 같이 주어진다.

$$|\bar{\psi}_1^{(0)}> = \frac{1}{\sqrt{2}}\{|1,0\rangle + |0,1\rangle\} \tag{9.66}$$

마찬가지로 $E' = -\frac{\beta^2}{2}$ 인 경우, 식 (9.46)은 다음과 같이 쓸 수 있다.

$$\begin{pmatrix} 0 & \kappa \\ \kappa & 0 \end{pmatrix} \begin{pmatrix} a_{21} \\ a_{22} \end{pmatrix} = -\kappa \begin{pmatrix} a_{21} \\ a_{22} \end{pmatrix} \tag{9.67}$$

이는 $a_{21} = -a_{22}$ 임을 보여주므로 고유상태를 나타내는 열벡터 $\vec{a}_2$ 는 다음과 같다.

$$\vec{a}_2 = \frac{1}{\sqrt{2}} \begin{pmatrix} 1 \\ -1 \end{pmatrix} \tag{9.68}$$

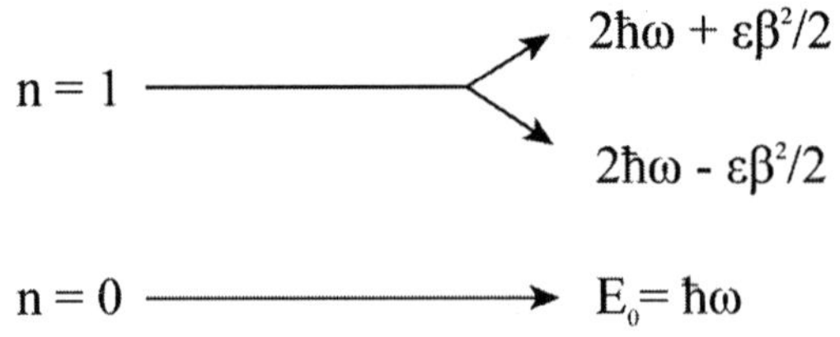

$$n = 1 \quad\longrightarrow\quad \begin{array}{l} 2\hbar\omega + \epsilon\beta^2/2 \\ \\ 2\hbar\omega - \epsilon\beta^2/2 \end{array}$$

$$n = 0 \quad\longrightarrow\quad E_0 = \hbar\omega$$

그림 9.1: 2차원 단순 조화 떨개에서 건드림에 의한 에너지 준위 변화(겹친 상태 분리)

즉, 전체 에너지가 $E_1^- = E_1^{(0)} - \epsilon\frac{\beta^2}{2}$ 인 고유상태는 다음과 같이 주어진다.

$$|\bar{\psi_2}^{(0)} > = \frac{1}{\sqrt{2}}\{|1,0\rangle - |0,1\rangle\} \tag{9.69}$$

즉, 겹쳐져 있던 첫 번째 들뜬상태는 건드림에 의해 전체 해밀토니안에 대해 다른 고유값을 갖는 다음의 두 고유상태로 분리된다.

$$H|\bar{\psi_1}^{(0)} > = E_1^+|\bar{\psi_1}^{(0)} >, \ E_1^+ = E_1^{(0)} + \epsilon\frac{\beta^2}{2}, \ |\bar{\psi_1}^{(0)} > = \frac{1}{\sqrt{2}}\{|1,0\rangle + |0,1\rangle\}$$

$$H|\bar{\psi_2}^{(0)} > = E_1^-|\bar{\psi_2}^{(0)} >, \ E_1^- = E_1^{(0)} - \epsilon\frac{\beta^2}{2}, \ |\bar{\psi_2}^{(0)} > = \frac{1}{\sqrt{2}}\{|1,0\rangle - |0,1\rangle\} \tag{9.70}$$

즉, 첫 번째 들뜬상태($n = 1$)의 에너지 준위는 그림 9.1의 위 그림과 같이 분리된다 ($\lambda > 0$ 일 경우). 그러나 바닥상태 ($n = 0$)의 경우는 처음부터 겹친 상태가 아니었으므로 그림 9.1의 아래 그림과 같이 분리되지 않는다.

### 9.2.2  겹친 상태가 존재할 때 겹치지 않은 상태들에 대한 건드림의 적용

앞에서 우리는 겹쳐진 상태들의 경우에 건드림 효과를 계산하였다. 그런데 우리가 고려에 넣지 않은 겹치지 않은 상태들에는 이런 건드림 효과가 어떻게 나타날까?

이를 알아보기 위해 먼저 원래의 겹친 상태들이 앞에서 본 것처럼 건드림에 의해 모두 분리되었다고 가정하자. 이제 0 차 기저상태들을 앞에서 구한 건드림 해밀토니안의 새로운 고유상태들 $\bar{\psi_i}^{(0)}(i \le q)$ 과 원래 해밀토니안의 겹치지 않은 상태들 $\psi_i^{(0)}(i > q)$

으로 다음과 같이 새로이 정의하자.

$$\begin{cases} \tilde{\psi_i}^{(0)} = \bar{\psi_i}^{(0)} , & (i \le q) \\ \tilde{\psi_i}^{(0)} = \psi_i^{(0)} , & (i > q) \end{cases} \tag{9.71}$$

여기서 $\bar{\psi_i}^{(0)}(i \le q)$ 와 $\psi_i^{(0)}(i > q)$ 는 각각 전체 및 원래 해밀토니안의 고유상태들이다.

$$H \left| \bar{\psi_i}^{(0)} \right\rangle = (H_0 + \lambda H') \left| \bar{\psi_i}^{(0)} \right\rangle = (E_D^{(0)} + \lambda E_i') \left| \bar{\psi_i}^{(0)} \right\rangle \quad (i \le q) ,$$
$$H_0 \left| \psi_i^{(0)} \right\rangle = E_i^{(0)} \left| \psi_i^{(0)} \right\rangle \quad (i > q) . \tag{9.72}$$

이제는 모든 상태들이 겹치지 않음($E_i \ne E_j, \ i \ne j$)을 기억하자. 여기서 우리가 주목할 점은 1, $\cdots$, $q$ 의 새로운 기저상태들 $\bar{\psi_i}^{(0)}$ 은 건드림을 포함한 전체 해밀토니안의 정확한 해라는 것이다. 따라서 이제 건드림 효과는 원래부터 겹치지 않은 상태들의 경우에만 구하면 된다. 즉 다음 슈뢰딩거 방정식의 해를 근사적으로 구하고자 한다.

$$H\psi_j = E_j \psi_j , \quad H = H_0 + \lambda H' , \quad \psi_j = \psi_j^{(0)} + \lambda \psi_j^{(1)} + \lambda^2 \psi_j^{(2)} + \cdots , \quad j > q \tag{9.73}$$

이를 위하여 앞에서와 마찬가지로 상태함수와 에너지를 $\lambda$ 의 차수로 전개하자.

$$\psi_j^{(i)} = \sum_{k \ne j} C_{jk}^{(i)} \tilde{\psi_k}^{(0)} = \sum_{k=1}^{q} C_{jk}^{(i)} \bar{\psi_k}^{(0)} + \sum_{k \notin D, k \ne j} C_{jk}^{(i)} \psi_k^{(0)} , \quad i \ge 1 ,$$
$$E_j = E_j^{(0)} + \lambda E_j^{(1)} + \lambda^2 E_j^{(2)} + \cdots , \quad j > q \tag{9.74}$$

이를 슈뢰딩거 방정식 (9.73)에 대입하면 다음의 관계식들을 얻는다.

$$\begin{aligned} \lambda\text{의 0승 계수:} & \quad H_0\psi_j^{(0)} = E_j^{(0)}\psi_j^{(0)} \\ \lambda\text{의 1승 계수:} & \quad H'\psi_j^{(0)} + H_0\psi_j^{(1)} = E_j^{(0)}\psi_j^{(1)} + E_j^{(1)}\psi_j^{(0)} \\ \lambda\text{의 2승 계수:} & \quad H'\psi_j^{(1)} + H_0\psi_j^{(2)} = E_j^{(0)}\psi_j^{(2)} + E_j^{(1)}\psi_j^{(1)} + E_j^{(2)}\psi_j^{(0)} \\ & \qquad\qquad \vdots \end{aligned} \tag{9.75}$$

이제 $\lambda$ 의 1승 계수의 방정식에 $\left\langle \tilde{\psi_k}^{(0)} \right|$ 를 작용시켜보자.

$$\left\langle \tilde{\psi_k}^{(0)}|H'|\psi_j^{(0)} \right\rangle + \left\langle \tilde{\psi_k}^{(0)}|H_0|\psi_j^{(1)} \right\rangle = \left\langle \tilde{\psi_k}^{(0)}|E_j^{(0)}|\psi_j^{(1)} \right\rangle + \left\langle \tilde{\psi_k}^{(0)}|E_j^{(1)}|\psi_j^{(0)} \right\rangle \tag{9.76}$$

먼저 $k \leq q$ 인 경우를 살펴보면 다음과 같이 쓸 수 있다.

$$E'_k \left\langle \bar{\psi}_k^{(0)} | \psi_j^{(0)} \right\rangle + E_D^{(0)} \left\langle \bar{\psi}_k^{(0)} | \psi_j^{(1)} \right\rangle = E_j^{(0)} \left\langle \bar{\psi}_k^{(0)} | \psi_j^{(1)} \right\rangle + E_j^{(1)} \left\langle \bar{\psi}_k^{(0)} | \psi_j^{(0)} \right\rangle \quad (9.77)$$

위에서 우리는 다음의 관계를 사용하였다.

$$H' \left| \bar{\psi}_k^{(0)} \right\rangle = E'_k \left| \bar{\psi}_k^{(0)} \right\rangle, \quad H_0 \left| \bar{\psi}_k^{(0)} \right\rangle = E_D^{(0)} \left| \bar{\psi}_k^{(0)} \right\rangle \quad (k \leq q) \quad (9.78)$$

한편, 여기서 $j > q$ 이므로 $\left\langle \bar{\psi}_k^{(0)} | \psi_j^{(0)} \right\rangle = 0$ 이다. 따라서 식 (9.77)은 다음과 같이 된다.

$$(E_D^{(0)} - E_j^{(0)}) \left\langle \bar{\psi}_k^{(0)} | \psi_j^{(1)} \right\rangle - 0 \quad (9.79)$$

그런데 $j > q$ 일 때 $E_D^{(0)} \neq E_j^{(0)}$ 이므로, 우리는 다음의 결과를 얻는다.

$$\left\langle \bar{\psi}_k^{(0)} | \psi_j^{(1)} \right\rangle = C_{jk}^{(1)} = 0 \quad (j > q, \quad k \leq q) \quad (9.80)$$

다음으로 $k > q$ 인 경우 식 (9.76)은 다음과 같이 된다.

$$\left\langle \psi_k^{(0)} | H' | \psi_j^{(0)} \right\rangle + \left\langle \psi_k^{(0)} | H_0 | \psi_j^{(1)} \right\rangle = E_j^{(0)} \left\langle \psi_k^{(0)} | \psi_j^{(1)} \right\rangle + E_j^{(1)} \left\langle \psi_k^{(0)} | \psi_j^{(0)} \right\rangle \quad (9.81)$$

이는 다시 $k = j$ 인 경우와 $k \neq j$ 인 경우의 두 가지로 나누어 생각할 수 있다.

첫 번째, $k = j$ 인 경우 위 식은 다음과 같이 된다.

$$H'_{jj} + E_j^{(0)} \left\langle \psi_j^{(0)} | \psi_j^{(1)} \right\rangle = E_j^{(0)} \left\langle \psi_j^{(0)} | \psi_j^{(1)} \right\rangle + E_j^{(1)} \quad (9.82)$$

그런데 처음부터 $\left| \psi_j^{(1)} \right\rangle$ 은 $\left| \psi_j^{(0)} \right\rangle$ 을 포함하지 않으므로, 다음 계수는 0 이다.

$$C_{jj}^{(1)} = \left\langle \psi_j^{(0)} | \psi_j^{(1)} \right\rangle = 0 \quad (9.83)$$

따라서 우리는 겹치지 않은 경우에서의 결과식 (9.16)과 같은 다음의 결과를 얻는다.

$$E_j^{(1)} = H'_{jj} = \left\langle \psi_j^{(0)} | H' | \psi_j^{(0)} \right\rangle \quad (9.84)$$

두 번째, $j \neq k$ 인 경우 식 (9.81)은 다음의 관계식을 준다.

$$H'_{kj} + E_k^{(0)} \left\langle \psi_k^{(0)} | \psi_j^{(1)} \right\rangle = E_j^{(0)} \left\langle \psi_k^{(0)} | \psi_j^{(1)} \right\rangle \quad (9.85)$$

이는 상태함수의 1차 전개계수들에 대해 겹치지 않은 경우의 결과식 (9.18)과 같은 다음의 결과를 준다.

$$\left\langle \psi_k^{(0)} | \psi_j^{(1)} \right\rangle = C_{jk}^{(1)} = \frac{H'_{kj}}{E_j^{(0)} - E_k^{(0)}} \ , \quad (j, \ k > q, \ \ j \neq k) \tag{9.86}$$

이상으로부터 우리는 원래부터 겹치지 않은 상태들에 대한 1차 근사로 겹치지 않은 건드림의 경우와 같은 형태의 다음 결과를 얻는다.

$$\psi_j^{(1)} = \sum_{\substack{k \notin D \\ (k \neq j)}} C_{jk}^{(1)} \psi_k^{(0)} \quad (j > q, \ \ D \equiv 1, \ 2, \ \cdots, \ q) \tag{9.87}$$

이제 식 (9.75)의 $\lambda$ 의 2승 계수의 방정식에 $\left\langle \tilde{\psi}_k^{(0)} \right|$ 을 작용시켜 보겠다.

$$\left\langle \tilde{\psi}_k^{(0)} | H_0 | \psi_j^{(2)} \right\rangle + \left\langle \tilde{\psi}_k^{(0)} | H' | \psi_j^{(1)} \right\rangle$$
$$= E_j^{(0)} \left\langle \tilde{\psi}_k^{(0)} | \psi_j^{(2)} \right\rangle + E_j^{(1)} \left\langle \tilde{\psi}_k^{(0)} | \psi_j^{(1)} \right\rangle + E_j^{(2)} \left\langle \tilde{\psi}_k^{(0)} | \psi_j^{(0)} \right\rangle \tag{9.88}$$

이를 앞에서와 마찬가지로 $k \leq q$ 인 경우와 $k > q$ 인 경우로 나누어 생각하자.

먼저 $k \leq q$ 인 경우를 살펴보면 다음과 같이 쓸 수 있다.

$$\left\langle \bar{\psi}_k^{(0)} | H_0 | \psi_j^{(2)} \right\rangle + \left\langle \bar{\psi}_k^{(0)} | H' | \psi_j^{(1)} \right\rangle$$
$$= E_j^{(0)} \left\langle \bar{\psi}_k^{(0)} | \psi_j^{(2)} \right\rangle + E_j^{(1)} \left\langle \bar{\psi}_k^{(0)} | \psi_j^{(1)} \right\rangle + E_j^{(2)} \left\langle \bar{\psi}_k^{(0)} | \psi_j^{(0)} \right\rangle \tag{9.89}$$

여기서 다음의 관계를 적용하고,

$$H' \left| \bar{\psi}_k^{(0)} \right\rangle = E'_k \left| \bar{\psi}_k^{(0)} \right\rangle, \quad H_0 \left| \bar{\psi}_k^{(0)} \right\rangle = E_D^{(0)} \left| \bar{\psi}_k^{(0)} \right\rangle \quad (k \leq q), \tag{9.90}$$

$j > q$ 인 경우 다음의 관계가 성립하므로,

$$\left\langle \bar{\psi}_k^{(0)} | \psi_j^{(0)} \right\rangle = 0, \tag{9.91}$$

식 (9.89)는 다음과 같이 된다.

$$E_D^{(0)} \left\langle \bar{\psi}_k^{(0)} | \psi_j^{(2)} \right\rangle + E'_k \left\langle \bar{\psi}_k^{(0)} | \psi_j^{(1)} \right\rangle = E_j^{(0)} \left\langle \bar{\psi}_k^{(0)} | \psi_j^{(2)} \right\rangle + E_j^{(1)} \left\langle \bar{\psi}_k^{(0)} | \psi_j^{(1)} \right\rangle \tag{9.92}$$

335

여기에 앞에서 얻은 식 (9.80)의 결과를 다시 쓰면,

$$\left\langle \bar{\psi}_k^{(0)} | \psi_j^{(1)} \right\rangle = C_{jk}^{(1)} = 0 \quad (j > q \ , \quad k \le q), \tag{9.93}$$

식 (9.92)는 다음의 관계식을 준다.

$$(E_D^{(0)} - E_j^{(0)}) \left\langle \bar{\psi}_k^{(0)} | \psi_j^{(2)} \right\rangle = 0 \tag{9.94}$$

앞에서와 마찬가지로 $j > q$ 일 때 $E_D^{(0)} \ne E_j^{(0)}$ 이므로, 우리는 다음 결과를 얻는다.

$$\left\langle \bar{\psi}_k^{(0)} | \psi_j^{(2)} \right\rangle = C_{jk}^{(2)} = 0 \quad (j > q \ , \quad k \le q) \tag{9.95}$$

다음으로 $k > q$ 인 경우, 식 (9.88)은 다음과 같이 된다.

$$\left\langle \psi_k^{(0)} | H_0 | \psi_j^{(2)} \right\rangle + \left\langle \psi_k^{(0)} | H' | \psi_j^{(1)} \right\rangle$$
$$= E_j^{(0)} \left\langle \psi_k^{(0)} | \psi_j^{(2)} \right\rangle + E_j^{(1)} \left\langle \psi_k^{(0)} | \psi_j^{(1)} \right\rangle + E_j^{(2)} \left\langle \psi_k^{(0)} | \psi_j^{(0)} \right\rangle \tag{9.96}$$

다시 앞에서처럼 $k = j$ 인 경우와 $k \ne j$ 인 경우의 두 가지로 나누어 생각하자.

첫 번째, $k = j$ 인 경우 위 식은 다음과 같이 된다.

$$E_j^{(0)} \left\langle \psi_j^{(0)} | \psi_j^{(2)} \right\rangle + \sum_{\substack{l \notin D \\ (l \ne j)}} C_{jl}^{(1)} \left\langle \psi_j^{(0)} | H' | \psi_l^{(0)} \right\rangle$$
$$= E_j^{(0)} \left\langle \psi_j^{(0)} | \psi_j^{(2)} \right\rangle + E_j^{(1)} \left\langle \psi_j^{(0)} | \psi_j^{(1)} \right\rangle + E_j^{(2)} \tag{9.97}$$

여기에 다음의 관계를 적용하면,

$$\left\langle \psi_j^{(0)} | \psi_j^{(1)} \right\rangle = \left\langle \psi_j^{(0)} | \psi_j^{(2)} \right\rangle = 0, \tag{9.98}$$

식 (9.86)의 결과로부터 겹치지 않은 경우의 식 (9.22)와 같은 다음의 결과를 얻는다.

$$E_j^{(2)} = \sum_{\substack{l \notin D \\ (l \ne j)}} C_{jl}^{(1)} \left\langle \psi_j^{(0)} | H' | \psi_l^{(0)} \right\rangle = \sum_{\substack{l \notin D \\ (l \ne j)}} \frac{H'_{lj} H'_{jl}}{E_j^{(0)} - E_l^{(0)}} = \sum_{\substack{l \notin D \\ (l \ne j)}} \frac{|H'_{lj}|^2}{E_j^{(0)} - E_l^{(0)}} \tag{9.99}$$

두 번째, $j \neq k$ 인 경우 식 (9.96)은 식 (9.80)의 결과를 쓰면 다음과 같이 된다.

$$E_k^{(0)} \left\langle \psi_k^{(0)} | \psi_j^{(2)} \right\rangle + \sum_{\substack{l \notin D \\ (l \neq j)}} C_{jl}^{(1)} \left\langle \psi_k^{(0)} | H' | \psi_l^{(0)} \right\rangle$$

$$= E_j^{(0)} \left\langle \psi_k^{(0)} | \psi_j^{(2)} \right\rangle + E_j^{(1)} \left\langle \psi_k^{(0)} | \psi_j^{(1)} \right\rangle \tag{9.100}$$

여기에 다음의 관계를 적용하면,

$$\left\langle \psi_k^{(0)} | \psi_j^{(2)} \right\rangle = C_{jk}^{(2)}, \quad \left\langle \psi_k^{(0)} | \psi_j^{(1)} \right\rangle = C_{jk}^{(1)}, \tag{9.101}$$

우리는 다음 관계식을 얻는다.

$$E_k^{(0)} C_{jk}^{(2)} + \sum_{\substack{l \notin D \\ (l \neq j)}} C_{jl}^{(1)} H_{kl}' = E_j^{(0)} C_{jk}^{(2)} + E_j^{(1)} C_{jk}^{(1)} \tag{9.102}$$

이로부터 우리는 식 (9.84)와 식 (9.86)의 결과를 써서, 겹치지 않은 경우의 건드림에서 얻은 결과식 (9.25)와 동일한 다음의 결과를 얻는다.

$$C_{jk}^{(2)} = \sum_{\substack{l \notin D \\ l \neq j}} \frac{H_{lj}' H_{kl}'}{(E_j^{(0)} - E_k^{(0)})(E_j^{(0)} - E_l^{(0)})} - \frac{H_{kj}' H_{jj}'}{(E_j^{(0)} - E_k^{(0)})^2} \quad (\, j, k > q \text{ 이고}, \ j \neq k \text{ 일 때})$$

$$\tag{9.103}$$

이 결과를 써서 $\lambda$ 의 2차 항에 해당하는 상태함수는 다음과 같이 간단히 쓸 수 있다.

$$\psi_j^{(2)} = \sum_{\substack{k \notin D \\ (k \neq j)}} C_{jk}^{(2)} \psi_k^{(0)} \quad (j > q \ , \quad D \equiv 1, \ 2, \ \cdots, \ q) \tag{9.104}$$

이상의 분석에서 우리는 겹친 상태들이 있는 경우도, 겹친 상태들의 건드림을 계산한 후에는, 겹친 상태들은 제외하고 원래부터 겹치지 않은 상태들에 대해서만 겹치지 않은 건드림 이론을 동일하게 적용하면 됨을 알 수 있다.

# 제 9.3 절 시간에 무관한 건드림 이론의 적용 Applications of Time-Independent Perturbation

이 절에서는 이제까지 배운 시간에 무관한 건드림 이론이 실제 어떻게 적용되는지 수소 원자의 경우를 중심으로 살펴보도록 하겠다.

## 9.3.1 스핀-궤도 결합 Spin-Orbit Coupling

원자 내에 존재하는 원자핵에 의한 전기장은 원자 내에서 움직이는 전자에 대해서는 자기장으로도 작용하므로, 이러한 자기장과 전자의 자기모멘트 사이에는 상호작용이 존재하게 된다. 자기장이 $\vec{B}$ 라고 하면, 자기모멘트 $\vec{\mu}$ 를 가진 전자의 위치에너지는 다음의 건드림 해밀토니안으로 나타낼 수 있다.[2]

$$H' = -\vec{\mu} \cdot \vec{B} \tag{9.105}$$

그런데 전자의 자기모멘트는 앞에서 식 (8.129)로 표시된 것처럼 전자의 스핀 각운동량으로 기술되고, 전자가 느끼는 자기장은 아래에서 설명하겠지만 전자의 궤도 각운동량으로 표현할 수 있다. 따라서 전자의 자기모멘트와 자기장 사이의 상호작용은 전자의 스핀 각운동량과 궤도 각운동량 사이의 상호작용으로 바꾸어 생각할 수 있다. 이러한 상호작용을 우리는 스핀-궤도 결합이라고 하는데, 이제부터 이 상호작용에 의한 건드림 효과를 생각해 보겠다.

이제 식 (8.129)를 써서 전자의 자기 모멘트 magnetic moment 를 스핀 각운동량으로 표시하면, 위에서 식 (9.105)로 주어진 건드림 해밀토니안은 다음과 같이 쓰여진다.

$$H' = \frac{|e|}{mc}\vec{S} \cdot \vec{B} \tag{9.106}$$

그런데 전기장 $\vec{E}$ 안에서 $\vec{v}$ 의 속도로 움직이는 관찰자가 측정하는 자기장은 특수상

---

[2]원자에서 이 효과는 원자핵과 전자 사이의 전기적인 위치에너지보다 매우 작으므로 건드림으로 근사할 수 있다.

대성 이론에 의해 다음과 같이 주어진다.[3]

$$\vec{B} = -\frac{\gamma}{c}\vec{v} \times \vec{E}, \quad \gamma = \frac{1}{\sqrt{1 - \frac{v^2}{c^2}}} \tag{9.107}$$

우리는 이 관계를 써서 원자핵에 의한 전기장으로부터 원자 내에서 전자가 느끼는 자기장을 계산할 수 있다.

원자 내부에서 전자의 속력 $v$ 는 빛의 속력 $c$ 에 비해 매우 작다고 할 수 있으므로, 여기서는 $\gamma \simeq 1$ 로 놓을 수 있다. 한편, 수소 원자 내부에서 원자핵에 의한 전기장은 전기 퍼텐셜 $\Phi$ 로 다음과 같이 표시할 수 있다.[4]

$$\vec{E} = -\nabla\Phi, \quad \Phi = \frac{e}{r} \tag{9.108}$$

따라서 원자 내에서 전자가 느끼는 자기장은 다음과 같이 쓸 수 있다.

$$\vec{B} = -\frac{\gamma}{c}\vec{v} \times \vec{E} \simeq \frac{\vec{v}}{c} \times \nabla\Phi \tag{9.109}$$

여기서 $\vec{p} = m\vec{v}$ 의 관계를 사용하면 이는 다시 다음과 같이 쓸 수 있다.

$$\vec{B} = \frac{\vec{p}}{mc} \times \nabla\Phi \tag{9.110}$$

한편, 원자에서 전기장은 중심력장이므로 다음의 관계를 사용하고,

$$\nabla\Phi = \hat{r}\frac{d\Phi(r)}{dr}, \tag{9.111}$$

$\vec{L} = \vec{r} \times \vec{p}$ 의 관계를 적용하면, 자기장은 다음과 같이 쓸 수 있다.

$$\vec{B} = \frac{1}{mc}\vec{p} \times \hat{r}\frac{d\Phi}{dr} = -\frac{\vec{L}}{mcr}\frac{d\Phi}{dr} \tag{9.112}$$

따라서 식 (9.106)의 건드림 해밀토니안은 다음과 같이 다시 쓸 수 있다.

$$H' = \frac{|e|}{mc}\vec{S} \cdot \vec{B} = -\frac{|e|}{m^2c^2r}\frac{d\Phi}{dr}\vec{S} \cdot \vec{L} \tag{9.113}$$

---

[3]이 관계는 참고문헌 [25]의 6장이나 [39]의 11장 참조. 여기서 CGS 단위를 사용함에 유의.
[4]여기서는 간편함을 위해 수소 원자의 경우로 국한하겠다.

그런데 여기서 전자는 직선 운동을 하는 관성계 inertial frame 에 있지 않고 궤도 가속 운동을 한다고 보면, 이러한 가속 운동에 대한 상대론적 수정이 필요하다. 이러한 상대론적 수정의 결과는 토마스 세차 Thomas precession[5] 효과로 나타나며, 이는 관성계에서 얻은 값에 $\frac{1}{2}$ 을 곱한 값을 준다. 그리하여 스핀-궤도 결합 spin- orbit coupling 에 의한 건드림 해밀토니안은 최종적으로 다음과 같이 주어진다.[6]

$$H' = -\frac{|e|}{2m^2c^2}\frac{1}{r}\frac{d\Phi}{dr}\vec{S}\cdot\vec{L} \equiv f(r)\vec{S}\cdot\vec{L} \tag{9.114}$$

이제 건드림 효과를 계산하기 위하여 $\vec{S}\cdot\vec{L}$ 을 전체 각운동량 $\vec{J}$ 와 스핀 각운동량 $\vec{S}$, 궤노 삭운동량 $\vec{L}$ 사이의 관계로 다음과 같이 나타내 보자.

$$\vec{J}^2 = (\vec{L}+\vec{S})^2 = \vec{L}^2 + \vec{S}^2 + 2\vec{L}\cdot\vec{S} \tag{9.115}$$

즉, $\vec{S}\cdot\vec{L}$ 은 다음과 같이 표현할 수 있다.

$$\vec{S}\cdot\vec{L} = \frac{1}{2}(\vec{J}^2 - \vec{L}^2 - \vec{S}^2) \tag{9.116}$$

따라서 건드림 해밀토니안의 기대값은 $\vec{J}^2, \vec{L}^2, \vec{S}^2$ 의 기대값들로 쓸 수 있을 것이다.

기대값 계산을 위해 건드림 이전의 수소 원자에서 전자의 고유상태를 $|n, l, s, m_l, m_s\rangle$ 로 표현하자. 여기서 원래 해밀토니안은 다음과 같이 주어지므로 스핀의 상태에 영향을 받지 않음을 알 수 있다.

$$H_0 = \frac{\vec{p}^2}{2m} - \frac{e^2}{r} \tag{9.117}$$

반면, 건드림 해밀토니안 $H'$ 의 기대값은 스핀의 상태에 영향을 받게 된다.

$$\left\langle \phi_n^{(0)}|H'|\phi_n^{(0)} \right\rangle \equiv \langle n, l, s, m_l, m_s|H'|n, l, s, m_l, m_s \rangle$$
$$= \frac{1}{2}\langle f(r)\rangle_{nl}\left\langle n, l, s, m_l, m_s \left| \vec{J}^2 - \vec{L}^2 - \vec{S}^2 \right| n, l, s, m_l, m_s \right\rangle \tag{9.118}$$

우리는 앞에서 궤도 각운동량이 $l$ 일 때, 전자의 전체 각운동량이 $j = l \pm \frac{1}{2}$ 의 두 가지 값을 가질 수 있음을 보았다. 그리고 개별상태 $|l, s; m_l, m_s\rangle$ 는 다시 전체상태

---

[5]이에 대한 설명은 참고문헌 [26]의 Ex.103 또는 [39]의 11.8절 참조.
[6]이는 상대론적 파동방정식인 디락 방정식을 쓰면 바로 얻을 수 있다. 참고문헌 [22]의 13장(§53).

$|l, s; j, m_j\rangle$ 들의 일차 결합으로 표시될 수 있음을 보았다. 그런데 원래 해밀토니안의 고유값은 주양자수 $n$ 에만 의존하므로, 각운동량 상태를 어떻게 표현하든 그 고유값은 같다. 따라서 고유상태를 전체 각운동량 상태 $|n, l, s, j, m_j\rangle$ 를 써서 표현하면 건드림 해밀토니안의 각운동량 관련 부분의 기대값은 다음과 같이 쓸 수 있다.

$$\frac{1}{2}\left\langle n, l, s, j, m_j \left| \vec{J}^2 - \vec{L}^2 - \vec{S}^2 \right| n, l, s, j, m_j \right\rangle \tag{9.119}$$

$$= \frac{\hbar^2}{2}\left\{ j(j+1) - l(l+1) - \frac{3}{4} \right\} = \begin{cases} \frac{l\hbar^2}{2}, & j = l + \frac{1}{2} \text{일 때} \\ -\frac{(l+1)\hbar^2}{2}, & j = l - \frac{1}{2} \text{일 때} \end{cases}$$

즉, 이제까지 같았던 에너지 준위가 전체 각운동량 $j$ 값에 따라 달라진다.

여기서 언뜻 원래 수소 원자에서의 고유상태들이 겹쳐있는데 왜 우리가 겹친 상태들에 대한 건드림 방식을 쓰지 않고 겹치지 않은 상태들에 대한 건드림 계산 방식으로 $\vec{J}^2, \vec{L}^2, \vec{S}^2$ 연산자들의 고유상태들에 대한 기대값을 구하였는지 의아해 할 수도 있을 것이다. 그러나 실제로 우리는 위에서 겹친 상태들에 대한 건드림 방식을 사용한 것이다.

이 논의를 이해하기 위하여 먼저 수소 원자에서 전자의 원래 고유상태들을 생각해보자. 이는 전자의 스핀 상태까지 포함하면 7장에서 구한 건드림 이전 수소 원자의 고유상태들에 스핀의 고유상태들을 곱한 형태로 표시할 수 있을 것이다. 이를 우리는 위에서 다음과 같이 표시하였다.

$$\left|\phi_n^{(0)}\right\rangle \equiv |n, l, m_l\rangle \otimes |s, m_s\rangle \equiv |n, l, s, m_l, m_s\rangle \tag{9.120}$$

여기서 각운동량 관련한 상태함수들은 $|l, m_l\rangle \otimes |s, m_s\rangle \equiv |l, s; m_l, m_s\rangle$ 인데, 이전에 우리는 이를 클렙시-고단 계수들로 주어지는 전체 각운동량 연산자들인 $\vec{J}^2, J_z$ 의 고유상태 $|l, s; j, m_j\rangle$ 의 1차 결합들로 표시할 수 있음을 배웠다. 그리고 앞서 배웠던 겹친 상태들에 대한 건드림 방식에서는 원래 겹친 상태들의 1차 결합들로 건드림 해밀토니안의 고유상태들을 만들고, 그 고유값들을 구하는 것이 해법이었다.

한편, 이 문제에서는 건드림 해밀토니안의 각운동량 관련 부분이 $\vec{J}^2 - \vec{L}^2 - \vec{S}^2$ 에 비례하므로 우리는 이 연산자에 대한 고유상태를 원래 겹친 상태들로부터 구하고 그 고

유값을 구하면 되는 것이다. 그런데 이 고유상태가 바로 원래 고유상태 $|l, s; m_l, m_s\rangle$ 의 1차 결합들로 주어지는 전체 각운동량 고유상태 $|l, s; j, m_j\rangle$ 이고, 그 결합상수들은 이미 알려진 클렙시-고단 계수들이므로, 우리는 이러한 사실을 참고하여 바로 $|l, s; j, m_j\rangle$ 를 사용하여 그 고유값을 구했던 것이다.

이제 고유상태의 $r$ 좌표 의존 부분에 대한 건드림 해밀토니안의 기대값을 구하자. 먼저 전체 각운동량이 $j = l + \frac{1}{2}$ 인 경우, 기대값은 다음과 같이 쓸 수 있을 것이다.[7]

$$\langle n, l, s, j, m_j | H' | n, l, s, j, m_j \rangle = \frac{1}{2} l \hbar^2 \langle f(r) \rangle_{nl} = \frac{1}{2} l \hbar^2 \int_0^\infty |R_{nl}(r)|^2 f(r) r^2 dr$$

(9.121)

그리고 $j = l - \frac{1}{2}$ 인 경우, 그 기대값은 다음과 같이 쓸 수 있을 것이다.

$$-\frac{1}{2}(l+1)\hbar^2 \langle f(r) \rangle_{nl}$$

(9.122)

이제 함수 $f(r)$ 의 기대값을 구하여 수소 원자의 경우 바닥상태가 어떻게 변하는지 살펴보기로 하겠다.

바닥상태의 경우 $n = 1$ 이므로 $l = 0$, $m_l = 0$ 의 한 가지 경우밖에 없다. 따라서 스핀이 $\frac{1}{2}$ 인 전자가 가질 수 있는 전체 각운동량은 $j = \frac{1}{2}$ 밖에 없다. 이와 같이 $l = 0$ 인 경우 항상 $j = s$ 의 관계가 성립하여 다음의 결과를 준다.

$$\left\langle \vec{J}^2 - \vec{L}^2 - \vec{S}^2 \right\rangle = 0$$

(9.123)

즉, $\langle H' \rangle = 0$ 이 되어 에너지 준위의 변화는 없다. 따라서 수소 원자의 바닥상태는 스핀-궤도 결합에 의해 에너지 준위가 변하지 않는다.

다음으로 첫 번째 들뜬상태인 $n = 2$ 인 경우를 생각해 보겠다. 이 경우는 궤도 각운동량이 $l = 1, 0$ 의 두 가지 값을 가지므로 각각의 경우에 가능한 전체 각운동량은 다음과 같다.

---

[7]여기서 기대값에 붙은 첨자 $nl$ 은 각각 주양자수, 궤도 각운동량을 나타내며, 기대값은 그에 해당하는 상태함수 $R_{nl}(r)$ 에 의하여 계산되어야 함을 표시.

$l = 0$ 인 경우는 $n = 1$ 의 경우에서처럼 $j = \frac{1}{2}$ 의 한 가지 경우 밖에 없으므로 에너지 준위의 변화는 없다. 그러나 $l = 1$ 인 경우 $j = \frac{3}{2}$ 과 $j = \frac{1}{2}$ 의 두 가지 값이 가능하다. 따라서 $n = 2$ 인 경우 전자의 상태는 $l = 0$, $j = \frac{1}{2}$ 인 경우와 $l = 1$, $j = \frac{1}{2}$ 및 $l = 1$, $j = \frac{3}{2}$ 인 경우의 세 가지 경우가 가능하다.

여기서 잠시, 이와 같이 원자에서 주양자수 $n$ 과 , 궤도 각운동량 $l$, 전체 각운동량 $j$ 로 주어지는 전자의 다양한 상태들을 간편하게 표시하기 위하여 우리는 $nL_j$ 라는 분광학적 표현을 쓰기도 한다. 이 분광학적 표현에서 $n$ 과 $j$ 는 주어진 숫자로 나타내지만, 궤도 각운동량을 나타내는 $L$ 은 $l = 0, 1, 2, 3, 4, 5, \cdots$ 일 때, 각각 $S, P, D, F, G, H, \cdots$ 등으로 표시한다.[8] 예컨대, 수소 원자의 바닥상태 $n = 1, l = 0$ 인 경우는 $j = \frac{1}{2}$ 이므로 $S$-파동 $1S_{\frac{1}{2}}$ 로, 첫 번째 들뜬 상태 $n = 2$ 인 경우는 $l = 0$ ($j = \frac{1}{2}$)인 $S$-파동 $2S_{\frac{1}{2}}$ 과 $l = 1$ 인 $P$-파동의 $j = \frac{1}{2}$ 과 $j = \frac{3}{2}$ 의 경우를 각각 $2P_{\frac{1}{2}}$과 $2P_{\frac{3}{2}}$ 으로 나타낸다.

$S$-파동의 경우 앞에서 설명한 것처럼 건드림에 의한 에너지 준위의 변화가 없지만, $P$-파동 상태들인 $2P_{\frac{1}{2}}$ 과 $2P_{\frac{3}{2}}$ 의 경우 아래에서 보겠지만 건드림 해밀토니안에서 $r$ 에 의존하는 함수 $f(r)$의 기대값이 0 이 아니다.

$$\langle f(r) \rangle_{21} \propto \left\langle \frac{1}{r^3} \right\rangle_{21} \neq 0 \tag{9.124}$$

따라서 $j$ 값에 따라 그 에너지 준위가 변하게 된다. 즉, $j = \frac{3}{2}$ 일 때 다음과 같이 되고,

$$\langle H' \rangle = \frac{1}{2} \hbar^2 \langle f(r) \rangle_{21}, \tag{9.125}$$

$j = \frac{1}{2}$ 일 때는 다음과 같이 된다.

$$\langle H' \rangle = -\hbar^2 \langle f(r) \rangle_{21} \tag{9.126}$$

이는 그림 9.2에 표시된 바, 스핀-궤도 결합에 의하여 첫 번째 들뜬상태들은 분리된다. 여기에 덧붙여 언급할 점은 일단 첫 번째 들뜬상태들이 3개의 에너지 준위로 분리되었지만, 각 상태들은 여전히 겹쳐있다는 것이다. 즉, $2S_{\frac{1}{2}}$ 과 $2P_{\frac{1}{2}}$ 의 경우에는 각각 $z$

---

[8]표 12.1 참조.

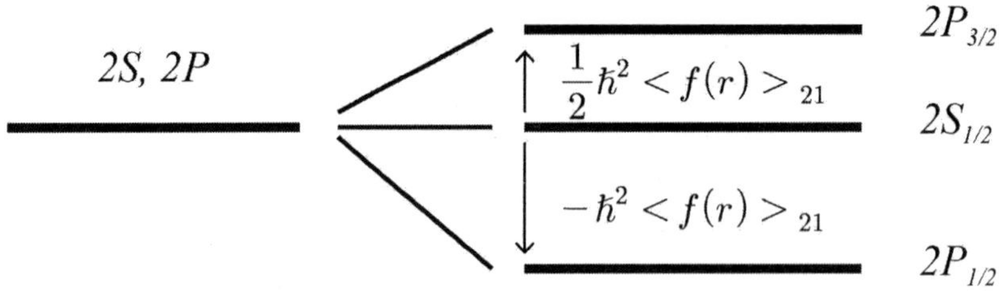

그림 9.2: 스핀-궤도 결합에 의한 첫 번째 들뜬상태들의 분리

성분 각운동량이 2 가지 ($m_j = \pm\frac{1}{2}$), $2P_{\frac{3}{2}}$ 의 경우는 4 가지 ($m_j = \pm\frac{3}{2}, \pm\frac{1}{2}$)의 서로 다른 상태들이 존재한다.

참고로 바닥상태 $1S_{\frac{1}{2}}$ 경우에도 $z$ 성분 각운동량이 2 가지 ($m_j = m_s = \pm\frac{1}{2}$)의 다른 상태들이 있음에 유의하자. 이를 우리는 앞에서 스핀 ↑ up 또는 스핀 ↓ down 상태로 표시하였다. 마찬가지로 $n = 2$ 의 경우, 2개의 $2S$ 상태, 6개의 $2P$ 상태가 가능하여 모두 8개의 상태가 존재할 수 있다.

마지막으로 건드림 해밀토니안의 $r$ 성분에 대한 기대값 $\langle f(r) \rangle_{nl}$ 에 대해 생각해보자. 앞에서 기대값은 다음과 같이 주어졌다.

$$\langle f(r) \rangle_{nl} = \int_0^\infty |R_{nl}(r)|^2 f(r) r^2 dr \tag{9.127}$$

여기서 $R_{nl}(r)$은 7장에서 주어진 수소 원자의 $r$ 성분 고유함수이다. 앞에서 주어진 수소 원자핵에 의한 전기 퍼텐셜 $\Phi = e/r$ 를 사용하면 $f(r)$은 다음과 같이 주어진다.

$$f(r) = -\frac{|e|}{2m^2c^2}\frac{1}{r}\frac{d\Phi}{dr} = \frac{e^2}{2m^2c^2}\frac{1}{r^3} \tag{9.128}$$

위의 변수($r$) 부분과 7장에서 구한 함수 $R_{nl}(r)$을 식 (9.127)에 대입하여 계산하면, 그 결과는 다음과 같이 주어진다.[9]

$$\left\langle \frac{1}{r^3} \right\rangle_{nl} = \int_0^\infty |R_{nl}(r)|^2 \frac{1}{r^3} r^2 dr = \frac{1}{l(l+\frac{1}{2})(l+1)n^3 a_0^3}, \quad a_0 \equiv \frac{\hbar^2}{me^2} \tag{9.129}$$

---

[9]참고문헌 [17]의 11.4절, 또는 [13]의 19.1절 참조.

이로부터 $r$ 성분의 기대값 $\langle f(r)\rangle_{nl}$ 은 정리하여 다음과 같이 쓸 수 있다.

$$\langle f(r)\rangle_{nl} = \frac{me^8/(2\hbar^6 n^3)}{c^2(l+\frac{1}{2})(l+1)l} = \frac{|E_n^{(0)}|}{\hbar^2}\frac{\alpha^2}{n}\frac{1}{l(l+\frac{1}{2})(l+1)}, \quad \alpha \equiv \frac{e^2}{\hbar c} \qquad (9.130)$$

위에서 $E_n^{(0)}$ 는 7장에서 얻은 수소 원자의 $n$ 번째 에너지 준위이다.

$$E_n^{(0)} = -\frac{me^4}{2\hbar^2 n^2} = -\frac{mc^2\alpha^2}{2n^2} \qquad (9.131)$$

이상에서 스핀-궤도 결합에 의한 에너지 보정은 최종적으로 다음과 같이 쓸 수 있다.[10]

$$E_n^{(1)} = \frac{1}{2}\left\langle \vec{J}^2 - \vec{L}^2 - \vec{S}^2 \right\rangle \langle f(r)\rangle_{nl} = \frac{mc^2\alpha^4}{4n^3}\frac{\left\{\begin{array}{c} l \\ -l-1 \end{array}\right\}}{l(l+\frac{1}{2})(l+1)} \qquad (9.132)$$

여기서 큰 괄호 안의 값들 $\{l, -l-1\}$ 은 각각 $j = l+\frac{1}{2}$ 과 $j = l-\frac{1}{2}$ 의 경우의 값들이다.

### 9.3.2  상대론적 보정 Relativistic Correction

지금까지는 수소 원자에서 전자의 에너지를 비상대론적으로 생각하여 전자의 속력이 빛의 속력보다 아주 작다는 가정 하에 근사적으로 문제를 풀었는데 이제는 전자의 에너지를 상대론적으로 기술하였을 때 어떠한 효과가 나타나는지 살펴보고자 한다.

상대론적 에너지는 다음과 같이 주어짐을 우리는 알고 있다.

$$E = \sqrt{m^2 c^4 + p^2 c^2} \qquad (9.133)$$

따라서 추가되는 건드림 효과는 이로부터 비상대론적 운동에너지 $T_0 = \frac{p^2}{2m}$ 를 뺀 값이 될 것이다. 즉, 전체 해밀토니안을 $H = T + V$ 로 표시하면, 상대론적 운동에너지 $T$ 는 다음과 같이 쓸 수 있다. 여기서 $p = |\vec{p}|$ 이고, 위치에너지는 $V = -\frac{e^2}{r}$ 이다.

$$\begin{aligned} T &= \sqrt{m^2 c^4 + p^2 c^2} - mc^2 = mc^2(1 + \frac{p^2}{m^2 c^2})^{\frac{1}{2}} - mc^2 \\ &= mc^2\left\{1 + \frac{p^2}{2m^2 c^2} - \frac{1}{8}(\frac{p^2}{m^2 c^2})^2 + \cdots\right\} - mc^2 \\ &= \frac{p^2}{2m} - \frac{1}{8}\frac{p^4}{m^3 c^2} + \cdots \end{aligned} \qquad (9.134)$$

---

[10]이 결과는 $l \neq 0$ 인 경우에만 유효하다. $l = 0$ 인 경우는 앞에서 보았듯이 $E_n^{(1)} = 0$ 이다.

위에서 원자 내부 전자의 운동에너지는 질량에 의한 에너지보다 아주 작아 $\frac{p^2}{m^2c^2} \ll 1$ 이므로, 테일러 전개에서 제곱 이상의 항은 무시하였다.

건드림 해밀토니안은 $H' = H - H_0$ 으로 표시할 수 있으므로, $H_0 = \frac{p^2}{2m} + V$ 를 대입하면 다음과 같이 쓸 수 있다.

$$H' = T - \frac{p^2}{2m} = -\frac{p^4}{8m^3c^2} \tag{9.135}$$

여기서 $\frac{p^2}{2m} = H_0 - V$ 의 관계를 쓰면, 건드림 해밀토니안은 다음처럼 표시 가능하다.

$$H' = -\frac{1}{8}\frac{p^4}{m^3c^2} = -\frac{1}{2mc^2}\left(\frac{p^2}{2m}\right)^2 = -\frac{1}{2mc^2}(H_0 - V)^2 \tag{9.136}$$

따라서 이 건드림 해밀토니안에 대한 1차 보정을 우리는 다음과 같이 쓸 수 있다.

$$\begin{aligned}
\left\langle \phi_n^{(0)} | H' | \phi_n^{(0)} \right\rangle &= \langle nlm | H' | nlm \rangle = -\frac{1}{2mc^2} \langle nlm | (H_0 - V)^2 | nlm \rangle \\
&= -\frac{1}{2mc^2} \langle nlm | H_0^2 - H_0 V - V H_0 + V^2 | nlm \rangle \\
&= -\frac{1}{2mc^2}\Big[ (E_n^{(0)})^2 - E_n^{(0)} \langle V \rangle_{nlm} \\
&\qquad\qquad - \langle V \rangle_{nlm} E_n^{(0)} + \langle V^2 \rangle_{nlm} \Big]
\end{aligned} \tag{9.137}$$

위에서 우리는 다음의 관계를 썼다.

$$H_0 |nlm\rangle = E_n^{(0)} |nlm\rangle \tag{9.138}$$

그리고 기대값들 $\langle V \rangle_{nlm}$ 및 $\langle V^2 \rangle_{nlm}$ 은 다음과 같이 주어진다.[11]

$$\begin{aligned}
\langle V \rangle_{nlm} &= -e^2 \int_0^\infty \frac{1}{r} |R_{nl}|^2 r^2 dr = -e^2 \left\langle \frac{1}{r} \right\rangle_{nl} = -e^2 \frac{1}{a_0 n^2} \\
\langle V^2 \rangle_{nlm} &= e^4 \int_0^\infty \frac{1}{r^2} |R_{nl}|^2 r^2 dr = e^4 \left\langle \frac{1}{r^2} \right\rangle_{nl} = e^4 \frac{1}{a_0^2 n^3 (l+\frac{1}{2})}
\end{aligned} \tag{9.139}$$

이상으로부터 주양자수가 $n$, 궤도 각운동량 양자수가 $l$ 일 때, 수소 원자 에너지 준위의 상대론적 1차 보정을 $E_{nl}^{(1)}$ 로 표시하면 다음과 같이 주어진다.

$$E_{nl}^{(1)} = \langle H' \rangle_{nlm} = -\frac{1}{2mc^2}\left[ (E_n^{(0)})^2 + 2\frac{e^2}{a_0 n^2} E_n^{(0)} + e^4 \frac{1}{a_0^2 n^3 (l+\frac{1}{2})} \right] \tag{9.140}$$

---

[11]참고문헌 [17]의 11.4절 참조.

여기에 다시 다음의 관계를 적용하면,

$$E_n^{(0)} = -\frac{e^2}{2a_0 n^2} = -\frac{mc^2 \alpha^2}{2n^2}, \tag{9.141}$$

수소 원자의 에너지 준위에 대한 상대론적 1차 보정은 다음과 같이 쓸 수 있다.

$$E_{nl}^{(1)} = -\frac{(E_n^{(0)})^2}{2mc^2}\left[\frac{4n}{l+\frac{1}{2}} - 3\right] = -\frac{mc^2 \alpha^4}{2n^3}\left[\frac{1}{l+\frac{1}{2}} - \frac{3}{4n}\right] \tag{9.142}$$

이상의 상대론적 보정은 같은 주양자수의 경우에도 궤도 각운동량이 작은 경우가 큰 경우보다 보정된 에너지 준위가 원래 에너지 준위보다 더 낮아짐을 보여준다.

이제 식 (9.132)에서 구한 스핀-궤도 결합에 의한 보정과 식 (9.142)에서 구한 상대론적 보정을 합하면 수소 원자의 경우 에너지 준위의 변화는 다음과 같이 주어진다.

$$\begin{aligned}
\Delta E_n &= \frac{mc^2 \alpha^4}{4n^3} \frac{\left\{\begin{array}{c} l \\ -l-1 \end{array}\right\}}{l(l+\frac{1}{2})(l+1)} - \frac{mc^2 \alpha^4}{2n^3}\left[\frac{1}{l+\frac{1}{2}} - \frac{3}{4n}\right] \\
&= -\frac{mc^2 \alpha^4}{2n^3}\left[\frac{1}{j+\frac{1}{2}} - \frac{3}{4n}\right]
\end{aligned} \tag{9.143}$$

이는 수소 원자에서의 스핀-궤도 결합에 의한 서로 다른 궤도 각운동량 $l$ 값 및 전체 각운동량 $j$ 값에 의한 에너지 준위의 분리는 상대론적 보정이 더해지면 전체 각운동량 $j$ 값에 의해서만 분리됨을 보여준다.

앞에서 스핀-궤도 결합에 의해 $2P_{\frac{1}{2}}$ 보다 높은 에너지 준위를 가지게 되었던 $2S_{\frac{1}{2}}$ 는 위에서 설명한대로 상대론적 보정에 의해서는 궤도 각운동량이 큰 $2P_{\frac{1}{2}}$ 보다 더 낮아지게 되어 두 준위가 서로 같아지게 된다. 그러나 이러한 두 준위의 합치는 실제로는 일어나지 않는데, 이는 1947년 관찰된 램 이동 Lamb shift 에 의해서 $2S_{\frac{1}{2}}$ 준위가 아주 약간 위로 이동하면서 분리되기 때문이다. 이러한 램 이동 현상에 대한 설명은 이후 양자전기역학 quantum electrodynamics 에 의해서 가능해졌다.

### 9.3.3  제만 효과 Zeeman Effect

우리는 앞의 두 소절에서 수소 원자 내 전자의 에너지 준위를 조금 더 정확하게 얻는 요소들에 대하여 생각하였다. 이제 외부 자기장이 존재할 때 원자 내의 전자에 끼치는 건드림 효과를 생각하여 보겠다.

외부의 자기장이 전자의 자기쌍극자 모멘트에 작용하는 효과를 우리는 제만 효과 Zeeman effect 라고 부른다. 앞에서 우리는 전자의 운동으로 인하여 원자 내부에 존재하는 전기장이 전자에게 자기장으로 인식되어 발생하는 효과를 고려하였다. 여기서는 외부 자기장과 전자의 자기쌍극자 모멘트 사이의 작용에 의한 위치에너지의 변화를 생각하겠다.

나중에 다루겠지만, 외부 자기장이 존재하는 경우에는 전자의 운동을 기술하는 해밀토니안의 기술 방식이 달라진다. 우리는 이러한 영향을 포함하는 새로운 슈뢰딩거 방정식을 써서 해를 구하여야 겠지만, 그에 대한 세밀한 사항은 뒤에서 다시 다루기로 하고 여기서는 일단 건드림 방식에 의한 보정을 생각해 보겠다.

앞에서 보았다시피 전자의 스핀에 의한 자기쌍극자 모멘트는 스핀 각운동량으로, 전자의 궤도 각운동량에 의한 자기쌍극자 모멘트는 궤도 각운동량으로 각각 다음과 같이 표시된다.

$$\mu_s = -\frac{|e|}{mc}\vec{S}, \quad \mu_l = -\frac{|e|}{2mc}\vec{L} \tag{9.144}$$

따라서 전자의 자기쌍극자 모멘트와 외부 자기장 사이의 상호작용은 다음의 건드림 해밀토니안으로 표현할 수 있다.

$$H' = -\vec{\mu}\cdot\vec{B} = -(\vec{\mu}_s + \vec{\mu}_l)\cdot\vec{B} = \frac{|e|}{2mc}(2\vec{S}+\vec{L})\cdot\vec{B} \tag{9.145}$$

이제 논의의 편의를 위하여 외부 자기장이 $z$ 축 방향으로 균일한 값을 가진 경우를 가정하여 외부 자기장을 $\vec{B} = B_0\hat{k}$ 로 표현하자. 이 경우 건드림 해밀토니안은 다음과 같이 주어진다.

$$H' = \frac{|e|B_0}{2mc}(2S_z + L_z) = \frac{|e|B_0}{2mc}(J_z + S_z) \tag{9.146}$$

348

앞에서 우리는 스핀-궤도 결합 및 상대론적 보정을 함께 고려한 수소 원자의 에너지 준위는 주양자수 $n$ 과 전체 각운동량 양자수 $j$ 에 의하여 표현됨을 보았다. 그래서 여기서는 제만 효과에 의한 보정을 전체 각운동량 고유상태 $|l, s; j, m_j >$ 에 대한 건드림으로 표현하려고 한다.

$$\langle H' \rangle = \frac{|e|B_0}{2mc} \left( \langle l, s; j, m_j | J_z | l, s; j, m_j \rangle + \langle l, s; j, m_j | S_z | l, s; j, m_j \rangle \right) \quad (9.147)$$

여기서 우변의 첫째 항은 $m_j \hbar$ 로 주어지지만, 둘째 항은 전체 각운동량 고유상태 $|l, s; j, m_j\rangle$ 가 $S_z$ 의 고유상태가 아니므로 쉽게 얻어지지 않는다. 이를 구하기 위해서는 전체 각운동량 고유상태를 궤도 및 스핀 각운동량 고유상태로 표시하여야 한다. 이는 이미 8장의 식 (8.260)-(8.261)에서 클렙시-고단 계수들을 구하여 다음과 같이 그 관계가 주어졌었다.

$$\left| j = l + \frac{1}{2}, m_j = m + \frac{1}{2} \right\rangle = \sqrt{\frac{l + m + 1}{2l + 1}} Y_l^m \chi_+ + \sqrt{\frac{l - m}{2l + 1}} Y_l^{m+1} \chi_- \quad (9.148)$$

$$\left| j = l - \frac{1}{2}, m_j = m + \frac{1}{2} \right\rangle = -\sqrt{\frac{l - m}{2l + 1}} Y_l^m \chi_+ + \sqrt{\frac{l + m + 1}{2l + 1}} Y_l^{m+1} \chi_- \quad (9.149)$$

그러므로 식 (9.147) 우변의 둘째 항 $\langle l, s; j, m_j | S_z | l, s; j, m_j \rangle$ 는 $j = l + \frac{1}{2}$ 인 경우, 다음과 같이 주어진다.

$$\frac{\hbar}{2} \left( \frac{l + m + 1}{2l + 1} - \frac{l - m}{2l + 1} \right) \delta_{m_j, m + \frac{1}{2}} = \frac{\hbar m_j}{2l + 1} \quad (9.150)$$

그리고 $j = l - \frac{1}{2}$ 인 경우에는 다음과 같이 주어진다.

$$\frac{\hbar}{2} \left( \frac{l - m}{2l + 1} - \frac{l + m + 1}{2l + 1} \right) \delta_{m_j, m + \frac{1}{2}} = -\frac{\hbar m_j}{2l + 1} \quad (9.151)$$

따라서 전체 건드림 보정은 다음과 같이 된다.

$$\langle H' \rangle = \frac{|e|B_0}{2mc} \left( m_j \hbar \pm \frac{\hbar m_j}{2l + 1} \right) = \frac{|e|B_0 \hbar m_j}{2mc} \left( 1 \pm \frac{1}{2l + 1} \right), \quad j = l \pm \frac{1}{2} \quad (9.152)$$

이는 이미 언급하였다시피 수소 원자의 상태가 스핀-궤도 결합과 상대론적 보정에 의해 전체 각운동량의 고유상태에 있을 경우이다. 그런데 만약 외부 자기장이 스핀-궤도 결합의 영향을 무시할 수 있을 정도로 크다고 하면, 이 경우 상태는 전체 각운동량의 고유상태가 아닐 것이다. 따라서 이 경우 건드림 보정은 식 (9.146)의 첫 번째 관계를 써서 궤도 각운동량 및 스핀 각운동량의 고유상태에 대한 기대값, 즉 궤도 각운동량 및 스핀 각운동량의 $z$ 성분인 $m_l$ 및 $m_s$ 로 다음과 같이 쓸 수 있다.

$$\langle H' \rangle = \frac{|e|B_0}{2mc} \left( 2 \langle S_z \rangle + \langle L_z \rangle \right) = \frac{|e|B_0\hbar}{2mc} \left( 2m_s + m_l \right) \tag{9.153}$$

### 9.3.4 슈타르크 효과 Stark Effect

앞에서 우리는 외부에 자기장이 존재할 때 나타나는 제만 효과를 다뤘다. 외부에 전기장이 존재할 때, 우리는 이에 의한 원자 내 전자에 대한 건드림 효과를 슈타르크 효과라고 부른다. 가장 간단한 수소 원자의 경우에 대해서 다뤄보자.

건드림 이전의 수소 원자 고유상태를 $\psi_n^{(0)} = |nlm>$ 으로 표시하자. 여기서 전기장이 $z$ 축 방향으로 균일하다고 하면($\vec{E} = E_0\hat{k}$), 전기장은 다음과 같이 쓸 수 있고,

$$\vec{F} = q\vec{E} = -|e|E_0\hat{k}, \tag{9.154}$$

전기장에 의한 위치에너지는 다음과 같이 주어진다.

$$V = -\int \vec{F} \cdot d\vec{x} = |e|E_0z \tag{9.155}$$

이제 이를 건드림으로 구면좌표에서 표현하면 다음과 같이 쓸 수 있다.

$$H' = |e|E_0z = |e|E_0r\cos\theta \tag{9.156}$$

먼저 바닥상태($n = 1$)의 경우는 그 상태가 $|1,0,0> = R_{10}(r)Y_0^0(\theta,\phi)$으로 주어지므로, 다음의 관계를 적용하면 건드림 효과는 없다. 즉, $< H' >_{100} = 0$ 이다.

$$< Y_0^0 | \cos\theta | Y_0^0 > = 0 \tag{9.157}$$

다음으로 첫 번째 들뜬상태($n = 2$)에는 다음의 네 가지 상태가 존재한다.

$$|nlm\rangle = |2,1,1\rangle, |2,1,0\rangle, |2,1,-1\rangle, |2,0,0\rangle \tag{9.158}$$

따라서 첫 번째 들뜬상태의 겹친 상태들에 대한 건드림 행렬은 다음처럼 쓸 수 있다.

$$
\begin{pmatrix}
\langle 2,0,0|H'|2,0,0\rangle & \langle 2,0,0|H'|2,1,1\rangle & \langle 2,0,0|H'|2,1,0\rangle & \langle 2,0,0|H'|2,1,-1\rangle \\
\langle 2,1,1|H'|2,0,0\rangle & \langle 2,1,1|H'|2,1,1\rangle & \langle 2,1,1|H'|2,1,0\rangle & \langle 2,1,1|H'|2,1,-1\rangle \\
\langle 2,1,0|H'|2,0,0\rangle & \langle 2,1,0|H'|2,1,1\rangle & \langle 2,1,0|H'|2,1,0\rangle & \langle 2,1,0|H'|2,1,-1\rangle \\
\langle 2,1,-1|H'|2,0,0\rangle & \langle 2,1,-1|H'|2,1,1\rangle & \langle 2,1,-1|H'|2,1,0\rangle & \langle 2,1,-1|H'|2,1,-1\rangle
\end{pmatrix}
$$

이제 상태를 구면함수로 $|nlm> = R_{nl}(r)Y_l^m(\theta,\phi)$와 같이 표현하고, 구면조화함수들에 대한 다음 관계들을 이용하여 행렬 요소들을 계산하자.

$$
Y_0^0 = \sqrt{\frac{1}{4\pi}}, \quad Y_1^0 = \sqrt{\frac{3}{4\pi}}\cos\theta, \quad Y_1^{\pm 1} = \mp\sqrt{\frac{3}{8\pi}}\sin\theta e^{\pm i\phi} \tag{9.159}
$$

$$
< Y_l^m|Y_{l'}^{m'} > = \int_{\phi=0}^{2\pi}\int_{\theta=0}^{\pi} Y_l^{m*}(\theta,\phi)Y_{l'}^{m'}(\theta,\phi)\sin\theta d\theta d\phi = \delta_{ll'}\delta_{mm'} \tag{9.160}
$$

이에 더하여 구면조화함수에 $\cos\theta$ 항이 곱해진 경우는 다음의 관계식이 성립한다.[12]

$$
\cos\theta\, Y_l^m = \sqrt{\frac{(l-m+1)(l+m+1)}{(2l+1)(2l+3)}}Y_{l+1}^m + \sqrt{\frac{(l-m)(l+m)}{(2l+1)(2l-1)}}Y_{l-1}^m \tag{9.161}
$$

그리고 $\sin\theta$ 항이 곱해진 경우는 다음과 같다.

$$
\sin\theta\, e^{\pm i\phi}\, Y_l^m = \mp\sqrt{\frac{(l\pm m+1)(l+m+2)}{(2l+1)(2l+3)}}Y_{l+1}^{m\pm 1} \pm \sqrt{\frac{(l\mp m)(l\mp m-1)}{(2l+1)(2l-1)}}Y_{l-1}^{m\pm 1}
$$
$$
\tag{9.162}
$$

위의 관계식 (9.161)로부터 우리는 다음의 관계식들을 얻는다.

$$
\cos\theta Y_0^0 = \sqrt{\frac{1}{3}}Y_1^0, \quad \cos\theta Y_1^1 = \sqrt{\frac{1}{5}}Y_2^1, \quad \cos\theta Y_1^{-1} = \sqrt{\frac{1}{5}}Y_2^{-1},
$$
$$
\cos\theta Y_1^0 = \sqrt{\frac{4}{15}}Y_2^0 + \sqrt{\frac{1}{3}}Y_0^0 \tag{9.163}
$$

따라서 식 (9.160)의 관계를 적용하면, 위의 행렬 요소들 중에서 $\langle 2,0,0|H'|2,1,0\rangle$과 $\langle 2,1,0|H'|2,0,0\rangle$의 두 항만 살아남는 것을 알 수 있다.

---

[12]참고문헌 [14] 참조.

이제 식 (7.178)로 주어진 $R_{nl}$ 함수들을 대입하여 이 행렬 요소들을 계산하여 보자.

$$R_{20}(r) = \frac{2}{(2a_0)^{\frac{3}{2}}} \left( 1 - \frac{r}{2a_0} \right) e^{-\frac{r}{2a_0}}, \quad R_{21}(r) = \frac{1}{\sqrt{3}(2a_0)^{\frac{3}{2}}} \frac{r}{a_0} e^{-\frac{r}{2a_0}} \quad (9.164)$$

먼저 편의를 위하여 건드림 해밀토니안을 $H' = \alpha r \cos\theta$ (여기서 $\alpha \equiv |e|E_0$)로 표시하고, 식 (9.163)의 관계들을 적용하면 식 (9.160)으로부터 행렬요소 $\langle 2,0,0|H'|2,1,0 \rangle$과 $\langle 2,1,0|H'|2,0,0 \rangle$은 각각 다음과 같이 쓸 수 있다.

$$
\begin{aligned}
\langle 2,0,0|H'|2,1,0 \rangle &= \langle R_{20}Y_0^0 | \alpha r \cos\theta | R_{21}Y_1^0 \rangle \\
&= \alpha \langle R_{20}|r|R_{21} \rangle \langle Y_0^0 | \cos\theta | Y_1^0 \rangle \\
&= \sqrt{\frac{1}{3}} \alpha \langle R_{20}|r|R_{21} \rangle \qquad (9.165) \\
\langle 2,1,0|H'|2,0,0 \rangle &= \langle R_{21}Y_1^0 | \alpha r \cos\theta | R_{20}Y_0^0 \rangle \\
&= \alpha \langle R_{21}|r|R_{20} \rangle \langle Y_1^0 | \cos\theta | Y_0^0 \rangle \\
&= \sqrt{\frac{1}{3}} \alpha \langle R_{21}|r|R_{20} \rangle \qquad (9.166)
\end{aligned}
$$

여기서 $R_{nl}$ 함수들은 실함수들이므로, $\langle R_{20}|r|R_{21} \rangle = \langle R_{21}|r|R_{20} \rangle$이며 그 값은 다음과 같이 쓸 수 있다.

$$
\begin{aligned}
\langle R_{20}|r|R_{21} \rangle &= \int_0^\infty r^2 dr R_{20}^*(r) \, r \, R_{21}(r) \\
&= \int_0^\infty dr \frac{4}{\sqrt{3}(2a_0)^4} \left( r^4 - \frac{r^5}{2a_0} \right) e^{-\frac{r}{a_0}} \qquad (9.167)
\end{aligned}
$$

따라서 다음의 적분 결과를 사용하면,

$$\int_0^\infty x^n e^{-ax} dx = \frac{n!}{a^{n+1}}, \quad a \geq 0, \quad n = 1,2,3,\cdots \qquad (9.168)$$

$r$ 성분의 기대값은 다음과 같이 된다.

$$< R_{20}|r|R_{21} > = -3\sqrt{3}a_0 \qquad (9.169)$$

이상의 결과로부터 행렬 요소들의 값은 다음과 같이 주어진다.

$$\langle 2,0,0|H'|2,1,0 \rangle = \langle 2,1,0|H'|2,0,0 \rangle = -3\alpha a_0 = -3|e|E_0 a_0 \equiv -\epsilon_0 \qquad (9.170)$$

앞에서 논의한 바와 같이, 두 고유상태 $|2, 1, 1\rangle$과 $|2, 1, -1\rangle$에 관련된 행렬 요소들은 0 이므로, 이제부터 그와 관련된 항들을 생략하고 나머지 두 상태 $|2, 0, 0\rangle$과 $|2, 1, 0\rangle$에만 연관된 항들을 가지고 아래와 같이 건드림 행렬과 고유방정식 secular equation 을 쓰도록 하겠다.

$$H' = \begin{pmatrix} 0 & -\epsilon_0 \\ -\epsilon_0 & 0 \end{pmatrix} \tag{9.171}$$

$$\det(H' - E'\mathbf{1}) = \det \begin{pmatrix} -E' & -\epsilon_0 \\ -\epsilon_0 & -E' \end{pmatrix} = 0 \tag{9.172}$$

먼저 고유방정식을 풀면, 건드림에 의한 에너지 준위의 변화는 다음과 같다.

$$E' = \pm\epsilon_0 = \pm 3|e|E_0 a_0 \tag{9.173}$$

다음으로 이러한 에너지 변화들에 해당하는 고유상태들은 다음과 같이 구할 수 있다. $E' = +\epsilon_0$ 일 때는 다음의 행렬식이 성립하므로, $a_1 = -a_2$ 의 관계가 성립해야 한다.

$$\begin{pmatrix} 0 & -\epsilon_0 \\ -\epsilon_0 & 0 \end{pmatrix} \begin{pmatrix} a_1 \\ a_2 \end{pmatrix} = E' \begin{pmatrix} a_1 \\ a_2 \end{pmatrix} \tag{9.174}$$

따라서 에너지 보정이 $E' = +\epsilon_0 = 3|e|E_0 a_0$ 인 경우, 그에 상응하는 고유상태는 원래 고유상태들의 1차 결합으로 다음과 같이 주어진다.

$$\bar{\psi}_+^{(0)} = \frac{1}{\sqrt{2}}(|2, 0, 0\rangle - |2, 1, 0\rangle), \tag{9.175}$$

에너지 보정이 $E' = -\epsilon_0$ 인 경우, 같은 방식으로 $a_1 = a_2$ 의 관계가 성립해야 한다. 따라서 그에 상응하는 고유상태는 다음과 같이 주어진다.

$$\bar{\psi}_-^{(0)} = \frac{1}{\sqrt{2}}(|2, 0, 0\rangle + |2, 1, 0\rangle) \tag{9.176}$$

이러한 에너지 변화는 $n = 2$ 인 상태의 에너지 준위를 그림 9.3에서 보는 것처럼 세 가지 에너지 준위로 분리시킨다.

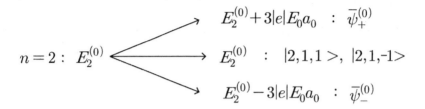

그림 9.3: 슈타르크 효과에 의한 첫 번째 들뜬상태들의 분리

끝으로 한 가지 언급할 점은 식 (9.155)에서 보듯이 $z$ 좌표값이 $-\infty$ 가 되면, 아무리 전기장이 약하더라도 건드림 항이 음의 무한대가 되게 되어 우리가 건드림으로 구한 처음 몇몇 항들이 무의미해질 수도 있다. 그러나 예컨대 여기서 우리가 구한 수소원자의 첫 번째 들뜬상태($n = 2$)와 같은 경우에는 그 상태함수가 좌표값 $z$ 가 작은 영역 내에서 존재하므로, 입자의 존재 영역이 쿨롱 위치에너지와 식 (9.155)의 건드림 위치에너지의 합으로 주어지는 실제적인 유효 장벽 이내로 국한되어 준 속박상태가 된다. 따라서 좌표값 $-z$ 가 커져서 전체 위치에너지가 음으로 매우 커지는 영역과는 실제적으로 무관하게 되어 건드림 계산이 유효하다고 할 수 있다.[13]

## 제 9.4 절  변분법 Variational Method

이제까지 우리가 살펴본 건드림에 의한 풀이 방식은 전체 해밀토니안을 정확한 해를 알고 있는 근사적인 해밀토니안과 추가적인 건드림 해밀토니안으로 나누어 건드림 해밀토니안에 대한 근사적인 해를 구해서 알고 있는 정확한 해에 더하는 방식이었다.

그러나 이처럼 해밀토니안을 나누지 않아도, 앞서 살펴본 WKB 어림에서와 같이 전체 해밀토니안 자체에 대한 근사적인 해를 구할 수도 있다. 이 절에서는 이와 같이 전체 해밀토니안 자체에 대한 근사적인 해를 구하는 방법을 생각해 보겠다.

---

[13] 이에 관한 좀 더 자세한 설명은 참고문헌 [9]의 16장을 참고하기 바란다.

## 9.4.1 변분 원리 Variational Principle

어떤 계에 대한 정확한 해를 구하기 어려운 경우, 우리는 변분 원리를 적용하여 그 계의 바닥상태에 대한 근사적인 에너지를 구할 수 있다. 이는 해밀토니안의 기대값에 대한 아래에서 다룰 다음의 정리, 즉 '임의의 상태에 대한 해밀토니안의 기대값은 그 계의 바닥상태의 에너지보다 작지 않다'는 것을 이용한 것이다.

우리는 이러한 특성에 변분 원리를 적용하여 정확히 풀기 어려운 계에 대한 바닥상태 에너지를 근사적으로 구할 수 있다. 이제 이러한 방법을 적용하기에 앞서 그 토대가 되는 다음의 정리를 증명하여 보자.

**정리: 임의의 상태 $|\psi>$ 에 대한 해밀토니안의 기대값은 그 계의 바닥상태 에너지 $E_0$ 보다 크거나 같다.**

$$\langle \psi | H | \psi \rangle \geq E_0 \tag{9.177}$$

**증명:** 먼저 해밀토니안이 다음과 같은 정확한 해를 가진다고 가정하자.

$$H|\psi_n> = E_n|\psi_n>, \quad (n = 0, 1, 2, \cdots) \tag{9.178}$$

여기서 $E_n$ 은 $E_0 \leq E_1 \leq E_2 \leq \cdots$ 의 관계를 가진다. 이제 임의의 상태 $|\psi>$ 를 해밀토니안의 고유상태들로 다음과 같이 전개하자.

$$|\psi> = \sum_n c_n |\psi_n> \tag{9.179}$$

그러면 임의의 상태 $|\psi>$ 에 대한 해밀토니안 $H$ 의 기대값은 다음과 같이 쓸 수 있다.

$$<\psi|H|\psi> = \sum_{n,m} c_n^* c_m <\psi_n|H|\psi_m> \tag{9.180}$$

그런데 식 (9.178)으로부터 $<\psi_n|H|\psi_m> = E_m \delta_{nm}$ 의 관계가 성립하므로, 이 관계를 적용하면 다음과 같이 정리가 성립함을 증명할 수 있다.

$$<\psi|H|\psi> = \sum_n |c_n|^2 E_n \geq \sum_n |c_n|^2 E_0 = E_0 \sum_n |c_n|^2 = E_0 \tag{9.181}$$

위에서 우리는 다음의 관계를 사용하였다. 임의의 상태를 고유상태들로 전개했을 때, 각 고유상태에 대한 전개계수인 $c_n$ 의 절대값의 제곱 $|c_n|^2$ 은 임의의 상태가 각 고유상태로 측정될 확률이다. 따라서 그 합은 1 이 되어야 한다. 즉 다음의 관계가 성립한다.

$$P_n = |c_n|^2, \quad \sum_n P_n = \sum_n |c_n|^2 = 1 \tag{9.182}$$

이제 위에서 증명한 그러한 특성에 변분 원리를 적용하기 위하여 우리는 임의의 상태 $|\psi>$ 를 매개변수(들)를 갖는 적당한 시험 파동함수 trial wave function, $\psi(x; \lambda, ..)$ 로 나타내 보겠다.[14] 그러면 그러한 시험 파동함수에 대한 해밀토니안의 기대값은 위에 기술한 특성에 의하여 항상 바닥상태 에너지보다 크거나 같을 것이다. 따라서 매개변수(들)을 변화시켜 해밀토니안의 기대값을 가장 작게 만드는 매개변수(들)를 찾으면 그에 상응하는 기대값은 바닥상태 에너지에 더 근접한 값이 될 것이다. 그리고 이러한 가장 작은 기대값을 주는 매개변수(들)로 주어진 시험 파동함수는 바닥상태에 대한 근사적인 파동함수가 될 것이다.

이런 과정을 시험 파동함수 자체를 변화시켜 가면서 반복적으로 시행하여 그 중 가장 작은 기대값을 주는 경우를 찾으면, 우리는 바닥상태에 가장 근접한 에너지와 그에 상응하는 파동함수를 얻을 수 있을 것이다.

### 9.4.2 변분 원리의 적용 Application of Variational Principle

이제 실제 물리계에 이러한 방법을 적용하는 예로 이미 우리가 그 정확한 해를 알고 있는 1차원 단순 조화 떨개의 경우에 대하여 생각하여 보겠다. 우리는 1차원 단순 조화 떨개의 해밀토니안에 대한 시험 파동함수로서 가우스꼴 파동함수 Gaussian wave function 를 가정하겠다.

$$H = \frac{p^2}{2m} + \frac{1}{2}kx^2, \quad \psi(x; \lambda, A) = Ae^{-\lambda x^2} \ (A, \lambda > 0) \tag{9.183}$$

---

[14]여기서 $\lambda, ..$ 등은 매개변수들을 표시한다.

여기서 파동함수의 규격화 조건을 쓰면, 규격화 상수 $A$ 의 값은 일단 결정할 수 있다.

$$< \psi | \psi > = A^2 \int_{-\infty}^{\infty} dx e^{-2\lambda x^2} = A^2 \sqrt{\frac{\pi}{2\lambda}} = 1 \tag{9.184}$$

따라서 $A = \left(\frac{2\lambda}{\pi}\right)^{\frac{1}{4}}$ 로 주어진다. 다음으로 해밀토니안의 기대값을 구하여 보자.

$$
\begin{aligned}
< \psi | H | \psi > &= A^2 \int_{-\infty}^{\infty} e^{-\lambda x^2} \left( -\frac{\hbar^2}{2m} \frac{d^2}{dx^2} + \frac{1}{2} k x^2 \right) e^{-\lambda x^2} dx \\
&= A^2 \int_{-\infty}^{\infty} \left\{ \left( -\frac{\hbar^2}{2m} \right) [-2\lambda + 4\lambda^2 x^2] + \frac{1}{2} k x^2 \right\} e^{-2\lambda x^2} dx \\
&= A^2 \left\{ -\frac{\hbar^2}{2m} \left[ -\sqrt{2\lambda\pi} + \frac{\sqrt{2\lambda\pi}}{2} \right] + \frac{\sqrt{\pi}k}{8\lambda\sqrt{2\lambda}} \right\}
\end{aligned}
\tag{9.185}
$$

여기서 $k = mw^2$ 의 관계를 적용하면, 위에서 얻은 기대값은 다음과 같이 쓸 수 있다.

$$< \psi | H | \psi > = \frac{\lambda\hbar^2}{2m} + \frac{mw^2}{8\lambda} \equiv E(\lambda) \tag{9.186}$$

이 기대값의 최저치를 알기 위해서는 매개변수 $\lambda$ 에 대한 극소값, 즉 $\frac{dE(\lambda)}{d\lambda} = 0$ 을 주는 아래 방정식을 풀면 된다.

$$\frac{dE(\lambda)}{d\lambda} = \frac{\hbar^2}{2m} - \frac{mw^2}{8\lambda^2} = 0 \tag{9.187}$$

이 방정식의 해는 $\lambda = \frac{mw}{2\hbar}$ 이므로, 이에 상응하는 기대값의 최저치는 다음과 같다.

$$E(\lambda)_{\min} = \frac{\hbar w}{4} + \frac{\hbar w}{4} = \frac{\hbar w}{2} \tag{9.188}$$

이 결과는 우리가 알고 있는 1차원 조화 떨개의 바닥상태 에너지와 정확히 일치한다. 이는 우리가 사용한 시험 파동함수가 1차원 조화 떨개의 바닥상태 고유함수와 운 좋게도 같았기 때문이다.

만약에 우리가 다른 시험 파동함수를 사용하였다면 실제 바닥상태 에너지보다 약간 더 큰 값을 얻게 되었을 것이다. 이는 시험 파동함수를 바닥상태의 실제 파동함수와 얼마나 같게 설정하느냐에 따라 실제 바닥상태 에너지에 더 근접한 값을 얻게 될 수 있음을 알려주고 있다.

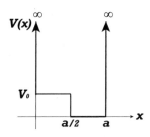

그림 9.4: 1차원 상자에 대한 상수 건드림(문제 9.1)

## 문제

**9.1** 1차원 상자의 위치에너지가 다음과 같이 상자의 왼쪽 절반만 위치에너지가 0 에서 $V_0$ 로 올라갔다(그림 9.4). 에너지 준위의 변화를 $V_0$ 의 1차항까지 건드림 방식으로 구하라.

$$V(x) = \begin{cases} \infty, & x \leq 0 \\ V_0, & 0 < x < \frac{a}{2} \\ 0, & \frac{a}{2} < x < a \\ \infty, & a \leq x \end{cases}$$

답. $E_n^{(1)} = \frac{V_0}{2}$

**9.2** 해밀토니안이 다음과 같이 주어지는 1차원 조화 떨개를 생각하자.

$$H_0 = \frac{p^2}{2m} + \frac{1}{2}mw^2x^2$$

1). 건드림 해밀토니안이 아래와 같이 주어졌을 때, 각 에너지 준위의 변화를 $\epsilon$ 과 $\delta$ 의 1차항까지 구하라. 여기서 $\epsilon$ 과 $\delta$ 는 아주 작은 실수의 상수이다.

$$H' = \epsilon x + \delta x^3$$

다시 $\epsilon$ 과 $\delta$ 의 2차항까지 구하여 1차항까지만 구할 때의 결과와 비교하라.

2). 건드림 해밀토니안이 다음과 같이 주어졌을 때,

$$H' = \epsilon x^2, \quad |\epsilon| \ll mw^2$$

358

이 건드림에 의한 에너지 준위의 변화를 $\epsilon$ 의 1차항까지 구하라. 이 경우 우리는 정확한 해도 구할 수 있는데, 건드림 방식으로 얻은 값을 정확하게 얻은 값과 비교하라.

답. 1). $E_n^{(1)} = 0$

$$E_n^{(2)} = \frac{n(n-1)(n-2)\,\delta^2}{3(\sqrt{2}\alpha)^6\hbar w} + \frac{n}{2\alpha^2\hbar w}\left[\epsilon + \frac{\delta}{2\alpha^2}3n\right]^2$$
$$- \frac{n+1}{2\alpha^2\hbar w}\left[\epsilon + \frac{\delta}{2\alpha^2}(3n+3)\right]^2 - \frac{(n+1)(n+2)(n+3)\,\delta^2}{3(\sqrt{2}\alpha)^6\hbar w}$$

**9.3** 구간이 $0 < x < a$ 로 주어진 1차원 상자의 바닥($V = 0$)이 다음과 같이 변형되었다.

$$V = \epsilon\sin\frac{\pi x}{a}, \quad 0 < x < a, \quad |\epsilon| \ll 1$$

각 에너지 준위의 변화를 $\epsilon$ 의 1차항까지 구하라.

답. $E_n^{(1)} = \frac{2\epsilon}{\pi}\left(1 + \frac{1}{4n^2-1}\right)$

**9.4** 문제 5.10에서 다뤘던 문제를 건드림 방식으로 구하자. 이를 위해 구간이 $0 < x < a$ 인 1차원 상자 안에 다음의 델타함수 위치에너지가 건드림 항으로 추가되었다고 생각하자.

$$V = \lambda\delta(x - \frac{a}{2}), \quad \lambda > 0$$

건드림 이론을 써서 에너지 준위의 변화를 $\lambda$ 의 2차항까지 구하라.

답. $E_n^{(1)} + E_n^{(2)} = \begin{cases} \frac{2\lambda}{a} - \left(\frac{\lambda}{\pi\hbar}\right)^2\frac{2m}{n^2}, & n = 1, 3, 5, \cdots \\ 0, & n = 2, 4, 6, \cdots \end{cases}$

**9.5** 다음과 같이 바닥의 일부가 변형된 1차원 상자를 생각하여 5장에서 다뤘던 두 상태로 이루어진 계에서의 가정들을 건드림의 입장에서 살펴보자.

$$V(x) = \begin{cases} V_0, & |x| < b \\ 0, & b < |x| < a \\ \infty, & a < |x| \end{cases}$$

위에서 $V_0$ 는 양수이고 $b$ 는 $a$ 보다 훨씬 작다.

1). 중앙 장벽 $V_0$ 가 원래 상자의 바닥상태 에너지와 비슷하게 낮아졌을 때, 에너지를 폭이 $2a$인 1차원 상자에 대한 건드림으로 생각하여 그 1차항까지 구하라.

2). 중앙 장벽 $V_0$ 가 처음 몇 개의 낮은 에너지 준위들보다 훨씬 높은 경우를 생각하자. 이 경우 처음 몇 개의 낮은 에너지 상태들에 대해 우리는 입자가 $V_0$ 높이의 장벽으로 분리된 좌우 두 개의 깊은 우물 중 하나에 있다고 근사할 수 있을 것이다.

만약 $V_0$ 가 입자의 에너지에 비해 매우 높다면, 이는 $x = 0$ 에 통과할 수 없는 장벽으로 분리된 구간 $-a < x < 0$ 와 $0 < x < a$ 의 두 1차원 상자들로 이루어진 계로 근사할 수 있을 것이다. 이 경우 고유상태들은 1차원 상자의 각 에너지 준위에서 두 겹의 겹친 상태들이 될 것이다. 이제 이러한 두 상자들 사이의 중앙 무한 장벽이 낮아져서 높이 $V_0$, 너비 $2b$의 장벽으로 변했다고 생각하고, 원래의 두 1차원 상자에 대한 겹친 상태의 건드림으로 보아 이 건드림에 의한 바닥상태와 첫 번째 늘뜬상태의 에너지를 구하라.

$$H' = V_0, \quad |x| < b$$

3). 2)번의 경우와 같이 중앙 장벽 $V_0$ 가 처음 몇 개의 낮은 에너지 준위들보다 훨씬 높지만, 다만 아래와 같이 왼쪽과 오른쪽 우물에서의 건드림 해밀토니안의 부호가 반대로 주어졌을 경우의 답을 구하라.

$$H' = \begin{cases} -V_0, & -b < x < 0 \\ +V_0, & 0 < x < b \end{cases}$$

답. 1). $E_n \simeq \begin{cases} \frac{n^2 \hbar^2 \pi^2}{8ma^2} + \frac{2V_0 b}{a} - \frac{V_0 n^2 \pi^2}{6} \left(\frac{b}{a}\right)^3, & n = 1, 3, 5, \cdots \\ \frac{n^2 \hbar^2 \pi^2}{8ma^2} + \frac{V_0 n^2 \pi^2}{6} \left(\frac{b}{a}\right)^3, & n = 2, 4, 6, \cdots \end{cases}$

2). $E_1 \simeq \frac{\hbar^2 \pi^2}{2ma^2} + \frac{2\pi^2 V_0}{3} \left(\frac{b}{a}\right)^3$, $\quad E_2 \simeq \frac{2\hbar^2 \pi^2}{ma^2} + \frac{8\pi^2 V_0}{3} \left(\frac{b}{a}\right)^3$

3). $E_1 \simeq \frac{\hbar^2 \pi^2}{2ma^2} - \frac{2\pi^2 V_0}{3} \left(\frac{b}{a}\right)^3$, $\quad E_2 \simeq \frac{\hbar^2 \pi^2}{2ma^2} + \frac{2\pi^2 V_0}{3} \left(\frac{b}{a}\right)^3$

**9.6** 2차원 조화 떨개의 해밀토니안이 다음과 같이 주어졌다.

$$H_0 = \frac{1}{2m}(p_x^2 + p_y^2) + \frac{1}{2}mw^2(x^2 + y^2)$$

여기에 건드림이 다음과 같이 가해졌다.

$$H' = \epsilon_1 x^2 + \epsilon_2 y$$

여기서 $\epsilon_1$ 과 $\epsilon_2$ 는 둘 다 아주 작은 양의 상수이다. 이 건드림에 의한 첫 번째 들뜬상태의 에너지 변화와 그에 해당하는 상태들을 구하라.

답. $E_2 = E_1^{(0)} + \frac{\epsilon_1}{2\alpha^2} = 2\hbar w + \frac{\epsilon_1 \hbar}{2mw}$,   고유상태: $|0,1\rangle$

$E_3 = E_1^{(0)} + \frac{3\epsilon_1}{2\alpha^2} = 2\hbar w + \frac{3\epsilon_1 \hbar}{2mw}$,   고유상태: $|1,0\rangle$

**9.7** 다음과 같이 한 변의 길이가 $a$ 인 정육면체 형태의 3차원 상자가 있다.

$$V(x,y,z) = \begin{cases} 0, & 0 < x < a,\ 0 < y < a,\ 0 < z < a \\ \infty, & \text{그외 영역} \end{cases}$$

여기에 아래와 같은 건드림이 추가되었을 때, 건드림 이전 첫 번째 들뜬상태의 에너지 변화와 그에 상응하는 상태함수들을 구하라. 여기서 건드림 이전의 첫 번째 들뜬상태는 겹친 상태들임에 유의하라.

$$H' = \begin{cases} V_0, & 0 < x < a,\ 0 < y < \frac{a}{2},\ 0 < z < \frac{a}{2},\quad V_0 > 0 \\ 0, & \text{그외 영역} \end{cases}$$

답. 첫 번째 들뜬상태는 다음 세 개의 에너지 준위로 분리된다.

$$E_2 = \frac{3\pi^2\hbar^2}{ma^2} + \left[\frac{1}{4} - \left(\frac{4}{3\pi}\right)^2\right]V_0, \quad E_3 = \frac{3\pi^2\hbar^2}{ma^2} + \frac{V_0}{4}, \quad E_4 = \frac{3\pi^2\hbar^2}{ma^2} + \left[\frac{1}{4} + \left(\frac{4}{3\pi}\right)^2\right]V_0$$

각 상태함수는 $\psi_{n_x,n_y,n_z}^{(0)} \equiv \left(\frac{2}{a}\right)^{3/2} \sin\frac{n_x\pi x}{a} \sin\frac{n_y\pi y}{a} \sin\frac{n_z\pi z}{a}$ 라고 할 때 다음과 같다.

$$\psi_2 = \frac{1}{\sqrt{2}}\left(\psi_{1,2,1}^{(0)} - \psi_{1,1,2}^{(0)}\right), \quad \psi_3 = \psi_{2,1,1}^{(0)}, \quad \psi_4 = \frac{1}{\sqrt{2}}\left(\psi_{1,2,1}^{(0)} + \psi_{1,1,2}^{(0)}\right)$$

**9.8** 위치에너지가 $V = \frac{1}{2}mw^2x^2$ 으로 주어지는 1차원 조화 떨개에 대한 상대론적 1차 보정을 구하라.

<u>도움말</u>: 상대론적 건드림이 $H' = -\frac{1}{8}\frac{p^4}{m^3c^2} = -\frac{1}{2mc^2}(H_0 - V)^2$ 로 표현됨을 활용하라.

답. $E_n^{(1)} = -\frac{3\hbar^2 w^2}{32mc^2}(2n^2 + 2n + 1)$

**9.9** 길이가 $l$ 인 강체 막대의 한 쪽 끝이 $O$ 점에 고정되어 있고, 질량이 $m$ 인 물체가 반대쪽 끝에 수직으로 매달려 중력에 의해 흔들리고 있다(그림 9.5). 여기서 강체 막대의 질량은 무시할만 하다고 하자.

그림 9.5: 중력에 의한 신사 운동 (문제 9.9)

1). 진자가 흔들리는 각도가 매우 작다고 할 때($\theta \ll 1$), 이 계의 에너지 준위를 구하라.

<u>도움말</u>: 위치에너지를 각도 $\theta$ 의 함수로 표현하고 그 근사값을 취하면 해밀토니안이 조화 떨개의 경우와 같은 형태로 표시됨을 보여라.

2). 흔들리는 각도가 아주 작지는 않을 때, 바닥상태 에너지에 추가되는 1차 기여를 건드림 방식으로 구하라.

답. 1). $E_n^{(0)} = (n + \frac{1}{2})\hbar w, \quad w = \sqrt{\frac{g}{l}}, \quad n = 0, 1, 2, \cdots$

　　2). $E_0^{(1)} = -\frac{\hbar^2}{32ml^2}$

**9.10** 관성모멘트의 성분이 $I_x$, $I_y$, $I_z$ 인 팽이의 해밀토니안은 다음과 같이 쓸 수 있다.

$$H = \frac{1}{2}\left( \frac{L_x^2}{I_x} + \frac{L_y^2}{I_y} + \frac{L_z^2}{I_z} \right)$$

1). 축 대칭성이 있어 $I_x = I_y \equiv I \neq I_z$ 의 관계가 성립할 때, 에너지 준위를 구하라.

2). 축 대칭성이 약간 어긋나서 $I_x - I_y \equiv \alpha$ 라고 하자. $\alpha \ll I_x + I_y \equiv 2I$ 의 관계가 성립하는 경우, 각운동량 양자수 $l = 1$ 인 경우의 에너지 준위를 $\alpha$ 의 1차항까지 구하라. 여기서 각운동량 $z$ 성분 양자수 $m$ 은 0 과 $\pm 1$ 의 세 가지 값을 가짐에 유의하라.

<u>도움말</u>: 이 경우 전체 해밀토니안을 1)번에서 얻은 건드림 이전의 해밀토니안과 건드림 해밀토니안으로 분해하여 생각하라.

답. 1). $E_{lm}^{(0)} = \frac{\hbar^2 l(l+1)}{2I} + \frac{m^2 \hbar^2}{2}\left( \frac{1}{I_z} - \frac{1}{I} \right), \quad l = 0, 1, 2, \cdots, \quad -l \leq m \leq l$

2). $E_{1,0} = \hbar^2/I$, $E_{1,\pm} = \frac{\hbar^2}{2}\left(\frac{1}{I_z} + \frac{1}{I} \pm \frac{\alpha}{2I^2}\right)$

**9.11** 1차원 조화 떨개에서 아래와 같이 주어진 시험 파동함수를 써서 변분 원리 방식을 적용하여 바닥상태 에너지의 근사값을 구하라.

1). $\psi(x; a, c) = c - a|x|$, $|x| \le \frac{c}{a}$ $(a, c > 0)$

도움말: 문제 2.11에서 보인 계단함수의 미분은 델타함수가 됨을 써라.

2). $\psi(x; a, c) = c - ax^2$, $|x| \le \sqrt{\frac{c}{a}}$ $(a, c > 0)$

답. 1). $\sqrt{\frac{3}{10}}\hbar w$

2). $\sqrt{\frac{5}{14}}\hbar w$

**9.12** 1차원 위치에너지 우물$(V < 0)$에서는 반드시 속박상태가 존재함을 보여라.

도움말: 적절한 시험 파동함수를 택하여 변분원리를 적용하고, 그 에너지 기대값이 음$(E < 0)$이 됨을 보여라.

**9.13** 변분 원리를 적용하여, 구간이 $0 \le x \le a$ 로 주어진 1차원 상자에 대해 아래와 같이 삼각형 형태로 주어진 시험 파동함수를 써서 바닥상태 에너지의 근사값을 구하라. 아래에 주어진 파동함수에서 $C$ 는 파동함수의 규격화에 의해 결정되는 상수이다.

$$\psi(x) = \begin{cases} Cx, & 0 \le x \le \frac{a}{2} \\ C(a-x), & \frac{a}{2} \le x \le a \end{cases}$$

답. $\frac{6\hbar^2}{ma^2}$

**9.14** 위치에너지가 아래와 같이 주어졌을 때, 가우스꼴 시험 파동함수 $\psi(x) = Ae^{-\lambda x^2}$ 을 써서 바닥상태 에너지의 근사값을 구하라. 여기서 $A$ 는 규격화 상수이고 $\lambda > 0$ 이다.

$$V(x) = a|x|, \quad a > 0$$

답. $\frac{3}{2}\left(\frac{a^2\hbar^2}{2\pi m}\right)^{1/3}$

# 제 10 장

# 시간에 의존하는 건드림 이론
# Time-Dependent Perturbation Theory

## 제 10.1 절 시간에 의존하는 슈뢰딩거 방정식의 해

지금까지 우리는 해밀토니안이 시간에 무관한 경우를 다뤄왔다. 하지만, 원자의 들뜸 excitation 이나 외부 전자기장의 시간에 따른 변화와 같이 계가 시간에 따라 변하는 경우, 해밀토니안 역시 시간에 의존하게 된다. 이 장에서는 이러한 해밀토니안을 우리가 그 정확한 해를 알고 있는 시간에 무관한 해밀토니안과 시간에 의존하는 건드림 해밀토니안으로 나눌 수 있는 경우에 대하여, 시간에 의존하는 건드림 해밀토니안의 효과를 계산하는 방법에 대해서 생각하겠다.

이를 위해 전체 해밀토니안을 $H$, 우리가 그 정확한 해를 아는 시간에 무관한 해밀토니안을 $H_0$, 그리고 시간에 의존하는 건드림 해밀토니안을 $\lambda H'$ 로 표시하자.

$$H = H_0(\vec{x}) + \lambda H'(\vec{x},\ t) \tag{10.1}$$

그러면 전체 계를 기술하는 시간에 의존하는 슈뢰딩거 방정식은 다음처럼 쓸 수 있다.

$$i\hbar\frac{\partial}{\partial t}\psi(\vec{x},\ t) = (H_0 + \lambda H')\psi(\vec{x},\ t) \tag{10.2}$$

여기서 시간에 무관한 해밀토니안 $H_0$ 의 해가 다음과 같이 주어졌다면,

$$H_0\psi_n^{(0)} = E_n^{(0)}\psi_n^{(0)}, \tag{10.3}$$

건드려지기 전의 계에 존재하는 임의의 상태는 다음과 같이 정상상태 stationary state 들의 일차 결합으로 주어짐을 우리는 알고 있다.

$$\psi^{(0)}(\vec{x},\ t) = \sum_n c_n\psi_n^{(0)}(\vec{x})e^{-\frac{i}{\hbar}E_n^{(0)}t} \tag{10.4}$$

그러나 여기에 시간에 의존하는 건드림 해밀토니안이 추가되면 위 식은 더 이상 슈뢰 딩거 방정식의 해가 될 수 없을 것이다.

그렇지만 위 식에서 시간에 무관한 전개계수 대신 시간에 의존하는 전개계수를 도입한다면, 우리는 전체 해밀토니안에 대한 파동함수를 원래 해밀토니안 $H_0$ 의 고유 상태들로 다음과 같이 전개할 수 있을 것이다.

$$\psi(\vec{x},\ t) = \sum_n c_n(t)\psi_n^{(0)}(\vec{x})e^{-\frac{i}{\hbar}E_n^{(0)}t} \tag{10.5}$$

이때 시간에 의존하는 전개계수는 원래 고유상태들의 직교조건 $< \psi_m^{(0)}|\psi_n^{(0)} > = \delta_{mn}$ 으로부터 다음과 같이 주어진다.

$$c_n(t) = < \psi_n^{(0)}|\psi(\vec{x},\ t) > e^{iw_nt}\ ,\ \ w_n \equiv \frac{E_n^{(0)}}{\hbar} \tag{10.6}$$

이렇게 주어진 임의의 파동함수 (10.5)가 전체 계를 기술하는 시간에 의존하는 슈뢰딩 거 방정식 (10.2)의 해가 되려면 다음 방정식이 만족되면 된다.

$$i\hbar\frac{d}{dt}[\sum_n c_n(t)\psi_n^{(0)}e^{-iw_nt}] = (H_0 + \lambda H')[\sum_n c_n(t)\psi_n^{(0)}e^{-iw_nt}] \tag{10.7}$$

시간에 의존하는 미지 계수 $c_n(t)$를 구하기 위해 이 방정식을 전개하면 다음과 같다.

$$\sum_n i\hbar[\frac{dc_n(t)}{dt}\psi_n^{(0)}e^{-iw_nt} - iw_nc_n(t)\psi_n^{(0)}e^{-iw_nt}]$$
$$= \sum_n c_n(t)E_n^{(0)}\psi_n^{(0)}e^{-iw_nt} + \lambda H'[\sum_n c_n(t)\psi_n^{(0)}e^{-iw_nt}] \quad (10.8)$$

이제 기술의 간편함을 위해 위 식을 디락의 브라-켓 방식으로 표현한 후, 식의 양변에 좌측 방향에서 $< \psi_m^{(0)}|$ 을 작용시키면 그 결과는 다음과 같다.

$$i\hbar\frac{dc_m(t)}{dt}e^{-iw_mt} + \hbar w_mc_m(t)e^{-iw_mt} \quad (10.9)$$
$$- E_m^{(0)}c_m(t)e^{-iw_mt} + \sum_n c_n(t) < \psi_m^{(0)}|\lambda H'|\psi_n^{(0)} > e^{-iw_nt}$$

다시 양변에 $e^{iw_mt}$ 를 곱하고, $\hbar w_m = E_m^{(0)}$ 의 관계를 적용하면 다음의 결과를 얻는다.

$$i\hbar\frac{dc_m(t)}{dt} = \lambda \sum_n c_n(t) < \psi_m^{(0)}|H'|\psi_n^{(0)} > e^{iw_{mn}t} \ , \ \ w_{mn} \equiv w_m - w_n \quad (10.10)$$

여기서 우변의 행렬 요소는 시간에 무관한 건드림 이론에서 다뤘던 건드림 해밀토니안의 행렬 요소와 같다.

$$< \psi_m^{(0)}|H'|\psi_n^{(0)} > = H'_{mn} \quad (10.11)$$

여기서 주목할 점은 이 행렬 요소들이 시간에 무관한 건드림의 경우에서와 마찬가지로 시간에 무관한 원래 해밀토니안의 고유상태들에 대해서 산출된다는 것이다.

전개계수에 대한 최종 방정식 (10.10)은 다음과 같이 행렬방정식으로 쓸 수 있다.

$$i\hbar\frac{d}{dt}\begin{pmatrix} c_1 \\ c_2 \\ \vdots \end{pmatrix} = \lambda \begin{pmatrix} H'_{11} & H'_{12}e^{iw_{12}t} & \cdots \\ H'_{21}e^{iw_{21}t} & H'_{22} & \cdots \\ \vdots & \vdots & \end{pmatrix}\begin{pmatrix} c_1 \\ c_2 \\ \vdots \end{pmatrix} \quad (10.12)$$

여기서 $c_n(t)$들을 $\lambda$ 의 차수로 전개하여 해를 구할 수 있는데, 우리는 이러한 계산 방식을 시간에 의존하는 건드림 이론이라고 부른다.[1]

---

[1]참고로 식 (10.12)는 식 (10.2)로 주어진 전체 해밀토니안에 대한 시간에 의존하는 슈뢰딩거 방정식을 직접 전개계수 $c_n(t)$들에 대한 미분방정식으로 표현했다는 점에서 이전까지 다룬 시간에 무관한 건드림 풀이 방식과 다르다.

## 제 10.2 절 전이 확률 Transition Probability

앞 절에서 우리는 어떤 어림도 취하지 않았다. 하지만, 우리가 얻은 복잡하게 결합된 선형 1차 미분방정식계인 식 (10.12)의 해는 많은 경우 어림 계산으로만 얻을 수 있다.

이제 미분방정식계 (10.12)를 어림 계산으로 풀기 위하여 전개계수 $c_n$ 을 $\lambda$ 의 차수로 다음과 같이 전개하겠다.

$$c_n(t) = c_n^{(0)}(t) + \lambda c_n^{(1)}(t) + \lambda^2 c_n^{(2)}(t) + \cdots \tag{10.13}$$

이를 식 (10.10)에 대입하여 $\lambda$ 의 차수로 전개하면 우리는 다음 관계식들을 얻는다.

$$\lambda \text{의 0차 계수: } i\hbar \frac{dc_m^{(0)}(t)}{dt} = 0$$

$$\lambda \text{의 1차 계수: } i\hbar \frac{dc_m^{(1)}(t)}{dt} = \sum_n c_n^{(0)}(t) H'_{mn} e^{iw_{mn}t}$$

$$\lambda \text{의 2차 계수: } i\hbar \frac{dc_m^{(2)}(t)}{dt} = \sum_n c_n^{(1)}(t) H'_{mn} e^{iw_{mn}t}$$

$$\vdots \tag{10.14}$$

위의 첫 번째 식은 $\lambda$ 의 0차 전개계수 $c_m^{(0)}$ 들이 모두 상수가 되어야 함을 보여준다. 그리고 두 번째 식은 $H_0$ 가 여러 개의 고유상태와 고유값을 가지는 경우, 계수 $c_n$ 들이 서로 얽히게 되어 일반적으로 풀기 어려울 것임을 짐작하게 한다.

그러한 어려움을 피하기 위해 우리는 통상 초기 조건으로 건드림 이전의 계가 $l$ 번째 고유상태에 있었다고 가정한다. 그 경우 초기 상태는 다음과 같이 쓸 수 있다.

$$\psi(\vec{x},\ t=0) = \psi_l^{(0)}(\vec{x}) \tag{10.15}$$

이를 식 (10.5)와 비교하면 우리는 0차 전개계수에 대한 다음 결과를 얻는다.

$$c_n^{(0)} = \delta_{nl} \tag{10.16}$$

이를 $\lambda$ 의 1차 계수식에 대입하면 다음 미분방정식을 얻는다.

$$i\hbar \frac{dc_m^{(1)}(t)}{dt} = \sum_n \delta_{nl} H'_{mn} e^{iw_{mn}t} = H'_{ml} e^{iw_{ml}t} \tag{10.17}$$

이 미분방정식으로부터 $\lambda$ 에 대한 1차 전개계수 $c_m^{(1)}$ 은 다음 적분으로 표시된다.

$$c_m^{(1)}(t) = \frac{1}{i\hbar} \int_0^t dt' e^{iw_{ml}t'} H'_{ml} \qquad (10.18)$$

여기서 행렬 요소는 다음과 같이 주어지는 시간에 의존하는 함수임을 유의하자.

$$H'_{ml} = <\psi_m^{(0)} | H'(\vec{x}, t) | \psi_l^{(0)}> \qquad (10.19)$$

이제부터는 보다 쉽게 해를 구할 수 있는 경우로 건드림 해밀토니안이 시간과 공간의 함수로 다음과 같이 분리되는 경우를 가정하겠다.

$$H'(\vec{x}, t) = V(\vec{x})f(t) \qquad (10.20)$$

이 경우 $c_m^{(1)}$ 은 다음과 같이 쓸 수 있다.

$$c_m^{(1)}(t) = \frac{1}{i\hbar} V_{ml} \int_0^t dt' e^{iw_{ml}t'} f(t') \qquad (10.21)$$

이때 건드림 행렬 요소 $V_{ml}$ 은 시간에 무관한 건드림에서처럼 공간에 대한 적분으로 다음과 같이 주어진다.

$$V_{ml} = <\psi_m^{(0)} | V(\vec{x}) | \psi_l^{(0)}> \qquad (10.22)$$

한편, 앞에서 주어진 시간에 의존하는 일반적인 파동함수를 나타내는 식 (10.5)에서 $|c_m(t)|^2$ 은 시간 $t$ 에서 상태가 $m$ 번째 고유상태에 있을 확률을 나타낸다. 따라서, $l$ 번째 고유상태가 초기 상태로 주어진 경우, 시간이 $t$ 가 경과하였을 때 계가 $m$ 번째 고유상태로 바뀔 확률은 다음과 같다.

$$P_{l\to m} = |c_m|^2 \simeq |\lambda c_m^{(1)}|^2 = \left| \frac{\lambda V_{ml}}{\hbar} \right|^2 \left| \int_0^t dt' e^{iw_{ml}t'} f(t') \right|^2 \qquad (10.23)$$

여기서 우리는 $c_m^{(0)} = 0 \ (m \neq l)$임을 적용하였고, $\lambda$ 의 2차항 이상은 무시하였다. 이와 같이 $l$ 번째 고유상태에서 $m$ 번째 고유상태로 계가 변화할 확률 $P_{l\to m}$ 을 우리는 전이 확률 transition probability 이라고 한다.

# 제 10.3 절  페르미의 황금률 Fermi's Golden Rule

## 10.3.1   건드림이 시간의 함수가 아닐 때  Constant Perturbation

먼저 가장 간단한 경우인 시간에 의존하지 않는 건드림을 생각해보자. 건드림이 시간 $t = 0$ 에서 시작되었다고 하면, 시간에 의존하지 않는 건드림 해밀토니안은 다음과 같이 쓸 수 있을 것이다.

$$\lambda H' = \begin{cases} \lambda V(\vec{x}) \,, & t \geq 0 \\ 0 \,, & t < 0 \end{cases} \tag{10.24}$$

건드림이 시작되기 전에 계가 $l$ 번째 고유상태에 있었다고 하면, $c_m^{(1)}(t)$는 앞에서 얻은 식 (10.21)에 의해서 다음과 같이 주어진다.

$$c_m^{(1)}(t) = \frac{1}{i\hbar} V_{ml} \int_0^t dt' e^{iw_{ml}t'} \,, \quad V_{ml} = \, < \psi_m^{(0)} | V(\vec{x}) | \psi_l^{(0)} > \tag{10.25}$$

이를 시간에 대해 적분하면, 다음 결과를 얻는다.

$$c_m^{(1)}(t) = \frac{V_{ml}(1 - e^{iw_{ml}t})}{\hbar w_{ml}} = V_{ml} \frac{-2i e^{i\frac{w_{ml}}{2}t} \sin(\frac{w_{ml}}{2}t)}{\hbar w_{ml}} \,, \quad m \neq l \tag{10.26}$$

따라서 시간 $t$ 에 계가 $m$ 번째 고유상태에 있을 확률은 다음과 같이 주어진다.

$$P_{l \to m} = |c_m(t)|^2 \simeq |\lambda c_m^{(1)}(t)|^2 = \frac{4}{\hbar^2} |\lambda V_{ml}|^2 \frac{\sin^2(\frac{w_{ml}}{2}t)}{w_{ml}^2} \tag{10.27}$$

여기서 $w_{ml}$ 을 $w$ 로 놓자.

$$w_{ml} = w_m - w_l \equiv w \tag{10.28}$$

그림 10.1은 이 확률이 $w = 0$ 에서 가장 높은 봉우리 peak 값을 가짐을 보여준다. 그리고 $t$ 가 매우 커질 때 함수 $\sin^2(\frac{wt}{2})/w^2 t$ 는 실제로 델타함수가 된다(문제 10.2).

$$\lim_{t \to \infty} \frac{\sin^2(\frac{wt}{2})}{w^2 t} = \frac{\pi}{2} \delta(w) \tag{10.29}$$

따라서 $l$ 번째 상태에서 $m$ 번째 상태로 가는 전이 확률은 $w = 0$, 즉 $w_m = w_l$ 인 경우에만 0 이 아닌 값을 갖는다.

$$P_{l \to m} = \frac{4}{\hbar^2} |\lambda V_{ml}|^2 \frac{\pi}{2} t \, \delta \left( \frac{E_m^{(0)} - E_l^{(0)}}{\hbar} \right) \tag{10.30}$$

369

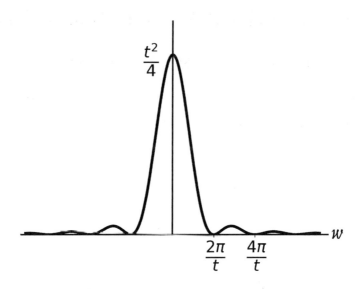

그림 10.1: 고정된 $t$ 값에서 함수 $\sin^2(\frac{wt}{2})/w^2$ 의 $w$ 에 대한 변화

이는 초기 에너지와 같은 에너지를 갖는 최종상태 즉, $E_m^{(0)} = E_l^{(0)}$ 인 경우에만 전이가 가능함을 보여준다.

실제 전이 확률은 $E_m^{(0)} = E_l^{(0)}$의 조건을 만족하는 모든 최종상태들로의 전이 확률들의 합이 되어야 한다. 따라서 최종 전이 확률을 구하려면 그러한 조건을 만족하는 상태들의 밀도를 곱하여 전이 가능한 최종상태들의 에너지 영역에 대해서 적분하여야 한다. 즉, 실제 전이 확률은 에너지 $E_m^{(0)}$에서의 상태밀도 함수 $\rho(E_m^{(0)})$을 곱하여 다음과 같이 주어진다.

$$
\begin{aligned}
\bar{P}_{l \to m} &= \int_{E_m^{(0)}-\triangle}^{E_m^{(0)}+\triangle} P_{l \to m}\, \rho(E_m')dE_m' \\
&= \frac{4}{\hbar^2} \int_{E_m^{(0)}-\triangle}^{E_m^{(0)}+\triangle} |\lambda V_{ml}|^2 \frac{\pi}{2} t\, \delta\left(\frac{E_m' - E_l^{(0)}}{\hbar}\right) \rho(E_m')dE_m' \\
&= \frac{2\pi}{\hbar} t\, |\lambda V_{ml}|^2 \delta(E_m^{(0)} - E_l^{(0)})\rho(E_m^{(0)})
\end{aligned}
\tag{10.31}
$$

단위 시간당 전이가 일어날 확률인 전이율 transition rate 은 전이 확률을 걸린 시간으로 나누어주면 된다. 따라서 시간에 무관한 건드림의 경우 전이율 $W$ 는 최종적으로

370

다음과 같이 쓸 수 있다.

$$W_{l \to m} = \frac{2\pi}{\hbar} |\lambda V_{ml}|^2 \rho(E_m^{(0)}) \delta(E_m^{(0)} - E_l^{(0)}) \tag{10.32}$$

즉, 전이율은 건드림 행렬 요소의 제곱과 상태밀도의 곱에 $\frac{2\pi}{\hbar}$ 를 곱한 값으로 아주 간단하게 주어진다. 이 공식은 많은 경우에 적용 가능한 중요한 역할을 하므로, 페르미 E. Fermi 는 이를 '시간에 의존하는 건드림 이론의 황금률' the golden rule of time-dependent perturbation theory 이라고 불렀다.[2] 여기서 덧붙여 언급할 점은 사실 이와 같은 시간에 의존하는 건드림 이론은 페르미 이전에 이미 1920년대 말에 디락 P.A.M. Dirac 에 의하여 이론화되어 그 결과가 얻어졌다는 것이다.

## 10.3.2 어울림 건드림 Harmonic Perturbation

이제 조금 더 복잡한 경우로 시간에 의존하지만, 건드림의 시간 변화가 코사인(cos) 함수나 사인(sin) 함수 등으로 주어진 경우를 생각하자. 이러한 경우를 우리는 어울림 건드림이라고 한다. 그 예로 건드림 해밀토니안이 다음과 같이 주어졌다고 하자.[3]

$$H'(\vec{x}, t) = \begin{cases} V(\vec{x})e^{iwt} + V^\dagger(\vec{x})e^{-iwt} \ , & t \geq 0 \\ 0 \ , & t < 0 \end{cases} \tag{10.33}$$

여기서 $V(\vec{x})$는 시간에 무관한 함수이다.

여기서 건드림이 시작되기 전, 계가 $l$ 번째 고유상태에 있었다고 하자. 그러면 식 (10.18)로부터 건드림이 시작된 후 계가 $m$ 번째 고유상태에 있게 될 확률을 주는 전개계수는 다음과 같이 주어진다.[4]

$$c_m(t) = \frac{1}{i\hbar} \int_0^t [V_{ml}e^{i(w+w_{ml})t'} + V_{ml}^\dagger e^{-i(w-w_{ml})t'}]dt' \tag{10.34}$$

---

[2]우리는 여기서 건드림이 시작된 후에 시간 의존이 없는 경우에 대한 결과를 얻었다. 그런데 여기서 나타난 전이율의 형태, 즉 전이율이 건드림 행렬 요소의 절대값 제곱과 최종 상태의 밀도함수, 그리고 전이에서의 에너지 보존을 나타내는 델타함수의 곱으로 주어진다는 점은 바로 다음 소절에서 얻을 결과인 식 (10.38)에서 보듯이 건드림이 시간에 의존하게 되더라도 나타나는 일반적인 형태이다. 우리는 이러한 관점에서 페르미가 붙인 명칭을 이해하면 될 것이다.

[3]이제부터는 장부정리용 매개변수 $\lambda$를 건드림 해밀토니안 $H'$(즉, $V$)에 포함하여 나타내겠다.

[4]여기서 $m \neq l$ 일 때 $c_m^{(0)} = 0$ 이고, $\lambda$ 의 2차항 이상은 무시하여 $c_m^{(1)}(t)$를 $c_m(t)$로 표시하였다.

이때의 건드림 행렬 요소들은 다음과 같이 주어진다.

$$V_{ml} = <\psi_m^{(0)}|V(\vec{x})|\psi_l^{(0)}>, \quad V_{ml}^\dagger = <\psi_m^{(0)}|V^\dagger(\vec{x})|\psi_l^{(0)}> \tag{10.35}$$

주어진 전개계수 $c_m(t)$는 적분하면 다음과 같이 주어진다.

$$
\begin{aligned}
c_m(t) &= \frac{1}{i\hbar}\left[\frac{V_{ml}(e^{i(w+w_{ml})t}-1)}{i(w+w_{ml})} - \frac{V_{ml}^\dagger(e^{-i(w-w_{ml})t}-1)}{i(w-w_{ml})}\right] \\
&= \frac{1}{i\hbar}\left[\frac{2V_{ml}e^{\frac{i}{2}(w+w_{ml})t}\sin\left[\frac{w+w_{ml}}{2}t\right]}{w+w_{ml}} + \frac{2V_{ml}^\dagger e^{-\frac{i}{2}(w-w_{ml})t}\sin\left[\frac{w-w_{ml}}{2}t\right]}{w-w_{ml}}\right]
\end{aligned}
\tag{10.36}
$$

따라서 시간이 많이 흐르면($t \gg 1$), 전이 확률은 다음과 같이 주어진다.

$$P_{l\to m} = |c_m(t)|^2 \to \begin{cases} w-w_{ml}\to 0 \ \text{일 때:} \\ \quad P_{l\to m} = \frac{4}{\hbar^2}|V_{ml}^\dagger|^2\sin^2\left[\frac{w-w_{ml}}{2}t\right]/(w-w_{ml})^2 \\ w+w_{ml}\to 0 \ \text{일 때:} \\ \quad P_{l\to m} = \frac{4}{\hbar^2}|V_{ml}|^2\sin^2\left[\frac{w+w_{ml}}{2}t\right]/(w+w_{ml})^2 \end{cases} \tag{10.37}$$

이제 $t$ 가 무척 커지면, 앞에서처럼 사인함수 부분이 델타함수가 되어 최종상태의 상태밀도 함수를 곱한 전이율은 다음과 같이 된다.

$$W_{l\to m} = \begin{cases} \frac{2\pi}{\hbar}|V_{ml}^\dagger|^2\rho(E_m^{(0)})\delta(E_m^{(0)}-E_l^{(0)}-\hbar w), & E_m^{(0)} = E_l^{(0)} + \hbar w \ \text{일 때} \\ \frac{2\pi}{\hbar}|V_{ml}|^2\rho(E_m^{(0)})\delta(E_m^{(0)}-E_l^{(0)}+\hbar w), & E_m^{(0)} = E_l^{(0)} - \hbar w \ \text{일 때} \end{cases} \tag{10.38}$$

이 공식은 앞에 나온 페르미의 황금률과 같은 형태인데, 다만 최종 상태의 에너지가 초기 상태의 에너지에 $\hbar w$ 를 더한 것이나 $\hbar w$ 를 뺐다는 것이 다를 뿐이다. 첫 번째 경우는 최종 상태의 에너지가 초기 상태의 에너지보다 높은 경우로 그 차이인 $\hbar w$ 의 에너지를 가진 광자를 흡수하는 공명 흡수 resonant absorption 과정이며, 두 번째 경우는 최종 상태의 에너지가 초기 상태보다 낮은 경우로 그 차이인 $\hbar w$ 의 에너지를 가진 광자를 방출하는 과정이다(그림10.2 참조). 이 방출 과정은 두 가지 경우로 나눌 수 있는데, 초기 상태에 광자(들)이 이미 존재하는 경우는 유도 방출 stimulated emission, 초기 상태에 광자들이 전혀 없는 경우는 자발 방출 spontaneous emission 이라고 부른다.[5]

---

[5] 고전적으로는 광자가(외부 전자기장이) 없는 상태에서 광자 방출은 불가능하다. 양자론적 관점에서는 들뜬 상태의 전자가 (광자가 없는) 전자기장 바닥상태의 요동과 상호작용하여 광자의 방출이 가능하다.

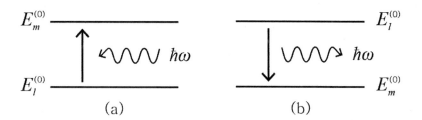

그림 10.2:   (a)공명 흡수   (b) 유도/자발 방출

## 제 10.4 절   갑작스런 건드림 Sudden Perturbation

어떤 계가 아주 짧은 시간 동안에 갑자기 해밀토니안이 $H_-$ 에서($t < 0$ 일 때) $H_+$ 로 ($t > 0$ 일 때) 변한 경우를 생각하자. 이때 $H_+$ 와 $H_-$ 는 시간에 무관하다고 가정한다. 그러면 해밀토니안이 변하기 전과 후의 고유상태들을 각각 $\psi_n$ 과 $\phi_\alpha$ 라고 할 때, 각 고유상태들을 기술하는 슈뢰딩거 방정식들은 각각 다음과 같이 쓸 수 있다.

$$H_-\psi_n = E_n\psi_n, \quad H_+\phi_\alpha = E_\alpha\phi_\alpha \tag{10.39}$$

이 경우 임의의 시간 $t$ 에서의 상태 함수는 고유상태들의 1차 결합으로 표현 가능할 것이기에 다음과 같이 쓸 수 있을 것이다.

$$\psi(t) = \begin{cases} \sum_n c_n\psi_n e^{-\frac{i}{\hbar}E_n t}, & t < 0 \\ \sum_\alpha d_\alpha\phi_\alpha e^{-\frac{i}{\hbar}E_\alpha t}, & t > 0 \end{cases} \tag{10.40}$$

그런데 $t = 0$ 에서 계는 한 가지로 기술되어야 하므로 다음의 조건이 만족되어야 한다.

$$\sum_n c_n\psi_n = \sum_\alpha d_\alpha\phi_\alpha \tag{10.41}$$

이제 위 식을 브라-켓으로 표현하고, 양변에 $< \phi_\alpha|$ 를 작용하면 다음 관계식을 얻는다.

$$\sum_n c_n < \phi_\alpha|\psi_n >= d_\alpha \tag{10.42}$$

반면에 양변에 $< \psi_n|$ 을 작용하면 다음 관계식을 얻는다.

$$c_n = \sum_\alpha d_\alpha < \psi_n|\phi_\alpha > \tag{10.43}$$

이는 $t > 0$ 일 때의 전개계수는 $t < 0$ 일 때의 전개계수들로, 또는 그 반대로도 표현할 수 있음을 보여준다. 따라서 위의 경우와 같은 갑작스런 건드림의 경우, 건드림 이전의 상태를 알고 있으면 건드림 이후의 상태도 알 수 있다.

# 제 10.5 절   단열 어림법   Adiabatic Approximation

## 10.5.1   단열 정리   Adiabatic Theorem

이 절에서는 계를 정의하는 외적인 변수들이 아주 천천히 변하는 단열 과정 adiabatic process 이 일어나는 경우를 생각하자. 이런 경우는 계를 규정하는 해밀토니안 $H$ 가 매우 천천히 변하는 경우라고 할 수 있을 것이다.

$$\frac{dH}{dt} \simeq 0 \tag{10.44}$$

여기서 에너지 준위들의 구성이 시간에 대해서 거의 변화가 없다고 가정하면, 임의의 시간 $t$ 에서의 고유상태에 대한 슈뢰딩거 방정식은 다음과 같이 쓸 수 있을 것이다.

$$H(t)\psi_n(t) = E_n(t)\psi_n(t) \tag{10.45}$$

한편, 원래의 시간에 의존하는 슈뢰딩거 방정식은 다음과 같이 주어지므로,

$$i\hbar\frac{\partial \psi}{\partial t} = H(t)\psi(t), \tag{10.46}$$

우리가 계를 기술하는 상태를 다음과 같이 표현하면,

$$\psi(t) = \sum_n c_n(t)\psi_n(t)e^{\left[-\frac{i}{\hbar}\int_{t_0}^t dt' E_n(t')\right]}, \tag{10.47}$$

시간에 의존하는 슈뢰딩거 방정식 (10.46)은 다음과 같이 쓸 수 있다.

$$i\hbar\sum_n \left\{ \dot{c}_n\psi_n e^{-\frac{i}{\hbar}\int E_n dt'} + c_n\dot{\psi}_n e^{-\frac{i}{\hbar}\int E_n dt'} - \frac{i}{\hbar}E_n c_n\psi_n e^{-\frac{i}{\hbar}\int E_n dt'} \right\}$$
$$= \sum_n c_n H(t)\psi_n e^{-\frac{i}{\hbar}\int E_n dt'} = \sum_n c_n E_n \psi_n e^{-\frac{i}{\hbar}\int E_n dt'} \tag{10.48}$$

이를 정리하면 우리는 다음의 관계식을 얻을 수 있다.

$$\sum_n \dot{c_n}\psi_n e^{-\frac{i}{\hbar}\int E_n dt'} = -\sum_n c_n \dot{\psi_n} e^{-\frac{i}{\hbar}\int E_n dt'} \tag{10.49}$$

참고로 시간 $t$ 에서 임의의 상태 $\psi$ 를 식 (10.47)처럼 쓸 수 있었던 이유는 다음과 같이 생각할 수 있다. 일단 식 (10.45)가 성립한다고 가정하면, 고유상태에 대한 시간 의존 슈뢰딩거 방정식 (10.46)은 다음과 같이 쓸 수 있다.

$$i\hbar\frac{\partial \psi_n}{\partial t} = H(t)\psi_n(t) = E_n(t)\psi_n(t) \tag{10.50}$$

이를 다음과 같은 적분식으로 표현하고,

$$\int_{t_0}^{t} \frac{d\psi_n}{\psi_n} \cong \frac{1}{i\hbar}\int_{t_0}^{t} E_n(t')dt', \tag{10.51}$$

적분을 하면, $\psi_n$ 은 대략 다음과 같이 쓸 수 있다.

$$\psi_n(t) \simeq \psi_n(t_0)e^{-\frac{i}{\hbar}\int_{t_0}^{t} E_n(t')dt'} \tag{10.52}$$

즉, 식 (10.52)에서 나타나는 에너지 준위의 시간에 대한 적분이 지수로 주어지는 지수함수 꼴의 시간 의존성을 유지하면서, 이에 포함되지 아니한 나머지 시간 의존성을 식 (10.52)의 $\psi_n(t_0)$ 대신 식 (10.47)의 $\psi_n(t)$ 로 일반화한 것이라고 할 수 있다.

이제 주어진 시간 $t$ 에서 고유상태들 사이에 다음의 직교 관계가 성립한다고 하자.

$$< \psi_n(t)|\psi_m(t) > = \delta_{nm} \tag{10.53}$$

그러면 식 (10.49) 양변에 $< \psi_m(t)|$ 를 작용시키면 다음 관계식을 얻는다.

$$\dot{c_m}e^{-\frac{i}{\hbar}\int_{t_0}^{t} E_m dt'} = -\sum_n c_n < \psi_m|\dot{\psi_n} > e^{-\frac{i}{\hbar}\int_{t_0}^{t} E_n dt'} \tag{10.54}$$

여기서 편의상 $t_0 = 0$ 으로 놓으면, 다음의 관계식을 얻을 수 있다.

$$\begin{aligned}
\dot{c_m} &= -\sum_n c_n < \psi_m|\dot{\psi_n} > e^{-\frac{i}{\hbar}\int_0^t dt'[E_n(t')-E_m(t')]} \tag{10.55} \\
&= -c_m < \psi_m|\dot{\psi_m} > -\sum_{n\neq m} c_n < \psi_m|\dot{\psi_n} > e^{-\frac{i}{\hbar}\int_0^t dt'[E_n - E_m]} \tag{10.56}
\end{aligned}$$

한편, 앞의 시간 의존 슈뢰딩거 방정식 (10.45)를 시간 미분하면 다음과 같이 된다.

$$\dot{H}\psi_n + H\dot{\psi}_n = \dot{E}_n \psi_n + E_n \dot{\psi}_n \tag{10.57}$$

이 식의 양변에 $< \psi_m|$ 을 작용시키면 다음의 관계식을 얻는데,

$$< \psi_m|\dot{H}|\psi_n > + < \psi_m|H|\dot{\psi}_n > = \dot{E}_n < \psi_m|\psi_n > + E_n < \psi_m|\dot{\psi}_n >, \tag{10.58}$$

이를 다시 쓰면 다음과 같다.

$$< \psi_m|\dot{H}|\psi_n > + E_m < \psi_m|\dot{\psi}_n > = \dot{E}_n \delta_{nm} + E_n < \psi_m|\dot{\psi}_n > \tag{10.59}$$

이로부터 $m \neq n$ 인 경우는 다음의 관계식이 성립한다.

$$< \psi_m|\dot{\psi}_n > = \frac{< \psi_m|\dot{H}|\psi_n >}{E_n - E_m} \tag{10.60}$$

이를 식 (10.56)에 대입하면 우리는 다음의 결과를 얻는다.

$$\dot{c}_m = -c_m < \psi_m|\dot{\psi}_m > - \sum_{n \neq m} c_n \frac{< \psi_m|\dot{H}|\psi_n >}{E_n - E_m} e^{-\frac{i}{\hbar}\int_0^t dt'(E_n - E_m)} \tag{10.61}$$

여기서 시간에 대해 계가 느리게 변하여 $\dot{H} \simeq 0$ 이 되는 경우, 두 번째 항이 0 이 되므로 다음과 같은 간단한 관계가 성립한다.

$$\dot{c}_m \cong -c_m < \psi_m|\dot{\psi}_m > \tag{10.62}$$

그런데 $< \psi_m|\psi_m > = 1$ 로부터 다음의 관계식이 성립하므로,

$$< \dot{\psi}_m|\psi_m > + < \psi_m|\dot{\psi}_m > = 0, \tag{10.63}$$

$< \psi_m|\dot{\psi}_m >$ 는 순허수 pure imaginary number 가 됨을 알 수 있다. 이러한 점을 우리는 실함수 $\gamma_m$ 을 도입하여 $< \psi_m|\dot{\psi}_m >$ 을 다음과 같이 표현하겠다.

$$< \psi_m|\dot{\psi}_m > \equiv i\,\gamma_m(t) \tag{10.64}$$

따라서 단열 어림($\dot{H} \simeq 0$)의 경우, 우리는 위의 표현을 써서 식 (10.47)의 전개계수 $c_m$ 에 대한 다음 관계식을 얻는다.

$$\frac{dc_m}{dt} \cong -i\,c_m\gamma_m(t) \tag{10.65}$$

이로부터 계수 $c_m$ 은 다음과 같이 주어진다.

$$c_m(t) \cong c_m(0)e^{-i\int_0^t \gamma_m(t')dt'} \tag{10.66}$$

이 결과가 의미하는 바는 다음과 같다. 단열어림($\dot{H} \simeq 0$)이 적용되는 계에서는 초기에 계가 $l$ 번째 고유상태에 있었다면, 즉 $c_m(0) = \delta_{ml}$ 인 경우, 시간이 흐른 임의의 시간 $t$ 에서도 계는 동일한 $l$ 번째 고유상태에 머물러 있게 된다는 것이다.

이 결과를 우리는 단열 정리 adiabatic theorem 라고 부르는데, 이는 앞에서 가정한 것처럼 비록 고유상태들($\psi_n$) 자신은 시간에 따라 조금씩 변할 수 있지만, 고유상태들의 에너지 준위 구성이 바뀌지 않는 단열 어림의 경우, 계는 계속 처음과 동일한 고유상태에 머물게 된다는 것이다.

### 10.5.2  기하학적 위상과 동역학적 위상
#### Geometric Phase and Dynamic Phase

만약 초기의 상태가 $l$ 번째 고유상태였다면, 식 (10.47)에 의해 시간 $t$ 에서의 상태 $\psi(t)$ 는 다음과 같이 주어진다.

$$\psi(t) = \psi_l(t)e^{-i\int_0^t \gamma_l(t')dt'}e^{-\frac{i}{\hbar}\int_0^t E_l(t')dt'} \tag{10.67}$$

이로부터 임의의 시간 $t$ 에서의 상태 $\psi(t)$는 $l$ 번째 고유상태 $\psi_l$ 에서 다만 위상이 변화한 다음과 같은 형태로 쓸 수 있다.

$$\psi(t) = e^{i(\delta_g(t)+\delta_d(t))}\psi_l(t) \tag{10.68}$$

여기서 식 (10.64)의 관계를 사용하여, 두 위상 $\delta_g$ 와 $\delta_d$ 는 각각 다음과 같이 정의한다.

$$\delta_g \equiv i\int_0^t <\psi_l|\dot{\psi}_l> dt' \tag{10.69}$$

$$\delta_d \equiv -\frac{1}{\hbar} \int_0^t E_l(t')dt' \tag{10.70}$$

우리는 $\delta_g$ 를 기하학적 위상 geometric phase, $\delta_d$ 를 동역학적 위상 dynamic phase 이라고 부른다.

여기서 기하학적 위상이라는 명칭이 붙은 이유는 1984년 영국의 물리학자 베리 M. Berry 가 식 (10.69)로 주어진 위상이 기하학적 의미를 내포함을 보였기 때문이다. 이제 이 위상이 갖는 기학학적 의미를 살펴보기로 하겠다.

먼저 기하학적 위상의 정의식 (10.69)에서 나타나는 $l$ 번째 고유상태 $\psi_l$ 이 어떤 매개변수들, 예컨대 $(y_1, y_2, \dots) \equiv \vec{y}$ 에 의존하며, 시간에 따라 이 고유상태가 그러한 매개변수들의 공간 $(M \ni \vec{y})$ 에서 변화하는 경우를 생각하자. 그러면 식 (10.69)는 매개변수들 $\vec{y}$ 의 변화에 따른 매개변수 공간 $M$ 에서의 경로 적분으로 다음과 같이 쓸 수 있다.[6]

$$\delta_g(t) = i \int_0^t <\psi_l|\nabla_{\vec{y}}\psi_l> \cdot \frac{d\vec{y}}{dt'}dt' = i \int_{\vec{y}_0}^{\vec{y}_t} <\psi_l|\nabla_{\vec{y}}\psi_l> \cdot d\vec{y} \tag{10.71}$$

만약 매개변수 공간에서의 위치벡터가 변화하였다가 다시 원래의 자리로 돌아오는 시간 이 $T$ 라고 하면, $\vec{y}_T = \vec{y}_0$ 으로 쓸 수 있을 것이다. 여기서 매개변수 공간이 1차원인 경우는 적분의 시작과 끝 값이 같아서 위 적분값이 0 이 되지만, 매개변수 공간이 2차원 이상의 경우, 위 적분은 다음과 같은 닫힌 경로 적분으로 표현될 수 있다.[7]

$$\delta_g(T) = i \oint_C <\psi_l|\nabla_{\vec{y}}\psi_l> \cdot d\vec{y} \equiv \Gamma_l(C) \tag{10.72}$$

여기서는 시간이 주기 $T$ 만큼 지난 경우이므로, 매개변수 공간에서의 경로 적분은 닫힌 경로 $C$ 상의 적분이 되고, 경로 적분은 고유상태 $\psi_l$ 에 대해서 행해졌으므로, 우리는 이 위상을 $\Gamma_l(C)$ 로 표시하였다. 이 $\Gamma_l(C)$ 를 우리는 베리의 위상 Berry's phase 이라고 부르며, 이는 닫힌 매개변수 경로 $C$ 에 전적으로 의존하는 기하학적인 양이다. 반면, 식 (10.70)으로 정의된 동역학적 위상은 경과한 시간에 의존한다.

---

[6]여기서 $<\psi_l|\dot{\psi}_l>$ 과 마찬가지로 $<\psi_l|\nabla_{\vec{y}}\psi_l>$ 은 순허수이다. 따라서 파동함수가 실수일 경우 그 값은 0 이고, 기하학적 위상 변화 $\delta_g$도 0 이다.

[7]이에 대한 예는 문제 10.7과 문제 10.8 참조.

# 제 10.6 절  시간에 의존하는 건드림 이론의 적용 예

### 10.6.1  전기쌍극자 전이 Electric Dipole Transition

외부 전기장이 존재하고 이 전기장이 시간에 따라 사인(sin)이나 코사인(cos) 함수로 변화하는 경우를 생각하자. 이 경우, 원자핵과 전자에 의한 원자의 전기쌍극자 모멘트에 외부 전기장이 작용하여 생겨난 위치에너지의 시간에 따른 변화를 시간에 의존하는 건드림으로 계산하여 보자. 여기서 시간에 따른 변화는 어울림 건드림에 해당한다.

먼저 외부 전기장이 다음과 같이 주어졌다고 하자.

$$\vec{E} = 2\vec{E}_0 \cos wt \tag{10.73}$$

원자핵과 전자의 전하가 $q$ 와 $-q$ 이고 전자에서 원자핵까지의 거리를 $\vec{d}$ 라고 하면, 이 경우 원자의 전기쌍극자 모멘트 $\vec{\eta}$ 는 $q\vec{d}$ 가 된다($\vec{\eta} = q\vec{d}$). 전기장 내에서 전기쌍극자 모멘트의 위치에너지는 $-\vec{\eta} \cdot \vec{E}$ 로 주어지므로 우리는 건드림 해밀토니안을 다음과 같이 쓸 수 있다.

$$H' = -\vec{\eta} \cdot \vec{E} = -2\vec{\eta} \cdot \vec{E}_0 \cos wt = -\vec{\eta} \cdot \vec{E}_0(e^{iwt} + e^{-iwt}) \tag{10.74}$$

이제 시간이 $t = 0$ 일 때 전기장이 켜졌다고 하자. 이를 앞에서 다룬 어울림 건드림과 비교하면 위의 항들은 각각 식 (10.33)의 다음 항들에 해당한다고 할 수 있다.

$$-\vec{\eta} \cdot \vec{E}_0 e^{iwt} \equiv V e^{iwt}, \quad -\vec{\eta} \cdot \vec{E}_0 e^{-iwt} \equiv V^\dagger e^{-iwt} \tag{10.75}$$

여기서 원자핵을 좌표의 중심으로 잡고 전자의 위치를 $\vec{x}$ 라고 하면, 전자에서 원자핵까지의 거리 벡터 $\vec{d}$ 는 $-\vec{x}$ 로 표시되어 $V$ 와 $V^\dagger$ 모두 다음과 같이 주어진다.

$$V = V^\dagger = -\vec{\eta} \cdot \vec{E}_0 = q\vec{x} \cdot \vec{E}_0 = q(E_{0x}x + E_{0y}y + E_{0z}z) \tag{10.76}$$

여기서 $\vec{x}$ 는 전자의 위치 벡터임을 기억하자.

그러면 어울림 건드림의 결과인 식 (10.38)에 따르면 상태 $j$ 에서 상태 $k$ 로의 전이는 오직 다음의 두 경우만 가능하다.

$$w - w_{kj} = 0, \quad \text{즉} \quad E_j^{(0)} = E_k^{(0)} - \hbar w \quad \text{인 경우} \tag{10.77}$$

$$w + w_{kj} = 0, \quad \text{즉} \quad E_j^{(0)} = E_k^{(0)} + \hbar w \text{ 인 경우} \tag{10.78}$$

그리고 전이율은 두 경우 모두 어울림 건드림의 결과식 (10.38)과 같이 쓰여진다.

$$W_{j \to k} = \begin{cases} \frac{2\pi}{\hbar}|V_{kj}^\dagger|^2 \rho(E_k^{(0)}) \delta(E_k^{(0)} - E_j^{(0)} - \hbar w), & E_k^{(0)} = E_j^{(0)} + \hbar w \text{ 일 때} \\ \frac{2\pi}{\hbar}|V_{kj}|^2 \rho(E_k^{(0)}) \delta(E_k^{(0)} - E_j^{(0)} + \hbar w), & E_k^{(0)} = E_j^{(0)} - \hbar w \text{ 일 때} \end{cases} \tag{10.79}$$

여기서 행렬 요소는 다음과 같이 주어진다.

$$V_{kj} = V_{kj}^\dagger \equiv <k|q\vec{x} \cdot \vec{E}_0|j> \tag{10.80}$$

이제 전이되기 전과 후의 상태를 각각 다음과 같이 원자에서의 상태를 나타내는 양자수들로 표시하고,

$$|j> \equiv |nlm>, \quad |k> \equiv |n'l'm'>, \tag{10.81}$$

식 (10.76)의 관계를 대입하면, 행렬 요소는 다시 다음과 같이 쓸 수 있다.

$$V_{kj} = V_{kj}^\dagger = \sum_i qE_{oi} <n'l'm'|x_i|nlm> \tag{10.82}$$

여기서 전기쌍극자를 이루는 원자핵의 전하는 $q = e$, 전자의 전하는 $-q$ 로 주어졌다.

한편 구면좌표계에서 직각좌표계의 성분은 각각 다음과 같이 주어지므로,

$$x = r\sin\theta\cos\phi, \ y = r\sin\theta\sin\phi, \ z = r\cos\theta, \tag{10.83}$$

위에서 나타난 행렬 요소에서의 직각좌표계의 성분 $x_i$ 는 모두 $l = 1$ 인 구면조화함수인 $Y_1^{\pm 1}$ 과 $Y_1^0$ 의 선형결합으로 표시될 수 있다.

그런데 9.3.4절에서 다룬 바와 같이 $Y_1^0 Y_l^m$ 이나 $Y_1^{\pm 1} Y_l^m$ 은 $Y_{l\pm 1}^m$ 과 $Y_{l\pm 1}^{m\pm 1}$ 인 구면조화함수들의 선형결합으로 기술되므로 식 (10.82)의 행렬 요소가 0 이 되지 않으려면 다음의 조건이 만족되어야 한다.

$$l - l' = \pm 1 \tag{10.84}$$

그리고 식 (10.82)에서 $x_i$ 가 $x$ 와 $y$ 일 경우는 $e^{\pm i\phi}$ 를 포함하지만, $z$ 일 경우는 포함하지 않는다. 따라서 다음의 두 관계식에 의하여,

$$<Y_{l'}^{m'}|e^{\pm i\phi}|Y_l^m> \propto \delta_{m',m\pm 1}, \tag{10.85}$$

$$< Y_{l'}^{m'} | Y_l^m > = \delta_{m'm} \delta_{l'l} , \qquad (10.86)$$

아래 조건이 만족되는 경우에만 전이가 가능하다.

$$m - m' = \pm 1, 0 \qquad (10.87)$$

우리는 이러한 전이 가능한 상태에 대한 제약들을 선택 규칙 selection rule 이라고 하며, 식 (10.84)와 식 (10.87)에서 전기쌍극자 전이에서의 선택 규칙은 다음과 같다.

$$\triangle l \;\; = \;\; l' - l \;\; = \;\; \pm 1 \qquad (10.88)$$

$$\triangle m \;\; = \;\; m' - m \;\; = \;\; 0, \pm 1 \qquad (10.89)$$

### 10.6.2  $2P \to 1S$ 전이

이제 좀 더 구체적인 예로서 외부 전기장이 식 (10.73)처럼 주어질 때($\vec{E} = 2\vec{E}_0 \cos wt$), 수소 원자의 첫 번째 들뜬 상태에서 바닥상태로의 전기쌍극자 전이를 생각해 보자. 여기서 첫 번째 들뜬 상태는 $n = 2$ 이므로 $l = 1, m = \pm 1, 0$ 인 $2P$ 상태들과 $l = 0, m = 0$ 인 $2S$ 상태로 된 4 겹의 겹친 상태들이고, 바닥상태는 $n = 1$ 이므로 $l = 0, m = 0$ 인 $1S$ 상태이다.[8] 즉, 식 (10.82)의 초기 상태 $|n, l, m >$ 은 $|2, 1, m > \;\; (m = \pm 1, 0)$ 과 $|2, 0, 0 >$ 이고, 최종 상태 $|n', l', m' >$ 은 $|1, 0, 0 >$ 이다. 따라서 $2P \to 1S$ 전이는 $\triangle l = 1, \triangle m = \pm 1, 0$ 이 되어 위에서 얻은 선택 규칙을 만족한다. 하지만, $2S \to 1S$ 전이는 $\triangle l = 0$ 이므로 위에서 얻은 선택 규칙을 위배하여 가능하지 않다.

이제 식 (10.82)의 행렬 요소를 $2P \to 1S$ 전이의 경우에 다음과 같이 다시 쓰자.

$$V_{kj} = V_{kj}^{\dagger} = e < 1, 0, 0 | E_{0x}\,x + E_{0y}\,y + E_{0z}\,z | 2, 1, m >, \;\; m = \pm 1, 0 \qquad (10.90)$$

여기서 $|n, l, m >$ 을 $R_{nl}(r) Y_l^m(\theta, \phi)$ 로 나타내고, 식 (10.83)을 써서 직각좌표를 구면좌표로 변환하여 행렬 요소를 계산하자. 그러면 식 (10.90)의 행렬 요소는 다음과 같이

---

[8]여기서 $2P, 1S$ 등은 9.3.1절에 나온 수소 원자 상태의 분광학적 표시이다.

쓸 수 있다

$$< 1,0,0|E_{0x}\, r \sin\theta\cos\phi + E_{0y}\, r\sin\theta\sin\phi + E_{0z}\, r\cos\theta|2,1,m >$$

$$= \langle R_{10}|r|R_{21}\rangle \left\langle Y_0^0|E_{0x}\,\sin\theta\cos\phi + E_{0y}\,\sin\theta\sin\phi + E_{0z}\,\cos\theta|Y_1^m\right\rangle$$

$$= \sqrt{\frac{4\pi}{3}}\,\langle R_{10}|r|R_{21}\rangle \left\langle Y_0^0\left|\frac{-E_{0x}+iE_{0y}}{\sqrt{2}}Y_1^1 + \frac{E_{0x}+iE_{0y}}{\sqrt{2}}Y_1^{-1} + E_{0z}\,Y_1^0\right|Y_1^m\right\rangle$$

$$= \frac{1}{\sqrt{3}}\,\langle R_{10}|r|R_{21}\rangle \left\{\frac{-E_{0x}+iE_{0y}}{\sqrt{2}}\delta_{-1,m} + \frac{E_{0x}+iE_{0y}}{\sqrt{2}}\delta_{1,m} + E_{0z}\delta_{0,m}\right\} \quad (10.91)$$

위에서 우리는 식 (9.159)로부터 얻어지는 다음의 관계들,

$$\sin\theta\cos\phi = \sqrt{\frac{2\pi}{3}}(-Y_1^1 + Y_1^{-1}),\ \sin\theta\sin\phi = i\sqrt{\frac{2\pi}{3}}(Y_1^1 + Y_1^{-1}),\ \cos\theta = \sqrt{\frac{4\pi}{3}}Y_1^0,$$

그리고 $Y_0^0 = \frac{1}{\sqrt{4\pi}}$ 과 식 (9.160)에서 얻어지는 다음의 관계를 사용하였다.

$$< Y_0^0|Y_1^{m'}|Y_1^m > \quad = \quad \frac{1}{\sqrt{4\pi}}\delta_{-m',m}$$

행렬 요소에 있는 지름 성분 내적은 식 (7.178)의 함수 표현을 쓰면 다음과 같다.

$$\langle R_{10}|r|R_{21}\rangle = \int_0^\infty r^2 dr R_{10}^*(r) r R_{21}(r)$$

$$= \int_0^\infty r^2 dr \left[\frac{2}{a_0^{3/2}}e^{-\frac{r}{a_0}}\right]^* r\left[\frac{1}{\sqrt{3}(2a_0)^{3/2}}\frac{r}{a_0}e^{-\frac{r}{2a_0}}\right]$$

$$= \frac{1}{\sqrt{6}a_0^4}\int_0^\infty dr\, r^4 e^{-\frac{3r}{2a_0}}$$

$$= \frac{1}{\sqrt{6}a_0^4}\left(\frac{2a_0}{3}\right)^5 \int_0^\infty dt\, t^4 e^{-t}$$

$$= 4\sqrt{6}\left(\frac{2}{3}\right)^5 a_0 \quad (10.92)$$

이제 식 (10.79)에서 상태 $j$ 는 $2P$, 상태 $k$ 는 $1S$ 에 해당하므로, $E_k^{(0)} < E_j^{(0)}$ 가 되어 전이율은 다음과 같이 주어진다.

$$W_{j\to k} = \frac{2\pi}{\hbar}|V_{kj}|^2 \rho(E_k^{(0)})\delta(E_k^{(0)} - E_j^{(0)} + \hbar w) \quad (10.93)$$

382

이는 10.3.2절에서 설명한 바와 같이 초기 상태와 최종 상태의 에너지 차이에 해당하는 $\hbar w$ 의 에너지를 가진 광자를 방출하는 과정에 해당한다.

이처럼 최종 상태가 원자와 방출된 광자로 구성되는 경우에는 전이율을 계산할 때 최종적인 원자의 상태에 대해서 뿐만 아니라 방출된 광자가 가지는 상태들에 대해서도 합해주어야 한다. 이를 위해서는 광자를 방출 또는 흡수하는 역할을 하는 벡터 퍼텐셜 $\vec{A}$ 로 건드림을 표시할 필요가 있다. 다음 11장에서 다루겠지만, 전자기장이 존재할 때의 해밀토니안은 쿨롱 게이지($\nabla \cdot \vec{A} = 0$)에서 벡터 퍼텐셜로 다음과 같이 쓸 수 있다.[9]

$$H = \frac{\vec{p}^2}{2m} - \frac{q}{mc}\vec{A} \cdot \vec{p} + \frac{q^2}{2mc^2}\vec{A}^2 + V \tag{10.94}$$

그리고 벡터 퍼텐셜과 전기장, 자기장의 관계는 식 (11.3)에서 다음과 같이 주어진다.

$$\vec{E} = -\frac{1}{c}\frac{\partial \vec{A}}{\partial t}, \qquad \vec{B} = \nabla \times \vec{A} \tag{10.95}$$

여기서는 쿨롱 게이지를 취해 스칼라 퍼텐셜의 기여는 없는 것으로 보았다.[10]

위의 식 (10.94)에서 두 번째 항과 세 번째 항은 전자기장이 존재할 때, 원래 해밀토니안 $H_0 = \frac{\vec{p}^2}{2m} + V$ 에 대한 건드림으로 볼 수 있을 것이다. 또한 벡터 퍼텐셜에 의한 기여가 크지 않아, $\vec{A}^2$ 에 의한 기여가 $\vec{A}$ 에 의한 기여보다 훨씬 작다고 하면, 건드림 해밀토니안은 $-\frac{q}{mc}\vec{A} \cdot \vec{p}$ 로 쓸 수 있다. 전자의 전하는 $q = -e$ ($e > 0$)이므로, 건드림 해밀토니안은 최종적으로 다음과 같이 주어진다.

$$H' = \frac{e}{mc}\vec{A} \cdot \vec{p} \tag{10.96}$$

이제 벡터 퍼텐셜을 평면파로 다음과 같이 쓰겠다.

$$\vec{A} = \vec{A}_0 e^{i(\vec{k} \cdot \vec{x} - wt)} + \vec{A}_0^* e^{-i(\vec{k} \cdot \vec{x} - wt)} \tag{10.97}$$

그러면 전기장과 자기장은 다음과 같이 주어진다.

$$\vec{E} = -\frac{1}{c}\frac{\partial \vec{A}}{\partial t} = \frac{iw}{c}\vec{A}_0 e^{i(\vec{k} \cdot \vec{x} - wt)} - \frac{iw}{c}\vec{A}_0^* e^{-i(\vec{k} \cdot \vec{x} - wt)} \tag{10.98}$$

$$\vec{B} = \nabla \times \vec{A} = i\vec{k} \times \vec{A}_0 e^{i(\vec{k} \cdot \vec{x} - wt)} - i\vec{k} \times \vec{A}_0^* e^{-i(\vec{k} \cdot \vec{x} - wt)} \tag{10.99}$$

---

[9]식 (11.46) 참조. 여기서 $V$는 위치에 의존하는 통상의 위치에너지를 표시함.

[10]쿨롱 게이지에서는 스칼라 퍼텐셜이 0 이 되는 게이지 선택이 가능. 참고문헌 [17] 12장(§12.3) 참조.

참고로 10.3.2절에서 어울림 건드림에 대한 식 (10.33)과 (10.38)에서 보았듯이 $e^{iwt}$ 의 시간 의존성을 갖는 경우에 광자가 방출되고, $e^{-iwt}$ 의 시간 의존성을 갖는 경우에 광자가 흡수되므로, 식 (10.97)에서 벡터 퍼텐셜의 $\vec{A}_0^*$ 부분은 광자를 생성, $\vec{A}_0$ 부분은 광자를 소멸시키는 역할에 해당함을 알 수 있다. 즉, 여기서는 $\vec{A}_0^*$ 와 $\vec{A}_0$ 가 단순히 전자기장을 주는 벡터 퍼텐셜 $\vec{A}$ 의 전개계수들로 다루어지고 있지만, 전자기장과 같은 복사장 radiation field 도 양자화하는 양자장론에서는 실제로 $\vec{A}_0^*$ 와 $\vec{A}_0$ 가 각각 광자의 생성과 소멸 연산자로 역할한다.[11]

그렇다면 식 (10.82)의 전기장으로 표현된 건드림 해밀토니안에 의한 전이 행렬 요소와 식 (10.96)의 벡터 퍼텐셜로 표현된 건드림 해밀토니안에 의한 선이 행렬 요소는 서로 같은가?[12]

$$< k|e\vec{x} \cdot \vec{E}|j > \stackrel{?}{=} < k|\frac{e}{mc}\vec{A} \cdot \vec{p}|j > \qquad (10.100)$$

앞에서 언급한 바와 같이 $2P \to 1S$ 전이의 경우, 광자의 (유도/자발) 방출에 해당하므로 앞의 식 (10.75)와 (10.79)에서 그 시간 의존성이 $e^{iwt}$ 가 되어야 함을 알 수 있다. 따라서 식 (10.98)에서 $e^{iwt}$ 의 시간 의존성을 갖는 $-\frac{iw}{c}\vec{A}_0^* e^{-i\vec{k} \cdot \vec{x}}$ 부분이 식 (10.73)에서 $\vec{E}_0$ 에 해당된다.[13] 한편, 원자에서 파동함수의 존재 범위가 방출되는 빛의 파장보다 훨씬 작으므로, $\vec{k} \cdot \vec{x} \sim \frac{r}{\lambda} \ll 1$ 로 볼 수 있어 $e^{\pm i\vec{k} \cdot \vec{x}}$ 는 다음과 같이 전개할 수 있다.

$$e^{\pm i\vec{k} \cdot \vec{x}} = 1 \pm i\vec{k} \cdot \vec{x} + \cdots \qquad (10.101)$$

이 전개에서 첫 번째 항($e^{\pm i\vec{k} \cdot \vec{x}} \sim 1$)은 전기쌍극자, 두 번째 항($\pm i\vec{k} \cdot \vec{x}$)은 전기 사중극자 electric quadrupole 와 자기쌍극자 magnetic dipole 로 기여한다(문제 10.10 참조).

이제 위에서 벡터 퍼텐셜로 표현한 건드림 해밀토니안에 의한 전기쌍극자 전이의 행렬 요소가 앞에서 얻은 전기장 표현에서의 전기쌍극자 전이의 행렬 요소인 식 (10.82)와 일치하는지 살펴보자. 식 (10.100)의 우변에서 $e^{iwt}$ 의 시간 의존성을 갖는

---

[11]예컨대, 참고문헌 [24]의 2장 참조.

[12]참고로 전기장 표현인 식 (10.82)에서 $q$ 는 수소 원자핵의 전하이므로 $e$ 이고, 벡터 퍼텐셜 표현인 식 (10.94)에서는 $q$ 가 전자의 전하 $-e$ 이므로 식 (10.96)을 얻었다.

[13]앞에서 전기장이 $\vec{E} = \vec{E}_0(e^{iwt} + e^{-iwt})$ 형태로 주어졌지만, 벡터 퍼텐셜이 평면파이면 식 (10.98)에서 보듯 전기장도 $e^{\pm iwt}$ 가 아닌 $e^{\pm i(\vec{k} \cdot \vec{x} - wt)}$ 로 주어져야 한다. 즉, $\vec{E}_0 = -\frac{iw}{c}\vec{A}_0^* = \frac{iw}{c}\vec{A}_0$ 가 된다.

행렬 요소는 식 (10.97)에 전기쌍극자 어림($e^{\pm i\vec{k}\cdot\vec{x}} \sim 1$)을 적용하였을 때 다음과 같이 쓰여진다.

$$< k|\frac{e}{mc}\vec{A}_0^* \cdot \vec{p}|j > = \sum_i \frac{e}{mc}A_{0i}^* < k|p_i|j > \qquad (10.102)$$

여기에 $[x_i, H_0] = i\hbar \frac{p_i}{m}$ 의 관계를 쓰면, 위 식의 우변은 다음과 같이 된다.

$$\begin{aligned}
\sum_i \frac{e}{mc}A_{0i}^* < k|p_i|j > &= \sum_i \frac{e}{i\hbar c}A_{0i}^* < k|[x_i, H_0]|j > \\
&= -\sum_i \frac{ie}{\hbar c}A_{0i}^*(E_j^{(0)} - E_k^{(0)}) < k|x_i|j >
\end{aligned}$$

광자가 방출되는 경우 식 (10.79)의 $\delta(E_k^{(0)} - E_j^{(0)} + \hbar w)$ 조건에서 $E_j^{(0)} - E_k^{(0)} = \hbar w$ 의 관계가 성립되어야 한다. 따라서 위 식은 다시 다음과 같이 쓸 수 있다.

$$\sum_i \frac{e}{mc}A_{0i}^* < k|p_i|j > = -\sum_i \frac{iew}{c}A_{0i}^* < k|x_i|j > = \sum_i eE_{0i} < k|x_i|j > \quad (10.103)$$

위에서 우리는 앞에서 얻은 $\vec{E}_0 = -\frac{iw}{c}\vec{A}_0^*$ 의 관계를 사용하였다. 이는 식 (10.82)의 행렬 요소와 같다. 즉, 전기쌍극자 전이에서 식 (10.100)의 관계가 성립한다.

이제 실제로 전이 행렬 요소를 계산하기 위해서 우리는 벡터 퍼텐셜을 규격화해야 한다. 이를 위해 먼저 전자기장의 에너지 밀도를 식 (10.98)과 (10.99)를 써서 계산하자.

$$\frac{1}{8\pi}(\vec{E}^2 + \vec{B}^2) = \frac{1}{8\pi}\left[\frac{2w^2}{c^2}\vec{A}\cdot\vec{A}_0^* + 2(\vec{k}\times\vec{A}_0)\cdot(\vec{k}\times\vec{A}_0^*) + 진동항들\right] \quad (10.104)$$

여기서 진동항들은 $e^{\pm 2i(\vec{k}\cdot\vec{x}-wt)}$ 들을 포함한 항들이며, 시간으로 평균하면 사라진다. 그리고 우변의 두 번째 항은 다음과 같이 주어진다.

$$(\vec{k}\times\vec{A}_0)\cdot(\vec{k}\times\vec{A}_0^*) = k^2\vec{A}_0\cdot\vec{A}_0^* - (\vec{k}\cdot\vec{A}_0)(\vec{k}\cdot\vec{A}_0^*) \qquad (10.105)$$

한편, 앞에서 우리가 쿨롱 게이지($\nabla \cdot \vec{A} = 0$)에서 벡터 퍼텐셜로 표현된 건드림 해밀토니안을 구했으므로 다음의 관계가 성립해야 한다.

$$\nabla \cdot \vec{A} = i\vec{k} \cdot \vec{A}_0 e^{i(\vec{k}\cdot\vec{x}-wt)} - i\vec{k} \cdot \vec{A}_0^* e^{-i(\vec{k}\cdot\vec{x}-wt)} = 0 \qquad (10.106)$$

따라서 $\vec{k} \cdot \vec{A}_0 = \vec{k} \cdot \vec{A}_0^* = 0$ 이고, $k = w/c$ 이므로, 에너지 밀도는 다음과 같이 주어진다.

$$\frac{1}{8\pi}(\vec{E}^2 + \vec{B}^2) = \frac{w^2}{2\pi c^2}|\vec{A}_0|^2 \tag{10.107}$$

이제 용적 $V$ 안에 $N$ 개의 광자가 있다고 하면, 다음의 관계가 성립할 것이다.

$$\int_V d^3x \, \frac{1}{8\pi}(\vec{E}^2 + \vec{B}^2) = \frac{w^2}{2\pi c^2}|\vec{A}_0|^2 V = N\hbar w \tag{10.108}$$

한편, 식 (10.98)에서 전기장의 방향이 $\vec{A}_0$ 의 방향과 같으므로, 전기장의 단위벡터를 $\hat{\epsilon}$ 으로 표시하면, $\vec{k} \cdot \vec{A}_0 = 0$ 이었으므로, $\vec{k} \cdot \hat{\epsilon} = 0$ 의 관계가 만족되어야 한다.

여기서 광자의 생성과 소멸 연산자 역할을 하는 벡터 퍼텐셜의 $\vec{A}_0^*$ 와 $\vec{A}_0$ 부분에 대한 정확한 규격화는 양자장론적으로 다뤄야 하는데, 거기에 등장하는 생성과 소멸 연산자들 사이의 교환관계식은 조화 떨개에서의 올림과 내림 연산자들 사이의 교환관계식과 같다[24]. 그래서 그 결과만 여기에 쓰도록 하겠다[9, 13, 24].

처음 각진동수 $w$ 인 $N$ 개의 광자가 있다가 그중 하나의 광자가 흡수되어 사라질 때($N-1$ 개의 광자로 될 때)의 벡터 퍼텐셜은 식 (10.108)의 관계를 만족하는 소멸 연산자의 경우에 해당하여 다음과 같이 주어지고,

$$\vec{A} = \left(\frac{2\pi c^2 N\hbar}{wV}\right)^{1/2} \hat{\epsilon} \, e^{i(\vec{k} \cdot \vec{x} - wt)}, \tag{10.109}$$

$N$ 개의 광자에 같은 진동수의 광자가 하나 방출되어 추가될 때($N+1$ 개의 광자가 될 때)는 다음과 같이 주어진다.

$$\vec{A} = \left(\frac{2\pi c^2 (N+1)\hbar}{wV}\right)^{1/2} \hat{\epsilon} \, e^{-i(\vec{k} \cdot \vec{x} - wt)} \tag{10.110}$$

식 (10.110)에서 $N = 0$ 일 때가 자발 방출, $N > 0$ 일 때가 유도 방출에 해당한다.

이제 초기 상태에 광자가 없는 $2P \rightarrow 1S$ 전이의 자발 방출 전이율을 구해 보자. 앞의 식 (10.90)과 (10.91)에서 $2P \rightarrow 1S$ 전이 행렬 요소는 다음과 같이 주어진다.

$$V_{2p \rightarrow 1s} = \frac{2^7 \sqrt{2} \, ea_0}{3^5} \left\{ \frac{-E_{0x} + iE_{0y}}{\sqrt{2}} \delta_{-1,m} + \frac{E_{0x} + iE_{0y}}{\sqrt{2}} \delta_{1,m} + E_{0z} \delta_{0,m} \right\} \tag{10.111}$$

따라서 전이율 계산에 필요한 전이 행렬 요소의 절대값 제곱은 다음과 같이 주어진다.

$$|V_{2p \to 1s}|^2 = \frac{2^{15}}{3^{10}} \frac{e^2 a_0^2}{} \left\{ \left( \frac{|E_{0x}|^2 + |E_{0y}|^2}{2} \right) (\delta_{-1,m} + \delta_{1,m}) + |E_{0z}|^2 \delta_{0,m} \right\} \quad (10.112)$$

이제 전이율 식 (10.79)의 최종 상태밀도 $\rho(E_k^{(0)})$에 광자의 상태들이 포함되어야 한다.

$$W_{j \to k} = \frac{2\pi}{\hbar} \int \frac{V d^3 p}{(2\pi\hbar)^3} |V_{kj}|^2 \delta(E_k^{(0)} - E_j^{(0)} + \hbar w) \quad (10.113)$$

여기서 $V$는 광자가 존재하는 용적이며, $d^3 p$는 광자의 운동량 체적소를 표시한 것이다. 따라서 $\frac{V d^3 p}{(2\pi\hbar)^3}$ 는 광자가 가질 수 있는 위상공간을 양자론적 위상공간의 최소 단위 $\hbar^3$ 으로 나눈 것으로, 광자가 가질 수 있는 상태들의 수에 해당한다고 하겠다. 여기서 $d^3 p$ 를 다음과 같이 다시 쓰면,

$$d^3 p = p^2 dp\, d\Omega_p = \left( \frac{\hbar w}{c} \right)^2 d\left( \frac{\hbar w}{c} \right) d\Omega_p,$$

전이율은 다음과 같이 된다.

$$W_{j \to k} = \frac{2\pi}{\hbar} \frac{V}{(2\pi\hbar)^3} \int \frac{\hbar^2 w^2}{c^3} |V_{kj}|^2 d(\hbar w)\, d\Omega_p \delta(E_k^{(0)} - E_j^{(0)} + \hbar w) \quad (10.114)$$

앞에서 $\vec{E}_0 = -\frac{iw}{c} \vec{A}_0^*$ 이었고, 자발 방출의 경우 $\vec{A}_0^* = \sqrt{\frac{2\pi c^2 \hbar}{w V}} \hat{\epsilon}$ 이었으므로, 다음 관계가 성립한다.

$$\vec{E}_{0i} = -i \sqrt{\frac{2\pi w \hbar}{V}} \hat{\epsilon}_i$$

이제 전이율은 이 관계를 식 (10.112)에 적용하여, $2P$ 상태에서 가능한 세 가지 모든 $m$ 의 경우를 합하고 평균을 취하여($\times \frac{1}{3}$) 식 (10.114)에 대입하면 될 것이다. 그런데 광자는 두 편광 방향을 가지므로 이렇게 얻은 값에 2를 곱한 값이 최종 전이율이 된다.[14]

$$\begin{aligned} W_{2p \to 1s} &= \frac{2}{3} \times \frac{2\pi}{\hbar} \frac{V}{(2\pi\hbar)^3} \int \frac{\hbar^2 w^2}{c^3} \frac{2^{15}}{3^{10}} \frac{e^2 a_0^2}{} \frac{2\pi w \hbar}{V} d(\hbar w)\, d\Omega_p \delta(E_1^{(0)} - E_2^{(0)} + \hbar w) \\ &= \frac{1}{2\pi\hbar} \frac{2^{16}}{3^{11}} \frac{e^2 a_0^2}{c^3 \hbar^3} \int (\hbar w)^3 d(\hbar w)\, d\Omega_p \delta(E_1^{(0)} - E_2^{(0)} + \hbar w) \\ &= \frac{1}{2\pi\hbar} \frac{2^{16}}{3^{11}} \frac{e^2 a_0^2}{c^3 \hbar^3} 4\pi \left( \frac{3}{8} mc^2 \alpha^2 \right)^3 = \frac{2^8}{3^8} \frac{mc^2}{\hbar} \alpha^5 \simeq 6.2 \times 10^8 s^{-1} \quad (10.115) \end{aligned}$$

---

[14] 전자기파에서 전기장의 방향(편광 방향)은 파동의 진행 방향($\vec{k}$)과 수직하므로($\vec{k} \cdot \hat{\epsilon} = 0$), $\hat{\epsilon}$ 의 3 방향 중 2 방향만 가능하다. 즉, 평균을 취하지 않고 합하는 방식을 써도 $\frac{2}{3}$ 를 곱해 주면 된다.

위의 계산에서 우리는 계산의 간편함을 위해서 다음과 같이 정의된 미세구조상수 fine structure constant 를 도입하였다.

$$\alpha \equiv \frac{e^2}{\hbar c} = \frac{1}{137.0388} \tag{10.116}$$

그리고 수소 원자의 준위 식 (7.167)에서 $2P$ 와 $1S$ 상태의 에너지 차이가 다음과 같고,

$$E_2^{(0)} - E_1^{(0)} = \frac{3e^4 m}{8\hbar^2} = \frac{3}{8}mc^2\alpha^2, \tag{10.117}$$

식 (1.51)에서 주어진 보어 반경에 대한 다음 관계식을 사용하였다.

$$a_0 \equiv \frac{\hbar^2}{me^2} = \frac{\hbar}{mc\alpha} \tag{10.118}$$

끝으로 $2P$ 상태의 에너지 준위에 대해 언급하자면, 위에서는 스핀-궤도 결합이나 상대론적 보정은 고려하지 않아, $2P$의 모든 상태들이 다 같은 에너지 준위를 갖는 것으로 생각하였다. 하지만, 전자의 스핀까지 고려하면 $2P$ 상태는 전체 각운동량($j$) 값이 1/2 과 3/2 이 되어 $2P_{\frac{1}{2}}$ 과 $2P_{\frac{3}{2}}$ 의 두 가지 상태로 갈라져서,[15] $2P$ 상태는 $m_l$ 값으로 결정되는 3 상태가 아니라, $m_j$ 값으로 결정되는 $2P_{\frac{1}{2}}$ 의 2 상태, $2P_{\frac{3}{2}}$ 의 4 상태가 되어 도합 6개의 상태를 갖는다. 그리고 이들의 에너지 준위는 식 (9.143)에서 주어졌 듯이 스핀-궤도 결합과 상대론적 보정을 합했을 때 전체 각운동량 값 $j$ 에만 의존한다. 따라서 양자전기역학적 계산이 필요한 ($2S_{\frac{1}{2}}$ 준위가 $2P_{\frac{1}{2}}$ 준위보다 아주 약간 위로 이 동하는) 램 이동 현상을 무시하면, 대체로 $2P_{\frac{1}{2}}$ 과 $2S_{\frac{1}{2}}$ 의 준위는 같고, $2P_{\frac{3}{2}}$ 의 준위는 이들보다 약간 높다. 그런데 전자의 스핀까지 고려한 $2P_{\frac{1}{2}} \rightarrow 1S_{\frac{1}{2}}$ 과 $2P_{\frac{3}{2}} \rightarrow 1S_{\frac{1}{2}}$ 의 전이율은 1 : 2 여서[9], $2P \rightarrow 1S$ 전체 전이율은 스핀을 고려하지 않은 경우와 같다.

## 제 10.7 절   수명과 선폭 Lifetime and Line Width

계의 바닥상태는 더 이상 떨어질 낮은 상태가 존재하지 않으므로 계속하여 존재할 수 있다. 그런데 다른 모든 상태들은 들뜬 상태에 해당하므로 불안정하여 유한한 시간 동 안 존재하게 된다. 즉, 바닥상태를 제외한 모든 상태는 평균적인 수명($\tau$)이 존재한다.

---

[15]같은 방식으로 $2S$ 상태는 $j$ 값이 1/2 이므로 $2S_{\frac{1}{2}}$ 상태가 된다.

따라서 바닥상태는 그 에너지가 정확하게 주어지지만, 나머지 상태들은 유한한 수명으로 인해 불확정성 원리에 따라 에너지가 다소 불확정하게($\triangle E$) 주어진다. 이에 대해 살펴보자.

주어진 초기 상태 $i$ 가 시간 $t$ 와 $t + dt$ 에 각각 존재할 확률 $P_i$ 는 전이율을 써서 다음과 같이 나타낼 수 있을 것이다.

$$P_i(t + dt) = P_i(t) \left[ 1 - \sum_{f \neq i} W_{i \to f} \, dt \right] \qquad (10.119)$$

여기서 $W_{i \to f}$ 는 초기 상태 $i$ 에서 가능한 모든 최종 상태들 $\{f\}$로의 전이율들이다. 초기 조건으로 $P_i(t = 0) = 1$ 로 놓고 위의 미분 방정식을 풀면, 우리는 다음의 결과를 얻는다.

$$P_i(t) = \exp \left[ -t \sum_{f \neq i} W_{i \to f} \right] \equiv \exp \left[ -tW \right] \qquad (10.120)$$

이러한 지수형 붕괴 법칙 exponential decay law 에서 우리는 주어진 초기 상태의 수명 lifetime $\tau$ 를 다음과 같이 쓸 수 있다.

$$\tau = 1/W, \quad W \equiv \sum_{f \neq i} W_{i \to f} \qquad (10.121)$$

그리고 에너지 준위의 폭 $\triangle E$ 는 불확정성 원리에 따라 다음과 같이 쓸 수 있다.

$$\triangle E \sim \frac{\hbar}{\tau} \sim \hbar W \qquad (10.122)$$

이와 같이 상태의 붕괴에 대한 수명과 에너지의 불확정성에 따른 에너지의 폭에 대한 일반적인 관계는 1930년 Weisskopf 와 Wigner 의 불안정 상태에 대한 섭동론 연구로 알려졌다.[16] 여기서는 보다 단순하고 직관적인 Goswami[13]의 방식을 따라 이 관계를 살펴보겠다.[17]

---

[16]V. Weisskopf and E. Wigner, Z. Phys. 63, 54 (1930). 이에 대한 자세한 설명은 참고문헌 [23]의 5장, [19]의 18장, [9]의 21장, [17]의 12장, [20]의 21장(§13) 등을 참조 바람.
[17]참고문헌 [13]의 22장 참조.

우리가 초기 상태를 $|i\rangle$, 최종 상태를 $|f\rangle$ 로 단순화하여 표시한다면, 식 (10.120)으로 주어진 존재 확률은 다음과 같이 표시할 수 있을 것이다.

$$P_i(t) = |<i|f>|^2 \tag{10.123}$$

여기서 $< f|i >$ 는 초기 상태에서 최종 상태로 전이하는 전이 진폭 transition amplitude 임에 주목하자. 이제 초기 상태를 $|\psi(t=0)\rangle$, 최종 상태를 $|\psi(t>0)\rangle$ 으로 나타내면, 식 (10.120)으로부터 다음과 같이 주어지는 관계를 유추할 수 있을 것이다.

$$<\psi(0)|\psi(t)> = \exp\left[-\left(iE_0 + \frac{\hbar W}{2}\right)t/\hbar\right] \tag{10.124}$$

여기서 $E_0$ 는 초기 상태의 에너지 준위를 나타내며, 동역학적 위상을 준다고 생각할 수 있을 것이다. 우리가 이러한 전이 진폭 전체를 계의 에너지에 의한 동역학적 위상 변화에 의한 것으로 생각한다면, 원래의 에너지 $E_0$ 는 $E_0 \pm i\frac{\hbar W}{2}$ 로 대체되어야 할 것이다. 이처럼 계의 에너지가 복소 값으로 주어지면, 에너지의 폭은 그 허수부 $\frac{\hbar W}{2}$ 에 의해 주어지게 된다. 이는 다음과 같이 확인할 수 있다.

먼저 $t > 0$ 일 때의 전이 진폭을 주는 식 (10.124)는 다시 다음과 같이 쓸 수 있다.

$$\begin{aligned}
<\psi(0)|\psi(t)> &= <\psi(0)|\exp(-iHt/\hbar)|\psi(0)> \\
&= <\psi(0)|\exp(iHt/\hbar)|\psi(0)>^*
\end{aligned} \tag{10.125}$$

따라서 $t > 0$ 에 대해서는 위 식과 식 (10.124)로부터 다음의 관계가 성립한다.

$$<\psi(0)|\psi(-t)> = <\psi(0)|\psi(t)>^* = \exp\left[\left(iE_0 t - \frac{\hbar W}{2}t\right)/\hbar\right] \tag{10.126}$$

위 식은 $t < 0$ 인 경우에 $\tilde{t} \equiv -|t|$ 를 써서 다음과 같이 다시 쓸 수 있다.

$$<\psi(0)|\psi(\tilde{t})> = \exp\left[-\left(iE_0\tilde{t} - \frac{\hbar W}{2}\tilde{t}\right)/\hbar\right] = \exp\left[-\left(iE_0\tilde{t} + \frac{\hbar W}{2}|t|\right)/\hbar\right] \tag{10.127}$$

그러므로 우리는 모든 $-\infty < t < \infty$ 에 대하여 다음과 같이 쓸 수 있다.

$$<\psi(0)|\psi(t)> = \exp\left[-\left(iE_0 t + \frac{\hbar W}{2}|t|\right)/\hbar\right] \tag{10.128}$$

이제 에너지 분포를 보기 위하여 초기 상태 $|\psi(0)\rangle$ 을 해밀토니안 $H$ 의 (에너지) 고유 상태들로 전개하자.

$$|\psi(0)> = \int g(E)|\psi(E)> dE \qquad (10.129)$$

이 관계를 식 (10.125)에 대입하면 다음의 관계식을 얻는다.

$$
\begin{aligned}
<\psi(0)|\psi(t)> &= <\psi(0)|\exp(-iHt/\hbar)|\psi(0)> \\
&= \int dE' \int dE\, g^*(E')g(E) <\psi(E')|\exp(-iHt/\hbar)|\psi(E)> \\
&= \int |g(E)|^2 \exp(-iEt/\hbar)dE \qquad (10.130)
\end{aligned}
$$

여기서 $|g(E)|^2$ 은 모든 $E$ 에 대하여 양의 값을 가지며, 바닥 상태 에너지보다 낮은 에너지($E < E_{min.}$)에서는 $|g(E)|^2 = 0$ 이므로 이는 근사적으로 성립하는 관계라고 하겠다. 더하여 초기 상태의 에너지 분포를 주는 $|g(E)|^2$ 을 위의 관계식에서 시간 $t$ 와 에너지 $E$ 사이의 푸리에 역변환으로 얻으려면, 이 관계식이 $-\infty < E < \infty$ 의 모든 구간으로 확장되어 성립하여야 한다. 그래서 우리는 $E$ 의 모든 구간으로 위 관계식이 확장되어 성립한다는 가정을 하고 푸리에 변환을 적용하도록 하겠다.

$$
\begin{aligned}
|g(E)|^2 &= (2\pi\hbar)^{-1} \int_{-\infty}^{\infty} dt <\psi(0)|\psi(t)> e^{iEt/\hbar} \\
&= (2\pi\hbar)^{-1} \int_{-\infty}^{\infty} dt\, e^{-(iE_0 t + \frac{\hbar W}{2}|t|)/\hbar} e^{iEt/\hbar} \\
&= (2\pi\hbar)^{-1} \left[ \int_0^{\infty} dt\, e^{[i(E-E_0) - \frac{\hbar W}{2}]t/\hbar} + \int_{-\infty}^0 dt\, e^{[i(E-E_0) + \frac{\hbar W}{2}]t/\hbar} \right] \\
&= \frac{\frac{\hbar W}{2\pi}}{(E-E_0)^2 + \left(\frac{\hbar W}{2}\right)^2} \qquad (10.131)
\end{aligned}
$$

이 결과는 잘 알려진 로렌츠 형태 Lorentzian shape 를 주는 Breit-Wigner 공식의 에너지 분포이다(그림 10.3). 이는 $|g(E)|^2$ 값이 최대값의 반으로 줄어드는, 즉 $E = E_0$ 가 $E = E_0 \pm \frac{\hbar W}{2}$ 로 되는, 에너지의 폭이 $\hbar W$ 임을 보여준다.[18] 여기서 상태의 수명 $\tau$ 를 $\triangle t$ 로, 에너지의 폭 $\hbar W$ 를 $\triangle E$ 로 놓고, 불확정성 원리를 적용하면 다음의 관계를

---

[18]우리는 이러한 $\hbar W$ 를 최대값 절반 half maximum 에서의 전폭 full width 이라 부르기도 한다.

$$|g(E)|^2 \;\; = \;\; \frac{\frac{\hbar W}{2\pi}}{(E - E_0)^2 + \left(\frac{\hbar W}{2}\right)^2}$$

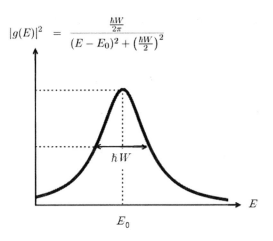

그림 10.3: Breit-Wigner 에너지 분포

얻는다.

$$\tau \sim \frac{\hbar}{\triangle E} \sim \frac{1}{W} \tag{10.132}$$

이는 앞에서 식 (10.121)로 주어진, 초기 상태가 최종 상태로 붕괴하는 평균적 시간인 수명 $\tau$ 와 초기 상태에서 최종 상태로 전이하는 단위시간 당 확률인 전이율 $W$ 사이의 역수 관계와 일치함을 보여준다. 우리는 이러한 $W$ 를 선폭 line width 이라고도 한다.

## 문제

**10.1** 질량이 $m$ 인 입자가 구간이 $0 < x < a$ 인 1차원 상자의 바닥상태에 있는데, 시간 $t = 0$ 에 위치에너지가 아래와 같이 갑자기 변화하였다.

$$V(x) = \begin{cases} \infty, & x < 0 \\ V_0, & 0 \le x \le \frac{a}{2} \\ -V_0, & \frac{a}{2} \le x \le a \\ \infty, & a < x \end{cases}$$

이후 시간 $t = T$ 에 다시 원상으로 복구되었다. $V_0$ 의 크기가 기존 바닥상태의 에너지보다 매우 작다고 할 때, 시간 $t = T$ 이후에 첫 번째 들뜬 상태에 있을 확률을 구하라.

도움말: 건드림이 매우 작으니 1차항까지의 기여를 구한다.

답.  $P_{1\to2} = \left(\frac{32ma^2V_0}{9\pi^3\hbar^2}\right)^2 \sin^2\left(\frac{3\pi^2\hbar}{4ma^2}T\right)$

**10.2** 다음 관계식이 성립함을 보여라.

$$\lim_{t\to\infty} \frac{\sin^2\left(\frac{wt}{2}\right)}{w^2 t} = \frac{\pi}{2}\delta(w)$$

도움말: $\int_{-\infty}^{\infty} dx\, \frac{\sin^2 x}{x^2} = \pi$ 의 결과(이는 복소 평면에서의 경로 적분 contour integral 으로 바꾸어 얻을 수 있다)를 써서 $\lim_{t\to\infty} \frac{\sin^2 tx}{\pi t x^2} = \delta(x)$ 임을 먼저 보여라.

**10.3** 바닥상태에 있는 수소 원자에 다음과 같이 균일한 전기장이 시간 $t=0$ 에 걸렸다.

$$\vec{E} = \begin{cases} 0, & t < 0 \\ \hat{z}E_0\, e^{-\alpha t}, & t > 0 \end{cases}$$

여기서 $\alpha$ 와 $E_0$ 는 양의 상수이다. 시간이 오래 지난 후에($t \to \infty$), 수소 원자가 $2s$ ($n=2$, $l=0$) 상태나 $2p$ ($n=2$, $l=1$) 상태에 있을 확률은 각각 얼마인가?

도움말: 전기장 $\vec{E}$ 내에서 전하 $q$ 가 갖는 위치에너지는 $V = -\int^{\vec{x}} q\vec{E}\cdot d\vec{x}$ 임을 써라. 편의상 전위의 기준점은 $z=0$ 으로 잡고, 지름 파동함수는 식 (7.178)을 참고하라.

답.  $P_{1s\to2s} = 0$,   $P_{1s\to2p} = 2^{15}3^{-10}e^2 E_0^2 a_0^2 \left(\alpha^2\hbar^2 + \left(\frac{3me^4}{8\hbar^2}\right)^2\right)^{-1}$

**10.4** 질량이 $m$ 이고 각진동수가 $w_0$ 인 1차원 조화 떨개에 다음과 같이 시간에 의존 하는 건드림이 추가되었다.

$$\lambda H'(x,t) = \lambda\, x \cos wt$$

처음에($t=0$) 계가 바닥상태에 있었다면, 전이 가능한 상태와 그 전이 확률을 구하고, 시간이 많이 흘렀을 때의 전이율을 구하라. ($\lambda$ 의 가장 낮은 차수까지만 계산하라.)

답. 전이 확률: $P_{0\to l} = \frac{\pi\lambda^2 t}{4mw_0\hbar}[\delta(w_0+w) + \delta(w_0-w)]\delta_{l1}$   ($t\to\infty$일 때)

　　　전이율: $W_{0\to1} = \frac{\pi\lambda^2}{4mw_0\hbar}[\delta(w_0+w) + \delta(w_0-w)]$

**10.5** 구간이 $0 < x < a$ 인 1차원 상자 안에 질량이 $m$ 인 입자가 있다. 처음에($t=0$) 바닥상태에 있던 계에 다음과 같은 건드림이 추가되었다.

$$H'(x,t) = \alpha\, e^{\frac{i\pi x}{a}} e^{-\alpha^2 t^2}$$

시간이 오래 흐른 후에 계가 들뜬 상태$(n \geq 2)$로 전이할 확률을 구하라. $\hbar\alpha \ll E_1^{(0)}$ 일 때, 계가 전이할 확률이 가장 높은 상태는 무엇인가? ($E_1^{(0)}$ 은 바닥상태 에너지이다.)

답. $n$=짝수일 때, $P_{1 \to n} = \frac{\pi}{16\hbar^2} \exp\left[-2\left(\frac{(n^2-1)E_1^{(0)}}{\hbar\alpha}\right)^2\right]\delta_{n,2}$

$n$=홀수일 때, $P_{1 \to n} = \frac{1}{\pi\hbar^2}\left|\frac{1}{n} - \frac{n}{n^2-4}\right|^2 \exp\left[-2\left(\frac{(n^2-1)E_1^{(0)}}{\hbar\alpha}\right)^2\right]$, $n \geq 3$

**10.6** 질량이 $m$ 인 입자가 구간이 $0 < x < a$ 인 1차원 상자 안에 있다. 상자의 오른쪽 벽이 $x = a$ 에서 $x = 2a$ 로 아주 천천히 이동하였다. 이 단열 과정에서 벽이 이동하는 속력은 일정한 값 $v$ 로 주어졌다. 이 단열 과정에 의해서 발생하는, 식 (10.69)와 식 (10.70)으로 주어지는 기하학적 위상과 동역학적 위상의 변화를 각각 구하라.

도움말: 여기서 식 (10.71)에 나타난 매개변수는 상자의 길이($l$)에 해당하고, 동역학적 위상 계산에서 시간에 대한 적분도 매개변수($l$)로 바꾸어 할 수 있음에 유의하라.

답. 기하학적 위상 변화: $\delta_g = 0$, 동역학적 위상 변화: $\delta_d = -\frac{n^2\pi^2\hbar}{4mva}$

**10.7** 질량이 $m$인 입자가 위치에너지가 $V(x) = -\lambda\delta(x)$로 주어지는 1차원 델타함수 우물에 속박되어 있다. 여기서 $\lambda$ 는 양의 상수이다.

1). 이제 위치에너지의 속박 강도를 나타내는 상수 $\lambda$ 가 $\lambda_i$ 에서 시작하여 $\lambda_f$ 로 아주 천천히 증가했고 그 변화율은 일정한 값 $\alpha$ 로 주어졌다. 이 단열 과정에 의한 기하학적 위상과 동역학적 위상의 변화를 각각 구하라. 여기서 식 (10.71)에 나타난 매개변수는 $\lambda$ 에 해당함에 유의하라.

2). 다시 $\lambda$ 값이 $\lambda_f$ 에서 $\lambda_i$ 로 더 천천히 변하며 원상으로 복귀하였다. 그리고 이때 변화율은 $-\alpha/2$ 였다. 이제 시작할 때부터 다시 원상으로 복귀할 때까지의 과정 전체에 대한 기하학적 위상과 동역학적 위상을 구하고, 기하학적 위상의 경우 매개변수 1차원의 닫힌 경로에 해당하므로 본문에서 언급된 바와 같이 베리의 위상이 0 이 되는지 확인하라.

답. 1). 기하학적 위상 변화: $\delta_g = 0$, 동역학적 위상 변화: $\delta_d = \frac{m}{6\hbar^3\alpha}\left(\lambda_f^3 - \lambda_i^3\right)$

2). 기하학적 위상 변화: $\delta_g = 0$, 동역학적 위상 변화: $\delta_d = \frac{m}{2\hbar^3\alpha}\left(\lambda_f^3 - \lambda_i^3\right)$

**10.8** 자기장의 크기는 변하지 않고 자기장 벡터의 방위각만 $\phi = wt$ 로 시간에 따라

천천히 단열 과정으로 아래와 같이 바뀌는 경우를 생각하자.

$$\vec{B}(t) = B\{\hat{i}\sin\theta\cos\phi + \hat{j}\sin\theta\sin\phi + \hat{k}\cos\theta\}, \quad \phi = wt$$

전자가 이러한 자기장 안에 있을 때, 그 해밀토니안은 8.3절에서 주어진 바와 같이 아래처럼 주어진다.

$$H = -\vec{\mu}\cdot\vec{B}, \quad \text{여기서} \quad \vec{\mu} = \frac{e}{m_e c}\vec{S} \equiv -\mu_b\vec{\sigma}$$

위에서 $\mu_b$ 는 식 (8.123)으로 주어진 보어 자기량이다.

1). 식 (8.120)의 관계를 써서 다음의 관계가 성립함을 보여라.

$$\exp(i\phi\hat{n}\cdot\vec{\sigma}) = \cos\phi + i\hat{n}\cdot\vec{\sigma}\sin\phi$$

2). $+z$ 방향으로 향한 스핀을 구좌표계 상의 $(\theta,\phi)$ 방향으로 향하게 했을 때 그 상태는 식 (8.280)으로 주어진 회전 연산자를 써서 다음과 같이 쓸 수 있다.

$$|\theta,\phi> = R_z(\phi)R_y(\theta)|\hat{k}>$$

여기서 $\vec{J} = \frac{\hbar}{2}\vec{\sigma}$ 이므로 회전 연산자는 각각 다음과 같이 주어진다.

$$R_y(\theta) = \exp\left(-\frac{i\theta}{2}\sigma_y\right), \quad R_z(\phi) = \exp\left(-\frac{i\phi}{2}\sigma_z\right)$$

이로부터 $|\hat{k}> = \begin{pmatrix} 1 \\ 0 \end{pmatrix}$ 임을 써서, 스핀의 방향이 $(\theta,\phi)$인 상태 $|\theta,\phi>$ 는 다음과 같이 주어짐을 보여라.

$$|\theta,\phi> = \begin{pmatrix} \cos(\theta/2)e^{-i\phi/2} \\ \sin(\theta/2)e^{i\phi/2} \end{pmatrix} = e^{-i\phi/2}\begin{pmatrix} \cos(\theta/2) \\ \sin(\theta/2)e^{i\phi} \end{pmatrix}$$

3). 이제 식 (10.72)를 써서 $\theta = \pi/2$ 로 고정된 경우, 베리의 위상이 $-\pi$ 임을 보여라.
도움말: 여기서 매개변수들은 $\theta$ 와 $\phi$ 이다. 따라서 베리의 위상 계산에 필요한 내적 $<\psi|\nabla_{\vec{y}}\psi>$ 에서 켓-스피너 $|\psi> = |\theta,\phi>$ 의 매개변수 기울기벡터 $|\nabla_{\vec{y}}\psi>$ 는 $r = 1$

인 구면좌표계에서의 기울기벡터와 동일하게 구하고, 상태 $|\psi>$ 에 임의의 위상을 곱해도 같은 상태이므로, 전체적인 위상 $e^{-i\phi/2}$ 는 제거하고 구해도 된다.

**10.9 토마스-라이히-쿤 합 규칙 Thomas-Reiche-Kuhn sum rule:**

식 (10.82)에 나오는 원자의 상태에 대한 위치 $x_i$ 의 행렬 요소 $<n'l'm'|x_i|nlm>$ 을 간단히 $<n'|x_i|n>$ 으로 표시하자. 그러면 $H_0|n>=E_n^{(0)}|n>$ 의 관계가 성립할 때, 떨개 세기 oscillator strength 로 알려진 다음과 같이 정의된 $f_{n'n}$ 에 대해

$$f_{n'n} \equiv \frac{2m}{\hbar^2}(E_{n'}^{(0)} - E_n^{(0)})|<n'|x_i|n>|^2$$

도마스-리이히-쿤 합 규칙이라 불리는 다음의 관계가 성립함을 보여라.

$$\sum_{n'} f_{n'n} = 1$$

<u>도움말</u>: $\sum_{n'}|n'><n'|=1$ 과 $[x_j, H_0] = i\hbar\frac{p_j}{m}$ 의 관계를 활용하라.

**10.10** 전자기장이 존재할 때의 건드림 해밀토니안을 식 (10.96)처럼 벡터 퍼텐셜로 다음과 같이 나타내자.

$$H' = \frac{e}{mc}\vec{A}\cdot\vec{p}$$

1). 여기서 벡터 퍼텐셜을 식 (10.97)과 같이 평면파로 나타내고,

$$\vec{A} = \vec{A}_0 e^{i(\vec{k}\cdot\vec{x}-wt)} + \vec{A}_0^* e^{-i(\vec{k}\cdot\vec{x}-wt)},$$

평면파의 위치 부분을 식 (10.101)처럼 다음과 같이 전개했을 때,

$$e^{\pm i\vec{k}\cdot\vec{x}} = 1 \pm i\vec{k}\cdot\vec{x} + \cdots,$$

전개된 우변의 두 번째 항은 전기 사중극자와 자기쌍극자로 기여함을 보여라.

<u>도움말</u>: $\vec{A}_0^* \equiv A_0^*\hat{\epsilon}$ 으로 놓고, $|n\rangle$ 과 $|f\rangle$ 를 각각 초기와 최종 상태라고 하면, 전이 행렬 요소 부분이 다음과 같이 쓰여질 수 있음을 보이고,

$$\left\langle f|\vec{k}\cdot\vec{x}\hat{\epsilon}\cdot\vec{p}|n\right\rangle = \frac{k_i\epsilon_j}{2}\left\{\langle f|x_i\,p_j + x_j\,p_i|n\rangle + \langle f|x_i\,p_j - x_j\,p_i|n\rangle\right\}$$

우변의 첫 번째 항은 전기 사중극자, 두 번째 항은 자기쌍극자로 기여함을 보인다.

첫 번째 항의 경우, $[x_i x_j, H_0]$ 와 $\vec{k} \cdot \hat{\epsilon} = 0$ 을 고려하여 다음이 성립함을 보이고,

$$k_i \epsilon_j \langle f | x_i\, p_j + x_j\, p_i | n \rangle = \frac{m}{i\hbar}(E_n^{(0)} - E_f^{(0)}) k_i \epsilon_j \langle f | x_i x_j | n \rangle$$

전기 사중극자 퍼텐셜은 전기 사중극자 텐서 $Q_{ij}$ 로 다음과 같이 표시됨을 활용하라.

$$V_{quad}(\vec{x}) = \frac{1}{r^3}\hat{x}_i \hat{x}_j Q_{ij}, \quad r = |\vec{x}| \text{ 이고, } \hat{x}_i \text{ 와 } \hat{x}_j \text{ 는 } \vec{x} \text{ 의 단위 벡터 성분들}$$

$$Q_{ij} \equiv \frac{1}{2}\int (3x_i' x_j' - r'^2 \delta_{ij})\rho(\vec{x}')d^3 x'$$

두 번째 항의 경우, $\epsilon_{ijk}L_k = \epsilon_{ijk}(\vec{x} \times \vec{p})_k = x_i\, p_j - x_j\, p_i$ 의 관계가 성립함을 보이고, 궤도 각운동량에 의한 자기쌍극자는 $\vec{\mu}_l = \frac{-e}{2mc}\vec{L}$ 로 주어짐을 활용하라.

2). 이러한 전기 사중극자나 자기 쌍극자 전이에서는 전기쌍극자 전이에서 불가능했던 $\triangle l = 0$ 전이가 가능함을 보여라. 하지만, $2S \to 1S$ 전이와 같은 $(l = 0) \to (l = 0)$ 전이는 여전히 불가능함을 보여라.

도움말: 구면조화함수의 곱 product of spherical harmonics 에 대한 다음의 관계를 활용하라.[19]

$$Y_{l_1}^{m_1} Y_{l_2}^{m_2} = \sum_l \sqrt{\frac{(2l_1 + 1)(2l_2 + 1)}{4\pi(2l + 1)}} \langle l_1 l_2 0 0 | l_1 l_2 l 0 \rangle \langle l_1 l_2 m_1 m_2 | l_1 l_2 l m_1 + m_2 \rangle Y_l^{m_1 + m_2}$$

여기서 $\langle j_1 j_2 m_1 m_2 | j_1 j_2 j m \rangle$ 들은 식 (8.164)의 클렙시-고단 계수들이며, $Y_l^m$ 들은 동일한 $(\theta, \phi)$의 함수들이다. 그리고 클렙시-고단 계수의 다음 특성을 활용하라.

$$\langle j_1 j_2 m_1 m_2 | j_1 j_2 j m \rangle = (-1)^{j_1 + j_2 - j} \langle j_1 j_2 - m_1 - m_2 | j_1 j_2 j - m \rangle$$

**10.11** 수소 원자 $2P$ 상태의 전기쌍극자 전이에 의한 (붕괴) 수명을 구하라.
답. $1.6 \times 10^{-9}s$

---

[19]참고문헌 [19]의 16장, 또는 참고문헌 [21]의 4장 참조.

# 제 11 장

# 전자기장과의 상호작용 Interaction with Electromagnetic Field

## 제 11.1 절   전자기장이 존재할 때 운동량 및 해밀토니안의 표현

전기장이나 자기장이 존재할 때 전하를 띤 입자의 슈뢰딩거 방정식을 풀기 위해서는 우리는 전자기장이 존재할 때에 해밀토니안이 어떻게 기술되는지부터 알아야 한다.

자기장이 존재할 때 받는 힘은 속도와 연관되므로, 우리는 지금까지 위치에만 의존하여 기술했던 힘의 개념부터 일반화해야 한다. 이는 일반화된 좌표 $x_i$, 속도에도 의존하는 일반화된 위치에너지 generalized potential, $U(x_i, \dot{x}_i)$, 그리고 일반화된 힘 generalized force, $Q_i$ 사이의 관계로 기술될 수 있는데, 그 관계는 다음과 같다.[1]

$$Q_i = -\frac{\partial U}{\partial x_i} + \frac{d}{dt}\left(\frac{\partial U}{\partial \dot{x}_i}\right) \tag{11.1}$$

한편, 전기장 $\vec{E}$ 와 자기장 $\vec{B}$ 가 존재할 때, 전하 $q$ 를 띤 속도 $\vec{v}$ 의 입자가 받는

---

[1] 예컨대 참고문헌 [29]의 1장 참조.

힘은 로렌츠 힘으로 다음과 같이 주어진다.[2]

$$\vec{F} = q\vec{E} + \frac{q}{c}\vec{v} \times \vec{B} \tag{11.2}$$

여기서 전기장과 자기장은 스칼라 퍼텐셜 $\phi$ 와 벡터 퍼텐셜 $\vec{A}$ 로 다음과 같이 주어진다.

$$\vec{E} = -\nabla\phi - \frac{1}{c}\frac{\partial \vec{A}}{\partial t}, \qquad \vec{B} = \nabla \times \vec{A} \tag{11.3}$$

이 관계를 이용하여 식 (11.2)를 다시 쓰면 다음과 같다.

$$\vec{F} = q\left[-\nabla\phi - \frac{1}{c}\frac{\partial \vec{A}}{\partial t}\right] + \frac{q}{c}\vec{v} \times (\nabla \times \vec{A}) \tag{11.4}$$

이제 다음의 관계를 적용하여 위 식을 다시 써 보겠다.

$$\frac{d\vec{A}}{dt} = \frac{\partial \vec{A}}{\partial t} + \sum_i \frac{\partial \vec{A}}{\partial x^i}\frac{\partial x^i}{\partial t} \tag{11.5}$$

먼저 식 (11.5) 우변의 둘째 항은 다음과 같이 쓸 수 있다.

$$\sum_i \frac{\partial \vec{A}}{\partial x^i}\frac{\partial x^i}{\partial t} = (\vec{v} \cdot \nabla)\vec{A} \tag{11.6}$$

그리고 다음의 항등식을 사용하고,

$$\vec{v} \times (\nabla \times \vec{A}) = \nabla(\vec{v} \cdot \vec{A}) - (\vec{v} \cdot \nabla)\vec{A}, \tag{11.7}$$

식 (11.5)의 관계를 적용하면, 우리는 다음의 관계가 성립함을 알 수 있다.

$$\vec{v} \times (\nabla \times \vec{A}) = \nabla(\vec{v} \cdot \vec{A}) - \frac{d\vec{A}}{dt} + \frac{\partial \vec{A}}{\partial t} \tag{11.8}$$

이 관계를 식 (11.4)에 대입하면 로렌츠 힘은 다음과 같이 쓸 수 있다.

$$\vec{F} = q\left[-\nabla(\phi - \frac{1}{c}\vec{v} \cdot \vec{A}) - \frac{1}{c}\frac{d\vec{A}}{dt}\right] \tag{11.9}$$

---

[2]이 장에서 전자기 관련 공식은 기술의 간편함을 위해서 가우스(CGS) 단위로 표시함.

또한 $v_i = \dot{x}_i$ 이고, $\phi = \phi(\vec{x}, t)$로부터 $\frac{d\phi}{dv_i} = 0$ 임을 적용하면 다음 관계가 성립한다.

$$\frac{d}{dv_i}(\phi - \frac{1}{c}\vec{v} \cdot \vec{A}) = -\frac{1}{c}A_i \tag{11.10}$$

이를 식 (11.9)에 대입하면, 로렌츠 힘은 최종적으로 다음과 같이 쓸 수 있다.

$$\vec{F} = q\left[-\nabla(\phi - \frac{1}{c}\vec{v} \cdot \vec{A}) + \frac{d}{dt}\hat{e}_i\{\frac{d}{dv_i}(\phi - \frac{1}{c}\vec{v} \cdot \vec{A})\}\right] \tag{11.11}$$

이 결과를 앞에서 나온 일반화된 힘을 표현한 식 (11.1)과 비교하면, 우리는 일반화된 위치에너지 $U(x_i, v_i)$ 가 다음과 같이 주어짐을 알 수 있다.

$$U(x_i, v_i) = q\phi - \frac{q}{c}\vec{v} \cdot \vec{A} \tag{11.12}$$

따라서 일반화된 라그랑지안은 다음과 같이 쓸 수 있다.

$$L \equiv T - U = \frac{1}{2}m\vec{v}^2 - q\phi + \frac{q}{c}\vec{v} \cdot \vec{A} \tag{11.13}$$

여기서 잠시, 우리가 이렇게 구한 라그랑지안이 과연 라그랑지 운동방정식을 적용하였을 때 식 (11.2)로 주어지는 로렌츠 힘을 줄까? 이를 다음의 라그랑지 운동방정식을 써서 확인해 보도록 하자.

$$\frac{d}{dt}\left(\frac{\partial L}{\partial \dot{x}_i}\right) - \frac{\partial L}{\partial x_i} = 0 \tag{11.14}$$

먼저 좌변의 첫 번째 항의 괄호 안은 다음과 같이 주어진다.

$$\frac{\partial L}{\partial \dot{x}_i} = m\dot{x}_i + \frac{q}{c}A_i \tag{11.15}$$

따라서 첫 번째 항은 다음과 같이 주어진다.

$$\frac{d}{dt}\left(\frac{\partial L}{\partial \dot{x}_i}\right) = m\ddot{x}_i + \frac{q}{c}\frac{\partial A_i}{\partial t} + \frac{q}{c}\frac{\partial A_i}{\partial x_j}\frac{\partial x_j}{\partial t} \tag{11.16}$$

그리고 두 번째 항은 다음과 같이 주어진다.

$$\frac{\partial L}{\partial x_i} = -q\frac{\partial \phi}{\partial x_i} + \frac{q}{c}v_j\frac{\partial A_j}{\partial x_i} \tag{11.17}$$

이상의 결과를 대입하면 라그랑지 운동방정식 (11.14)는 다음과 같이 된다.

$$
\begin{aligned}
m\ddot{x}_i &= -q\frac{\partial \phi}{\partial x_i} + \frac{q}{c}v_j\frac{\partial A_j}{\partial x_i} - \frac{q}{c}\frac{\partial A_i}{\partial t} - \frac{q}{c}\frac{\partial A_i}{\partial x_j}v_j \\
&= qE_i + \frac{q}{c}\epsilon_{ijk}v_j B_k
\end{aligned}
\tag{11.18}
$$

위의 맨 마지막 단계에서 우리는 다음의 관계식들을 사용하였다.

$$
E_i = -\frac{\partial \phi}{\partial x_i} - \frac{1}{c}\frac{\partial A_i}{\partial t}, \quad B_k = \epsilon_{klm}\frac{\partial A_m}{\partial x_l}, \quad \epsilon_{ijk}\epsilon_{klm} = \delta_{il}\delta_{jm} - \delta_{im}\delta_{jl}
\tag{11.19}
$$

라그랑지 운동방정식으로부터 얻은 식 (11.18)은 식 (11.2)로 주어지는 로렌츠 힘과 같음을 보여준다. 이는 식 (11.13)으로 주어지는 라그랑지안이 로렌츠 힘을 기술하는 제대로 된 라그랑지안임을 확인시켜 준다.

해밀토니안을 구하기 위해서는 먼저 운동량을 구해야 한다. 운동량은 라그랑지안으로부터 다음과 같이 정의된다.

$$
p_i \equiv \frac{dL}{d\dot{x}_i}
\tag{11.20}
$$

따라서 전자기장이 존재할 때의 운동량은 식 (11.13)으로부터 다음과 같이 주어진다.

$$
p_i = mv_i + \frac{q}{c}A_i
\tag{11.21}
$$

이를 벡터로 표시하면 다음과 같다.

$$
\vec{p} = m\vec{v} + \frac{q}{c}\vec{A}
\tag{11.22}
$$

마지막으로 해밀토니안은 라그랑지안으로부터 다음의 르장드르 변환 Legendre transformation 으로 얻어진다.

$$
H(x_i, p_i, t) = \sum_i \dot{x}_i p_i - L(x_i, \dot{x}_i, t)
\tag{11.23}
$$

여기에 식 (11.21)을 적용하면, 전자기장이 존재할 때의 해밀토니안은 최종적으로 다음과 같이 쓸 수 있다.

$$
H = \frac{1}{2}m\vec{v}^2 + q\phi = \frac{1}{2m}(\vec{p} - \frac{q}{c}\vec{A})^2 + q\phi
\tag{11.24}
$$

401

여기서 $\phi$ 는 스칼라 (전기) 퍼텐셜이다.

한편, 전자기장이 존재하지 않을 때의 해밀토니안은 다음과 같이 주어지므로,

$$H = \frac{\vec{p}^2}{2m} + V, \tag{11.25}$$

이를 위에서 얻은 결과와 비교하면, 전자기장이 존재할 때의 해밀토니안은 통상의 해밀토니안에서 운동량을 다음과 같이 바꾸어 쓴 것으로 주어짐을 알 수 있다.

$$\vec{p} \longrightarrow \vec{p} - \frac{q}{c}\vec{A} \tag{11.26}$$

## 제 11.2 절  게이지 변환에 대한 불변성  Invariance under Gauge Transformation

식 (11.3)으로 주어진 전기장과 자기장은 스칼라 퍼텐셜과 벡터 퍼텐셜의 다음과 같은 변환에 대해 변하지 않는다.

$$\vec{A} \quad \to \quad \vec{A}' = \vec{A} + \nabla\lambda \tag{11.27}$$

$$\phi \quad \to \quad \phi' = \phi - \frac{1}{c}\frac{\partial\lambda}{\partial t} \tag{11.28}$$

여기서 $\lambda$ 는 시간과 공간 좌표에 의존하는 임의의 함수로서, $\lambda = \lambda(\vec{x}, t)$, 흔히 게이지 함수 gauge function 라고 부른다.

이처럼 전자기장을 변하지 않게 하는 식 (11.27)과 (11.28)로 주어진 스칼라와 벡터 퍼텐셜의 변환을 우리는 게이지 변환 gauge transformation 이라고 부른다. 그리고 이러한 게이지 변환에 대한 전자기장의 불변성을 게이지 불변성 gauge invariance 이라고 한다.

게이지 불변성은 다른 한편으로 게이지 변환에 대해 스칼라 및 벡터 퍼텐셜이 갖는 대칭성으로 해석될 수 있다. 여기서는 이러한 게이지 대칭성 gauge symmetry 을 기술하는데 있어서 한 가지 게이지 함수만 필요하므로, 우리는 전자기 상호작용이

$U(1)$ 게이지 대칭성을 갖고 있다고 말한다. 여기서 보듯이 어떤 변환에 대한 불변성과 대칭성은 항상 동전의 양면과 같다. 예컨대 병진이동에 대한 대칭성은 선운동량의 불변성을, 회전이동에 대한 대칭성은 각운동량의 불변성을 의미한다.

다른 한편으로 이러한 게이지 대칭성이 존재함은 전자기 상호작용을 기술하는 막스웰의 방정식들로부터 스칼라와 벡터 퍼텐셜을[3] 완벽하게 확정할 수 없음을 뜻하기도 한다. 따라서 스칼라와 벡터 퍼텐셜을 완전하게 확정하기 위해서 우리는 게이지 함수를 고정하는 조건을 인위적으로 추가해야 한다. 이와 같이 게이지 함수를 고정하는 과정을 우리는 게이지 고정 gauge fixing 이라고 부른다. 그리고 게이지 함수를 고정하는 조건을 우리는 게이지 조건 gauge condition 이라고 부른다. 게이지 조건은 흔히 게이지 선택 gauge choice 이라고도 불린다. 게이지 조건의 선택은 주어진 상황에서 어떤 유형의 게이지 조건을 사용하는 것이 유리하냐에 따라 좌우된다.

전자기 상호작용에서 주로 사용하는 게이지 조건은 두 가지가 있다. 하나는 쿨롱 게이지 조건 Coulomb gauge condition 이고, 다른 하나는 로렌츠 게이지 조건 Lorentz gauge conditon 이다. 각각은 다음과 같다.

1) 쿨롱 게이지:

$$\nabla \cdot \vec{A} = 0 \tag{11.29}$$

2) 로렌츠 게이지:

$$\nabla \cdot \vec{A} + \frac{1}{c}\frac{\partial \phi}{\partial t} = 0 \quad \longleftrightarrow \quad \frac{\partial A^\mu}{\partial x^\mu} = 0, \ \mu = 0, 1, 2, 3 \tag{11.30}$$

여기서 4-벡터 $A^\mu$와 $x^\mu$ 는 각각 다음과 같다.

$$A^\mu = (\phi, \vec{A}), \quad x^\mu = (ct, \vec{x}) \tag{11.31}$$

이제 게이지 고정 조건이 막스웰 방정식을 푸는데 어떻게 사용되는지 한번 살펴보기로 하자. 진공에서 기술되는 막스웰의 네 방정식은 다음과 같다.

$$\nabla \cdot \vec{B} = 0 \tag{11.32}$$

---

[3]우리는 스칼라와 벡터 퍼텐셜을 합쳐 $A^\mu$로 표시하며 4-퍼텐셜 4-potential 이라 부른다.

$$\nabla \times \vec{E} + \frac{1}{c}\frac{\partial \vec{B}}{\partial t} = 0 \tag{11.33}$$

$$\nabla \cdot \vec{E} = 4\pi\rho \tag{11.34}$$

$$\nabla \times \vec{B} - \frac{1}{c}\frac{\partial \vec{E}}{\partial t} = \frac{4\pi}{c}\vec{J} \tag{11.35}$$

여기서 $\rho$ 는 전하 밀도 charge density 이고, $\vec{J}$ 는 전류 밀도 current density 이며 이를 합쳐서 전류 밀도 4-벡터로 $J^{\mu} = (c\rho, \vec{J})$ 와 같이 표시하기도 한다. 전하 보존 charge conservation 은 이전에 5장에서 살펴본 바와 같이 다음의 연속방정식을 준다.

$$\frac{\partial \rho}{\partial t} + \nabla \cdot \vec{J} = 0 \quad \longleftrightarrow \quad \frac{\partial J^{\mu}}{\partial x^{\mu}} = 0, \; \mu = 0, 1, 2, 3 \tag{11.36}$$

막스웰 방정식 중 첫 두 식, (11.32)와 (11.33)은 전기장과 자기장을 식 (11.3)처럼 스칼라와 벡터 퍼텐셜로 쓸 수 있음을 뜻한다. 나중 두 식, (11.34)와 (11.35)는 각각 다음과 같이 스칼라와 벡터 퍼텐셜로 쓰여지는 방정식을 준다.

$$-\nabla^2 \phi - \frac{1}{c}\frac{\partial}{\partial t}(\nabla \cdot \vec{A}) \;=\; 4\pi\rho \tag{11.37}$$

$$-\nabla^2 \vec{A} + \frac{1}{c^2}\frac{\partial^2 \vec{A}}{\partial t^2} + \nabla(\nabla \cdot \vec{A} + \frac{1}{c}\frac{\partial \phi}{\partial t}) \;=\; \frac{4\pi}{c}\vec{J} \tag{11.38}$$

여기서 쿨롱 게이지 (11.29)를 쓰면 식 (11.37)은 스칼라 퍼텐셜에 대한 푸아송 방정식 Poisson equation 이 되어서 스칼라 퍼텐셜에 대한 시간에 무관한 방정식이 된다. 반면, 로렌츠 게이지 (11.30)을 쓰면 식 (11.37)과 식 (11.38)이 스칼라 및 벡터 퍼텐셜에 대한 비균질 파동방정식 inhomogeneous wave equation 이 된다.

쿨롱 게이지의 경우: $\qquad -\nabla^2 \phi = 4\pi\rho \tag{11.39}$

로렌츠 게이지의 경우: $\qquad -\nabla^2 \phi + \frac{1}{c^2}\frac{\partial^2 \phi}{\partial t^2} = 4\pi\rho$

$$-\nabla^2 \vec{A} + \frac{1}{c^2}\frac{\partial^2 \vec{A}}{\partial t^2} = \frac{4\pi}{c}\vec{J} \tag{11.40}$$

위의 로렌츠 게이지에서 게이지 함수가 다음 조건식을 만족하는 경우에는 4-퍼텐셜이 추가적인 게이지 변환을 하여도 여전히 같은 로렌츠 게이지 조건을 만족한다는 점을 주목하자.

$$\nabla^2 \lambda - \frac{1}{c^2}\frac{\partial^2 \lambda}{\partial t^2} = 0 \tag{11.41}$$

이처럼 게이지 고정 후에도 남아있는 대칭성을 잔류 대칭성 residual symmetry 이라고 하며, 이런 경우 4-퍼텐셜을 완전히 확정하기 위해서는 추가적인 게이지 고정이 필요하다.

## 제 11.3 절    전자기장이 존재할 때의 슈뢰딩거 방정식

앞에서 구한 전자기장이 존재할 때의 해밀토니안 (11.24)를 쓰면 슈뢰딩거 방정식은 다음과 같이 쓸 수 있다.

$$i\hbar \frac{\partial \psi}{\partial t} = \left[ \frac{1}{2m}\left( \frac{\hbar}{i}\nabla - \frac{q}{c}\vec{A} \right)^2 + q\phi \right] \psi \tag{11.42}$$

여기서 위 식 우변의 첫째 항은 다음과 같이 전개할 수 있다.

$$\left( \frac{\hbar}{i}\nabla - \frac{q}{c}\vec{A} \right)^2 \psi = -\hbar^2\nabla^2\psi - \frac{\hbar}{i}\frac{q}{c}[\nabla\cdot(\vec{A}\psi) + \vec{A}\cdot(\nabla\psi)] + \left( \frac{q}{c} \right)^2 \vec{A}^2\psi \tag{11.43}$$

그리고 식 (11.43) 우변의 둘째 항은 다음 관계식을 적용할 수 있다.

$$\nabla\cdot(\vec{A}\psi) = (\nabla\cdot\vec{A})\psi + \vec{A}\cdot\nabla\psi \tag{11.44}$$

이 두 관계를 적용하면, 슈뢰딩거 방정식 (11.42)의 우변은 다음과 같이 쓸 수 있다.

$$\left[ -\frac{\hbar^2}{2m}\nabla^2 - \frac{\hbar}{i}\frac{q}{2mc}\{(\nabla\cdot\vec{A}) + 2(\vec{A}\cdot\nabla)\} + \frac{1}{2m}\left( \frac{q}{c} \right)^2 \vec{A}^2 + q\phi \right] \psi = H\psi \tag{11.45}$$

여기서 우리가 쿨롱 게이지 $\nabla\cdot\vec{A} = 0$ 을 선택하면, 계가 에너지 $E$ 인 해밀토니안 고유상태에 있을 경우 시간에 무관한 다음의 슈뢰딩거 방정식을 얻게 된다.

$$\left[ -\frac{\hbar^2}{2m}\nabla^2 - \frac{\hbar}{i}\frac{q}{mc}(\vec{A}\cdot\nabla) + \frac{1}{2m}\left( \frac{q}{c} \right)^2 \vec{A}^2 + q\phi \right] \psi = E\psi \tag{11.46}$$

이제 위의 결과에 대한 간단한 적용의 예로 우리가 앞에서 제만효과로 이해하였던 균일한 상수의 외부 자기장이 존재하는 경우를 생각하여 보겠다. 균일한 상수의 자기장을 $\vec{B}$ 로 표시하면, 이 경우 벡터 퍼텐셜 $\vec{A}$ 는 $\vec{B} = \nabla \times \vec{A}$ 의 관계를 만족하도록 다음과 같이 쓸 수 있다.

$$\vec{A} = -\frac{1}{2}\vec{x} \times \vec{B} \tag{11.47}$$

여기서 $\vec{p} = \frac{\hbar}{i}\nabla$ 의 관계와 식 (11.47)을 쓰면, 식 (11.46)의 둘째 항과 셋째 항에서의 $\vec{A}^2$ 은 각각 다음과 같이 된다.

$$
\begin{aligned}
-\frac{\hbar}{i}\frac{q}{mc}(\vec{A} \cdot \nabla) &= \frac{q}{2mc}(\vec{x} \times \vec{B}) \cdot \vec{p} = \frac{q}{2mc}\epsilon_{ijk}x_j B_k p_i \\
&= -\frac{q}{2mc}\epsilon_{kji}B_k x_j p_i = -\frac{q}{2mc}\vec{B} \cdot (\vec{x} \times \vec{p}) \\
&= -\frac{q}{2mc}\vec{B} \cdot \vec{L} \tag{11.48} \\
\vec{A}^2 &= \frac{1}{4}(\vec{x} \times \vec{B}) \cdot (\vec{x} \times \vec{B}) = \frac{1}{4}\left(r^2 B^2 - (\vec{r} \cdot \vec{B})^2\right) \tag{11.49}
\end{aligned}
$$

여기서 $r^2$ 과 $B^2$ 은 각각 다음과 같다.

$$r^2 = \sum_i x_i^2, \quad B^2 = \vec{B} \cdot \vec{B}.$$

그런데 식 (11.48)에서의 $\frac{q}{2mc}\vec{L}$ 은 전하 $q$ 를 가진 입자가 궤도 각운동량 $\vec{L}$ 을 가질 때의 자기쌍극자 모멘트 $\vec{\mu}_l$ 에 해당하므로, 식 (11.46)의 둘째 항은 궤도 각운동량에 의한 전자의 자기쌍극자 모멘트와 외부 자기장 사이의 상호작용에 의한 건드림 해밀토니안과 동일하게 된다.

$$H' = -\mu_l \cdot \vec{B}$$

그리고 식 (11.46)의 셋째 항의 $\vec{A}^2$ 은 자기장을 다음과 같이 놓으면,

$$\vec{B} = B_0 \hat{k},$$

식 (11.49)에 의해서 다음과 같이 된다.

$$\vec{A}^2 = \frac{1}{4}(x^2 + y^2)B_0{}^2$$

따라서 식 (11.46)의 전체 해밀토니안은 다음과 같이 쓸 수 있다.

$$H = \frac{p^2}{2m} - \frac{q}{2mc}B_0 L_z + \frac{1}{8m}\left(\frac{q}{c}\right)^2 B_0^2(x^2 + y^2) + q\phi \qquad (11.50)$$

여기서 원자의 경우, $z$-성분 궤도 각운동량은 대략 다음과 같다고 할 수 있고,

$$< L_z > \sim \hbar,$$

$< x^2 + y^2 >$ 은 대략 보어 반경의 제곱과 같다고 할 수 있으므로, 둘째 항과 셋째 항의 비율은 전자 $(q = -e)$의 경우 대략 다음과 같다.

$$\frac{e^2 B_0^2 < x^2 + y^2 > /8mc^2}{eB_0 < L_z > /2mc} = \frac{eB_0 a_0^2}{4\hbar c} \simeq \frac{B_0}{1 \times 10^{10}[gauss]} \qquad (11.51)$$

실제 원자에 작용하는 외부 자기장은 통상 $10^4$gauss 보다 크지 않으므로 셋째 항은 둘째 항에 비해 무시할 수 있다. 그러므로 식 (11.50)은 셋째 항을 무시하고 다시 다음과 같이 쓸 수 있을 것이다.

$$H = H_0 + H' \; ; \quad H_0 = \frac{p^2}{2m} - e\phi, \quad H' = \frac{e}{2mc}B_0 L_z \qquad (11.52)$$

여기서 $H_0$ 는 쿨롱 퍼텐셜에 의한 원래 해밀토니안을, $H'$ 은 전자의 궤도 각운동량에 의한 자기쌍극자 모멘트와 외부 자기장에 의한 제만 효과를 주는 건드림 해밀토니안을 준다. 참고로 스핀 각운동량에 의한 효과는 고려하지 않고 궤도 각운동량 만에 의할 경우를 정상 제만 효과 normal Zeeman effect, 스핀 각운동량까지 고려한 경우를 비정상 제만 효과 anomalous Zeeman effect 라고 부르기도 하는데, 여기서는 스핀에 의한 효과는 고려하지 않고 있음에 유의하라.

### 11.3.1 슈뢰딩거 방정식에서의 게이지 불변성
#### Gauge Invariance of Schrödinger Equation

이제 우리가 앞에서 살펴본 게이지 불변성이 슈뢰딩거 방정식에서는 어떻게 나타나는지 살펴보기로 하자. 시간에 의존하는 슈뢰딩거 방정식은 식 (11.24)의 해밀토니안으로부터 다음과 같이 쓸 수 있다.

$$\left[\frac{1}{2m}\left(\frac{\hbar}{i}\nabla - \frac{q}{c}\vec{A}\right)^2 + q\phi\right]\psi = i\hbar\frac{\partial\psi}{\partial t} \qquad (11.53)$$

여기서 식 (11.27)과 (11.28)처럼 4-퍼텐셜이 아래의 게이지 변환을 하였을 경우도

$$\vec{A} \rightarrow \vec{A}' = \vec{A} + \nabla\lambda,$$
$$\phi \rightarrow \phi' = \phi - \frac{1}{c}\frac{\partial\lambda}{\partial t}, \quad \lambda = \lambda(\vec{x}, t), \tag{11.54}$$

여전히 동일한 물리계를 기술해야 하므로 동일한 슈뢰딩거 방정식이 만족되어야 한다. 그러므로 변환된 퍼텐셜로 주어진 슈뢰딩거 방정식을 만족하는 파동함수를 $\psi'$ 라고 하면 다음의 식이 성립하여야 할 것이다.

$$\left[\frac{1}{2m}\left(\frac{\hbar}{i}\nabla - \frac{q}{c}\vec{A}'\right)^2 + q\phi'\right]\psi' = i\hbar\frac{\partial\psi'}{\partial t} \tag{11.55}$$

이제 변환된 파동함수 $\psi'$ 을 찾기 위하여 식 (11.54)의 게이지 변환에 의해서 일단 다음과 같이 파동함수의 위상이 변화하였다고 가정하자.

$$\psi \rightarrow \psi' = e^{i\delta(\vec{x},t)}\psi \tag{11.56}$$

그러면 식 (11.55)에서 위상을 기술하는 함수 $\delta(\vec{x}, t)$는 다음 방정식을 만족하여야 한다.

$$\left[\frac{1}{2m}\left(\frac{\hbar}{i}\nabla - \frac{q}{c}\vec{A} - \frac{q}{c}\nabla\lambda\right)^2 + q\phi - \frac{q}{c}\frac{\partial\lambda}{\partial t}\right]e^{i\delta(\vec{x},t)}\psi = i\hbar\frac{\partial}{\partial t}[e^{i\delta(\vec{x},t)}\psi] \tag{11.57}$$

이 식을 정리하여 다시 쓰면 우리는 다음의 방정식을 얻는다.

$$\left[\frac{1}{2m}\left(\frac{\hbar}{i}\nabla + \hbar\nabla\delta - \frac{q}{c}\vec{A} - \frac{q}{c}\nabla\lambda\right)^2 + q\phi - \frac{q}{c}\frac{\partial\lambda}{\partial t}\right]\psi = -\hbar\frac{\partial\delta}{\partial t}\psi + i\hbar\frac{\partial\psi}{\partial t} \tag{11.58}$$

이 식이 식 (11.53)과 같아지려면, 우리는 다음의 조건이 만족되어야 함을 알 수 있다.

$$\hbar\delta(\vec{x},t) = \frac{q}{c}\lambda(\vec{x},t) \tag{11.59}$$

즉, 게이지 변환을 하여도 동일한 물리 현상을 기술해야 한다는 게이지 불변성이 성립하려면, 파동함수는 게이지 변환에 따라 다음과 같이 변환되면 된다.

$$\psi(\vec{x},t) \rightarrow \psi'(\vec{x},t) = \exp\left[i\frac{q}{\hbar c}\lambda(\vec{x},t)\right]\psi(\vec{x},t) \tag{11.60}$$

이는 파동함수의 경우 게이지 변환에 의해 그 위상만 변화함을 보여준다.

지금까지 우리는 전자기장 내에 전하를 띤 입자가 존재할 때 그 입자에 작용하는 4-퍼텐셜이 전자기장이 지니는 게이지 불변성에 따라 게이지 변환을 할 수 있고, 그 경우 그 입자의 파동함수도 그 위상이 변화하여야 함을 살펴보았다. 이제 이러한 파동함수의 위상 변화가 실제 물리 현상에 어떠한 영향을 주는지 살펴보기로 하자.

## 제 11.4 절  아로노프-보옴 효과와 베리의 위상

### 11.4.1  아로노프-보옴 효과  Aharonov-Bohm Effect

자기장이 0 인 영역에서는 $\vec{B} = \nabla \times \vec{A} = 0$ 의 관계에서 $\vec{A} = \nabla f$ 로 쓸 수 있다. 여기서 $f$ 는 $\vec{x}$ 와 $t$ 에 의존하는 임의의 함수이다. 이를 게이지 변환식 (11.27)과 비교하면, 자기장이 0 인 경우에는 벡터 퍼텐셜을 순수 게이지 함수로 표현할 수 있음을 알 수 있다. 그리고 $\vec{A} = \nabla f$ 의 관계에서 이 게이지 함수 $f$ 는 다음과 같이 쓸 수 있다.

$$f(\vec{x}, t) = \int^{\vec{x}} \vec{A}(\vec{x}', t) \cdot d\vec{x}' \tag{11.61}$$

한편 앞에서 우리는 게이지 변환을 하면 파동함수도 그에 따라 식 (11.60)과 같이 위상이 변하는 것을 보았다. 그러므로 함수 $f$ 를 식 (11.60)에서의 게이지 변환 함수 $\lambda$ 와 동일하게 생각하면, 자기장이 0 인 영역에 놓인 경로 $C$ 를 따라 전하를 띤 입자가 이동하였을 때, 이 입자를 기술하는 파동함수의 위상 변화는 식 (11.60)과 식 (11.61)에 의해 다음과 같이 쓸 수 있을 것이다.

$$\psi(\vec{x}, t) = e^{i\delta(\vec{x}, t)} \psi_0(\vec{x}, t), \quad \delta(\vec{x}, t) = \frac{q}{\hbar c} \int_C \vec{A}(\vec{x}', t) \cdot d\vec{x}' \tag{11.62}$$

여기서 $\psi_0$ 는 경로 $C$ 를 따라 전하를 띤 입자가 이동한다는 관점에서는 시작점에서의 파동함수로, 게이지 변환의 관점에서는 게이지 변환 전의 파동함수로 생각할 수 있겠다.

이제 전하를 띤 입자가 자기장이 0 인 영역 내에서 동일한 시작점($R_1$)과 끝점($R_2$)을 갖는 두 경로 $C_1$ 과 $C_2$ 를 따라 각각 이동하는 경우를 생각하여 보자. 이때 두 경로로 둘러싸인 영역의 안에는 자기장이 존재한다고 가정한다(그림11.1-a 참조).

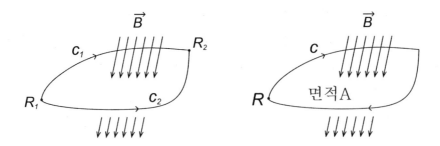

그림 11.1: 두 적분 경로에 의한 닫힌 경로 $C$ 와 닫힌 경로에 의하여 둘러싸인 면적 A
(a) 왼쪽 그림: 경로 $C_1$과 경로 $C_2$    (b) 오른쪽 그림: 닫힌 경로 $C$ 와 면적 A

이제 $R_1$ 에서 함께 출발하여 $R_2$ 에 도착하는 두 경로 $C_1$ 과 $C_2$ 를 따라 이동한 파동함수를 각각 $\psi_1$ 과 $\psi_2$ 라고 하면 두 파동함수는 각각의 경로에 따라 각각 $\delta_1$ 과 $\delta_2$ 라는 위상 변화를 갖게 될 것이다.

$$\psi_1 = e^{i\delta_1}\psi_0, \quad \psi_2 = e^{i\delta_2}\psi_0 \qquad (11.63)$$

여기서 두 위상함수 $\delta_1$ 과 $\delta_2$ 는 모두 식 (11.62)와 같이 주어지므로, 끝점 $R_2$ 에서 두 파동함수의 위상차 $\triangle\delta = \delta_1 - \delta_2$ 는 그림 11.1-b 처럼 닫힌 경로 적분으로 표현할 수 있다.

$$\triangle\delta = \delta_1 - \delta_2 = \frac{q}{\hbar c}\int_{c_1} \vec{A}(\vec{x}') \cdot d\vec{x}' - \frac{q}{\hbar c}\int_{c_2} \vec{A}(\vec{x}') \cdot d\vec{x}' = \frac{q}{\hbar c}\oint_c \vec{A}(\vec{x}') \cdot d\vec{x}' \quad (11.64)$$

그런데 닫힌 경로 적분 $\oint_c \vec{A}(\vec{x}')\cdot d\vec{x}'$ 은 스토크스 정리 Stokes theorem 에 의하여 그림 11.1-b 에서 닫힌 경로 $C$ 가 둘러싸고 있는 면적 $A$ 에 대한 적분으로 표시할 수 있다.

$$\oint_{C=\partial A} \vec{A}(\vec{x}') \cdot d\vec{x}' = \int_A \nabla \times \vec{A} \cdot d\vec{a} \qquad (11.65)$$

여기서 $\vec{B} = \nabla \times \vec{A}$ 이므로 이 면적적분은 곧 닫힌 경로를 통과하는 자기선속 magnetic flux 이 된다. 그러므로 위상차는 다음과 같이 자기선속으로 표현된다.

$$\triangle\delta = \delta_1 - \delta_2 = \frac{q\Phi}{\hbar c}, \qquad (11.66)$$

410

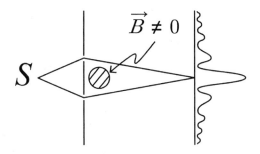

그림 11.2: 아로노프-보옴 효과에 의한 간섭 현상의 변화

여기서 자기선속 Φ 는 다음과 같다.

$$\Phi \equiv \int_A \vec{B} \cdot d\vec{a} \tag{11.67}$$

이로부터 우리는 전하를 띤 입자가 그림 11.2에서처럼 자기장이 존재하는 영역을 둘러싸고 있지만 자기장이 없는 영역에 위치한 두 경로를 통과하는 경우, 두 경로에 의해 둘러싸인 영역 내부를 통과하는 자기선속의 양에 따라 위상차가 달라짐을 알 수 있다. 즉, 두 경로에 둘러싸인 영역 내부의 자기장의 세기가 변화하면, 위상차도 달라져서 간섭 패턴도 달라지게 된다. 경로의 내부를 통과하는 자기장을 변화시켜 일어나는 간섭 현상의 변화는 실제 실험으로 관측되며 이러한 측정 실험은 1959년 아로노프와 보옴이 처음으로 제안하였다. 이처럼 자기장이 존재하지 않는 경로들로 둘러싸인 내부 자기장의 변화에 따라 간섭현상이 변화하는 것을 아로노프-보옴 효과 Aharonov-Bohm effect 라고 한다.

만약 위의 실험에서 전하를 띤 입자가 통과하는 경로를 초전도체 안에 위치하게 한다면 어떤 현상이 벌어질까? 초전도체 내부에서는 마이스너 효과 Meissner effect 라 불리는 현상에 의해 자기장이 존재할 수 없으므로,[4] 하전 입자의 경로가 고리 모양의 초전도체 안에 위치하고, 초전도체 고리 안쪽으로 자기장을 통과시키면 우리가 위에서 기술한 조건들이 만족될 것이다. 이러한 상황은 우리가 초전도체 고리 안쪽으로 솔레노이드 코일을 위치시켜 자기장을 발생시킴으로써 쉽게 만들 수 있다. 그런데 전하를

---

[4]여기서 우리는 초전도체가 임계온도보다 낮은 온도에 있어 초전도 현상이 존재하는 경우를 가정한다.

띤 입자가 초전도체 내부의 닫힌 경로를 따라 한 바퀴 돌아 제자리에 다시 왔다면, 원
래의 경우와 물리적으로 같은 상태에 있어야 하므로 파동함수는 원래 값과 같아져야
한다. 그러므로 이 경우 위상차는 다음의 조건을 만족하여야 한다.

$$\triangle\delta = \frac{q\Phi}{\hbar c} = 2n\pi, \quad n = 정수.$$  (11.68)

즉, 초전도체 고리의 내부를 통과하는 자기선속은 다음과 같이 양자화되어야 하는데,[5]

$$\Phi = \frac{2\pi\hbar c}{q}n, \quad n = 정수,$$  (11.69)

이는 실험으로 입증되었다.

## 11.4.2  베리의 위상  Berry's Phase

10장에서 우리는 계가 아주 천천히 변하여 단열어림을 취할 수 있는 경우, 그 계가
해밀토니안의 고유상태에 있다면 시간이 흘러도 그 고유상태의 위상은 변하지만 다른
고유상태로의 전이는 일어나지 않음을 보았다. 그리고 이때의 위상변화는 기하학적
위상과 동역학적 위상의 합으로 식 (10.68)과 같이 주어짐을 보았다.

앞 절에서 살펴본 아로노프-보옴의 효과에서 나타나는 두 경로 사이의 위상차는
입자가 지나가는 공간이 10장에서 나왔던 매개변수 공간의 역할을 하여 주어지는 기
하학적 위상, 즉 베리의 위상이라 할 수 있는데, 이제 이들이 어떻게 연관되어 있는지
살펴보기로 하자.

앞절의 아로노프-보옴 효과에서 살펴보았다시피 자기장이 0 인 영역에서의 벡터
퍼텐셜은 $\vec{A} = \nabla f$ 로 표시되므로, 이 경우 함수 $f$ 는 다음과 같이 쓸 수 있다.

$$f(\vec{x}, t) = \int^{\vec{x}} \vec{A}(\vec{x}', t) \cdot d\vec{x}'$$  (11.70)

그런데 이 경우 벡터 퍼텐셜은 순수 게이지 변환에 의한 것과 같으므로, 파동함수는
게이지 변환에서의 경우와 동일하게 그 위상이 변화하게 된다. 따라서 경로가 $\vec{x}_1$ 에서

---

[5]초전도체 안에서 전자들은 전자쌍으로 행동하므로 이는 $q = 2e$ 가 되어야 함을 뜻하고(여기서 $e$ 는
전자의 전하량), 이는 실제 실험 결과와도 일치한다.

시작하여 $\vec{x}$ 에서 끝난다면, 전하가 $q$ 인 입자의 파동함수 $\psi$ 는 식 (11.62)에 의해 입자가 시작점에 있을 때의 파동함수 $\psi_0$ 과 비교하여 다음과 같이 그 위상이 변화하게 된다.

$$\psi(\vec{x}, t) = e^{i\delta(\vec{x}, t)}\psi_0(\vec{x}, t), \quad \delta(\vec{x}, t) = \frac{q}{\hbar c}\int_{\vec{x}_1}^{\vec{x}} \vec{A}(\vec{x}', t) \cdot d\vec{x}' \tag{11.71}$$

여기서 잠시 베리의 위상을 주는 식 (10.72)를 되돌아보자.

$$\delta_g(T) = i\oint_C < \psi_l | \nabla_{\vec{y}}\psi_l > \cdot d\vec{y} \equiv \Gamma_l(C) \tag{10.72}$$

이제 위 식에서의 고유상태 $\psi_l$ 이 식 (11.71)과 동일한 방식으로 시작점에서의 파동함수 $\psi_{l_0}$ 과 연관되었다고 하자.

$$\psi_l(\vec{x}, t; \vec{y}) = e^{i\delta(\vec{x}, t; \vec{y})}\psi_{l_0}(\vec{x}, t), \quad \delta(\vec{x}, t; \vec{y}) = \frac{q}{\hbar c}\int_{\vec{y}}^{\vec{x}} \vec{A}(\vec{x}', t) \cdot d\vec{x}' \tag{11.72}$$

이 식은 파동함수 $\psi_l(\vec{x}, t; \vec{y})$가 $\vec{y}$ 를 시작점으로 하는 파동함수임을 보여준다. 여기서 시작점에서의 파동함수 $\psi_{l_0}$ 을 벡터 퍼텐셜이 0 인($\vec{A} = 0$) 경우의 파동함수와 같게 놓으면,[6] 파동함수 $\psi_{l_0}$ 은 벡터 퍼텐셜이 0 인 해밀토니안 $H_0$ 의 고유함수와 같다.

$$H_0\psi_{l_0} = E_l\psi_{l_0}, \quad H_0 = \frac{\vec{p}^2}{2m} + q\phi \tag{11.73}$$

이제 식 (10.72)의 경로 적분에서 경로 상의 각 점을 적분의 매개변수로서 파동함수 $\psi_l(\vec{x}, t; \vec{y})$의 시작점 $\vec{y}$ 에 대응시키면, 경로 적분은 시작점 $\vec{y}$ 의 경로에 따른 변화에 대한 적분이 된다. 한편, 식 (10.72)에서 피적분 함수로 나타나는 기대값 $< \psi_l | \nabla_y \psi_l >$ 은 식 (11.72)에서 표시된 $\vec{x}$ 에 대한 적분이며 다음과 같이 쓸 수 있다.

$$< \psi_l | \nabla_y \psi_l > = < e^{i\delta(\vec{x}, t; \vec{y})}\psi_{l_0}(\vec{x}, t) | \nabla_y[e^{i\delta(\vec{x}, t; \vec{y})}\psi_{l_0}(\vec{x}, t)] > \tag{11.74}$$

그리고 위 식의 우변에 나타난 매개변수 공간의 위치벡터 $\vec{y}$ 에 대한 미분에 대해서는 식 (11.72)로부터 다음의 관계가 성립한다.

$$\nabla_y \delta(\vec{x}, t; \vec{y}) = -\frac{q}{\hbar c}\vec{A}(\vec{y}, t)$$

---

[6]전위를 나타내는 스칼라 퍼텐셜과 마찬가지로 벡터 퍼텐셜의 기준점도 우리가 임의로 정할 수 있다.

따라서 $\vec{x}$ 에 대한 적분인 식 (11.74)의 기대값은 다음과 같아진다.

$$< \psi_l | \nabla_y \psi_l > = -\frac{iq}{\hbar c} \vec{A}(\vec{y}, t) \tag{11.75}$$

이를 식 (10.72)에 대입하고 스토크스 정리를 사용하면, 기하학적 위상은 최종적으로 다음과 같이 쓸 수 있다.

$$\Gamma_l(C) = \frac{q}{\hbar c} \oint_{C=\partial\Sigma} \vec{A}(\vec{y}, t) \cdot d\vec{y} = \frac{q}{\hbar c} \int_\Sigma (\nabla \times \vec{A}) \cdot d\vec{a} \tag{11.76}$$

이는 닫힌 경로 $C$ 로 둘러싸인 면적 $\Sigma$ 를 통과하는 자기선속 $\Phi$ 에 $\frac{q}{\hbar c}$ 를 곱한 값으로, 식 (11.66)으로 주어진 아로노프-보옴 효과에서 얻은 위상변화와 동일하다. 이는 우리에게 아라노프-보옴 효과에서 나타나는 위상 변화가 기하학적 위상, 즉 베리의 위상과 동일함을 보여준다.

마지막으로 한 가지 언급할 점은 이 장에서 고려한 위상의 중요성은 위상 그 자체보다 위상의 차이에 있다는 점이다. 우리는 이전까지 파동함수의 위상 그 자체에는 별다른 물리적 의미를 부여하지 않았다. 하지만, 그러한 위상의 차이는 무시해서는 안 될 물리적 중요성을 지닌다는 점을 유의해야 한다.[7] 이는 고전물리학에서 위치에너지가 그 자체로서는 큰 의미가 없지만,[8] 위치에너지의 차이는 매우 중요한 물리적 의미를 갖는 것과 비슷하다고 하겠다.

## 문제

**11.1** 고전적으로 전자기장이 존재할 때 전하 $q$, 속도 $\vec{v}$ 인 입자가 받는 힘은 식 (11.2)로 주어진 로렌츠 힘, $\vec{F} = q\vec{E} + \frac{q}{c}\vec{v} \times \vec{B}$ 이다.

1). 전기장이 $\vec{E} = -\nabla\phi$ 일 때, 이 관계는 양자역학적으로 다음과 같이 표현될 수 있다.

$$m\frac{d<\vec{v}>}{dt} = q<\vec{E}> + \frac{q}{2mc}<\vec{p} \times \vec{B} - \vec{B} \times \vec{p}> - \frac{q^2}{mc^2}<\vec{A} \times \vec{B}>$$

---

[7] 기하학적 위상의 경우, 어떤 주어진 위치에서 어떤 주어진 닫힌 경로를 따라 한 바퀴 돌아왔을 때 생기는 위상이기 때문에, 이는 어떤 주어진 두 경로의 차이로 생기는 위상차와 같다고 볼 수 있다.

[8] 위치에너지는 우리가 기준점을 어떻게 정하느냐에 따라 얼마든지 달라질 수 있다. 즉, 위치에너지의 값 자체는 물리적으로 큰 의미를 갖지 않는다.

여기서 $< \vec{v} > = \frac{d<\vec{x}>}{dt}$ 이다. 먼저 식 (11.26)에서와 같이 $\vec{p} \rightarrow \vec{p} - \frac{q}{c}\vec{A}$ 가 될 때, 아래의 관계가 성립함을 보인 후에 위의 관계가 성립함을 보여라.

$$m\frac{d<\vec{x}>}{dt} = <\vec{p}> - \frac{q}{c}<\vec{A}>$$

도움말: 시간과 무관한 관측가능량 $A$ 의 기대값에 대한 다음 관계식을 이용하라.

$$\frac{d<A>}{dt} = \frac{i}{\hbar}<[H,A]>$$

2). 전자기장이 균일한 경우, 에렌페스트 정리에서와 같이 다음처럼 표현됨을 보여라.

$$m\frac{d<\vec{v}>}{dt} = q\vec{E} + \frac{q}{c}<\vec{v}> \times \vec{B}$$

**11.2** 전자기장 내의 질량 $m$, 전하 $q$ 인 입자의 해밀토니안이 다음과 같이 주어졌다.

$$H = \frac{\left(\vec{p} - \frac{q}{c}\vec{A}\right)^2}{2m} + V(\vec{x})$$

여기서 $H^\dagger = H$ 이며, 식 (5.4)처럼 확률을 보존하는 아래의 연속방정식이 만족될 때,

$$\frac{\partial}{\partial t}(\psi^*\psi) + \nabla \cdot \vec{J} = 0,$$

확률흐름밀도 $\vec{J}$ 는 다음과 같이 주어짐을 보여라.

$$\vec{J} = \frac{\hbar}{2im}\left[\psi^*(\nabla\psi) - (\nabla\psi^*)\psi - \frac{2iq}{\hbar c}\vec{A}\psi^*\psi\right]$$

**11.3** 자기장이 반지름이 $a$ 인 원통형 영역($\rho < a$) 안에만 존재하고 그 자속(magnetic flux)은 $\Phi$ 이다. $\rho > a$ 인 영역에는 자기장이 없으니, $\vec{A} = \nabla f$ 로 쓸 수 있을 것이다. 여기서 $f$ 는 $f = f(\rho, \phi, z)$인 임의의 함수이다.

1). $\nabla \cdot \vec{A} = 0$ 인 쿨롱 게이지의 경우, 원통 영역의 밖에서는 $\nabla^2 f = 0$ 이 만족되어야 한다. 이 조건을 만족하는 함수 $f$ 를 구하라.

도움말: 특정한 $z$ 에서 $\rho > a$ 인 원통 영역을 둘러싸는 닫힌 경로 $C$ 를 통과하는 자속은 스토크스 정리를 써서 다음과 같이 쓸 수 있다.

$$\Phi = \int_S \vec{B} \cdot d\vec{a} = \oint_{C=\partial S} \vec{A} \cdot d\vec{l} = \oint_{C=\partial S} \nabla f \cdot d\vec{x}$$

위의 적분은 좌표 $z$ 에 무관한 것으로 볼 수 있으므로, 여기서 $z$ 의존성은 무시해도 될 것이다. 변수분리 방법을 써서 $f = H(\rho)G(\phi)$로 놓고 경로 $C$ 는 원으로 하여 $\frac{\partial G}{\partial \phi}$ 는 상수 임을 보이고 $f$ 를 구하라.

2). 원통의 중심축에 대한 궤도 각운동량은 다음과 같이 주어지므로,

$$L_z = (\vec{x} \times \vec{p})_z = \left( \vec{x} \times \left\{ \frac{\hbar}{i}\nabla - \frac{q}{c}\vec{A} \right\} \right)_z,$$

앞에서 구한 함수 $f$ 로 벡터 퍼텐셜을 표현하면 다음과 같이 됨을 보여라.

$$L_z = \frac{\hbar}{i}\frac{\partial}{\partial \phi} - \frac{q}{c}\frac{\Phi}{2\pi}$$

3). 위에서 얻은 $L_z$ 의 고유상태를 구하여, 그 함수가 단일한 값을 갖기 위해서는 자속이 아래와 같이 양자화되어 식 (11.68)에서 주어진 관계와 동일함을 보여라.

$$\frac{q\Phi}{2\pi\hbar c} = 정수$$

**11.4** 스핀이 없는 질량 $m$, 전하 $q$ 인 입자가 상수의 균일한 자기장 $\vec{B} = B_0\hat{i}$ 안에 놓여 있다. 이 경우 해밀토니안은 다음과 같이 쓸 수 있다.

$$H = \frac{[\vec{p} - q\vec{A}/c]^2}{2m}$$

여기서 $\vec{A} = -zB_0\hat{j}$ 로 쓸 수 있으므로, 운동량 $p_x$ 와 $p_y$ 가 해밀토니안 $H$ 와 가환임을 보이고, 이를 써서 슈뢰딩거 방정식을 풀어서 계의 에너지 준위를 구하라.

도움말: 슈뢰딩거 방정식의 $z$ 성분이 조화 떨개의 경우와 같아짐을 이용하라.

답. $E_n = \left(n + \frac{1}{2}\right)\frac{|q|B_0\hbar}{mc} + \frac{(p'_x)^2}{2m}$, $n = 0, 1, 2, \cdots$, 여기서 $p'_x$ 는 운동상수.

**11.5** 상수의 균일한 전기장과 자기장이 다음과 같이 주어졌다.

$$\vec{E} = E_0\hat{i}, \quad \vec{B} = B_0\hat{j}$$

여기서 스핀이 없는 질량 $m$, 전하 $q$ 인 입자의 해밀토니안이 다음과 같이 주어졌다.

$$H = \frac{[\vec{p} - q\vec{A}/c]^2}{2m} - qE_0x$$

위 해밀토니안에서 전기장에 의한 위치에너지는 9.3.4절의 슈타르크 효과에서와 같은 방식으로 나왔다. 이와 같이 주어진 계의 에너지 준위를 구하라.

<u>도움말</u>: 여기서 벡터 퍼텐셜은 $\vec{A} = -\hat{k}B_0 x$ 로 쓸 수 있으므로, 이를 대입하면 해밀토니안은 $x$ 성분의 경우 1차원 조화 떨개로, $y$ 와 $z$ 성분은 자유입자 꼴과 같이 된다.

답. $E_n = \left(n + \frac{1}{2}\right)\frac{\hbar|q|B_0}{mc} + \frac{(p_y')^2}{2m} - \frac{mc^2 E_0^2}{2B_0^2} + \frac{cE_0 p_z'}{B_0}$, $n = 0, 1, 2, \cdots$, $p_y', p_z'$는 운동상수.

**11.6** 스핀이 없는 질량 $m$, 전하 $q$ 인 입자가 반경이 $a$ 인 원주 위을 돌고 있다. 그 원주 안에 동심의 매우 긴 솔레노이드가 통과하고 솔레노이드 안의 자속이 $\Phi$ 일 때, 에너지 준위와 그에 해당하는 고유상태들을 구하라. 전자기파 방사에 의한 에너지 손실은 없다고 가정하라.

<u>도움말</u>: 참고로 자속은 다음과 같이 쓸 수 있으므로,

$$\Phi = \int (\nabla \times \vec{A}) \cdot d\vec{S} = \oint_C \vec{A} \cdot d\vec{l} = 2\pi a A_\phi,$$

반경이 $a$ 인 원주 위에서의 벡터 퍼텐셜은 다음과 같이 쓸 수 있다.

$$\vec{A} = \nabla\left(\frac{\Phi}{2\pi}\phi\right) = \frac{\Phi}{2\pi a}\hat{\phi}$$

여기서 $\phi$ 는 원통좌표계에서의 방위각이다. 입자가 원주 위에서만 운동하므로, 슈뢰딩거 방정식은 다음과 같이 기술된다.

$$H\psi = E\psi \quad \longrightarrow \quad -\frac{\hbar^2}{2m}\left(\nabla - \frac{iq}{\hbar c}\vec{A}\right)^2\psi = -\frac{\hbar^2}{2ma^2}\left(\frac{d}{d\phi} - \frac{iq\Phi}{2\pi\hbar c}\right)^2\psi = E\psi$$

그리고 다음의 관계를 참고하라.

$$\left(\frac{d}{dx} - C\right)f(x) = e^{Cx}\frac{d}{dx}\left(e^{-Cx}f(x)\right)$$

답. $E_n = \frac{\hbar^2}{2ma^2}\left(n - \frac{q\Phi}{2\pi\hbar c}\right)^2$, $\psi_n(\phi) = \frac{1}{\sqrt{2\pi}}e^{in\phi}$, $n = $ 정수

**11.7** 파장이 $\lambda$ 인 단색광의 중성자 빔이 그림 11.3에서와 같이 간섭계에서 분리되어 기하학적으로 대칭인 두 경로 A 와 C 를 통하여 D 점에서 다시 만난다. 두 경로의 다른 점은 경로 C 의 일부에 두 경로가 이루는 면과 수직 방향인 균일한 자기장 $\vec{B}$ 가 존재한다는 것이다. 경로 C 에서 자기장이 존재하는 구간의 거리는 $l$ 이고, 경로 C

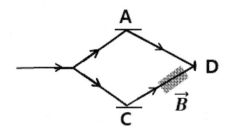

그림 11.3: 중성자 빔의 자기장에 의한 위상(간섭 효과)의 변화 (문제 11.7)

에 자기장이 존재한다는 것 외에는 두 경로의 차이점은 없다. 경로 C 에서 자기장에 의한 효과 만이 간섭 현상에 실질적 영향을 준다고 할 때, 위치 D 에서 두 경로를 통해 온 빔들이 합쳤을 때 빔의 세기(D 점에서 파동함수 절대값의 제곱)를 구하라. 계산의 편의를 위해 중성자 스핀의 방향과 자기장의 방향은 모두 $+z$ 축을 향한다고 가정하라.

여기서 중성자는 전하가 0 이므로 그 자기쌍극자 모멘트 magnetic dipole moment 는 식 (8.128)처럼 생각하면 0 이 되어야 하지만, 실제로는 쿼크들로 이루어진 구조를 가진 입자이므로 자기쌍극자 모멘트가 존재한다. 그리고 중성자의 스핀도 1/2 이므로, 그 자기쌍극자 모멘트는 식 (8.122)처럼 다음과 같이 표시될 수 있다.[9]

$$\vec{\mu}_n = \mu_n \vec{\sigma}, \quad \mu_n = -1.9\mu_N, \quad \mu_N = \frac{|e|\hbar}{2m_p c}$$

도움말: 파동함수의 위상 변화를 알기 위해서는 중성자의 자기쌍극자 모멘트와 자기장 사이의 상호작용에 의한 효과를 생각해야 한다. 자기장 $\vec{B}$ 안에서 자기쌍극자 모멘트 $\vec{\mu}$ 가 갖는 위치에너지는 $-\vec{\mu} \cdot \vec{B}$ 로 주어지므로, 그 해밀토니안은 식 (8.121)처럼 다음과 같이 쓸 수 있다.

$$H_{\text{spin}} = -\vec{\mu} \cdot \vec{B} = -\mu_n \vec{\sigma} \cdot \vec{B}$$

이 해밀토니안을 써서 자기장이 존재하는 구간(거리 $l$)에서 파동함수의 변화를 아래와

---

[9]여기서 $\mu_N$ 은 핵 마그네톤 nuclear magneton 이며, $m_p$ 는 양성자의 질량이다. 중성자 자기쌍극자 모멘트 값은 대략 핵 마그네톤 $\mu_N$ 의 $-1.9$ 배이며, 이에 대한 개략적 설명은 참고문헌 [30], [31] 참조. 쿼크들로 이루어진 양성자의 경우도 마찬가지이며, 대략 $\mu_p = 2.8\mu_N$ 의 값을 가진다[31].

같이 구할 수 있다(식 (4.64) 참조).

$$\psi(t_2) = \exp\left[-\frac{i}{\hbar}(t_2 - t_1)H\right]\psi(t_1) = \exp\left[\frac{i}{\hbar}\mu_n\vec{\sigma}\cdot\vec{B}(t_2 - t_1)\right]\psi(t_1)$$

여기서 중성자빔의 파장 $\lambda$ 는 작용 거리 $l$, 작용 시간 $t_2-t_1$ 과 $t_2-t_1 = \frac{l}{v} = \frac{lm}{\hbar k} = \frac{lm\lambda}{h}$ 의 관계에 있으며($m$ 은 중성자의 질량), 경로 C 에 의한 파동함수는 $\psi(t_2)$, 경로 A 에 의한 파동함수는 $\psi(t_1)$에 해당한다고 볼 수 있다. 두 파동을 합하여 D 지점에서의 전체 파동함수를 구한다. 계산 과정에서 문제 10.8의 1)번에 주어진 아래의 관계를 참고하라.

$$\exp(i\phi\hat{n}\cdot\vec{\sigma}) = \cos\phi + i\hat{n}\cdot\vec{\sigma}\sin\phi$$

답.  $|\psi_D|^2 \propto \cos^2\frac{\pi lm\lambda\mu_n B_0}{h^2}$, 여기서 $\vec{B} = B_0\hat{z}$.

419

# 제 12 장

# 동일입자들 Identical Particles

## 제 12.1 절 보존과 페르미온 Bosons and Fermions

질량이나 전하 그리고 스핀 등과 같은 고유의 특성이 같은 두 입자들이 구분 가능하다면 distinguishable 우리는 두 입자들의 전체 파동함수를 각 입자 개별 파동함수들의 곱으로 다음과 같이 쓸 수 있을 것이다.

$$\psi_D(1,\ 2) = \psi_a(1)\psi_b(2) \tag{12.1}$$

여기서 1, 2 는 각각 첫 번째, 두 번째 입자를 나타내고, $a$, $b$ 는 이 입자들이 가지는 파동함수의 상태를 나타낸다. 그러나 두 입자를 구분할 수 없는 경우 indistinguishable, 전체 파동함수는 다음과 같은 두 가지 상태들, 첫 번째 입자가 $a$ 상태에, 두 번째 입자가 $b$ 상태에 있는 $\psi_a(1)\psi_b(2)$와 첫 번째 입자가 $b$ 상태에, 두 번째 입자가 $a$ 상태에 있는 $\psi_a(2)\psi_b(1)$의 두 가지 상태함수들의 조합으로 기술될 수 있을 것이다.

$$\psi(1,\ 2) = A\psi_a(1)\psi_b(2) + B\psi_a(2)\psi_b(1) \tag{12.2}$$

여기서 $A$, $B$ 는 상수의 전개계수들이다. 이처럼 구분할 수 없는 입자들을 우리는 동일입자들 identical particles 이라고 한다. 동일입자는 다시 입자가 본원적으로 가지는 스핀에 의하여 스핀이 $\hbar$ 의 정수 integer $(0, 1, 2, \cdots)$배인 보존 boson 과 $\hbar$ 의 반정수

420

half-integer ($\frac{1}{2}$, $\frac{3}{2}$, $\cdots$)배인 페르미온 fermion으로 구분된다. 이러한 분류는 이 두 종류의 입자들이 서로 다른 통계적 특성을 갖는데 따른 것이다.

여기서 입자들의 '위치'[1]를 서로 바꾸어 주는 위치 맞바꿈 연산자 exchange operater 를 가정하고, 이를 $P$ 로 다음과 같이 표시하자.

$$P\psi(1,\ 2) = \psi(2,\ 1) \tag{12.3}$$

이 연산자를 두 번 적용하면 입자들은 다시 원래의 상태로 돌아오게 되므로,

$$P^2\psi(1,\ 2) = P\psi(2,\ 1) = \psi(1,\ 2), \tag{12.4}$$

맞바꿈 연산자 $P$ 는 $\pm 1$ 의 고유값을 가짐을 알 수 있다. 이제 각각의 고유값에 해당하는 고유상태를 $\psi_{\pm}(1,\ 2)$로 다음과 같이 표시하자.

$$P\psi_{\pm}(1,\ 2) = \pm\psi_{\pm}(1,\ 2) \tag{12.5}$$

이로부터 우리는 두 입자가 서로 '위치'를 맞바꾸었을 때, 고유상태 $\psi_+$ 와 $\psi_-$ 는 각각 전체 파동함수가 동일한 상태를 유지하거나 부호가 바뀌는 상태임을 알 수 있다. 우리는 이 파동함수들을 각각 대칭 symmetric 파동함수와 반대칭 antisymmetric 파동함수라 고 부른다. 이제 입자가 가질 수 있는 상태가 $a$ 와 $b$ 의 두 가지라면, 두 동일입자들로 이루어진 위치 맞바꿈 연산자 $P$ 의 고유상태들은 다음과 같이 쓸 수 있다.

$$\psi_{\pm}(1,\ 2) = \frac{1}{\sqrt{2}}\{\psi_a(1)\psi_b(2) \pm \psi_a(2)\psi_b(1)\} \tag{12.6}$$

### 12.1.1 스핀-통계 정리와 파울리의 배타원리
### Spin-Statistics Theorem and Pauli Exclusion Principle

위에서 스핀에 의하여 구분한 보존과 페르미온은 각각 다음과 같은 통계적 특성을 가진다. 보존의 경우 두 입자를 서로 맞바꾸었을 때 전체 파동함수가 변하지 않는 대칭 파동함수를 가지며, 페르미온의 경우 두 입자를 서로 맞바꾸었을 때 전체 파동함수의 부호가 바뀌는 반대칭 파동함수를 가진다.

---

[1]여기서 '위치'라 함은 공간적인 위치뿐만 아니라, 입자의 에너지, 스핀 등 입자의 모든 상태를 의미함

이러한 규칙을 우리는 스핀-통계 정리 spin-statistics theorem 라고 하며, 보존의 경우 보즈-아인슈타인 통계 Bose-Einstein statistics, 페르미온의 경우 페르미-디락 통계 Fermi-Dirac statistics 라고 부른다. 참고로 기본 입자들 중 스핀이 1 인 광자 photon 는 보존이고, 스핀이 $\frac{1}{2}$ 의 약입자 lepton 들인 전자 electron, 중성미자 neutrino 등과 역시 스핀 $\frac{1}{2}$ 의 강입자 hadron 들인 양성자 proton, 중성자 neutron 등은 페르미온 들이다. 위의 스핀-통계 정리를 적용하면, 두 동일 입자가 동일한 $a$ 라는 상태에 있을 경우, 보존과 페르미온의 경우에 그 파동함수는 각각 다음과 같이 된다.

$$\psi_+(1,\ 2) = \frac{1}{\sqrt{2}}\{\psi_a(1)\psi_a(2) + \psi_a(2)\psi_a(1)\} \neq 0$$
$$\psi_-(1,\ 2) = \frac{1}{\sqrt{2}}\{\psi_a(1)\psi_a(2) - \psi_a(2)\psi_a(1)\} = 0 \qquad (12.7)$$

이는 보존의 경우 두 동일 입자가 동일한 한 상태에 있어도 그 존재확률이 0 이 아니지만, 페르미온의 경우 두 동일 입자가 동일한 한 상태에 있을 경우 그 존재확률이 0 이 됨을 보여 준다. 즉, 보존 동일입자들은 하나의 상태에 여러 입자들이 있을 수 있지만, 페르미온 동일입자는 하나의 상태에 오직 하나의 입자만 존재할 수 있다는 것이다. 페르미온의 이러한 특성은 1925년 파울리에 의하여 배타원리 exclusion principle 로 발표된 바 있다. 파울리의 배타원리는 원자에서 전자들이 에너지 준위에 따라 배치되는 방식을 설명하여 주므로 우리는 이에 의하여 원자 주기율표가 왜 그와 같이 구성되었는지 이해할 수 있게 되었다.

이처럼 동일입자 페르미온들이 함께 여럿 존재할 때, 그 계의 바닥상태는 파울리 배타원리에 의하여 가장 낮은 에너지 준위부터 동일입자 페르미온들이 하나씩 차곡차곡 쌓여가게 된다. 이처럼 낮은 에너지 상태부터 차곡차곡 쌓여서 동일입자 페르미온들로 채워진 가장 높은 에너지 준위를 우리는 페르미 에너지 Fermi energy 라고 부른다.

여기서 한 가지 주의할 점은 전체 파동함수는 공간 파동함수 spatial wave function 와 스핀 파동함수 spin wave function 의 두 부분으로 구성된다는 것이다. 단일입자를 보더라도, 예컨대 첫 번째 입자가 $a$ 상태에 있다고 할 때, 이 입자의 공간 파동함수를 $\phi_a(\vec{x}_1)$, 스핀 파동함수를 $\xi_a(1)$이라고 하면 첫 번째 입자의 전체 파동함수 $\psi_a(1)$는 다음과 같이 기술할 수 있다.

$$\psi_a(1) = \phi_a(\vec{x}_1)\xi_a(1) \tag{12.8}$$

두 입자의 상태 역시 공간 파동함수와 스핀 파동함수의 곱으로 주어진다. 보존의 경우 전체 파동함수가 대칭 함수가 되어야 하므로, 공간 파동함수 부분이 대칭이면 스핀 파동함수 역시 대칭이 되어야 하고, 공간 파동함수가 반대칭이면 스핀 파동함수 역시 반대칭이 되어야 한다. 페르미온의 경우 전체 파동함수는 반대칭 함수가 되어야 하므로 공간 파동함수가 대칭이면 스핀 파동함수는 반대칭이 되어야 하고, 공간 파동함수가 반대칭이면 스핀 파동함수는 대칭이 되어야 한다.

예컨대, 두 전자의 스핀 상태가 삼중항 상태에 있다면 두 입자를 맞바꾸어도 스핀 파동함수는 변하지 않으므로 두 전자의 공간 파동함수는 반대칭 함수가 되어야 한다. 거꾸로 전체 스핀 상태가 단일항 상태에 있다면 스핀 파동함수는 반대칭이 되므로 공간 파동함수는 대칭 함수가 되어야 한다. 전체 스핀의 $z$ 성분이 0 인 경우, 스핀 삼중항 triplet 및 단일항 singlet 상태는 각각 다음과 같이 주어진다.

$$\xi_+(1,\ 2) = \frac{1}{\sqrt{2}}\{|\uparrow\downarrow> +|\downarrow\uparrow>\}, \quad \text{s=1, m=0 \quad 일 때}$$

$$\xi_-(1,\ 2) = \frac{1}{\sqrt{2}}\{|\uparrow\downarrow> -|\downarrow\uparrow>\}, \quad \text{s=0, m=0 \quad 일 때} \tag{12.9}$$

여기서 우리가 주목할 점은 스핀 파동함수는 좌표에 전혀 의존하지 않으며, 이에 상응하는 두 전자의 공간 파동함수는 각각 아래와 같은 반대칭 및 대칭 함수가 된다.

$$\phi_-(1,\ 2) = \frac{1}{\sqrt{2}}\{\phi_a(\vec{x}_1)\phi_b(\vec{x}_2) - \phi_a(\vec{x}_2)\phi_b(\vec{x}_1)\}, \quad \text{s=1, m=0 \quad 일 때}$$

$$\phi_+(1,\ 2) = \frac{1}{\sqrt{2}}\{\phi_a(\vec{x}_1)\phi_b(\vec{x}_2) + \phi_a(\vec{x}_2)\phi_b(\vec{x}_1)\}, \quad \text{s=0, m=0 \quad 일 때} \tag{12.10}$$

이러한 경우, 두 전자의 전체 파동함수는 다음과 같이 쓸 수 있다.

$$\psi_t(1,\ 2) = \phi_-(1,\ 2)\xi_+(1,\ 2), \quad \text{s=1, m=0 \quad 일 때}$$

$$\psi_s(1,\ 2) = \phi_+(1,\ 2)\xi_-(1,\ 2), \quad \text{s=0, m=0 \quad 일 때} \tag{12.11}$$

## 12.1.2 페르미온 파동함수와 슬레이터 행렬식
## Fermion Wave Function and Slater Determinant

동일한 페르미온들의 파동함수는 전체적으로 반대칭 totally antisymmetric 이 되어야 하는데 다수의 동일한 페르미온들로 이루어진 계의 경우 전체적으로 반대칭인 파동함수를 우리는 어떻게 구성할 수 있을까? 전체적으로 반대칭이라 함은 계를 구성하는 입자들 중 어느 두 개를 맞바꾸더라도 파동함수의 부호가 바뀌는 것을 뜻한다. 이를 좀 더 구체적으로 이해하기 위하여 $N$ 개의 전자들로 이루어진 계를 생각하여 보자. 전체 해밀토니안은 각 개별 전자 해밀토니안들의 합으로 다음과 같이 주어진다고 가정한다.

$$H(1, 2, \cdots, N) \ = \ H_1 + H_2 + \cdots + H_N \tag{12.12}$$

여기서 개별 전자의 파동함수는 각각 개별 해밀토니안의 고유함수로 표현된다고 하자.

$$H_i \phi_{\sigma_i}(i) = E_{\sigma_i} \phi_{\sigma_i}(i), \quad i = 1, 2, \cdots, N \tag{12.13}$$

여기서 $\sigma_i$ 는 $\{1, 2, \cdots, N\}$ 중의 각기 다른 하나이며, 이제 아래와 같이 각 개별 파동함수들의 단순 곱을 만들면 이는 전체 해밀토니안의 고유함수가 된다.

$$\Phi_E(1, 2, \cdots, N) = \phi_{\sigma_1}(1) \phi_{\sigma_2}(2) \cdots \phi_{\sigma_N}(N) \tag{12.14}$$

즉, 다음의 관계가 만족된다.

$$H\Phi_E(1, 2, \cdots, N) = E\Phi_E(1, 2, \cdots, N), \quad E = E_{\sigma_1} + E_{\sigma_2} + \cdots + E_{\sigma_N} \tag{12.15}$$

그러나 이 파동함수는 $i$ 번째와 $j$ 번째를 맞바꾸었을 때, 파동함수의 부호가 변하는 그러한 반대칭 함수의 특성을 보이지 않는다.

$$\Phi_E(1, \cdots, i, \cdots, j, \cdots, N) \neq -\Phi_E(1, \cdots, j, \cdots, i, \cdots, N)$$

한편, 행렬식 determinant 의 경우 임의의 두 행이나 두 열을 서로 맞바꾸었을 때

행렬식의 부호가 바뀌게 된다.

$$\Gamma = \begin{vmatrix} a_1 & b_1 & c_1 & \cdots \\ a_2 & b_2 & c_2 & \cdots \\ \vdots & \vdots & \vdots & \ddots \\ a_N & b_N & c_N & \cdots \end{vmatrix} = \sum_{i,j,k,\cdots} \epsilon_{ijk\cdots} a_i b_j c_k \cdots \tag{12.16}$$

위에서 $\epsilon_{ijk\cdots}$는 반대칭 텐서로 다음의 관계를 만족한다.

$$\epsilon_{ijk\cdots} = \begin{cases} +1, & i,j,k,\cdots \text{가 } 1,2,3,\cdots \text{의 정배열}(1,2,3,\cdots,N)\text{일 때} \\ -1, & i,j,k,\cdots \text{가 } 1,2,3,\cdots \text{의 역배열}(N,\cdots,3,2,1)\text{일 때} \end{cases} \tag{12.17}$$

정배열 cyclic permutation 은 짝수 배열 even permutation 이라고도 하며 이는 임의의 두 짝들을 짝수 번만큼 서로 맞바꿈을 뜻하며, 역배열 anticyclic permutation 은 홀수 배열 odd permutation 이라고도 하며 이는 임의의 두 짝들을 홀수 번만큼 서로 맞바꿈을 뜻한다. 이제 이러한 행렬식의 특성을 사용하여 전체적으로 반대칭인 파동함수를 다음과 같이 구성할 수 있다.

$$\begin{aligned} \Psi(1,2,\cdots,N) &= \frac{1}{\sqrt{N!}} \begin{vmatrix} \phi_1(1) & \phi_2(1) & \cdots & \phi_N(1) \\ \phi_1(2) & \phi_2(2) & \cdots & \phi_N(2) \\ \vdots & \vdots & \ddots & \vdots \\ \phi_1(N) & \phi_2(N) & \cdots & \phi_N(N) \end{vmatrix} \\ &= \frac{1}{\sqrt{N!}} \sum_{P(\sigma_1,\sigma_2,\cdots,\sigma_N)} (-1)^{|P|} \phi_{\sigma_1}(1)\phi_{\sigma_2}(2)\cdots\phi_{\sigma_N}(N) \end{aligned} \tag{12.18}$$

여기서 $P(\sigma_1,\sigma_2,\cdots,\sigma_N)$은 $1,2,\cdots,N$ 의 정배열이나 역배열을 뜻하며, 이 때 $|P|$ 는 정배열은 0, 역배열은 1 의 값을 갖는다. 그리고 $\phi_{\sigma_\nu}(i)$의 $\phi_{\sigma_\nu}$ $(\sigma_\nu = 1,2,\cdots,N)$는 상태함수를 표시하고, 괄호 안의 $i$ 는 $i$ 번 째 입자를 표시한다. 이 경우 임의의 입자 쌍 $i$ 와 $j$ 를 서로 맞바꿀 때 마다 전체 파동함수 $\Psi$ 에 $-1$ 의 값이 곱해져 전체 파동함수 $\Psi$ 는 전체적으로 반대칭성을 가짐을 곧 알 수 있다. 이렇게 전체적으로 반대칭성을 주는 파동함수의 행렬식 표현을 우리는 슬레이터 행렬식 Slater determinant 이라고

부른다. 가장 간단한 $N = 2$ 인 경우를 보면 슬레이터 행렬식은 다음과 같이 주어진다.

$$\Psi(1,2) = \frac{1}{\sqrt{2!}} \begin{vmatrix} \phi_1(1) & \phi_2(1) \\ \phi_1(2) & \phi_2(2) \end{vmatrix}$$

$$= \frac{1}{\sqrt{2}} \{\phi_1(1)\phi_2(2) - \phi_2(1)\phi_1(2)\} \tag{12.19}$$

여기서 $\Psi(2,1) = -\Psi(1,2)$ 이며, $\phi_1 = \psi_a$ 그리고 $\phi_2 = \psi_b$ 로 놓으면 이는 곧 식 (12.6)에 표현된 반대칭 함수 $\psi_-(1,2)$ 와 같음을 곧 알 수 있다.

# 제 12.2 절   공유결합과 수소 분자
## Covalent Bonding and Hydrogen Molecule

### 12.2.1   바꿈힘과 공유결합  Exchange Force and Covalent Bonding

두 입자의 위치를 각각 $\vec{x}_1, \vec{x}_2$ 로 표시하였을 때, 두 입자 사이의 거리는 두 입자 사이의 거리벡터 $\vec{x}_1 - \vec{x}_2$ 의 기대값을 구하여 알 수 있을 것이다. 하지만 단순 기대값은 서로 상쇄되어 0 이 될 수 있으므로 통상 하듯이 그 제곱의 기대값 즉 $< (\vec{x}_1 - \vec{x}_2)^2 >$ 을 구하고자 한다. 이 거리의 기대값은 풀어써서 다음의 항들로 표현할 수 있다.

$$\begin{aligned} < (\vec{x}_1 - \vec{x}_2)^2 > &= < \vec{x}_1^2 + \vec{x}_2^2 - 2\vec{x}_1 \cdot \vec{x}_2 > \\ &= < \vec{x}_1^2 > + < \vec{x}_2^2 > - 2 < \vec{x}_1 \cdot \vec{x}_2 > \end{aligned} \tag{12.20}$$

이제 위에서 나온 각 항의 값들을 구해 보기로 하자. 여기서 주어진 위치 벡터의 기대 값은 오로지 공간 파동함수에만 의존함을 유의하자.

먼저, 구분되는 입자들의 경우 파동함수를 각 개별 입자 파동함수들의 곱으로 쓸 수 있으므로, 전체 파동함수를 다음과 같이 쓰고,

$$\psi_D(1,2) = \psi_a(1)\psi_b(2), \tag{12.21}$$

이의 공간부분 파동함수를 다음과 같이 표시하자.

$$\phi_D(\vec{x}_1, \vec{x}_2) = \phi_a(\vec{x}_1)\phi_b(\vec{x}_2) \tag{12.22}$$

이 경우 식 (12.20)에서 주어진 각 항의 기대값을 구해 보자. 먼저 첫 번째 항인 입자 1의 위치의 제곱의 기대값은 다음과 같이 쓸 수 있다.

$$
\begin{aligned}
<\vec{x}_1^2>_{\psi_D} = <\phi_D|x_1^2|\phi_D> &= \int d^3\vec{x}_1 \int d^3\vec{x}_2 \, \phi_a^*(\vec{x}_1)\phi_b^*(\vec{x}_2)\, \vec{x}_1^2 \, \phi_a(\vec{x}_1)\phi_b(\vec{x}_2) \\
&= \int d^3\vec{x}_1 \, \phi_a^*(\vec{x}_1)\, \vec{x}_1^2 \, \phi_a(\vec{x}_1) \int d^3\vec{x}_2 \, \phi_b^*(\vec{x}_2)\phi_b^*(\vec{x}_2) \\
&= <\phi_a|\vec{x}_1^2|\phi_a><\phi_b|\phi_b> = <\vec{x}_1^2>_a \quad (12.23)
\end{aligned}
$$

마찬가지로 두 번째 항은 $<\phi_a|\phi_a>=1$ 이므로 다음과 같이 된다.

$$
<\vec{x}_2^2>_{\psi_D} = <\vec{x}_2^2>_{\phi_D} = <\phi_b|\vec{x}_2^2|\phi_b> = <\vec{x}_2^2>_b
$$

그리고 마지막 항은 다음과 같이 계산된다.

$$
\begin{aligned}
<\vec{x}_1 \cdot \vec{x}_2>_{\psi_D} = <\vec{x}_1 \cdot \vec{x}_2>_{\phi_D} &= \int d^3\vec{x}_1 \int d^3\vec{x}_2 \, \phi_a^*(\vec{x}_1)\phi_b^*(\vec{x}_2)\vec{x}_1 \cdot \vec{x}_2 \phi_a(\vec{x}_1)\phi_b(\vec{x}_2) \\
&= <\phi_a|\vec{x}_1|\phi_a> \cdot <\phi_b|\vec{x}_2|\phi_b> \\
&= <\vec{x}_1>_a \cdot <\vec{x}_2>_b \quad (12.24)
\end{aligned}
$$

그러므로 우리는 구분 가능한 입자들의 경우 다음 결과를 얻는다.

$$
<(\vec{x}_1-\vec{x}_2)^2>_{\psi_D} = <\vec{x}_1^2>_a + <\vec{x}_2^2>_b - 2<\vec{x}_1>_a \cdot <\vec{x}_2>_b \quad (12.25)
$$

한편, 보존이나 페르미온 동일입자들로 이루어진 계의 경우 거리벡터 제곱의 기대값은 각각 다음과 같이 쓸 수 있다.

$$
<(\vec{x}_1-\vec{x}_2)^2>_{\psi_\pm} = <\psi_\pm|(\vec{x}_1-\vec{x}_2)^2|\psi_\pm> \quad (12.26)
$$

이제 페르미온 동일입자들인 전자들의 경우에 대하여, 반대칭 전체 파동함수 $\psi_-$를 공간 부분과 스핀 부분으로 구분하여 다음과 같이 쓰겠다.

$$
\psi_- = \begin{cases} \phi_+\xi_- \\ \phi_-\xi_+ \end{cases} \quad (12.27)
$$

여기서 $\phi_+$와 $\phi_-$ 는 각각 대칭 및 반대칭 공간 파동함수로 다음과 같이 쓸 수 있으며,

$$
\phi_\pm(1,\,2) = \frac{1}{\sqrt{2}}\{\phi_a(\vec{x}_1)\phi_b(\vec{x}_2) \pm \phi_a(\vec{x}_2)\phi_b(\vec{x}_1)\}, \quad (12.28)
$$

$\xi_+$와 $\xi_-$는 각각 대칭(삼중항) 및 반대칭(단일항)의 스핀 상태함수를 표시한다. 그런데 스핀 상태함수는 위치벡터에 무관하므로 거리벡터 제곱의 기대값은 공간 파동함수에만 의존하게 된다. 예컨대 앞에서 예로 든 두 전자들이 이루는 계가 스핀 단일항 상태에 있을 때, 그 기대값은 다음과 같이 된다.

$$
\begin{aligned}
< \psi_- | (\vec{x}_1 - \vec{x}_2)^2 | \psi_- > \ &= \ < \phi_+ \xi_- | (\vec{x}_1 - \vec{x}_2)^2 | \phi_+ \xi_- > \\
&= \ < \phi_+ | (\vec{x}_1 - \vec{x}_2)^2 | \phi_+ > < \xi_- | \xi_- > \\
&= \ < \phi_+ | (\vec{x}_1 - \vec{x}_2)^2 | \phi_+ >
\end{aligned}
\tag{12.29}
$$

즉, 다음의 관계과 성립한다.

$$
< (\vec{x}_1 - \vec{x}_2)^2 >_{\psi_-} = < \phi_+ | (\vec{x}_1 - \vec{x}_2)^2 | \phi_+ > = < (\vec{x}_1 - \vec{x}_2)^2 >_{\phi_+}
\tag{12.30}
$$

이제 식 (12.20)의 전개식을 사용하여 그 기대값을 구해보자. 대칭 공간 파동함수의 경우 식 (12.28)을 대입하면 그 첫 번째 항은 다음과 같이 쓸 수 있다.

$$
\begin{aligned}
< \phi_+ | \vec{x}_1^2 | \phi_+ > \ = \ \frac{1}{2} \big[ &< \phi_a(\vec{x}_1) | \vec{x}_1^2 | \phi_a(\vec{x}_1) > < \phi_b(\vec{x}_2) | \phi_b(\vec{x}_2) > \\
+ &< \phi_a(\vec{x}_1) | \vec{x}_1^2 | \phi_b(\vec{x}_1) > < \phi_b(\vec{x}_2) | \phi_a(\vec{x}_2) > \\
+ &< \phi_b(\vec{x}_1) | \vec{x}_1^2 | \phi_a(\vec{x}_1) > < \phi_a(\vec{x}_2) | \phi_b(\vec{x}_2) > \\
+ &< \phi_b(\vec{x}_1) | \vec{x}_1^2 | \phi_b(\vec{x}_1) > < \phi_a(\vec{x}_2) | \phi_a(\vec{x}_2) > \big]
\end{aligned}
\tag{12.31}
$$

여기에 아래의 직교 조건($a \neq b$ 일 때)과 규격화 조건을 적용하면,

$$
< \phi_a(\vec{x}_2) | \phi_b(\vec{x}_2) > \ = 0, \quad < \phi_a(\vec{x}_2) | \phi_a(\vec{x}_2) > \ = < \phi_b(\vec{x}_2) | \phi_b(\vec{x}_2) > \ = 1,
$$

식 (12.31)은 다음과 같이 주어진다.

$$
< \vec{x}_1^2 >_{\phi_+} = \frac{1}{2} ( < \vec{x}_1^2 >_a + < \vec{x}_1^2 >_b )
\tag{12.32}
$$

마찬가지로 두 번째 항의 경우에도 같은 결과를 얻는다.

$$
< \vec{x}_2^2 >_{\phi_+} = \frac{1}{2} ( < \vec{x}_2^2 >_a + < \vec{x}_2^2 >_b )
\tag{12.33}
$$

여기서 주목해야 할 것은 $< \vec{x}_1^2 >_a = < \phi_a|\vec{x}_1^2|\phi_a >$ 와 $< \vec{x}_2^2 >_a = < \phi_a|\vec{x}_2^2|\phi_a >$ 가 사실은 동일한 값이라는 점이다.

$$
\begin{aligned}
< \phi_a|\vec{x}_1^2|\phi_a > &= \int d^3\vec{x}_1 \phi_a^*(\vec{x}_1)\vec{x}_1^2 \phi_a(\vec{x}_1) \\
&= \int d^3\vec{x}_2 \phi_a^*(\vec{x}_2)\vec{x}_2^2 \phi_a(\vec{x}_2) \\
&= < \phi_a|\vec{x}_2^2|\phi_a >
\end{aligned} \tag{12.34}
$$

그러므로 우리는 다음과 같이 표기할 수 있고,

$$
< \vec{x}_1^2 >_a = < \vec{x}_2^2 >_a \equiv < \vec{x}^2 >_a,
$$

마찬가지로 다음과 같이 쓸 수 있다.

$$
< \vec{x}_1^2 >_b = < \vec{x}_2^2 >_b \equiv < \vec{x}^2 >_b
$$

이로부터 우리는 대칭적인 공간 파동함수의 경우 다음의 결과를 얻는다.

$$
< \vec{x}_1^2 >_{\phi_+} + < \vec{x}_2^2 >_{\phi_+} = < \vec{x}^2 >_a + < \vec{x}^2 >_b \tag{12.35}
$$

반대칭 공간 파동함수의 경우에도 동일하게 계산하여 다음의 결과를 얻을 수 있다.

$$
< \vec{x}_1^2 >_{\phi_-} + < \vec{x}_2^2 >_{\phi_-} = < \vec{x}^2 >_a + < \vec{x}^2 >_b \tag{12.36}
$$

남아있는 $< \vec{x}_1 \cdot \vec{x}_2 >$ 의 값을 대칭 공간 파동함수의 경우에 생각해 보면 다음과 같다.

$$
\begin{aligned}
< \vec{x}_1 \cdot \vec{x}_2 >_{\phi_+} &= < \phi_+|\vec{x}_1 \cdot \vec{x}_2|\phi_+ > \\
&= \frac{1}{2} < \phi_a(\vec{x}_1)\phi_b(\vec{x}_2) + \phi_a(\vec{x}_2)\phi_b(\vec{x}_1)|\vec{x}_1 \cdot \vec{x}_2|\phi_a(\vec{x}_1)\phi_b(\vec{x}_2) + \phi_a(\vec{x}_2)\phi_b(\vec{x}_1) > \\
&= \frac{1}{2} \{ < \phi_a(\vec{x}_1)\phi_b(\vec{x}_2)|\vec{x}_1 \cdot \vec{x}_2|\phi_a(\vec{x}_1)\phi_b(\vec{x}_2) > + < \phi_a(\vec{x}_1)\phi_b(\vec{x}_2)|\vec{x}_1 \cdot \vec{x}_2|\phi_a(\vec{x}_2)\phi_b(\vec{x}_1) > \\
&\quad + < \phi_a(\vec{x}_2)\phi_b(\vec{x}_1)|\vec{x}_1 \cdot \vec{x}_2|\phi_a(\vec{x}_1)\phi_b(\vec{x}_2) > + < \phi_a(\vec{x}_2)\phi_b(\vec{x}_1)|\vec{x}_1 \cdot \vec{x}_2|\phi_a(\vec{x}_2)\phi_b(\vec{x}_1) > \} \\
&= \frac{1}{2} \{ < \vec{x}_1 >_a \cdot < \vec{x}_2 >_b + < \vec{x}_1 >_{ab} \cdot < \vec{x}_2 >_{ba} + < \vec{x}_1 >_{ba} \cdot < \vec{x}_2 >_{ab} \\
&\quad + < \vec{x}_1 >_b \cdot < \vec{x}_2 >_a \}
\end{aligned} \tag{12.37}
$$

앞에서와 마찬가지로 $< \vec{x}_1 >_a = < \phi_a|\vec{x}_1|\phi_a >$ 와 $< \vec{x}_2 >_a = < \phi_a|\vec{x}_2|\phi_a >$ 는 서로 같다.

$$
\begin{aligned}
< \phi_a|\vec{x}_1|\phi_a > &= \int d^3\vec{x}_1 \phi_a^*(\vec{x}_1)\vec{x}_1\phi_a(\vec{x}_1) \\
&= \int d^3\vec{x}_2 \phi_a^*(\vec{x}_2)\vec{x}_2\phi_a(\vec{x}_2) = < \phi_a|\vec{x}_2|\phi_a >
\end{aligned} \tag{12.38}
$$

그러므로 $< \vec{x}_1 >_a = < \vec{x}_2 >_a \equiv < \vec{x} >_a$ 로, $< \vec{x}_1 >_b = < \vec{x}_2 >_b \equiv < \vec{x} >_b$ 로 표시할 수 있다. 그리고 다음의 두 관계가 성립하므로,

$$
< \vec{x}_i >_{ab} (i = 1, 2) = < \phi_a|\vec{x}_i|\phi_b > = \int d^3\vec{x}_i \phi_a^*(\vec{x}_i)\vec{x}_i\phi_b(\vec{x}_i) \equiv < \vec{x} >_{ab},
$$

$$
< \vec{x}_i >_{ba} = < \phi_b|\vec{x}_i|\phi_a > = < \phi_a|\vec{x}_i|\phi_b >^* \equiv < \vec{x} >_{ab}^*,
$$

다음 관계식이 성립한다.

$$
< \vec{x} >_{ab} \cdot < \vec{x} >_{ba} = | < \vec{x} >_{ab} |^2
$$

따라서 대칭적인 공간 파동함수의 경우, 우리는 최종적으로 다음 결과를 얻는다.

$$
\begin{aligned}
< (\vec{x}_1 - \vec{x}_2)^2 >_{\phi_+} &= < \vec{x}^2 >_a + < \vec{x}^2 >_b \\
&\quad -2 \left\{ < \vec{x} >_a \cdot < \vec{x} >_b + | < \vec{x} >_{ab} |^2 \right\}
\end{aligned} \tag{12.39}
$$

동일한 방법으로 반대칭 공간 파동함수의 경우 다음 결과를 얻는다.

$$
\begin{aligned}
< (\vec{x}_1 - \vec{x}_2)^2 >_{\phi_-} &= < \vec{x}^2 >_a + < \vec{x}^2 >_b \\
&\quad -2 \left\{ < \vec{x} >_a \cdot < \vec{x} >_b - | < \vec{x} >_{ab} |^2 \right\}
\end{aligned} \tag{12.40}
$$

한편, 구분 가능한 입자들의 경우는 앞에서 식 (12.25)로 주어졌으므로, 이를 사용하면 위의 결과들에 의하여 식 (12.26)을 공간 파동함수들의 기대값으로 다음과 같이 쓸 수 있다.

$$
< (\vec{x}_1 - \vec{x}_2)^2 >_{\phi_\pm} = < (\vec{x}_1 - \vec{x}_2)^2 >_{\phi_D} \mp 2 | < \vec{x} >_{ab} |^2 \tag{12.41}
$$

이 결과는 동일입자들의 경우, 공간 파동함수가 대칭일 경우 구분 가능한 입자들의 경우보다 두 입자 사이의 거리가 줄어들고, 공간 파동함수가 반대칭일 경우 구분 가능한 입자들의 경우보다 두 입자 사이의 거리가 늘어남을 보여준다. 이러한 현상은 오로지 두 상태함수가 서로 겹치는 경우에만 일어난다. 만약 두 상태함수 $\phi_a(\vec{x})$와 $\phi_b(\vec{x})$가 서로 겹치는 부분이 없다면 다음의 관계가 성립하므로,

$$< \vec{x} >_{ab} = < \phi_a(\vec{x}) \,|\, \vec{x} \,|\, \phi_b(\vec{x}) > = 0,$$

대칭과 반대칭 공간함수들 사이의 차이는 없게 된다. 이상의 결과는 두 입자의 상태를 나타내는 공간 파동함수들이 서로 겹쳐있을 때, 대칭 파동함수와 반대칭 파동함수에 대한 두 입자 사이의 거리에 대한 기대값이 달라짐을 보여준다.

그런데 우리는 두 입자 사이의 거리가 늘어나는 것을 척력 repulsive force 에 의한 것으로, 거리가 줄어드는 것을 인력 attractive force 에 의한 것으로 해석할 수 있으므로, 이러한 해석에 따라 두 입자들의 영역이 서로 겹쳐졌을 때 입자들의 맞바꿈에 의해 생기는 이러한 힘을 우리는 바꿈힘 exchange force 이라고 부른다.

이 결과를 페르미온인 두 전자들의 경우에 적용하면, 두 전자들이 스핀 삼중항 상태에 있을 경우 공간 파동함수는 반대칭 함수가 되므로 공간 파동함수가 대칭 함수가 되는 스핀 단일항 상태에 비하여 두 전자들 사이의 거리가 더 커짐을 보여준다. 이를 조금 더 일반적으로 이야기하면, 분자 내에서 각 원자에 속한 두 전자들의 공간분포가 대칭성을 가지게 되면(대칭 공간 파동함수), 두 전자는 서로 모이게 되어 두 원자핵 사이에 전자들이 위치할 확률이 커지게 되고, 이렇게 두 원자핵 사이에 형성된 전자 구름은 다시 양 옆의 원자핵(양성자)들을 끌어당기게 되어 두 원자가 서로 결합할 수 있게 하여 준다. 우리는 이와 같은 원자 사이의 결합을 공유결합 covalent bonding 이라고 한다. 우리는 이로부터 분자 내에서 두 전자들이 스핀 단일항($s = 0$) 상태에 있을 때에 공유결합이 형성됨을 알 수 있다.

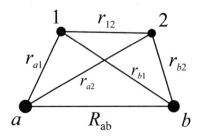

그림 12.1: $H_2$ 분자 도식도

## 12.2.2   수소 분자   Hydrogen Molecule

위에서 우리는 전자나 전자 사이 그리고 원자핵과 전자 사이에 작용하는 힘들은 전혀 고려하지 않았다. 때문에 앞에서 우리가 한 논의가 실제와 맞으려면, 전자-전자, 전자-핵 사이의 상호작용을 고려하여 구한 가장 낮은 에너지 상태가 앞에서 얻은 상태와 같음을 보여야 할 것이다.

이제 두 전자들로 이루어진 간단한 계로서 공유결합을 하는 것으로 알려진 수소 분자($H_2$)의 경우를 생각해 보자. 수소 분자의 경우 전체 해밀토니안은 다음과 같이 쓸 수 있고,

$$H = H_1 + H_2 + \frac{e^2}{r_{12}} + \frac{e^2}{R_{ab}}, \tag{12.42}$$

이때 각 전자의 해밀토니안은 다음과 같이 주어진다.

$$H_i = \frac{\vec{p}_i^2}{2m} - \frac{e^2}{r_{ai}} - \frac{e^2}{r_{bi}}, \ i = 1, 2 \tag{12.43}$$

여기서 $r_{12}$ 는 전자들 사이의 거리를, $R_{ab}$ 는 두 원자핵 사이의 거리를 나타내며, $r_{ai}$, $r_{bi}$ 는 각각 원자핵 $a$ 와 $b$ 에서 $i$ 번째 전자까지의 거리를 나타낸다(그림 12.1 참조).

이제 적절한 파동함수를 가지고 변분방법을 써서 전체 해밀토니안의 가장 낮은 에너지 값을 구하여 보면, 두 전자의 스핀 파동함수가 단일항에 해당할 때 즉 두 전자의 공간 파동함수가 대칭일 때에 더 낮은 에너지 상태에 있음을 알 수 있다(그림 12.2

432

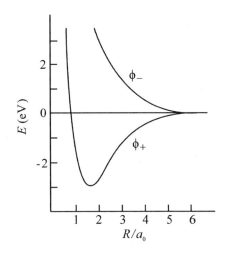

그림 12.2: 대칭성과 $H_2$ 분자의 에너지

참조[2]).

그림 12.2에서 $\phi_+$는 공간 파동함수가 대칭일 때, $\phi_-$는 공간 파동함수가 반대칭일 때에 수소 분자의 에너지를 두 수소 원자핵 간 거리($R$)의 함수로 표시하였다. 이는 공간 파동함수가 대칭인 경우에 속박상태가 존재함을 보여준다. 이러한 결과는 우리가 앞에서 얻은 공유결합의 경우 스핀 함수는 단일항에 해당하고 공간 파동함수는 대칭 함수가 되어야 한다는 결론과 일치한다. 이는 두 원자핵과 (두 원자핵 사이에 두 전자가 모여 만드는) 전자구름 사이의 인력이 (두 원자핵 사이에 모여 있는) 두 전자 사이 (전자구름 내부)의 척력보다 커서 두 원자가 서로 결합하게 됨을 보여준다.

## 제 12.3 절   훈트의 규칙과 주기율표

이 절에서는 전자들이 하나씩 하나씩 추가되어 원자들이 어떻게 주기율표처럼 구성되는지 생각해 보도록 하겠다. 수소 원자(원소기호 $H$)의 경우 전자가 하나 있고, 그 바닥 상태는 $1s$ ($n = 1, l = 0$) 상태임을 우리는 알고 있다. 이 경우 전자의 스핀 $\frac{1}{2}$ 까지 포함

---

[2]그림에 대한 조금 더 자세한 설명은 참고문헌 [9] 또는 [13] 참조.

| $l$ – 값 | 0 | 1 | 2 | 3 | 4 | 5 | 6 | 7 | 8 | 9 | 10 | $\cdots$ |
|---|---|---|---|---|---|---|---|---|---|---|---|---|
| 기호 | $S$ | $P$ | $D$ | $F$ | $G$ | $H$ | $I$ | $K$ | $L$ | $M$ | $N$ | $\cdots$ |

표 12.1: 궤도 각운동량의 분광학적 기호

하여 전자의 전체 각운동량은 $\frac{1}{2}$ 이 되므로 우리는 이를 분광학적 기호 spectroscopic notation 로 $^2S_{\frac{1}{2}}$ 로 표현한다. 여기서 분광학적 기호는 $^{2s+1}L_J$ 로 표시하며, $S$ 는 전체 스핀을, $L$ 은 전체 궤도각운동량을, $J$ 는 전체 각운동량을 표시한다.[3] 즉, 수소 원자의 바닥상태는 전체 스핀이 $\frac{1}{2}$, 전체 궤도각운동량이 0, 전체 각운동량이 $\frac{1}{2}$ 임을 나타낸다. 9장에서 언급하였듯이 분광학적 기호에서 전체 궤도 각운동량은 그 값이 $l = 0$ 일 때 $S$, $l = 1$ 일 때 $P$, $l = 2$ 일 때 $D$, $l = 3$ 일 때 $F$, $l = 4$ 일 때 $G$, $l = 5$ 일 때 $H$ 등의 기호로 표시한다(표 12.1 참조).

### 12.3.1  헬륨 원자  Helium Atom

헬륨 원자(원소기호 $He$)의 경우, 2 개의 전자를 가지므로, 바닥상태는 $1s$ ($n = 1, l = 0$) 상태에서 파울리 배타원리에 위배되지 않게 두 전자가 서로 반대 방향으로 배열하는 스핀 단일항 상태를 이룬다. 이제 헬륨 원자에 대하여 전자들 사이의 척력에 의한 에너지 기여까지 포함하여 조금 더 자세히 살펴보도록 하자.

위에서 우리는 헬륨 원자의 바닥상태를 스핀 단일항으로 기술하였다. 여기서 헬륨 원자의 두 전자가 가지는 에너지 준위에 대해 생각해 보자. 이 경우 전체 해밀토니안은 다음과 같이 쓸 수 있다.

$$H = H_1 + H_2 + \frac{e^2}{r_{12}} \tag{12.44}$$

---

[3]9장에서 이미 $nL_j$ 라는 분광학적 표현을 도입했지만, 다시 새로운 표현을 도입한 이유는 다음과 같다. 거기서 다룬 수소 원자의 경우, 전자가 하나만 있으므로 전체 스핀은 항상 1/2 이다. 그러나 전자가 여러 개 있는 원자들의 경우 원자의 상태를 나타내려면 전자들의 전체 스핀 각운동량도 알아야 하므로 이 새로운 표현을 도입했다.

여기서 각 전자의 해밀토니안($H_i$)은 다음과 같고 두 전자와 원자핵의 좌표는 그림 12.3 과 같다.

$$H_i = \frac{\vec{p_i}^2}{2m} - \frac{2e^2}{r_i}, \; i = 1, 2 \tag{12.45}$$

이제 문제를 단순화하여 먼저 두 전자 사이의 척력을 무시한 경우의 파동함수와 에너지를 생각해 보겠다. 그러면 전체 공간 파동함수는 수소 원자에서 구한 공간 파동함수들의 곱으로 표현할 수 있을 것이다.

$$\Phi(\vec{x}_1, \vec{x}_2) = \phi_{n_1 l_1 m_1}(\vec{x}_1) \phi_{n_2 l_2 m_2}(\vec{x}_2) \tag{12.46}$$

이 경우 전체 에너지는 개별 에너지의 합으로 주어질 것이다.

$$E = E_{n_1} + E_{n_2}, \; E_{n_i} = -\frac{4\hat{\mathbb{R}}}{n_i^2} \tag{12.47}$$

여기서 $\hat{\mathbb{R}}$ 은 $13.6eV$의 값을 갖는 수소 원자를 다룰 때 나왔던 식 (7.168)에서 정의된 상수이다.

이제 바닥상태 에너지는 $n_1 = n_2 = 1$ 인 경우에 해당하므로 전체 공간 파동함수는 $\phi_{100}(\vec{x}_1)\phi_{100}(\vec{x}_2)$이 될 것이고, 공간 부분이 대칭이므로 스핀 파동함수는 반대칭성을 갖는 단일항 상태 $\xi_-$ 가 되어야 할 것이다. 이때 에너지는 $-13.6eV \times 8 = -108.8eV$ 이다. 다음으로 첫 번째 들뜬상태는 $n_1 = 1$, $n_2 = 2$ 이거나 $n_1 = 2$, $n_2 = 1$ 인 상태에 해당하므로 그 파동함수가 다음 두 각지 경우의 하나에 해당할 것이다.

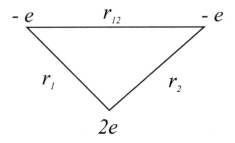

그림 12.3: 헬륨 원자의 도식도

435

1) 공간 파동함수가 대칭이고 스핀 파동함수는 단일항인 경우:

$$\Psi_+ = \frac{1}{\sqrt{2}}[\phi_{100}(\vec{x}_1)\phi_{2lm}(\vec{x}_2) + \phi_{100}(\vec{x}_2)\phi_{2lm}(\vec{x}_1)]\xi_- \tag{12.48}$$

2) 공간 파동함수가 반대칭이고 스핀 파동함수는 삼중항인 경우:

$$\Psi_- = \frac{1}{\sqrt{2}}[\phi_{100}(\vec{x}_1)\phi_{2lm}(\vec{x}_2) - \phi_{100}(\vec{x}_2)\phi_{2lm}(\vec{x}_1)]\xi_+ \tag{12.49}$$

이때 에너지는 두 경우 모두 $-5\hat{\mathbb{R}} = -68eV$이다. 이제 이러한 파동함수들을 써서 두 전자 사이의 척력을 건드림으로 계산하여 보자.

먼저 바닥상태의 경우 전체 파동함수를 $\Psi_0$ 로, 척력의 위치에너지를 $\frac{e^2}{r_{12}} \equiv V$ 로 표시하였을 때 척력에 의한 에너지 준위의 변화는 $< \Psi_0|V|\Psi_0 >$ 이 될 것이다. 여기서 공간 파동함수는 앞에서 설명한 것처럼 가장 낮은 에너지에 해당하는 $\phi_{100}(\vec{x}_1)\phi_{100}(\vec{x}_2)$ 가 되어 대칭적인 공간 파동함수가 되고, 따라서 스핀 파동함수는 반대칭적이 되어야 한다.

$$\Psi_0(1,2) = \phi_{100}(\vec{x}_1)\phi_{100}(\vec{x}_2)\xi_- \tag{12.50}$$

그런데 우리가 고려할 건드림 $V = \frac{e^2}{r_{12}}$ 는 스핀에 무관하므로, 기대값 $< \Psi_0|V|\Psi_0 >$ 는 단순한 공간적분으로 주어진다. 즉 에너지 준위의 변화는 $\vec{x}_1$ 과 $\vec{x}_2$, 두 좌표에 대한 이중 적분으로 주어지는 다음 기대값과 같다.

$$\Delta E_0 = < \phi_{100}(\vec{x}_1)\phi_{100}(\vec{x}_2) \left| \frac{e^2}{r_{12}} \right| \phi_{100}(\vec{x}_1)\phi_{100}(\vec{x}_2) >, \; r_{12} = |\vec{x}_1 - \vec{x}_2| \tag{12.51}$$

여기에 수소 원자의 경우에서 얻은 아래의 바닥상태 파동함수를 대입하여 실제 계산하면,

$$\phi_{100} = \frac{1}{\sqrt{\pi}}\left(\frac{2}{a_0}\right)^{\frac{3}{2}} e^{\frac{-2r}{a_0}}, \quad (a_0 = \text{보어 반경}),$$

$\Delta E_0 = \frac{5e^2}{4a_0} \simeq 34eV$가 된다.[4] 따라서 바닥상태 에너지는 앞에서 구한 척력을 무시하고 계산한 에너지에 이 건드림에 의한 에너지 기여를 더한 값으로 주어진다.

$$E_0 \simeq -108.8 + 34 = -74.8 \; (eV)$$

---

[4]이에 대한 자세한 계산은 참고문헌 [13]의 19.3절 또는 [10]의 7.2절 참조.

이 값은 실험 측정값 $-78.975\,eV$와 비교할 때 약간 더 높다. 실제로 이 경우, 전자들은 다른 전자에 의해 원자핵의 양전하가 일정 부분 가려지는 효과 screening effect 의 영향을 받는데, 이러한 효과까지 고려하여 계산하면 좀 더 실험 측정값에 근접한 값을 얻을 수 있다[10, 13].

한편, 헬륨 원자의 바닥상태는 앞에서 보았듯이 그 스핀 파동함수가 반대칭이 되어야 하므로, 스핀 단일항($S = 0$) 상태이다. 따라서 헬륨의 두 전자들은 $1s$ 궤도 상태 orbital 에서 가능한 두 자리를 스핀 단일항 상태로 모두 채워 닫힌 껍질 closed shell 을 이루게 된다. 이처럼 닫힌 껍질이 될 경우 전자들의 상태는 전체 스핀 0, 전체 궤도 각운동량 0, 전체 각운동량 0 이 되는 $^1S_0$ 의 상태에 있게 된다. 곧 보겠지만 이러한 바닥상태는 닫힌 껍질을 이루는 원자들의 경우에 모두 동일하게 나타난다.

다음으로 헬륨 원자의 첫 번째 들뜬상태에 대한 에너지 준위의 변화는 다음과 같이 쓸 수 있을 것이다.

$$\Delta E_\pm = <\Psi_\pm \left| \frac{e^2}{r_{12}} \right| \Psi_\pm>, \ r_{12} = |\vec{x}_1 - \vec{x}_2| \tag{12.52}$$

이 경우에도 건드림이 스핀에 대한 의존성이 없으므로, 기대값은 공간적분만으로 주어진다. 이제 앞에서와 마찬가지로 수소 원자의 경우에 구한 파동함수를 사용하여 실제 적분값을 계산하면 다음과 같은 결과가 나온다[13].

$$0 < \Delta E_- < \Delta E_+$$

이 결과는 전체 파동함수가 $\Psi_-$ 인 경우, 즉 공간 파동함수는 반대칭이고 스핀 파동함수는 대칭적인 (삼중항) 경우의 에너지가 더 낮음을 의미한다. 이는 스핀이 삼중항일 때 공간함수는 반대칭적이 되므로 두 전자가 공간적으로 서로 멀어지게 되어 척력이 줄어들기 때문에 일어나는 현상으로 이해할 수 있다. 이는 바닥상태의 경우와 대비되는데, 그 경우는 공간함수가 대칭일 때 에너지가 가장 낮았으므로 스핀은 단일항이 되어야 했다.

### 12.3.2 훈트의 규칙 Hund's Rules

이처럼 전자들이 서로 멀어져서 척력에 의한 에너지 기여가 낮아지는 경우는 공간 파동함수가 반대칭인 경우이므로 스핀 파동함수는 대칭이 되어야 한다. 이는 두 전자의 경우 스핀 삼중항을 의미하고, 일반적인 경우에는 전체 스핀이 가장 클 때에 대칭적인 스핀 파동함수가 되어 반대칭적인 공간 파동함수를 갖는다. 이러한 현상은 훈트의 첫 번째 규칙으로 요약된다.

**1. 다른 조건이 같을 경우, 전체 스핀($S$)이 가장 클 경우에 가장 낮은 에너지 상태가 된다.** 그렇다면 공유결합의 경우에는 왜 단일항 상태가 더 낮은 에너지 준위를 가졌을까? 그 경우는 두 수소 원자핵 사이에 전자들이 위치하여 양 옆에 위치한 원자핵의 양전하와 그 사이에 모여 있는 전자 사이의 전기적 인력이 두 전자 사이의 전기적 척력보다 컸었기 때문이다. 헬륨 원자의 경우 두 개의 양전하가 하나의 원자핵으로 함께 모여 있기 때문에 수소분자에서와 같은 그러한 현상은 나타날 수 없다.

원자 에너지 준위의 낮고 높음을 결정하는데 있어서 훈트의 나머지 두 가지 규칙도 중요한 역할을 한다.

**2. 전체 스핀이 같은 경우, 궤도 각운동량($L$)이 가장 클 때가 가장 낮은 에너지 상태이다.**

**3. 전체 스핀과 궤도 각운동량이 같은 경우, 최외각 껍질 outermost shell 이 반 이하로 찼을 때는 전체 각운동량 $J$ 값이 가장 작은 $J = |L - S|$ 인 경우가 가장 낮은 에너지 상태이고, 최외각 껍질이 반보다 더 찼을 때는 전체 각운동량 $J$ 값이 가장 큰 $J = L + S$ 인 경우가 가장 낮은 에너지 상태이다.**

훈트의 두 번째 규칙은 더 큰 궤도 각운동량을 가질 때 전자가 원자핵으로부터 더 멀어지고, 따라서 전자 사이의 간격도 커지게 되어 전자 사이의 척력이 줄어들기 때문으로 이해할 수 있다. 훈트의 세 번째 규칙은 최외각 껍질이 반 이하로 찼을 경우, 스핀-궤도 결합에 의한 건드림이 $V = f(r)\vec{S} \cdot \vec{L}$ 의 형태로 주어지고 이때 $f(r)$에 대한 공간 파동함수의 기대값은 양의 값을 주므로, $L$ 과 $S$ 가 같을 때 더 작은 $J$ 값에서 더 낮은 에너지 상태가 된다.

$$< f(r)\vec{S}\cdot\vec{L} > = < \frac{f(r)}{2}(\vec{J}^2 - \vec{L}^2 - \vec{S}^2) > \quad \sim \quad [J(J+1) - L(L+1) - S(S+1)] \quad (12.53)$$

최외각 껍질이 반보다 더 찼을 경우는 비어있는 자리를 양전하를 띤 구멍 hole 으로 대체하여 생각할 수 있는데, 이는 건드림 해밀토니안에서 $f(r)$의 부호가 반대가 되는 것에 해당한다. 그러므로 이 경우는 $L$ 과 $S$ 가 같을 때 가장 큰 $J$ 값에서 가장 낮은 에너지 상태가 되게 된다.

### 12.3.3 주기율표 Periodic Table

주기율표를 더 살펴보기에 앞서 이전에 잠시 언급하였던 분광학적 표시에서의 궤도 각운동량 표현에 대한 기억을 되살리면, 궤도 각운동량 $L$ 은 표 12.1에 주어진 것처럼 그 값에 따라 $s, p, d, f, \cdots$ 등으로 표시된다.[5]

다시 주기율표로 돌아가, 원자번호 3 인 리튬($Li$) 원자의 바닥상태를 생각해보자. 이 경우 2 개의 전자는 헬륨에서와 같이 $1s$ 궤도의 껍질 shell 을 채우고, 나머지 1 개의 전자는 $2s$ 궤도의 껍질 하나를 채워 $(1s)^2(2s) \equiv [He](2s)$의 구조를 갖는데, 닫힌 껍질은 고려할 필요가 없으므로 최외각 껍질인 $2s$ 궤도의 전자 하나가 갖는 스핀 $\frac{1}{2}$, 궤도 각운동량 0 이 곧 전체 상태가 되어 전체 각운동량이 $\frac{1}{2}$이 되므로 바닥상태는 $^2S_{\frac{1}{2}}$ 이 된다. 원자번호 4 인 베릴륨($Be$) 원자의 경우 $(1s)^2(2s)^2 \equiv [He](2s)^2$의 구조를 가져 닫힌 껍질 구조를 가지므로, 앞에서 기술한 것처럼 그 바닥상태는 $^1S_0$ 이 된다.

원자번호 5 인 붕소($B$) 원자의 경우 5 개의 전자는 $[He](2s)^2(2p)$의 궤도 구조를 갖는데, 이 경우 최외각 전자가 갖는 스핀과 궤도 각운동량이 바로 전체 스핀과 궤도 각운동량이 되어 그 바닥상태는 스핀 $\frac{1}{2}$, 궤도 각운동량 1 을 가지며, 전체 각운동량 $J$ 는 $\frac{3}{2}$ 과 $\frac{1}{2}$ 이 가능하지만, $2p$ 궤도를 채우려면 6개의 전자가 필요하므로 이 경우 훈트의 세 번째 규칙에 의해 바닥상태는 가장 낮은 $J$ 값, $J = \frac{1}{2}$ 을 취하여 $^2P_{\frac{1}{2}}$ 상태가 된다.

---

[5]궤도 각운동량의 기호 표시는 때에 따라 영어 알파벳 대문자나 소문자로 표시하는데, 여기서는 통상 의 궤도 상태 orbital 표현에 맞추어 소문자로 표시하였다. 이후 궤도 상태는 줄여서 궤도로 표현하겠다.

원자번호 6 인 탄소($C$) 원자의 경우 6 개의 전자는 $[He](2s)^2(2p)^2$의 궤도 구조를 갖는데, 이 경우 아직 차지 않은 최외각 전자 2 개가 이루는 가장 낮은 에너지 상태를 파악하면 된다. 이 경우 훈트의 제 1규칙에 의해 두 전자가 이루는 전체 스핀은 1이 되어야 하고, 이 경우 가능한 궤도 각운동량 값은 1이다. 다시 훈트의 제 3규칙에 의해 전체 각운동량은 가장 작은 값인 0 이 되어야 한다. 즉, 바닥상태는 $^3P_0$ 가 된다. 여기서 가능한 전체 궤도 각운동량의 값 1이 어떻게 나왔는지 잠시 살펴보자. $2p$ 궤도의 전자는 궤도 각운동량 1 을 가지므로, 두 전자의 전체 궤도 각운동량은 2, 1, 0 의 세 가지 값이 가능하다. 하지만 각 전자는 $m_l$ 과 $m_s$ 값으로 각각 $(1, 0, -1)$과 $(\frac{1}{2}, -\frac{1}{2})$의 값만 가능하다. 그러므로 각 전자가 가질 수 있는 $(m_l, m_s)$ 값은 $(1, \pm\frac{1}{2}), (0, \pm\frac{1}{2}), (-1, \pm\frac{1}{2})$ 의 여섯 경우 중의 하나가 되어야 한다. 그런데 전체 스핀의 $z$ 성분이 가장 큰 값을 가지려면, 두 전자의 $m_s$ 값은 모두 $\frac{1}{2}$ 이 되어야 한다. 이 경우 파울리 배타원리에 의하여 $m_l$ 값은 서로 달라야 한다. 그러므로 가장 큰 전체 $z$ 성분 궤도 각운동량 값은 두 전자의 $(m_l, m_s)$ 값이 $(1, \frac{1}{2}), (0, \frac{1}{2})$의 값들을 가질 때가 된다. 이 경우 전체 궤도 각운동량 $z$ 성분의 최대값은 1 이 되므로 전체 궤도 각운동량 값은 1 이 된다. $(m_l, m_s)$ 값의 부호를 바꾼 경우에도 마찬가지 결과를 얻는다. 전체 스핀이 1인 경우 가능한 전체 궤도 각운동량 값은 실제로 이 경우 1 밖에 없다.

원자번호 7 인 질소($N$) 원자의 경우 7 개의 전자는 $[He](2s)^2(2p)^3$의 궤도 구조를 갖는데, 이 경우에도 $[He](2s)^2$의 궤도는 이미 찼으므로, 차지 않은 최외각 전자들 $(2p)^3$ 의 상태만 고려하면 된다. 훈트의 제 1규칙을 적용하면, 전체 스핀은 $\frac{3}{2}$ 이 되어야 한다. 이 경우 위에서처럼 가능한 전체 궤도 각운동량의 값을 구해보면 0 이 된다. 이는 다음과 같이 볼 수 있다. 앞의 경우와 마찬가지로 $(2p)^3$ 궤도의 세 전자가 가질 수 있는 $(m_l, m_s)$ 값은 $(1, \pm\frac{1}{2}), (0, \pm\frac{1}{2}), (-1, \pm\frac{1}{2})$의 여섯 경우 중의 하나이므로, $m_s$ 값이 모두 $\frac{1}{2}$ 일 때, 파울리 배타원리를 만족하려면 $m_l$ 값은 1, 0, -1 의 서로 다른 세 값을 가져야 한다. 그러므로 이 경우 $z$ 성분 전체 궤도 각운동량의 최대값은 0 이 되어 전체 궤도 각운동량 값도 0 이 되어야 한다. 그러므로 질소 원자의 바닥상태는 $^4S_{\frac{3}{2}}$ 이 된다.

원자번호 8 인 산소($O$) 원자의 경우 8 개의 전자는 $[He](2s)^2(2p)^4$의 궤도 구조를 갖는데, 이 경우에도 $[He](2s)^2$의 궤도들은 이미 찼으므로, 차지 않은 최외각 전자들

$(2p)^4$의 상태만 고려하면 된다. 여기서 $2p$ 궤도에 4 개의 전자가 들어가면 그중 두 개는 서로 짝을 이루게 되어 실제 짝지지 않은 전자는 2 개만 남게 되어 실제적으로 $(2p)^2$의 궤도 구조와 같은 전체 스핀 1, 전체 궤도 각운동량 1 을 갖는다. 그러나 전체 각운동량은 탄소원자에서와 달리 최외각 껍질의 절반을 넘어 채웠으므로 훈트의 제3 규칙에 의해 가장 큰 값인 2 가 되어야 한다. 따라서 바닥상태는 $^3P_2$ 가 된다.

원자번호 9 인 불소($F$) 원자의 경우 9개의 전자는 $[He](2s)^2(2p)^5$의 궤도 구조를 갖는다. 최외각 전자들 $(2p)^5$ 중 오직 하나만 짝을 지지 않고 남게 되므로 이는 산소의 경우에서처럼 하나의 $2p$ 전자만 있는 경우와 같게 된다. 이 경우 전체 스핀 $\frac{1}{2}$, 전체 궤도 각운동량 1 을 갖지만. 최외각 껍질을 절반 넘어 채웠으므로 훈트의 제 3규칙에 의해 전체 각운동량은 가장 큰 값인 $\frac{3}{2}$ 이 된다. 따라서 바닥상태는 $^2P_{\frac{3}{2}}$ 이 된다.

원자번호 10 인 네온($Ne$) 원자의 경우 10 개의 전자가 $[He](2s)^2(2p)^6$의 궤도 구조를 가져서 $2p$ 껍질까지 모두 채우게 되므로, 이 경우 전체 스핀 0, 전체 궤도 각운동량 0 인 상태가 되어 바닥상태는 헬륨 원자와 같은 $^1S_0$ 이 된다.

원자번호 11 인 나트륨($Na$) 원자의 경우 11 개의 전자가 $[Ne](3s)$의 궤도 구조를 갖게되므로, 리튬 원자에서처럼 $^2S_{\frac{1}{2}}$ 의 바닥상태를 갖는다. 원자번호 12 인 마그네슘 ($Mg$) 원자의 경우 12 개의 전자가 $[Ne](3s)^2$의 궤도 구조를 가져 닫힌 껍질이 되므로, 베릴륨 원자에서처럼 $^1S_0$ 의 바닥상태를 갖는다.

주기율표에서 원자의 전자 배열은 이렇게 계속하여 찾을 수 있는데, 전자들이 궤도를 채워가는 규칙으로 우리는 위에서 대략 보어의 쌓음(aufbau: build-up) 원리를 따른 것이다. 이는 $n+l$ 규칙으로 불리기도 하는데 그 내용은 다음과 같다.[6]

$\boxed{n+l \text{ 규칙}}$

**원자에서 전자들이 궤도를 채워가는 순서는 $n+l$ 값이 증가하는 순으로 채워 간다. 동일한 $n+l$ 값의 경우, 더 작은 $n$ 값을 가진 궤도부터 먼저 채운다.**

---

[6]여기서 $n$ 은 주양자수, $l$ 은 궤도 각운동량이다. 참고문헌 [32] 참조.

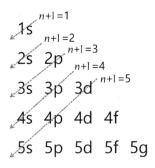

$n+l=1$
1s
$n+l=2$
2s 2p $n+l=3$
$n+l=4$
3s 3p 3d $n+l=5$
4s 4p 4d 4f
5s 5p 5d 5f 5g

그림 12.4: $n+l$ 규칙에 따른 쌓음(aufbau) 도식도

위 규칙에 따르면 전자들이 궤도($nl$ 값으로 표시)를 채워가는 순서는 다음과 같다.

$$1s \to 2s \to 2p \to 3s \to 3p \to 4s \to 3d \to 4p \to 5s \to 4d \to 5p \to 6s \to 4f \to \cdots$$

아래는 위의 기호들에 상응하는 $n, l$ 의 값들을 표시한 것이다.

$$10 \to 20 \to 21 \to 30 \to 31 \to 40 \to 32 \to 41 \to 50 \to 42 \to 51 \to 60 \to 43 \to \cdots$$

이를 도식적으로 표현하면 그림 12.4와 같다.

이 규칙은 근사적으로 맞으며, 큰 원자번호의 경우에는 약간씩 벗어나는 경우가 종종 있다. 하지만 원자번호가 크지 않은 경우에는 실제와 매우 잘 맞는다.

여기서 한 가지 언급할 점은 질소 원자의 경우처럼 모든 안쪽 껍질들이 채워지고 최외각 껍질의 절반이 찼을 경우, 전체 궤도 각운동량의 값은 항상 0 이 된다는 것이다. 예컨대 원자번호가 25인 망간($Mn$) 원자의 경우, 위에 언급한 $n+l$ 규칙에 따라 25 개의 전자들이 $[Ne](3s)^2(3p)^6(4s)^2(3d)^5$의 궤도 구조를 갖는다. 탄소 원자의 경우에서와 마찬가지로 훈트의 제 1규칙에 따라 전체 스핀 각운동량이 최대를 가지면서 파울리 배타원리가 만족되도록 하려면, 최외각 껍질의 전자들의 $(m_l, m_s)$ 값이 $(2, \frac{1}{2}), (1, \frac{1}{2}), (0, \frac{1}{2}), (-1, \frac{1}{2}), (-2, \frac{1}{2})$이 되어야 한다.[7] 그러므로 이 경우도 전체 궤도 각운동량 $z$ 성분의 최대값은 0 이 되어 전체 궤도 각운동량 값은 0 이 된다. 따라서 전체 스핀이 $\frac{5}{2}$ 인 망간 원자의 바닥상태는 $^6S_{\frac{5}{2}}$ 가 된다. 나머지 원자들의 바닥상태 전자 구조들은 주기율표와 함께 이 장의 맨 뒤에 도표로 첨부하였다.

---

[7] 물론, $m_s$ 값이 모두 $-\frac{1}{2}$ 인 경우도 가능할 것이다.

이제까지 우리는 원자에서의 전자 배열에 대하여 살펴보았다. 그러면 분자들의 결합은 어떠할까? 앞에서 우리는 수소 분자에서의 공유결합에 대하여 살펴보았다. 이제 이러한 공유결합을 포함하여 분자들이 결합하는 대표적인 방식을 잠시 살펴보기로 하겠다.

### 12.3.4  원자가 결합과 이온 결합   Valence Bond and Ionic Bond

개별 원자들의 국소적인 공유결합들에 의해 묶여진 집단으로 분자가 형성되는 것을 우리는 원자가 결합이라고 한다. $H_2, O_2, N_2$ 분자 등이 대표적인 이러한 경우이다. 이 경우 수소, 산소, 질소 원자들은 우리가 앞에서 살펴본 것처럼 각각 $1, 2, 3$ 개의 짝을 지지 않은 최외각 전자들을 가지고 있으므로 각각의 경우에 두 개의 원자들이 만나서 서로 짝지지 않은 전자들끼리 공유결합으로 짝을 이루게 된다. 그리하여 각각의 경우에 $1, 2, 3$ 개의 공유결합을 가지게 된다. 붕소의 경우에는 짝지지 않은 최외각 전자가 하나 있으므로 붕소 분자 $B_2$ 의 경우에는 수소와 마찬가지로 하나의 공유결합을 갖는다. 결합의 개수가 많아질수록 분자의 결합력이 커질 것을 예상할 수 있는데, 실제로 질소 분자의 결합력은 $9.8eV$, 산소 분자의 결합력은 $5.1eV$, 수소 분자의 결합력은 $4.72eV$, 붕소 분자의 결합력은 $3.0eV$로 결합의 개수에 따라 결합력이 증감함을 보여준다. 헬륨이나 네온의 경우 짝지지 않은 최외각 전자가 없기 때문에 분자를 형성하지 않는다. 탄소나 리튬의 경우는 짝지지 않은 최외각 전자의 수가 각각 2 개와 1 개이기 때문에 그에 비례하여 결합력이 주어질 것으로 예상되는데, 실제로 탄소 분자는 $6.5eV$, 리튬 분자는 $1.03eV$의 결합력을 갖는다. 베릴륨의 경우 짝지지 않은 최외각 전자가 없기 때문에 위와 같이 두 개의 원자가 모여 분자를 형성하지는 않는다. 그러나 최외각 $(2s)^2$ 궤도의 전자가 비어있는 $2p$ 궤도로 이동하기는 상대적으로 에너지가 많이 들지 않아서 금속결합의 방식으로 고체를 형성하기도 한다. 이처럼 비어있는 $2p$ 궤도로 이동한 베릴륨의 전자들은 $BeO$ 에서의 산소원자와의 결합처럼 다른 원자와 결합하기도 한다.

다음으로 이온 결합에 대해 알아보자. 공유결합에서 두 전자가 두 원자핵 사이에 동등하게 공유되는 것과 대조적으로, 한 원자핵에 속한 전자가 다른 원자핵에 이끌려서 두 원자핵 사이에 전자들이 동등하게 공유되지 않고 오직 한 원자핵에 근처에 두 전자가 모두 모여 한 원자는 음의 전하를 다른 원자는 양의 전하를 띄게 되어 두 이온으로서 결합하는 것을 우리는 이온 결합이라고 한다. 이의 대표적인 예로서는 소금분자인 $NaCl$ 을 들 수 있다. 이 경우 $Na$ 원자가 갖는 하나뿐인 최외각 $3s$ 궤도의 전자는 $Cl$ 원자에서 하나 비어있는 최외각 껍질 $3p$ 궤도에 달라붙게 되어 각각 $Na^+$ 와 $Cl^-$ 이온들이 되어서, 두 원자가 전자를 전혀 공유하지 않고 두 이온 사이의 전기적인 인력으로 결합하게 된다. 이처럼 이온 결합은 $Na$ 원자에서처럼 최외각 껍질이 반보다 적게 차서 최외각 전자의 이온화 에너지 ionization energy 가 낮고, $Cl$ 원자에서처럼 최외각 껍질이 반보나 더 차서 원자의 전지 친화도 electron affinity 가 큰 경우, 한 원자는 + 이온이 되고, 다른 원자는 − 이온이 되어 두 이온 간의 전기적인 인력으로 결합하는 것이다.

## 문제

**12.1** 구간이 $0 < x < a$ 인 1차원 상자 안에 질량이 $m$ 인 스핀이 없는($s = 0$) 두 개의 동일입자 보존이 있다. 두 입자 간에 상호작용이 없다고 할 때, 바닥상태와 첫 번째 들뜬상태의 에너지와 상태함수를 각각 구하라.

답. 바닥상태 에너지: $\frac{\hbar^2\pi^2}{ma^2}$, 상태함수: $\frac{2}{a}\sin\frac{\pi x_1}{a}\sin\frac{\pi x_2}{a}$

　　첫 번째 들뜬상태 에너지: $\frac{5\hbar^2\pi^2}{2ma^2}$, 상태함수: $\frac{\sqrt{2}}{a}\{\sin\frac{\pi x_1}{a}\sin\frac{2\pi x_2}{a} + \sin\frac{\pi x_2}{a}\sin\frac{2\pi x_1}{a}\}$

**12.2** 문제 12.1에서 두 입자 사이에 상호작용이 다음과 같이 존재한다고 하자.

$$V(x_1, x_2) = \epsilon\delta(x_1 - x_2), \quad |\epsilon| \ll 1$$

이 상호작용에 의한 바닥상태 에너지의 변화를 $\epsilon$ 의 1차항까지 구하라.

답. $\frac{3\epsilon}{2a}$

**12.3** $0 < x < a$ 의 구간을 갖는 1차원 상자 안에 전자 2 개가 존재한다. 여기서 전자들 사이에 작용하는 전기적 척력 외에는 다른 상호작용이 없다고 가정한다.

1). 전자들의 공간(spatial) 파동함수가 전하가 없는 페르미온의 경우와 같다고 가정하고, 두 전자 간의 상호작용(전자기적 척력)을 무시하였을 때, 바닥상태에서 전자들의

공간 파동함수와 에너지, 전체 스핀 각운동량을 구하라.

2). 다음으로 두 전자 사이에 작용하는 척력의 기대값 $< \frac{e^2}{r} >$ 은 ($r$ 은 두 전자 사이의 거리) $\frac{\hbar^2 \pi^2}{2ma^2}$ 보다 작으며, $\psi_+$ 와 $\psi_-$ 가 각각 대칭과 반대칭 전체 공간 파동함수라고 할 때, $< \frac{e^2}{r} >_{\psi_-}$ 는 $< \frac{e^2}{r} >_{\psi_+}$ 보다 작다고 한다. 두 전자 사이의 척력까지 고려하였을 때, 첫 번째 들뜬상태의 전체 공간 파동함수와 전체 스핀 각운동량을 구하라.

답. 1). 공간 파동함수: $\frac{2}{a} \sin \frac{\pi x_1}{a} \sin \frac{\pi x_2}{a}$, 에너지: $\frac{\hbar^2 \pi^2}{ma^2}$, 전체 스핀: $s = 0$

　　　2). 공간 파동함수: $\frac{\sqrt{2}}{a} \left[ \sin \frac{\pi x_1}{a} \sin \frac{2\pi x_2}{a} - \sin \frac{2\pi x_1}{a} \sin \frac{\pi x_2}{a} \right]$, 전체 스핀: $s = 1$

**12.4** 1차원 조화 떨개의 위치에너지를 가진 계 안에 두 개의 동일입자가 존재한다. 두 동일입자 간의 상호작용이 없다고 할 때, 두 입자 간의 거리의 제곱에 대한 기대값 $< (x_1 - x_2)^2 >$ 을 아래의 조건을 만족하는 가장 낮은 에너지를 갖는 상태에 대하여 각각 구하라.

1). 두 입자가 보존이고, 전체 스핀 상태함수가 대칭일 경우

2). 두 입자가 보존이고, 전체 스핀 상태함수가 반대칭일 경우

3). 두 입자가 페르미온이고, 전체 스핀 상태함수가 대칭일 경우

4). 두 입자가 페르미온이고, 전체 스핀 상태함수가 반대칭일 경우

답. 1). $\frac{\hbar}{mw}$ 　2). $\frac{3\hbar}{mw}$ 　3). $\frac{3\hbar}{mw}$ 　4). $\frac{\hbar}{mw}$

**12.5** 한 변의 길이가 각각 $a, b, c$ 로 주어진 3차원 상자 안에 서로 상호작용이 없는 동일입자 페르미온들이 있다. 페르미온의 질량은 $m$ 이고, 단위체적당 갯수인 밀도는 $\rho$ 이다. 우리는 이러한 페르미온들을 페르미 가스 Fermi gas 라고 부른다.

1). 이 페르미 가스에서의 페르미 에너지를 구하라.

2). 이 페르미 가스에서 배타원리에 따른 축퇴 압력 degeneracy pressure 을 구하라.

밑줄 도움말: 페르미 가스의 압축에 반발하는 축퇴 압력은 다음과 같이 주어진다[9].

$$P_{dg} = -\frac{\partial E_{tot}}{\partial V}, \quad V \text{ 는 체적}$$

답. 1). $E_F = \frac{\hbar^2}{2m} \left( 3\pi^2 \rho \right)^{2/3}$ 　2). $P_{dg} = \frac{(3\pi^2)^{2/3} \hbar^2}{5m} \rho^{5/3}$

**12.6** 계의 상태가 분광학적 기호 $^{2S+1}L$ 로 아래와 같이 표시될 때, 각각의 경우에

가능한 전체 각운동량 값들을 구하라.

$$^1P, \ ^3D, \ ^2F$$

답. $^1P : J = 1, \quad ^3D : J = 3, 2, 1, \quad ^2F : J = 7/2, 5/2$

**12.7** 두 개의 동일입자들이 모여 아래의 상태를 이루는 경우들을 생각하자. 여기서 전체 스핀은 가능한 가장 큰 값을 가졌다고 할 때, 스핀-통계 정리에 의해 허용이 되는 상태인지 아닌지를 구분하라.

$$^3P, \ ^3D, \ ^5F, \ ^5D$$

답. $^3P, ^5D$ : 허용됨, $\quad ^3D, ^5F$ : 허용 안 됨.

**12.8** 아래 주어진 각각의 경우에 가능한 상태들을 분광학적 기호 $^{2S+1}L_J$ 로 표시하라.

1). $S = 1, \ L = 2$      2). $S = 1/2, \ L = 2$      3). $S_1 = 1/2, \ S_2 = 1/2, \ L = 1$

답. 1). $^3D_3, \ ^3D_2, \ ^3D_1$      2). $^2D_{5/2}, \ ^2D_{3/2}$      3). $^3P_2, \ ^3P_1, \ ^3P_0$

**12.9** $n + l$ 규칙을 적용하여 원자번호가 21인 스칸듐(Sc) 원자의 바닥상태 전자궤도들을 $n$ 과 $l$ 의 기호로 아래의 예처럼 표시하고, 훈트의 규칙을 써서 바닥상태의 각운동량들을 구하여 분광학적 기호로도 표시하라.

원자번호가 8 인 산소(O) 원자 바닥상태의 전자궤도들 표시 예: $(1s)^2(2s)^2(2p)^4$

답. $(1s)^2(2s)^2(2p)^6(3s)^2(3p)^6(4s)^2(3d)^1$ ; $\quad ^2D_{3/2}$

**12.10** 위의 문제와 같은 방식으로 원자번호 13, 14, 15인 경우의 원자 바닥상태의 전자궤도들과 각운동량들을 구하고, 각각을 분광학적 기호로 표시하라.

답. $Z = 13$: $(1s)^2(2s)^2(2p)^6(3s)^2(3p)^1$ ; $^2P_{1/2}$

$Z = 14$: $(1s)^2(2s)^2(2p)^6(3s)^2(3p)^2$ ; $^3P_0$

$Z = 15$: $(1s)^2(2s)^2(2p)^6(3s)^2(3p)^3$ ; $^4S_{3/2}$

| Hydrogen H 1 1 | | | | | | | | | | | | | | | | | Helium He 2 4 |
|---|---|---|---|---|---|---|---|---|---|---|---|---|---|---|---|---|---|
| Lithium Li 3 7 | Beryllium Be 4 9 | | | | | | | | | | | Boron B 5 11 | Carbon C 6 12 | Nitrogen N 7 14 | Oxygen O 8 16 | Fluorine F 9 19 | Neon Ne 10 20 |
| Sodium Na 11 23 | Magnesium Mg 12 24 | | | | | | | | | | | Aluminum Al 13 27 | Silicon Si 14 28 | Phosphorus P 15 31 | Sulfur S 16 32 | Chlorine Cl 17 35 | Argon Ar 18 40 |
| Potassium K 19 39 | Calcium Ca 20 40 | Scandium Sc 21 45 | Titanium Ti 22 48 | Vanadium V 23 51 | Chromium Cr 24 52 | Manganese Mn 25 55 | Iron Fe 26 56 | Cobalt Co 27 59 | Nickel Ni 28 58 | Copper Cu 29 63 | Zinc Zn 30 64 | Gallium Ga 31 69 | Germanium Ge 32 74 | Arsenic As 33 75 | Selenium Se 34 80 | Bromine Br 35 79 | Krypton Kr 36 84 |
| Rubidium Rb 37 85 | Strontium Sr 38 88 | Yttrium Y 39 89 | Zirconium Zr 40 90 | Niobium Nb 41 93 | Molybdenum Mo 42 98 | Technetium Tc 43 (97) | Ruthenium Ru 44 102 | Rhodium Rh 45 103 | Palladium Pd 46 106 | Silver Ag 47 107 | Cadmium Cd 48 114 | Indium In 49 115 | Tin Sn 50 120 | Antimony Sb 51 121 | Tellurium Te 52 130 | Iodine I 53 127 | Xenon Xe 54 132 |
| Cesium Cs 55 133 | Barium Ba 56 138 | Lanthanides 57~71 | Hafnium Hf 72 180 | Tantalum Ta 73 181 | Tungsten W 74 184 | Rhenium Re 75 187 | Osmium Os 76 192 | Iridium Ir 77 193 | Platinum Pt 78 195 | Gold Au 79 197 | Mercury Hg 80 202 | Thallium Tl 81 205 | Lead Pb 82 208 | Bismuth Bi 83 209 | Polonium Po 84 (209) | Astatine At 85 (210) | Radon Rn 86 (222) |
| Francium Fr 87 (223) | Radium Ra 88 (226) | Actinides 89~103 | Rutherfordium Rf 104 (267) | Dubnium Db 105 (268) | Seaborgium Sg 106 (269) | Bohrium Bh 107 (270) | Hassium Hs 108 (269) | Meitnerium Mt 109 (278) | Darmstadtium Ds 110 (281) | Roentgenium Rg 111 (282) | Copernicium Cn 112 (285) | Nihonium Nh 113 (286) | Flerovium Fl 114 (289) | Moscovium Mc 115 (290) | Livermorium Lv 116 (293) | Tennessine Ts 117 (294) | Oganesson Og 118 (294) |

| Lanthanides | Lanthanum La 57 139 | Cerium Ce 58 140 | Praseodymium Pr 59 141 | Neodymium Nd 60 142 | Promethium Pm 61 (145) | Samarium Sm 62 152 | Europium Eu 63 153 | Gadolinium Gd 64 158 | Terbium Tb 65 159 | Dysprosium Dy 66 164 | Holmium Ho 67 165 | Erbium Er 68 166 | Thulium Tm 69 169 | Ytterbium Yb 70 174 | Lutetium Lu 71 175 |
|---|---|---|---|---|---|---|---|---|---|---|---|---|---|---|---|
| Actinides | Actinium Ac 89 (227) | Thorium Th 90 232 | Protactinium Pa 91 231 | Uranium U 92 238 | Neptunium Np 93 (237) | Plutonium Pu 94 (244) | Americium Am 95 (243) | Curium Cm 96 (247) | Berkelium Bk 97 (247) | Californium Cf 98 (251) | Einsteinium Es 99 (252) | Fermium Fm 100 (257) | Mendelevium Md 101 (258) | Nobelium No 102 (259) | Lawrencium Lr 103 (266) |

| 원자번호 | 원소기호 | 바닥상태 전자구조 | 분광학 표시 |
|---|---|---|---|
| 1 | H | $(1s)^1$ | $^2S_{1/2}$ |
| 2 | He | $(1s)^2$ | $^1S_0$ |
| 3 | Li | $[He](2s)^1$ | $^2S_{1/2}$ |
| 4 | Be | $[He](2s)^2$ | $^1S_0$ |
| 5 | B | $[He](2s)^2(2p)^1$ | $^2P_{1/2}$ |
| 6 | C | $[He](2s)^2(2p)^2$ | $^3P_0$ |
| 7 | N | $[He](2s)^2(2p)^3$ | $^4S_{3/2}$ |
| 8 | O | $[He](2s)^2(2p)^4$ | $^3P_2$ |
| 9 | F | $[He](2s)^2(2p)^5$ | $^2P_{3/2}$ |
| 10 | Ne | $[He](2s)^2(2p)^6$ | $^1S_0$ |
| 11 | Na | $[Ne](3s)^1$ | $^2S_{1/2}$ |
| 12 | Mg | $[Ne](3s)^2$ | $^1S_0$ |
| 13 | Al | $[Ne](3s)^2(3p)^1$ | $^2P_{1/2}$ |
| 14 | Si | $[Ne](3s)^2(3p)^2$ | $^3P_0$ |
| 15 | P | $[Ne](3s)^2(3p)^3$ | $^4S_{3/2}$ |
| 16 | S | $[Ne](3s)^2(3p)^4$ | $^3P_2$ |
| 17 | Cl | $[Ne](3s)^2(3p)^5$ | $^2P_{3/2}$ |
| 18 | Ar | $[Ne](3s)^2(3p)^6$ | $^1S_0$ |
| 19 | K | $[Ar](4s)^1$ | $^2S_{1/2}$ |
| 20 | Ca | $[Ar](4s)^2$ | $^1S_0$ |
| 21 | Sc | $[Ar](4s)^2(3d)^1$ | $^2D_{3/2}$ |
| 22 | Ti | $[Ar](4s)^2(3d)^2$ | $^3F_2$ |
| 23 | V | $[Ar](4s)^2(3d)^3$ | $^4F_{3/2}$ |
| 24 | Cr | $[Ar](4s)^1(3d)^5$ | $^7S_3$ |
| 25 | Mn | $[Ar](4s)^2(3d)^5$ | $^6S_{5/2}$ |
| 26 | Fe | $[Ar](4s)^2(3d)^6$ | $^5D_4$ |
| 27 | Co | $[Ar](4s)^2(3d)^7$ | $^4F_{9/2}$ |
| 28 | Ni | $[Ar](4s)^2(3d)^8$ | $^3F_4$ |
| 29 | Cu | $[Ar](4s)^1(3d)^{10}$ | $^2S_{1/2}$ |
| 30 | Zn | $[Ar](4s)^2(3d)^{10}$ | $^1S_0$ |
| 31 | Ga | $[Ar](4s)^2(3d)^{10}(4p)^1$ | $^2P_{1/2}$ |
| 32 | Ge | $[Ar](4s)^2(3d)^{10}(4p)^2$ | $^3P_0$ |
| 33 | As | $[Ar](4s)^2(3d)^{10}(4p)^3$ | $^4S_{3/2}$ |
| 34 | Se | $[Ar](4s)^2(3d)^{10}(4p)^4$ | $^3P_2$ |
| 35 | Br | $[Ar](4s)^2(3d)^{10}(4p)^5$ | $^2P_{3/2}$ |

448

| 원자번호 | 원소기호 | 바닥상태 전자구조 | 분광학 표시 |
|---|---|---|---|
| 36 | Kr | $[Ar](4s)^2(3d)^{10}(4p)^6$ | $^1S_0$ |
| 37 | Rb | $[Kr](5s)^1$ | $^2S_{1/2}$ |
| 38 | Sr | $[Kr](5s)^2$ | $^1S_0$ |
| 39 | Y | $[Kr](5s)^2(4d)^1$ | $^2D_{3/2}$ |
| 40 | Zr | $[Kr](5s)^2(4d)^2$ | $^3F_2$ |
| 41 | Nb | $[Kr](5s)^1(4d)^4$ | $^6D_{1/2}$ |
| 42 | Mo | $[Kr](5s)^1(4d)^5$ | $^7S_3$ |
| 43 | Tc | $[Kr](5s)^2(4d)^5$ | $^6S_{5/2}$ |
| 44 | Ru | $[Kr](5s)^1(4d)^7$ | $^5F_5$ |
| 45 | Rh | $[Kr](5s)^1(4d)^8$ | $^4F_{9/2}$ |
| 46 | Pd | $[Kr](4d)^{10}$ | $^1S_0$ |
| 47 | Ag | $[Kr](5s)^1(4d)^{10}$ | $^2S_{1/2}$ |
| 48 | Cd | $[Kr](5s)^2(4d)^{10}$ | $^1S_0$ |
| 49 | In | $[Kr](5s)^2(4d)^{10}(5p)^1$ | $^2P_{1/2}$ |
| 50 | Sn | $[Kr](5s)^2(4d)^{10}(5p)^2$ | $^3P_0$ |
| 51 | Sb | $[Kr](5s)^2(4d)^{10}(5p)^3$ | $^4S_{3/2}$ |
| 52 | Te | $[Kr](5s)^2(4d)^{10}(5p)^4$ | $^3P_2$ |
| 53 | I | $[Kr](5s)^2(4d)^{10}(5p)^5$ | $^2P_{3/2}$ |
| 54 | Xe | $[Kr](5s)^2(4d)^{10}(5p)^6$ | $^1S_0$ |
| 55 | Cs | $[Xe](6s)^1$ | $^2S_{1/2}$ |
| 56 | Ba | $[Xe](6s)^2$ | $^1S_0$ |
| 57 | La | $[Xe](6s)^2(5d)^1$ | $^2D_{3/2}$ |
| 58 | Ce | $[Xe](6s)^2(4f)^1(5d)^1$ | $^1G_4$ |
| 59 | Pr | $[Xe](6s)^2(4f)^3$ | $^4I_{9/2}$ |
| 60 | Nd | $[Xe](6s)^2(4f)^4$ | $^5I_4$ |
| 61 | Pm | $[Xe](6s)^2(4f)^5$ | $^6H_{5/2}$ |
| 62 | Sm | $[Xe](6s)^2(4f)^6$ | $^7F_0$ |
| 63 | Eu | $[Xe](6s)^2(4f)^7$ | $^8S_{7/2}$ |
| 64 | Gd | $[Xe](6s)^2(4f)^7(5d)^1$ | $^9D_2$ |
| 65 | Tb | $[Xe](6s)^2(4f)^9$ | $^6H_{15/2}$ |
| 66 | Dy | $[Xe](6s)^2(4f)^{10}$ | $^5I_8$ |
| 67 | Ho | $[Xe](6s)^2(4f)^{11}$ | $^4I_{15/2}$ |
| 68 | Er | $[Xe](6s)^2(4f)^{12}$ | $^3H_6$ |
| 69 | Tm | $[Xe](6s)^2(4f)^{13}$ | $^2F_{7/2}$ |
| 70 | Yb | $[Xe](6s)^2(4f)^{14}$ | $^1S_0$ |

| 원자번호 | 원소기호 | 바닥상태 전자구조 | 분광학 표시 |
|---|---|---|---|
| 71 | Lu | $[Xe](6s)^2(4f)^{14}(5d)^1$ | $^2D_{3/2}$ |
| 72 | Hf | $[Xe](6s)^2(4f)^{14}(5d)^2$ | $^3F_2$ |
| 73 | Ta | $[Xe](6s)^2(4f)^{14}(5d)^3$ | $^4F_{3/2}$ |
| 74 | W | $[Xe](6s)^2(4f)^{14}(5d)^4$ | $^5D_0$ |
| 75 | Re | $[Xe](6s)^2(4f)^{14}(5d)^5$ | $^6S_{5/2}$ |
| 76 | Os | $[Xe](6s)^2(4f)^{14}(5d)^6$ | $^5D_4$ |
| 77 | Ir | $[Xe](6s)^2(4f)^{14}(5d)^7$ | $^4F_{9/2}$ |
| 78 | Pt | $[Xe](6s)^1(4f)^{14}(5d)^9$ | $^3D_3$ |
| 79 | Au | $[Xe](6s)^1(4f)^{14}(5d)^{10}$ | $^2S_{1/2}$ |
| 80 | Hg | $[Xe](6s)^2(4f)^{14}(5d)^{10}$ | $^1S_0$ |
| 81 | Tl | $[Xe](6s)^2(4f)^{14}(5d)^{10}(6p)^1$ | $^2P_{1/2}$ |
| 82 | Pb | $[Xe](6s)^2(4f)^{14}(5d)^{10}(6p)^2$ | $^3P_0$ |
| 83 | Bi | $[Xe](6s)^2(4f)^{14}(5d)^{10}(6p)^3$ | $^4S_{3/2}$ |
| 84 | Po | $[Xe](6s)^2(4f)^{14}(5d)^{10}(6p)^4$ | $^3P_2$ |
| 85 | At | $[Xe](6s)^2(4f)^{14}(5d)^{10}(6p)^5$ | $^2P_{3/2}$ |
| 86 | Rn | $[Xe](6s)^2(4f)^{14}(5d)^{10}(6p)^6$ | $^1S_0$ |
| 87 | Fr | $[Rn](7s)^1$ | $^2S_{1/2}$ |
| 88 | Ra | $[Rn](7s)^2$ | $^1S_0$ |
| 89 | Ac | $[Rn](7s)^2(6d)^1$ | $^2D_{3/2}$ |
| 90 | Th | $[Rn](7s)^2(6d)^2$ | $^3F_2$ |
| 91 | Pa | $[Rn](7s)^2(5f)^2(6d)^1$ | $^4K_{11/2}$ |
| 92 | U | $[Rn](7s)^2(5f)^3(6d)^1$ | $^5L_6$ |
| 93 | Np | $[Rn](7s)^2(5f)^4(6d)^1$ | $^6L_{11/2}$ |
| 94 | Pu | $[Rn](7s)^2(5f)^6$ | $^7F_0$ |
| 95 | Am | $[Rn](7s)^2(5f)^7$ | $^8S_{7/2}$ |
| 96 | Cm | $[Rn](7s)^2(5f)^7(6d)^1$ | $^9D_2$ |
| 97 | Bk | $[Rn](7s)^2(5f)^9$ | $^6H_{15/2}$ |
| 98 | Cf | $[Rn](7s)^2(5f)^{10}$ | $^5I_8$ |
| 99 | Es | $[Rn](7s)^2(5f)^{11}$ | $^4I_{15/2}$ |
| 100 | Fm | $[Rn](7s)^2(5f)^{12}$ | $^3H_6$ |
| 101 | Md | $[Rn](7s)^2(5f)^{13}$ | $^2F_{7/2}$ |
| 102 | No | $[Rn](7s)^2(5f)^{14}$ | $^1S_0$ |
| 103 | Lr | $[Rn](7s)^2(5f)^{14}(7p)^1$ | $^2P_{1/2}$ |
| 104 | Rf | $[Rn](7s)^2(5f)^{14}(6d)^2$ | $^3F_2$ |
| 105 | Db | $[Rn](7s)^2(5f)^{14}(6d)^3$ | $^4F_{3/2}$ |

# 제 13 장

# 산란   Scattering

우리는 어떤 물질이나 입자의 특성을 파악하고자 할 때, 흔히 해당 물질이나 입자를 표적 target 으로 삼아 우리가 이미 그 특성을 알고 있는 입자들을 쏘아 산란 scattering 시켜 분석하는 방법을 사용한다. 그 전형적인 예가 바로 금 gold 박막에 알파선을 쏜 러더퍼드 E. Rutherford 의 산란실험이다. 그전까지의 톰슨 J.J. Thompson 원자 모형은 원자의 양전하가 구 형태로 퍼져있는 공간에 음전하들이 마치 건포도식빵 안의 건포도처럼 점점이 놓여 있는 것으로 생각하였다. 이 경우 무거운 알파선 입자(헬륨 원자핵)는 퍼져있는 양전하에 의하여 크게 휘어지는 것이 불가능하다. 그러나 실제 산란 실험의 결과는 일부 알파입자들이 크게 휘어지거나, 부딪혀 튕겨 나오는 경우도 보여주었다. 이 결과를 설명하기 위하여 러더퍼드는 원자의 양전하가 중심에 단단한 뭉치 core 를 이루어 핵을 형성하고 있다는 소위 러더퍼드 원자 모형을 제시하였다.

산란 과정에서 입사 입자들은 표적에서 멀리 떨어져 있을 때는 아무런 구속이 없는 자유입자와 같고, 표적에 접근하면 서로 간의 상호작용에 의한 위치에너지의 영향을 받으며, 표적에서 멀리 벗어나면 다시 자유입자의 상태가 된다고 생각할 수 있다. 우리는 이 장에서 이와 같은 산란 과정을 슈뢰딩거 방정식을 사용하여 이론적으로 분석하고, 산란의 단면적 scattering cross section 을 구하고자 한다.

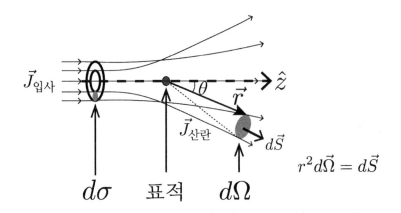

그림 13.1: 산란의 도식적 표현

# 제 13.1 절  산란단면적과 부분파동 전개  Scattering Cross Section and Partial-Wave Expansion

입사 입자들이 그림 13.1에서처럼 표적에 대해 $-z$ 방향에서 $+z$ 방향으로 입사되고 표적은 원점에 위치해있다고 하자. 위 그림에서는 $z$ 축에 평행하게 점선으로 표시한 화살표 외에는 산란되지 않은 입자들을 표시하지 않았다. 하지만 대부분의 입사빔에 속한 입자들은 표적을 그냥 통과한다. 위 그림에서는 도식적인 표현을 위하여 산란되는 입자들만 표현하였다. 이제 입체각 $d\vec{\Omega}$ 의 방향으로 산란되는 입사 입자들의 개수를 $dN$ 이라고 하면, 이는 산란 확률전류밀도 scagttering probability current density, $\vec{J}_{산란}$ 으로 다음과 같이 표현할 수 있다.

$$dN = \vec{J}_{산란} \cdot d\vec{S} = r^2 \vec{J}_{산란} \cdot d\vec{\Omega} = r^2 (J_{산란})_r d\Omega \tag{13.1}$$

그리고 주어진 입체각 $d\vec{\Omega}$ 의 방향으로 나중에 산란되는 입사 입자들의 표적에 근접하기 전의 통과 단면적을 $d\sigma$ 라고 하면, $dN$ 은 다시 입사 확률전류밀도 incident probability current density, $\vec{J}_{입사}$ 로 다음과 같이 표현될 수 있다.

$$dN = \vec{J}_{입사} \cdot d\vec{\sigma} = (J_{입사})_z d\sigma \tag{13.2}$$

위 식들에서 미분 산란단면적 differential cross section, $\frac{d\sigma}{d\Omega}$ 은 다음과 같이 주어진다.

$$\frac{d\sigma}{d\Omega} = r^2 \frac{(J_{산란})_r}{(J_{입사})_z} \tag{13.3}$$

여기서 입사 입자들은 자유입자로 보아서 그 파동함수는 다음과 같이 쓸 수 있다.

$$\phi_{입사} = e^{ikz} \tag{13.4}$$

산란입자들은 표적에서 멀리 떨어지게 되면 다시 자유입자가 되어 방사상으로 퍼지게 될 것이지만, 표적을 지날 때의 상호작용에 의한 영향으로 파동함수는 $z$-축으로부터의 각도 $\theta$ 에 의존하게 될 것이므로 우리는 이를 다음과 같이 쓸 수 있다.[1]

$$\phi_{산란} = f(\theta)\frac{e^{ikr}}{r} \tag{13.5}$$

여기서 $k = \sqrt{\frac{2mE}{\hbar^2}}$ 는 자유입자의 파수 wave number 이고, 함수 $f(\theta)$는 산란진폭 scattering amplitude 이라고 한다. 위에서 얻은 파동함수들을 아래에 다시 쓴 식 (5.14) 의 확률전류밀도 공식에 대입하면,

$$\vec{J} = \frac{\hbar}{2mi}\left(\phi^*\nabla\phi - \phi\nabla\phi^*\right),$$

우리는 다음의 결과를 얻는다.

$$\vec{J}_{입사} = \frac{\hbar k}{m}\hat{z}, \quad \vec{J}_{산란} = \frac{\hbar k}{mr^2}|f(\theta)|^2\hat{r} \tag{13.6}$$

그러므로 식 (13.3)으로부터 우리는 다음과 같은 미분 산란단면적 공식을 얻는다.

$$\frac{d\sigma}{d\Omega} = |f(\theta)|^2 \tag{13.7}$$

한편, 표적을 통과하여 나가는 전체 빔에 대한 파동함수는 산란되지 않은 입자들과 산란된 입자들의 합이 될 것이므로 다음과 같이 쓸 수 있다.

$$\phi(r,\theta) = e^{ikz} + \frac{f(\theta)}{r}e^{ikr} \tag{13.8}$$

이제 슈뢰딩거 방정식을 써서 산란되어 나가는 파동함수 outgoing wave function 의 표현을 구하고 이로부터 미분 산란단면적을 주는 $f(\theta)$를 구해 보도록 하겠다.

---

[1]문제 7.6에서 얻은 지름운동량 $p_r$ 의 고유상태 방정식 $p_r\phi_r = \frac{\hbar}{i}\frac{1}{r}\frac{\partial}{\partial r}(r\phi_r) = \hbar k\phi_r$ 에서 우리는 자유입자의 지름 파동함수 radial wave function 가 $\phi_r \sim \frac{e^{ikr}}{r}$ 이 됨을 알 수 있다.

### 13.1.1 부분파동 전개 Partial-Wave Expansion

위치에너지가 $V(r)$로 주어질 때, 7장에서 얻은 구면좌표계에서의 지름 radial 슈뢰딩거 방정식 (7.110)은 다음과 같이 다시 쓸 수 있다.

$$\frac{1}{r}\frac{d^2}{dr^2}[rR_l(r)] + \left[k^2 - \frac{l(l+1)}{r^2} - \frac{2mV(r)}{\hbar^2}\right]R_l(r) = 0, \quad k^2 \equiv \frac{2mE}{\hbar^2} \qquad (13.9)$$

산란의 경우 표적에서 멀리 떨어진($r \to \infty$) 들어가는 영역과 나가는 영역에서는 자유 입자의 상태로 존재한다고 가정하면 위치에너지는 $V \to 0$ 으로 놓을 수 있다. 이 경우 지름 슈뢰딩거 방정식은 $kr \equiv \rho$ 로 놓으면 아래에 쓴 7장의 식 (7.135)와 같아진다.

$$\frac{d^2 R}{d\rho^2} + \frac{2}{\rho}\frac{dR}{d\rho} + \left[1 - \frac{l(l+1)}{\rho^2}\right]R = 0$$

그리고 이 방정식의 해가 구면 베셀함수 $j_l(\rho)$와 구면 노이만함수 $n_l(\rho)$로 주어짐을 우리는 7장에서 보았다. 그러므로 표적에서 멀리 떨어진 영역에서의 지름 파동함수는 아래와 같이 두 함수의 선형결합으로 쓸 수 있다.[2]

$$R_l(r) \sim A_l j_l(kr) + B_l n_l(kr) \qquad (13.10)$$

한편 구면 베셀 및 구면 노이만 함수는 $r$ 이 매우 클 때 점근적으로 다음과 같이 쓸 수 있다[14].

$$j_l(kr) \sim \frac{\sin(kr - \frac{l\pi}{2})}{kr}, \quad n_l(kr) \sim -\frac{\cos(kr - \frac{l\pi}{2})}{kr} \qquad (13.11)$$

그러므로 식 (13.10)의 지름 파동함수는 선형결합의 계수들 $A_l, B_l$ 을 위상변화 phase shift $\delta_l$ 로 나타내어 점근적으로 다음과 같이 쓸 수 있다.

$$R_l(r) \sim \frac{\sin(kr - \frac{l\pi}{2} + \delta_l)}{kr} \qquad (13.12)$$

---

[2]구형으로 산란되어 나가는 파동함수와 들어오는 파동함수는 각각 구면 한켈함수 1종 spherical Hankel function of the first kind 과 2종 the second kind 으로 기술할 수 있다(참고문헌 [14] 11.7절 참조).

$$h_l^{(1)}(kr) \equiv j_l(kr) + in_l(kr) \rightsquigarrow e^{ikr}/r, \quad h_l^{(2)}(kr) \equiv j_l(kr) - in_l(kr) \rightsquigarrow e^{-ikr}/r$$

여기서 $\rightsquigarrow$ 표시는 $r$ 이 매우 커진 경우$(r \to \infty)$를 뜻한다.

그리고 산란 후 전체 파동함수는 다음과 같이 쓸 수 있을 것이다.

$$\phi_k(r, \theta) = \sum_{l=0}^{\infty} c_l R_l(r) P_l(\cos \theta) \tag{13.13}$$

여기서 $l$ 번째 항을 우리는 $l$ 번째 부분파동 $l$-th partial wave 이라고 하며, 산란 파동함수의 이러한 표현을 부분파동 전개 partial-wave expansion 라고 한다.

한편, 앞에서 산란 파동함수는 식 (13.8)로 다음과 같이 표현되었으므로,

$$\phi_k(r, \theta) = e^{ikz} + \frac{f(\theta)}{r} e^{ikr} \tag{13.14}$$

평면파에 대한 다음의 점근 전개 asymptotic expansion 공식을 사용하면[23, 11],

$$e^{ikz} \simeq \sum_{l=0}^{\infty} (2l+1) i^l \frac{\sin(kr - \frac{l\pi}{2})}{kr} P_l(\cos \theta), \tag{13.15}$$

식 (13.13)과 식 (13.14)로부터 다음의 관계식을 얻는다.

$$\sum_{l=0}^{\infty} c_l \frac{\sin(kr - \frac{l\pi}{2} + \delta_l)}{kr} P_l(\cos \theta)$$
$$= \sum_{l=0}^{\infty} (2l+1) i^l \frac{\sin(kr - \frac{l\pi}{2})}{kr} P_l(\cos \theta) + \frac{f(\theta)}{r} e^{ikr} \tag{13.16}$$

이제 $\sin x = \frac{1}{2i}(e^{ix} - e^{-ix})$의 관계를 써서 위 식을 $e^{ikr}$ 과 $e^{-ikr}$ 로 전개하여 각각의 계수를 비교하자. 먼저 $e^{-ikr}$ 의 계수를 비교하면 다음의 관계식을 얻는다.

$$c_l = (2l+1) i^l e^{i\delta_l} \tag{13.17}$$

다음으로 $e^{ikr}$ 의 계수를 비교하면 $f(\theta)$에 대한 다음 관계식을 얻는다.

$$f(\theta) = \sum_{l=0}^{\infty} \frac{1}{k} (2l+1) e^{i\delta_l} \sin \delta_l P_l(\cos \theta) \tag{13.18}$$

여기서 $\delta_l$ 은 궤도 각운동량이 $l$ 인 부분 파동함수의 위상변화를 의미한다.

이로부터 전체 산란단면적 total scattering cross section 은 $d\sigma = |f(\theta)|^2 d\Omega$ 의 관계를 써서 적분하면 다음과 같이 주어진다.

$$\sigma = 2\pi \int_0^\pi d\theta \ \sin \theta |f(\theta)|^2 = \frac{4\pi}{k^2} \sum_{l=0}^{\infty} (2l+1) \sin^2 \delta_l \tag{13.19}$$

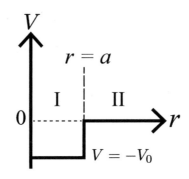

그림 13.2: 구형 우물에 의한 산란

위에서 우리는 다음의 관계식을 사용하였다.

$$\int_{-1}^{1} P_l P_{l'} dx = \frac{2\delta_{ll'}}{2l+1}$$

한편, 식 (13.18)에 $P_l(1) = 1$ 의 관계를 적용하면 우리는 다음 관계식을 얻는다.

$$f(0) = \frac{1}{k} \sum_{l=0}^{\infty} (2l+1) e^{i\delta_l} \sin \delta_l \tag{13.20}$$

따라서 전체 산란단면적 $\sigma$ 는 식 (13.19)에서 $f(0)$의 허수부로 다음과 같이 쓸 수 있다.

$$\sigma = \frac{4\pi}{k} \text{Im}[f(0)] \tag{13.21}$$

우리는 이 관계를 광학 정리 optical theorem 라고 부른다.

### 13.1.2  구형 우물과 장벽 Spherical Well and Barrier

이제 위치에너지가 아래와 같이 주어지는 반경이 $a$ 인 구형 우물에 입사하는 입자의 에너지가 아주 작은 경우를 생각해 보자(그림 13.2).

$$V(r) = \begin{cases} -V_0, & r \le a \quad (V_0 > 0) \\ 0, & r > a \end{cases} \tag{13.22}$$

여기서 우리는 입자의 에너지가 아주 작아서 $ka \ll 1$ 의 조건이 성립한다고 가정하겠다. 이 조건의 의미를 이해하기 위하여 먼저 궤도 각운동량 $\vec{L} = \vec{r} \times \vec{p}$ 의 의미를

456

생각해보자. 운동량 $p$ 는 파수 $k$ 와 $p = \hbar k$ 의 관계에 있고, 입자가 산란될 수 있는 최대 반경은 $a$ 이므로 산란입자가 가질 수 있는 최대 궤도 각운동량은 $L \sim \hbar k a$ 이라고 할 수 있다. 한편, 양자역학적으로 연산자 $\vec{L}^2$ 의 고유값은 $l(l+1)\hbar^2$ 으로 주어지므로 양자역학적인 각운동량은 대략 $l\hbar$ 의 값을 가진다고 할 수 있다. 이는 곧 $l\hbar \leq \hbar k a$ 즉 $l \leq ka$ 의 관계에 있음을 보여준다.

그러므로 입사에너지가 아주 작아서 $ka \ll 1$ 의 조건이 성립되는 경우에는 각운동량이 오직 $l = 0$ 인 경우만 가능하게 된다. 이처럼 각운동량이 0 인 경우만 산란에 기여하는 경우를 우리는 S-파동 산란 S-wave scattering 이라고 한다.

이제 이러한 경우에 슈뢰딩거 방정식을 써서 구형 우물에 의한 산란을 분석해 보겠다. 먼저 지름 슈뢰딩거 방정식 (13.9)에 $l = 0$ 을 대입하면 다음과 같이 된다.

먼저 $r < a$ 인 경우의 지름 슈뢰딩거 방정식은 다음과 같이 주어진다.

$$\frac{1}{r}\frac{d^2}{dr^2}(rR) + \left(k^2 + \frac{2mV_0}{\hbar^2}\right)R = 0, \quad k^2 \equiv \frac{2mE}{\hbar^2} \tag{13.23}$$

여기서 새로운 함수 $u(r)$을 다음과 같이 도입하고,

$$R(r) \equiv \frac{u(r)}{r}, \tag{13.24}$$

새로운 상수 $k_1$ 을 다음과 같이 놓으면,

$$\frac{2m(E + V_0)}{\hbar^2} \equiv k_1^2, \tag{13.25}$$

위의 슈뢰딩거 방정식은 최종적으로 다음과 같이 쓰여진다.

$$\frac{d^2u}{dr^2} + k_1^2 u = 0 \tag{13.26}$$

우리가 이 해를 $u_I$ 로 표시하면, 이는 다음과 같이 쓸 수 있다.

$$u_I(r) = A\sin(k_1 r) + B\cos(k_1 r), \quad r < a \tag{13.27}$$

다음으로 $r > a$ 인 경우, $V = 0$ 이므로 슈뢰딩거 방정식은 다음과 같다.

$$\frac{1}{r}\frac{d^2}{dr^2}(rR) + k^2 R = 0 \tag{13.28}$$

457

앞에서와 마찬가지로 $R(r) \equiv \frac{u(r)}{r}$ 로 놓으면 슈뢰딩거 방정식은 다음과 같이 되며,

$$\frac{d^2 u}{dr^2} + k^2 u = 0, \tag{13.29}$$

이 경우 해 $u_{II}$ 는 다음과 같이 쓸 수 있다.

$$u_{II}(r) = C\sin(kr) + D\cos(kr), \quad r > a \tag{13.30}$$

지름 파동함수 $R$ 은 $r = 0$ 에서 유한한 값을 가져야 하므로, $u(r = 0) = 0$ 이 되어야 한다. 따라서 식 (13.27)의 $u_I$ 전개계수들 중에서 $B = 0$ 이 되어야 한다.

$$u_I(r) = A\sin k_1 r, \quad r < a \tag{13.31}$$

이제 $u_{II}$ 도 같은 함수꼴를 갖도록 위상변화 $\delta_0$ 을 써서 다음과 같이 표현하겠다.

$$u_{II}(r) = C\sin(kr + \delta_0), \quad r > a \tag{13.32}$$

파동함수와 그 기울기는 $r = a$ 에서 연속이어야 하므로 경계조건은 다음과 같다.

$$u_I(a) = u_{II}(a) \tag{13.33}$$

$$\frac{du_I}{dr}\bigg|_{r=a} = \frac{d(u_{II})}{dr}\bigg|_{r=a} \tag{13.34}$$

이제 식 (13.34)를 식 (13.33)으로 나누면 다음 관계식이 성립한다.

$$\frac{d(\ln u_I)}{dr}\bigg|_{r=a} = \frac{d(\ln u_{II})}{dr}\bigg|_{r=a} \tag{13.35}$$

여기에 식 (13.31)과 식 (13.32)를 적용하면 다음 관계식을 얻는다.

$$k_1 \frac{\cos k_1 a}{\sin k_1 a} = k\frac{\cos(ka + \delta_0)}{\sin(ka + \delta_0)} \tag{13.36}$$

그런데 주어진 조건이 입사에너지가 아주 작다는 $ka \ll 1$ 이었으므로 우리는 $k \to 0$ 이라고 생각할 수 있다. 그런데 에너지가 아주 작아지더라도 식 (13.25)에서 $k_1$ 은 0 이 되지 않으므로 모순이 없으려면 우변의 분모 $\sin(ka + \delta_0)$가 0 이 되어야 한다.

$$\sin(ka + \delta_0) \to 0 \implies ka + \delta_0 \to 0 \tag{13.37}$$

따라서 식 (13.36)은 다음과 같이 쓸 수 있다.

$$k_1 \cot k_1 a \simeq \frac{k}{ka + \delta_0} \tag{13.38}$$

이로부터 위상변화 $\delta_0$ 는 다음과 같이 주어진다.

$$\delta_0 = ka \left( \frac{\tan k_1 a}{k_1 a} - 1 \right) \tag{13.39}$$

참고로 위에서 $ka + \delta_0 \to 0$ 이고, $ka \to 0$ 이므로 $\delta_0 \ll 1$ 임을 알 수 있다. 이로부터 전체 산란단면적 $\sigma$ 는 다음과 같이 주어진다.

$$
\begin{aligned}
\sigma &= \frac{4\pi}{k^2} \sum_{l=0}^{\infty} (2l+1) \sin^2 \delta_l = \frac{4\pi}{k^2} \sin^2 \delta_0 \\
&\simeq \frac{4\pi}{k^2} \delta_0^2 = 4\pi a^2 \left( \frac{\tan k_1 a}{k_1 a} - 1 \right)^2
\end{aligned}
\tag{13.40}
$$

위 결과는 $k_1 a = \frac{\pi}{2}$ 의 경우, 발산하므로 맞지 않는다. 이 경우에는 원래 조건식,

$$k_1 \frac{\cos k_1 a}{\sin k_1 a} = k \frac{\cos(ka + \delta_0)}{\sin(ka + \delta_0)}$$

에서 좌변이 0 이 되므로 우변의 분자 $\cos(ka + \delta_0)$도 0 이 되어야 한다. 이 경우 우변의 분모 $\sin(ka + \delta_0)$는 1 이 되므로, $ka \ll 1$ 의 조건에서 다음 결과를 얻는다.

$$\sin \delta_0 \cong 1 \tag{13.41}$$

따라서 전체 산란단면적은 다음과 같이 되어,

$$\sigma = \frac{4\pi}{k^2} \sin^2 \delta_0 = \frac{4\pi}{k^2}, \tag{13.42}$$

공명 산란 resonant scattering 현상이 일어난다. 이는 다음 조건이 만족될 때 항상 일어난다.

$$k_1 a = \frac{(2m+1)\pi}{2}, \quad m = 0, 1, 2, \cdots \tag{13.43}$$

이는 1차원 산란에서 나왔던 공명현상인 램사우어-타운센드 효과와 같다고 하겠다.

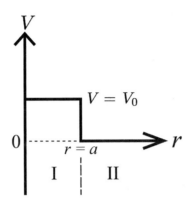

그림 13.3: 구형 상벽에 의한 산란

다음으로 구형 장벽의 경우에 대해서 살펴보자(그림 13.3). 이 경우 위치에너지는 다음과 같이 주어진다.

$$V(r) = \begin{cases} V_0, & r \leq a \quad (V_0 > 0) \\ 0, & r > a \end{cases} \tag{13.44}$$

에너지가 $E > V_0$ 인 경우는 구형 우물의 경우와 별로 다를 바 없으므로, 여기서는 에너지가 $0 < E < V_0$ 인 경우만을 생각하겠다. 여기서도 입자의 에너지가 아주 작아서 $ka \ll 1$ 의 조건이 성립하는 경우를 생각하겠다. 우물의 경우에서 달라지는 것은 영역 I 에서 위치에너지가 $-V_0$ 에서 $V_0$ 로 바뀌므로, 지름 슈뢰딩거 방정식 (13.23)이 다음과 같이 된다.

$$\frac{1}{r}\frac{d^2}{dr^2}(rR) + \left(k^2 - \frac{2mV_0}{\hbar^2}\right)R = 0, \quad k^2 = \frac{2mE}{\hbar^2}, \quad E - V_0 < 0 \tag{13.45}$$

여기서 $E < V_0$ 이므로 상수 $\kappa$ 를 다음과 같이 놓겠다.

$$\frac{2m(V_0 - E)}{\hbar^2} \equiv \kappa^2 > 0 \tag{13.46}$$

앞에서처럼 $R \equiv \frac{u}{r}$ 로 놓으면, 영역 I 에서의 슈뢰딩거 방정식은 다음과 같이 된다.

$$\frac{d^2 u_I}{dr^2} - \kappa^2 u_I = 0 \tag{13.47}$$

460

따라서 영역 I 에서의 파동함수는 sin, cos 함수에서 sinh, cosh 함수로 바뀌어 다음과 같이 쓰여진다.

$$u_I(r) = A \sinh(\kappa r) + B \cosh(\kappa r) \tag{13.48}$$

앞에서 다룬 구형 우물의 경우와 마찬가지로 지름 파동함수 $R$ 은 $r = 0$ 에서 유한한 값을 가져야 하므로 $u(r = 0) = 0$ 이 만족되어야 한다. 따라서 영역 I 의 파동함수 $u_I$ 의 전개계수 중 $B = 0$ 이 되어야 한다.

영역 II 의 경우는 구형 우물의 경우와 동일하므로 다음과 같이 쓸 수 있다.

$$u_{II}(r) = C \sin(kr + \delta_0), \quad r > a \tag{13.49}$$

경계조건을 앞에서와 동일한 방식으로 적용하면, 우리는 다음의 조건식을 얻는다.

$$\kappa \frac{\cosh \kappa a}{\sinh \kappa a} = k \frac{\cos(ka + \delta_0)}{\sin(ka + \delta_0)} \tag{13.50}$$

이 경우에도 $k \to 0$ 에 근접하므로, 앞과 동일한 논리로 우변의 분모 $\sin(ka + \delta_0)$가 0 이 되어야 한다. 따라서 다음의 관계가 성립한다.

$$ka + \delta_0 \to 0$$

이 관계를 조건식 (13.50)에 대입하면 다음 관계식을 얻는다.

$$\kappa \coth \kappa a \simeq \frac{k}{ka + \delta_0} \tag{13.51}$$

이로부터 위상변화에 대한 다음 결과를 얻는다.

$$\delta_0 = ka \left( \frac{\tanh \kappa a}{\kappa a} - 1 \right) \tag{13.52}$$

여기서 $ka + \delta_0 \to 0$ 과 $ka \to 0$ 에서 $\delta_0 \ll 1$ 이 되어야 하므로, 전체 산란단면적은 다음과 같이 주어진다.

$$\sigma = \frac{4\pi}{k^2} \sin^2 \delta_0 \simeq \frac{4\pi}{k^2} \delta_0^2 = 4\pi a^2 \left( \frac{\tanh \kappa a}{\kappa a} - 1 \right)^2 \tag{13.53}$$

구형 장벽에서 $V_0 \to \infty$ 가 되는 경우는 고전적으로 강체구 hard-sphere 에 해당한다고 할 수 있다. 이 경우는 영역 I 에서는 파동함수가 존재할 수 없으므로 $r = a$ 에서 파동함수는 0 이 되어야 한다. 따라서 다음의 관계를 만족하여야 한다.

$$u_{II}(r = a) = C \sin(ka + \delta_0) = 0 \tag{13.54}$$

그러므로 $\delta_0 = -ka$ 이 되어, 이 경우 전체 산란단면적은 다음과 같이 된다.

$$\sigma = \frac{4\pi}{k^2} \delta_0^2 = 4\pi a^2 \tag{13.55}$$

이는 반지름이 $a$ 인 강체구의 고전적인 전체 산란단면적 $\pi a^2$ 과 비교했을 때 양자역학적인 산란단면적이 더 큼을 보여준다. 그 이유로는 양자역학적으로는 파동함수가 공간에 퍼져 있어 고전적으로 작용을 받지 않았던 영역에서도 작용을 받게 되기 때문이라고 생각할 수 있다. 즉, 저에너지의 장파장 영역에서는 구의 단면이 아닌 전체 표면이 파동함수와 작용한다고 볼 수 있다.

### 13.1.3 동일입자 산란 Scattering of Identical Particles

두 동일입자들의 산란(충돌)을 질량중심의 계에서 생각하면, 운동량 보전에 의해서 산란각이 $\theta$ 와 $\pi - \theta$ 인 경우가 동시에 존재하며, 두 경우를 구분할 수 없다(그림 13.4). 그러나 두 입자들이 구분되는 고전적인 충돌에서는 질량 등 모든 특성이 같더라도 산란각이 $\theta$ 와 $\pi - \theta$ 인 두 경우가 구분이 되므로, 산란단면적은 다음과 같이 주어진다.

$$\sigma_{cl}(\theta) = \sigma(\theta) + \sigma(\pi - \theta) \tag{13.56}$$

반면 양자역학적인 동일입자 관점에서는 두 경우를 구분할 수 없으므로, 산란각이 $\theta$ 인 경우와 $\pi - \theta$ 인 경우의 두 산란진폭이 모두 전체 산란진폭에 기여한다.

이에 대해 살펴보기 위하여 먼저 스핀이 없는 두 동일입자의 경우를 생각하자. 이 경우, 질량중심계에서 공간 파동함수는 대칭성을 가지므로 전체 산란 파동함수는 식 (13.8)을 일반화하여 이 경우에 다음과 같이 쓸 수 있다.

$$e^{i\vec{k}\cdot\vec{x}} + e^{-i\vec{k}\cdot\vec{x}} + [f(\theta) + f(\pi - \theta)] \frac{e^{ikr}}{r} \tag{13.57}$$

462

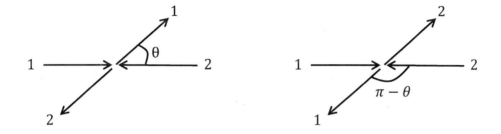

(a) 산란각이 $\theta$ 인 경우　　　　(b) 산란각이 $\pi - \theta$ 인 경우

그림 13.4: 질량중심의 계에서 본 동일입자 산란

여기서 $\vec{k}$ 는 입사파의 파수벡터이고, $\vec{x} = \vec{x_1} - \vec{x_2}$ 는 두 입자의 상대적인 위치벡터이다. 따라서 산란단면적은 다음과 같이 주어진다.

$$
\begin{aligned}
\frac{d\sigma}{d\Omega} &= |f(\theta) + f(\pi - \theta)|^2 \\
&= |f(\theta)|^2 + |f(\pi - \theta)|^2 + 2\,\mathrm{Re}\left[f(\theta)f^*(\pi - \theta)\right]
\end{aligned}
\tag{13.58}
$$

여기서 $\theta = \pi/2$ 인 경우의 산란단면적을 생각하면, 스핀이 없는 동일입자들의 경우 보강 간섭 constructive interference 을 통해서 앞에서 언급한 서로 구분되어 간섭이 없는 고전적인 경우의 산란단면적 $2|f(\pi/2)|^2$ 의 2 배가 됨을 알 수 있다.

　　스핀이 있는 경우, 공간 파동함수의 대칭성이 스핀 파동함수의 대칭성에 따라서 결정되므로 이를 고려하여야 한다. 예컨대 스핀이 1/2 인 두 페르미온 동일입자의 경우를 생각하면, 전체 스핀이 0 이 되는 단일항의 경우 공간 파동함수는 대칭이 되어야 하므로 산란단면적은 스핀이 없는 경우와 같아진다.

$$
\frac{d\sigma_{\text{단일항}}}{d\Omega} = |f(\theta) + f(\pi - \theta)|^2
\tag{13.59}
$$

전체 스핀이 1 이 되는 삼중항의 경우 공간 파동함수는 반대칭이 되어야 하므로 산란단면적은 다음과 같이 주어진다.

$$\frac{d\sigma_{삼중항}}{d\Omega} = |f(\theta) - f(\pi - \theta)|^2 \tag{13.60}$$

만약 스핀 1/2 인 동일입자들의 충돌에서 입사빔들이 편극화 되어 있지 않다면, 스핀 단일항과 스핀 삼중항은 각각 1/4 과 3/4 의 통계적 분포를 가질 것이다. 따라서 이 경우 산란단면적은 다음과 같이 주어진다.

$$\begin{aligned}\frac{d\sigma_{\text{unpolized}}}{d\Omega} &= \frac{1}{4}\,|f(\theta) + f(\pi - \theta)|^2 + \frac{3}{4}\,|f(\theta) - f(\pi - \theta)|^2 \\ &= |f(\theta)|^2 + |f(\pi - \theta)|^2 - \operatorname{Re}\left[f(\theta)f^*(\pi - \theta)\right]\end{aligned} \tag{13.61}$$

위의 결과들에서 산란각이 $\theta = \pi/2$ 인 경우를 살펴보면, 공간 파동함수가 대칭인 스핀이 없는 동일입자 산란의 경우 산란단면적이 고전적인 경우보다 늘어나지만, 편극되지 않는 스핀 1/2 동일입자 산란의 경우에는 고전적인 경우보다 오히려 산란단면적이 줄어드는 것을 알 수 있다. 이런 효과는 실제로 관측된다.

# 제 13.2 절    산란 파동함수의 적분 표현 Integral Equation for Scattering

## 13.2.1    헬름홀쯔 방정식과 그린 함수 Helmholtz Equation and Green's Function

시간에 무관한 슈뢰딩거 방정식은 다음과 같이 주어지며,

$$-\frac{\hbar^2}{2m}\nabla^2\psi + V\psi = E\psi, \tag{13.62}$$

이는 다음과 같이 다시 쓸 수 있다.

$$(\nabla^2 + k^2)\psi = \frac{2m}{\hbar^2}V\psi, \quad 여기서 \quad k^2 \equiv \frac{2mE}{\hbar^2} \tag{13.63}$$

여기서 위 식의 우변을 다음과 같이 새로운 함수 $Q(\vec{x})$로 정의하자.

$$\frac{2m}{\hbar^2}V(\vec{x})\psi(\vec{x}) \equiv Q(\vec{x}) \tag{13.64}$$

이제 그린 함수 $G(\vec{x})$는 다음의 헬름홀쯔 방정식 Helmholtz equation 으로 정의된다.

$$(\nabla^2 + k^2)G(\vec{x}) = \delta^3(\vec{x}) \tag{13.65}$$

그러면 슈뢰딩거 방정식 (13.63)을 만족하는 파동함수는 다음과 같이 쓸 수 있다.

$$\psi(\vec{x}) = \int G(\vec{x} - \vec{x}')Q(\vec{x}')d^3\vec{x}' \tag{13.66}$$

이에 대한 증명은 식 (13.66)을 식 (13.65)에 대입하여 다음과 같이 보일 수 있다.

$$\begin{aligned}
(\nabla^2 + k^2)\psi(\vec{x}) &= (\nabla_x^2 + k^2)\int G(\vec{x} - \vec{x}')Q(\vec{x}')d^3\vec{x}' \\
&= \int d^3\vec{x}' Q(\vec{x}')(\nabla_x^2 + k^2)G(\vec{x} - \vec{x}') \\
&= \int d^3\vec{x}' Q(\vec{x}')\delta^3(\vec{x} - \vec{x}') = Q(\vec{x})
\end{aligned} \tag{13.67}$$

이상과 같은 역할을 하는 함수 $G(\vec{x})$를 우리는 통상 그린 함수 Green's function 라고 부른다. 여기서 우리가 주목할 점은 헬름홀쯔 방정식 (13.65)를 만족하는 그린 함수를 구하게 되면, 슈뢰딩거 방정식을 만족하는 파동함수를 얻을 수 있다는 것이다.

## 13.2.2  경로 적분에 의한 그린 함수의 계산  Evaluating the Green's Function using Contour Integral

이제 그린 함수를 구하기 위하여 그린 함수를 푸리에 변환 Fourier transformation 형태로 다음과 같이 써보자.

$$G(\vec{x}) = \frac{1}{(2\pi)^{\frac{3}{2}}} \int e^{i\vec{s}\cdot\vec{x}}g(\vec{s})d^3\vec{s} \tag{13.68}$$

이를 식 (13.65)의 좌변에 대입하면 다음의 결과를 얻는다.

$$\begin{aligned}
(\nabla^2 + k^2)G(\vec{x}) &= \frac{1}{(2\pi)^{\frac{3}{2}}} \int [(\nabla_x^2 + k^2)e^{i\vec{s}\cdot\vec{x}}]g(\vec{s})d^3\vec{s} \\
&= \frac{1}{(2\pi)^{\frac{3}{2}}} \int [(-s^2 + k^2)e^{i\vec{s}\cdot\vec{x}}]g(\vec{s})d^3\vec{s}
\end{aligned} \tag{13.69}$$

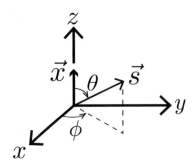

그림 13.5: 구면좌표계에서 $\vec{x}$ 및 $\vec{s}$

한편 식 (13.65)의 우변인 델타함수는 다음과 같이 쓸 수 있다.

$$\delta^3(\vec{x}) = \frac{1}{(2\pi)^3} \int d^3 \vec{s} e^{i\vec{s}\cdot\vec{x}} \tag{13.70}$$

그런데 식 (13.69)의 우변은 델타함수가 되어야 하므로, 다음의 결과를 얻는다.

$$g(s) = \frac{1}{(2\pi)^{\frac{3}{2}}} \frac{1}{k^2 - s^2} \tag{13.71}$$

이를 식 (13.68)에 대입하면, 그린 함수는 다음과 같이 쓰여진다.

$$G(\vec{x}) = \frac{1}{(2\pi)^3} \int e^{i\vec{s}\cdot\vec{x}} \frac{1}{k^2 - s^2} d^3 \vec{s} \tag{13.72}$$

이제 위에 주어진 그린 함수를 구면좌표계에서 적분하여 보겠다. 적분의 편의를 위하여 벡터 $\vec{x}$ 의 방향을 $+z$ 축으로 잡고, 벡터 $\vec{s}$ 는 $\vec{x}$ ($|\vec{x}| = r$)와 $\theta$ 의 각도를 가지며 그 방위각은 $\phi$ 라고 하자(그림 13.5). 그러면 그린 함수는 구면좌표계에서 다음과 같이 쓰여진다.

$$
\begin{aligned}
G(\vec{x}) &= \frac{1}{(2\pi)^3} \int_0^{2\pi} d\phi \int_0^\pi \sin\theta d\theta \int_0^\infty s^2 ds \frac{e^{isr\cos\theta}}{k^2 - s^2} \\
&= \frac{1}{(2\pi)^2} \int_0^\infty ds \frac{s^2}{k^2 - s^2} \int_0^\pi d\theta \sin\theta e^{isr\cos\theta} \\
&= \frac{1}{4\pi^2} \int_0^\infty ds \frac{s^2}{k^2 - s^2} \frac{2\sin(sr)}{sr} \tag{13.73}
\end{aligned}
$$

466

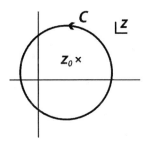

그림 13.6: 복소 평면 상에서의 적분 : 닫힌 경로 $C$ 와 특이점 $z_0$

위의 $s$ 에 대한 적분에서 피적분 함수가 우함수이므로 우리는 이 적분을 다음과 같이 다시 쓸 수 있다.

$$
\begin{aligned}
G(\vec{x}) &= \frac{1}{4\pi^2 r} \int_{-\infty}^{\infty} ds \frac{s\sin(sr)}{k^2 - s^2} \\
&= \frac{i}{8\pi^2 r} \left[ \int_{-\infty}^{\infty} ds \frac{se^{isr}}{s^2 - k^2} - \int_{-\infty}^{\infty} ds \frac{se^{-isr}}{s^2 - k^2} \right]
\end{aligned}
\tag{13.74}
$$

위 식의 마지막 줄에서의 적분은 복소 평면에서의 경로 적분 contour integral 으로 표시하면 쉽게 구할 수 있다. 먼저 적분에 필요한 코시의 적분 정리 Cauchy's integral formula 를 요약하면 다음과 같다. 함수 $f(z)$가 복소 평면 상의 닫힌 경로 $C$ 와 그 내부에서 미분 가능하다고 할 때, 다음의 관계가 성립한다(그림 13.6).

$$
\oint_C \frac{f(z)}{(z - z_0)} dz = 2\pi i f(z_0)
\tag{13.75}
$$

그런데 식 (13.74)에서 둘째 줄의 첫 번째 적분은 아래와 같이 복소 평면 상의 경로 $C_1$ 에 대한 적분으로 바꿀 수 있다(그림 13.7). 왜냐하면 실제는 다음과 같이 주어지지만,

$$
\oint_{C_1} \frac{ze^{irz}/(z+k)}{(z-k)} dz = \int_{-\infty}^{\infty} \frac{se^{isr}}{(s+k)(s-k)} ds + \int_{|z| \to \infty} dz \frac{ze^{irz}/(z+k)}{(z-k)},
$$

이 식 우변의 두 번째 항은 경로 $C_1$ 상의 반원 부분 적분으로 $|z| \to \infty$ 인 경우, 요르단의 렘마 Jordan's lemma 에 의하여 다음과 같이 되어 0 이 되기 때문이다.[3]

$$
\int_{|z| \to \infty} \frac{e^{irz}}{|z|} \to 0
$$

---

[3]이 경우 무한대에서 반원 부분의 적분은 $z$ 의 허수부가 양이 되어야 0 으로 수렴하므로, 반원 부분은 복소 평면의 위에 위치하여야 한다.

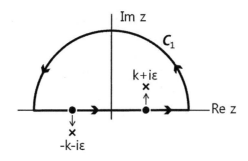

그림 13.7: 실수축 위에서의 적분을 복소 평면 상의 적분으로 변환

여기서 경로 $C_1$ 은 $z = k$ 에서의 특이점을 포함하지만, $z = -k$ 에서의 특이점은 포함하지 않도록 잡았음에 유의하자. 이는 $z = \pm k$ 에서의 특이점을 $z = k$ 에서는 $i\epsilon$ 만큼 올려서 $z = k + i\epsilon$ 으로, $z = -k$ 에서는 $-i\epsilon$ 만큼 내려서 $z = -k - i\epsilon$ 으로 하고 계산하는 것과 동일하다.[4] 따라서 우리는 코시의 적분 정리식 (13.75)에 의해 식 (13.74) 두 번째 줄의 첫 번째 적분값을 다음과 같이 얻는다.

$$\oint_{C_1} \frac{z e^{irz}/(z+k)}{(z-k)} dz = 2\pi i \left. \frac{z e^{irz}}{z+k} \right|_{z=k+i\epsilon} = \left. i\pi e^{ikr-\epsilon r} \right|_{\epsilon \to 0} = i\pi e^{ikr} \qquad (13.76)$$

다음으로 식 (13.74) 두 번째 줄의 두 번째 적분도 같은 방식으로 아래와 같이 그림 13.8의 경로 $C_2$ 상의 경로 적분으로 변환할 수 있다.

$$-\int_{-\infty}^{\infty} \frac{s e^{-isr}}{(s+k)(s-k)} ds = \oint_{C_2} \frac{z e^{-irz}/(z-k)}{(z+k)} dz \qquad (13.77)$$

이 경우에도 경로 적분의 방향은 시계 반대 방향이어야 하므로 실수축에서의 적분은 $+\infty$ 에서 $-\infty$ 의 방향으로 향하게 된다. 반원 부분이 복소 평면의 아래에 위치한 이유는 앞에서와 마찬가지로 반원 부분의 적분값이 무한대에서 0 이 되려면 $e^{-irz}$ 가 발산하지 않아야 하고, 이를 위해서는 $z$ 의 허수부가 음이 되어야 하기 때문이다. 그리고 앞에서와 동일하게 특이점을 변형시키면 $(z = -k - i\epsilon)$, 특이점 $z = -k - i\epsilon$ 만

---

[4] 여기서 각각 $\pm i\epsilon$ 으로 변형시키는 이유는 그렇게 하여야만 임의의 $r$ 값에 대한 $\epsilon$ 의 기여도가 0 으로 더 빨리 수렴하기 때문이다.

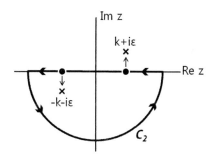

그림 13.8: 특이점이 $z = -k$ 일 경우의 경로 적분

경로 내부에 포함되므로 그 적분값은 다음과 같이 된다.

$$\oint_{C_2} \frac{ze^{-irz}/(z-k)}{(z+k)} dz = 2\pi i \frac{ze^{-irz}}{z-k}\bigg|_{z=-k-i\epsilon} = i\pi e^{ikr-\epsilon r}\bigg|_{\epsilon \to 0} = i\pi e^{ikr} \quad (13.78)$$

이상의 결과를 취합하면, 식 (13.74)로부터 그린 함수는 다음과 같이 주어진다.

$$G(\vec{x}) = \frac{i}{8\pi^2 r} \times 2i\pi e^{ikr} = -\frac{1}{4\pi|\vec{x}|} e^{i\vec{k}'\cdot\vec{x}} \quad (13.79)$$

위에서 우리는 $\vec{k}'$ 을 다음과 같이 놓았음에 유의하자.

$$\vec{k}' \equiv k\frac{\vec{x}}{|\vec{x}|} \quad (13.80)$$

이제 식 (13.66)에 식 (13.64)와 그린 함수 표현식 (13.79)를 대입하면 슈뢰딩거 방정식 (13.63)을 만족하는 다음의 파동함수 해를 얻는다.

$$\begin{aligned} \psi(\vec{x}) &= \int G(\vec{x}-\vec{x}')Q(\vec{x}')d^3\vec{x}' \\ &= -\frac{m}{2\pi\hbar^2} \int d^3\vec{x}' \frac{e^{i\vec{k}'\cdot(\vec{x}-\vec{x}')}}{|\vec{x}-\vec{x}'|} V(\vec{x}')\psi(\vec{x}') \end{aligned} \quad (13.81)$$

여기서 한 가지 주목할 점은 자유입자 해를 위에서 얻은 해에 추가하여도 원래의 슈뢰딩거 방정식을 만족한다는 것이다. 자유입자의 경우 $V = 0$ 이므로, 이 경우 해를 $\psi_0$ 으로 쓰면 식 (13.63)은 다음과 같이 된다.

$$(\nabla^2 + k^2)\psi_0 = 0 \quad (13.82)$$

469

그리고 이와 연관된 그린 함수는 다음의 관계식으로 표현할 수 있을 것이다.

$$(\nabla^2 + k^2)G_0 = 0 \tag{13.83}$$

이제 자유입자 해를 추가한 파동함수를 $\tilde{\psi}$로 기술하자.

$$\tilde{\psi}(\vec{x}) = \psi_0(\vec{x}) + \psi(\vec{x}) \tag{13.84}$$

이 파동함수가 슈뢰딩거 방정식의 해라면 다음의 관계식이 만족되어야 할 것이다.

$$(\nabla^2 + k^2)\tilde{\psi}(\vec{x}) = Q(\vec{x}) \tag{13.85}$$

이제 위 관계를 증명하기 위하여 새로운 파동함수를 다음의 그린 함수들로 표시하자.

$$\tilde{\psi}(\vec{x}) = \int \left[ G(\vec{x} - \vec{x}') + G_0(\vec{x} - \vec{x}') \right] Q(\vec{x}') d^3\vec{x}' \tag{13.86}$$

위에서 $\psi_0(\vec{x}) = \int G_0(\vec{x} - \vec{x}')Q(\vec{x}')\, d^3\vec{x}'$ 가 만족된다. 그래서 다음과 같이 증명된다.

$$
\begin{aligned}
(\nabla^2 + k^2)\tilde{\psi}(\vec{x}) &= \int (\nabla_x^2 + k^2) \left[ G(\vec{x} - \vec{x}') + G_0(\vec{x} - \vec{x}') \right] Q(\vec{x}')\, d^3\vec{x}' \\
&= \int \left[ \delta^3(\vec{x} - \vec{x}') + 0 \right] Q(\vec{x}')\, d^3\vec{x}' = Q(\vec{x}) \tag{13.87}
\end{aligned}
$$

따라서 슈뢰딩거 방정식의 해는 자유입자 해를 더해 최종적으로 다음과 같이 쓸 수 있다.

$$\psi(\vec{x}) = e^{i\vec{k}\cdot\vec{x}} - \frac{m}{2\pi\hbar^2} \int d^3\vec{x}' \, \frac{e^{i\vec{k}'\cdot(\vec{x}-\vec{x}')}}{|\vec{x}-\vec{x}'|} V(\vec{x}')\psi(\vec{x}') \tag{13.88}$$

이 식은 산란 파동함수에 대한 적분 방정식이다. 여기서 자유입자 평면파 해의 파수벡터는 $\vec{k}$ 로 표시했고, 적분 안에 나타나는 새로운 파수벡터 $\vec{k}'$ 는 다음과 같이 정의된다.

$$\vec{k}' = k\frac{\vec{x}}{|\vec{x}|} = k\hat{x} \tag{13.89}$$

이 새로운 파수벡터 $\vec{k}'$ 는 산란된 파동의 파수벡터에 해당한다.

이제 식 (13.88)의 파동함수 $\psi$ 가 입사파를 포함하는 산란된 파동함수이고, 산란 과정에 작용하는 위치에너지가 제한된 영역에서만 작용한다고 하면, $|\vec{x}'| \ll |\vec{x}|$ 인

영역에서만 $V \neq 0$ 이고 나머지 영역에서는 $V = 0$ 으로 볼 수 있을 것이다. 여기서 $|\vec{x}'| \ll |\vec{x}| = r$ 일 때, 다음의 관계가 성립한다.

$$|\vec{x} - \vec{x}'|^2 = |\vec{x}|^2 + |\vec{x}'|^2 - 2\vec{x} \cdot \vec{x}' \simeq |\vec{x}|^2 \left(1 - \frac{2\vec{x} \cdot \vec{x}'}{r^2}\right)$$

그러므로 이는 다음과 같이 다시 쓸 수 있다.

$$|\vec{x} - \vec{x}'| \simeq |\vec{x}| \left(1 - \frac{\vec{x} \cdot \vec{x}'}{r^2}\right) = r - \hat{x} \cdot \vec{x}', \qquad |\vec{x}'| \ll |\vec{x}| \tag{13.90}$$

이 관계를 식 (13.88)의 피적분 함수에 적용하면 다음과 같이 된다.

$$\frac{e^{i\vec{k}' \cdot (\vec{x} - \vec{x}')}}{|\vec{x} - \vec{x}'|} \simeq \frac{e^{i\vec{k}' \cdot \vec{x}} \, e^{-i\vec{k}' \cdot \vec{x}'}}{r - \hat{x} \cdot \vec{x}'} \simeq \frac{e^{ikr}}{r} e^{-i\vec{k}' \cdot \vec{x}'} \tag{13.91}$$

위에서 우리는 식 (13.89)의 관계를 써서 다음의 관계를 적용하였다.

$$\vec{k}' \cdot \vec{x} = k\hat{x} \cdot \vec{x} = kr \tag{13.92}$$

이제 입사파가 $+z$ 방향으로 진행한다고 가정하면 $\vec{k} = k\hat{z}$ 가 되고, 위의 조건들이 성립할 때 산란된 파동함수는 식 (13.88)로부터 다음과 같이 주어진다.

$$\psi(\vec{x}) \simeq e^{ikz} - \frac{m}{2\pi\hbar^2} \frac{e^{ikr}}{r} \int e^{-i\vec{k}' \cdot \vec{x}'} V(\vec{x}') \psi(\vec{x}') \, d^3\vec{x}', \quad \vec{k}' = k\hat{x} \tag{13.93}$$

끝으로 식 (13.93)을 식 (13.8)과 비교하면, 우리는 미분 산란단면적을 기술하는 산란 진폭 $f(\theta)$가 다음과 같이 주어짐을 알 수 있다.

$$f(\theta) = -\frac{m}{2\pi\hbar^2} \int e^{-i\vec{k}' \cdot \vec{x}'} V(\vec{x}') \psi(\vec{x}') \, d^3\vec{x}', \quad \vec{k}' = k\hat{x} \tag{13.94}$$

# 제 13.3 절   보른 어림   The Born Approximation

## 13.3.1   1차 보른 어림   The First Born Approximation

이제 식 (13.88)과 (13.93)의 산란 파동함수에 대한 적분 표현에서 파동함수를 일차적으로 평면파로 근사하면 산란진폭식 (13.94)에서 나타나는 파동함수 $\psi$ 는 다음과 같이 쓸 수 있을 것이다.

$$\psi(\vec{x}) \simeq e^{i\vec{k} \cdot \vec{x}} \tag{13.95}$$

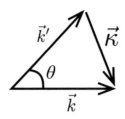

그림 13.9: 입사 파수벡터와 산란 파수벡터

이러한 근사를 우리는 1차 보른 어림 the first Born approximation 이라고 한다. 이 경우 식 (13.94)의 산란진폭은 1차 보른 진폭 first-order Born amplitude 이라고 하며 $f^{(1)}$으로 표시한다.

$$f^{(1)}(\theta) \simeq -\frac{m}{2\pi\hbar^2} \int e^{i(\vec{k}-\vec{k}')\cdot\vec{x}'} V(\vec{x}') d^3\vec{x}' \qquad (13.96)$$

한편 1차 보른 어림에 의해 얻은 새로운 파동함수를 식 (13.88)이나 식 (13.93)의 둘째 항에 대입하여 계산하면 2차 보른 어림의 파동함수 해를 얻게 된다. 이러한 과정을 반복하여 고차의 보른 어림에 의한 파동함수 해도 구할 수 있으나, 우리는 여기서 1차 보른 어림까지만 고려하고 $f^{(1)}$에서의 지수 (1)도 생략하도록 하겠다.

이제 1차 보른 진폭의 조금 더 구체적인 표현을 구해보자. 먼저 편의상 입사 파수 벡터와 산란 파수벡터의 차이를 다음과 같이 놓자(그림 13.9).

$$\vec{k} - \vec{k}' \equiv \vec{\kappa} \qquad (13.97)$$

그러면 식 (13.96)의 피적분 함수에서의 지수 부분은 다음과 같이 쓸 수 있다.

$$(\vec{k} - \vec{k}') \cdot \vec{x}' = \kappa r' \cos\theta', \quad |\vec{x}'| = r', \quad |\vec{\kappa}| = \kappa \qquad (13.98)$$

여기서 $\theta'$ 는 $\vec{\kappa}$ 와 $\vec{x}'$ 사이의 각이다. 그리고 $\theta$ 는 입사 파수벡터 $\vec{k}$ 와 산란 파수벡터 $\vec{k}'$ 사이의 각이고, $|\vec{k}| = |\vec{k}'| = k$ 이므로 다음의 관계가 성립한다.

$$\kappa = 2k \sin\frac{\theta}{2} \qquad (13.99)$$

472

우리는 여기서 산란에 작용하는 위치에너지가 산란 표적의 중심에서의 거리, 즉 $r'$ 에만 의존하는 경우를 가정하겠다.

$$V(\vec{x}') = V(r') \tag{13.100}$$

이 경우 산란진폭식 (13.96)은 다음과 같이 된다.

$$
\begin{aligned}
f(\theta) &\simeq -\frac{m}{2\pi\hbar^2} \int e^{i\kappa r' \cos\theta'} V(r') r'^2 \sin\theta' dr' d\theta' d\phi' \\
&= -\frac{m}{\hbar^2} \int_0^\infty r'^2 V(r') dr' \int_0^\pi \sin\theta' d\theta' e^{i\kappa r' \cos\theta'}
\end{aligned} \tag{13.101}
$$

여기서 각도에 대한 적분은 다음과 같이 주어지므로,

$$\int_0^\pi \sin\theta' d\theta' e^{i\kappa r' \cos\theta'} = \frac{e^{i\kappa r'} - e^{-i\kappa r'}}{i\kappa r'} = \frac{2\sin\kappa r'}{\kappa r'},$$

이 경우 1차 보른 어림에 의한 산란진폭은 다음과 같이 주어진다.

$$f(\theta) = -\frac{2m}{\hbar^2 \kappa} \int_0^\infty r' V(r') \sin\kappa r' dr', \quad \kappa = |\vec{k} - \vec{k}'| = 2k\sin\frac{\theta}{2} \tag{13.102}$$

### 13.3.2 유가와 산란과 러더퍼드 산란 Yukawa Scattering and Rutherford Scattering

이제 위치에너지가 거리 $r$ 에만 의존하는 아래의 유가와 퍼텐셜 Yukawa potential 의 경우에 대해서 생각해보자.

$$V(r) = V_0 \frac{e^{-\mu r}}{r} \tag{13.103}$$

여기서 $\mu$ 의 역수는 가리기 길이 screening length 에 해당하며, 이는 위치에너지가 작용하는 대략적인 범위를 나타낸다.

이 경우 1차 보른 어림에 의한 산란진폭은 식 (13.102)에서 다음과 같이 주어진다.

$$f(\theta) = -\frac{2mV_0}{\hbar^2 \kappa} \int_0^\infty dr \ e^{-\mu r} \sin\kappa r \tag{13.104}$$

여기서 적분 부분을 다음과 같이 $I$ 로 놓자.

$$I \equiv \int_0^\infty dr \ e^{-\mu r} \sin\kappa r \tag{13.105}$$

473

이에 대해 부분 적분을 하면 다음의 결과를 얻는다.

$$I = \frac{\kappa}{\mu^2} - \frac{\kappa^2}{\mu^2} \int_0^\infty dr\, e^{-\mu r} \sin \kappa r = \frac{\kappa}{\mu^2} - \frac{\kappa^2}{\mu^2} I$$

따라서 적분값은 다음과 같다.

$$I = \frac{\kappa}{\mu^2 + \kappa^2}$$

이로부터 유가와 퍼텐셜의 경우에 1차 보른 어림에 의한 다음의 산란진폭을 얻는다.

$$f(\theta) = -\frac{2mV_0}{\hbar^2 \kappa} \frac{\kappa}{\mu^2 + \kappa^2} = -\frac{2mV_0}{\hbar^2(\mu^2 + \kappa^2)} \tag{13.106}$$

여기에 $\kappa = 2k \sin \frac{\theta}{2}$ 를 대입하면, 미분 산란단면적은 식 (13.7)에서 다음과 같이 주어진다.

$$\frac{d\sigma}{d\Omega} = |f(\theta)|^2 = \left(\frac{2mV_0}{\hbar^2}\right)^2 \frac{1}{[2k^2(1 - \cos\theta) + \mu^2]^2} \tag{13.107}$$

위에서 우리는 식 (13.99)의 관계를 사용하였다.

$$\kappa^2 = 4k^2 \sin^2 \frac{\theta}{2} = 2k^2(1 - \cos\theta)$$

여기서 $\theta$ 는 입사 파수벡터와 산란 파수벡터 사이의 각이다.

이제 유가와 퍼텐셜에서 $\mu \to 0$ 이 되고, $V_0 = q_1 q_2$ 이 되면, 전하가 $q_1$ 과 $q_2$ 인 두 전하들 사이의 쿨롱 산란이 된다. 이 경우 $m$ 은 두 입자의 환산질량 reduced mass 으로 주어진다. 이러한 쿨롱 퍼텐셜에 의한 두 원자핵 사이의 산란은 러더퍼드에 의하여 측정되고 계산되었다. 러더퍼드 산란의 경우 표적 원자핵이 입사 원자핵에 비해 매우 무겁다고 생각하면 $m$ 은 대략 입사 입자의 질량이 되고, 미분 산란단면적은 위에 언급한 조건을 적용하면 식 (13.107)로부터 다음과 같이 주어진다.

$$\frac{d\sigma}{d\Omega} = \left(\frac{2mq_1q_2}{\hbar^2}\right)^2 \frac{1}{[2k^2(1 - \cos\theta)]^2} = \left(\frac{q_1q_2}{4E \sin^2 \frac{\theta}{2}}\right)^2 \tag{13.108}$$

여기서 $E$ 는 입사 입자의 에너지이며 우리는 $k^2 = \frac{2mE}{\hbar^2}$ 의 관계를 적용하였다. 이 공식은 러더퍼드가 얻은 산란 공식과 정확히 일치한다.

## 문제

**13.1** 식 (13.5)로 주어진 3차원의 산란 파동함수는 구면으로 퍼져 나가며 확률이 보존되는 파동함수임을 알 수 있다. 2차원의 경우에 이에 상응하는 원형으로 퍼져 나가는 확률이 보존되는 산란 파동함수를 구하라.

답. $\phi(r, \theta) = e^{i\vec{k}\cdot\vec{x}} + \frac{f(\theta)}{\sqrt{r}}e^{ikr}, \quad r^2 = x^2 + y^2, \quad \theta = \tan^{-1}(y/x)$

**13.2** 부분파동 전개에서 구면 베셀함수 및 구면 한켈함수 표현: 본문의 식 (13.15)는 구면 베셀함수로 다음과 같이 쓰여진다.

$$e^{ikz} \sim \sum_{l=0}^{\infty}(2l+1)i^l j_l(kr)P_l(\cos\theta)$$

그리고 $r$ 이 큰 영역에서 $h_l^{(1)}(kr) \sim e^{ikr}/r$ 이므로, 식 (13.16)은 구면 베셀과 한켈함수로 다음과 같이 쓸 수 있다.

$$\sum_{l=0}^{\infty}\left[(2l+1)i^l j_l(kr)P_l(\cos\theta) + A_l h_l^{(1)}(kr)P_l(\cos\theta)\right] = \sum_{l=0}^{\infty}B_l j_l(kr+\delta_l)P_l(\cos\theta)$$

여기서 $x \gg 1$ 일 때 $h_l^{(1)}(x) \to \frac{1}{x}(-i)^{l+1}e^{ix}$ 과 $h_l^{(2)}(x) \to \frac{1}{x}(i)^{l+1}e^{-ix}$ 의 관계가 성립하므로([14]의 11.7절), $j_l(x) = \frac{1}{2}\left[h_l^{(1)}(x) + h_l^{(2)}(x)\right]$ 의 관계를 써서 $B_l$ 을 구하고, $A_l$ 과 $\delta_l$ 사이의 관계를 구하라.

답. $B_l = \frac{(2l+1)i^l(kr+\delta_l)}{kr}e^{i\delta_l}, \quad A_l = (2l+1)i^{l+1}e^{i\delta_l}\sin\delta_l$

**13.3** 문제 13.2의 결과를 활용하여, 위치에너지가 다음과 같이 주어진 강체구에서

$$V(r) = \begin{cases} \infty, & r \leq a \\ 0, & r > a \end{cases}$$

위상변화 $\delta_l$ 을 구하고, $l = 0$ 일 때 본문에서 얻은 $\delta_0 = -ka$ 와 일치함을 보여라.

<u>도움말</u>: 이 경우 $r = a$ 에서 파동함수가 0 이 됨을 써서 $A_l$ 을 구하여 위상변화를 구할 수 있다. 여기서 구면 한켈함수가 구면 베셀함수와 구면 노이만함수로 다음과 같이 표시되므로,

$$h_l^{(1)}(x) \equiv j_l(x) + in_l(x),$$

이를 써서 위상변화를 구면 베셀함수와 구면 노이만 함수로 표시하라.

$l = 0$ 인 경우의 구면 베셀함수와 구면 노이만함수는 각각 다음과 같다.

$$j_0(x) = \frac{\sin x}{x}, \quad n_0(x) = -\frac{\cos x}{x}$$

답. $\delta_l = \tan^{-1}\left[\frac{j_l(ka)}{n_l(ka)}\right]$

**13.4** 아래와 같이 주어지는 구형 델타함수 껍질에 의한 산란을 생각하자.

$$V(r) = \lambda\delta(r-a)$$

여기서 $\lambda$ 와 $a$ 는 상수이다.

1). 부분파동 전개를 써서 S-파동 산란단면적을 주는 위상변화 $\delta_0$ 를 구하라.

2). 아주 낮은 에너지($k \to 0$)일 때의 그 위상변화 $\delta_0$ 와 그에 의한 미분 산란단면적을 구하라.

답. 1). $\delta_0 = \tan^{-1}\left[\frac{-\frac{2m\lambda}{\hbar^2 k}\tan^2 ka}{1 + \frac{2m\lambda}{\hbar^2 k}\tan ka + \tan^2 ka}\right]$ 2). $\delta_0 \simeq -\frac{ka}{1 + \frac{\hbar^2}{2m\lambda a}}$, $\frac{d\sigma}{d\Omega} \simeq \frac{a^2}{\left[1 + \frac{\hbar^2}{2m\lambda a}\right]^2}$

**13.5** 위치에너지가 아래와 같은 구형 장벽이 있다.

$$V(r) = \begin{cases} V_0, & r \leq a \quad (V_0 > 0) \\ 0, & r > a \end{cases}$$

1). 위치에너지가 산란 표적의 중심에서의 거리에만 의존할 때, 1차 보른 어림의 산란진폭은 식 (13.102)로 다음과 같이 주어진다.

$$f(\theta) = -\frac{2m}{\hbar^2\kappa}\int_0^\infty r'V(r')\sin\kappa r' dr', \quad \kappa = 2\sqrt{\frac{2mE}{\hbar^2}}\sin\frac{\theta}{2}$$

이를 써서 미분 산란단면적을 구하라.

2). 저에너지(장파장) 산란일 경우, 아래와 같이 식 (13.96)으로 주어지는 1차 보른 진폭에서 지수함수 부분의 변화는 무시할 만하다.

$$f^{(1)}(\theta) \simeq -\frac{m}{2\pi\hbar^2}\int e^{i(\vec{k}-\vec{k}')\cdot\vec{x}'}V(\vec{x}')d^3\vec{x}'$$

이 경우 전체 산란단면적이 본문에서의 결과 식 (13.53), $\sigma \simeq 4\pi a^2\left(\frac{\tanh\tilde{\kappa}a}{\tilde{\kappa}a} - 1\right)^2$ 과 같은지 확인하라. 여기서 $\tilde{\kappa}^2 \equiv \frac{2m(V_0-E)}{\hbar^2}$ 이고, 저에너지는 $E \ll V_0$ 임을 뜻한다.

답. 1). $\frac{d\sigma}{d\Omega} = \left(\frac{2mV_0}{\hbar^2\kappa^3}\right)^2(\kappa a\cos\kappa a - \sin\kappa a)^2$

**13.6** 보른 어림에 의해 다음 위치에너지에 대한 미분 산란단면적과 전체 산란단면적을 구하라. 아래에서 $A$ 와 $\alpha$ 는 상수이다.

$$V(r) = A\exp(-\alpha r^2)$$

<u>도움말</u>: 식 (13.102)로 주어진 1차 보른 어림의 산란진폭을 사용하라.

$$f(\theta) = -\frac{2m}{\hbar^2 \kappa}\int_0^\infty r'V(r')\sin\kappa r' dr', \quad \kappa = 2\sqrt{\frac{2mE}{\hbar^2}}\sin\frac{\theta}{2}$$

답. $\frac{d\sigma}{d\Omega} = \frac{\pi m^2 A^2}{4\alpha^3 \hbar^4}e^{-\frac{4mE}{\alpha\hbar^2}\sin^2\frac{\theta}{2}}, \quad \sigma = \frac{\pi^2 mA^2}{4\alpha^2 \hbar^2 E}\left[1 - e^{-\frac{4mE}{\alpha\hbar^2}}\right]$

**13.7** 위치에너지가 구형 델타함수 껍질로 주어진(문제 13.4) 산란에서 식 (13.102)로 주어지는 1차 보른 어림을 써서 미분 산란단면적을 구하라. 이를 아주 낮은 에너지의 경우에 문제 13.4의 2)번 결과와 비교하라.

답. $\frac{d\sigma}{d\Omega} = \frac{4m^2 a^2 \lambda^2}{\hbar^4 \kappa^2}\sin^2 \kappa a, \quad \kappa = 2\sqrt{\frac{2mE}{\hbar^2}}\sin\frac{\theta}{2}$

**13.8** 스핀 1/2 이고 질량이 $m$, 전하가 $q$ 인 두 페르미온 동일입자가 다음과 같은 위치에너지의 작용 하에 산란한다.

$$V(r) = \frac{q^2}{r}e^{-\mu r}$$

1). 질량중심계에서 각 입자의 운동에너지가 $E$ 이고 입사 입자들의 스핀이 편극되지 않았을 때, 입자들의 산란 방향 축과 입사 방향 축 사이의 산란각이 $\theta$ 일 경우(그림 13.4 참조) 미분 산란단면적을 1차 보른 어림을 써서 구하라.

<u>도움말</u>: 질량중심계에서는 두 입자들의 운동이 대칭적이므로, 위에 주어진 위치에너지에 의한 작용은 아래 주어진 위치에너지에 의한 작용과 동등해짐을 사용하라.

$$V(s) = \frac{q^2}{2s}e^{-2\mu s}$$

여기서 $s$ 는 두 입자 사이의 중간 점에서 각 입자까지 거리로 $s = r/2$ 이다.

2). 낮은 에너지(S-파동) 산란에서 산란 후 두 입자의 스핀 상태가 삼중항에 있을 확률은 얼마인가?

답. 1). $\frac{d\sigma}{d\Omega} = \frac{1}{4}\left(\frac{mq^2}{4\hbar^2}\right)^2 \frac{3(k^2\cos\theta)^2 + (k^2 + 2\mu^2)^2}{\left[(k^2\sin^2\frac{\theta}{2} + \mu^2)(k^2\cos^2\frac{\theta}{2} + \mu^2)\right]^2}, \quad k^2 = \frac{2mE}{\hbar^2}$

    2). 0

# 제 14 장

# 양자 얽힘
# Quantum Entanglement

많은 사람들이 예측했던 바, 21세기는 바야흐로 양자공학의 시대 The era of quantum engineering 를 향해 달려가고 있다. 양자역학은 이제 기존의 통신과 계산의 패러다임을 획기적으로 변화시킬 양자정보 quantum information 와 양자계산 quantum computing 의 기반 이론으로 자리매김하고 있다. 특히 양자역학 만의 현상인 양자 얽힘 quantum entanglement 현상은 양자컴퓨터 quantum computer 와 양자암호 quantum cryptography 의 바탕 이론이 되고 있다.

우리는 이 장에서 먼저 슈뢰딩거의 고양이로 세간에 널리 회자되는 양자역학적 특성인 중첩된 상태와 연관된 이슈를 살펴보고, 이와 연관된 밀도연산자와 폰노이만 엔트로피 등 양자통계와 연관된 개념에 대해서도 살펴보겠다. 그리고 나서 앞으로 도래할 양자공학의 이론적 바탕이 될 양자 얽힘과 관련된 양자역학적 개념들을 살펴보겠다. 이와 관련하여 얽힌 상태가 갖는 양자역학적 특성을 가늠하는 벨 부등식을 살펴보겠다. 그리고 마지막으로 양자계산과 양자정보 분야에서 양자 얽힘이 어떻게 쓰이는지에 대해서도 간단히 개념적으로 살펴보고자 한다.

# 제 14.1 절 밀도연산자와 폰 노이만 엔트로피
## Density Operator and von Neumann Entropy

### 14.1.1 중첩 상태와 슈뢰딩거의 고양이 Superposed States and Schrödinger's Cat

양자역학에서 임의의 물리적 상태는 어떤 물리적 관측가능량의 고유상태들을 기저로 하는 힐베르트 공간에서 기술된다. 이는 주어진 계에 존재하는 임의의 물리적 상태가 어떤 물리적 관측가능량이 가질 수 있는 측정값들을 주는 고유상태들의 1차 결합으로 나타날 수 있음을 뜻한다. 우리는 앞에서 이러한 특성을 전제하였고 또 사용하여 왔다. 그런데 이 양자역학적 특성이 의미하는 바는 고전적인 물리학의 특성과 크게 차이가 있다. 고전적으로 물리적 상태는 특정한 측정값을 주는 물리적 상태로 존재하지, 서로 다른 측정값들을 갖는 물리적 상태들의 1차 결합으로 존재하지는 않는다. 이런 차이점을 강조한 것이 바로 일반 사람들에게도 널리 알려진 밀폐된 공간 안에 있는 고양이의 생과 사에 대하여 슈뢰딩거가 제시한 다음의 논제이다.

밀폐된 공간 안에 고양이 한 마리가 있는데, 거기에는 방사성 동위원소가 조그만 용기 안에 놓여 있다. 그리고 방사성 동위원소가 붕괴하면 그 옆에 있는 독성 가스를 담은 용기의 뚜껑이 열리도록 설계되어 있다. 따라서 방사성 동위원소의 붕괴가 발생하면, 독성 가스를 담고 있는 용기의 뚜껑이 열려 고양이는 죽을 것이다. 그런데 방사성 동위원소의 붕괴는 확률적으로 일어나므로, 특정한 시간에 붕괴가 되었는지 안 되었는지는 단지 확률로만 알 수 있다. 즉, 우리가 밀폐된 공간을 열어 고양이가 죽어있는지 살아있는지 확인하기 전에는 방사성 붕괴가 일어났는지 안 일어났는지 알 수 없다. 따라서 우리가 실제 측정을 하기 전에는 양자역학적으로 밀폐된 공간 안에 있는 고양이의 상태는 살아있는 상태와 죽어있는 상태의 1차 결합으로 표시될 수 있을 것이다. 즉, 고양이가 살아 있는 상태와 죽어 있는 상태가 각각의 확률을 가지고 동시에 존재할 것이다.

그런데 여기서 논점은 고양이는 살아있거나 죽어있거나 해야 하기 때문에 어떻게 그런 살아있는 상태와 죽은 상태가 동시에 존재하는 중첩된 상태가 가능할 수 있느냐는 것이다. 더구나 밀폐된 공간을 열어 우리가 관찰을 하면 분명히 살았거나 죽었거나 두 가지 중 하나일텐데 관찰하기 전의 중첩된 상태와 관측 시 하나로 특정된 상태를 어떻게 조화롭게 설명할 수 있느냐는 것이다.

이에 대해 코펜하겐 해석은 상태의 붕괴를 얘기한다. 즉, 관측하는 순간 중첩된 상태가 붕괴하여 산 상태나 죽은 상태 중의 하나로 된다는 것이다.[1] 이와 대립되는 다중 우주적 해석은 관측 후에도 산 상태와 죽은 상태로 존재하는 두 우주가 별개로 존재하여 산 상태를 본 사람과 죽은 상태를 본 사람의 두 우주가 별개로 계속 존재하게 된다는 깃이다. 이에 대한 논쟁은 여전히 진행 중이다.[2]

여기서 유의할 점은 이러한 논쟁은 관측의 결과에 대해 양자역학적 설명을 할 때 나타난다는 점이고, 관측이 행해지기까지는 두 해석 공히 물리적 상태가 여러 상태들의 중첩으로 존재할 수 있음을 인정한다는 점이다. 이는 중요한 의미를 내포하고 있다. 우리는 앞에서 입자와 파동의 이중성이 양자역학적 특성의 바탕이 된다고 하였다. 바로 이 이중성은 상태들의 중첩과 밀접한 연관이 있다. 식 (1.57-1.59)에서 볼 수 있듯이 파동의 특성인 간섭은 계를 기술하는 두 상태가 하나로 합해졌을 때 나타나는 현상이다. 즉, 입자의 물리적 상태가 여러 상태들의 중첩으로 기술될 수 있다는 것은 그 입자가 파동의 특성을 보일 수 있음을 의미한다.

### 14.1.2 밀도연산자 Density Operator

현실에서는 어떤 특정한 상태만이 존재하는 것이 아니라 여러 가지 다른 상태들이 뒤섞여 존재할 수 있다. 예컨대 어떤 전자빔을 생각한다면 스핀이 업인 상태와 스핀이 다운인 상태가 적당히 뒤섞여 있을 수 있다. 물론 편극과정을 통하여 업이나 다운의 한

---

[1] 측정에 의해 주어진 계의 중첩 상태가 측정하는 물리량의 고유상태로 가는 소위 상태의 붕괴를 우리는 어떻게 이해할 수 있을까? 그에 대한 명확한 이론적 설명은 없다. 다만 원래 주어진 계(위의 예에서는 고양이가 있는 밀실)가 측정이라는 과정에 의해 외부와의 접촉으로 상태의 변화가 일어나고 그로 인해 상태의 중첩이라는 결맞음 coherence 현상이 깨진 것으로 이해한다. 이를 우리는 결풀림 decoherence 현상이라고 한다.

[2] 이에 대한 좀 더 자세한 논의는 참고문헌 [33]의 3장을 참고하기 바란다.

가지 스핀 상태들로 빔을 단일화(순수 상태 pure state) 할 수도 있겠지만, 현실적으로 100 퍼센트 단일화하는 것은 쉬운 일이 아니다. 그럼 편극되지 않은 전자빔처럼 스핀 상태들이 섞여 있을 때 우리는 이러한 계의 양자역학적 특성을 어떻게 분석할 것인가?

동일한 대상을 기술하는 물리적 계들 physical systems 의 집합을 모둠 ensemble 이라고 할 때, 이 물리적 계들이 모두 똑같은 상태로 이루어진 경우의 모둠을 우리는 순수 모둠 pure ensemble 이라고 한다. 순수 모둠의 계들은 한 가지 상태 예컨대 $|\alpha>$ 라는 켓 벡터로 표시할 수 있을 것이다. 지금까지 우리가 다뤘던 계들은 대부분 이런 순수 모둠을 염두에 두었던 것이라고 할 수 있다. 동일한 물리적 대상을 다루지만, 각기 다른 상태들로 표시되는, 순수 모둠들이 섞여 있는 경우를 우리는 섞인 모둠 mixed ensemble 이라고 한다.

그렇다면 상태 $|\alpha>$ 와 상태 $|\beta>$ 로 각각 표시되는 순수 모둠 둘이 같은 비율로 섞여 있는 섞인 모둠 mixed ensemble 의 경우는 어떻게 표현할 수 있을까? 이 섞인 모둠을 기술하는 상태는 다음과 같이 기술될 수 있을까?

$$|\psi> = \frac{1}{\sqrt{2}}|\alpha> + \frac{1}{\sqrt{2}}|\beta> \tag{14.1}$$

답은 '아니다'이다. 왜냐하면 이 표현은 앞에서 우리가 흔히 썼던 중첩되어 있는 하나의 결이 맞은 상태를 표현하는 것이지 두 가지 다른 상태가 섞여 있는 결어긋난 섞임 incoherent mixture 을 의미하지는 않기 때문이다. 따라서 섞인 모둠은 순수 모둠들의 혼합에서 각 순수 모둠이 차지하는 존재 비율로 표시되어야 한다. 이때 각 순수 모둠의 존재 비율을 $p_i$ 라고 한다면, 이 존재 비율 $p_i$ 들의 합은 1 이 되어야 한다.

$$\sum_i p_i = 1, \quad 0 \le p_i \le 1 \tag{14.2}$$

여기서 섞인 모둠 내의 존재 비율이 $p_i$ 로 주어지는 순수 모둠의 상태를 $|\alpha_i>$ 라고 하면,[3] 어떤 물리적 관측가능량 $\mathcal{O}$ 에 대한 측정값의 평균은 다음과 같이 주어질 것이다. 여기서 $p_i$ 는 실수임을 기억하자.

$$<\mathcal{O}> = \sum_i p_i <\alpha_i|\mathcal{O}|\alpha_i> \tag{14.3}$$

---

[3] 여기서 $|\alpha_i>$ 는 위에 나온 $|\alpha>$ 와 $|\beta>$ 를 함께 묶어 일반화한 것이다.

이와 같은 섞인 모둠에 대한 측정값의 평균을 우리는 모둠평균 ensemble average 이라고 부른다.

이제 주어진 물리계에서의 관측가능량 $\mathcal{O}$ 의 고유상태와 고유값이 다음과 같이 주어진다고 하자.

$$\mathcal{O}|a_n> = a_n|a_n> , \qquad n = 1, 2, 3, \ldots \qquad (14.4)$$

그러면 모둠평균 $<\mathcal{O}>$ 는 다음과 같이 쓸 수 있을 것이다.

$$
\begin{aligned}
<\mathcal{O}> &= \sum_i p_i \sum_{m,n} <\alpha_i|a_m><a_m|\mathcal{O}|a_n><a_n|\alpha_i> \\
&= \sum_i \sum_{m,n} p_i \, a_n \, \delta_{mn} <a_m|\alpha_i>^* <a_n|\alpha_i> \\
&= \sum_i \sum_n p_i \, a_n \, |<a_n|\alpha_i>|^2 \qquad (14.5)
\end{aligned}
$$

그런데 대부분의 경우에서 그렇듯이 우리가 사용하는 기저가 $\mathcal{O}$ 의 고유상태가 아닌 경우, 모둠평균은 그 기저를 $\{|b_n>\}$이라고 할 때 다음과 같이 다시 쓸 수 있다.

$$
\begin{aligned}
<\mathcal{O}> &= \sum_i p_i \sum_{m,n} <\alpha_i|b_m><b_m|\mathcal{O}|b_n><b_n|\alpha_i> \\
&= \sum_{m,n} \left( \sum_i p_i \; <b_n|\alpha_i><\alpha_i|b_m> \right) <b_m|\mathcal{O}|b_n> \qquad (14.6)
\end{aligned}
$$

여기서 우리는 다음과 같이 밀도연산자 $\rho$ 를 도입하겠다.[4]

$$\rho \equiv \sum_i p_i \, |\alpha_i><\alpha_i| \qquad (14.7)$$

그러면 식 (14.6)은 다음과 같이 쓰여진다.

$$
\begin{aligned}
<\mathcal{O}> &= \sum_{m,n} <b_n|\rho|b_m><b_m|\mathcal{O}|b_n> \\
&= \mathrm{Tr}(\rho \mathcal{O}) \qquad (14.8)
\end{aligned}
$$

---

[4]여기서 $\sum_i p_i = 1$ 의 관계가 만족되어야 함을 잊지 말자. 참고로 주어진 임의의 순수 상태 $|\alpha_i>$ 는 통상 기저상태들의 1차 결합으로 다음과 같이 쓸 수 있다: $|\alpha_i> = \sum_n c_n \, |b_n>$. 여기서 $|c_n|^2$ 은 주어진 계의 상태 $|\alpha_i>$ 에서 기저상태 $|b_n>$ 이 존재할 확률이다(즉, $\sum_n |c_n|^2 = 1$).

이런 관계로 인하여 밀도연산자는 종종 밀도행렬 density matrix 로도 불리며, 섞인 모둠의 특성을 나타낸다.

위에서 주어진 밀도연산자의 특성을 살펴보면, 일단 밀도연산자는 에르미트 연산자이다.

$$
\begin{aligned}
\rho^\dagger &= \sum_i \left( \, p_i \, |\alpha_i><\alpha_i| \right)^\dagger \\
&= \sum_i p_i \, |\alpha_i><\alpha_i| = \rho
\end{aligned}
\tag{14.9}
$$

다음으로 밀도연산자의 트레이스(Tr)는 항상 1 이다.

$$
\begin{aligned}
\mathrm{Tr}\,\rho &= \sum_m <b_m|\rho|b_m> \\
&= \sum_m \sum_i p_i \, <b_m|\alpha_i><\alpha_i|b_m> \\
&= \sum_i p_i \left( \sum_m <\alpha_i|b_m><b_m|\alpha_i> \right) \\
&= \sum_i p_i \, <\alpha_i|\alpha_i> = 1
\end{aligned}
\tag{14.10}
$$

위에서 우리는 $\sum_m |b_m><b_m| = 1$ 과 $<\alpha_i|\alpha_i> = 1$ 및 $\sum_i p_i = 1$ 의 관계를 사용하였다.

순수 모둠의 경우 주어진 상태가 $|\alpha_m>$ 이라고 하면, 그 존재 비율은 다음과 같이 쓸 수 있다.

$$
p_i = \delta_{im} \quad i = 1, 2, 3, \ldots
\tag{14.11}
$$

따라서 식 (14.7)에서 이 경우의 밀도연산자를 다음과 같이 쓸 수 있다.

$$
\rho = \sum_i \delta_{im} \, |\alpha_i><\alpha_i| = |\alpha_m><\alpha_m|
\tag{14.12}
$$

이로부터 순수 모둠의 경우 다음 관계들이 만족됨을 알 수 있다(문제 14.1).

$$
\rho^2 = \rho, \quad \mathrm{Tr}\left(\rho^2\right) = 1
\tag{14.13}
$$

그런데 순수 모둠의 $\text{Tr}(\rho^2)$는 일반적인 모둠이 가질 수 있는 최대값이므로 일반적인 섞인 모둠의 경우 다음 관계를 만족한다(문제 14.2).

$$0 < \text{Tr}\left(\rho^2\right) < 1 \qquad (14.14)$$

이제 모둠의 시간에 대한 변화에 대해 살펴보자. 시간 $t = t_0$ 에서 밀도연산자가 다음과 같이 주어졌다고 하자.

$$\rho(t_0) = \sum_i p_i \, |\alpha_i><\alpha_i| \qquad (14.15)$$

여기에 모둠의 존재 비율이 변하지 않고 유지되어 시간이 $t$ 가 되었을 때 각 상태가 다음과 같이 변화되었다고 하자.

$$|\alpha_i> \longrightarrow |\alpha_i, t_0; t>$$

각 상태는 슈뢰딩거 방정식을 만족하므로, 밀도연산자의 시간 변화는 다음과 같이 쓸 수 있다.

$$\begin{aligned} i\hbar\frac{\partial \rho}{\partial t} &= \sum_i p_i \left\{ H|\alpha_i, t_0; t><\alpha_i, t_0; t| - |\alpha_i, t_0; t><\alpha_i, t_0; t|H \right\} \\ &= H\rho - \rho H = [H, \rho] \end{aligned} \qquad (14.16)$$

위에서 우리는 각 상태가 다음의 슈뢰딩거 방정식을 만족함을 사용하였다.

$$i\hbar \, \frac{\partial}{\partial t} \, |\alpha_i, t_0; t> = H \, |\alpha_i, t_0; t> \qquad (14.17)$$

그리고 그에 따른 다음의 관계도 성립함을 사용하였다.

$$-i\hbar \, \frac{\partial}{\partial t} <\alpha_i, t_0; t| = <\alpha_i, t_0; t| \, H \qquad (14.18)$$

관계식 (14.16)은 이전에 나왔던 기대값의 시간 변화 관계식 (2.125)와 비슷하지만 그 부호가 반대이다.

$$i\hbar\frac{d <\mathcal{O}>}{dt} = - <[H, \mathcal{O}]>$$

오히려 우리는 관계식 (14.16)이 고전통계역학에서 위상공간 phase space 의 밀도함수 $\rho_{\rm cl}$ 이 만족하는 리우빌 방정식 Liouville equation 과 같은 꼴임을 주목하고자 한다.[5]

$$\frac{\partial \rho_{\rm cl}}{\partial t} = [H, \rho_{\rm cl}]_{\rm cl} \tag{14.19}$$

위에서 $[,]_{\rm cl}$ 은 위치와 운동량에 상응하는 정준 변수들 canonical variables $(q, p)$에 대한 다음의 푸아송 괄호 Poisson bracket 를 나타낸다[29].

$$[U, V]_{\rm cl} \equiv \sum_i \left( \frac{\partial U}{\partial q_i} \frac{\partial V}{\partial p_i} - \frac{\partial V}{\partial q_i} \frac{\partial U}{\partial p_i} \right) \tag{14.20}$$

따라서 밀도연산자의 시간 변화 관계식 (14.16)은 고전통계역학에서 밀도함수가 따라야 하는 시간 변화 관계식 (14.19)의 양자화에 해당한다고 할 수 있겠다[34, 35].

끝으로 주어진 모둠에 대한 어떤 관측가능량의 평균 측정값, 식 (14.8)을 연속적으로 분포하는 고유상태들로 나타낼 때는 어떻게 주어지는지 살펴보자. 예컨대 위치 표현에서 위치의 고유상태들로 모둠에 대한 측정의 평균값을 표현하면 다음과 같이 쓸 수 있다.

$$< \mathcal{O} > = \int d^3 x' \int d^3 x'' \; < x' | \; \rho \; | x'' > < x'' | \mathcal{O} | x' > \tag{14.21}$$

여기서 $\psi_i(x') \equiv <x'|\alpha_i>$ 의 관계를 사용하면 다음의 관계가 성립한다.

$$< x' | \; \rho \; | x'' > = \sum_i \; p_i < x'|\alpha_i > < \alpha_i | x'' > = \sum_i \; p_i \; \psi_i(x') \psi_i^*(x'') \tag{14.22}$$

만약 이때 $< x''|\mathcal{O}|x' > = < \mathcal{O} >_{x'} \delta(x' - x'')$의 관계가 성립한다면, 우리는 식 (14.21) 우변의 피적분 함수의 앞 부분을 다음과 같이 쓸 수 있을 것이다.

$$< x' | \; \rho \; | x'' > \; \delta(x' - x'') = \sum_i \; p_i \; |\psi_i(x')|^2 \; \delta(x' - x'')$$

이는 이 경우 밀도연산자가 각 구성 상태의 확률밀도에 존재 비율을 곱하여 합해주는 역할을 하여, 우리가 고전적으로 생각하는 가중 평균한 확률밀도와 같은 역할을 함을 보여준다.

[5]이에 대해서는 통계역학 교재, 참고문헌 [34]나 [35]를 참고 바람.

### 14.1.3  폰 노이만 엔트로피와 양자통계역학
### von Neumann Entropy and Quantum Statistical Mechanics

어떤 계(모둠)가 순수 상태(순수 모둠)와 어느 정도 다른지를 나타내는 척도로 우리는 흔히 다음과 같이 정의된 폰 노이만 엔트로피 von Neumann entropy 를 사용한다.

$$S(\rho) \equiv -k_B \, \text{Tr}\,(\rho \ln \rho) \tag{14.23}$$

여기서 $k_B$ 는 볼츠만 상수 Boltzmann constant 이다. 여기서 밀도연산자 $\rho$ 가 고유상태 기저들로 표시되는 경우, 밀도연산자의 그 고유상태 기저들에 대한 행렬 표현은 대각행렬이 된다. 이를 쓰면 폰 노이만 엔트로피는 다음과 같이 쓸 수 있다(문제 14.3).

$$S(\rho) = -k_B \sum_i p_i \ln p_i \tag{14.24}$$

완전 무작위 모둠 completely random ensemble 의 경우 고유상태 기저에서의 밀도연산자의 행렬 표현은 대각요소 diagonal element 가 모두 같은 대각행렬 diagonal matrix 로 표시된다. 반면 순수 모둠의 경우는 $p_i$ 들 중 하나만 1 이고 나머지는 모두 0 이다. 따라서 순수 모둠(순수 상태)의 폰 노이만 엔트로피는 0 이 된다. 순수 모둠이 아닌 모든 섞인 모둠의 경우 $S$ 는 항상 0 보다 크다(문제 14.4). 그래서 우리는 폰 노이만 엔트로피를 그 계가 지닌 무질서도를 나타내는 양으로 생각할 수 있다.

이제 열적 평형상태에 있는 모둠을 생각하자. 이 경우 밀도연산자의 시간 변화는 없으므로 다음 관계가 성립한다.

$$\frac{\partial \rho}{\partial t} = 0 \tag{14.25}$$

이 경우, 식 (14.16)에 의해서 다음 관계가 성립하게 된다.

$$[H, \rho] = 0 \tag{14.26}$$

이는 밀도연산자와 해밀토니안이 서로 공통의 고유상태들을 가짐을 뜻한다. 따라서 우리가 에너지 고유상태들이 기저로 되는 행렬 표현을 쓰면 밀도연산자와 해밀토니안을 둘 다 함께 대각행렬로 표현할 수 있다. 따라서 밀도연산자의 $j$ 번째 대각요소는 밀도연산자의 정의식 (14.7)을 써서 다음과 같이 쓸 수 있다.

$$\rho_{jj} = <E_j| \sum_i p_i |\alpha_i><\alpha_i|E_j> = \sum_i p_i |<E_j|\alpha_i>|^2 \qquad (14.27)$$

이는 $j$ 번째 에너지 고유상태가 임의의 기저상태 $|\alpha_i>$ 에서 존재할 확률로 가중 평균한 값임을 알 수 있다.

열적 평형상태에서 폰 노이만 엔트로피가 극대화 되는 경우를 생각하면 다음의 관계가 성립할 것이다.

$$\delta S = 0 \qquad (14.28)$$

한편 에너지의 모둠평균은 다음과 같이 주어진다.

$$<H> = \text{Tr}(\rho H) \equiv U \qquad (14.29)$$

우리는 이를 내부에너지 internal energy 라 부르고 $U$ 로 표시하겠다. 열적 평형 상태에서는 내부에너지나 밀도연산자의 트레이스 값에 변화가 없어야 한다. 즉, 다음의 조건들이 만족되어야 한다.

$$\delta<H> = \sum_j \delta\rho_{jj} E_j = 0, \quad \delta(\text{Tr}\rho) = \sum_j \delta\rho_{jj} = 0 \qquad (14.30)$$

식 (14.28)과 식 (14.30)으로 주어지는 열적 평형 하에서의 세 가지 제한 조건들은 다음의 라그랑지 곱수들 Lagrange multipliers 로 적용시킬 수 있다.

$$\sum_j \delta\rho_{jj} [(\ln \rho_{jj} + 1) + bE_j + c] = 0 \qquad (14.31)$$

여기서 $b$ 와 $c$ 는 라그랑지 곱수들이다. 위에서 우리는 조건식 (14.28)이 엔트로피 정의식 (14.23)으로부터 다음과 같이 쓰여질 수 있음을 사용하였다.

$$\delta S = -k_B \sum_j (\delta\rho_{jj} \ln \rho_{jj} + \delta\rho_{jj}) = 0 \qquad (14.32)$$

우리는 조건식 (14.31)이 다음 조건 하에서 만족됨을 곧 알 수 있다.

$$\rho_{jj} = \exp(-bE_j - c - 1) \qquad (14.33)$$

그런데 이 경우 $\sum_j \rho_{jj} = 1$ 이므로, 다음의 관계가 성립해야 한다.

$$\exp\left(-c-1\right) = \left[\sum_j \exp(-bE_j)\right]^{-1} \tag{14.34}$$

따라서 $\rho_{jj}$ 는 최종적으로 다음과 같이 쓸 수 있다.

$$\rho_{jj} = \frac{\exp(-bE_j)}{\sum_j \exp(-bE_j)} \tag{14.35}$$

이것은 통상의 정준 모둠 canonical ensemble[6]에서 에너지 고유상태 $E_j$ 의 존재 비율이다. 우리는 상수 $b$ 를 전통적으로 $\beta$ 로 표시하며 절대온도 $T$ 와 볼츠만 상수로 다음과 같이 표시한다.

$$b \longrightarrow \beta \equiv \frac{1}{k_B T} \tag{14.36}$$

그리고 식 (14.35)의 우변의 분모를 우리는 분배함수 partition function 라고 부른다.

$$Z \equiv \sum_j \exp(-\beta E_j) \tag{14.37}$$

이것은 해밀토니안 고유상태 기저에서 해밀토니안 연산자로 다음에 같이 쓸 수 있다.

$$Z = \mathrm{Tr}\left[\exp(-\beta H)\right] \tag{14.38}$$

따라서 밀도연산자는 식 (14.35)로부터 분배함수를 써서 해밀토니안 고유상태 기저에서 다음과 같이 표시할 수 있다.

$$\rho = \frac{\exp(-\beta H)}{Z} \tag{14.39}$$

이를 모둠평균의 경우에 적용하면 다음과 같이 된다.

$$<\mathcal{O}> = \mathrm{Tr}(\rho\,\mathcal{O}) = \frac{\mathrm{Tr}(e^{-\beta H}\mathcal{O})}{Z} = \frac{\sum_j <\mathcal{O}>_j\, e^{-\beta E_j}}{\sum_j \exp(-\beta E_j)} \tag{14.40}$$

---

[6]정준 모둠은 주어진 계가 주위의 열저장고 heat reservoir 와 같은 온도를 유지하면서 전체 상태의 수 total number of states 또는 자유도의 수 number of degrees of freedom 가 변하지 않는 닫힌 계의 경우를 기술하며, 통상 밀도함수가 해밀토니안 $H$ 와 절대온도 $T$ 로 $\sim \exp(-\frac{H}{k_B T})$ 의 형태로 주어지는 경우이다. 이는 주위와 열과 물질을 교환하여 자유도의 수와 에너지가 변동할 수 있는 열린 계의 경우를 기술하는 대정준 모둠 grand canonical ensemble 과 구별된다.

이를 해밀토니안의 경우에 적용하면, 내부에너지는 분배함수로 다음과 같이 쓸 수 있다.

$$U = <H> = \frac{\sum_j E_j e^{-\beta E_j}}{\sum_j \exp(-\beta E_j)} = -\frac{\partial}{\partial \beta}(\ln Z) \tag{14.41}$$

이제 분배함수로 주어진 밀도연산자 식 (14.39)를 써서 폰 노이만 엔트로피를 계산해 보자.

$$
\begin{aligned}
S &= -k_B \, \mathrm{Tr}\,(\rho \ln \rho) \\
&= -k_B \, \mathrm{Tr}\left(\frac{\exp(-\beta H)}{Z} \ln \frac{\exp(-\beta H)}{Z}\right) \\
&= k_B \, \mathrm{Tr}\left(\frac{\exp(-\beta H)}{Z}\{\beta H + \ln Z\}\right) \\
&= k_B\{\beta <H> + \ln Z\} \\
&= \frac{U}{T} + k_B \ln Z
\end{aligned}
\tag{14.42}
$$

위에서 우리는 식 (14.40)과 (14.41)을 사용하였다. 이는 정준 모둠에서 헬름홀쯔 자유에너지 Helmholtz free energy[7] $A$ 와 내부에너지 $U$ 사이의 관계와 같음을 보여준다[34, 35].

$$A = U - TS, \qquad A = -k_B T \ln Z \tag{14.43}$$

# 제 14.2 절   양자 얽힘과 벨 부등식 Quantum Entanglement and Bell Inequality

## 14.2.1   얽힌 상태와 EPR 모순 Entangled State and EPR Paradox

우리는 앞에서 이미 얽힌 상태를 보아 왔다. 스핀 1/2 인 입자 둘로 이루어진 계의 경우, 그 전체 스핀은 1 또는 0 이 되며, 우리는 이를 각각 스핀 삼중항과 스핀 단일항으로 불렀다. 앞에서 식 (8.203)으로 주어진 스핀 단일항의 경우를 다시 쓰면 다음과 같다.

$$|\Psi>_{(s=0, m=0)} = \frac{1}{\sqrt{2}}\left(|\uparrow\downarrow> - |\downarrow\uparrow>\right) \tag{14.44}$$

---

[7]정준 모둠의 경우와 같이 외부와 열적 평형을 이루는 닫힌 계의 자유에너지를 우리는 헬름홀쯔 자유에너지라고 한다[34, 35].

이는 첫 번째 입자의 ($z$ 방향) 스핀이 업($+z$)일 경우, 두 번째 입자의 스핀은 다운($-z$)이고, 첫 번째가 다운($-z$)일 경우 두 번째는 업($+z$)이어야 함을 보여 준다. 이러한 관계는 두 입자의 사이가 아무리 멀리 떨어져 있더라도 성립되어야 한다. 우리는 이런 상태를 얽힌 상태 entangled state 라고 한다.

얽힌 상태는 위에서 든 예처럼 두 개 이상의 계가 합해져 있을 때 나타나는데, 이에 대한 좀 더 수학적인 정의는 전체 상태가 부분계들을 나타내는 상태들의 텐서곱으로 표시되지 않는 경우이다. 예컨대 위에서 예로 든 스핀 1/2 인 입자 둘로 이루어진 계의 경우, 전체 스핀이 1 이고 그 $z$ 성분이 1 이거나 $-1$ 이라면 식 (8.184)에서 보았듯이 이 상태들은 입자 1의 상태와 입자 2의 상태의 텐서곱으로 다음과 같이 주어진다.

$$| \Psi >_{(s=1,\, m=1)} \;\; = \;\; |\uparrow\uparrow> \; = \; |\, s_1 = \frac{1}{2},\, m_1 = \frac{1}{2} > \otimes |\, s_2 = \frac{1}{2},\, m_2 = \frac{1}{2} >$$

$$| \Psi >_{(s=1,\, m=-1)} \;\; = \;\; |\downarrow\downarrow> \; = \; |\, s_1 = \frac{1}{2},\, m_1 = -\frac{1}{2} > \otimes |\, s_2 = \frac{1}{2},\, m_2 = -\frac{1}{2} >$$

따라서 스핀 삼중항에서 $m = 1$ 이거나 $m = -1$ 인 경우의 상태는 얽힌 상태가 아니다.

역사적으로 보면, 양자역학의 완전성에 대해 미심쩍어 했던 아인슈타인은 1935년 포돌스키(B. Podolsky) 및 로젠(N. Rosen)과 함께 양자역학의 완전성에 의문을 제기하는 논문을 한 편 발표하였다.[8] 논문이 주장하는 바에 대한 이해의 편의를 위해 우리는 보옴 D. Bohm의 관점을 따라서 살펴보도록 하겠다.[9]

앞에서 언급한 스핀 단일항 상태를 갖는 계의 경우, 전체 스핀 각운동량이 0 이 되어야 하므로, 입자 1과 입자 2의 스핀은 항상 반대가 되어야 한다. 따라서 두 입자가 아무리 멀리 떨어져 있더라도 예컨대 입자 1의 $z$ 성분 스핀이 $+1/2$ 인 경우, 입자 2의 $z$ 성분 스핀은 $-1/2$ 이 되어야 한다. 이제 첫 번째 측정으로 입자 1의 $z$ 성분 스핀을 측정하였다고 하자. 그러면 입자 2의 $z$ 성분 스핀은 따라서 결정되게 된다.

여기서 다음의 두 번째 측정으로 입자 1의 $x$ 성분 스핀을 측정하였다고 하면, 전체 $x$ 성분 스핀 각운동량도 0 이 되어야 하므로, 입자 2의 $x$ 성분 스핀도 그에 따라 결정되게 된다. 그런데 만약 두 입자가 아주 멀리 떨어져 있어서 두 번째로 입자 1의 $x$

---

[8]A. Einstein, B. Podolsky, and N. Rosen, Phys. Rev. **47**, 777 (1935).

[9]참고문헌 [33]의 12장 참조.

성분 스핀을 측정했다는 정보가 입자 2에 도달하기 전이라면, 입자 2의 $z$ 성분 스핀은 1차 측정에서 결정된 상태 그대로 있어야 할 것이다. 그러나 2차 측정에 의해서 입자 2의 $x$ 성분 스핀은 스핀 각운동량 보존에 의해서 바로 결정되어야 한다. 그렇게 된다는 것은 입자 2의 $z$ 성분과 $x$ 성분 스핀이 함께 정확하게 결정되어야 함을 뜻한다.

하지만 양자역학적으로 스핀의 $z$ 성분과 $x$ 성분 연산자들은 서로 가환하지 않으므로 이처럼 두 스핀 성분들을 함께 정확히 결정할 수 있다는 것은 양자역학의 논리와 모순된다. 이를 우리는 EPR 모순 EPR paradox 이라고 부른다.

양자역학적으로는 이러한 모순이 없도록 하기 위해서 두 입자가 아무리 멀리 떨어져 있더라도 2차로 입자 1의 $x$ 성분 스핀을 측정하면 입자 2도 입자 1이나 마찬가지로 스핀 $z$ 성분을 정확하게 측정할 수 없음을 전제해야 한다. 주어진 계의 구성 요소들이 이처럼 양자역학적으로 서로 맞물려 돌아가는 상황을 우리는 '얽혀 있다' entangled 라고 한다.

한편, EPR 모순을 양자역학적 얽힘으로 이해하지 않고 양자역학의 불완전성으로 여겨 숨은 변수들 hidden variables 을 추가함으로써 설명하려는 이론들이 나왔는데, 이를 국소적 숨은 변수 이론들 local hidden variable theories 이라고 한다. 그러나 이 절의 마지막 소절에서 살펴보겠지만, 1964년에 벨 J.S. Bell 은 그런 논리가 양자역학과 양립할 수 없음을 보였다.

### 14.2.2  얽힘 엔트로피 Entanglement Entropy

두 개의 입자로 이루어진 계를 생각하자. 입자 1의 상태를 기술하는 힐베르트 공간을 $\mathcal{H}_A$ 라 하고 그 기저상태들을 $\{|\psi_i\rangle\}$로 표현하자. 입자 2의 상태를 기술하는 힐베르트 공간을 $\mathcal{H}_B$ 라 하고 그 기저상태들을 $\{|\phi_m\rangle\}$으로 표현하자. 그러면 그 두 힐베르트 공간의 텐서곱으로 주어지는 전체 힐베르트 공간 $\mathcal{H}$ 와 그 기저상태들 $\{|\alpha_{im}\rangle\}$은 다음과 같이 쓸 수 있을 것이다.

$$\mathcal{H} = \mathcal{H}_A \otimes \mathcal{H}_B, \quad |\alpha_{im}> \equiv |\psi_i>_A \otimes |\phi_m>_B \tag{14.45}$$

이 경우 이 계에 존재하는 임의의 상태 $|\Psi\rangle$ 는 $\mathcal{H}$ 의 기저상태들의 1차 결합으로 다음과 같이 쓸 수 있을 것이다.

$$|\Psi> = \sum_{i,m} c_{im} |\alpha_{im}> = \sum_{i,m} c_{im} |\psi_i >_A \otimes |\phi_m >_B \qquad (14.46)$$

여기서 전개계수 $c_{im}$ 은 복소수이다. 그리고 주어진 임의의 상태 $|\Psi\rangle$가 기저상태 $|\alpha_{im}\rangle$으로 존재할 확률은 $|c_{im}|^2$ 임을 기억하자.

이처럼 두 부분으로 나누어지는 이분복합계 bipartite system 에 존재하는 얽힌 상태들로 이루어진 일반적인 섞인 모둠의 경우에도 우리는 이전과 마찬가지로 밀도연산자를 다음과 같이 정의한다.

$$\rho \equiv \sum_{i,m} p_{im} |\alpha_{im} >< \alpha_{im}| \qquad (14.47)$$

여기서 $p_{im}$ 은 $\sum_{i,m} p_{im} = 1$ 의 관계를 만족하는 순수 모둠 $|\alpha_{im}\rangle$의 존재 비율이다.

이제 식 (14.46)으로 주어진 임의의 상태 $|\Psi\rangle$로 이루어진 순수 모둠을 생각하자. 앞에서 우리는 순수 모둠의 경우 폰 노이만 엔트로피가 0 이 된다고 하였다. 이 경우 밀도연산자는 다음과 같이 쓸 수 있다.

$$\rho = |\Psi >< \Psi| \qquad (14.48)$$

이를 밀도연산자의 정의식 (14.7)과 비교하면, $p_i$ 는 하나 뿐이고 그 값은 1 이다. 따라서 우리는 식 (14.24)로부터 폰 노이만 엔트로피가 0 이 됨을 곧 알 수 있다.

이와 같은 순수상태로 주어진 이분복합계에서 입자 1을 관찰하는 관찰자 A와 입자 2를 관찰하는 관찰자 B가 서로 상대방의 상태에 대해 전혀 알지 못하는 경우가 있을 수 있다. 이런 경우 한 관찰자가 자신이 속한 부분계를 관찰할 때에 다른 관찰자의 정보가 어떤 영향을 끼칠까?

예를 들어 입자 1을 관찰하는 관찰자 A가 물리량 $\mathcal{O}_A$ 를 측정한다고 하자. 이 경우

$\mathcal{O}_A$ 는 $\mathcal{H}_A$ 만 작용하게 되므로 그 기대값은 다음과 같이 주어질 것이다.

$$
\begin{aligned}
< \mathcal{O}_A > \ &= \ < \Psi | \mathcal{O}_A \otimes I_B | \Psi > \\
&= \ (\sum_{i,m} c_{im}^* \ {}_A < \psi_i | \ \otimes \ {}_B < \phi_m |)(\mathcal{O}_A \otimes I_B)(\sum_{i',m'} c_{i'm'} |\psi_{i'} >_A \otimes |\phi_{m'} >_B ) \\
&= \ \sum_{i,m,i'} c_{im}^* \, c_{i'm} \ {}_A < \psi_i | \mathcal{O}_A | \psi_{i'} >_A \qquad\qquad (14.49)
\end{aligned}
$$

이 결과는 입자 2에 대한 정보는 모두 합해져서, 관찰자 A가 입자 1만의 독립된 계를 측정한 것과 같은 양상을 보여 준다. 따라서 전체 계의 밀도연산자 $\rho$ 에서 부분계 B 의 상태들에 대한 정보를 모두 합하는, 즉 부분계 B의 힐베르트 공간 $\mathcal{H}_B$ 에 대해 트레이스를 취하는 것으로 부분계 A의 밀도연산자 $\rho_A$를 정의할 수 있다.

$$
\rho_A \ \equiv \ \mathrm{Tr}_{\mathcal{H}_B}(\rho) \qquad\qquad (14.50)
$$

이제 이 정의를 순수 모둠의 밀도연산자로 주어진 식 (14.48)에서 부분계 B에 적 용하면, 밀도연산자 $\rho_A$ 는 다음과 같이 주어진다.

$$
\begin{aligned}
\rho_A \ &= \ \mathrm{Tr}_{\mathcal{H}_B}(\rho) = \sum_m \ {}_B < \phi_m | \Psi > < \Psi | \phi_m >_B \\
&= \ \sum_{i,i',m} c_{i'm} \, c_{im}^* \ |\psi_{i'} >_A \ {}_A < \psi_i | \qquad\qquad (14.51)
\end{aligned}
$$

이 결과를 식 (14.49)와 비교하면 우리는 다음의 관계가 성립함을 알 수 있다.

$$
< \mathcal{O}_A > \ = \ \mathrm{Tr}_{\mathcal{H}_A}(\mathcal{O}_A \, \rho_A) \qquad\qquad (14.52)
$$

이는 부분계 A의 밀도연산자 $\rho_A$를 식 (14.50)으로 정의했을 때, 식 (14.8)로 주어지는 밀도연산자에 의한 기대값의 표현이 부분계 $\mathcal{H}_A$ 에 대해서도 동일하게 성립함을 보여 준다. 참고로 식 (14.51)에서 밀도연산자 $\rho_A$ 의 표현이 통상과 다른데, 우리가 부분계 A의 새로운 상태들을 다음과 같이 정의하면,

$$
|\tilde{\psi}_m >_A \equiv \sum_i \frac{c_{im}}{\sqrt{p_m}} \, |\psi_i >_A, \quad p_m = \sum_i |c_{im}|^2, \qquad\qquad (14.53)
$$

밀도연산자 $\rho_A$ 는 다음과 같이 통상의 형태처럼 쓸 수도 있다.

$$\rho_A = \sum_m p_m \, |\tilde{\psi}_m >_A \; {}_A< \tilde{\psi}_m| \tag{14.54}$$

여기서 주의할 점은 새로 정의한 상태들 $\tilde{\psi}_m$ 에 대한 합의 범위가 부분계 B의 범위와 같다는 것이다. 이는 새 상태 $\tilde{\psi}_m$ 의 존재 비율 $p_m$ 이 식 (14.53)의 정의에서 보듯이 부분계 B의 상태 $\phi_m$ 과 연관된 부분계 A에 속한 모든 상태들의 존재 확률을 다 더했기 때문이다. 이는 원래 부분계 A의 밀도연산자가 전체 계의 밀도연산자 $\rho$ 로부터 부분계 B에 대한 트레이스를 취해서 얻어진 것 때문이기도 하다.

이처럼 A, B 두 부분으로 나눌 수 있는 이분복합계에서 부분계 $A$ 의 밀도연산자가 식 (14.50)으로 정의되었을 때, 이를 써서 구한 부분계 $A$ 의 폰 노이만 엔트로피를 우리는 얽힘 엔트로피 entanglement entropy 라고 부른다.

$$S_A \equiv S(\rho_A) = -k_B \, \mathrm{Tr}_{\mathcal{H}_A} (\rho_A \ln \rho_A) \tag{14.55}$$

마찬가지로 우리는 부분계 $B$에 대해서도 동일하게 밀도연산자와 얽힘 엔트로피를 정의할 수 있다.

$$\rho_B = \mathrm{Tr}_{\mathcal{H}_A}(\rho) = \sum_{i,m,m'} c_{im'} \, c_{im}^* \; |\phi_{m'}>_B \; {}_B< \phi_m| \tag{14.56}$$

$$S_B = -k_B \, \mathrm{Tr}_{\mathcal{H}_B} (\rho_B \ln \rho_B) \tag{14.57}$$

얽힘 엔트로피는 이분복합계의 두 부분이 서로 얼마나 얽혀 있는지 그 정도를 나타내는데, 위에서 우리가 고려한 순수상태로 주어진 이분복합계에서는 각 부분계의 얽힘 엔트로피가 서로 같다.

$$S_A = S_B \tag{14.58}$$

이는 다음 소절의 슈미트 분해 Schmidt decomposition 라는 정리를 써서 보일 수 있다.

우리는 부분계의 밀도연산자가 단위행렬에 비례할 때 주어진 이분복합계의 순수상태가 '최대로 얽혀 있다' maximally entangled 라고 한다. 이때 부분계의 밀도연산자는 '최대로 섞여 있다' maximally mixed 라고 하는데, 이는 완전 무작위 모둠의 경우 그 밀도연산자가 단위행렬에 비례하기 때문이다(문제 14.4).

### 14.2.3 슈미트 분해 Schmidt Decomposition

앞의 식 (14.46)에서 우리는 순수 모둠의 이분복합계를 기술하는 순수상태 $|\Psi>$ 를 구성 부분계의 힐베르트 공간 $\mathcal{H}_A$ 와 $\mathcal{H}_B$ 의 기저상태들인 $|\psi_i>_A$ 와 $|\phi_m>_B$ 의 텐서곱들의 1차결합으로 아래처럼 표시하였는데 이는 다시 다음과 같이 고쳐 쓸 수 있다.

$$|\Psi>_{AB} = \sum_{i,m} c_{im} |\psi_i>_A \otimes |\phi_m>_B \equiv \sum_i |\psi_i>_A \otimes |\widehat{\phi}_i>_B \tag{14.59}$$

여기서 힐베르트 공간 $\mathcal{H}_B$ 에 속하는 새로 정의한 상태 $|\widehat{\phi}_i>_B$ 는 다음과 같다.

$$|\widehat{\phi}_i>_B \equiv \sum_m c_{im} |\phi_m>_B \tag{14.60}$$

앞에서 구한 부분계 A의 밀도연산자 $\rho_A$ 를 식 (14.59)의 마지막 표현을 써서 구하면 다음과 같다.

$$
\begin{aligned}
\rho_A &= \sum_m {}_B<\phi_m|\Psi><\Psi|\phi_m>_B \\
&= \sum_{i,i',m} {}_B<\phi_m|\widehat{\phi}_i>_B \; {}_B<\widehat{\phi}_{i'}|\phi_m>_B \; |\psi_i>_A \; {}_A<\psi_{i'}| \\
&= \sum_{i,i'} {}_B<\widehat{\phi}_{i'}|\widehat{\phi}_i>_B \; |\psi_i>_A \; {}_A<\psi_{i'}|
\end{aligned}
\tag{14.61}
$$

그런데 여기서 부분계 A의 밀도연산자 $\rho_A$ 가 대각행렬이 되도록 부분계 A의 기저 $\{|\psi_i>_A\}$ 가 선택됐다면, 우리는 이를 다음과 같이 쓸 수 있을 것이다.

$$\rho_A = \sum_i \widehat{p}_i \, |\psi_i>_A \; {}_A<\psi_i| \,, \quad \sum_i \widehat{p}_i = 1, \tag{14.62}$$

이 식이 식 (14.61)과 같아지려면, 다음의 조건이 만족되면 된다.

$$_B<\widehat{\phi}_{i'}|\widehat{\phi}_i>_B = \widehat{p}_i \delta_{ii'} \tag{14.63}$$

이 경우, 새로 정의한 상태들 $\{|\widehat{\phi}_i>_B\}$ 는 서로 직교하며, 이를 규격화한 상태는 다시

다음과 같이 쓸 수 있다.[10]

$$| \ \widetilde{\phi}_i >_B \equiv \frac{1}{\sqrt{\widehat{p}_i}} \ | \ \widehat{\phi}_i >_B = \sum_m \frac{c_{im}}{\sqrt{\widehat{p}_i}} \ |\phi_m >_B \tag{14.64}$$

이를 식 (14.59)에 대입하여 우리는 다음과 같은 결과를 얻는다. 즉, 이분복합계를 기술하는 임의의 순수상태 $|\Psi >_{AB}$ 는 구성 부분계들의 힐베르트 공간 $\mathcal{H}_A$ 와 $\mathcal{H}_B$ 의 특정한 직교규격화된 기저 orthonormal basis 들로 다음과 같이 전개할 수 있다.

$$|\Psi >_{AB} = \sum_i \ \sqrt{\widehat{p}_i} \ |\psi_i >_A \otimes |\widetilde{\phi}_i >_B \tag{14.65}$$

이 결과를 우리는 슈미트 분해 Schmidt decomposition 정리라고 한다[36, 37].

이를 써서 부분계 B의 밀도연산자를 구하면 다음과 같다.

$$
\begin{aligned}
\rho_B &= \mathrm{Tr}_{\mathcal{H}_A}(\rho) \\
&= \sum_i \ {}_A < \psi_i \ |\Psi >_{AB} \ \ {}_{AB} < \Psi|\psi_i >_A \\
&= \sum_i \ \widehat{p}_i \ |\widetilde{\phi}_i >_B \ \ {}_B < \widetilde{\phi}_i| \tag{14.66}
\end{aligned}
$$

이는 기저상태들의 (0 이 아닌) 존재 비율이 식 (14.62)로 주어진 부분계 A의 밀도연산자 $\rho_A$ 에서와 같음을 보여준다. 이 기저들에서 $\rho_A$ 와 $\rho_B$ 는 모두 대각 행렬로 표현되고, 두 부분계의 얽힘 엔트로피는 서로 같음을 알 수 있다.

$$
\begin{aligned}
S_A &= -k_B \ \mathrm{Tr}_{\mathcal{H}_A} \left( \rho_A \ln \rho_A \right) = -k_B \sum_i \widehat{p}_i \ln \widehat{p}_i \\
S_B &= -k_B \ \mathrm{Tr}_{\mathcal{H}_B} \left( \rho_B \ln \rho_B \right) = -k_B \sum_i \widehat{p}_i \ln \widehat{p}_i \tag{14.67}
\end{aligned}
$$

여기서 역으로 어떤 계 A의 밀도연산자 $\rho_A$ 가 특정한 기저에서 식 (14.62)로 나타내진다고 하자. 이런 경우 $\rho_A$ 는 주어진 계 A와 또 다른 새로운 계 B로 이루어진

---

[10]이는 식 (14.53)에서 새로 정의한 부분계 A의 상태들과 같은 꼴로 주어졌음을 알 수 있다. 여기서는 부분계 A의 기저가 처음부터 대각행렬의 밀도연산자를 준다고 가정했기에 그 조건을 만족하는 부분계 B의 상태들에 대한 관계식을 얻게 된 것이다.

어떤 이분복합계 AB 에서의 순수 상태를 기술하는 밀도연산자로부터 얻어질 수 있다. 이를 우리는 순수화 purified 될 수 있다고 말한다. 이처럼 주어진 계 A의 밀도연산자 $\rho_A$ 가 순수 상태 이분복합계 AB의 밀도연산자로부터 얻어질 때, 그러한 이분복합계 AB를 기술하는 순수 상태 $|\Psi>_{AB}$ 는 부분계들의 힐베르트 공간 $\mathcal{H}_A$ 와 $\mathcal{H}_B$ 의 직교규격화된 특정 기저들에서 식 (14.65)와 같이 쓰여질 수 있다. 이렇게 얻어져 식 (14.65)처럼 쓰여지는 이분복합계 AB의 순수 상태 $|\Psi>_{AB}$ 를 우리는 밀도연산자 $\rho_A$ 의 '순수화' purification 라고 한다. 이때 하나의 주어진 밀도연산자 $\rho_A$ 에 대한 순수화 상태 $|\Psi>_{AB}$ 는 단일하지 않다. 그러나 주어진 밀도연산자 $\rho_A$ 의 서로 다른 순수화 상태들은 계 B의 기저들 사이의 유니타리 변환에 의해 서로 동등하다.

이와 같은 주어진 밀도연산자의 순수화는 우리가 흔히 접하는 부분계의 섞인 상태를 전체 계의 순수 상태로 바꾸어 생각할 수 있게 한다. 이는 전체 계에 대해서 모르더라도 우리가 접하는 부분계에 대한 밀도연산자를 알 수 있다면 우리가 해당 부분계에 대해서는 전체 계를 알 때와 동등하게 정보를 얻을 수 있음을 뜻한다.

### 14.2.4  벨 부등식 Bell Inequality

우리는 앞에서 두 스핀 입자들이 스핀 단일항의 상태에 있는 이분복합계에서 서로 다른 입자들 사이에 가환이 아닌 관측량들의 독립적인 관측도 가능하다는 가정을 했을 때 나타나는 양자역학과의 모순 즉 EPR 모순을 살펴보았다. 1964년 벨은 이러한 문제가 양자역학 자체의 불완전성에 기인하는 것으로 생각하는, 국소적 숨은 변수들 local hidden variables 의 존재를 가정하는, 국소적 숨은 변수 이론으로 해소될 수 있는지 살펴보았다.

이를 위하여 벨은 멀리 떨어진 입자 1과 입자 2의 상태를 동시에 측정하였을 때 각 입자에 대한 측정들은 서로 독립적이라는 국소성 locality 을 가정하였다. 따라서 두 스핀 $\frac{1}{2}$ 입자들의 상태가 식 (14.44)로 주어지는 스핀 단일항 상태라고 가정하는 대신에 $\vec{S}_1 + \vec{S}_2 = 0$ 의 관계를 만족하면서 예컨대 $\lambda$ 로 표시되는 어떤 숨은 변수(들)의 함수로 나타낼 수 있는 가능한 모든 상태들의 모둠이라고 가정하였다.

즉, 첫 번째 입자의 어떤 방향 $\hat{a}$ 에 대한 스핀 성분값은 특정한 함수 $\frac{\hbar}{2}F(\hat{a}, \lambda)$로 주어지며, 이때 함수 $F(\hat{a}, \lambda)$는 $+1$ 또는 $-1$의 값만 갖는다고 가정하였다. 그러면 각운동량 보존에 의해 동일한 $\hat{a}$ 방향에 대한 두 번째 입자의 스핀 성분값은 함수 $-\frac{\hbar}{2}F(\hat{a}, \lambda)$로 주어진다. 여기서 변수(들) $\lambda$ 는 임의이지만 계가 처음 만들어질 때에 결정되어 유지되고, 계가 변수값(들) $\lambda$ 를 갖는 상태에 있을 확률은 $\rho(\lambda)$로 주어진다고 가정한다.

$$\int \rho(\lambda)d\lambda = 1, \quad \rho(\lambda) \geq 0 \qquad (14.68)$$

실제로 이러한 문제에 대한 실험 대상으로 우리는 쌍생성 pair creation 된 전자와 양전자 positron 쌍이 전체 스핀이 0 인 상태를 유지하며 서로 멀리 떨어져 있는 경우를 생각할 수 있을 것이다. 지금부터는 위에서 기술한 국소적 숨은 변수 이론에 부합하는 벨의 가정과 두 입자가 서로 얽혀 있음을 보여주는 스핀 단일항으로 기술되는 양자역학적 논리가 서로 양립될 수 있는지 살펴보도록 하겠다.

먼저 벨의 가정에 따르면 두 입자들 스핀 사이의 상관 관계 correlation 를 우리는 입자 1의 $\hat{a}$ 방향 스핀 성분값과 입자 2의 $\hat{b}$ 방향 스핀 성분값의 곱에 대한 기대값(평균값)으로 다음과 같이 표시할 수 있을 것이다.[11]

$$< (\vec{S}_1 \cdot \hat{a})(\vec{S}_2 \cdot \hat{b}) > = -\frac{\hbar^2}{4} \int d\lambda \, \rho(\lambda) F(\hat{a}, \lambda) F(\hat{b}, \lambda) \qquad (14.69)$$

반면, 양자역학적으로 두 개의 스핀 $\frac{1}{2}$ 입자들이 단일항의 상태를 이루었을 때, 입자 1의 $\hat{a}$ 방향 스핀 성분값과 입자 2의 $\hat{b}$ 방향 스핀 성분값을 곱했을 때 그 기대값이 문제 8.12에서 다음과 같이 주어졌다.

$$< (\vec{S}_1 \cdot \hat{a})(\vec{S}_2 \cdot \hat{b}) > = -\frac{\hbar^2}{4} \hat{a} \cdot \hat{b} \qquad (14.70)$$

여기서 $\hat{a} = \hat{b}$ 일 경우, $(F(\hat{a}, \lambda))^2 = 1$ 이므로 두 결과가 같음을 곧 알 수 있다. 이처럼 두 방향만 고려할 때에는 일반적인 경우에도 함수 $F(\hat{a}, \lambda)$를 적절히 택하여 두 결과를 같게 할 수 있다. 그런데 세 개의 방향에 대해서 고려하게 되면 그 결과들이 서로 상반됨을 벨은 아래와 같이 보았다.

---

[11]우리는 입자 2의 $\hat{b}$ 방향 스핀 성분값이 각운동량 보존에 의해 $-\frac{\hbar}{2}F(\hat{b}, \lambda)$로 주어짐을 사용하였다.

국소적 숨은 변수 이론에 의한 식 (14.69)를 적용하면, 우리는 서로 다른 세 개의 방향 $\hat{a}$, $\hat{b}$, $\hat{c}$ 에 대한 다음 관계식을 얻는다.

$$< (\vec{S}_1 \cdot \hat{a})(\vec{S}_2 \cdot \hat{b}) > - < (\vec{S}_1 \cdot \hat{a})(\vec{S}_2 \cdot \hat{c}) >$$
$$= -\frac{\hbar^2}{4} \int d\lambda \, \rho(\lambda) \left[ F(\hat{a}, \lambda) F(\hat{b}, \lambda) - F(\hat{a}, \lambda) F(\hat{c}, \lambda) \right] \qquad (14.71)$$

그런데 $(F(\hat{b}, \lambda))^2 = 1$ 이므로 위식은 다음과 같이 바꾸어 쓸 수 있다.

$$< (\vec{S}_1 \cdot \hat{a})(\vec{S}_2 \cdot \hat{b}) > - < (\vec{S}_1 \cdot \hat{a})(\vec{S}_2 \cdot \hat{c}) >$$
$$= -\frac{\hbar^2}{4} \int d\lambda \, \rho(\lambda) F(\hat{a}, \lambda) F(\hat{b}, \lambda) \left[ 1 - F(\hat{b}, \lambda) F(\hat{c}, \lambda) \right] \qquad (14.72)$$

여기서 $|F(\hat{a}, \lambda) F(\hat{b}, \lambda)| = 1$ 이고 우변 [ ] 괄호 안의 값은 0 보다 크거나 같다. 그리고 절대값의 적분은 적분의 절대값보다 크거나 같으므로 다음의 관계가 성립한다.

$$\left| < (\vec{S}_1 \cdot \hat{a})(\vec{S}_2 \cdot \hat{b}) > - < (\vec{S}_1 \cdot \hat{a})(\vec{S}_2 \cdot \hat{c}) > \right| \leq \frac{\hbar^2}{4} \int d\lambda \, \rho(\lambda) \left[ 1 - F(\hat{b}, \lambda) F(\hat{c}, \lambda) \right]$$
$$(14.73)$$

이를 식 (14.69)의 관계를 써서 다시 쓰면 다음과 같다.

$$\left| < (\vec{S}_1 \cdot \hat{a})(\vec{S}_2 \cdot \hat{b}) > - < (\vec{S}_1 \cdot \hat{a})(\vec{S}_2 \cdot \hat{c}) > \right| \leq \frac{\hbar^2}{4} + < (\vec{S}_1 \cdot \hat{b})(\vec{S}_2 \cdot \hat{c}) > \qquad (14.74)$$

이 부등식이 바로 벨 부등식이다.

이제 벨 부등식이 양자역학적 논리와 부합하는지 살펴보기 위해 세 방향 $\hat{a}$, $\hat{b}$, $\hat{c}$ 가 다음과 같은 조건을 만족하는 경우를 생각하자.

$$\hat{a} \cdot \hat{b} = 0 , \quad \hat{c} = (\hat{a} + \hat{b})/\sqrt{2} , \quad |\hat{a}| = |\hat{b}| = |\hat{c}| = 1 \qquad (14.75)$$

양자역학적 결과식 (14.70)을 써서 이 조건을 적용하면, 벨 부등식 (14.74)의 양변은 다음과 같이 되어 부등식이 위배된다.

$$\frac{1}{\sqrt{2}} \frac{\hbar^2}{4} \nleq (1 - \frac{1}{\sqrt{2}}) \frac{\hbar^2}{4}$$

이 결과는 벨 부등식이 양자역학적으로 성립하지 않음을, 따라서 양자역학과 국소적 숨은 변수 이론이 양립할 수 없음을 보여 준다.

위의 벨 부등식 유도에서 서로 다른 두 방향에 대해 각각의 관찰자가 얻는 스핀 성분값의 곱과 기대값 사이의 관계는 직관적으로 이해하기가 쉽지 않다. 그래서 좀 더 직관적으로 이해 가능한 위그너[12]의 확률 계산에 의한 방식을 참고로 함께 살펴보도록 하겠다.[13]

여기서도 벨의 가정에서처럼 두 관찰자가 각각 입자 1과 입자 2의 상태를 동시에 측정하였을 때 각 측정들은 서로 독립적이라는 국소성을 가정한다. 그리고 두 입자들의 상태가 전체 스핀이 0 이고 각운동량이 보존되어야 하므로 같은 방향의 측정에 대해서는 $\vec{S}_1 = -\vec{S}_2$ 의 관계가 만족되어야 한다. 더하여 국소적 숨은 변수 이론에 부합하도록 어떤 방향의 상태도 각각 미리 주어질 수 있지만, 동시에 다른 방향들을 함께 측정할 수는 없고 다만 그 중 한 방향만 측정할 수 있다고 가정한다.

예컨대 관찰자 A 가 관찰하는 입자 1의 스핀이 세 방향 $\hat{a}$, $\hat{b}$, $\hat{c}$ 에서 모두 스핀 업 (+)으로 주어진다면(이를 $(\hat{a}+, \hat{b}+, \hat{c}+)_1$로 표시), 관찰자 B 가 관찰하는 입자 2의 스핀은 세 방향에서 모두 스핀 다운(-)이 되어야 할 것이다(이는 $(\hat{a}-, \hat{b}-, \hat{c}-)_2$로 표시). 여기서 $(\hat{a}+, \hat{b}+, \hat{c}+)_1$ 은 관찰자 A 가 $\hat{a}$ 방향으로 측정했을 때 스핀 업이, 또는 $\hat{b}$ 나 $\hat{c}$ 방향으로 측정했을 때도 각각 스핀 업이 나온다는 것이지 동시에 여러 방향에서 함께 스핀 업으로 측정된다는 것은 아니다. 다만 공간적으로 떨어져 있는 관찰자 B 의 경우에도 세 방향 어디에서 측정하든 각운동량 보존을 만족하는 스핀 다운이 측정되어야 한다는 것이다.

이제 주어진 모둠에서 입자 1과 2의 상태가 서로 다른 세 방향 $\hat{a}$, $\hat{b}$, $\hat{c}$ 에서 각각 $(\hat{a}+, \hat{b}+, \hat{c}+)_1$ 과 $(\hat{a}-, \hat{b}-, \hat{c}-)_2$ 로 주어지는 상태의 존재 비율을 $p_1$ 이라고 하고, 여기서 $\hat{c}$ 방향으로만 스핀의 방향이 뒤바뀌어 주어진 $(\hat{a}+, \hat{b}+, \hat{c}-)_1$ 과 $(\hat{a}-, \hat{b}-, \hat{c}+)_2$ 인 상태의 존재 비율을 $p_2$ 라고 하자. 나머지 가능한 상태들, 즉 $(\hat{a}+, \hat{b}-, \hat{c}+)_1$ 과 $(\hat{a}-, \hat{b}+, \hat{c}-)_2$ 인 상태의 존재 비율을 $p_3$, $(\hat{a}+, \hat{b}-, \hat{c}-)_1$ 과 $(\hat{a}-, \hat{b}+, \hat{c}+)_2$ 인 상태의 존재 비율을 $p_4$, $(\hat{a}-, \hat{b}+, \hat{c}+)_1$ 과 $(\hat{a}+, \hat{b}-, \hat{c}-)_2$ 인 상태의 존재 비율을 $p_5$, $(\hat{a}-, \hat{b}+, \hat{c}-)_1$ 과 $(\hat{a}+, \hat{b}-, \hat{c}+)_2$ 인 상태의 존재 비율을 $p_6$, $(\hat{a}-, \hat{b}-, \hat{c}+)_1$ 과 $(\hat{a}+, \hat{b}+, \hat{c}-)_2$ 인 상태

[12]E. P. Wigner, Am. J. Phys. **38**, 1005 (1970).
[13]이는 참고문헌 [23]에 잘 기술되어 있다.

의 존재 비율을 $p_7$, $(\hat{a}-, \hat{b}-, \hat{c}-)_1$ 과 $(\hat{a}+, \hat{b}+, \hat{c}+)_2$ 인 상태의 존재 비율을 $p_8$ 이라고 하자. 물론 여기서 $\sum_{i=1}^{8} p_i = 1$ 의 조건을 만족한다.

그러면 입자 1과 2를 각각 관찰자 A 가 $\hat{a}$ 방향, 관찰자 B 가 $\hat{b}$ 방향으로 동시에 측정하여 각각 $(\hat{a}+)_1$ 과 $(\hat{b}+)_2$ 를 얻을 확률 $P(\hat{a}+; \hat{b}+)$ 는 다음과 같을 것이다.

$$P(\hat{a}+; \hat{b}+) = p_3 + p_4 \tag{14.76}$$

마찬가지로 $(\hat{a}+)_1$ 과 $(\hat{c}+)_2$, 그리고 $(\hat{c}+)_1$ 과 $(\hat{b}+)_2$ 를 얻을 확률은 각각 다음과 같다.

$$P(\hat{a}+; \hat{c}+) = p_2 + p_4 \;, \quad P(\hat{c}+; \hat{b}+) = p_3 + p_7 \tag{14.77}$$

여기서 $p_i \geq 0$ 이므로, 다음의 부등식이 성립한다.

$$P(\hat{a}+; \hat{b}+) \leq P(\hat{a}+; \hat{c}+) + P(\hat{c}+; \hat{b}+) \tag{14.78}$$

이 역시 국소성을 만족하는 벨 부등식의 일종으로 양자역학적 예측을 위배한다(문제 14.9).

# 제 14.3 절  양자계산과 양자정보  Quantum Computation and Quantum Information

## 14.3.1  큐비트 Qubits

고전 계산 classical computation 이나 고전 정보 classical information 에서 사용하는 가장 기본이 되는 단위는 비트 bit 이며, 0 이나 1 의 값을 갖는다. 양자계산과 양자정보에서 이에 상응하는 단위는 양자 비트 quantum bit 를 뜻하는 큐비트 qubit 이다.

큐비트는 양자역학적으로 두 상태 계 two-state system 에 해당한다. 이 두 상태를 우리는 비트에 견주어 보통 $|0\rangle$과 $|1\rangle$로 표시한다. 비트는 그 취할 수 있는 값이 오직 0 과 1 의 두 가지 뿐이지만, 큐비트는 두 상태의 중첩으로 무한히 많은 경우가 가능하다.

이는 일반적으로 다음과 같이 쓸 수 있다.

$$|\psi> = c_0|0> + c_1|1>, \quad |c_0|^2 + |c_1|^2 = 1 \tag{14.79}$$

여기서 $c_0$, $c_1$ 은 복소수이다. 즉 큐비트가 기술하는 상태는 2차원 복소벡터공간 two-dimensional complex vector space 에서의 벡터라고 할 수 있으며, $|0\rangle$과 $|1\rangle$은 이 벡터공간의 기저에 해당한다. 바로 이러한 큐비트의 특성에 의해 양자 계산은 고전 계산과 큰 차이를 갖게 된다. 큐비트의 가장 간단한 예로는 스핀 업(1/2)을 표시하는 $|0\rangle$과 스핀 다운($-1/2$)을 표시하는 $|1\rangle$의 두 가지 상태만으로 이루어진 스핀이 1/2 인 스핀계 spin system 를 들 수 있다.

이런 큐비트들이 n 개 모여서 이루어진 계를 우리는 n-큐비트라고 부른다. 우리가 앞에서 다뤘던 두 개의 스핀 1/2 입자들로 이루어진 이분복합계는 2-큐비트에 해당한다. 2-큐비트는 각 단일 큐비트의 기저 $|0\rangle$과 $|1\rangle$을 써서 $|00\rangle$, $|01\rangle$, $|10\rangle$, $|11\rangle$의 4 개 기저로 다음과 같이 표시할 수 있다.

$$|\psi> = c_{00}|00> + c_{01}|01> + c_{10}|10> + c_{11}|11>, \quad \sum_{i,j=0}^{1} |c_{ij}|^2 = 1 \tag{14.80}$$

여기서 $c_{ij}$ 는 복소수이고, $|ij\rangle \equiv |i\rangle_A \otimes |j\rangle_B$ $(i,j = 0,1)$이다.[14]

양자정보에서는 위의 기저 대신에 벨 상태들 Bell states, 또는 EPR 짝들 EPR pairs 이라 불리는 다음의 기저도 자주 사용한다.

$$\begin{aligned}
|\phi_\pm> &\equiv \frac{1}{\sqrt{2}}(\,|00> \pm |11>) \\
|\psi_\pm> &\equiv \frac{1}{\sqrt{2}}(\,|01> \pm |10>)
\end{aligned} \tag{14.81}$$

위 기저상태 중 $|\psi_\pm\rangle$는 각각 스핀 삼중항의 $|s = 1, m = 0\rangle$ 상태와 스핀 단일항인 $|s = 0, m = 0\rangle$ 상태에 해당함을 알 수 있다. 이렇게 정의된 벨 상태들은 14.2.2절에서 언급한 최대로 얽힌 상태들이다. 그 보기로 상태 $|\psi_+\rangle$에 대한 부분계의 밀도연산자와

---

[14]여기서 우리는 이분복합계의 두 부분계를 각각 A와 B로 표시했다.

얽힘 엔트로피를 구해 보자. 먼저 전체 계에 대한 밀도연산자 $\rho$ 는 다음과 같다.

$$\rho = |\psi_+><\psi_+| = \frac{1}{2}(\ |01> + |10>)(\ <01| + <10|\ )$$

$$= \frac{1}{2}(\ |01><01| + |10><01| + |01><10| + |10><10|\ ) \quad (14.82)$$

다음으로 부분계 A의 밀도연산자와 얽힘 엔트로피는 다음과 같다.

$$\rho_A = \mathrm{Tr}_{\mathcal{H}_B}(\rho) = {}_B<0|\,\rho\,|0>_B + {}_B<1|\,\rho\,|1>_B$$

$$= \frac{1}{2}(\ |1>_A\,{}_A<1| + |0>_A\,{}_A<0|\ ) = \frac{1}{2}\begin{pmatrix} 1 & 0 \\ 0 & 1 \end{pmatrix} \quad (14.83)$$

$$S_A = -k_B\,\mathrm{Tr}_{\mathcal{H}_A}(\rho_A \ln \rho_A)$$

$$= -k_B\,\mathrm{Tr}\left\{ \begin{pmatrix} \frac{1}{2} & 0 \\ 0 & \frac{1}{2} \end{pmatrix} \begin{pmatrix} \ln\frac{1}{2} & 0 \\ 0 & \ln\frac{1}{2} \end{pmatrix} \right\}$$

$$= k_B \ln 2 \quad (14.84)$$

위에서는 이분복합계의 각 부분계가 단일 큐비트인 경우를 다뤘는데, 각 부분계가 n-큐비트인 경우 $S_A = k_B\,n \ln 2$ 가 된다(문제 14.10). 여기서 볼츠만 상수 $k_B$ 를 제하고 생각하면, 이분복합계에서 최대로 얽혀 있는 순수상태에 대한 얽힘 엔트로피는 각 부분계 n-큐비트의 기저를 이루는 상태의 수 $2^n$ 에 로그를 취한 값이 된다. 이는 얽힘 엔트로피 $S_A$ 가 부분계 B 와 얽혀 있는 부분계 A 의 큐비트 수에 비례함을 보여 준다.

## 14.3.2  양자계산과 양자정보 Quantum Computation and Quantum Information

이제 양자계산에 대해 알아보기 위해 n-큐비트로 이루어진 계를 생각하자. 이 계는 $2^n$ 개의 기저를 갖는다. 이 기저들을 앞에서와 같이 n-비트처럼 다음과 같이 표현하자.

$$|i_1, i_2, \cdots, i_n> \equiv |i_1> \otimes |i_2> \otimes \cdots \otimes |i_n>, \quad i_1, i_2, \cdots, i_n = \{0,1\} \quad (14.85)$$

이와 같은 기저들로 n-큐비트의 일반적인 상태는 다음과 같이 쓸 수 있다.

$$|\psi> = \sum_{i_1, i_2, \cdots, i_n} c_{i_1, i_2, \cdots, i_n} |i_1, i_2, \cdots, i_n> \quad (14.86)$$

여기서 전개계수 $c_{i_1,i_2,\cdots,i_n}$ 은 복소수이며, 다음의 규격화 조건을 만족한다.

$$\sum_{i_1,i_2,\cdots,i_n} |c_{i_1,i_2,\cdots,i_n}|^2 = 1 \tag{14.87}$$

이로부터 n-큐비트는 일반적으로 $2^n - 1$ 개의 독립적인 복소수를 저장할 수 있음을 알 수 있다. 이는 n-큐비트의 양자컴퓨터가 계산 중에 그만큼에 해당하는 정보를 다루게 됨을 뜻한다.

한편 이것은 n-비트의 고전컴퓨터가 0 과 $2^n - 1$ 사이의 값을 갖는 이진법으로 표시된 정수 하나의 정보를 다루는 것과 크게 대비된다. 여기서 고전컴퓨터의 n-비트는 각 비트의 정보를 모두 알면 전체 정보를 알게 되지만, 양자컴퓨터 n-큐비트의 경우 각 큐비트의 정보만 아는 것으로는 부족하며 모든 큐비트들 사이의 얽혀 있는 관계까지 모두 알아야만 전체 정보를 알 수 있게 된다. 이러한 특성을 다중 큐비트 양자계의 양자 복잡성 quantum complexity 이라고 한다.

양자역학에 기반한 양자계산의 큰 특징은 가역적인 과정 reversible step 이라는 것이다. 물리계의 상태 변환은 양자역학적으로 유니타리 변환이다. 따라서 양자계산에서 큐비트들의 상태 변화는 유니타리 변환에 해당하고, 이는 양자계산의 과정이 가역적임을 뜻한다. 실제로 1973년 베넷 C. H. Bennett 은 모든 계산이 가역적인 단계들만 써서 행해질 수 있음을 밝혔다.[15] 예컨대 두 비트의 정보에 대해 다음과 같이 한 비트의 값을 주는 고전적인 NAND(not-and) 게이트는 비가역적이다.

$$(a,b) \rightarrow \neg(ab), \quad a,b = \{0,1\} \tag{14.88}$$

여기서 이 NAND 게이트의 결과들은 다음과 같다.

$$(0,0) \rightarrow \neg(0 \times 0) = 1, \ (0,1) \rightarrow \neg(0 \times 1) = 1, \ (1,1) \rightarrow \neg(1 \times 1) = 0$$

그런데 이는 다음의 가역적인 토폴리 게이트 Toffoli gate 로 대체할 수 있다.

$$(a,b,c) \longrightarrow (a,b,c \oplus ab) \tag{14.89}$$

---

[15]C. H. Bennett, *Logical reversibility of computation*, IBM J. Res. Dev. **17**, 525 (1973).

위에서 세 번째 비트는 첫 두 비트(a,b)가 모두 1인 경우에만 값이 바뀐다. 이로부터 c=1 인 경우에 세 번째 비트의 결과가 a 와 b 의 NAND 에 해당함을 알 수 있다.

양자계산의 또 다른 특징으로 양자 병렬성 quantum parallelism 을 들 수 있다. 이는 단일 큐비트에 작용하는 다음의 하다마드 게이트 Hadamard gate $H$ 를 써서 보일 수 있다. 이 게이트는 $|0\rangle$을 $(|0\rangle + |1\rangle)/\sqrt{2}$ 로, $|1\rangle$을 $(|0\rangle - |1\rangle)/\sqrt{2}$ 로 바꾸는 작용을 한다. 이는 다음의 유니타리 변환으로 나타낼 수 있다(문제 14.11).

$$H \equiv \frac{1}{\sqrt{2}} \begin{pmatrix} 1 & 1 \\ 1 & -1 \end{pmatrix} \tag{14.90}$$

여기서 단일 비트에 다음과 같이 작용하는 함수 $f(x)$를 생각하자.

$$f(x): \ \{0,1\} \longrightarrow \{0,1\} \tag{14.91}$$

우리는 이 함수를 2-큐비트 양자컴퓨터를 써서 계산하는 경우에 대해서 생각하겠다. 이를 위해 2-큐비트 상태 $|x,y\rangle$를 다음과 같이 변환시키는 양자 회로 $U_f$ 를 도입하자.

$$U_f: \ |x,y\rangle \longrightarrow |x, y \oplus f(x)\rangle \tag{14.92}$$

여기서 $x, y, f(x)$ 그리고 $\oplus$ 계산의 결과는 모두 0 과 1 (mod 2)의 값만을 가진다. 이제 $|x=0, y=0\rangle$인 상태에서 $|x\rangle$에 하다마드 게이트를 작용시켜 $(|0\rangle + |1\rangle)/\sqrt{2}$ 의 초기 상태를 만들어, $U_f$ 를 작용시키면 다음의 상태를 얻게 된다.

$$U_f: \ \frac{|0,0> + |1,0>}{\sqrt{2}} \longrightarrow \frac{|0, f(0)> + |1, f(1)>}{\sqrt{2}}$$

이는 한 번의 $U_f$ 작용을 통해 $f(0)$와 $f(1)$의 두 함수값을 동시에 계산하였음을 뜻한다. 이러한 양자계산의 특성을 우리는 양자 병렬성이라 칭한다.

이를 일반화하면 대단위 계산도 한 번에 가능하게 된다. 이를 보기 위해 $(n+1)$-큐비트를 생각하자. 처음의 $n$-큐비트의 상태를 $|x\rangle$라 하고 마지막 한 큐비트의 상태를 $|y\rangle$라 하자. 여기서는 양자 회로 $U_f$ 가 다음과 같이 작용을 한다고 하자.

$$U_f: \ |x> \otimes |y> \longrightarrow |x> \otimes |y \oplus f(x)> \tag{14.93}$$

처음 $n$-큐비트의 상태 $|x\rangle$는 $|x = 0\rangle \equiv |0, \cdots, 0\rangle$인 상태에 하다마드 게이트를 n 번 작용시켜서 얻은 상태들, 즉 $|x\rangle \equiv |i_1, i_2, \cdots, i_n\rangle$에 해당한다.

$$H^n|x = 0 > = \frac{1}{2^{n/2}} \sum_{i_1, i_2, \cdots, i_n} |i_1, i_2, \cdots, i_n > \equiv \frac{1}{2^{n/2}} \sum_x |x > \qquad (14.94)$$

여기서 $x$ 는 $(0, 0, \cdots, 0) = 0$ 부터 $(1, 1, \cdots, 1) = 2^n - 1$ 의 값을 갖는 이진법 숫자에 상응한다. 이렇게 얻어진 $n$-큐비트의 기저상태들 $|x\rangle$를 대상으로 식 (14.93)의 작용을 하는 $U_f$ 를 작용시키면 다음의 결과를 얻게 된다.

$$U_f : \frac{1}{2^{n/2}} \sum_{x=0}^{2^n-1} |x > \otimes |0 > \longrightarrow \frac{1}{2^{n/2}} \sum_{x=0}^{2^n-1} |x > \otimes |f(x) > \qquad (14.95)$$

이는 한 번의 유니타리 작용을 통해 $2^n$ 개의 함수값 $f(x)$들이 얻어짐을 보여 준다. 이처럼 양자계산은 고전컴퓨터로 수없이 해야 할 계산을 단번에 할 수 있는 대단위 양자 병렬성 massive quantum parallelism 의 특성을 갖는다. 이러한 대단위 양자 병렬성에 주목하여 1994년에 쇼어 P.W. Shor 는 그전까지 하기 어렵다고 알려진 큰 숫자의 소인수 분해도 양자계산으로 효율적으로 할 수 있음을 보였다.

양자 얽힘의 기묘한 특성은 양자정보 분야에서 더욱 확연히 나타난다. 이 양자 얽힘의 특성을 기반으로 공상과학에 나오는 순간이동을 현실화하는 양자 순간이동 quantum teleportation 과 도청이 불가능하다는 양자암호 quantum cryptography 도 실현될 수 있다. 이중 양자 얽힘의 특성을 바탕으로 상대적으로 쉽게 이해할 수 있는 양자 순간이동에 대해서 살펴보고, 끝으로 양자 상태는 복제될 수 없다는 복제불가 정리 no-cloning theorem 에 대해서 살펴보도록 하겠다.

앨리스(A)와 봅(B)이 벨 상태 $|\phi_+\rangle_{AB} = \frac{1}{\sqrt{2}}(|00\rangle_{AB} + |11\rangle_{AB})$ 의 한 큐비트 씩을 각각 공유한 채 멀리 떨어져 있다고 한다. 이제 앨리스가 별도의 단일 큐비트 상태 $|\psi\rangle_C = \alpha|0\rangle_C + \beta|1\rangle_C$ 를 봅에게 보내려고 한다. 이를 위해서 엘리스가 자신이 갖고 있는 두 큐비트의 상태를 측정하여 봅에게 알려주면 봅은 적당한 변환을 시행하여 앨리스가 가졌던 상태 $|\psi\rangle$를 갖게 되는데 이를 우리는 양자 순간이동이라고 한다.

이것이 어떻게 가능한지 살펴보도록 하자. 먼저 앨리스가 갖고 있는 상태 $|\psi\rangle_C$와 앨리스와 봅이 공유하는 상태 $|\phi_+\rangle_{AB}$를 다음과 같이 함께 써보자.

$$|\psi>_C \otimes |\phi_+>_{AB} = \frac{1}{\sqrt{2}}(\alpha|0>_C + \beta|1>_C)(\,|00>_{AB} + |11>_{AB})$$

$$= \frac{1}{\sqrt{2}}\{\alpha|000>_{CAB} + \alpha|011>_{CAB} + \beta|100>_{CAB} + \beta|111>_{CAB}\} \quad (14.96)$$

이는 식 (14.81)에 정의된 벨 상태들 $|\phi_\pm\rangle$와 $|\psi_\pm\rangle$로 다음과 같이 바꾸어 쓸 수 있다 (문제 14.12).

$$
\begin{aligned}
|\psi>_C \otimes |\phi_+>_{AB} = \ \frac{1}{2}\{\ &|\phi_+>_{CA}\,(\alpha|0>_B + \beta|1>_B) \\
&+ |\phi_->_{CA}\,(\alpha|0>_B - \beta|1>_B) \\
&+ |\psi_+>_{CA}\,(\alpha|1>_B + \beta|0>_B) \\
&+ |\psi_->_{CA}\,(\alpha|1>_B - \beta|0>_B)\}
\end{aligned} \quad (14.97)
$$

이로부터 우리는 앨리스가 자신의 두 큐비트를 측정하여 $|\phi_+\rangle_{CA}$ 상태가 나왔다면, 봅은 바로 $|\psi\rangle_B = \alpha|0\rangle_B + \beta|1\rangle_B$ 상태에 있게 됨을 알 수 있다. 만약에 앨리스의 측정에서 $|\phi_-\rangle_{CA}$ 상태가 나왔다면, 봅은 자신의 큐비트에 $\sigma_3$ 유니타리 변환을 시키면 그상태가 $|\psi\rangle_B$가 된다. 앨리스의 측정에서 $|\psi_+\rangle_{CA}$ 상태가 나왔다면, 봅은 자신의 큐비트에 $\sigma_1$ 유니타리 변환을 시키면 그 상태가 $|\psi\rangle_B$가 된다. 앨리스의 측정에서 $|\psi_-\rangle_{CA}$ 상태가 나왔다면, 봅은 자신의 큐비트에 $\sigma_1$ 과 $\sigma_3$ 유니타리 변환을 차례로 시켜서 상태 $|\psi\rangle_B$를 얻을 수 있다. 여기서 $\sigma_1$ 과 $\sigma_3$ 유니타리 변환의 행렬 표현은 각각 해당하는 파울리 행렬로 주어진다.

이처럼 얽힌 상태를 공유하는 두 관찰자가 있을 때, 추가로 제 3의 상태를 가지고 있는 한 관찰자가 이 제 3의 상태를 다른 관찰자에게 전달하려면 이 제 3의 상태를 포함한 자신이 갖고 있는 전체 계의 상태를 측정하여 그 결과를 다른 관찰자에게 (고전적인 통신을 통하여) 알려주면 된다. 따라서 비록 순간이동이라 이름 붙여졌지만, 사실은 고전적인 통신 수단으로 측정 결과를 알려주어야 하므로 순간적으로 상태가 이전되는 것은 아니다. 그리고 처음에 제 3의 상태를 가지고 있던 관찰자가 측정을 하는 순간

그가 가졌던 2-큐비트의 상태는 $|\phi_\pm\rangle$와 $|\psi_\pm\rangle$의 4 가지 기저상태들 중 하나로 정해지게 되므로, 제 3의 상태는 그에게서 소멸되고 다른 관찰자가 그 상태를 갖게 된다. 따라서 아래에서 논의할 복제불가 정리와도 어긋남이 없다.

정보 이동의 측면에서 살펴보면, 단일 큐비트의 짝으로 이루어진 얽혀 있는 2-큐비트 상태를 서로 공유하는 두 관찰자 중의 한 관찰자(A)가 자신이 추가적으로 갖고 있는 제 3의 상태($|\psi\rangle$)를 포함한 자신의 전체 상태(2-큐비트)를 측정하면(4가지 기저상태들 중 하나로 특정하면) 이는 고전적인 2 비트의 정보에 해당한다. 이는 다른 관찰자(B)에게 새로운 단일 큐비트 상태 $|\psi\rangle$를 갖게 하려면, 측정을 하는 관찰자 A가 원래부터 가지고 있던 얽혀 있는 한 큐비트와 더불어 측정을 통해 얻은 2 비트의 고전적인 정보가 함께 필요함을 알려 준다.

여기서 주목할 점은 관찰자 A의 측정 전에 관찰자 B의 밀도연산자는 B의 상태가 최대로 섞인 상태에 있음을 보여주며(문제 14.13), 2 비트로 된 관찰자 A의 측정 정보를 얻은 후에 관찰자 B는 그 정보를 써서 관찰자 A가 가지고 있던 상태 $|\psi\rangle$를 가질 수 있게 되지만, $|\psi\rangle$ 그 자체에 대해서는 여전히 전혀 모른다는 것이다.[16] A의 측정 전에 관찰자 B의 상태가 최대로 섞인 상태에 있다는 것은 14.2.2절에서 살펴본 것처럼 측정 전에 전체 계의 순수상태가 최대로 얽힌 상태에 있었음을 뜻한다. 실제로 이는 양자 순간이동이 완벽하게 이루어지기 위한 중요한 조건이기도 하다.

이를 보기 위해 앞에서 양자 순간이동에 쓰인 상태 $|\psi\rangle$를 일반화하여 $N$ 개의 기저 상태들을 갖는 $N$ 차원의 상태 $|\Phi\rangle_C$ 를 생각하자.

$$|\Phi >_C = \sum_{i=0}^{N-1} c_i \, |i >_C, \quad \sum_i |c_i|^2 = 1, \quad c_i \in \mathbb{C} \qquad (14.98)$$

이제 관찰자 A가 가진 이 상태를 B에게 양자 순간이동하기 위해서 두 관찰자 A와 B

---

[16]즉, 관찰자 B는 $|\psi\rangle_B = \alpha |0\rangle_B + \beta |1\rangle_B$ 라는 상태를 가지고 있을 뿐, $\alpha$ 나 $\beta$ 에 대한 정보는 가지고 있지 않다. 만약 관찰자 B가 자신이 가지게 된 상태 $|\psi\rangle$에 대한 정보를 얻으려고 측정을 한다면, 상태 $|\psi\rangle$는 $|0\rangle$이나 $|1\rangle$의 둘 중 하나로 붕괴할 것이다.

가 공유하는 다음과 같은 $N \times N$ 차원의 최대로 얽힌 상태 $|\Psi\rangle_{AB}$를 생각하겠다.

$$|\Psi>_{AB} = \frac{1}{\sqrt{N}} \sum_{i=0}^{N-1} |i>_A \otimes |i>_B \qquad (14.99)$$

그리고 다음과 같이 정의된 변환 연산자 $\mathcal{T}_{BC}$ 를 도입하자.

$$\begin{aligned} \mathcal{T}_{BC} &\equiv N \;_{CA}<\Psi|\Psi>_{AB} \\ &= \sum_{i,j}(_C<i| \otimes _A<i|)(|j>_A \otimes |j>_B) = \sum_i |i>_B \;_C<i| \end{aligned} \qquad (14.100)$$

이제 이 변환 연산자 $\mathcal{T}_{BC}$ 를 상태 $|\Phi\rangle_C$에 작용시키면 다음과 같이 된다.

$$\mathcal{T}_{BC} |\Phi>_C = (\sum_i |i>_B \;_C<i|)(\sum_j c_j |j>_C) = \sum_i c_i |i>_B = |\Phi>_B \qquad (14.101)$$

이는 관찰자 A가 가지고 있던 상태 $|\Phi\rangle_C$가 변환 연산자 $\mathcal{T}_{BC}$ 를 통하여 상태 $|\Phi\rangle_B$로 관찰자 B에게 그대로 옮겨졌음을 보여 준다.

만약에 $N \times N$ 차원을 갖는 최대로 얽힌 상태들이 위에 주어진 (14.99)의 형태로 그 상태가 주어지지 않았다면, 우리는 슈미트 분해를 써서 그와 같은 형태로 쓸 수 있다 (문제 14.14).

$$|\tilde{\Psi}>_{AB} = \frac{1}{\sqrt{N}} \sum_{i=0}^{N-1} |i>_A \otimes |\tilde{i}>_B \qquad (14.102)$$

그 상태는 위 식과 유니타리 변환으로 연결될 수 있다. 그러므로 그런 경우에도 우리는 그러한 유니타리 변환을 통하여 얻은 적절한 변환 연산자를 써서 양자 순간이동을 수행할 수 있다.[17]

이제 끝으로 양자 상태는 복제될 수 없다는 복제불가 정리 no-cloning theorem 에 대해서 살펴보도록 하겠다. 고전계산이나 고전정보에서는 기존의 정보를 그대로 유지하면서 얼마든지 복제가 가능하다. 양자정보의 경우에도 이러한 일이 가능한지 보기 위해서 다음과 같은 유니타리 변환을 생각해 보자. 예컨대 고전 컴퓨터에서처럼 한 기록저장고 register 에 있는 정보를 다른 기록저장고에 복사하는 경우를 생각하자.

---

[17]이에 대한 더 자세한 설명은 참고문헌 [37]의 4장을 참고 바람.

각 기록저장고의 상태를 $|\Psi\rangle$와 $|X\rangle$라고 하고, $|\Psi\rangle$에 있는 정보를 비어 있는 $|X\rangle$에 복사하는 변환을 $U$ 라고 하자.

$$U(\ |\Psi\rangle \otimes |X\rangle\ ) \ \equiv\ |\Psi\rangle \otimes |\Psi\rangle \qquad (14.103)$$

여기서 $|\Psi\rangle$와 $|\Xi\rangle$의 두 상태를 결합한 상태가 고전 컴퓨터에서와 같이 복사가 된다면 다음과 같이 되어야 할 것이다.

$$U(\ (\ |\Psi\rangle + |\Xi\rangle) \otimes |X\rangle\ ) \ = \ (\ |\Psi\rangle + |\Xi\rangle) \otimes (\ |\Psi\rangle + |\Xi\rangle)$$
$$= |\Psi\rangle \otimes |\Psi\rangle\ +\ |\Psi\rangle \otimes |\Xi\rangle\ +\ |\Xi\rangle \otimes |\Psi\rangle\ +\ |\Xi\rangle \otimes |\Xi\rangle \qquad (14.104)$$

그러나 양자역학에서의 유니타리 변환은 선형이므로 다음의 결과를 얻게 된다.

$$U(\ (\ |\Psi\rangle + |\Xi\rangle) \otimes |X\rangle\ ) \ = \ U(\ |\Psi\rangle \otimes |X\rangle\ ) + U(\ |\Xi\rangle \otimes |X\rangle\ )$$
$$= |\Psi\rangle \otimes |\Psi\rangle\ +\ |\Xi\rangle \otimes |\Xi\rangle \qquad (14.105)$$

이처럼 일반적인 상태에 대한 양자역학적인 결과는 위에서 식 (14.104)로 주어진 고전적인 복사와는 그 결과가 다르다. 이는 어떤 상태든 그대로 복사하는 일반적인 유니타리 변환은 양자역학적으로는 존재하지 않음을 보여준다. 양자역학의 연산이 갖는 이러한 선형성 linearity 으로 인해 임의의 일반적인 상태를 그대로 복사하는 것은 불가함을 우리는 복제불가 정리라고 부른다.

양자암호에서도 복제불가 정리는 핵심적인 역할을 한다. 양자암호의 핵심이 되는 양자 키 분배 quantum key distribution 는 서로 직교하지 않는 양자상태들을 구분하는 것은 그 상태들에 대한 교란이 없이는 불가능하다는 양자역학적 특성에 바탕을 두고 있다. 이는 복제불가 정리와도 맞닿아 있다. 앞에서 복제불가 정리를 살펴보는 과정에서 우리는 기저 상태들과 같이 직교하는 상태들은 고전정보에서나 마찬가지로 따로따로 복사될 수 있지만 중첩 또는 얽혀 있는 일반적인 양자상태는 그럴 수 없음을 보았다. 양자암호는 이렇게 복사될 수 없는 양자역학적 상태의 특성을 이용하여 두 관찰자가 양자상태를 공유하고 다른 제3자에 의해 그 상태가 훼손되었는지 확인하는 과정을 거쳐서 통신을 한다. 만약 훼손된 흔적이 발견되면 그 양자 키에 대한 정보는 폐기하고 다시 통신을 시도하여 훼손되지 않은 양자 키만 사용하여 통신을 한다. 이처럼 복제불가 정리는 양자계산과 양자정보에서 아주 중요한 지침의 역할을 한다.

양자상태의 중첩이나 얽힘이 핵심적인 역할을 하는 양자계산이나 양자정보에서 중첩되거나 얽힌 상태의 결맞음을 유지하는 것은 매우 중요하다. 고전계산 대비 양자계산이 갖는 엄청난 이점인 양자 병렬성도 결풀림 현상이 일어나면 구현될 수 없다. 앞에서 살펴보았듯이 n-큐비트가 동시에 다룰 수 있는 $2^n - 1$ 개의 독립적인 복소수라는 엄청난 정보량도 완전한 결풀림이 일어나게 되면 고전적인 n-비트에 상응하는 정보량으로 기하급수적으로 줄게 된다. 특히 복제불가 정리에 따라 일반적인 양자상태는 복제가 불가능하기 때문에 다루고 있는 상태의 결풀림이 안 일어나도록 결이 맞은 상태를 유지하는 것이 양자계산이나 양자정보를 실현하는 핵심이라 하겠다.

## 문제

**14.1** 순수 모둠의 경우, 밀도연산자가 $\rho^2 = \rho$ 의 관계를 만족함을 보여라. 이 경우 $\mathrm{Tr}\left(\rho^2\right) = 1$ 의 관계를 만족하고, 밀도연산자의 행렬 표현인 밀도행렬에서 대각선 행렬 요소 중 하나만 1 이고 나머지 행렬 요소들은 다 0 이 됨을 보여라.

**14.2** 아래와 같이 식 (14.7)에서 주어진 밀도연산자의 정의식을 써서

$$\rho \equiv \sum_i p_i \left|\alpha_i\right> < \alpha_i\right|$$

섞인 모둠의 경우 밀도연산자 $\rho$ 에 대한 다음의 관계가 성립함을 보여라.

$$0 < \mathrm{Tr}\left(\rho^2\right) < 1$$

**14.3** 밀도연산자 $\rho$ 를 고유상태 기저들로 표시하면 밀도연산자의 행렬 표현이 대각행렬로 주어짐을 보이고, 그로부터 식 (14.23)으로 아래와 같이 정의된 폰 노이만 엔트로피가 다음과 같이 표현됨을 보여라.

$$S(\rho) \equiv -k_B \, \mathrm{Tr}\left(\rho \ln \rho\right) = -k_B \sum_i p_i \ln p_i$$

여기서 $p_i$ 는 섞인 모둠에서 $i$ 번째 순수 모둠(상태)의 존재 비율이다.

**14.4** 문제 14.3의 결과를 써서 완전 무작위 모둠의 경우 밀도연산자 $\rho$ 가 $\mathrm{Tr}\,(\rho) = 1$ 을 만족하면서 단위행렬에 비례하게 됨을 보여라. 이와 함께 문제 14.1의 결과로부터 순수 모둠의 폰 노이만 엔트로피는 $0$ 이 되고, 완전 무작위 모둠의 경우 $S = k_B\,\ln N$ 이 되며, 일반적인 섞인 모둠의 폰 노이만 엔트로피는 항상 $0$ 보다 큼을 보여라. 여기서 $N$ 은 섞인 모둠에 존재하는 서로 다른 순수 모둠의 갯수이다.

도움말: 주어진 관계식 $S = -k_B \sum_i p_i \ln p_i$   $(k_B > 0)$에서 일반적인 섞인 모둠의 경우 $0 < p_i < 1$ 임을 사용하라.

**14.5** $+z$ 방향으로 향하는 크기가 $B$ 인 균일한 자기장 내에 있는, 자기쌍극자 모멘트가 $\frac{q}{mc}\vec{S}$ 로 주어지는 전하 $q$, 스핀 $1/2$ 인 입자들로 구성된 정준 모둠을 생각하자. 이 경우 해밀토니안은 다음과 같이 주어진다.

$$H = -\frac{q}{mc}\vec{S}\cdot\vec{B}$$

$S_z$ 의 고유상태들을 기저로 하는 밀도연산자 행렬과 분배함수를 구하여, 각 스핀 성분의 모둠평균을 구하라.

도움말: 정준 모둠에서 밀도연산자 $\rho$ 와 분배함수 $Z$ 는 해밀토니안 고유상태 기저에서 다음과 같이 표시됨을 이용하라.

$$\rho = \frac{\exp(-\beta H)}{Z}, \quad Z = \mathrm{Tr}\left[\exp(-\beta H)\right], \quad \beta^{-1} = k_B T$$

답. $<S_x> = 0, \quad <S_y> = 0, \quad <S_z> = \frac{\hbar}{2}\tanh\left(\frac{\hbar w}{2k_B T}\right), \quad w \equiv \frac{qB}{mc}$

**14.6** 이분복합계가 다음의 상태로 주어졌을 때, 부분계 A 의 밀도연산자와 얽힘 엔트로피를 구하라.

1). $|\psi> = \frac{1}{2}(\,|0> - |1>\,)_A \otimes (\,|0> - |1>\,)_B$

2). $|\psi> = \frac{1}{\sqrt{2}}(\,|0>_A \otimes |1>_B - |1>_A \otimes |0>_B)$

여기서 구성 성분계 $A$ 와 $B$ 의 힐베르트 공간 $\mathcal{H}_A$ 와 $\mathcal{H}_B$ 의 기저는 각각 $\{|0\rangle_A, |1\rangle_A\}$ 와 $\{|0\rangle_B, |1\rangle_B\}$이다.

도움말: 얽힘 엔트로피는 주어진 밀도연산자 행렬 $\rho_A$ 를 구하고, 그 고유벡터들을 기저로 하는 대각행렬 $\Lambda$ 가 $\rho_A = V\Lambda V^{-1}$ 의 관계에 있을 때, $\ln \rho_A = V(\ln \Lambda)V^{-1}$ 로

주어짐을 활용하라.

답. 1). $\rho_A = \frac{1}{2} \begin{pmatrix} 1 & -1 \\ -1 & 1 \end{pmatrix}$, $S_A = 0$　　2). $\rho_A = \frac{1}{2} \begin{pmatrix} 1 & 0 \\ 0 & 1 \end{pmatrix}$, $S_A = k_B \ln 2$

**14.7** 식 (14.63)에서 $_B < \widehat{\phi}_{i'} | \widehat{\phi}_i >_B = \widehat{p}_i \delta_{ii'}$ 의 관계로 정의된 확률 $\widehat{p}_i$ 가 다음과 같이 주어짐을 보여라.

$$\widehat{p}_i = \sum_m |c_{im}|^2$$

**14.8** 아래 기술된 특이값 분해 singular value decomposition 정리[36]를 써서, 이분복합계를 기술하는 임의의 순수상태 $|\Psi\rangle_{AB}$ 는 구성 부분계들의 힐베르트 공간 $\mathcal{H}_A$ 와 $\mathcal{H}_B$ 의 직교규격화된 기저들의 텐서곱으로 전개할 수 있다는 아래의 슈미트 분해 정리 (식 (14.65))를 증명하라.

$$|\Psi >_{AB} = \sum_i \sqrt{\widehat{p}_i} \ |\psi_i >_A \otimes |\widetilde{\phi}_i >_B$$

**특이값 분해 정리**: 임의의 $m \times n$ 복소 행렬 $M$ 은 $m \times m$ 유니타리 행렬 $U$, $m \times n$ 직사각형 대각 행렬 $D$, 그리고 $n \times n$ 유니타리 행렬 $V$ 로 다음과 같이 분해될 수 있다.

$$M = UDV$$

여기서 직사각형 대각 행렬 $D$ 의 성분들은 특이값들 singular values 이라고 하며, 음이 아닌 실수들이다($d_{ii} \geq 0$).

도움말: 먼저 이분복합계의 순수상태 $|\Psi\rangle$를 구성 부분계인 힐베르트 공간 $\mathcal{H}_A$ 와 $\mathcal{H}_B$ 의 기저상태들의 텐서곱들로 나타낸 식 (14.59)의 전개계수들 $\{c_{im}\}$을 $n_A \times n_B$ 복소 행렬 $M$ 으로 놓고 특이값 분해 정리를 적용하라. 여기서 $n_A$ 와 $n_B$ 는 각각 힐베르트 공간 $\mathcal{H}_A$ 와 $\mathcal{H}_B$ 의 차원이다.

**14.9** 식 (14.78)로 다음처럼 주어진 벨 부등식이 양자역학적 예측과 위배됨을 보여라.

$$P(\hat{a}+;\hat{b}+) \leq P(\hat{a}+;\hat{c}+) + P(\hat{c}+;\hat{b}+)$$

여기서 두 스핀 1/2 입자들은 스핀 단일항 상태에 있으며, $P(\hat{a}+;\hat{b}+)$는 입자 1을 $\hat{a}$ 방향으로, 입자 2를 $\hat{b}$ 방향으로 동시에 측정하여 각각 $|\hat{a}, +\rangle_1$ 상태와 $|\hat{b}, +\rangle_2$ 상태를

얻을 확률이다. 마찬가지로 $P(\hat{a}+; \hat{c}+)$는 입자 1은 $\hat{a}+$ 방향으로 입자 2는 $\hat{c}+$ 방향으로 측정할 확률, $P(\hat{c}+; \hat{b}+)$는 입자 1은 $\hat{c}+$ 방향으로 입자 2는 $\hat{b}+$ 방향으로 측정할 확률이다.

도움말: 먼저 문제 10.8에서 $\hat{n} = (\theta, \phi)$ 방향으로 스핀이 업인 상태 $|\hat{n}, +\rangle$가 다음과 같이 주어짐을 기억하자.

$$|\hat{n}, + > = \begin{pmatrix} \cos(\theta/2)e^{-i\phi/2} \\ \sin(\theta/2)e^{i\phi/2} \end{pmatrix}$$

여기서 $|\hat{n}, +\rangle$는 $\vec{S} \cdot \hat{n} \equiv S_{\hat{n}}$ 일 때, $S_{\hat{n}}|\hat{n}, +\rangle = \frac{\hbar}{2}|\hat{n}, +\rangle$을 만족한다. 이 결과는 $S_z$의 고유상태들을 기저로 한 표현이므로, 이 상태가 원래의 업 상태인 $|\hat{z}, +\rangle$에 있을 확률이나, 역으로 $|\hat{z}, +\rangle$가 $|\hat{n}, +\rangle$에 있을 확률은 $\cos^2(\theta/2)$ 가 된다. 여기에 스핀 단일항을 이루는 입자 1과 2의 스핀은 같은 방향에서는 서로 반대임을 써서 $P(\hat{a}+; \hat{b}+) = \sin^2(\theta_{ab}/2)$ 가 됨을 보여라. 여기서 $\theta_{ab}$ 는 두 방향 $\hat{a}$ 와 $\hat{b}$ 가 이루는 사이각이다. 이 결과를 써서 $\hat{a}$ 와 $\hat{b}$ 가 수직이고($\theta_{ab} = \pi/2$), 방향 $\hat{c}$ 는 두 방향 사이를 이등분한다고 ($\theta_{ac} = \pi/4$, $\theta_{cb} = \pi/4$) 가정하여 벨 부등식 (14.78)이 위배됨을 보여라.

**14.10** n-큐비트 두 개로 이루어진 이분복합계의 최대로 얽힌 순수상태에 대한 얽힘 엔트로피는 $nk_B \ln 2$ 로 주어짐을 보여라.

도움말: 이는 다음의 과정을 거쳐 구할 수 있다. 먼저 n-큐비트 두 개로 이루어진 이분복합계에서 순수상태는 슈미트 분해 정리에 의해 다음과 같이 쓸 수 있다.

$$|\psi > = \sum_{i=1}^{2^n} \sqrt{p_i}\, |i >_A \otimes |\tilde{i} >_B \,, \quad \sum_i p_i = 1$$

이로부터 전체 계의 밀도연산자 $\rho$ 는 다음과 같이 쓸 수 있다.

$$\rho = |\psi > <\psi| = \sum_{i,j} \sqrt{p_i p_j}\, |i >_A \otimes |\tilde{i} >_B \ \ _A < j| \otimes _B <\tilde{j}|$$

따라서 부분계 A 의 밀도연산자 $\rho_A$ 는 다음과 같이 쓸 수 있다.

$$\begin{aligned} \rho_A &= \mathrm{Tr}_{\mathcal{H}_B}(\rho) \\ &= \sum_{i,j,k} \sqrt{p_i p_j}\, |i >_A \ _A < j| \ _B < \tilde{k}|\tilde{i} >_B \ _B < \tilde{j}|\tilde{k} >_B \end{aligned}$$

여기서 최대로 얽혀 있는 이분복합계의 순수상태에서 얻어지는 부분계의 밀도연산자
는 최대로 섞여 있게 되는 특성을 써서 $\rho_A$ 가 다음과 같이 주어짐을 보여라.

$$\rho_A = \sum_{k=1}^{2^n} \frac{1}{2^n} |k>_A {}_A<k| = \frac{1}{2^n} \begin{pmatrix} 1 & & 0 \\ & \ddots & \\ 0 & & 1 \end{pmatrix}$$

이를 써서 얽힘 엔트로피 $S_A = -k_B \operatorname{Tr}_{\mathcal{H}_A}(\rho_A \ln \rho_A)$ 를 계산한다.

**14.11** 식 (14.90)에서 아래의 행렬표현으로 주어진 하다마드 게이트 $H$ 가 기저 $|0\rangle$은
$(|0\rangle + |1\rangle)/\sqrt{2}$ 로, 기저 $|1\rangle$은 $(|0\rangle - |1\rangle)/\sqrt{2}$ 로 변환시키는 작용을 함을 보여라.

$$H \equiv \frac{1}{\sqrt{2}} \begin{pmatrix} 1 & 1 \\ 1 & -1 \end{pmatrix}$$

<u>도움말</u>: 단일 큐비트 기저의 행렬 표현이 $|0\rangle$은 $\begin{pmatrix} 1 \\ 0 \end{pmatrix}$ 이고, $|1\rangle$은 $\begin{pmatrix} 0 \\ 1 \end{pmatrix}$ 임을 사용
하라.

**14.12** 앨리스(A)와 봅(B)이 한 큐비트씩 공유한 벨 상태 $|\phi_+\rangle_{AB}$와 별도의 단일 큐비
트 상태 $|\psi\rangle_C$와의 텐서곱으로 주어진 상태 $|\psi\rangle_C \otimes |\phi_+\rangle_{AB}$가 있다.

$$|\psi>_C \otimes |\phi_+>_{AB} \equiv (\alpha|0>_C + \beta|1>_C) \otimes \frac{1}{\sqrt{2}}( |00>_{AB} + |11>_{AB})$$

그러면 텐서곱으로 주어진 상태 $|\psi\rangle_C \otimes |\phi_+\rangle_{AB}$는 다음과 같이 정의된 벨 상태들로,

$$|\phi_\pm> \equiv \frac{1}{\sqrt{2}}( |00> \pm |11>), \quad |\psi_\pm> \equiv \frac{1}{\sqrt{2}}( |01> \pm |10>),$$

아래와 같이 표현됨을 보여라.

$$\begin{aligned} |\psi>_C \otimes |\phi_+>_{AB} = \frac{1}{2} \{ &|\phi_+>_{CA} (\alpha|0>_B + \beta|1>_B) \\ + &|\phi_->_{CA} (\alpha|0>_B - \beta|1>_B) \\ + &|\psi_+>_{CA} (\alpha|1>_B + \beta|0>_B) \\ + &|\psi_->_{CA} (\alpha|1>_B - \beta|0>_B)\} \end{aligned}$$

도움말: |00⟩, |01⟩, |10⟩, |11⟩을 |ϕ±⟩, |ψ±⟩들로 바꾼 표현을 활용하라.

**14.13** 앨리스(A)와 봅(B)이 각각 한 큐비트씩을 공유하는 벨 상태 |ϕ+⟩$_{AB}$와 제 3의 상태 |ψ⟩$_C$ = α|0⟩$_C$ + β|1⟩$_C$의 텐서곱으로 전체 계의 상태가 주어지는 경우(식 (14.96) 참조), 양자 순간이동에서 제 3의 상태를 전송하는 관찰자 A의 측정 전에 그 상태를 전송 받게 되는 관찰자 B는 최대로 섞인 상태에 있음을 보여라. 이는 관찰자 B의 밀도연산자가 관찰자 A의 측정 전에 단위행렬에 비례함을 보임으로써 보여라.

도움말: 상태가 식 (14.96)으로 주어지는 전체 계의 밀도연산자를 구하고, 이를 관찰자 A의 힐베르트 공간에 대해 트레이스를 취하여 부분계 B의 밀도연산자를 구한다. 이때 식 (14.96)의 첫 두 큐비트인 CA에 대한 트레이스를 취해야 함에 유의하라.

**14.14** 최대로 얽힌 $N \times N$ 차원의 이분복합계의 순수상태는 슈미트 분해에 의해 아래와 같이 식 (14.102)처럼 쓸 수 있음을 보여라.

$$|\tilde{\Psi} >_{AB} = \frac{1}{\sqrt{N}} \sum_{i=0}^{N-1} |i>_A \otimes |\tilde{i} >_B$$

도움말: 일반적으로 이분복합계의 순수상태는 슈미트 분해 정리에 의해 아래와 같이 식 (14.65)처럼 쓸 수 있다.

$$|\Psi >_{AB} = \sum_i \sqrt{\hat{p}_i} |\psi_i >_A \otimes |\tilde{\phi}_i >_B$$

이 순수상태가 최대로 얽힌 상태일 경우, 그 부분계의 밀도연산자는 단위행렬에 비례하게 된다(문제 14.10). 이를 참고하여 위의 $\hat{p}_i$ 값들이 모두 $1/N$ 의 값을 가지게 됨을 보여라.

# 참고 문헌

[1] R. Omnès, *Understanding Quantum Mechanics*, Princeton University Press, 1999.

[2] N. Bohr, *Atomic Physics and Human Knowledge*, Science Editions, 1958.

[3] A. Zeilinger, 아인슈타인의 베일, 전대호 옮김, 승산, 2007.

[4] R. P. Feynman, R. B. Leighton, and M. Sands, *The Feynman Lectures on Physics, vol.3*, Addison-Wesley, 1965.

[5] P. A. M. Dirac, *Quantum Mechanics*, 4th ed., Oxford University Press, 1958.

[6] L. Susskind, *The Black Hole War*, Little Brown, 2008.

[7] R. H. Dicke and J. P. Wittke, *Introduction to Quantum Mechanics*, Addison-Wesley, 1960.

[8] F. Jenkins and H. White, *Fundamentals of Optics*, 4th ed., McGraw-Hill, 2001.

[9] S. Gasiorowicz, *Quantum Physics*, 2nd ed., John Wiley & Sons, 1996.

[10] D. J. Griffiths, *Introduction to Quantum Mechanics*, 2nd ed., Pearson, 2005.

[11] R. L. Liboff, *Introductory Quantum Mechanics*, 4th ed., Addison-Wesley, 2003.

[12] M. L. Boas, 수리물리학, 제2판, 강주상 옮김, 한동, 1992.

[13]  A. Goswami, *Quantum Mechanics*, Brown, 1992.

[14]  G. B. Arfken and H. J. Weber, *Mathematical Methods for Physicists*, 4th ed., Academic Press, 1995.

[15]  R. A. Silverman, *Introductory Complex Analysis*, Prentice-Hall, 1967.

[16]  J. Mathews and R. L. Walker, *Mathematical Methods of Physics*, 2nd ed., Addison-Wesley, 1970.

[17]  송희성, *양자역학*, 교학연구사, 1984.

[18]  최준곤, *양자역학*, 범한서적, 2010.

[19]  E. Merzbacher, *Quantum Mechanics*, 2nd ed., John Wiley & Sons, 1970.

[20]  A. Messiah, *Quantum Mechanics, vol.1,2*, North-Holland Publishing, 1965.

[21]  A. R. Edmonds, *Angular Momentum in Quantum Mechanics*, Princeton University Press, 1957.

[22]  L. Shiff, *Quantum Mechanics*, 3rd ed., McGraw-Hill, 1968.

[23]  J. J. Sakurai, *Modern Quantum Mechanics*, Addison-Wesley, 1985.

[24]  J. J. Sakurai, *Advanced Quantum Mechanics*, Addison-Wesley, 1967.

[25]  E. M. Purcell, *Electricity and Magnetism, Berkeley physics course vol.2*, McGraw-Hill, 1965.

[26]  E. F. Taylor and J. A. Wheeler, *Spacetime Physics*, W. H. Freeman and Company, 1966.

[27]  D. Chruscinski and A. Jamiolkowski, *Geometric Phases in Classical and Quantum Mechanics*, Birkhäuser, 2004.

[28] L. D. Landau and E. M. Lifshitz, *Quantum Mechanics*, 3rd ed., Butterworth-Heinemann, 1977.

[29] H. Goldstein, *Classical Mechanics*, 2nd ed., Addison-Wesley, 1980.

[30] E. M. Henley and A. Garcia, *Subatomic Physics*, 3rd ed., World Scientific, 2007.

[31] S. S. M. Wong, *Introductory Nuclear Physics*, Prentice-Hall, 1990.

[32] J. P. Dahl, *Introduction to the Quantum World of Atoms and Molecules*, World Scientific, 2001.

[33] S. Weinberg, *Lectures on Quantum Mechanics*, Cambridge University Press, 2013.

[34] K. Huang, *Statistical Mechanics*, John Wiley & Sons, 1963.

[35] L. E. Reichl, *A Modern Course in Statistical Physics*, University of Texas Press, 1980.

[36] M. A. Nielsen and I. L. Chuang, *Quantum Computation and Quantum Information*, Cambridge University Press, 2010.

[37] J. Preskill, *Quantum Computation*, lecture notes on quantum computation, http://www.theory.caltech.edu/~preskill/ph219

[38] M. M. Wilde, *Quantum Information Theory*, Cambridge University Press, 2013.

[39] J. D. Jackson, *Classical Electrodynamics*, 2nd ed., John Wiley & Sons, 1975.

[40] D. J. Griffiths, *기초전자기학*, 제4판, 김진승 옮김, 진샘미디어, 2014.

# 찾아보기

488

513

# 기본 양자역학

인쇄 | 2024년 1월 05일
발행 | 2024년 1월 10일

지은이 | 이 창 영
펴낸이 | 조 승 식
펴낸곳 | (주)도서출판 북스힐

등 록 | 1998년 7월 28일 제22-457호
주 소 | 서울시 강북구 한천로 153길 17
전 화 | (02) 994-0071
팩 스 | (02) 994-0073

홈페이지 | www.bookshill.com
이메일 | bookshill@bookshill.com

정가 32,000원

ISBN 979-11-5971-562-4